U0321598

 国家出版基金项目　　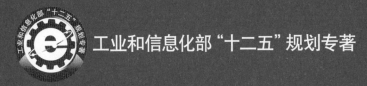 工业和信息化部"十二五"规划专著

航天发射科学与技术

航天发射装置设计

DESIGN OF
SPACE LAUNCHING DEVICE

贺卫东　常晓权　党海燕　编著

北京理工大学出版社
BEIJING INSTITUTE OF TECHNOLOGY PRESS

内 容 简 介

本书主要介绍了航天发射装置的设计方法。第 1 章和第 2 章介绍了发射装置的发展概况、功能组成和总体设计；第 3 章介绍了发射装置所受的载荷及分析方法；第 4~7 章重点介绍了舰潜载、车载、机载和地下井发射装置的设计；第 8 章介绍了发射装置典型结构的设计；第 9 章和第 10 章主要介绍了发射装置的隐身、防护和"六性"设计；第 11 章介绍了发射装置的先进设计方法。

本书强调理论和应用并重的原则，力求做到内容翔实、概念清楚、结论正确，并且给出必要的公式、数据、图表和引证依据，便于工程技术人员查阅。

本书适用于从事航天发射装置研究、设计、生产、试验、使用的工程技术人员和管理人员阅读，也可作为高等院校相关专业师生的教学参考书。

图书在版编目（CIP）数据

航天发射装置设计 / 贺卫东，常晓权，党海燕编著 . —北京：北京理工大学出版社，2015.6

（航天发射科学与技术）

国家出版基金项目　工业和信息化部"十二五"规划专著

ISBN 978 - 7 - 5682 - 0737 - 9

Ⅰ. ①航…　Ⅱ. ①贺…②常…③党…　Ⅲ. ①航天器 - 发射装置 - 设计　Ⅳ. ①V553.1

中国版本图书馆 CIP 数据核字（2015）第 133393 号

出版发行 / 北京理工大学出版社有限责任公司	
社　　址 / 北京市海淀区中关村南大街 5 号	
邮　　编 / 100081	
电　　话 / （010）68914775（总编室）	
（010）82562903（教材售后服务热线）	
（010）68948351（其他图书服务热线）	
网　　址 / http：//www.bitpress.com.cn	
经　　销 / 全国各地新华书店	
印　　刷 / 北京地大天成印务有限公司	
开　　本 / 787 毫米 × 1092 毫米　1/16	责任编辑 / 王玲玲
印　　张 / 37.25	蔡婷婷
字　　数 / 719 千字	文案编辑 / 王玲玲
版　　次 / 2015 年 6 月第 1 版　2015 年 6 月第 1 次印刷	责任校对 / 周瑞红
定　　价 / 142.00 元	责任印制 / 王美丽

图书出现印装质量问题，请拨打售后服务热线，本社负责调换

航天发射科学与技术
学术顾问委员会

总 序

　　世界各国为了进一步提高综合国力，都在大力开发空间资源和加强国防建设。作为重要运载器的火箭、导弹，以及相关的发射科学技术，也相应地都得到了广泛的重视。发射科学技术综合了基础科学和其他应用科学领域的最新成就，以及工程技术的最新成果，是科学技术和基础工业紧密结合的产物。同时，发射科学技术也反映了一个国家相关科学技术和基础工业的发展水平。

　　航天发射科学技术的发展历史漫长，我国古代带火的弓箭便是火箭的雏形。火箭出现后，被迅速用于各种军事行动和民间娱乐。随着现代科学技术的发展和人类需求的增加，美国、俄罗斯、中国、日本、法国、英国等航天大国，投入了大量的人力、物力进行航天发射的研究和开发，并取得了丰硕成果，代表了世界的先进水平。火箭、导弹的发射水平，决定了一个国家航天活动和国防保障区域的范围。因此，各航天大国均把发展先进的发射和运载技术作为保持其领先地位的战略部署之一。无论是空间应用、科学探测、载人航天、国际商业发射与国际合作，还是国防建设，都对发射技术提出了新的要求，促使航天发射科学技术向着更高层次发展。

　　综上所述，系统归纳、总结发射领域的理论和技术成果，供从事相关领域教学、研发、设计、使用人员学习和参考，具有重要的意义。这对提高教育水平、提升技术能力、推动科学发展和提高航天发射领域的研发水平将会起到十分重要的作用。

　　航天发射科学技术构成复杂，涉及众多学科，而且内容广泛，系列丛书的编写需要有关领域的专家、学者来共同完成。因此，北京理工大学、北京航天发射技术研究所、北京机械设备研究所、北京特种机械研究所、总装备部工程设计研究院等国内从事相关领域研究的权威单位组建了本丛书的作者队伍，期望将发射科学技术的重要成果著作成册，帮助读者更深入地了解和掌握航天发射领域的知识和技术，推动我国航天事业的发展。

本丛书力求系统性、完整性、实用性和理论性的统一，从发射总体技术、发射装置、地面支持技术、发射场总体设计、发射装置设计、发射控制技术、发射装置试验技术、发射气体动力学、发射动力学、弹射内弹道学等多个相互支撑的学科领域，以发射技术基本理论，火箭、导弹发射相关典型系统和设备为重点，全面介绍国内外的相关技术和设备、设施。

本丛书作者队伍是一个庞大的教育、科研、设计团队，为了编写好本丛书，编写人员辛勤劳动，做出了很大努力。同时，得到了相关学会，以及从事编写的五个单位的领导、专家及工作人员的关心和大力支持，在此深表感谢！由于种种原因，书中难免存在不当之处，敬请读者批评指正！

编写委员会

PREFACE

前言

　　本书是由北京特种机械研究所多位长期从事火箭导弹发射工程与地面设备的专家共同编写的。编写中，侧重于舰载平台、陆基机动、空中平台和地面固定阵地发射的技术内容，既反映整个系统的完整性，又对其中每一部分进行了具体论述。同时，遵循以工程应用为主，着重从工程设计方面总结我国航天发射技术领域近几十年来的研制成果和经验，强调理论和应用并重的原则，力求做到内容翔实、概念清楚、结论正确，并且给出必要的公式、数据、图表和引证依据，便于工程技术人员查阅。

　　本书共分11章，主要包括概述，发射装置总体设计，发射装置载荷及结构分析，舰潜载发射装置设计，车载发射装置设计，机载导弹弹射装置设计，地下井式发射装置设计，发射装置典型结构设计，发射装置伪装、隐身与防护设计，发射装置"六性"设计和发射装置先进设计分析方法等内容。全书由贺卫东、常晓权、党海燕、郝晓琴、陈海涛、周涛等合著。贺卫东负责全书的统稿工作及第1、2章的撰写工作，同时参与了其他章节的撰写工作；陈海涛负责第3章的撰写工作；党海燕负责第4、8、10章的撰写工作；常晓权负责第5、9章的撰写工作；郝晓琴负责第6、7章的撰写工作；周涛负责第11章的撰写工作。

　　本书适用于从事航天发射装置研究、设计、生产、试验、使用的工程技术人员和管理人员阅读，也可作为高等院校相关专业师生的教学参考书。由于发射技术专业构成复杂、内容广泛，因此本书各章之间具有较大的相对独立性，读者可根据自己的需要选读本书的有关章节。

　　本书已列入国家出版基金项目、工业和信息化部"十二五"规划专著。本书在写作过程中得到了国内相关领域的专家、学者的帮助和支持，得到了北京航天发射技术研究所的大力协助，更是得到了北京特种机械研究所各级领导和技术人员的广泛支持，刘君、于殿君、李文华、罗勇、蔡菀、申宏杰、马艳丽、谭浩、皮维超、邹伟伟、刘世鑫等也参与了本书的编写工作，他们所做的工作对本书的完成起到了重要作用，在此对所有关心、帮助过本书的同行表示衷心的感谢。北京理工大学姜毅教授在百忙之中审阅了全书，对本书给予了高度的评价，并提出了宝贵的意见，在此表示衷心的感谢。

鉴于编写、校审人员水平所限，加之编写时间仓促，书中疏漏之处在所难免，恳请广大读者批评指正。

编　者

目 录
CONTENTS

第1章 概　　述

随着火箭导弹等航天技术的进步，航天发射技术得到了快速发展，作为火箭导弹武器系统的重要组成部分——航天发射装置，也得到了不断的改进和发展。发射装置性能的优劣将直接影响火箭导弹武器系统的作战效能、生存能力和全寿命周期成本，因此，需从火箭导弹系统工程的全局出发，统筹考虑发射装置的研制问题。

1.1　发射装置的发展阶段

火箭导弹的研制工作开始于20世纪40年代，50年代到60年代进入了全面发展阶段，70年代进入了改进充实阶段，80年代后进入了高级发展阶段。目前，火箭导弹及其发射装置已大量装备于各国陆、海、空部队。发射装置的发展经历了以下三个重要发展阶段。

1. 初级阶段

第二次世界大战以后，美、苏等国集中了一批技术人才，在V-1导弹发射装置基础上研制了岸舰、舰舰火箭导弹发射装置，培养并锻炼了技术队伍，完善了发射装置研制的配套体系，取得了丰富经验，为发射装置的发展打下了良好的基础。

2. 全面发展阶段

美、苏及西欧一些国家根据火箭导弹发射技术的发展和新型火箭导弹的使用需求，研制并向部队提供了多种不同类型的岸舰、舰舰、潜舰及机载导弹发射装置，并在中东阿以战争、英阿马岛冲突中发挥了巨大威力。

岸舰导弹发射装置和舰载导弹发射装置分别如图1-1和图1-2所示。

（a）

（b）

图1-1　岸舰导弹发射装置

3. 充实和高级发展阶段

这一阶段不仅研制出了具有先进水平的产品，在发射技术上也有了新的突破，具体表现在以下几个方面：

图 1-2　舰载导弹发射装置

①普遍采用了贮运箱（筒）式发射。

②广泛采用了机动式发射装置。其中包括陆地自行，空中、水下及水面机动发射，发射装置的运动机动性也得到了一定提高。

③火箭导弹具有扇面攻击能力，发射装置采用定角发射方式，其结构简单，体积小，质量小，成本低。

④采用了数字随动系统、自动调平系统、自动定位定向系统、数传通信系统、易碎抛盖系统，缩短了作战反应时间，提高了系统精度和发射成功率。

⑤随着火箭导弹系列化、标准化和模式化工作的进行，初步实现了发射装置多用途和通用化，做到"一架多用"。

⑥火箭导弹武器系统的小型化，使发射装置可自带电站、发控及射检设备，提高了发射装置独立作战的能力。

车载导弹发射装置和舰载导弹发射装置分别如图 1-3 和图 1-4 所示。

(a)　　　　　　　　　　　　(b)

(c)　　　　　　　　　　　　(d)

图 1-3　车载导弹发射装置

图 1 − 4　舰载导弹发射装置

1.2　发射装置的作用与地位

发射装置主要用来贮存、运输、待机和发射火箭导弹，完成下述任务：

①贮存、运输火箭导弹，确保火箭导弹处于良好状态，延长火箭导弹寿命；

②为火箭导弹提供机械保护、环境保护和电磁环境保护；

③为火箭导弹提供规定的初始姿态和一定的轨上运动距离，保证火箭导弹发射的初始精度和动态特性；

④与其他分系统协同对火箭导弹实施射前检查，接收指挥系统的指令，确保火箭导弹发射成功；

⑤可实施应急投放，保证人员和设备安全。

从上述所承担的任务中可以看出，良好的火箭导弹发射装置可提高武器系统机动性、快速反应能力、连续作战能力和安全可靠性，在武器系统的全作战流程中具有重要作用和地位。

1.3　发射装置的分类

由于火箭导弹用途不同，弹体形状、质量、动力装置、控制制导方式等也不尽相同，为了发射不同类型的火箭导弹，必须采取不同类型的发射装置。火箭导弹发射装置一般可分为以下几种。

①按发射点和攻击目标位置，可分为岸舰、舰舰、空舰、潜舰、潜地、地地和空地发射装置。

②按发射姿态，可分为倾斜式、垂直式和水平式发射装置。

③按机动能力，可分为机动式、固定式和半固定式发射装置。

④按发射动力，可分为自推力式（也称"热"发射）、弹射式（外推力或"冷"发射）、投放式和复合式发射装置。

⑤按瞄准方式，可分为定角式和跟踪式发射装置。

⑥按支承结构形式，可分为导轨式和适配器式发射装置。

总之，火箭导弹发射装置分类方法繁多，但无论何种分类方法，都是为了表征发射装置特点，方便研究和分析。

1.4　发射装置的基本组成

虽然火箭导弹发射装置类型繁多，但其主要组成及基本功能大致相同，只是随着装载平台和任务的不同，其繁简程度、自动化程度及结构形式会有所差别。车载发射装置一般由发射架、起竖装置、调平装置、发射架锁定装置、辅助装置和导流器等组成。舰载发射装置一般由贮运发射箱、发射架、电气系统、传动装置和导流器等组成。

下面介绍几种典型发射装置的组成。

1. 车载发射装置的组成（图 1-5）

①发射架，用于发射箱、导流器和相关电气与控制设备在发射车上的安装、固定，并通过起竖角度调节，为导弹提供符合要求的姿态。

②起竖装置，具有起竖缸伸出与收回、锁定与解锁、紧急制动等功能，配合控制设备完成导弹起竖、回平和状态保持等功能。

③发射架锁定装置，主要用于实现发射车行车状态下发射架与底盘的可靠锁定。

④调平装置，具有调平缸伸出与收回、锁定与解锁等功能，配合控制设备完成发射车支承和调平等功能。

⑤辅助装置，主要为发射箱前悬部分提供辅助支承。

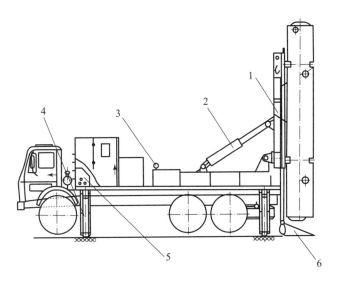

图 1-5 车载发射装置的组成

1—发射架；2—起竖装置；3—发射架锁定装置；4—调平装置；5—辅助装置；6—导流器

⑥导流器，主要将导弹发射时助推器喷出的高温、高速的燃气流向发射车后方导引，并降低燃气流对导弹、发射车和发射箱的影响。

2. 舰载发射装置的组成（图 1-6）

①贮运发射箱，由箱体、发射架、开盖机构、插头机构、测试设备及电气设备等组成。

②发射架，由管材或型材焊接而成。

③电气系统，由发控箱、电缆转接箱及液压控制箱等组成。

④锁紧装置，用于锁紧贮运发射箱。

⑤导流器，由板材焊接而成，表面一般涂覆耐高温涂料等。

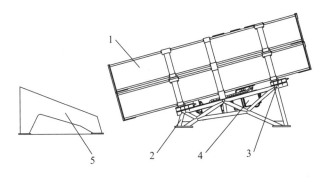

图 1-6 发射装置

1—贮运发射箱；2—发射架；3—电气系统；4—锁紧装置；5—导流器

3. 瞄准机动式火箭导弹发射装置的组成（图1-7）

①回转部分，由导向梁、插头机构、高低机及行军固定器、方向机、装填机、回转台、护罩等组成。

②行驶部分，由十字托架、前后车体、车轮组及刹车装置等组成。

③电气部分，由装填传动系统、方位角随动系统及发控系统等组成。

④装填传动系统，由装填电动机、磁力启动器、行程开关等组成。

⑤方位角随动系统，由控制台、电动机放大机组合、定位受信仪、执行电动机等组成。

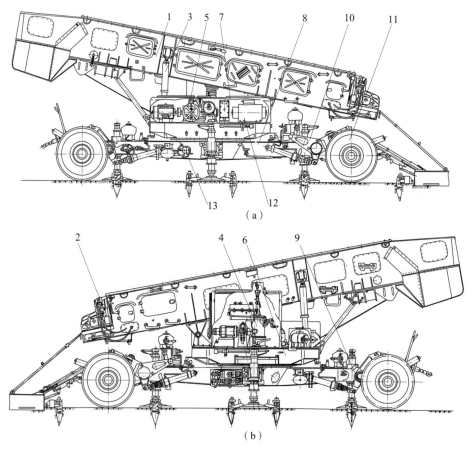

图1-7 瞄准机动式火箭导弹发射装置的组成

（a）正视图；（b）后视图

1—导向梁；2—插头机构；3—高低机；4—方向机；5—装填机；6—回转台；7—护罩；

8—十字托架；9—后车体；10—前车体；11—车轮组；12—电气部分；13—刹车装置

1.5　发射装置的基本要求

火箭导弹发射装置设计的基本要求是满足火箭导弹武器系统提出的任务书（或相关技术要求）规定的战术技术要求，一般包括功能要求、性能要求、标准化要求、软件工程要求、质量保证要求和寿命要求等方面。

①发射装置设计应以任务书（或相关技术协议规定）为依据，贯彻相关国家标准、国家军用标准、企业标准和设计规范等，满足发射装置的作战使用性能要求（工作过程、性能指标、接口、质量、尺寸及安装、外观及标志、运输、可靠性、维修性、保障性、安全性、测试性、环境适应性、电磁兼容性等），切实保证与火箭导弹、运载体、装填车及其他相关设备等协调。

②发射装置设计应贯彻标准化原则，原材料、元器件、标准件的品种规格应最少，并尽可能选用已经定型或实践证明是成熟的系统或结构。

③发射装置应能承受任务书或技术要求中规定的最不利状态下的吊装过程、载体运动、导弹发射和自然环境产生的各种载荷。在满足战术技术指标和使用性能的前提下，发射装置设计应力求结构简化、工艺性好、成本低。

④发射装置设计应最大限度实现基本操作和辅助操作的机械化、自动化，并尽可能做到使用、维护方便、可靠。

⑤发射装置设计应从全寿命周期统筹考虑研制和使用维护费用，尽量提高发射装置的效费比。

1.6　发射装置的主要特点

由于各种火箭导弹系统战术技术要求的不同，以及火箭导弹弹体结构、动力装置、制导方式的差异，需采用不同的发射方式。

①贮运箱（筒）式发射已被广泛采用，如法国的"飞鱼"导弹，美国的"战斧""捕鲸叉"导弹，意大利的"奥托马特"导弹等都采用了这种发射方式。其特点是使导弹在运输、贮存期间获得良好的环境条件，减少故障率，延长火箭导弹寿命。导弹长时间安放在发射装置上，处于待发状态，能提高武器系统的快速反应能力。另外，还可以使固体发动机和弹上设备在较理想的环境条件下工作，提高发射的可靠性。

②由于制导系统惯性仪表的精度和可靠性在技术上取得了较大的进展，实现了小型化，使导弹采用垂直发射方式成为可能。20 世纪 70 年代以来，美国及苏联等国家都在研究垂直发射技术，并获得了成功。其特点是设备结构简化，质量小，造价低，节省发射空间，可使小型舰艇或车辆获得配备战术导弹以及同一军舰和车辆装载多枚导

弹的能力。垂直发射还可以消除发射盲区，提高了快速反应和连续作战能力。

③水下发射火箭导弹是到 20 世纪 60 年代末期才实现的。水下发射火箭导弹普遍采用倾斜或水平弹射方式发射，并向垂直发射方向发展。其特点是具有良好的隐蔽性和机动性，是现代战争条件下提高火箭导弹武器系统生存能力的重要途径。

④舰面发射出现于 20 世纪 50 年代末。60 年代末阿以战争中"艾拉士"事件发生后，这种发射方式得到了迅速发展。其特点是具有良好的机动性。舰面发射大部分采用了贮运箱式发射和多联装系统，并逐渐向垂直发射和多用途发射过渡。在战斗中，舰面发射一般不进行补给，是现代战争中攻击水面舰艇的主要手段。

⑤20 世纪 70 年代初各国开始重视自行车载发射方式的研究，普遍采用轮式或履带式越野车来实现车载发射。其特点是具有很高的机动性，火箭导弹发射后能迅速转移，有较强的攻击能力和生存能力。

⑥空中发射方式主要指从飞机上发射各种火箭导弹的发射方式。其发射方式有自推力发射、投放式发射或弹射。1982 年英阿马岛冲突中，"AM – 39"空舰型"飞鱼"火箭导弹击沉了"谢菲尔德号"驱逐舰等几艘舰艇后，空中发射方式引起了各国的重视，得到了迅速发展。其特点是具有高度的机动性、灵活性和隐蔽性。

1.7　发射装置的发展趋势

火箭导弹技术的发展，促进了发射装置的发展。发射装置总的发展趋势是提高火箭导弹的生存能力以及作战使用能力，保证火箭导弹发射和维护的高度可靠。发射装置的发展趋势具体体现在以下几方面。

1. 实现发射装置的多用途和通用化

目前世界各国都十分重视火箭导弹武器系统的多用途和通用化的研究，做到了"一弹多用""一机（车、舰）多弹"，促使发射装置也要做到"一架多用"。

实现多用途和通用化的途径是对火箭导弹进行系列化、标准化和模块化设计，同时重视和发射装置的协调、配合，处理好火箭导弹与发射装置之间的关系，使其在技术上和结构上有可能实现多用途和通用化。此外，发射装置的特殊结构部件尽可能做到通用，如电插头机构、发控系统、发射支架与基座、贮运发射箱等实现系列化、标准化、通用化。

2. 实现发射装置贮运发射箱式化

目前世界各国所使用的水面、水下、岸舰发射装置，普遍采用贮运箱式发射系统，为实现发射装置的通用化、多用途、多联装和垂直发射提供了条件和可能。实现贮运发射箱式化，是在实现火箭导弹动力的固体化、火箭导弹的小型化、弹翼折叠的基础上，解决发射箱内燃气流的排导，以及火箭导弹贮存、运输、发射条件的技术和结构等问题。

3. 实现发射装置轻量化和小型化

发射装置的机动性和快速反应能力是现代战争中火箭导弹武器系统作战性能的重要战术技术指标。为了充分提高武器系统的机动性能和快速反应能力，各国都非常重视发射装置的轻量化和小型化发展，主要通过提高武器系统一体化总体设计水平，并综合采用新材料应用、优化设计和可靠性设计等方法（疲劳分析、有限元法和动态分析等），合理简化发射装置的结构，缩减尺寸，减小质量。

4. 实现发射装置的自动化和智能化

为了缩短操作时间，减少人员数量，增加检测的客观性，提高快速反应能力和设备可靠性，重视应用"人机工程学"，使发射装置的基本操作实现自动化。发射装置作为武器系统的重要组成设备，平时需要保持好良好的状态；在贮存和战备值班时，需要自动监测发射装置的各种状态，并记录相关信息；当发生故障时，能够提供初步的故障定位和诊断信息；在紧急情况下，能够智能处理应急情况，确保任务顺利完成。

5. 实现发射装置的多联装和快速装填

为了提高独立作战能力和连续作战能力，舰载和车载发射装置普遍采用多联装的自动装补给系统。实现发射装置多联装和快速装填的途径，是在导引控制技术和垂直发射技术提高的基础上解决发射装置箱式化、小型化、机械化和自动化等问题，并加以合理组合和分析。

总之，火箭导弹发射装置的发展总体上是由武器系统的战术思想和科学技术水平、国家经济力量及火箭导弹技术的发展状态所决定的，要根据火箭导弹发射装置的发展趋势，紧密结合任务需求、现有基础和具体条件进行发展，绝不能片面追求大而全的先进性能指标，或把新技术简单堆积，而要抓住主要矛盾和薄弱环节，把改善火箭导弹武器系统性能、提高战备水平、确保可靠性、减少研制费用作为火箭导弹发射装置发展的主要方向。

第2章 发射装置总体设计

2.1 设计原则

火箭导弹系统发射装置的设计应遵循以下原则。

①设计的产品需满足研制任务书或技术协议规定的各项技术指标要求和功能要求。

②产品需在全寿命周期内进行成本设计和策划，满足全寿命周期内成本最优的原则。

③产品使用的国产化和进口元器件的种类与数量需满足国家和行业的相关规定与要求。

④产品设计过程中要最大限度地考虑继承性，在满足功能和技术指标的前提下，尽可能继承成熟产品和技术，以提高产品的可靠性，降低成本，缩短研制周期。

⑤产品设计过程中要严格遵循相关的设计标准和规范。

⑥产品设计过程要根据产品的具体特点和用户的使用需求，充分进行"六性"设计，即可靠性、维修性、保障性、测试性、安全性和环境适应性（含电磁兼容性）的设计。

2.2 发射装置总体方案的确定

2.2.1 发射方式的选择

按不同的分类方法，可将发射方式分为不同种类。

1. 按发射地点分类

按发射地点不同，发射方式可分为陆基发射、海基发射和空基发射，如图2-1所示。

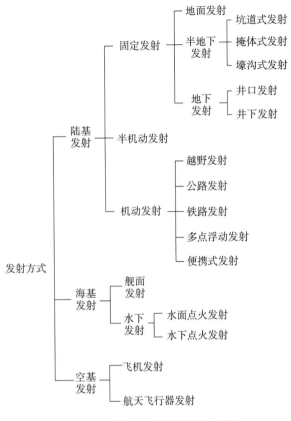

图 2-1　发射方式按发射地点分类

2. 按发射动力分类

按发射动力不同，发射方式可分为自推力发射、弹射式发射、投放式发射和复合式发射，如图 2-2 所示。

3. 按发射姿态分类

按发射姿态不同，可分为倾斜发射、垂直发射和水平发射，如图 2-3 所示。

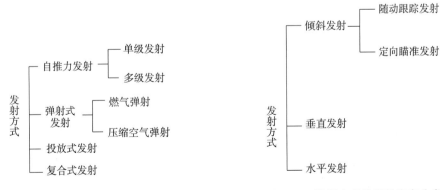

图 2-2　发射方式按发射动力分类　　　图 2-3　发射方式按发射姿态分类

2.2.2　发射动力的选择

导弹的发射动力有外动力、自推力、投放 3 种。发射动力由导弹以外的动力提供时，称为外动力发射；发射动力由导弹发动机提供时，称为自推力发射。投放是外动力发射的一种，是机载导弹利用地球引力作用使导弹离开飞机，随后发动机点火。选择发射方式时，首先要确定发射动力。

自推力发射用得最普遍。陆基、海基、空中发射的导弹和火箭大都用这种方式，它也是最早使用的一种方式。自推力发射技术成熟，发射装置比较简单，发射也很方便，可靠性高。

自推力发射的主要问题是燃气流的排导问题。地下发射时，需要解决排焰烧蚀、井下噪声等一系列复杂的问题。空中发射时，要解决燃气流进入喷气发动机进气道导致发动机熄火的问题。舰面发射时，要防止对舰上设备的烧蚀。水下自推力发射要解决燃气流的排导问题，防止对水下发射装置的烧蚀。

外动力发射时，导弹离开发射装置时已具有一定的初始速度，而后主发动机点火，这有利于提高发射精度，缩小杀伤近界，提高近距离作战能力。一些反坦克导弹采用外动力发射正是利用这一优点。无控火箭也可利用弹射提高离筒速度和发射精度。

外动力发射另一突出优点是燃气流对发射区的影响不大，不需要复杂的导流和防护设备。由于这种方式对发射环境和设备的适应性较好，尤其是对水下发射、井下发射、森林区及发射点有易燃物的地区发射，这一优点更为突出。空中发射也可利用外动力将导弹推出一段距离，然后点火，以确保载机的安全。

外动力发射的缺点是：发射装置结构复杂，质量较大；需要设置隔离器，在发射时将工质（气体或液体）与导弹分开，导弹出发射筒后需要可靠分离，还要求隔离器落下后不危害周围设备；重新装弹不方便，小型导弹的发射筒一次性使用后便作废。

2.2.3　发射姿态的选择

现有导弹的发射姿态基本上都用倾斜发射和垂直发射，水平发射应用得很少。不同的发射姿态，发射装置的结构也不同。在导弹武器系统可行性研究阶段，除了确定发射动力外，还要确定发射姿态。

倾斜发射是各种战术导弹大量采用的一种发射方式，无控火箭采用的全是倾斜发射（探空火箭例外）。垂直发射过去仅用于攻击固定目标的弹道式导弹，而现在攻击活动目标（对空、对舰、对坦克）的导弹也可采用垂直发射方式。由于垂直发射有许多明显的优点，在导弹的控制和制导技术突破以后，许多导弹都选择了这种发射方式。

倾斜发射和垂直发射两种发射方式优缺点的比较如下。

1. 快速反应能力

导弹倾斜发射时要进行瞄准，把发射方向指向目标，因而从发现目标到导弹发射需要较长的时间。而垂直发射无须瞄准，大大缩短了反应时间，提高了快速反应能力。

2. 装弹量

垂直发射的导弹垂直存于弹库中，占用的空间很少，载弹量多，可以从装载位置直接发射导弹。因而在一次作战中，能做到不需补弹而连续发射，使武器能进行饱和攻击。发射速率也较高，垂直发射时的发射速率一般为 1～2 s/枚；而倾斜发射装弹量较少，速率也较低，一般为数秒以上每枚。

3. 攻击范围

垂直发射的导弹在空中可以转向任意方位，实现全方位攻击，消除了由于发射设备限制而造成的攻击死区。倾斜发射要避免燃气流的危害，且要考虑导弹的飞行安全，受地形、雷达天线及周围设备与建筑物的影响较大，瞄准范围经常受到限制，存在攻击死区。

垂直发射的导弹，引入段较弯曲，增大了杀伤近界，延长了导弹拦截目标所需的飞行时间，对近界作战空域有影响。

4. 发射系统的结构

垂直发射系统不需要复杂的高低与方位瞄准的机构、随动系统及指挥仪等，不需要由弹库向发射装置装弹的再装填设备，因而设备简化、结构简单、体积和质量较小，从而使整个系统的成本降低，可靠性提高，维护人员减少。导弹单独装载于发射箱中，占据的空间小，可集装或分装在大小舰艇、商船甲板上的不同位置上或车上，装载适应性强，受空间的限制少。

倾斜发射要考虑瞄准的需要，避开燃气流的危害，占据的空间较大，装舰或装车受到限制。

5. 阵地布置

倾斜发射的发射装置与其他设备之间一般留有 70～100 m 的距离，以防止燃气流的危害。而垂直发射的安全距离可以缩小，这既方便了阵地选择，又有利于隐蔽、伪装。

从上述可以看出，垂直发射有许多优点。但是导弹必须解决推力矢量控制、捷联惯导及亚声速下的大攻角气动耦合等一系列关键技术。

2.2.4　战斗部署的选择

从导弹武器的战斗部署看，导弹发射可以是固定发射和机动发射两种方式。

固定发射的发射点是固定的。弹道式导弹可以是地面、半地下、地下固定发射。固定发射点的坐标可准确掌握，目标方位、距离及发射点周围重力场均可准确测量，有利于提高导弹的命中精度。这种发射方式的主要问题是发射点容易被侦破而受到攻击。

海防导弹的坑道式发射，通过构筑坑道，将导弹及发射设备贮于其中，发射时移至坑道口，属于半地下的一种固定发射方式，具有一定的隐蔽性和防护能力。

机动发射的发射点不固定在某一位置，利用机动的方法躲避敌人的侦查和攻击，以提高生存能力。机动的方法可以有以下几种。

（1）公路机动。在公路上实施机动和转移，在预定地点进行发射准备和发射。

（2）越野机动。在非公路和无路地区实施机动、转移、发射准备和发射。

（3）铁路机动。在列车上沿铁路实施机动、转移、发射准备和发射。

（4）水面机动。在舰船上实施机动、转移、发射准备和发射。

（5）水下机动。利用潜艇实施机动和发射。

（6）空中机动。利用飞机实施机动和发射。

采用不同机动方法，其发射装置设计要求与具体结构都有很大差别。

2.3　热发射总体方案设计

热发射是指火箭或导弹起飞时依靠其自身的发动机或助推器的推力而离开发射装置。这种发射方式应用最早、最广，可以用来发射各种类型的火箭和导弹。热发射由于没有外动力源工作环节以及隔离装置分离等工作环节，因而有较高可靠性。同时，热发射装置相对比较简单，发射流程简化，实施发射较为方便。发射装置周围空间比较开阔、排焰比较方便的场所，一般可采用这种发射方式。

2.3.1　热发射总体方案设计思路

当某型号导弹确定采用热发射方式时，应开展热发射总体方案的设计，先从分析设计输入开始，对发射装置的各项战术技术指标及相关要求进行分析、分解，以明确发射装置应具备的功能和性能、对发射装置结构和电气的特殊要求以及发射装置相关的精度指标；对于不明确或不合理的相关要求，应反馈给相关方进行协调。

在各方输入明确的基础上，依据设计输入开展总体方案的论证，分解技术指标，明确关键技术及解决途径，在此基础上，根据导弹装载平台开展热发射总体方案的设计，主要包括发射方式的确定、燃气流排导方式的确定、发射导向方式的选择、发射装置及配套设备的组成、各分系统或设备之间接口协调、发射装置外形尺寸估算、发射装置质量估算及指标分配、发射装置精度的指标分配、载荷分析计算、发射装置的结构方案设计、发射装置的电气系统设计、发射装置的液压系统设计等，确保各项功能指标满足设计输入的要求。热发射装置总体方案各个部分不能孤立地进行设计，各部分之间必须相互协调、相互迭代、不断推进、逐步优化。热发射总体方案的设计流程如图2-4所示。

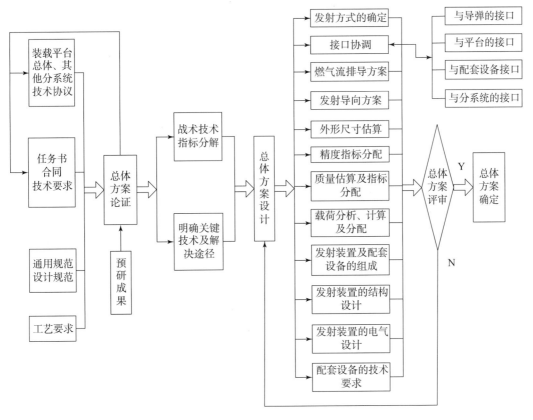

图2-4　热发射总体方案的设计流程

2.3.2　发射方式的综合确定

由于导弹的用途、尺寸、质量以及制导方式等不同，其发射方式也各有不同。在确定热发射方案之后，需要根据任务书提出的基本功能要求，并根据导弹及导弹武器控制系统的特点，与武器系统总体共同论证，以选择合适的发射方式，这是开展后续工作的基础。发射方式的综合确定主要包括以下工作。

（1）确定装载平台：车载发射、舰载发射、潜载发射、机载发射。

（2）确定发射高低角：倾斜发射、垂直发射或变角度发射。

（3）确定发射方位角：固定方位角发射、变方位角发射。

（4）确定是箱式发射还是裸弹发射。

如某型导弹，通过总体和发射系统的共同论证，确定采用舰载固定角倾斜箱式热发射方式。

2.3.3　热发射燃气流排导方案的选择

热发射时发动机或助推器喷射大量的高温高压燃气，其发射环境条件相对比较恶劣，当发射装置周边空间狭小，甚至呈封闭状态（如地下井内的导弹）时，必须解决燃气流的排导问题。

热发射产生的高温高速燃气流，虽然作用时间很短，但冲击影响较大，它会对处于其作用范围内的发射装置零部件、电气线缆等产生动力冲击和热烧蚀影响，甚至影响到发射精度，严重时可能对导弹产生冲击影响。应综合考虑导弹和发射装置的抗冲击与烧蚀性能，使燃气流的冲击影响降低至可接受范围内，这就需要确定适宜的燃气流排导和防护方式，确保导弹、发射平台、发射装置在整个发射过程中的安全性。

1. 燃气流排导方案的分类

目前箱式热发射的排导方案主要有以下几种。

（1）发射箱前后盖敞开式的排导方案。发射前或发射过程中，发射箱的前后盖均开启，燃气流通过敞开的后盖向后方排导。向后方排导的燃气可根据后方的设备布置情况，确定是否设置专门的导流装置。对于舰面倾斜箱式热发射，若燃气流动方向有需要防护的舰面设备，就需要设置导流器，将燃气排导至安全区域。对于车载垂直发射，为避免燃气向发射车前方流动影响车上设备，一般会设置单面楔形或双面楔形导流器。

（2）发射筒独立自排导方案。独立自排导方案是指燃气流通过发射筒本身的排导通道（一般为内外筒间隙）进行排导，由发射筒上方的筒口排出。由于燃气通过发射筒的内外筒间隙排导，该种排导方式对发射筒以及导弹的结构承载和耐烧蚀性要求较高。为降低燃气流对发射筒及筒内导弹的力、热冲击影响，内外筒的排导间隙优化是一项重要的工作，需要通过大量的发射仿真计算来确定。由于自排导方式通过发射筒上方排导，燃气流对发射平台的冲击影响很小，是舰载垂直发射较为理想的排导方案。

（3）共用排气筒方案。对于多联装的导弹，可专门设置共用的排气通道，以美国的 MK-41 垂直发射装置为例，一个弹库装有 8 部垂直发射装置，共用一个燃气排导通道。该排导方案中，共用排气筒的布置位置、排气筒与各发射筒之间的连通以及发射筒对发射号位的燃气密封问题是设计的关键点。共用排气筒可集成在多联装的发射模块中，比较适合舰载或车载多联装垂直发射装置。

2. 燃气流排导方案的仿真分析与设计

热发射排导方案需要根据武器装载平台、发射方式、导弹推力、发射环境特点甚至是武器系统的作战使命等综合确定。

对于裸弹热发射，由于整个燃气流的排导空间敞开，排导方案一般选择在发射初始位置设置单面或双面的导流装置，引导燃气排向安全区域；而对于导弹运动过程中的燃气排导，可针对需要防护的设备和部位设计不同的导流结构。

对于箱式热发射，由于其燃气流动空间相对封闭，发射装置和导弹所处的发射燃气环境较为恶劣，需要设计行之有效的排导方案。根据排导种类，确定燃气流排导的大体方案比较容易。但要确保排导效果良好且保证发射安全，则需要开展大量的仿真分析和优化设计。

燃气流排导仿真计算一般采用专用的计算流体力学仿真软件进行。为确保仿真计算的准确进行，必须确定完整、正确的计算参数。计算参数应为实际产品的性能参数和几何参数，主要包括助推器的性能参数及喷管的几何形状、发射箱的结构尺寸、导弹的结构尺寸、导流装置的结构尺寸、弹箱接口关系、发射箱周围的空间结构等。

排导方案的确定关键在于仿真优化，如对独立自排导的内外筒排导间隙的优化、底部导流圆角的优化等。图 2-5 是底部圆角优化仿真的结果，通过不同圆角工况下的筒内流场参数分析，对比确定最优的圆角方案。

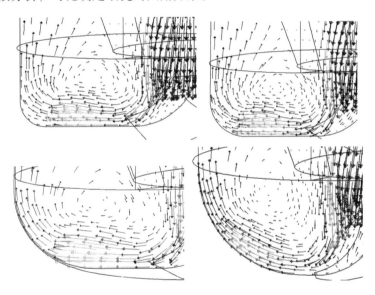

图 2-5　底部圆角优化仿真的结果

由于发射试验非常有限，同时由于风洞试验的局限性，燃气流方案设计的合理性和正确性很难通过试验进行验证。随着仿真技术的发展，可采用发射仿真试验数值计算的方式，即对发射全过程的燃气流场进行多点准静态的仿真，甚至是全过程动态仿真。

2.3.4　发射导向方案的选择

发射导向是指导弹在发射装置上运动时的导向，根据具体型号的需要，目前发射导向方式一般有适配器式导向、导轨式导向、小间隙式导向。

1. 适配器式导向

适配器导向方式适用于箱式发射，在目前战术导弹和战略导弹发射装置中应用较为广泛。适配器是在导弹与发射筒之间的一种弹性衬垫，在发射过程中起导向作用，并控制初始扰动。适配器在导弹装箱贮存、运输过程中起支承、固定导弹的作用。导弹出筒后，适配器迅速脱离弹体而不影响导弹的气动性能和正常飞行。

在适配器式导向方式选择中要重点考虑以下几个问题。

①适配器的布局设计要与导弹总体进行充分的沟通。适配器一般在导弹轴向进行分组、径向进行分片设计，每一片适配器的布置要考虑弹体的承压问题。

②为了确保适配器分离后不对导弹和发射装置造成影响，如碰触导弹的弹翼、砸向发射平台薄弱部位，要对适配器分离的影响因素进行全面的分析，并开展充分的适配器分离仿真。

③适配器的结构形式应尽量简单，保持截面的一致性。

2. 导轨式导向

发射时导弹滑块沿发射装置上的导轨进行运动，完成发射过程中的导向。通过导弹与滑块的间隙配合，能够确定并控制导弹的发射方向。这种方式适用范围较为广泛，在箱式发射和裸弹发射中均可使用，多用于各种有翼导弹的倾斜发射，也可用来发射弹道式导弹。

在导轨式导向方式选择中要重点考虑以下几个问题。

①导轨的数量以及配置方式要保证导弹在发射装置上的姿态稳定，特别是对于舰载发射装置来说尤为重要，同时，还要考虑到装弹方便。

②导轨的布置位置要综合考虑导弹的外形及导弹下沉后的碰触问题。根据需要，导弹可挂在发射装置的上部（下挂弹）、中部或下部。下挂弹是舰载发射装置比较常用的方式，比较容易解决导弹下沉后的碰撞问题。

③导轨长度、离轨参数确定要确保满足导弹出筒速度的要求，同时，避免导弹出箱低头带来较大的燃气流冲击。

3. 小间隙式导向

小间隙式导向是指导弹和发射筒之间没有专门的导向元件，通过小间隙配合，利用发射筒本身实现发射过程中对导弹的导向作用。这种形式适用于导弹在发射筒内没有翼展的情况，要求导弹外壳承压较好。由于发射筒本身起到导轨的作用，所以对发射筒的制造精度要求较高。

2.3.5 发射装置尺寸、质量、精度的估算与分配

外形尺寸、质量、发射精度是发射装置的重要技术指标，决定该型发射装置在发射平台上的适装性。在进行总体方案的设计时，要对上述指标进行估算以及在各组成部分

之间进行分配，并及时和发射平台总体进行沟通协调，确保指标的合理性和可实现性。

发射装置外形尺寸要依据导弹的外形特点、外形尺寸，导弹的发射动力特性来决定。对于发射箱外形尺寸来说，要兼顾结构紧凑和发射安全性，如发射箱的截面尺寸要适应导弹外形包络，同时留有一定的弹箱间隙，确保在导弹运输、发射过程中导弹各个部分不与发射箱产生碰触。对于发射架的外形尺寸，要考虑发射架的承载和结构稳定性，在考虑重心尽可能降低的情况下，确保发射燃气流有足够的排导空间，这点对于舰载发射架而言尤为重要。在外形尺寸分配时，重点考虑发射装置在发射平台上的安装空间、操作空间。

为提高整个武器系统的机动性能和反应能力，一般对发射装置的质量指标要求较高，因此，设计时在满足各项功能性能指标要求的前提下，应尽可能减轻发射装置的质量。发射装置的质量取决于外形尺寸、所受载荷、所选材料以及具体的结构优化方案，轻量化设计通过仿真计算、结构优化、不同材料组合等方式开展。发射装置的质量指标分配是总体方案设计时重点考虑的问题，需要在各组成部分方案优化设计和载荷分析计算过程中不断调整确定。具体分配时，根据发射装置总的组成、载荷估算、组成部分可能使用的材料、结构形式等，将质量指标预分配给大的组成部分，并留有一定的余量，留待技术设计后对质量指标设计难以实现的组成部分给予补偿。

发射装置精度指标是导弹总体规定的，发射装置为导弹提供的，相对发射平台基准位置姿态的精度，以舰载倾斜热发射装置为例，它主要包括：

（1）俯仰角：装载平台后的发射箱导轨工作面相对舰水平基准面的仰角；

（2）横倾角：发射箱导轨与舰水平面在垂直射向上的夹角；

（3）方位角：发射导轨轴线与舰艇艉线夹角的偏差。

典型箱式发射装置大多由贮运发射箱（筒）、发射箱支架等组成，涉及精度分配的环节有：

（1）发射箱：导轨相对发射箱支脚的精度；

（2）发射箱支架：发射箱支脚安装平面与发射支架支脚间的精度；

（3）发射平台上安装发射箱支架的基座：安装基座与平台水平基准面间的精度。

精度分配时，要考虑发射装置的加工环节、精度、装配、检测的难易程度，安装时的偏差，等等。分配时应留有一定余量供各组成部分设计时调整，或用于产品使用过程中局部少量超差的补偿，以保证总体精度仍在任务书规定的范围内。

2.3.6　发射装置载荷分析计算

发射装置在整个寿命周期内的任务不是单一的，为完成不同条件下的任务，发射装置必须承受不同形式的载荷。设计时，应全面而正确地分析和计算发射装置在其寿命期内可能受到的各种载荷，这是确定发射装置结构方案和重要几何参数的依据，是分析发射装置在不同使用工况载荷下各项功能、性能能否可靠的依据。

发射装置载荷主要由结构和导弹自重、惯性载荷、风载荷、充气载荷、燃气流气动载荷、其他武器的冲击载荷等组成。发射装置在不同使用工况下的载荷状态是这些载荷的组合，在分析计算过程中，一般也是根据发射装置的使用工况进行分析计算的，如运输工况、发射工况、贮存工况、战备值班工况等。

惯性载荷主要指由于发射平台或运输平台的振动、制动、转弯等产生的对发射装置的惯性作用力，一般用过载系数来计算，过载系数是作用于物体上除重力外所有外力的总和与其自重之比。发射装置在运输、舰艇上战备值班、发射车上野外机动等过程中均存在惯性载荷，在发射装置吊装过程中也存在一定的惯性载荷。

风载荷是指风作用在发射装置上的载荷，与气候条件及发射装置的结构、迎风面和形状有关。随着导弹武器系统对全天候发射能力要求的提高，一般任务书要规定发射装置在一定风速条件下的正常发射，如某舰载发射装置要求在 20 m/s 风速条件下能够正常发射。由于风载荷与发射装置结构和迎风面等有关，在同样风速条件下，风向不同带来的载荷也不同，在计算时要考虑严酷风向。风载荷一般在发射工况和战备值班工况下要考虑。

充气载荷是指发射箱内充气产生的载荷。为了使导弹在贮运发射箱内有良好的贮存环境，一般需要向发射箱内充入一定压力的干燥气体，这是贮运发射箱在贮运工况下特有的载荷。

燃气流气动载荷是发射时燃气流对发射装置的冲击载荷，会对发射装置的刚度、强度以及动态响应产生一定的影响。燃气流载荷是热发射装置受到的重要载荷，在发射箱、导流器的设计过程中要重点考虑，尤其是对于自排导热发射方式，燃气流载荷是比较大的。燃气流载荷分析时要注意导弹出箱之后的冲击影响，如导弹出箱后一段距离时，由于气流的膨胀，将会影响到相邻号位的设备；由于出箱后的导弹低头、下沉等姿态变化，燃气流的冲击位置、范围也会有所不同。

除了上述发射装置受到的载荷之外，发射装置可能还需要承受其他武器带来的冲击载荷，如爆炸冲击波载荷、破片冲击载荷、枪弹冲击载荷等。这些冲击载荷对发射装置提出了装甲防护的要求，在方案设计时，要根据任务书的具体要求进行考虑。

2.3.7 发射装置配套设备组成

根据导弹武器系统的任务需求，确定发射装置的设备组成。如舰载发射装置，当采用固定角发射时，发射装置包含固定角发射架、贮运发射箱；当采用变角发射时，还要有回转装置。如潜载发射装置，除了发射架、发射箱之外，还需要均压设备、减振设备等。

导弹发射装置总体设计，除按任务书等文件要求论证，提出直接参与导弹火控系统工作的组成设备外，还应确定发射装置的配套设备组成，以确保发射装置实现和保持其功能与性能。主要配套设备分发射阵地和技术阵地配套设备两大部分。

典型的发射阵地配套设备主要有：

①发射装置状态检测设备，如电气检测设备等；

②发射箱补充充气设备；

③发射箱温控设备；

④环境检测设备；

⑤工作梯；

⑥备附件工具等。

根据作业内容，技术阵地一般配有：

①发射装置运输设备；

②导弹装填设备；

③发射装置吊装设备；

④发射箱发射后清理设备；

⑤供气设备；

⑥自动化检测设备；

⑦消防设备等。

在明确发射装置配套设备组成的基础上，要提出各配套设备的功能、性能要求，编制各配套设备的技术要求，以便配套设备与发射装置协调开展设计工作。

2.3.8　接口协调

发射装置与导弹、装载平台、火控系统及其设备、配套设备之间有着密切的结构和功能的联系，因此，在发射装置总体设计时，应当按照系统的要求进行总体技术协调。

发射装置的接口协调一般包含以下三个部分。

（1）发射装置各设备之间的机械、电气接口。

以典型的发射架和发射箱组成的发射装置为例，发射架和发射箱之间的接口主要包括：发射箱在发射架的安装接口，锁紧接口以及电气转接、电气控制之间的接口。

（2）发射装置与导弹、火控系统、装载平台之间的机械、电气接口。

发射装置与导弹之间的接口主要包括：导弹发射方式决定的导弹在发射装置上的固定、运动以及分离时的接口，导弹与发射装置之间的通信线路接口。具体来讲，有导弹滑块与发射箱导轨之间的接口、适配器定位销与导弹销孔之间的接口、锁弹机构与导弹之间的锁定接口、插头机构上脱落插头与导弹之间的电气接口等。

发射装置与火控系统之间主要是电气接口。

发射装置与装载平台如舰艇、发射车等之间的接口主要涉及发射装置在平台上的安装位置、安装方式、安装精度、固定接口，以及发射装置与平台上的电气连接的电缆出线口位置和尺寸，液压管路出口位置和尺寸，等等。

（3）发射装置与配套设备之间的机械、电气接口。

发射装置与配套设备之间的接口较多，如发射箱与装填设备之间的定位、固定接口，发射装置与吊装设备之间的吊装接口，发射装置与充气设备之间的充气接口，发射装置与电气性能检测设备之间的连接接口，发射装置与运输设备之间的连接固定接口，温控设备在发射装置上的进风和出风接口。

2.3.9　发射装置的具体结构、电气、液压方案设计

在上述工作协调开展的基础上，要进行发射装置具体结构、电气和液压方案设计，主要包括发射装置的结构设计，如发射架设计、发射箱设计及专用导流器设计等。发射装置电气系统主要包括实现指挥仪与导弹之间的通信连接、发射箱的开关盖控制、发射架的起竖控制、导弹的限位锁定控制以及发射装置所处状态的检测与显示等方案。发射装置的液压系统设计主要包括发射箱的开关盖控制、发射架的液压起竖等。

发射装置的具体结构、电气、液压等设计，可参考本书后续章节的相关详细内容。

2.4　冷发射总体方案设计

2.4.1　冷发射技术概念及分类

发射技术中利用火箭导弹以外的力源将火箭导弹发射出去的技术称为冷发射技术，也叫弹射技术。"冷发射"与"热发射"相对，其本质区别在于火箭、导弹的发射动力不是由箭、弹自身提供，而是由发射装置提供，因而在弹射装置的组成中需增设弹射动力系统，这样就提出了弹射内弹道学的问题。

目前，国内外包括反坦克导弹、地空导弹、舰空导弹、空空导弹、空地导弹、弹道式导弹、巡航导弹等在内的几十个型号的导弹都采用了冷发射方式。表2-1列出了几种典型的冷发射方式的导弹。

表2-1　几种典型的冷发射导弹

类型	典型型号	发射平台	现状	弹径/mm	弹长/mm	弹质量/kg	初速/(m·s⁻¹)
小型	米兰反坦克	发射车	服役	103	760	6.65	75
中型	S-300地空	轮式车辆	服役	520	6 980	1 700	
	V-1地地巡航		退役	820	7 600	2 200	100
（超）大型	SS-18地地弹道	地下井	服役	3 000	33 600	211 100	

1. 冷发射的特点

与热发射相比，冷发射技术具有其独特的优势，具体如下所述。

（1）发射环境及设施的适应性较好。

冷发射时，弹上发动机在导弹飞离发射装置一定距离后才点火工作，尾喷燃气流对发射场、设备和人员等作用较小。因此，导弹可以在森林、易燃物附近发射。采用冷发射便于在地面构筑简易掩体，便于利用地形地貌采取伪装措施，利于隐蔽。冷发射与热发射环境对比如图 2-6 所示。

（a）　　　　　　　　　　（b）

图 2-6　冷发射与热发射环境对比

（a）导弹被弹射出筒（冷）；（b）弹上发动机点火（热）

（2）地下井工程造价成倍地降低。

地下冷发射时，由于不需导流、排焰等处理措施，一般井径只需比弹射筒的外径大数百毫米即可。与热发射相比，地下井的结构大大简化，井的尺寸及工程量大幅度缩小，工程造价随之成倍地降低。因此，可以多造一些弹射井并按一定的安全距离分散布置，达到提高导弹生存能力的目的。

另外，当井径相同时，冷发射方式可以发射更大型的导弹，从而增加导弹射程和弹头的有效载荷，提高武器系统的威力。

发射环境的改善，有利于保护弹上仪器，并可以节省维护修补井壁的时间和费用。

（3）有利于载机的安全。

空中冷发射时，弹射器将导弹横向弹出一段距离后，弹上发动机再点火工作，其产生的燃气射流不会对载机发动机或机身造成影响。导弹也不再穿越载机形成的头部激波，有利于保持导弹的姿态稳定性。

（4）可提高其滑离速度。

反坦克导弹冷发射时，可提高其滑离速度，从而减小初始段弹道的散布，有利于导弹顺利进入视场而受控，从而提高发射精度，缩小杀伤区近界，提高近距离作战能力。

无控火箭或简易制导火箭也可采用弹射方式增加初速，提高发射精度。

（5）提高威力。

某些战略导弹热发射时，导弹获得 $150\sim300$ m/s 的速度，所消耗的推进剂质量可占导弹起飞质量的 20%～30%。冷发射减轻了弹上发动机的负担，可以使导弹第一级发动机节省 10% 以上的燃料。由此节约出来的发动机质量可用来增加战斗部装药质量，从而提高武器系统威力；或者，将节约出来的发动机质量用来增加续航发动机的推进剂质量，由此来增加导弹的射程。

（6）减少导弹的推力损失。

对于垂直发射的导弹，采用冷发射方式可以减少导弹的推力损失，转弯可在弹上发动机点火之前完成。

冷发射技术尽管有上述诸多优点，但也存在问题，具体体现在以下几方面。

（1）可靠性相应降低。

弹射装置需要增加产生燃气、密闭燃气、隔离、止动等功能组件，质量加大，结构复杂，整个发射装置的可靠性相应降低。

（2）需增加止动或分离装置。

一般弹射装置都需要增加隔离装置，将做功的高温燃气与导弹隔离开来。当隔离装置在发射筒口处止动与弹分离时，止动过程对发射装置造成冲击，且需设置专门的筒口止动装置。当隔离装置随弹一起飞离发射筒，在空中分离时，需保证二者可靠分离，并需控制隔离装置落地点，使其落下后不危害周围设备和人员。

（3）产生后坐。

由发射原理决定，弹射时发射装置都产生后坐。当单兵发射时（如小型反坦克导弹），过大的后坐冲量将危及射手安全；当车载倾斜发射时，后坐冲量对发射车产生后翻力矩，不利于发射车的稳定。因此，一般弹射装置需要设置反后坐装置，此装置不仅结构复杂，而且由于反后坐装置产生后喷燃气，会造成发射环境恶化。对于较大型的陆基机动垂直发射的导弹，不必设置反后坐装置，后坐力由地面承受，但因此对发射场地有较严格的要求，不利于实现任意点机动发射。

（4）重新装弹不方便。

弹射器重新装弹不方便，小型导弹的弹射筒只能一次性使用。

（5）垂直弹射时有导弹坠落风险。

垂直弹射时，弹上发动机在空中点火必须安全可靠，否则因点火不成功而造成导弹坠落，将给人员和阵地、设备等造成极大危害。

上述问题限制了冷发射技术在某些导弹武器系统中的应用，目前冷发射技术的发展着重于解决这些问题。国内外公开发表的文献中已有一些解决这些问题的方法和设想。

2. 弹射装置的分类

按照做功工质的不同，弹射装置分为以下几类：燃气式弹射装置、压缩空气式弹射装置、液压式弹射装置、电磁式弹射装置。

燃气式弹射装置可以进一步划分为以下几种形式：串联或并联无后坐式、横弹式、活动底座式、燃气 - 蒸汽式、自弹式、提拉式、炮射式等。

无后坐式、横弹式、活动底座式、燃气 - 蒸汽式以及提拉式等弹射器的高压室固定于弹射器上，不随导弹一起运动，所以也称为固定高压室式弹射器。自弹式弹射器的高压室则随着弹体一起运动，也称为运动高压室式弹射器。有时，运动高压室直接由弹上发动机兼任（实际上，发射筒底部密闭的自力发射即为自弹式发射）。自弹式本质上是自力发射与弹射的结合，因弹射力占发射动力的主要部分，自推力所占比重较小，一般将其归为弹射的一种。

压缩空气式及液压式弹射主要用于无人机气液弹射。

近年来对电磁式弹射的研究逐步深入，其主要应用于无人机起飞。

1）无后坐式弹射器

无后坐式弹射器主要用于小型战术导弹，如"HJ - 8""米兰"反坦克导弹武器系统等（图 2 - 7），其发射筒上具有尾喷管——反后坐装置，利用喷气推进原理抵消发射筒的后坐。

（a）　　　　　　　　　　　　　　　　（b）

图 2 - 7　无后坐式弹射器

（a）HJ - 8；（b）米兰

根据高、低压室与尾喷管配置关系的不同，无后坐式弹射器又可分为并联无后坐式弹射器与串联无后坐式弹射器。

并联无后坐弹射器的特点是"低压推弹、低压后喷"，即尾部喷管与低压室相连，高压室产生的燃气流入低压室降压后，一方面推动导弹向前运动，另一方面向后经喷管流出，产生向前推力以平衡发射筒的后坐。串联无后坐弹射器的特点是"低压推弹、高压后喷"，即尾部喷管与高压室相连，高压室一部分燃气向前流入低压室，降压后推动导弹向前运动，一部分燃气不经降压直接由喷管流出，产生向前推力，以平衡发射筒的后坐。也有的弹射器只抵消部分后坐，而利用剩下部分后坐将一次性使用的发射筒后抛，便于再次装填。

无后坐式弹射器存在的主要问题是发射筒尾部需设置喷管，结构复杂，尺寸加大；有燃气喷出，发射环境较恶劣。此外，高压室装药的一半以上都用来抵消后坐，利用率不高。

2）横弹式弹射器

横弹式弹射器（图2-8）的弹射力垂直于导弹纵轴，一般用于空空、空地、空舰等机载导弹的发射。未发射时，导弹通过挂弹架上的挂弹钩固定于载机上。发射时，高压室产生的燃气一部分通过节流口流入低压室，推动前后活塞杆，给导弹施加向下的弹射力；同时，一部分燃气推动中间的小活塞杆向下运动，使之推动与挂弹钩相连的连杆机构，将挂弹钩与导弹脱开，导弹在弹射力与重力作用下向下弹出一段距离后，弹上发动机点火。

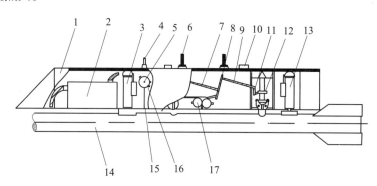

图2-8 横弹式弹射器原理图

1—本体；2—电路盒；3，13—作动机构；4，10—限动器；5—延迟点火机构；

6—吊环；7—协动连锁机构；8，9—连杆；11—拨叉；12—套筒；

14—导弹；15—拉杆；16—点火盒；17—高压室

有的机载导弹发射时，只依靠重力将导弹与载机脱离一段距离后，弹上发动机再点火。此种方式一般称为投放式发射。

3）活动底座式弹射器

活动底座式弹射器用于地下井发射战略导弹（图2-9），如俄罗斯的SS-18战略导弹、美国"卫兵"反导系统中的"斯普林特"低空拦截导弹等。

由于低压室内燃气温度很高，可达2 000 ℃以上，若直接作用于导弹尾部，会对导弹造成烧蚀，甚至可能引起弹上发动机误点火，因此，活动底座式弹射器设置隔热装

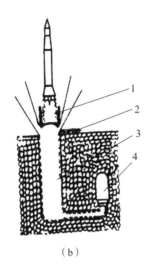

（a）　　　　　　　　　　　　　　　　　　（b）

图 2 - 9　活动底座式弹射器

（a）实物图；（b）原理图

1—活动底座；2—筒口顶盖；3—发射筒；4—高压室

置即活动底座（也称尾罩），将导弹与燃气隔离开来。活动底座还起到密封作用，以利于建立低压室压力。

在井下，导弹与活动底座一起向上运动。导弹出井后，活动底座可以止动于井口，与导弹分离；也可随导弹一起飞出井外，在空中与导弹分离。

该类弹射器存在的主要问题是活动底座的分离方式。若底座止动于井口，则对井口造成很大的冲击和破坏；如果回落井底，还会对井壁、井下设备等造成损害，且不利于再次装填导弹。若底座随导弹飞出井外，则需保证与导弹的可靠分离，并需设置侧抛装置，如侧向发动机，将活动底座侧向抛至安全区域，如图 2 - 9（a）所示，以防其垂直坠落后砸到人员、发射井或其他地面设备。

4）燃气 - 蒸汽式弹射器

燃气 - 蒸汽式弹射器用于水下发射或陆基机动发射战略导弹，如美国的"北极星A3"、"海神 C3"、MX，苏联的 SS - N - 6 等，也可用于地下井发射战略导弹。

燃气 - 蒸汽式弹射器的做功工质为燃气与蒸汽的混合气体，其温度可大幅度降低，只有几百摄氏度，因此，可以去掉隔热装置，从而解决活动底座与导弹分离过程存在的安全问题。

根据冷却水与燃气的混合方式，可进一步地将燃气 - 蒸汽式弹射器分为逐渐注水式燃气 - 蒸汽式弹射器（图 2 - 10）和集中注水式燃气 - 蒸汽式弹射器（图 2 - 11）两种形式。

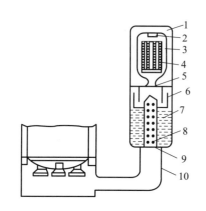

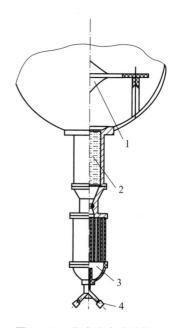

图 2-10　逐渐注水式燃气-蒸汽式弹射器
1—弹射器；2—点火器；3—高压室；4—装药；
5—喷管；6—分流圆筒；7—水室；
8—立管；9—膜片；10—弯管

图 2-11　集中注水式燃气-
蒸汽式弹射器
1—雾化整流装置；2—水室；
3—高压室；4—点火器

　　逐渐注水式燃气-蒸汽式弹射器的燃气与水混合相对均匀，但其结构复杂；集中注水式燃气-蒸汽式弹射器结构相对简单，但燃气和蒸汽不如逐渐注水式混合得均匀。由于燃气经过降温，该类型的弹射器热效率低，反应速度相对较慢。

　　水下发射时因有水柱产生，极易暴露潜艇位置，故发射后潜艇需高速转移。此类弹射器的另一个主要缺点是水室体积大，致使整个弹射器体积较大，不便于陆基机动使用。此外，对于陆基机动发射，其冷却水需有保温措施，以防低温环境下结冰。

　　5）提拉式弹射器

　　提拉式弹射器也称为活塞气缸式弹射器，其典型代表为俄罗斯的垂直发射防空导弹 S-300 和"道尔"等。其中 S-300 采用的是燃气发生器外置双缸提拉式（图 2-12），它由 1 个外置燃气发生器（高压室）通过管路与 2 个气缸（低压室）相连；而"道尔"采用的是燃气发生器内置单缸提拉式，其燃气发生器内置于弹射气缸，与活塞做成一体。

　　提拉式弹射器的优点如下：

　　①燃气在气缸内作用于活塞，再通过活塞杆带动提弹梁对导弹进行加速，燃气和导弹完全分离，不需要活动底座等隔热装置或水室等降温装置，便于战场使用。

　　②发射筒只用于贮运导弹，不再作为低压室，因此在壁厚、质量等方面的要求均可降低。

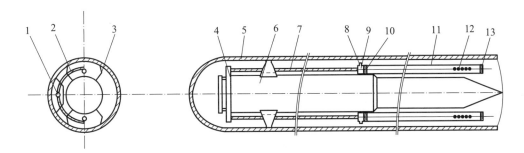

图 2 – 12 双缸提拉式弹射器

1—高压室；2—导气管；3—导弹折叠翼；4—提弹梁（托盘）；5—发射筒；6—导弹；7—活塞杆；
8—进气孔；9—低压室；10—活塞；11—活塞筒；12—卸压孔；13—缓冲垫

③弹射装置与导弹并行放置，可缩短发射筒的长度，有利于改善武器系统的机动性。

然而，受结构限制，提拉式弹射器同时也存在以下缺点：

①导弹在筒内的加速距离短，不超过筒长的一半，后半程只靠惯性运动。因此，要达到同样的出筒速度，导弹的发射过载要大得多。

②气缸的内径比发射筒的内径小得多，为满足弹射力需求，气缸内的压力高。

③发射筒径向尺寸加大，不利于多联装布置。

6）无人机气液弹射

无人机气液弹射技术是国际上适用于中小型无人机的一种先进发射技术，该发射方式具有安全隐蔽性好、经济性好、适应性好等优点，对发射场地要求较低，发射费用较低，通用化程度高。

无人机最常用的发射装置主要有手发射、零长发射、滑轨式发射、车载助飞、母机发射、起落架滑跑起飞等多种方式。滑轨式发射是把无人机固定在轨道式发射装置上，在发射装置的动力下起飞，飞离发射装置后靠主发动机的推力作用完成飞行任务。滑轨发射的方式可以是弹力式、气液压或气动式，其中气液压弹射起飞方式是近年来国际上出现的一种先进的无人机发射方式，与其他起飞方式相比，其优点在于：

①具有安全隐蔽性好、经济性好、适应性好等优点，不会产生光、声、热、烟雾等信号，便于起飞场地的隐蔽。

②不存在火控器材的贮存、运输和管理问题，且每次进行无人机发射时消耗性器材及支援保障的费用较低。

③在一定范围内通过调节蓄能器充气压力和充油压力便可适应不同无人机对起飞质量与起飞速度的使用要求。

④气液压弹射起飞装置可安装于车上，便于机动作战和运输转移，对发射场地没有特殊要求，具有很好的机动灵活性。

无人机气液压弹射系统主要由气液压能源系统、滑行小车系统、缓冲吸能系统、弹射架系统、增速系统、卸荷控制机构、释放机构、无人机闭锁机构、电气控制系统等多个分系统组成。其工作原理是由气液压能源系统为无人机弹射提供动力，以滑行小车系统为运动载体在弹射架上加速至无人机安全起飞速度，当滑行小车与无人机一起运动的速度达到起飞速度时，卸荷控制机构切断动力源，滑行小车被缓冲吸能系统阻挡而急剧减速，而无人机则在惯性和发动机推力的作用下以起飞速度从滑行小车上分离起飞。

目前，美国的"天鹰座""R-4E SkyEye""鬼狐"，英国的"不死鸟"，瑞士的"巡逻兵"和法国的"闪光"等无人机均采用气液弹射的发射方式。美国 ESCO 公司的 HP 弹射器、瑞士 RUAG 公司的弹射器和芬兰 Robonic 公司的无人机弹射器代表目前世界无人机气液压弹射技术的最高水平，分别如图 2-13、图 2-14 和图 2-15 所示。

图 2-13 美国 ESCO 公司的 HP 弹射器

图 2-14 瑞士 RUAG 公司的弹射器

图 2-15 芬兰 Robonic 公司的无人机发射架发射状态

7）电磁式弹射器

电磁式发射器是利用电磁力推动物体，使物体在短距离内加速到一定速度后发射出去的装置。电磁发射的概念早在 19 世纪 40 年代就被提出，但是直到 20 世纪 70 年代，随着电源和电子技术水平的提高，电磁发射技术才开始有了飞速发展。

电磁发射技术最初用于使小质量物体获得超高速的运动速度，即电磁炮技术。其弹丸质量很小，一般只有几克到几百克，最大也不过几千克；但其初速很高，可达 2 ~ 2.5 km/s，甚至更高，理论上可以达到每秒上百千米。

按照其工作原理和工作方式，可将直线电磁发射器分为轨道型、线圈型和重接型等。

轨道型电磁发射器（轨道炮）由两条连接着大电流源的固定平行导轨和一个沿导轨轴线方向可滑动的电枢组成。发射时，电流由一条导轨流经电枢，再由另一条导轨流回，而构成闭合回路。电流流经两平行导轨时，在两导轨间产生磁场，这个磁场与流经电枢的电流相互作用，产生强大的磁力，该力推动电枢和置于电枢前面的射弹沿导轨加速运动，从而获得高速度。轨道炮式发射器原理如图 2 - 16 所示。

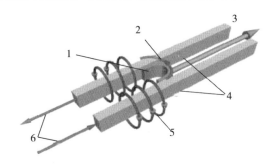

图 2 - 16　轨道炮式发射器原理

1—电枢（射弹）；2—电枢电流；3—电磁发射力；4—轨道；5—磁场；6—驱动电流

轨道炮的优点是结构简单、适用范围广，可作为天基战略反导武器，发射质量为 1 ~ 10 g 的弹丸，能使其速度达到 20 km/s 以上，以拦截战略导弹；也可用于地面战术武器，如反装甲和防空武器等。其缺点是效率低，一般在 10% 左右；大电流对导轨的烧蚀严重，影响其使用寿命。近年来研究了一些改进措施以克服上述缺点。例如，在轨道炮的外面与轨道并行走向绕多匝线圈以增强磁场并减小电流，或者采用分段贮能、供电或多级串联使用以提高效率。

线圈型电磁发射器早期又称为同轴加速器，一般是指用序列脉冲或交流电流产生运动磁场，从而驱动带有线圈的弹丸或磁性材料弹丸的发射装置。由于其工作的机理是利用驱动线圈和被加速物体之间的耦合磁场，因此，线圈型电磁发射器的本质可以理解成直线电动机。驱动线圈和发射线圈同轴排列，发射线圈上以永磁或电励磁方式建立一个恒定磁场，两个线圈之间产生互感；当驱动线圈中通以规律的电流时，发射线圈上始终受到一个轴向力，从而使其加速，沿着轴的正方向前进。一般地，为了减少加速力的波动和延长其加速行程，驱动线圈和发射线圈都做成多匝结构。多匝线圈型电磁弹射器工作原理如图 2-17 所示。

线圈型电磁发射器与电磁轨道炮相比，具有以下优点：

①加速力大，其加速力峰值可达电磁轨道炮的 100 倍；

②射弹不与发射器的膛壁直接接触，而是靠磁悬浮力运动的，没有摩擦；

③加速力施加于整个射弹之上，能量利用率较高，一般可达 50%；

④所需要的电流较小，不存在兆安级的脉冲电流，可使开关装置简化。

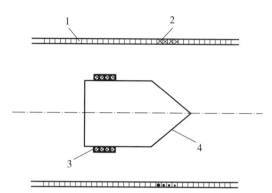

图 2-17 多匝线圈型电磁弹射器原理

1—驱动线圈；2—通电区间；

3—发射线圈；4—被加速物体

由于加速线圈与弹丸线圈之间的相互作用，相当于两个磁体间的相互作用，既可以相斥也可以相吸，可使弹丸加速也可使弹丸减速，因此，对于同步电动机型等线圈型电磁发射器，必须保证加速线圈产生的磁场与弹丸线圈的运动位置精确同步，增加了技术复杂程度。

重接型电磁弹射器（重接炮）是电磁炮的一种新形式。1986 年，美国桑迪亚国立实验室的考恩等人提出了重接式电磁发射器的概念，1991 年至今，美国陆军弹道实验室对其进行了重点研究。

重接型电磁弹射器的基本工作原理如图 2-18 所示。由于变化的磁场在弹丸中产生涡流，涡流又与变化的磁场相互作用产生电磁力加速弹丸。图中所示是板状弹丸的重接炮工作过程。当弹丸前沿达到线圈前沿时，外接脉冲电容向线圈充电［图 2-18（a）］；线圈电流达到最大值，同时，弹丸的后沿与线圈的后沿重合时，将外接的脉冲电源断开，此时的电能以磁能方式贮存在上、下两个线圈的磁场中，两线圈产生的同向磁力线被板状弹丸完全截断［图 2-18（b）］；当弹丸飞行到尾部，与线圈左侧拉开一个缝隙时［图 2-18（c）和图 2-18（d）］，被弹丸截断的磁力线在拉开的缝隙中重接，重接使原来

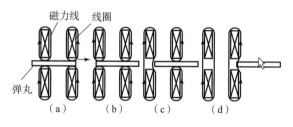

图 2-18 重接型电磁弹射器原理

弯曲的磁力线有被拉直的趋势，推动弹丸前进。这样，原来贮存在上下两个线圈中的磁能转变为弹丸的动能。

重接型电磁发射综合了线圈炮能发射大质量弹丸和轨道炮能发射超高速弹丸的优点，主要体现为：

①弹丸与线圈无接触、无烧蚀，欧姆损失相对小得多；

②每单位长度上传递给弹丸的能量要比其他电磁发射方式多得多；

③弹丸在飞行中稳定性高，不会产生横移、俯仰和偏航；

④效率比较高，而且随着弹丸质量的增加，效率也呈现增加的趋势；

⑤成本比较低。

重接炮被认为是未来天基超高速电磁炮的结构形式。但目前其理论和实践上均不够成熟。

2.4.2　冷发射总体方案设计思路

冷发射总体方案的设计，除了有与热发射相同的发射装置匹配结构、对弹的限位锁定、脱落插头机构等操作机构外，更主要体现在对弹射内弹道学的研究和弹射器的设计。

先了解几个概念：弹射装置，弹射器和高、低压室，其中采用弹射技术发射火箭导弹的装置称为弹射装置，弹射装置中产生弹射动力并将火箭导弹发射出去的部分叫弹射器，弹射器中涉及压力由高到低传递的两个空间叫高、低压室。弹射内弹道学主要研究弹射动力源的动力产生规律（如燃气在高压室内的燃烧规律）、导弹运动规律、动力源流动规律、能量转化规律以及弹射器内的压力变化规律等方面的内容。进行冷发射总体方案设计，就是要分析研究弹射过程中各因素之间的关系，具体地说，就是动力源条件（如火药种类、形状、尺寸、火药质量、导弹质量等）、弹射器结构诸元（如发射筒口径 $d_筒$，发射筒断面积 S，高、低压室的初始容积 $\overline{W_{10}}$、$\overline{W_{20}}$，导弹全行程长 l_g 等）与高、低压室的压力变化规律，以及导弹速度变化规律之间的关系。

1. 弹射器内弹道结构参数设计

弹射器内弹道结构参数设计具体表现在：在给定导弹直径、离筒速度、导弹发射质量及允许的最大纵向加速度的条件下设计出保证发射筒无后坐的高、低压室构造诸元及装填条件。

弹射内弹道设计的基础是基本方程：

$$S_{kp1}p_1 = \frac{\overline{p_2}\left(W_{20} + \frac{S^2\overline{p_2}}{2\varphi m}t_k^2\right)}{\sqrt{\chi_1 RT_0 \varphi_2 K_0 \tau_2 t_k}} + \frac{S_{kp2}\overline{p_2}}{\sqrt{\tau_2}} \tag{2-1}$$

方程左端反映了从高压室流入低压室燃气平均秒流量的大小，方程右端由 $\overline{p_2}$ 及装填条件、构造诸元组成。因此，上式表征了在一定的构造诸元和装填条件下，为了在低压室建立起必要的 $\overline{p_2}$ 而需要的燃气每秒流入量，这是弹射内弹道设计的基本依据。

本部分以并联无后坐弹射器为例，介绍弹射器内弹道结构参数设计的基本内容和方法。

1）发射筒内径 $d_筒$

已知发射筒内径 $d_筒$，计算得到发射筒的断面积 S，则推动导弹向前运动的弹射力为 Sp_2。在方案设计时，希望适当增加发射筒断面积 S 以提高弹射力，或者在保持弹射力不变的条件下，增加 S 以获得较低的 $\overline{p_2}$，有利于减轻发射筒质量。

2）导弹行程

确定导弹的弹射行程 l_g。

3）低压室平均压力

由 $S\overline{p_2}l_g = \dfrac{1}{2}\varphi m v_g^2$ 得到低压室平均压力 $\overline{p_2}$，其中 φ 指次要功系数，m 是导弹质量，通过次要功系数将其他一些能量损失折算成一定的质量进行设计和计算。

4）平均加速度

根据低压室平均压力反算平均加速度 $\overline{a}$：

$$\overline{a} = \frac{S\overline{p_2}}{\varphi m}$$

5）导弹筒内运动时间

根据匀加速直线运动，假定：

$$t_g = \frac{v_g}{\overline{a}}$$

式中　t_g——导弹弹射结束时间；

　　　v_g——导弹弹射结束时获得的速度。

6）高压室燃烧结束时间 t_k

从 t_k 点开始，高压室没有装药燃烧，压力迅速下降，但此时导弹运动速度已较大，低压室容积扩大较快，因此高压室装药燃烧不能过早结束，t_k 不应比 t_g 小得过多，否则，压力冲量将不能使导弹的速度由 v_k 增加到所需要的 v_g；另外，也不应该将燃烧结束点取在发射筒口（或弹射结束点），因为当 $t_k = t_g$ 时，燃烧结束点的跳动将不可避免地引起导弹离筒速度 v_g 的分散，这对无控段的精度是不利的，为了兼顾这两方面的要求，则：

$$t_k = \partial t_g$$
$$\partial = 0.9 \sim 0.95$$

7）低压室喷管喉部面积 S_{kp2}

根据无后坐条件得到：

$$S_{kp2} = \frac{1}{\chi_0 \xi}S$$
$$\chi_0 = 0.88 \sim 0.95$$

推力系数 ξ 的值可由计算得到，亦可查表得到。

8）低压室初始容积 W_{20}

低压室初容的确定根据具体的结构空间进行，同时参考低压室状态方程：

$$p_2 = \frac{\chi_1 \tau_2 R T_0 (Y_1 - Y_2)}{W_{20} + Sl}$$

由状态方程可知，初始容积 W_{20} 越小，则 p_2 越大，低压室压力曲线上升得快。当导弹开始运动以后，弹后空间 Sl 不断增加，W_{20} 相对于 Sl 变为小量，对 p_2 的影响越来越小。

设计过程中，可对 W_{20} 先做初步估计和根据结构空间进行协调，通过仿真计算后再进行调整。

9）药型选择

确定选用恒面燃烧装药、增面燃烧装药或者减面燃烧装药，并根据初步估算确定具体火药的燃速范围，以初步确定采用的火炸药牌号。

10）高压室工作压力

低压室流入采用的是临界流量公式，因此，必须保证低压室压力与高压室压力之比小于临界压力比 χ_{kp1}。为可靠起见，取低压室高温时的最大压力 p_{2m} 与高压室常温时的工作压力之比小于其临界压力比，则能保证高压室喷喉为临界状态的高压室工作压力值，即

$$\frac{p_{2m}}{p_1} \leqslant \chi_{kp1} = \left(\frac{2}{k+1} \right)^{\frac{k}{k-1}}$$

式中　k——装药的绝热系数。

11）高压室喷口的喉部面积

根据基本方程（2 – 1）确定高压室喷口的喉部面积。

12）高压室装药

高压室装药设计包括火药量、装药燃面、装药形状、排布方式、根数等参数的设计和确定，其解并不唯一，可根据后续仿真结果和实际加工制造条件进行适当调整，确定出较优方案。

2. 弹射内弹道仿真

对于具有高、低压室结构的无后坐式弹射器，其内弹道问题的计算方法大多为零维模型，即高、低压室参量都取瞬时平均值。可见以经典内弹道学为基础的零维模型具有一定的代表性，大量的试验表明，其可以满足一般工程计算的需要。当然，随着计算精度要求以及对武器系统性能要求的不断提高，一维气动力模型成为必要，甚至二维气动力模型也在不断发展。本部分以冷发射常用的高、低压室串联无后坐弹射器为例，阐述内弹道仿真零维模型。

串联无后坐式弹射方案，高、低压室依次排列，串联在一起，内弹道特点是低压推弹，高压后喷，高压室中燃气一部分流入低压室，与此同时，还有燃气的尾喷运动，低压室只有燃气的流入及导弹的运动两个过程，该方式下的弹射器示意图如图 2 – 19 所示。

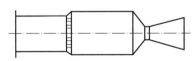

图 2 – 19　串联无后坐式
弹射器示意图

1）高压室内弹道方程组

（1）基本假设。

解决计算问题常常在一定假设的前提下进行，不同的假设有不同的方程组。实际中的高压室的工作过程是比较复杂的，属于有化学反应的实际气体的非定常流动问题，但为了实际的工程计算，做以下假设：

①由于高压室中气流流动速度远小于喷管中气流流动速度，故可以认为燃气在高压室中无流动，各处的 p_1、ρ、T_1 是均一的。

②高压室燃气按理想气体处理。

③认为燃气的成分、物理化学性质是不变的。这样，与火药性质有关的量如爆温 T_V、定压比热容 c_p、余容 α 和绝热指数 k 等均看作常量。

④在高压室中，火药燃烧过程是绝热的，与室壁没有热交换。实际存在的热损失用小于 1 的系数 χ_1 对定压燃烧温度 T_0 进行修正，修正后为 $\chi_1 T_0$。

⑤在装药燃烧阶段（包括上升段及平衡段）认为高压室燃气温度（以下简称高压室温度）T_1 是常量，大小为修正后的定压燃烧温度 $T_1 = \chi_1 T_0$。

⑥在点火压力 p_{ig} 下，装药瞬时、全面点燃，装药的燃烧服从几何燃烧定律。

（2）内弹道方程组。

串联无后坐高压室从本质上说是两端都有开口的非密闭燃烧室，称为半密闭燃烧室，特点有二：一是高压室容积不变，二是有气体流出现象。

①质量平衡方程。

$$W_\Psi \rho = \omega_{YR} - Y_1 - Y_2 \qquad (2-2)$$

式中　W_Ψ——高压室的自由容积，即气体分子可以自由运动的空间：

$$W_\Psi = W_{10} - \frac{\omega}{\gamma}(1 - \Psi)$$

ρ——燃气密度；

ω_{YR}——某瞬时 t 火药已燃部分质量；

Y_1——时间 t 内高压室流向低压室的燃气的总流出量：

$$Y_1 = \int_0^t G_1 \mathrm{d}t$$

Y_2——时间 t 内高压室后喷口流出的燃气的总流出量：

$$Y_2 = \int_0^t G_2 \mathrm{d}t$$

其中　G_1——高压室前喷口流入低压室燃气的秒流量；

G_2——高压室后喷口流出燃气的秒流量；

Ψ——火药已燃部分与火药总质量之比；

W_{10}——高压室无装药时的容积。

在装药燃烧阶段的某一瞬时 t，高压室中保留的燃气量应等于火药已燃部分质量减去从喷口流出的燃气质量，包括从高压室前喷口流入低压室的燃气质量和从高压室尾喷口流入大气空间的燃气质量两部分。

②气体状态方程（高压室按理想气体考虑）。

$$p_1 = \rho R T_1 , \quad p_1 = \rho \chi_1 R T_0 , \quad p_1 \varpi = \chi_1 R T_0 \tag{2-3}$$

③流量方程。

弹射器高压室的燃气不是流入大气空间，而是流入具有一定压力的低压室空间。虽有反压作用，但由于高压室压力常数倍于低压室压力，仅在弹射过程末段高、低压室压力有可能接近。因此，在整个弹射过程中，认为高压室喉部能维持临界状态，由气体动力学可知，喷管流动按一维定常等熵变截面流。

$$G_1 = \frac{K_0}{\sqrt{R T_1}} S_{kp1} p_1 \tag{2-4}$$

式（2-4）是在喷管没有摩擦和热损失等一系列条件下导出的，且高压室喷管的径向分布也会造成流量损失。因此，实用时，误差通过试验引入一个通常小于1的系数 φ_{21} 予以修正，φ_{21} 就是实际流量与理想流量之比，称为流量消耗系数，其大小可根据喷管形状用近似公式算出，亦可在 0.85 ~ 0.95 范围内选取。得出实用的高压室喷口流量公式：

$$G_1 = \varphi_{21} \frac{K_0}{\sqrt{R T_1}} S_{kp1} p_1 = \varphi_{21} \frac{K_0}{\sqrt{\chi_1 R T_0}} S_{kp1} p_1 \tag{2-4a}$$

除了流入低压室的部分，还有尾喷管流向外界大气空间的部分，高压室燃气从尾喷管流向外部大气空间，外界大气压相对于高压室压力是小量，所以忽略不计，尾喷口保持临界流量：

$$G_2 = \varphi_{21} \frac{K_0}{\sqrt{R T_1}} S_{kp2} p_1 = \varphi_{21} \frac{K_0}{\sqrt{\chi_1 R T_0}} S_{kp2} p_1 \tag{2-5}$$

④火药的燃速方程。

$$u = a p_1^n \tag{2-6}$$

⑤燃气生成速率。

$$\omega \frac{\mathrm{d}\Psi}{\mathrm{d}t} = \gamma s u = \gamma s a p_1^n \tag{2-7}$$

式中　s——装药燃烧表面积。

⑥过程方程。

当高压室装药燃烧已经结束，进入排气段时，高压室燃气没有生成，只有流出，则 T_1 不再是常量，而是不断下降的变量。因此，补充过程方程以满足增加变量 T_1 的要求：

$$p \cdot \left(\frac{1}{\rho} \right)^k = 常量 \tag{2-8}$$

至此，高压室的内弹道方程组已经建立：

$$\left. \begin{aligned} W_{\Psi} &= W_{10} - \frac{\omega}{\gamma}(1 - \Psi) \\ p_1 &= \rho \chi_1 R T_0 \\ G_1 &= \varphi_{21} \frac{K_0}{\sqrt{\chi_1 R T_0}} S_{kp1} p_1 \\ G_2 &= \varphi_{21} \frac{K_0}{\sqrt{\chi_1 R T_0}} S_{kp2} p_1 \\ u &= a p_1^n \\ \omega \frac{\mathrm{d}\Psi}{\mathrm{d}t} &= \gamma s a p_1^n \\ p\left(\frac{1}{\rho}\right)^k &= 常量 \end{aligned} \right\} \qquad (2-9)$$

由以上方程组推导压力对时间的变化率。

将质量平衡方程两端对时间 t 求导得：

$$\frac{\mathrm{d}(W_{\Psi}\rho)}{\mathrm{d}t} = \frac{\mathrm{d}\omega_{YR}}{\mathrm{d}t} - \frac{\mathrm{d}Y_1}{\mathrm{d}t} - \frac{\mathrm{d}Y_2}{\mathrm{d}t} = \frac{\mathrm{d}\omega_{YR}}{\mathrm{d}t} - G_1 - G_2 \qquad (2-10)$$

引入燃去比 Ψ，则由式（2-10）得：

$$W_{\Psi} \frac{\mathrm{d}\rho}{\mathrm{d}t} + \rho \frac{\mathrm{d}W_{\Psi}}{\mathrm{d}t} = \omega \frac{\mathrm{d}\Psi}{\mathrm{d}t} - G_1 - G_2 \qquad (2-11)$$

由高压室状态方程（2-3）得：

$$\rho = \frac{p_1}{\chi_1 R T_0} \qquad (2-12)$$

式（2-12）等号两边对时间 t 求导：

$$\frac{\mathrm{d}\rho}{\mathrm{d}t} = \frac{1}{\chi_1 R T_0} \frac{\mathrm{d}p_1}{\mathrm{d}t} \qquad (2-13)$$

将式（2-13）代入式（2-11），有：

$$\frac{W_{\Psi}}{\chi_1 R T_0} \frac{\mathrm{d}p_1}{\mathrm{d}t} + \frac{\rho}{\gamma} \omega \frac{\mathrm{d}\Psi}{\mathrm{d}t} = \omega \frac{\mathrm{d}\Psi}{\mathrm{d}t} - G_1 - G_2 \qquad (2-14)$$

整理得

$$\frac{\mathrm{d}p_1}{\mathrm{d}t} = \frac{\chi_1 R T_0}{W_{\Psi}} \left[\omega \frac{\mathrm{d}\Psi}{\mathrm{d}t} \left(1 - \frac{\rho}{\gamma}\right) - G_1 - G_2 \right] \qquad (2-15)$$

式（2-15）表明：对确定的装药及高压室，压力的变化率取决于燃气的每秒净增量与每秒流出量之差，其中 $\omega \dfrac{\mathrm{d}\Psi}{\mathrm{d}t}\left(1 - \dfrac{\rho}{\gamma}\right)$ 是每秒生成量与每秒填充量之差，又称为每秒净增量。一般地，燃气的密度 ρ 比火药的密度 γ 小得多（$\rho \leqslant (1\% \sim 2\%)\gamma$），所以 $\dfrac{\rho}{\gamma}$

的值远小于 1，故计算中忽略不计。压力变化率的方程、质量平衡方程、火药燃速方程以及高压室燃气流入流出方程一起组成了高压室的内弹道方程组：

$$
\left.
\begin{aligned}
&\frac{\mathrm{d}p_1}{\mathrm{d}t} = \frac{\chi_1 R T_0}{W_\Psi}\left(\omega\frac{\mathrm{d}\Psi}{\mathrm{d}t} - G_1 - G_2\right) \\
&W_\Psi = W_{10} - \frac{\omega}{\gamma}(1 - \Psi) \\
&\omega\frac{\mathrm{d}\Psi}{\mathrm{d}t} = \gamma s a p_1^n \\
&G_1 = \frac{\mathrm{d}Y_1}{\mathrm{d}t} = \varphi_{21}\frac{K_0}{\sqrt{\chi_1 R T_0}}S_{kp1}p_1 \\
&G_2 = \frac{\mathrm{d}Y_2}{\mathrm{d}t} = \varphi_{21}\frac{K_0}{\sqrt{\chi_1 R T_0}}S_{kp2}p_1
\end{aligned}
\right\}
\tag{2-16}
$$

此方程组只需知道燃面 s 便构成进行高压室数值计算的方程组了。

2）低压室内弹道方程组

（1）基本假设。

弹射现象复杂多样，并非所有的弹射现象都能准确无误地用内弹道方程表达出来，而是在某些假设的基础上用内弹道方程组表示出主要的物理现象，忽略掉次要的现象，既使内弹道计算保持一定的准确性，又使计算过程得到简化。对低压室的假设如下：

①低压室的燃气状态为高温低压，做理想气体处理。

②燃气在尾喷管内的流动服从一维定常等熵假设。

③不考虑发射筒中的压力分布，方程中的压力一律采用瞬时平均压力 p_2。

④用 φ 考虑各种次要功。

⑤忽略高压室壁对低压室内燃气的热交换；对因低压室壁热传导而引起的燃气能量损失（热散失）不进行直接计算，而是用降低流入低压室的燃气温度的办法予以考虑。

⑥弹射过程中，绝热指数 k 看作常量。

（2）内弹道方程组。

低压室内弹道方程组由表征燃气从高压室流入低压室的流量公式，反映导弹运动的速度、位移和加速度的公式以及反映低压室环境特性的低压室压力公式组成。

①流入方程。

低压室的流入方程就是高压室的流出方程，高压室的燃气不是流入压力不变的大气空间，而是流入压力不断变化的低压室，所以，考虑反压的不断变化，在串联无后坐弹射的不同时期对应不同的流量计算的表达式。

第一时期（$t_0 \sim t_k$）：在高压室的上升段和平衡段，高压室燃气流出始终保持临界流量，满足的条件是：

$$\frac{p_2}{p_1} \leqslant \left(\frac{2}{k+1}\right)^{\frac{k}{k-1}} \tag{2-17}$$

在这种情况下，高压室喷口喉部的流动状态是临界流动状态，流量仅与 p_1 有关，而与 p_2 无关，流量方程是临界断面的流量方程：

$$G_1 = C_D S_{kp1} p_1 \tag{2-18}$$

$$C_D = \frac{K_0}{\sqrt{RT_1}} \tag{2-19}$$

$$K_0 = \sqrt{k}\left(\frac{2}{k+1}\right)^{\frac{k+1}{2(k-1)}} \tag{2-20}$$

实际使用中，喷管存在摩擦和热损失，通过引入一个通常小于 1 的系数 φ_{21} 予以修正，所以

$$G_1 = \frac{dY_1}{dt} = \frac{\varphi_{21} K_0 S_{kp1} p_1}{\sqrt{RT_1}} \tag{2-21}$$

这一时期 T_1 为常量，大小等于 $\chi_1 T_0$。

第二时期（$t_k \sim t_g$）：从装药燃烧结束到导弹出筒。

这一时期又分为以下两个阶段。

第一阶段，高压室喷管喉部仍然维持临界流量，只是高压室温度不再是常量，流量公式与式（2-21）相同，此时高压室温度变为：

$$T_1 = \frac{T_k}{\left(\frac{p_k}{p_1}\right)^{\frac{k-1}{k}}} \qquad （由等熵假设得到） \tag{2-22}$$

式中 T_k——燃烧结束瞬时的高压室温度，$T_k = \chi_1 T_0$；

p_k——燃烧结束瞬时压力。

第二阶段，高低压室压力状态已不满足式（2-17）所示条件，即 $\frac{p_2}{p_1} > \left(\frac{2}{k+1}\right)^{\frac{k}{k-1}}$，反压的作用增加了，此时喷口喉部已不能维持临界流量，流量方程式符合亚声速流量方程：

$$G_1 = \frac{dY_1}{dt} = \frac{\varphi_{21} S_A p_1}{\sqrt{\chi_1 RT_0}} \sqrt{\frac{2k}{k-1}\left(\frac{p_k}{p_1}\right)^{\frac{k-1}{k}} \left[\left(\frac{p_2}{p_1}\right)^{\frac{2}{k}} - \left(\frac{p_2}{p_1}\right)^{\frac{k+1}{k}}\right]} \tag{2-23}$$

式中 S_A——高压室喷口出口截面积。

②质量平衡方程。

串联无后坐，低压室只有燃气的流入，没有燃气流出，所以弹射过程中，某瞬时低压室内所存燃气量 N 等于由高压室流入的气体量 Y_1：

$$N = Y_1 \tag{2-24}$$

③状态方程。

低压室燃气状态为高温低压，视为理想气体，不考虑余容的影响。某瞬时，低压室自由容积为 $W_{20}+Sl$，气体状态方程为

$$p_2=\frac{NRT_2}{W_{20}+Sl} \tag{2-25}$$

做等温处理：$T_2=\tau_2 T_1$，低压室温度始终与高压室温度保持一定的比例关系。

④导弹运动方程。

$$Sp_2-mg\sin\theta=\varphi m\frac{\mathrm{d}v}{\mathrm{d}t} \tag{2-26}$$

式中　θ——发射倾角。

⑤导弹速度方程。

$$\frac{\mathrm{d}l}{\mathrm{d}t}=v \tag{2-27}$$

将反映低压室内燃气流动和导弹运动特性的诸方程联立得到低压室内弹道方程组，根据实践经验，把低压室内的弹射过程分为三个时期：前期、第一时期及第二时期，而在实际计算中忽略前期，认为装药全面点燃和导弹启动是同一时刻。

a. 前期：这一时期定义为由低压室的时间起点（即开始建立压力的瞬间）到导弹启动或尾喷管打开瞬间。这一瞬间，装药全面着火，高压室压力达到 p_{ig}，低压室开始建立压力。低压室压力曲线的时间起点亦即高压室的时间起点，即 $t=0$ 时，$p_1=p_{ig}=p_破$（破膜压力），$p_2=0$。

b. 第一时期：从导弹启动或尾喷管打开瞬间到高压室燃烧结束瞬间 t_k。其特点是只有燃气的流入、导弹的运动这两个不同的过程同时在低压室进行。这一时期是低压室最主要、最有代表性的工作时期。

这一时期内弹道方程组：

$$\left.\begin{aligned}\frac{\mathrm{d}Y_1}{\mathrm{d}t}&=\dot{Y}_1=\frac{\varphi_{21}K_0S_{kp1}}{\sqrt{\chi_1 RT_0}}p_1\\\frac{\mathrm{d}v}{\mathrm{d}t}&=\frac{Sp_2-mg\sin\theta}{\varphi m}\\\frac{\mathrm{d}l}{\mathrm{d}t}&=v\\p_2&=\frac{\chi_1\chi_2\tau_2 RT_0 Y_1}{W_{20}+Sl}\end{aligned}\right\} \tag{2-28}$$

c. 第二时期：从高压室燃烧结束点 t_k 到导弹离筒瞬间 t_g。这一时期，高压室燃烧结束，低压室的燃气流入量迅速下降，低压室压力也下降很快，导弹速度增加很慢。

内弹道方程组：

$$\frac{dY_1}{dt} = \frac{\varphi_{21} K_0 S_{kp1}}{\sqrt{\chi_1 R T_0}} p_1 \left(\frac{p_k}{p_1}\right)^{\frac{k-1}{2k}} \qquad \left[\frac{p_2}{p_1} \leqslant \left(\frac{2}{k+1}\right)^{\frac{k}{k-1}}\right]$$

$$\frac{dY_1}{dt} = \frac{\varphi_{21} S_A p_1}{\sqrt{\chi_1 R T_0}} \sqrt{\frac{2k}{k-1}\left(\frac{p_k}{p_1}\right)^{\frac{k-1}{k}}\left[\left(\frac{p_2}{p_1}\right)^{\frac{2}{k}} - \left(\frac{p_2}{p_1}\right)^{\frac{k+1}{k}}\right]} \qquad \left[\frac{p_2}{p_1} > \left(\frac{2}{k+1}\right)^{\frac{k}{k-1}}\right]$$

$$\frac{dv}{dt} = \frac{S p_2 - mg\sin\theta}{\varphi m}$$

$$\frac{dl}{dt} = v$$

$$p_2 = \frac{\chi_1 \chi_2 \tau_2 R T_0 Y_1}{W_{20} + Sl}\left(\frac{p_1}{p_k}\right)^{\frac{k-1}{k}}$$

$$(2-29)$$

当发射过程进入第二时期时，高压室装药燃烧结束。没有了燃气生成量，压力迅速减小，高、低压室的压力值比较接近，喷口处反压的影响增大，燃气从高压室流入低压室时最初还能维持临界流量，但随着压力不断减小到高、低压室压力满足 $\frac{p_2}{p_1} >$ $\left(\frac{2}{k+1}\right)^{\frac{k}{k-1}}$ 时，低压室燃气的流入不能维持临界流量，流量公式变为亚声速流量方程，在方程组中已经给出。

3）串联无后坐零维数值计算模型

忽略前期，认为时间的起始时刻，装药全面点燃，导弹启动，将高、低压室作为相互关联的整体进行建模，在原有高低压室内弹道方程组的基础上加上过渡方程，得到串联无后坐式弹射发射方案的零维数值计算模型。

第一（阶段）时期：$t_0 \sim t_k$。

令 $t_0 = 0$，t_k 为高压室装药燃烧结束瞬间对应的时间：

$$\frac{dp_1}{dt} = \frac{\chi_1 R T_0}{W_\Psi}\left(\omega \frac{d\Psi}{dt} - \frac{dY_1}{dt} - \frac{dY_2}{dt}\right)$$

$$W_\Psi = W_{10} - \frac{\omega}{\gamma}(1 - \Psi)$$

$$\omega \frac{d\Psi}{dt} = \gamma s a p_1^n$$

$$s = s_0$$

$$\frac{dY_1}{dt} = \varphi_{21} \frac{K_0}{\sqrt{\chi_1 R T_0}} S_{kp1} p_1$$

$$a = \frac{S p_2 - mg\sin\theta}{\varphi m}$$

$$(2-30)$$

$$\left.\begin{array}{l} \dfrac{\mathrm{d}v}{\mathrm{d}t}=a \\[2ex] \dfrac{\mathrm{d}l}{\mathrm{d}t}=v \\[2ex] \dfrac{\mathrm{d}Y_2}{\mathrm{d}t}=\dfrac{\varphi_{21}K_0 S_{kp2}}{\sqrt{RT_1}}p_1 \\[2ex] p_2=\dfrac{RT_2 Y_1}{W_{20}+Sl} \\[2ex] T_1=\chi_1 T_0 \\[2ex] T_2=\tau_2 \chi_2 T_1 \end{array}\right\}$$

第二时期：$t_k \sim t_g$（从装药燃烧结束到导弹离筒）。

$$\left.\begin{array}{l} \dfrac{\mathrm{d}p_1}{\mathrm{d}t}=-\dfrac{\chi_1 R T_0}{W_{\varPsi}}\left(\dfrac{\mathrm{d}Y_1}{\mathrm{d}t}+\dfrac{\mathrm{d}Y_2}{\mathrm{d}t}\right) \\[2ex] W_{\varPsi}=W_{10} \\[1ex] \varPsi=1 \\[1ex] s=0 \\[2ex] \dfrac{\mathrm{d}Y_1}{\mathrm{d}t}=\dfrac{\varphi_{21}K_0 S_{kp1}}{\sqrt{\chi_1 R T_0}}p_1\left(\dfrac{p_k}{p_1}\right)^{\frac{k-1}{2k}} \qquad\qquad \left[\dfrac{p_2}{p_1}\leqslant\left(\dfrac{2}{k+1}\right)^{\frac{k}{k-1}}\right] \\[3ex] \dfrac{\mathrm{d}Y_1}{\mathrm{d}t}=\dfrac{\varphi_{21}S_A p_1}{\sqrt{\chi_1 R T_0}}\sqrt{\dfrac{2k}{k-1}\left(\dfrac{p_k}{p_1}\right)^{\frac{k-1}{k}}\left[\left(\dfrac{p_2}{p_1}\right)^{\frac{2}{k}}-\left(\dfrac{p_2}{p_1}\right)^{\frac{k+1}{k}}\right]} \qquad \left[\dfrac{p_2}{p_1}>\left(\dfrac{2}{k+1}\right)^{\frac{k}{k-1}}\right] \\[3ex] a=\dfrac{Sp_2-mg\sin\theta}{\varphi m} \\[2ex] \dfrac{\mathrm{d}v}{\mathrm{d}t}=a \\[2ex] \dfrac{\mathrm{d}l}{\mathrm{d}t}=v \\[2ex] \dfrac{\mathrm{d}Y_2}{\mathrm{d}t}=\dfrac{\varphi_{21}K_0 S_{kp2}p_1}{\sqrt{RT_1}} \\[2ex] p_2=\dfrac{RT_2 Y_1}{W_{20}+Sl} \\[2ex] T_1=T_k\cdot\left(\dfrac{p_1}{p_k}\right)^{\frac{k-1}{k}} \qquad (T_k=\chi_1 T_0) \\[2ex] T_2=\tau_2 \chi_2 T_1 \end{array}\right\} \qquad (2-31)$$

2.5　发射装置总体技术协调

发射装置总体技术协调的核心是系统的分解和集成，通过接口控制、结构空间分解重用和控制功能集成合并，实现发射装置总体方案的最优化。

发射装置与导弹、火控系统、装填设备之间，乃至发射装置内部各主要组成部分之间有着密切的结构与功能联系，因此，在发射装置总体设计时，应当按照系统的要求进行总体技术协调。发射装置总体技术协调主要分为功能指标协调、对外接口协调以及内部接口协调三个部分，如图2-20所示。

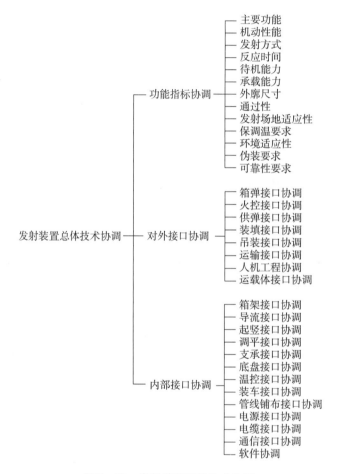

图2-20　发射装置总体技术协调

2.5.1　功能指标协调

根据任务书所提出发射装置的主要功能进行功能接口协调，包括发射装置的主要功能、机动性能、发射方式、反应时间、待机能力、承载能力、外廓尺寸、通过性、发射场地适应性、保调温要求、环境适应性、伪装要求、试验要求、可靠性要求、寿命要求等。

（1）主要功能即发射装置需要确保实现的重要能力，包括机动、待机、发射，上装设备的安装，发射姿态控制，以及与不同设备的兼容性等。

（2）机动性能主要有最高车速、最大爬坡度、最大侧坡度、最小转弯直径、最大扫宽、越壕宽、垂直越障高度、涉水深、过积雪深度、满载续驶里程、最小制动距离、最大驻坡度等。

（3）发射方式主要有发射时的支承方式、发射角度，冷、热发射，裸弹、箱式发射，连射间隔等。

（4）反应时间主要有从发射车就位到第一发导弹助推器点火的发射准备时间、从工作状态转换到行军状态的撤收时间等。

（5）待机能力主要有待机时间、供电连续工作时间等。

（6）承载能力主要有载弹量、乘员数、满载质量等。

（7）外廓尺寸主要有总长、总宽、总高。

（8）通过性主要有等级公路和汽 – 10 桥梁的通过性要求，外廓尺寸满足铁路限界要求，质量质心满足铁路运输要求等。

（9）发射场地适应性主要有发射场地坡度、场地高差、地面强度等。

（10）保调温要求主要指发射装置保持导弹周围环境温度的能力要求。

（11）环境适应性要求指的是运输、贮存、机动、发射准备和发射过程中所经历的自然环境和诱发环境，包括昼、夜条件下的作战使用，日照强度和时数，库房环境的温度及相对湿度，野外环境的贮存温度、工作温度、相对湿度、地面平均风速、降雨强度、降雪强度、海拔、发射区能见度等。

（12）伪装要求指的是防可见光、红外（包括近红外和热红外）及雷达的能力要求。

（13）试验要求主要有产品试验要求、系统试验要求以及参加武器系统试验要求。

（14）可靠性要求主要有发射可靠度、待机可靠度、贮存可靠度、平均故障间隔里程等。

（15）寿命要求指的是发射装置中主要组成部件的库存条件贮存期等。

2.5.2　对外接口协调

发射装置的对外接口协调主要有箱弹接口协调、火控接口协调、供弹接口协调、装填接口协调、吊装接口协调、运输接口协调、人机工程协调、运载体接口协调等。

（1）箱弹接口协调主要有弹体表面尺寸公差协调、弹体与适配器接口协调、脱落插头接口协调、挡弹锁定接口协调、前后盖接口协调等。

（2）火控接口协调即根据火控系统要求，通过发射装置芯线表和电缆网连接图，以及发控台对发射装置工作状态控制等，保证与火控之间电气接口参数、程序或指令协调一致。

（3）供弹接口协调主要有供弹车与发射箱吊装接口协调、吊装质量协调、吊装位置布局协调、吊幅分析等。

（4）装填接口协调主要有运输接口协调与对中接口协调、前后开盖空间协调、适配器支承与锁定接口协调等。

（5）吊装接口协调主要有发射箱吊装接口协调、吊具工作模式协调、不同工况发射箱质量质心匹配性协调等。

（6）运输接口协调主要有发射箱锁定与支承接口协调、运输车通过性协调、运输车桥荷协调等。

（7）人机工程协调主要是通过操作人员、发射装置及使用环境三者之间的协调，提升发射装置的效率、安全、健康以及舒适程度等。

（8）运载体接口协调指的是舰载发射装置与舰面的接口协调，同时自行式车载发射装置还需要考虑铁路运输的适装性及通过性。

2.5.3　内部接口协调

发射装置的内部接口协调主要有箱架接口协调、导流接口协调、起竖接口协调、调平接口协调、支承接口协调、底盘接口协调、温控接口协调、装车接口协调、管线铺布接口协调、电源接口协调、电缆接口协调、通信接口协调、软件协调等。

（1）箱架接口协调主要有发射箱锁定与支承接口协调、发射箱升降接口协调、起竖载荷优化协调、发射箱吊装空间协调、点火电缆布设及插拔空间协调等。

（2）导流接口协调主要有导流装置收放及展开接口协调、导流装置行军锁定接口协调、导流装置与发射箱尾部的燃气排导空间协调等。

（3）起竖接口协调主要有发射架耳轴接口协调、起竖缸接口协调、辅助支承接口协调、倾角传感器安装接口协调、发射架行军锁定接口协调等。

（4）调平接口协调主要有调平缸安装接口协调、低压坡度场坪适应性协调、满载偏载空载适应性协调、折叠支承盘展开与锁定接口协调等。

（5）支承接口协调主要有支承装置与底盘接口协调、支承装置与舱体接口协调、支承装置与装车设备接口协调、支承装置上管线固定接口协调等。

（6）底盘接口协调涵盖的领域较广，主要有底盘主要功能及技术指标协调、上装设备安装接口协调、取力取油取电取气接口协调、上装底盘结构电源控制一体化接口协调等。

（7）温控接口协调主要有温控安装接口协调，温控风道与阀门接口协调，温控装置的取力、供电、供油等接口协调，温控工作模式协调等。

（8）装车接口协调主要有各型控制设备、辅助设备、伪装设备、各附件工具箱等设备的安装接口协调。

（9）管线铺布接口协调主要有液压管路、电缆、燃油管路、高压气管路、冷却液管路在发射装置上的铺布与固定接口协调。

（10）电源接口协调主要有发电机供电接口协调、底盘取电接口协调、电池供电接口协调、二次电源之间的供配电接口协调等。

（11）电缆接口协调主要有综合显控、车控、发控、指控、温控、底盘综控、电源、电驱动系统以及各种辅助设备之间电缆接口协调。

（12）通信接口协调主要有发控与导弹通信总线、综合显控总线、车控总线、故障诊断总线、底盘总线的通信协议的协调。

（13）软件协调主要有开发环境、规范、软件测试、版本控制等。

2.6 发射装置装载平台的选择和分析

2.6.1 发射装置对车载平台的选择和分析

1. 对载运车辆的要求

陆基机动发射装置的载运车辆直接影响发射装置的机动性、生存能力、战斗能力及经济性，影响发射装置的结构形式与使用，是发射装置总体方案设计时要选择的重要设备。选择的基本原则是，尽量选用定型生产的基本型及发展型车辆，或对基本型系列车辆加以少量改装，满足使用要求。这样可以缩短研制周期，节约经费，便于维护保养。具体要求是：

①车辆底盘的结构形式和尺寸应符合发射装置总体布置的需要，满足使用要求。

②车体结构有足够的强度和刚度，能承受发射时所受的载荷。

③具有远距离转移、公路机动、越野机动的良好能力，有必要的行程和行驶速度。

④装上发射装置后的车辆质心要低，保证有良好的发射稳定性和行驶稳定性。

⑤车内驾驶人员和操作人员有良好的工作环境，驾驶人员有良好的视野。

⑥有良好的减振措施，能减小火箭或导弹运输过程受到的振动冲击载荷。

⑦车辆结构应便于采取防止燃气流冲刷和烧蚀的措施，应考虑对核武器、生物武器、化学武器的防护措施。

⑧安全可靠，操作方便，维护保养简单。

2. 车辆形式的选择

1）轮式自行底盘

一般选择合适的越野载重汽车作为发射装置底盘。它的优点是：机动性好，速度快，行程远，可充分利用道路行驶。

改装汽车作为发射装置底盘时，要注意以下几个问题：

①全车高度不能超过通过性和稳定性允许的值。

②由于驾驶室的限制及燃气流的影响，方向及俯仰发射角将受到限制。

③全车质心要符合车体前后桥载重分配的需要。

④根据需要，可加长车身、增加燃气流防护板、由分动箱驱动液压泵为液压系统提供动力源。

国产越野载重汽车底盘性能参数见表 2 - 2。

表 2 - 2　国产越野载重汽车底盘性能参数

参数		NJ221B	EQ240	SX250	SC2030	WS580
		4×4	6×6	6×6	6×6	8×8
底盘质量/kg		2 520	5 050	9 490	12 500	2 055
越野承载量/kg		1 000	2 500	5 000	7 500	1 910
总质量/kg		3 585	7 760	14 490	2 000	3 965
满载轴荷分配/kg	前轴	1 784	2 840	5 410	7 000	1 988
	（中）后轴	1 810	4 920	9 340	13 000	1 977
外形尺寸/mm	长	4 610	6 410	7 120	8 305	11 265
	宽	1 952	2 255	2 520	2 500	3 050
	高	2 250	2 385	2 614	3 130	3 670
轴距/mm	前桥至后悬架中心距离	2 650	3 740	3 800	3 800	7 700①
	中、后桥之间中心距离		1 100	1 350	1 450	2 200②
轮距/mm	前轮	1 608	1 774	2 080	2 070	2 375
	（中）后轮	1 608	1 774	2 080	2 043	2 375
接近角			31°30′	38°45′	34°	28°
离去角			45°	41°20′	42°	36°
最小离地间隙/mm		240	285	355	412	400
轮胎规格		8.5 - 16	11 - 18	13 - 20	14 - 20	
滚动半径/mm				600		
主传动比		5.286	6.17	6.46	6.734	
最高车速/（km·h⁻¹）		不小于92	80	70	85	60
最大爬坡角/（°）		30	30	30	30	30
制动距离/m		不大于8	不大于10③	9		不大于13

续表

参数		NJ221B	EQ240	SX250	SC2030	WS580
		4×4	6×6	6×6	6×6	8×8
发动机	型号	NJ-70H	Q6100	SX6130Q	BL413F	III2A-525A
	(最大功率/kW) /[转速/ (r·min⁻¹)]	65/3 300	不小于 100/3 000	150/2 000	188/2 500	386/2 300
	[最大扭矩/ (N·m)] / [转速/ (r·min⁻¹)]	220/1 800	360~380/1 200~1 400	800/1 200	830/1 500	214~236
最小转弯半径/m			8	不大于9	10.4	13.5
最大涉水深度/m			0.85	1.2	0.9	1.1

①一、四桥轴距。
②一、二桥和三、四桥轴距。
③载重 40 kN 时制动距离。

2)履带车底盘

履带车底盘一般用坦克或步兵战车底盘改装。它的优点是:通过性及稳定性好,转向灵活,有装甲防护,利于"三防"(防核、防化学袭击及防生物袭击)。缺点是:噪声大,耗油量高,成本高,寿命短。

履带车作为发射装置的载运车辆得到广泛的应用。如苏联 SA-6 及 SA-13 地空导弹、法国为沙特研制的猎鹰地空导弹、德法合研的罗兰特地空导弹、美国 MLRS 多管火箭系统、苏夫劳克-7 火箭炮等都是用履带车做底盘。

国产履带底盘的主要性能参数见表 2-3。

表 2-3 国产履带底盘的主要性能参数

性能		211	131	B531	152	Z322
		水陆坦克	轻型坦克	运兵车	加榴炮	坦克
底盘质量/t		14		11.8	18.68	14.5
战斗全质量/t		18	2.1	13.29	30.06	20
外形尺寸	车长/mm	7 156	5 550	5 626	6 555	6 360
	车宽/mm	3 200	2 850	2 702	3 130	3 200
	车高/mm	2 522	2 740	2 100	1 470	1 620
履带着地长/mm		4 400				
履带中心距/mm		2 820			2 620	
车底距地高/mm		400	450	446	450	400
最大爬坡度/ (°)		38		32	31~33	
最大倾斜行驶坡度/ (°)		32		25	25~28	

性能		211 水陆坦克	131 轻型坦克	B531 运兵车	152 加榴炮	Z322 坦克
越壕宽/mm		2 900			2 600~2 900	
通过垂直墙高/mm		870			700	
负重轮数/个		6	5	5	6	6
发动机	型号	12150L-2	12150L-3	6150L	WR-24V12150	12150L-1
	（最大功率/kW）/[转速/（r·min⁻¹）]	295/2 000	316/1 800	235/2 500	382/2 000	330/2 000
	[最大扭矩/（N·m）]/[转速/（r·min⁻¹）]	1 800/1 200~1 300	205/1 100	112/1 500		

3）拖车

可自行设计拖车或半拖车作为载体。它的优点是：发射装置总体布置的要求容易满足，对质量、尺寸及射界的限制少；行驶稳定性和发射稳定性好；生产周期短，成本低。缺点是：机动性差，放列与撤收时间较长。

3. 车载发射装置的行驶性能计算

选择载车方案时要做行驶性能计算，以检查选择的合理性。行驶性能包括动力性、机动性、通过性、制动性和稳定性等。

1）动力性

动力性指发射车在各种运动阻力的道路上最大可能的行驶状态。它是各行驶性能中最基本、最重要的一种，其标志为最大爬坡度、最高行驶速度、加速能力。

（1）最大爬坡度。

最大爬坡度是指在满载发射车没有加速度的条件下，发动机为最大牵引力（即第1挡和发动机输出最大扭矩时）时，可能向上行驶的纵向坡度角。这个角度，轮式车为20°~30°，履带车为25°~32°。这时发动机的全部动力都用来克服道路阻力和重力沿坡度方向的分力，可由汽车的动力因素和道路滚动阻力系数算出。实际上，汽车选定后，这个值是已知的。最大爬坡角可用式（2-32）计算：

$$\alpha_{max} = \arcsin \frac{D_{1max} - f\sqrt{1 - D_{1max}^2 + f^2}}{1 + f^2} \qquad (2-32)$$

式中 α_{max}——最大爬坡角；

D_{1max}——1挡时的动力因素，$D = \dfrac{N}{G}$，N为最大牵引力，G为车重力；

f——道路滚动阻力系数。

气压轮胎滚动阻力系数见表2-4。

表2-4　气压轮胎滚动阻力系数

路面	滚动阻力系数		路面	滚动阻力系数	
	低压轮胎	高压轮胎		低压轮胎	高压轮胎
沥青路	0.015~0.020	0.014~0.018	雨后土路	0.035~0.060	0.050~0.150
铺石路	0.017~0.020	0.015~0.017	干沙路	0.100~0.150	0.250~0.300
圆石路	0.020~0.024	0.016~0.020	湿沙路	0.080	0.100
碎石路	0.020~0.030	0.018~0.030	雪路	0.025~0.030	0.030~0.035
干土路	0.025~0.035	0.040~0.100	水路	0.02	0.018

（2）最高行驶速度。

最高行驶速度是指在良好的水平路面上承载时车辆能达到的最大速度，用式（2-33）计算：

$$v_{\max} = 0.377\frac{r_k n}{i_g i_0} \qquad (2-33)$$

式中　$v_{\max}$ ——最高行驶速度，km/h；

　　　　r_k ——驱动轮滚动半径，m；

　　　　n ——发动机的额定转速，r/min；

　　　　i_g ——变速器的最高挡速比；

　　　　i_0 ——主减速器主传动比。

（3）加速能力。

加速能力是指在水平道路上产生的加速度：

$$\frac{\mathrm{d}v}{\mathrm{d}t} = \frac{g}{\delta}(D-f)$$

式中　$\dfrac{\mathrm{d}v}{\mathrm{d}t}$ ——加速度，m/s²；

　　　　g ——重力加速度，m/s²；

　　　　δ ——回转质量换算系数；

　　　　D ——各挡的动力系数；

　　　　f ——道路滚动阻力系数。

2）机动性

机动性是指在最小面积内回转的能力。其标志为最小转弯半径及总轮距。它取决于汽车的转向机构和轴距，一般载重汽车的最小转弯半径为8~12 m。汽车机动性参数如图2-21所示。

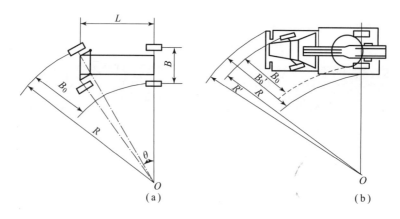

图 2-21 汽车机动性参数

（1）转弯半径。

由下式可计算外轮的最小转弯半径：

$$R = \frac{L}{\sin \theta}$$

式中 R——转弯半径，m；

L——轴距，m；

θ——前外轮的最大转角。

（2）总轮宽。

总轮宽的计算式为

$$B_0 = \frac{L}{\sin \theta}(1 - \cos \theta) + \beta \qquad (2-34)$$

式中 B_0——总轮宽，m；

B——后轮宽，m。

3）通过性

通过性是指车辆装有发射装置后，以足够高的平均速度通过各种道路、无路地带和障碍的能力。通过性主要取决于底盘自身的几何参数和力学参数。发射车通过性几何参数如图 2-22 所示。

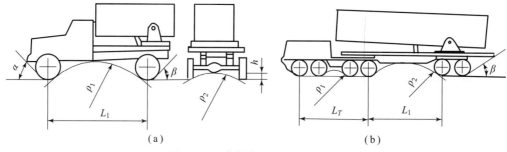

（a）   （b）

图 2-22 发射车通过性几何参数

（1）几何参数。

几何参数包括发射车外廓尺寸、离地间隙、通过角、涉水深度、纵向通过半径及横向通过半径。

①发射车外廓尺寸。

发射车外廓尺寸不应超过公路运输的限制，以保证车辆的机动性能。根据中华人民共和国交通部颁布的《公路工程技术标准》JTG B01—2003，各种设计车辆的基本外廓尺寸见表 2-5，公路建筑限界如图 2-23 所示。

表 2-5　各种设计车辆的基本外廓尺寸

车辆类型	总长/m	总宽/m	总高/m	前悬/m	轴距/m	后悬/m
载重汽车	12	2.5	4	1.5	6.5	4
鞍式列车	16	2.5	4	1.2	4+8.8	2

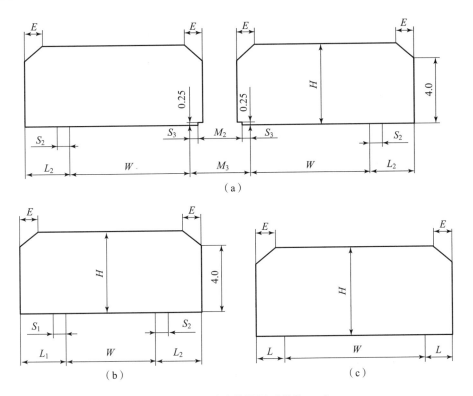

图 2-23　公路建筑限界（单位：m）

（a）高速公路一级公路（整体式）；（b）高速公路一级公路（分离式）；
（c）二、三、四级公路

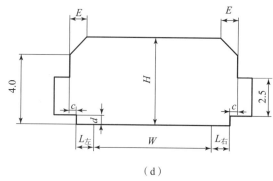

（d）

图 2－23　公路建筑限界（单位：m）（续）

（d）隧道

公路建筑限界：

W——行车道宽度，见表 2－6。

L_1——左侧硬路肩宽度；

L_2——右侧硬路肩宽度；

S_1——左侧路缘带宽度；

S_2——右侧路缘带宽度；

L——侧向宽度，高速公路一级公路的侧向宽度为硬路肩宽度（L_1 或 L_2），二、三、四级公路的侧向宽度为路肩宽度减去 0.25 m，隧道内侧向宽度 $L_左$ 或 $L_右$ 应符合《公路工程技术标准》7.0.3 隧道最小侧向宽度的规定；

c——当设计速度大于 100 km/h 时为 0.5 m，等于或小于 100 km/h 时为 0.25 m；

d——隧道内检修道或人行道高度；

E——建筑限界顶角宽度，其中：

当 $L \leqslant 1$ m 时，$E = L$，

当 $L > 1$ m 时，$E = 1$ m；

H——净空高度。

各级公路行车道宽度见表 2－6。

表 2－6　各级公路行车道宽度　　　　　　　　　　　　　　m

公路等级	汽车专用公路						一般公路						
	高速公路				一		二		二		三		四
地形	平原微丘	重丘	山岭		平原微丘	山岭重丘	平原微丘	山岭重丘	平原微丘	山岭重丘	平原微丘	山岭重丘	平原微丘	山岭重丘
行车道宽度	2×7.5	2×7.5	2×7.5	2×7.0	2×7.5	2×7.0	8.0	7.5	9.0	7.0	7.0	6.0	3.5	3.5

各级公路最小平曲线半径见表 2-7。

表 2-7　各级公路最小平曲线半径　　　　　　　　　　　　　　　　　m

公路等级	汽车专用公路								一般公路					
	高速公路				一		二		二		三		四	
地形	平原微丘	重丘	山岭		平原微丘	山岭重丘	平原微丘	山岭重丘	平原微丘	山岭重丘	平原微丘	山岭重丘	平原微丘	山岭重丘
极限最小半径	650	400	250	125	400	125	250	60	250	60	125	30	60	15
一般最小半径	1 000	700	400	200	700	200	400	100	400	100	200	65	100	30
不设超高最小半径	5 500	4 000	2 500	1 500	4 000	1 500	2 500	600	2 500	600	1 500	350	600	150

各级公路最大纵坡见表 2-8。

表 2-8　各级公路最大纵坡　　　　　　　　　　　　　　　　　　　%

公路等级	汽车专用公路								一般公路					
	高速公路				一		二		二		三		四	
地形	平原微丘	重丘	山岭		平原微丘	山岭重丘	平原微丘	山岭重丘	平原微丘	山岭重丘	平原微丘	山岭重丘	平原微丘	山岭重丘
最大纵坡	3	4	5	5	4	6	5	7	5	7	6	8	6	9

各级公路计算行车速度见表 2-9。

表 2-9　各级公路计算行车速度　　　　　　　　　　　　　　km·h⁻¹

公路等级	汽车专用公路								一般公路					
	高速公路				一		二		二		三		四	
地形	平原微丘	重丘	山岭		平原微丘	山岭重丘	平原微丘	山岭重丘	平原微丘	山岭重丘	平原微丘	山岭重丘	平原微丘	山岭重丘
计算行车速度	120	100	80	60	100	60	80	40	80	40	60	30	40	20

②离地间隙。

离地间隙是发射车辆满载时底盘最低点与路面的距离，反映了无碰撞地通过障碍物及松软土路的能力。设计时，应尽可能保证有较大的最小离地间隙。一般轮式车辆为 350~450 mm，履带车为 400~450 mm。

③通过角。

发射车前突出点到前轮切线与地面夹角 α_1 叫作接近角；后突出点到后轮切线与地面夹角 α_2 叫作离去角。它们反映了通过壕沟及障碍物的能力，接近角和离去角越大，通过性越好。一般轮式车接近角为 $20°~45°$，离去角为 $20°~45°$；履带车接近角为 $30°~45°$，离去角大于 $20°$。

④涉水深度。

涉水深度指发射车渗水部位到地面的距离。一般轮式车为 0.8 m，履带车为 1.0 m。

⑤纵向通过半径及横向通过半径。

纵向通过半径是前后车轮及两轴中间最低点相切之圆的半径，它表示发射车能够无碰撞地通过小丘、拱桥等障碍物的能力。ρ_1 越小，通过性越好。横向通过半径是两前轮（或两后轮）及两轮间最低点相切之圆的半径，它表示横向通过的尺寸极限，ρ_2 越小，横向通过性越好。

（2）力学参数。

①比功率。

比功率值为

$$N = \frac{N_{max}}{m}$$

式中　N_{max} ——发动机最大输出功率；

　　　m ——车辆总质量。

N 值一般不小于 11 kW/t。N 越大，车辆动力性能越好。

②路面的平均比压。

路面的平均比压是车辆通过松软地段、积雪、沙漠以及沼泽的能力。

$$p = mg/S$$

式中　S ——车辆与路面接触面积；

　　　p ——轮胎或履带接触地面的单位面积上的压力。轮式车 p 不应大于 $0.45~0.6$ MPa，履带车不应大于 $0.05~0.075$ MPa。

在松软的地面上行驶时，降低轮胎的气压，增大接地面积，可降低接地比压。增加驱动轮数目，采用中央充气轮胎调压技术是提高汽车附着质量、增加驱动轮胎与松软地面接触面积、改善其通过性的最有效方法。

③垂直越障高度 H。

H 与驱动轮在路面的附着系数有关。对单轴驱动汽车，$H \approx 2/3 r_r$（r_r 车轮半径）；双轴驱动汽车，$H \approx r_r$。

④越沟宽度 b。

单轴驱动时，跨越小沟的宽度 $b \approx r_r$；双轴驱动时，$b \approx 1.2 r_r$。

4）制动性

制动性是指车辆装有发射装置后在行驶中能强制地降低行驶速度以至停车，或在下坡时维持一定速度的能力。制动性能的基本评价指标是制动距离与制动减速度。

（1）制动距离。

制动距离是指驾驶员开始踩着踏板到完全停车的距离。它包括制动器起作用和持续制动两个阶段中驶过的距离，用式（2-35）计算：

$$s = \frac{1}{3.6}\left(\tau'_2 + \frac{\tau''_2}{2}\right)v_{a0} + \frac{v_{a0}^2}{254\varphi} \qquad (2-35)$$

式中　s——制动距离；

　　τ'_2——踩下踏板到制动力起作用的时间；

　　τ''_2——制动力增加过程所需的时间；

　　v_{a0}——起始制动车速；

　　φ——附着系数（见表2-10）。

表 2-10　附着系数 φ

路面		轮胎		
类型	状态	高压轮胎	低压轮胎	越野轮胎
沥青或水泥路面	干燥	0.50~0.70	0.70~0.80	0.70~0.80
	潮湿	0.35~0.45	0.45~0.55	0.50~0.60
碎石路面	干燥	0.50~0.60	0.60~0.70	0.60~0.70
	潮湿	0.30~0.40	0.40~0.50	0.40~0.55
土路	干燥	0.40~0.50	0.50~0.60	0.50~0.60
	潮湿	0.20~0.40	0.30~0.45	0.35~0.50
	泥泞	0.15~0.25	0.15~0.25	0.20~0.30
沙质荒地	干燥	0.20~0.30	0.22~0.40	0.20~0.30
	潮湿	0.35~0.45	0.40~0.50	0.40~0.50
积雪荒地	松软	0.20~0.30	0.20~0.40	0.20~0.40
	压实	0.15~0.20	0.20~0.25	0.30~0.50
结冰路面	零下气温	0.08~0.15	0.10~0.20	0.05~0.10

由于制动过程中 τ'_2 与 τ''_2 不易测定，由此用式（2-35）来计算制动距离意义不大，但公式较全面地表达了影响制动距离的几个因素，所以它们有助于定性地分析各种因

素对制动距离的影响。此外，以这个公式为基础，根据试验结果，推荐参考以下民用车辆的半经验公式。

装有气压制动系的货车、客车的制动距离为

$$s = 0.14v_{a0} + 0.008\,5v_{a0}^2$$

装有液压制动系的货车、客车的制动距离为

$$s = 0.06v_{a0} + 0.008\,5v_{a0}^2$$

国家交通管理部门规定：在车速为 30 km/h 时，制动距离对于轻型货车为 7 m 以下；中型货车不大于 8 m；重型货车不大于 12 m。

（2）制动减速度。

制动减速度反映了地面制动力，它与制动器制动力及附着力有关，最大制动减速度为

$$j_{max} = \varphi g$$

式中　j_{max}——最大制动减速度；

　　　φ——附着系数；

　　　g——重力加速度。

5）稳定性

稳定性是汽车抵抗翻倒和打滑的能力，包括纵向稳定性和横向稳定性。

（1）纵向稳定条件。

车辆上坡行驶时，可能出现纵向倾翻。绕后轮接地点翻倒的条件为

$$W_L\sin\alpha \cdot h \geqslant W_L\cos\alpha \cdot b \tag{2-36}$$

式中　W_L——发射车重力。

$$\tan\alpha \geqslant \frac{b}{h}$$

上式决定的 α 就是出现纵向翻倒的路面倾斜角。显然，极限稳定角为 $\alpha_0 = \arctan\dfrac{b}{h}$。车辆纵向稳定性如图 2-24 所示。

由于路面附着力随坡度角的增加而减小，所以车辆翻倒前可能会打滑。发生滑移的条件为

$$W_L\sin\alpha_\varphi > W_L\varphi\cos\alpha_\varphi$$

即

$$\tan\alpha_\varphi > \varphi$$

式中　φ——路面附着系数，见表 2-11 及表 2-12。

因而纵向滑移的极限稳定角为 $\alpha_\varphi = \arctan\varphi$。

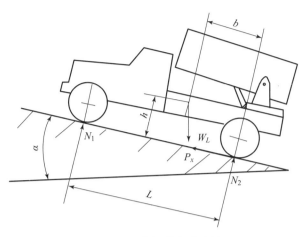

图 2-24　车辆纵向稳定性

表 2-11　气压式轮胎的附着系数

路面	φ		路面	φ	
	低压胎	高压胎		低压胎	高压胎
干沥青路	0.70~0.80	0.50~0.70	干土路	0.50~0.60	0.30~0.40
湿沥青路	0.45~0.55	0.40~0.50	湿土路	0.40~0.50	0.60~0.70
干圆石路	0.50~0.55	0.20~0.30	雪路	0.20~0.25	0.15~0.25
湿圆石路	0.20~0.40	0.50~0.60	干沙路	0.70~0.80	0.60~0.70
干碎石路	0.60~0.70	0.30~0.40	湿沙路	0.60~0.65	0.50~0.60
湿碎石路	0.40~0.50	0.40~0.50	冰路	0.20~0.30	0.15~0.25

表 2-12　履带车辆的附着系数和滚动摩擦阻力系数

路面	φ	f	路面	φ	f
柏油公路	—	0.06	潮湿沙路	0.5	0.1
干燥有黏土的土路	1.0	0.07	干燥沙路	0.4	0.15
干燥有沙土的土路	1.1	0.1	碾滚过的雪路	0.6	0.06
干燥黑土路	0.9	—			

设计时应当增大 b 值，减小 h 值，保证有较大的稳定角。若 $\dfrac{b}{h} > \varphi$，滑移将发生在倾翻之前；若 $\dfrac{b}{h} < \varphi$，倾翻将发生在滑移之前。所以应使 $\dfrac{b}{h} > \varphi$ 的条件成立，使倾翻之前就发生滑移，限制翻倒的可能性。

拖车的纵向稳定性如图 2-25 所示。纵向翻倒条件为

$$N_{T1}l_1 + P_T h_T \geq W_L(h_T - h_1)\sin\alpha + N_{T2}l_2 \tag{2-37}$$

式中　N_{T1}、N_{T2}——牵引车前、后轮的反力；

P_T——牵引力；

h_T——牵引车质心离地高；

h_1——牵引杆离地高。

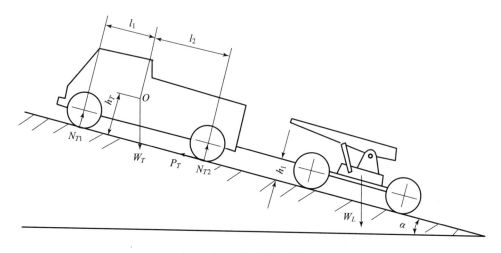

图 2-25　拖车纵向稳定性

纵向翻倒必然发生在上坡时，此时行驶速度低，空气阻力可忽略。同时认为等速行驶，牵引力用于克服上坡阻力，即

$$P_T = (W_T + W_L)\sin\alpha \qquad (2-38)$$

式中　W_T——牵引车的重力。

在翻倒时，$N_{T1} = 0$，$N_{T2} = W_T\cos\alpha$。将这些条件代入式（2-37）中，得

$$\tan\alpha \geqslant \frac{W_T l_2}{W_T h_T + W_L h_1} \qquad (2-39)$$

用式（2-39）可以确定拖车纵向翻倒的极限稳定角。

拖车的纵向打滑条件：

认为上坡时，牵引车驱动轮的附着力全部用于克服爬坡阻力，即

$$(W_T + W_L)\sin\alpha_\varphi = \varphi W_{TH}\cos\alpha_\varphi$$

式中　W_{TH}——牵引车驱动轮的负载。

当上式左边大于右边，即阻力大于附着力时，牵引车发生打滑。故驱动轮打滑条件为

$$\tan\alpha_\varphi \geqslant \frac{\varphi W_{TH}}{W_T + W_L} \qquad (2-40)$$

由上式可确定打滑的极限稳定角。有牵引车的拖车，纵向稳定角应对 α 及 α_φ 比较后再定。当 $\alpha_\varphi < \alpha$ 时，打滑发生在翻倒之前，这时的最大爬坡度由纵向打滑条件决定；当 $\alpha_\varphi > \alpha$ 时，翻倒发生在打滑之前，这时的最大爬坡角由纵向翻倒条件决定。

（2）横向稳定条件。

车辆横向稳定条件由在横向斜坡上行驶时不发生翻倒及不出现滑移现象而定。

横向稳定性条件如图 2-26 所示。若车辆沿横向倾斜的弯曲路面行驶时，车的重力分力及离心力可能使其翻倒。假设车辆沿着曲率不变的弯曲路面行驶，则

$$W_L h \sin\gamma + \frac{W_L v^2}{gR} h\cos\gamma \geqslant W_L \frac{B}{2}\cos\gamma - \frac{W_L v^2}{gR}\frac{B}{2}\sin\gamma$$

所以

$$\tan\gamma = \frac{\dfrac{B}{2} - \dfrac{hv^2}{gR}}{h + \dfrac{Bv^2}{2gR}} \tag{2-41}$$

式中　v ——行驶速度；

　　　R ——路面曲率；

　　　B ——车轮宽度。

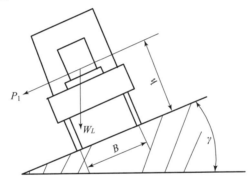

图 2-26　横向稳定性条件

由上式可计算横向翻倒的极限稳定角。不发生翻倒允许的最大车速为

$$v_{max} = \sqrt{\frac{gR\left(\dfrac{B}{2} - h\tan\gamma\right)}{\dfrac{B}{2}\tan\gamma + h}} \tag{2-42}$$

发生横向滑移的条件为

$$W_L \sin\gamma + \frac{W_L v^2}{gR}\cos\gamma \geqslant \left(W_L \cos\gamma - \frac{W_L v^2}{gR}\sin\gamma\right)\varphi$$

所以

$$\tan\gamma = \frac{\varphi - \dfrac{v^2}{gR}}{1 + \dfrac{v^2}{gR}\varphi} \tag{2-43}$$

由上式即可确定横向滑移的极限稳定角。不发生横向滑移允许的最大速度为

$$v_{max} = \sqrt{\frac{gR(\varphi - \tan\gamma)}{1 + \varphi\tan\gamma}} \qquad (2-44)$$

由式（2-41）和式（2-43）可以看出：若弯曲路面的弯曲重心在坡道右侧，离心力使横向极限稳定角减小。当 $\frac{B}{2h} > \varphi$ 时，在翻倒之前发生侧滑；当 $\frac{B}{2h} < \varphi$ 时，在侧滑之前发生翻倒。发射车的稳定性还应考虑在发射待机和发射状态下的稳定性，其安全系数为

$$N = \frac{\sum M_{翻}}{\sum M_{稳}}$$

式中　　$\sum M_{翻}$——在发射待机状态下各种翻倒力矩之和，主要是风载荷引起的翻倒力矩，在发射状态下，主要是燃气流作用在发射台上的力矩；

　　　　$\sum M_{稳}$——发射车的稳定力矩。

6）铁路与空运转移能力

前面介绍的是依靠本身动力实现快速行驶的能力。除此之外，发射车还要具有借助铁路、空运、海运转移的能力。

（1）铁路运输。发射车要能用铁路远距离运输，其外形尺寸必须在 GB 146.1—1988 标准轨距铁路机车车辆限界规定的机车车辆的限界之内。标准轨距铁路机车车辆的限界如图 2-27 所示。

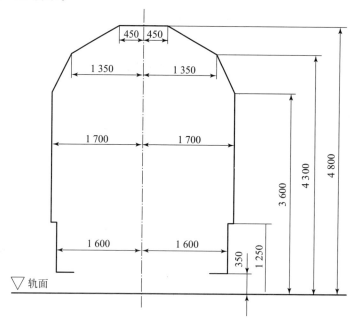

图 2-27　标准轨距铁路机车车辆的限界

（2）空中运输。发射车空中运输时，其外形尺寸应满足空中运输的限制，国内和国外几种大型运输机机舱尺寸见表 2-13。

表 2-13　几种大型运输机机舱尺寸

参数	机种				
	运-8（中）	C-130（美）	C-141（美）	C-5（美）	安-124（苏）
长度/m	13.5	12.497	21.366	36.906	36
宽度/m	3.5	3.124	3.124	5.791	6.4
高度/m	2.6	2.769	2.769	4.115	4.4
进货口宽/m		3.302	3.124	5.791	
进货口高/m		2.692	2.769	3.2	

2.6.2　发射装置对舰载平台的选择和分析

舰载平台是指各种水面舰艇和潜艇。这种运载平台在海中航行时，除了航行方向的运动之外，由于海浪的冲击，引起舰船做复杂的摇摆运动和颠震，同时还受到主机和螺旋桨工作引起的振动作用。这时强迫振动是舰载发射装置的外部激励，是导弹滑离及瞄准精度的影响因素。因此，作为舰载导弹发射装置的运载平台，必须具有保证正浮状态的能力，能以足够的速度航行，能在海上和限制的水道中操纵自如，具有充分的强度，经得起严重气候的考验和波浪冲击。此外，为了保证导弹的发射精度和发射装置的正常工作，水面舰艇甲板结构还应满足以下要求：

①在横倾 ±15°、纵倾 ±10°、横摇 ±45°、纵摇 ±15° 的环境条件下，应保证导弹发射装置安装部位具有足够的强度和刚度。

②主机和螺旋桨所引起的振动、海浪所引起的颠震，应与舰艇发射装置的动态特性匹配，按照国、军标的要求，要经受全舰海上航行振动试验的考核，采取措施消除有害振动的干扰。

③应有射角限制装置和燃气排导设施，以保护其他站位的设备和人员，符合国、军标的要求。

④发射架应尽可能安装在远离舰上高振动和大功率发射天线区以外，并位于舰上避雷装置保护区内。

⑤在质量、空间和经费允许条件下，应提高装置部位的装甲保护能力，以防敌人炮弹爆炸碎片的冲击。

2.7 装弹方式的选择

2.7.1 装弹方式分类

导弹的装弹设备是导弹武器系统中的技术支援设备，主要作用是将导弹装填到发射装置内或从发射装置退出导弹。有的装弹设备还需将导弹从存放地点（技术阵地、发射阵地掩蔽所或弹库）运到装弹位，有的还要完成导弹各级的对接、弹体与助推器对接等任务。

装弹方法关系到装弹时间的长短、装弹时的操作使用性能及安全可靠性，影响导弹武器的连续作战能力。发射装置设计时，必须同时考虑导弹的装填方法，协调好发射装置与装弹设备之间的关系，以确保完成装弹任务，并保证战斗性能要求。

装弹方法可以从不同的角度来分类：

按发射装置的装填角，可分为倾斜装填、垂直装填和水平装填；

按相对发射装置的方向，可分为前装弹、后装弹、上装弹、下装弹；

按装弹动力，可分为人工装弹、半自动装弹、自动装弹；

按装弹设备的结构，可分为专用拖车式、专用自行式、对接与装填二合一式、弹库输弹式。

对箱式发射而言，是将导弹装填至发射箱内，一般采用水平装填方式，可采用前装填或后装填。根据导弹与发射箱之间装填接口的复杂程度、装填导弹的质量、装填技术指标、成本等要求，合理选择装填动力。设计时，要协调解决的是导弹在装弹装置上的固定、调整、导向，以及导弹装填发射箱的快速定位等技术问题。

对架式发射而言，是将导弹装到发射装置的定向器上，可以是单枚弹逐一装填，也可是几枚弹联装。设计时要协调解决的是装填设备的对接，导弹的导向、定位、固定等技术问题。

2.7.2 发射装置与装填设备之间的协调

发射装置设计时，要做好与装填设备之间的协调工作，确保安全、快速、方便地装弹。这些工作包括结构方案、尺寸公差、功能分配、阵地布置等多方面的协调，具体内容如下：

①保证按对接要求，使两设备的轴线对准。按6个自由度调整的要求，做好两种设备间的分工，定好调节方案，按两设备装弹位置要求，提出装填场地的标定与布置方案。

②发射装置与装弹设备对接结构应协调一致，尺寸应保证有互换性，应有固定

结构。

③协调好装弹过程的导向与定位机构，保证导弹顺利进入装弹位置。

④保证装弹到位后，装弹机构立即停止工作，应设置装填到位后的信号指示或保险机构。

⑤应有向瞄准机构输出装填角和装填方位的指令，以便发射装置能由战斗位置回到装填位置。

⑥装填时间应符合连续作战要求。

2.8　发射装置的总体布置

2.8.1　概述

发射装置总体布置一般是在总体方案和总体性能参数确定的情况下，在发射装置总体技术协调的基础上绘制发射装置外形图，并通过必要的仿真分析，确定各组、部件之间的位置安排以及主要尺寸、质心位置、运动部件的极限位置、运动部件的运动轨迹、扫略空间等。在此基础上协调、确定发射装置和弹体、装载对象、火控系统等有关设备之间的接口关系。

在总体布置完成后，开始组、部件设计，将各种问题具体化，矛盾也会逐渐暴露。这时，总体人员要根据任务书要求，把握住总体性能，及时协调发射装置与其他设备之间及发射装置各部分之间出现的配合问题，进一步分析各组、部件的性能指标。

在各组、部件设计基本完成的基础上，绘制总装配图，并提出总装技术要求。

发射装置总体布置是一个持续性过程，几个阶段之间相互联系、相互制约，反复交替进行。发射装置的总体布置是方案中具有全局影响的设计过程，需要在给定空间尺寸内、给定质量约束下实现所有组、部件的布置，实现发射装置的功能指标。另外，总体布置还影响到外形、伪装隐身性能、操作性、维修性等。在总体布局阶段，需要结合后续的使用维护等各个方面进行发射装置总体布置设计。

2.8.2　舰载发射装置的总体布置

1. 舰载发射装置的总体布置要求

舰载发射装置总体布置要满足导弹总体及火控系统提出的战术技术要求，并且要满足舰艇条件和设备安装的协调要求。这些要求包括：

①执行舰艇总体给定的布置要求和装舰要素。

②发射时，导弹的飞行经过区域和燃气流的影响范围，不妨碍舰上工作和不破坏舰上设备。

③考虑导弹离轨后的下沉、低头等姿态变化以及舰艇运动带来的影响，确定上层建筑的安全距离与防护措施。

④发射装置的布置应考虑燃气流的排导问题，在不影响总体战术指标的前提下，应尽可能采取不设置导流器的布置方案。当必须设置导流器时，要通过合理的排导与防护措施，确保发射装置及周边设备不受燃气流冲击或烧蚀影响。

⑤发射装置应尽可能布置在远离舰上高振动和大功率发射天线区。

⑥发射装置在舰艇上的各组成部分应尽可能集中布置，并考虑使用、操作、维修方便。

⑦应考虑在码头上吊装发射箱时必要的空间，在码头停靠时不与相邻舰艇相碰撞。

⑧在易碎盖、爆破盖或适配器的散落范围内，应避免设置其他易损设备，必须设置的设备应加装防护措施。

⑨应考虑爆炸螺栓等火工品的使用安全性。

⑩安装在甲板下的液压系统、电气设备应尽可能布置在发射装置下的舱室内。

⑪穿越甲板的电缆、液压管路应尽量集中（危险线路除外）。甲板上下的电缆线、管路布置应合理、有序排列。

⑫发射装置的基座应固定于舰体肋骨上，保证支承结构的刚强度要求。

⑬应考虑发射装置在舰上配套设备的存放及使用的方便性。

⑭当舰面布置多座发射装置时，总体布置应考虑留有不小于600 mm的人行通道以及必要的操作空间。

2. 舰载发射装置的总体布置内容

根据上述具体要求和导弹-发射装置-舰艇协调图确定主要设备及其结构布局，主要内容如下：

①发射装置整体外形尺寸及其在舰面的布置位置。

②贮运发射箱的结构布局及其多联装结构形式。

③导流器的导流结构型面以及布置位置。

④发射装置舰面配套设备的组成和布置位置，确保设备检查、维护、测试所需的空间。

⑤发射架与甲板安装平面的安装尺寸及精度。

⑥根据发射时甲板的受力以及燃气流的冲击影响范围，确定导弹舰面发射时的安全界限。

在上述设备和结构布置的基础上完成发射装置在舰面的总体布置图。

2.8.3　车载发射装置的总体布置

车载发射装置主要由底盘车和上装设备组成，其中底盘车选型在发射装置装载平台选择和分析过程中完成，并基本确定了上装的装载能力与布局空间，在此基础上对发射箱、发射架、导流器、驱动装置（液压驱动或电驱动）、发控舱、设备舱、控制系统、电源等上装设备进行布置。车载发射装置总体布置的主要任务是在有限的布局空间内合理布局上装设备和运动机构，需要综合考虑发射装置整体外形、外廓尺寸、质量、重心、维修性、保障性、人机工程等因素。

1. 车载发射装置总体布置步骤及原则

总体布局过程中需要满足导弹吊装、公路行驶、铁路运输、导弹发射、维护保障等各个工况的使用要求。车载发射装置设计过程中，根据总体指标确定单车载弹数量，根据上装质量估算选取适当的底盘车，根据导弹发射角度及整车外形尺寸限制确定起竖、调平及导流机构布局，根据剩余空间形状设计舱室外形及舱内设备安装形式，根据整车一体化要求对质量和外形进行优化。综上所述，车载发射装置总体布置可分为机构布置、结构布置、车载设备布置、管线布置四步工作，在有必要的情况下，还需进行质量优化和外形优化。

车载发射装置在总体布局过程中应遵守以下原则：

①最大外廓尺寸满足总体要求和道路通过性要求。

②质量、质心位置满足铁路运输合成质心高度、底盘桥荷承载能力等要求。

③需要确保各分系统之间的协调性，与车载发射装置总体技术协调保持一致。

④需要确保各组、部件之间的接口正确性。

⑤需要为发射箱或导弹留出吊装路径以及安全操作空间。

⑥需要确保整车装配的可行性，留出装配操作空间，预先规划装配流程。

⑦环境适应能力较弱的设备布置在舱室内部。

⑧关联度密切的多个设备集中布局，减少多个设备之间的连接管线长度。

⑨采用热发射方式的导弹发射装置需要确保燃气流排导通畅性并控制燃气流扩散区域，重要设备尽量远离燃气流核心区域。

⑩需要频繁操作的设备，布置在发射车外侧，高度尺寸以便于人员观察和操作为准。

⑪维护保障过程中需要操作的设备，布置在发射车外侧。

⑫按照可靠性高低排序，故障率较高的设备，布置在发射车外侧，提高排故过程的可达性。

⑬防水性能高的设备布置在下部，防水性能低的设备提高布置高度，以免在涉水过程中发生故障。

2. 机构布置

发射装置中的机构主要包括起竖机构、调平支承机构、导流机构、行军锁定机构和箱架锁定机构，机构布局设计过程中主要考虑静态空间和运动扫掠空间，确保安装和运动过程中不产生干涉。

1）起竖机构布置

起竖机构占用的空间最大，是在设计过程中应首先确定的机构。图 2-28 所示是典型的三铰点式液压起竖机构，主要由车架、发射架（也称为起落架或起竖臂）和起竖油缸 3 个主要元素组成，包括 3 个旋转副和一个移动副。三铰点式液压起竖机构的布局主要取决于起竖支点（也称为起竖转轴）、起竖油缸下支点和起竖油缸上支点 3 个铰接点的位置。下面以大倾角固定角度发射导弹为背景对液压起竖机构

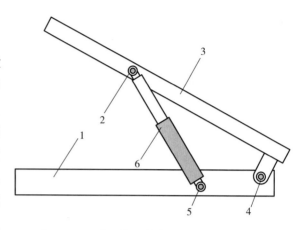

图 2-28 典型的三铰点式液压起竖机构
1—车架；2—起竖油缸上支点；3—发射架；
4—起竖支点；5—起竖油缸下支点

设计过程中常见问题、解决方法和一般设计流程进行分析。

液压起竖机构的设计是一个需要兼顾多种指标的工作，而且多个设计目标存在许多相互矛盾、相互制约之处，比如油缸初始推力和油缸伸缩比、起竖速度和起竖稳定性、起落架刚强度和油缸行程、油缸行程和油缸刚度等。在设计过程中需要在各项约束条件之间进行综合分析，才能使设计方案达到最佳性能。图 2-29 是根据起竖机构设计中需要考虑的设计指标和约束条件制订的液压起竖机构设计流程。可以看出，液压起竖机构设计过程分为铰点布局设计、发射架结构设计和起竖油缸设计 3 个模块，

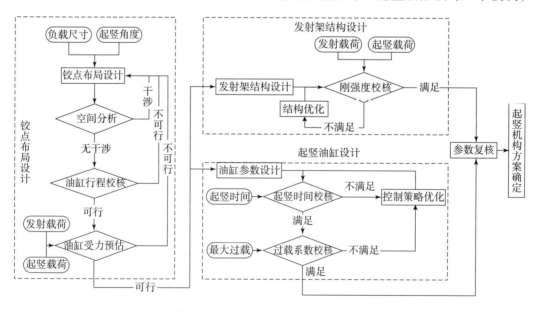

图 2-29 液压起竖机构设计流程图

其中铰点布局设计最为关键,这个阶段需要为后续设计提供输入参数。设计过程的输入条件是起竖机构负载尺寸、起竖角度和起竖时间等,约束条件是安装空间、运动扫掠空间、起竖架刚强度和动力系统功率等,设计过程中要在保证输入条件和约束条件的前提下对液压起竖机构参数进行优化分析。

2) 调平支承机构布置

车载发射装置的支承方式分为全刚性支承、刚柔混合支承和柔性支承三种。其中全刚性支承由不小于 3 个刚性支承元件(液压缸、电动缸或千斤顶)支承底盘车,并使得底盘车的轮胎悬空;刚柔混合支承采用刚性支承元件和轮胎共同支承底盘车,轮胎不完全离地;柔性支承完全依靠车轮胎和悬挂装置提供支承力。可以看出,调平支承机构能提高车载发射装置的初始姿态精度以及发射稳定性。

在调平支承机构布置过程中,首先根据总体指标要求确定所需采用的支承方式。有些车载发射装置因为导弹质量小或导弹对初始姿态要求不严格而不需要进行调平;有些导弹因为垂直发射重心靠后,只需要对发射车尾端进行刚性支承,前部主要靠轮胎支承,从而组成刚柔混合支承形式;有些车载发射装置因为对横倾角、俯仰角都有较高要求,所以选用全刚性支承。

调平支承机构通常左右对称布置在底盘车两侧,通过横梁与底盘纵梁连接,长度方向位于相邻两桥的轮胎之间,并保证转向过程中轮胎不与调平支承机构干涉。通过行军状态和起竖到位状态的质心位置变化情况,确定调平缸的动载荷和静载荷参数指标;通过发射车越障能力,确定调平缸支承盘初始离地高度;通过坡度适应能力,确定调平缸的行程。具体设计流程如图 2 – 30 所示。

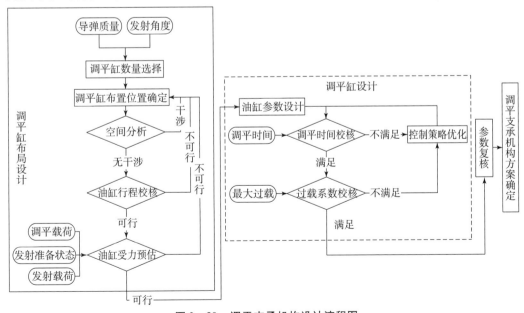

图 2 – 30　调平支承机构设计流程图

3. 结构布置

结构主要包括设备舱、副车架、设备安装支架等结构类组、部件,其中设备舱是结构布置的核心部分。在机构布置前,已经确定了运动机构占用的安装空间及运动扫掠空间,结构布置过程中需要避开上述空间。

设备舱布置形式可分为整体式和两侧式两种,图 2-31 所示是两种设备舱布置形式的俯视图。整体式设备舱适用于发射车长度方向尺寸有较大余量的情况,设备舱宽度与整车相同,长度方向上位于驾驶室和发射箱之间。两侧式设备舱适用于导弹长度尺寸较大的情况,沿车长方向没有剩余空间,但如果采用单联装布局,在发射箱两侧可以布置两个长条形舱室。

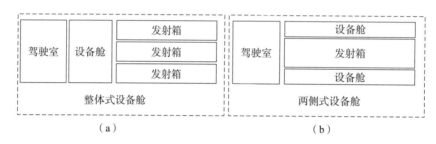

图 2-31 两种设备舱布置形式的俯视图

4. 车载设备布置

车载设备包括发控设备、车控设备、供配电设备、电缆盘等,布置过程中需要考虑以下几个方面:

①车载设备中的显示控制终端设备需要布置在靠近操作号手的位置,便于实时对车载发射装置进行监控和操作。

②环境适应能力弱的设备优先安装在舱内,环境耐受力强的设备可布置在舱外。

③车载设备应集中布置,以缩短设备之间的连接管线长度。发射装置驱动方式有液压和电动两种方式,采用液压驱动方式的发射装置应使液压阀组尽量靠近液压油缸,以提高响应速度;采用电驱动方式的发射装置应使驱动器尽量靠近电动缸,以减小大功率电流在电缆中的功率损失。

5. 管线布置

管线布置一般在机构布置、结构布置和其他设备布置工作完成后开展,根据液压原理图和电气原理图确定液压管路和电缆的种类与数量,将管线按照走向进行分束,确定管线长度,并在机构、结构上为管线预留出管夹安装接口。管线布置过程中需要考虑以下几方面:

①管线沿固定设备进行集中铺设,比如底盘纵梁、副车架、发射架等。

②管线在连接两个具有相对运动关系的组、部件时,需要采用软管以具备对运动

副的适应能力，并确保软管长度能满足运动副的极限位置需求。

③液压管路接头位置集中布置于便于操作的位置。

④大功率液压管路在长时间工作后会出现发热现象，布置过程中需要与对温度敏感的设备保持距离。

⑤电缆端头位置需要留出电缆插头空间及安装操作空间，如有必要，还需留出电缆折弯空间。

⑥在电缆布置过程中，应确保动力线不对信号线产生电磁干扰。

6. 质量优化

整车质量、质心是影响车载发射装置通过性、机动性和安全性的重要指标。在前面已经提到，为了确保铁路运输过程中的行驶速度和安全性，要求铁路运输合成质心高度不大于 2 m。车载发射装置在行驶过程中也涉及汽 – 10 桥通过性问题。

车载发射装置的减重空间主要是减少功能冗余和强度冗余。为了尽量减小整车质量，对功能重复的设备要进行精简。例如，部分安装在舱室内部的设备还具有独立外壳，形成了多层壳体的冗余结构，在布局过程中应尽量避免；在整体布置过程中应合理制订安全系数，使各设备设计过程中的刚强度科学合理、基本相等，既满足使用要求，又不会因强度过度设计带来质量增加。

为了降低车载发射装置的质心，应将整体高度进行优化设计，减小各设备的垂向间隙，并且在设计过程中尽量遵循"上轻下重"的布局原则。另外，因为发射箱位于后部，桥荷分布一般是前轻后重，容易造成后桥桥荷超限，所以，在设计过程中可以将质量较大的设备向前布置。

2.8.4　机载导弹的发射方式与载机上的配置

机载导弹发射装置是现代作战飞机导弹武器系统的一个重要组成部分，用于在飞机上安装和载运导弹，并按规定的发射程序控制和实施导弹的发射。发射装置置于飞机和导弹之间，上连载机，下挂导弹，是机载火力控制系统、外挂管理系统及飞行员座舱控制机构与导弹的桥梁和纽带。飞机和导弹只有通过发射装置在电气与结构上进行连接，才能形成完整的机载导弹武器系统。因此，发射装置的性能、构型和（电气、机械等）接口关系都将直接影响飞机武器系统战技性能的发挥，并随着机载导弹系统的发展而协调、同步地发展。

1. 机载发射装置的作用及分类

机载导弹都是通过发射装置挂到飞机上的。发射装置处于载机和导弹之间，通过发射装置，使飞机和导弹相联系而形成一个机载武器系统。机载导弹发射装置作为飞机携带和发射导弹的专用装置，是导弹武器系统的重要组成部分，具有载运与发射导弹的功能。导弹的主要用途是按载机的预定要求击中目标。发射装置的发射方式及质量对导弹发射的精度和可靠性，以及载机的安全性有极大的影响。

1）发射装置的作用

（1）实现导弹与载机的可靠连接。

导弹与载机的可靠连接包括机械、电源、气源、信息的可靠连接。发射装置实现导弹在载机上的悬挂，保证导弹正常可靠地随载机飞行。在导弹随载机飞行期间，发射装置要能承受本身和导弹所传递的各种载荷（静、动和热载荷等）的综合作用，而不能发生结构损坏和不允许的结构变形。此外，发射装置要在载机所有的挂飞包线（包括载机载弹起飞和着陆过程）内能可靠地"锁"住导弹，而不能发生任何"释放"导弹的现象。

在导弹随载机飞行期间，导弹正常工作所需的各种能源都是由载机通过发射装置提供的，如载机通过发射装置提供直流电源、交流电源或由发射装置变换载机电源而提供的其他电源。

当某些导弹需要一定的气体时，由载机通过发射装置提供气源。例如，载机通过发射装置为一些导弹的红外导引头提供制冷用的高压洁净气体。

发射装置实现载机和导弹间的信息传输。随着航空电子技术和通信技术的发展，载机和导弹间的大量信息将以数字量形式通过数据总线传输，少数以模拟量形式传输。飞机和导弹型号不同，其间所传输的信息的种类和数量也将有很大的不同。

载机和导弹间传输的信息主要有：

①有关目标、载机的运动参数，如位置和速度信息；

②有关载机、导弹和目标的信息，如目标雷达频率、方向、类型、编号等；

③载机控制导弹的一次性指令信息，如加温、准备、解锁、发射指令等；

④载机惯导和导弹惯导坐标对准所需的信息；

⑤导弹向载机返回的信息，如挂弹、导弹准备好、导弹离机信号等。

（2）实现导弹与飞机的可靠分离。

对发射装置来说，最主要的功用就是在发射导弹时，能克服载机流场的干扰作用和发射环境的有害影响，按规定的发射方式，保证导弹能安全、合格地发射离机。

①安全，是指导弹从发射装置上发射分离时，对载机、发射装置和邻近的其他武器不发生碰撞、损坏和有害影响。

②合格，是指导弹从发射装置上分离时，要满足导弹制导、分离姿态和弹道的要求。

发射装置应按预定的战术使用要求，完成导弹发射全过程。导弹发射准备阶段主要包括给导弹供电、加温、制冷，控制导弹对目标的搜索、截获和跟踪，完成对准、调谐以及自检，等等。导弹经发射准备阶段以后，给出"导弹准备好"信号。发射阶段主要包括启动电源并转为弹上自供电、解锁及发动机点火、导弹电气分离、发射离机等。

导弹与载机分离运动的方案决定了发射装置的结构，影响导弹在飞机附近安全飞行的初始参数。确定合理的导弹与载机分离参数（垂直速度、俯仰角和俯仰角速度），以及选取强制分离机构的合理的运动学方案，需要考虑以下因素：

①导弹分离后，飞行中不会和载机发生碰撞；

②导弹不能在载机发动机熄火的区域分离；

③导弹的初始运动参数应符合导弹控制系统提出的要求。

2）发射装置的分类

（1）按相对载机的状态分类。

按相对载机的状态，可将发射装置分为固定式发射装置和伸缩式发射装置。

①固定式发射装置。

固定式发射装置直接连接在飞机的挂梁上，在导弹悬挂和载运过程中，相对载机处于固定不动的状态。其特点是：连接结构简单牢固，具有足够的结构强度和刚度，并且在结构布局上容易采取正确合理的载荷传递路线，可使结构紧凑、轻便。目前，绝大多数机载导弹发射装置均属此类，它又可分为不可投放型与投放型两种。

②伸缩式发射装置。

伸缩式发射装置在悬挂和载运导弹时，将导弹"全埋"或"半埋"在载机机身内，而在发射导弹时，其伸缩机构能将导弹伸出机身外实施发射。

这类发射装置的优点是：载机装挂导弹后，能达到"保形"和降低雷达散射截面积的目的，从而减小对飞机性能的影响。缺点是：它要占据机身内较大的空间，要解决发射时安全离机和获得预定的满足制导和弹道要求的姿态等一系列技术问题。

（2）按导弹发射方式分类。

机载导弹发射方式是指导弹脱离载机前的约束形式和脱离约束的作用力方式。目前，其约束形式主要有：用闭锁机构约束导弹纵向运动，定向导轨约束导弹的横向运动并引导导弹的滑行，用挂钩机构悬挂和约束导弹的纵向运动，防摆装置约束导弹的横向运动。机载导弹脱离约束的作用力方式主要有导弹自身重力、导弹发动机推力和弹射作用力。因此，国内外机载导弹发射方式主要包括投放式发射、自推力发射及外动力弹射三种，分别对应投放式发射装置、导轨式发射装置和弹射式发射装置。

3）发射装置的标准化与通用化

从现代空战特点和需求出发，提高飞机/机载武器间的互适性，实现武器和悬挂发射装置的通用化是提高飞机综合作战效能的当务之急，而其关键的和最可行的措施就是实现武器系统接口的标准化。为此，美国空军和海军联合制定了机载武器投放接口军用标准。1982 年，北约其他国家也开始采用该标准，从而全面统一了外挂武器的接口标准。例如，北约研制的战斗机在结构上设置有标准的悬挂结构；发射装置与飞机的接口（包括机械和电器接口）均按飞机的现有机构或通用接口标准进行设计；弹射发射装置采用标准的燃爆弹；挂架不仅能携带本国和其他国家的多种导弹，而且挂架之间可以互换。

武器系统的接口标准化不仅提高了飞机/机载武器间的互适性，也为采用综合外挂武器管理系统提供了条件。

4）发射装置与飞机及导弹的接口

发射装置与飞机和导弹的接口是指发射装置与飞机和导弹之间机械与电气的连接关系。其主要功能是用于发射装置和导弹的悬挂与连接，输送来自载机的电源、控制导弹的信号以及导弹反馈给飞机的信号，并通过接口有效地控制载机综合外挂武器管理系统对导弹的检测、发射准备和发射。

目前，国外使用较普遍的发射装置与飞机的接口是投放型机械接口。这种接口要求发射装置与飞机的接口能实现投放，也就是具有应急投放的功能。国外投放型接口的构型主要有三种类型：双吊耳和臂状止动器、吊耳和前后止动器、鞍形座和自动楔形紧止动器。

发射装置与导弹的接口主要是导弹悬挂和释放系统，包括锁定系统和限动器等装置。锁定系统主要有以下功能：首先是独立自动上锁功能，即只要导弹吊挂从发射装置下面插入到位，锁定系统就能立即同时自动锁紧锁钩；如果导弹由于受到某种阻碍而不能安装到位，吊挂不能插入发射装置悬挂装置中的吊钩内时，任何锁制元件均不闭锁。其次是相关开锁功能，即挂弹钩在弹射机构动作前几乎能够同时开锁，相关开锁是导弹与飞机安全分离的先决条件。

采用弹射发射装置时，为防止导弹摆动，应设置限动器。限动器对称地贴合在导弹上的加强结构范围内，其设计不得对导弹施加附加载荷。导弹释放后，限动器应能自动复位，以便重新装填。

2. 投放式发射

投放式发射是导弹靠自身重力离机后，经过一定的延时，再点燃导弹发动机。其工作过程为：基座解除对导弹挂架的约束，导弹在自重和挂架摆杆的作用下呈弧线向前下方运动，在最低点时脱离挂架，抛到空中，一段时间后点火朝目标飞去。投放式发射容易受到机身和翼下紊流场的影响，导弹做不规则运动，甚至有可能与载机碰撞，造成危险。这种发射方式由于受到悬挂物自身质量的影响，其使用范围受到一定的限制。

一些重型或较重型空地导弹多采用投放式发射方式。如美国的"大猎犬""鹌鹑""袋鼠"和俄罗斯的"厨房"空地导弹等。

3. 自推力发射

1）导轨式发射方式的特点

自推力发射是指导弹靠自身发动机的推力脱离载机，其主要特征是导弹发射时，其初始运动受到约束和引导，并在发射离轨时赋予导弹以轨道所限定的初始航向，该发射多用于轻量级导弹。美国海军航空系统司令部制定的 MIL – STD – 2156（AS）《机载导弹导轨式发射装置设计通用准则》中明确规定：质量小于 160 kg 的导弹，采用导轨式发射装置发射。

自推力发射所采用的导轨发射装置结构简单、尺寸小、质量小、工作可靠，导弹可快速通过干扰区，初始扰动较小，对控制系统稳定工作有利。但是由于导弹离载机过近，发射尾焰可能会对载机造成一定的烧蚀和影响，燃气流可能进入飞机进气道，使飞机发动机熄火；同时，高温、高速燃气流中往往含有氧化铝、盐酸蒸气及其他侵蚀性元素，对发射装置有腐蚀作用。发射装置受到很大气动载荷和惯性载荷时，使导弹滑块与导轨间的摩擦力加大，需要增加起飞推力，会对发射装置的动态与静态强度带来不利影响，增大了导弹质量。另外，自推力发射只能外挂，从而增大了迎面阻力。

导轨式发射装置特点：有一条或一组导轨，导弹依靠其自身的发动机或助推器的推力离开发射装置。由于导弹在离机前的滑行过程中，运动受到轨道的约束和引导，离轨时能确定和控制导弹的初始飞行方向，因而具有良好的初始定向性能。

2）对导轨式发射装置的基本要求

导轨式发射装置应满足下列基本要求。

（1）保证有成功发射导弹所必需的初始条件。

不同的导弹要求的初始条件是不同的，有的导弹要求有一定的滑离速度和较小的初始偏差角和角速度，以保证导弹按制导系统所允许的弹道进入控制飞行。若制导系统对发射初始散布的要求并不十分严格，则无须提出过高的要求。有的导弹要求发动机点火后，经过一定时间导弹才从定向器上滑离，使发动机在导弹滑离前能全部点火并达到稳定工作状态。这点对配置有多个助推器的导弹更为重要。

要满足这一要求，导轨应当有一定的长度，保证导弹有必要的滑离速度，以增加抗初始干扰的能力；应当有适当的刚度和强度、合理的配合间隙，以减小结构引起的初始偏差；应当有良好的排导燃气流的结构外形，或专门设置导流装置，以减少燃气流的作用和避免出现反射气流。

（2）保证能安全、顺利地发射导弹。

要保证能安全、顺利地发射导弹，则起落部分的结构不能妨碍导弹运动，不能使导弹受到有害的作用。例如，不能给导弹突然加上或去掉一些载荷，以免产生激震，因为激震会使某些制导系统作用失常；还应当能顺利投弃失效的导弹，或为了保护载机的安全，需要投弃导弹，而不管这导弹是否失效。

导轨式发射装置与飞机的接口应具有应急投放功能。这一点主要是考虑到载机在空中遇到紧急情况时，如受到某种威胁需要做大机动飞行、增速，或者为增大航程需减轻负担，或为了保护载机的安全，可将导弹连同发射装置一起投放掉，或将导弹投弃。通常，翼尖安装的导轨式发射装置为不可投放的固定式装置，在设计时，往往把发射装置结构作为翼尖结构的一部分来考虑。

（3）战斗勤务简单和迅速。

往导轨式发射装置上装弹（或退弹）应方便、迅速和准确。装弹后，闭锁机构将导弹固定在一定的位置上，以保证操作安全；必要的载机管路及电路做到在各种情况下都能顺利与导弹接通，并确实保持一切联系。

（4）结构紧凑，质量小。

导轨式发射装置除了满足前面的要求外，其结构还应当简单、可靠、安全。

3）导轨式发射方式的分类

导轨式发射装置中导轨长度范围从几厘米到几百厘米不等，轨道数量有单轨和多轨，轨道截面形状有"内T形"和"外T形"。根据导轨的长度和配置数量，可分为长轨单轨形、长轨多轨形及短轨多轨形三种。还可以按导轨轨道长度（导弹滑块离轨形式）分为顺序离轨型和同时离轨型两种。

（1）顺序离轨型发射装置。

导弹在导轨中滑动时，弹上滑块按先后顺序依次从同一条导轨中滑离导轨。这类发射装置一般导轨较长，且导弹离轨时的飞行速度也较大。常用于红外格斗型空空导弹。

（2）同时离轨型发射装置。

导弹在导轨中滑动时，弹上滑块从不同轨槽中同时滑离导轨，可以避免发生导弹可能出现的低头现象。一般用于重型空空导弹。

4）导轨式发射装置与载机和导弹的连接

导轨式发射装置与载机的机械连接是用两只吊耳悬挂在飞机外挂梁的吊钩上的。导轨式发射装置与导弹的机械连接是靠导弹壳体上的 2~4 个滑块嵌入导轨下部的导轨槽内，并由发射装置内的机械组件将滑块与轨槽的相对位置限死，以免导弹前后滑动和左右摇摆。

导轨式发射装置与载机的电气连接是通过一根电缆和一对插头座来实现的。载机对发射装置的供电及载机和发射装置之间的信号传递，都是通过这根电缆完成的。发射装置与导弹之间通过一根脐带式电缆连接起来，以给导弹供电，并且相互传递信号。脐带电缆中有一根不锈钢细管，用来给导引头提供制冷氮气，或者给位标器进动阀提供高压气源。

5）导轨式发射装置的组成

导轨式发射装置的大致组成包括壳体、锁制器、接口组件、脐带电缆插头支承与分离机构、导轨、气瓶组件和发控盒等。具体分为 5 个基本部分：壳体、导轨式定向器、闭锁机构、电气系统和插拔机构。图 2 - 32 是一种典型的导轨式发射装置结构示意图。

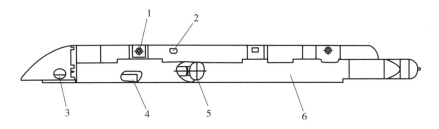

图 2 - 32　导轨式发射装置结构示意图

1—悬挂件；2—供电系统；3—插头分离机构；4—卡锁；5—冷却系统；6—发射装置壳体

（1）壳体。

壳体是发射装置的主要承力件和结构基体。目前，大部分型号的导轨式发射装置的壳体是用铝合金型材加工而成的，质量小，强度高，外形美观，不容易变形。壳体上部有两个吊耳，将发射装置与飞机连接。

（2）导轨式定向器。

导轨式定向器是导轨式发射装置的重要组成部分。导轨式定向器的长度、结构形式、质量和联装数量等对发射装置总体结构设计、外形尺寸、受力情况和发射精度等有重要的影响。在发射导弹之前，导轨式定向器支承导弹，导弹在其上做好发射准备工作；发射导弹时，导轨式定向器提供成功发射的必要条件，使导弹按预定的初始弹道飞行。

对导轨式定向器的要求：导轨式定向器应具有保证导弹正常起飞的最短长度，一般要求保证所需要的滑离速度；导轨要平直，导弹的定向件与导轨的配合要有适当的间隙，以保证弹体顺利滑行和防止跳动；导轨式定向器结构要紧凑，质量要小，同时要有足够的强度和刚度。在导弹滑离后，要保证弹尾不与导轨式定向器前端相碰撞；导轨定向器要保证装弹和退弹时操作方便、准确；导轨式定向器的前端面要小，或具有导流措施，以减小燃气流的冲击作用。另外，还要防止反射的燃气流作用到弹尾上，使初始偏差增大。对联装的导轨式定向器来说，要保证各定向器导轨互相平行。

（3）闭锁机构。

闭锁机构是一个机械构件和电气部件相结合的组件。当导弹悬挂在发射架时，闭锁机构处于锁定状态，使导弹不能前后运动。在发射导弹时，闭锁机构上的电磁铁被启动，使闭锁机构处于解锁状态，同时使发动机点火线路接通。当发动机点火之后，推力达到一定值时，导弹将闭锁机构推开，滑块沿导轨向前滑行，直至离开发射架，脱离载机，向目标飞去。闭锁机构主要有抗剪销式、弹簧式、抗张连杆式和拉断螺栓式等形式。

抗剪销式闭锁机构是用一个抗剪锁锁住导弹，其结构简单，作用可靠，实际应用较多。当导弹发动机的推力达到所要求的闭锁力时，便将金属销剪断，导弹开始运动。

（4）电气系统。

电气系统是飞机和导弹的电信号转换部件。它将飞机所能提供的直流电和交流电变成导弹所需要的各种电压的直流电或交流电。不同型号的导弹，所需的电源也不同。电气系统可将飞行员或火控系统对导弹的控制信号经过适当的变换，传送给导弹，使导弹按给定的信号跟踪目标。正常发射时，电气系统完成发射装置供电和导弹自供电的转换过程，并使发射装置闭锁机构解锁，紧接着给导弹发动机点火。应急发射时，电气系统以最短的路径，将发射信号送给导弹发动机和闭锁机构，使导弹很快地飞出去。

（5）插拔机构。

插拔机构就是把插头准确无误地插入导弹的插座之中，使载机的发控系统与弹上电路接通。发射时，将插头自动拔出，使电路断开，并迅速让开一个距离，不致妨碍导弹的运动。

由于插拔机构是实现发射装置电气连接的重要部件，在设计中有许多特殊要求必须满足。对插拔机构的基本要求有：

①装弹时必须保证迅速、可靠地将电路接通，直到发射之前都保持接通状态。

②导弹在定向器上开始运动时，要能及时、可靠地将电路分离。

③不能给导弹发射带来有害的影响。插头插入插座时，不能损坏导弹。插头脱落时，应避免使导弹受到附加扰动，不能妨碍导弹的运动。对多次使用的插拔机构，还应避免燃气的烧蚀和冲刷。

④应有能实施射前检查及发射过程的电模拟系统。

⑤应有手动分离机构，保证不发射时能退弹。

插头与插座是导弹发射装置电连杆的基本构件，其结构直接关系到插拔机构的形式。常用的插头机构有三种类型：针式、剪断式及拉拔式。相应的插拔机构有针式插头插拔机构、剪断式插头插拔机构和拉断式插头插拔机构。

"响尾蛇"空空导弹采用自推力发射，其导轨式发射装置（LAU-7）如图2-33所示。其前端有整流罩，后端为三角形，其用途为减少空气阻力和对飞行的影响。导轨长为1 972 mm，总长为2 500 mm。

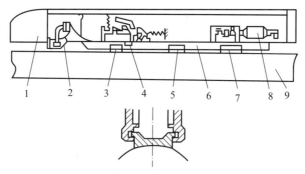

图2-33 "响尾蛇"空空导弹导轨式发射装置

1—壳体；2—插拔机构；3，5，7—定向滑块；4—闭封机构；6—导轨；8—氮气瓶；9—弹体

"响尾蛇"空空导弹直径为 130 mm，弹长为 2 910 mm，弹长与弹径之比达到 22 之多。在这种情况下，弹体上装有 3 个定向滑块，滑块宽度相等，但其长度不相同。3 个定向滑块从左至右的长度分别为 54 mm、74 mm 和 90 mm。为了便于将导弹安装在导轨上，则在导轨上也加工了与滑块相应的缺口。装填时，使弹体上的 3 个定向滑块分别对应 3 个缺口，并放在各缺口中，稍向前推动弹体，就会使滑块与导轨配合。同时，导弹被闭锁机构挡弹器卡住，使导弹处于待发位置。采用 3 个滑块的优点是减小发射时弹体头部的下沉量。当左定向滑块离轨后，导弹仍被中、右两个定向滑块支承，只有中间滑块也离轨时才开始产生头部下沉，显然其下沉相对较小，从而提高了发射精度。

"响尾蛇"空空导弹的导轨式发射装置的后部安装一个氮气瓶，一般是用玻璃钢和不锈钢制成的，容量为 5 L 左右，压力为 3 000 MPa。氮气源的作用除了供位标器制冷外，还对一些靠气动进动的位标器提供高压气体。如果只供制冷，可以工作 3 h；如果位标器离轴跟踪目标，则气瓶只能工作 3 min。气瓶尾部装有压力指示表，每次飞行之后，可根据压力变化，决定补充压力或更换气瓶。

4. 外动力弹射

外动力弹射发射方式是指导弹靠发射装置弹射系统施加的弹射推力脱离载机，弹上发动机在导弹脱离载机一定距离后再点火。此种发射方式主要应用于空地反辐射导弹和其他中远程飞航导弹。其对应的弹射发射装置是一种没有导轨，仅仅起悬挂支承作用的导弹发射装置，又称为零长式发射装置。美国海军航空系统司令部制定的《机载导弹导轨式发射装置设计通用准则》MIL-STD-2156（AS）中明确规定：质量大于 360 kg 的导弹，采用弹射式发射装置发射；质量为 160~320 kg 的导弹，既可采用导轨式发射，也可采用弹射式发射。

1）弹射发射方式特点

弹射发射方式的程序是通过点火电路点燃燃气发生器的燃爆弹，燃烧产生的气体作用于协动连锁机构，解除保险并释放弹钩，同时驱动弹射机构，火药气体的推力将导弹弹离载机，并启动延迟点火机构，在导弹达到预定的距离和姿态时再点燃导弹发动机，使导弹在推力作用下沿纵轴方向飞行。

弹射发射装置适用于"半埋"或"全埋"式挂载的导弹，而且导弹离机后能迅速摆脱载机干扰流的影响，燃气流不会影响飞机和发射装置，可大大降低悬挂系统和飞机的气动阻力。同时，该发射方式携带的导弹的质量和类型更加广泛。但是该发射装置结构复杂，可靠性低，对导弹姿态控制的要求高。其主要特点如下。

（1）减小气动阻力。

飞机携带导弹以及发射导弹后，其气动外形、质量、重心位置和惯性矩都要发生变化，特别是在导弹较重、体积较大和离载机重心位置较远安装时，变化更大，这些变化对载机飞行品质的影响不容忽视。为克服这些影响，必须合理调整导弹的配置位置和安装形式，如采取半埋安装或保形安装形式。在半埋安装或保形安装时，导弹部分或完全埋在载机形廓之内，在这种安装情况下，采用弹射发射装置弹射导弹，可以较好地解决导弹搜索和跟踪目标问题，并保证导弹发射离机。

（2）避免燃气流影响。

飞机在空中发射导弹时，处于导弹尾喷燃气流场内的飞机和导弹发射装置均要受到燃气流不同程度的影响。如燃气气动力、热力和化学成分的作用将对飞机发动机的工作稳定性产生很大影响，其影响程度将因发射条件、载机发动机的喘振稳定裕度，以及导弹尾喷燃气流场参数的不同而有很大差异。为削弱和防止导弹尾喷燃气流对载机的有害影响，避免飞机发动机空中熄火，除合理配置导弹安装位置、提高载机发动机的喘振稳定裕度和防止发动机燃烧室火焰中断外，最有效的技术措施就是采用弹射方式发射导弹。

（3）避免载机干扰流场的影响。

导弹发射离机瞬间的姿态将直接影响其分离特性、载机的飞行安全和导弹的战术效果。载机发射导弹时，由于载机的机动效应和干扰流场效应的影响，使施加在导弹上的外力、外力矩的性质、大小和方向都发生变化，造成导弹航迹不稳定；而采用弹射方式发射导弹，可迅速离开载机的干扰流场，从而避免它对导弹航迹的影响。

2）对弹射式发射装置的功能性要求

弹射式发射装置必须满足下列功能性要求。

①能实现挂弹与运输。在起飞、飞行和降落时，导弹不会自行从弹射装置中脱落。

②保证导弹可靠分离，并具有要求的分离参数（分离行程、垂直速度、俯仰速度、俯仰角度）。

③保证导弹弹射时无航向和横向翻滚。

④导弹分离后，弹射机构要恢复到初始位置。所以，动力装置的能量不但要满足弹射的需要，而且要满足机构复位、闭锁等的需要。

⑤插拔机构在导弹弹射时要能收回到壳体之内，在装弹时能够下降，保证插头能插入插座之中。

⑥发射之前，载机能给导弹提供电源和信号。

⑦能目视检查弹射机构的闭锁、导弹在弹射机构上的固定情况，能检查气动机构是否充气。

3）弹射式发射装置的分类

弹射式发射装置可根据其传动机构的不同分为杠杆式弹射装置、活塞式弹射装置。杠杆式弹射装置通过杠杆式传动机构，将动力装置的力传给导弹，使导弹运动，到一定距离后分离。活塞式弹射装置通过活塞式传动机构，将动力装置的力传给导弹，使导弹横向运动，到一定距离后分离，分离时有垂直纵轴的速度，但无转动。目前，国内外常用活塞式弹射装置。

4) 弹射发射装置的组成

弹射发射装置主要包括动力机构、传动机构、壳体机构、吊挂组件、电插拔机构与闭锁机构，其结构示意图如图 2 - 34 所示。

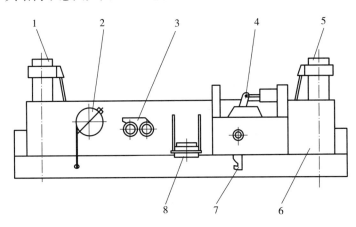

图 2 - 34　弹射发射装置结构示意图

1—前作动筒；2—延迟点火拉线盘；3—火药燃爆室；4—锁定机构；
5—后作动筒；6—基体；7—挂钩；8—电缆插拔机构

（1）动力机构，为导弹的闭锁、开锁、弹射及传动机构的复位提供动力源。分为燃气式与压缩空气式两种。燃气式动力机构使火药气体燃烧生成气体，它通过膨胀做功提供动力；压缩空气式动力机构使贮于气体瓶中的干燥空气或氮气，在电磁控制阀控制下进入气缸做功。

（2）传动机构，是将弹射动力传递给导弹的中间机构，保证导弹运动方向不沿航向和滚动方向翻转。有两类传动机构：活塞式和杠杆式。活塞式传动机构使导弹强制分离的速度垂直于导弹的纵轴；杠杆式传动机构使导弹向前或向后斜向分离，有沿纵轴和垂直纵轴的分离速度。最常用的为活塞式结构。

（3）壳体结构，是弹射装置的主要承力结构。所有机构都装在壳体上，用以保证将弹射装置固定于载机上，将导弹固定在弹射装置上。壳体结构的设计重点是强度问题，要保证质量小，工艺性好，而强度足够。壳体结构一般是封闭的盒式结构，可以用标准型材焊接或螺栓连接，或模压成型。

（4）吊挂组件，实现弹射装置与飞机的连接。设计的要求是：结构简单可靠；在各种使用条件下有足够的强度；易拆卸，以便于更换；装配位置规格化，以便于同一装置能挂在多种飞机上。

（5）电插拔机构，完成弹射装置和导弹间的电气连接。机上向导弹发送关于目标截获和发射瞬间的指令与信息，导弹向机上发送发射准备工作开始的信息。这些电信号用导线经插拔机构传送，导弹分离时插头自动断开。机构原理取决于插头类型，机载弹射装置常用的插头有：剪切式、拉断式、插拔式。剪切式插头多用于小直径的导弹，拉断式插头用于中远距导弹。

（6）闭锁机构，用来将弹射机构锁定在壳体上，将导弹锁定在弹射机构的吊挂中，使弹射机构与导弹均处于运输状态。闭锁机构有两部分：锁住导弹的部件和锁住弹射机构的部件。结构设计时，要保证在弹射初期两部分能同时解锁，而在运输中能同时闭锁。

5）弹射工作原理

弹射发射装置目前也可按弹射能源分为热弹型与冷弹型两种。热弹型弹射发射装置的弹射作动能源为点燃火药所产生的高压燃气；冷弹型弹射发射装置弹射作动能源为贮压器中的高压气体（空气、氮气等）。

（1）热弹型弹射作动机构工作原理。

热弹型弹射作动机构由抛放弹燃爆室、分配阀、挂钩解锁机构、节流稳压装置和前后活塞作动筒等组成。

该机构的弹射作动过程：载机电源点燃抛放弹后，在燃烧室内产生大量的高压燃气，进入燃气分配阀，先推动挂钩解锁连杆，释放导弹吊挂，然后进入节流稳压装置，经节流稳压到一定值后，燃气进入前、后活塞作动筒，将导弹推离载机。由于前后作动筒产生不同的推力作用，使离机的导弹获得所需要的姿态，具体如图 2 - 35 所示。

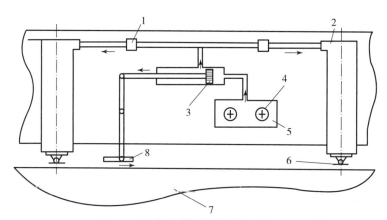

图 2 - 35　热弹型弹射作动机构工作原理图

1—节流稳压装置；2—活塞作动筒；3—分配阀；4—火药；
5—燃爆室；6—推弹板；7—导弹；8—挂钩解锁连杆

目前，国外机载导弹大多采用燃爆弹做弹射能源。燃爆弹是一种缓速、高效能的火药燃爆弹。采用燃爆弹做能源的作动机构在设计上应有两个相同类型的燃爆弹同时起燃，而不能只用一个燃爆弹作为弹射能源。为了保证两个燃爆弹点燃可靠，应该由两个独立的、来自载机的点火电源远距离点燃，第一个点火脉冲应分别通过不同的线路输给燃爆弹，以保证无论哪个燃爆弹起燃，两个燃爆弹均能同时点燃，而且不会降低或改变弹射机构的作动功能。

（2）冷弹型弹射作动机构工作原理。

这种机构由贮气瓶、活塞作动筒和平面杆系机构等组成。

该机构的弹射作动过程：载机发出"弹射发射"指令后，先接通电磁阀，释放出贮气瓶中的高压气体，使其进入活塞作功筒，活塞推动平面杆系做向下旋转运动，先解除对导弹吊挂的悬拧约束，再将导弹快速推离载机。由于平面杆系的运动和状态及推离力可以精确设计，从而使离机的导弹能准确地获得所需的姿态和弹道，具体如图2-36所示。

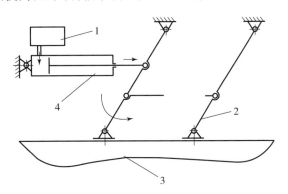

图2-36　冷弹型弹射作动机构工作原理图

1—贮气瓶；2—平面杆系机构；3—导弹；4—活塞作动筒

5. 发射装置的发展趋势

（1）发展保形弹射型发射装置，实现导弹与载机的最佳"融合"，减小外挂阻力。

未来战机的特点是高机动性和高隐身性，与之相适应，发射装置要朝小型、内藏的方向发展。国外已着手研制更加先进的保形机载挂架，主要内容是要在飞机上设置导弹舱或半埋的机身槽。载机机动飞行时，导弹位于弹舱内；发射导弹时，导弹发射装置的支架伸出弹舱，将导弹弹入自由气流中。

美空军系统部负责研制的先进弹射发射装置（AMELT）的弹射作动机构，就是一种能旋转向下的Y型平面杠杆系统。它在液压驱动部件作动下，将导弹从弹舱或半保形凹槽中向下弹出机外，在获得所需的俯仰姿态后进入自由气流中。这种弹射作动机构的弹射装置已用于F-102飞机弹射发射"猎鹰"导弹。

英国研制了一种X型联动杠杆系统的弹射发射装置，采用了与AMELT相似的技术。该导弹发射装置已用于"狂风"飞机弹射发射"天空闪光"导弹。

俄罗斯也发展了多种新型弹射发射装置，用于弹射发射中距拦射导弹，如R-27空空导弹。

（2）发展向后转向的发射装置。

发射装置能转向，可以减轻导弹的负担，节省宝贵时间。因此，可研究导弹大离轴发射技术，实现"越肩发射"，还可实现一种可转向的发射装置。

（3）使用新的弹射能源，开发新型弹射发射装置。

常规的弹射发射装置使用的弹射能源是燃爆弹产生的高压燃气，利用这种燃气直接推动导弹离机，但是这种方法也存在着明显的不足。目前，国内外都在积极研制以高压气体（如氮气）或高压流体作为新的弹射能源以取代燃爆弹。

法国阿尔肯公司研制以高压氮气（压力为 352 kg/cm²）作为弹射能源。导弹在弹射时的俯仰角可在液压气体发送器的中心控制点上进行预置。

美国空军还研制了一种采用高压液压油（压力为 563 kg/cm²）作为弹射能源的弹射发射装置。

（4）研制模块化和组合式发射装置。

为提高飞机综合作战效能，提高发射装置的战术机动性和使用灵活性，提高导弹系统的装机互换性和使用通用性，许多国家都在研制和发展一种"双模式发射装置"。美空军系统部拟订了三项近期发展计划，其中包括"双模式发射装置技术"（DML）。该装置在先进的弹射发射装置基础上增加导轨发射器。英国弗雷泽纳什公司所提出的设计方案就是在采用 X 型杠杆机构的弹射发射装置基础上加装一个导轨发射器。

模块化发射装置现已进入研究和设计阶段，如美国休斯公司为中距空空导弹研制的一种模块化导轨发射装置，英国范堡罗皇家航空中心也在研制带有附加组件的模块化导轨发射装置。可以预见，双模式和模块化发射装置由于具有很大的战术机动性与使用灵活性，将会有广阔的发展前景。

2.9　发射装置耐环境设计要求

在发射装置总体设计时，应全面预测、分析和确定它所遭遇到的各种使用环境条件，以便使发射装置能在各种预期的环境下正常和有效地发挥效能。为了提高导弹发射装置可靠性，必须进行设备的耐环境设计。

2.9.1　发射装置环境适应性分析

发射装置是在各种恶劣自然环境、发射时的工作环境以及复杂的战场环境条件下工作的，因此，在设计时必须认真考虑环境因素，进行环境适应性分析。首先应对发射装置所使用环境适应性做简要分析。

1. 自然环境

自然环境主要包括风、湿度、沙尘、淋雨、盐雾、霉菌、湿热、辐射、压力、电磁干扰等。

一般，发射装置需要在温度 -40 ℃ ~ +60 ℃、风速 20 ~ 30 m/s、相对湿度90% ~ 95%（温度为 30 ℃时）、太阳辐射强度（1 120 ±112）W/m²、淋雨强度 5 ~ 6 mm/min、

盐雾、霉菌为二级、电磁干扰强度 200 V/m 的条件下正常工作。

以下这些环境将造成发射装置物理性能和化学性能的变化。

（1）温度的急剧变化，高低温冲击将引起结构材料的变形、开裂、卡死、折裂、转动不灵活、润滑剂流出和凝固、密封漏气、弹性降低或消失，电子元器件、油漆、橡胶、塑料性能改变等。

（2）日照将引起结构变形弯曲，不同程度的膨胀、龟裂、褶皱、软化和黏结，油漆、橡胶、塑料的变质。

（3）湿热、霉菌、盐雾的主要效应是腐蚀，将导致设备功能破坏，物理强度和重要机械性能产生变化，电子元器件、绝缘材料的电性能受到损坏，导致电气失效。

（4）沙尘、淋雨，其主要效应也是腐蚀，将污染活动部件，使其性能降低，造成电子元器件和设备失灵或损坏。

（5）电磁干扰，其主要效应是电气性能降低或失效，以及引起电爆管等火工品起爆。

2. 发射环境

发射装置需要承受导弹发射时所产生的诱导环境，主要包括加速度、振动、冲击、噪声、加热等方面，其影响最大的是振动、冲击和噪声。

导弹发射时产生的环境条件包括以下几方面。

（1）瞬时加速度与持续加速度。由于助推器的推力作用，将导弹从静止状态加速到飞行速度，其瞬时加速度为 $(5\sim100)g$，而稳态加速度随时间变化不大，其值为 $(1\sim30)g$，其数值因导弹的类型而异。

（2）激震和冲击是短暂的载荷，它对结构的破坏程度是力的峰值、脉冲持续时间的函数，也是受激震或冲击结构特性的函数。

在导弹发射初期，助推器点火，发动机不规则燃烧、脱落，插头分离，导弹解锁，导弹在具有不平度的导轨上运动及导弹离轨瞬时，都将产生激震或冲击，其峰值通常在 $(5\sim100)g$，脉冲宽度（持续时间）在 $1\sim11$ ms。

（3）机械振动。由于助推器工作时会产生激励因素、导弹在发射装置上运动时产生的激励因素及发射时发射装置结构方面及非定量风作用引起的激励因素作用下，将使发射装置结构产生机械振动，其振动频率 $5\sim2\,000$ Hz，振动幅值 $(2\sim20)g$。

（4）燃气流和噪声。导弹发射时，助推器喷射大量燃气射流，同时产生强噪声场。

燃气射流是导弹发射过程中助推器喷出的大量高速高温气流，燃气流温度在 $1\,500\,℃\sim3\,500\,℃$，流速 $2\,500$ m/s 左右，在燃气流中还夹杂着氧化铝颗粒和浓烟，冲击压力为 $0.01\sim1$ MPa。

燃气流噪声场分布和强度与助推器本身因素有关，而且还与发射环境有关。根据试验统计，发射时噪声强度在 $180\sim200$ dB 之间，频谱宽在 $200\sim8\,000$ Hz。

发射时产生的环境条件，将使发射装置承受较大的动载荷，其载荷会传递给各个部件。如果发生谐振，将导致设备性能降低、结构破坏或出现故障以及电气控制系统失效或工作失常。

3. 战场使用环境

在战场使用环境下，发射装置需要面对包括核爆炸、常规武器、生物化学武器的冲击威胁，以及反侦察、隐身等问题，因此，发射装置要提高伪装、隐身和对爆炸、子弹的防护性能，以便提高整个武器系统的生存能力。

2.9.2 发射装置耐环境设计

耐环境设计，就是根据发射装置在实际使用时将会遇到的环境及其产生的效应，从设计上采取耐那种环境的措施。

因此，对发射装置实际设计时，必须从物理和化学的角度来分析在这些环境条件下使用会遇到多大应力、故障和腐蚀，以便进行耐应力、耐振和耐腐蚀设计考虑。

1. 耐应力设计

在设计时，必须把环境应力和由设备本身工作引起的应力，分解成设备各零、部、组件所受到的应力，进行强度分析，合理确定结构形状、连接方式等，并选择合适的设计安全系数和所使用的材料。

2. 耐振设计

振动和冲击将引起材料设备变形和损坏，因此，在设计产品时，要进行耐振设计（一般来说，凡是耐振设计良好的设备，其耐冲击的能力也强）。

在设计时，一般采取如下措施：

①消除或减少振源。例如，设计发射装置时，应尽量使导弹滑块在发射装置上滑动时，燃气流不作用到发射装置上，或采取合理排导方法减少作用。

②抑制或断开从振源向发射装置传递振动。

③防止振动物体的共振。

然而上述措施的效果是有限的，振动是客观存在的，它不可能完全根除，因此，必须从另外角度去提高弹、架系统的抗振能力。

为了提高发射装置抗振能力，要进行耐振设计，也就是要根据外部振动激励因素和动态特性，分析导致设备破坏的规律，合理调整质量分布和刚度分布，改变组合和支承方式，合理调节各组件的固有频率。除此以外，还要采取必要的工艺措施和采用人工阻尼技术。例如，为了减少实际作用在设备上的振动而采用专用减振装置（系统）。

3. 耐腐蚀设计

发射装置长期战备值班时，其直接暴露在恶劣的自然环境中，尤其是舰载发射装置直接暴露在高温、高湿、高盐的海洋环境中，这些因素往往使材料生锈、腐蚀以及退化降级，使发射箱内部的部件、元器件退化降级或失效，因此，发射装置必须进行耐腐蚀设计。

对于耐腐蚀设计，一般采用密封、新型防腐材料与防腐表面处理等措施。

①用埋入（保护膜、灌封、镶嵌）、气密和防水密封等措施来提高设备和电子元器件的"三防"（防水、防尘、防腐蚀）能力。

②外露零部件、紧固件采用新型防腐蚀材料，提高耐腐蚀性能。

③采用在零部件表面电镀和涂覆防腐涂层等表面处理方法来提高设备的耐腐蚀性能。

第3章 发射装置载荷及结构分析

3.1 载荷的种类与计算状态

发射装置设计时，必须进行载荷分析，确定结构所受载荷的大小、方向、作用点、分布规律及与时间的关系，以此作为设备的可靠性及发射精度研究的依据。要先分清载荷的性质，随后选用相应的计算方法。

3.1.1 静载荷与动载荷

作用在发射装置上的载荷，就其对时间的变化特性而言，可以分为静载荷与动载荷。

静载荷对结构作用的大小、方向及作用位置均不随时间而变化，或变化很缓慢。在其作用下，结构各质点无须考虑惯性力。属于这一类的载荷有：结构自身重力、导弹重力、缓慢移动或改变的载荷等。结构自重是一种恒定的分布载荷，根据结构的具体形状，常常把它简化成集中载荷、均布载荷或直线变化的载荷等。有时根据计算载荷值的目的来简化载荷值的分布规律。例如，为了计算支座反力，一般将重力简化为集中力，作用在结构的质心处；为了研究结构的强度和刚度，则把它简化为分布载荷。

动载荷对结构作用的大小、方向或作用点是随时间而变化的。在其作用下，结构质点的加速度不能忽视，刚体会因不稳定运动而产生惯性力，弹性系统则将产生振动。属于这一类的载荷有以下几种。

（1）旋转物体的不平衡载荷。例如，瞄准机转动部件有质量偏心时对支座作用的惯性力、自旋导弹质量不均匀的惯性力与力矩。

（2）撞击载荷。如设备吊装过程中的跌落或机构工作时的碰撞力等。

（3）突加（卸）载荷。例如，瞄准机的制动力、突然解脱的闭锁力，以及多联发射装置连续发射时，由于火箭弹滑离而使其突然减少一发弹的重力等。

（4）迅速移动的载荷。例如，导弹在定向器上快速运动时的作用。

（5）流体动力载荷。例如，燃气气动载荷、风载荷、核爆炸的冲击波、水下爆炸的压力波等。

（6）运载体或基础的运动使结构产生的载荷。例如，舰艇的摇摆与升沉运动、载机飞行和着陆运动、车辆在不平路面上的运动、核爆炸的地震波等因素引起的惯性力。

（7）火箭发动机的不稳定推力。

动载荷与静载荷并无绝对的界限，区别在于结构在其作用下产生的加速度能否忽略。解决实际问题时，主要是看与该加速度相对应的惯性力同其他外力相比是否可以忽略不计。进行数学运算时，动载荷用时间 t 的函数 $F(t)$ 来描述，静载荷用与时间无关的常数来描述。用动力学的方法研究动载荷对结构的作用，用静力学的方法研究静载荷对结构的作用。

3.1.2　过载系数与动载荷

惯性载荷是由结构加速运动而引起的，其大小等于结构质量乘以运动加速度，方向与加速度方向相反。正如前面所说，发射装置都有惯性载荷的作用。通常结合结构的重力来表征总的惯性力，即用过载系数来表示。

过载系数是一矢量，等于作用于结构上除重力以外所有外力的总和与其自身重力之比，其方向与外力之和的方向相反，即

$$n = \frac{-\sum F_i}{W} \qquad (3-1)$$

式中　n——过载系数，为矢量；

$\sum F_i$——作用在结构上除自重以外所有外力的矢量和；

W——结构自身的重力。

由结构的惯性中心运动方程知

$$\frac{W}{g}a = \sum F_i + W$$

$$\sum F_i = \frac{W}{g}a - W$$

故过载系数又可表示为

$$n = \frac{-\sum F_i}{W} = -\left(\frac{a}{g} - \frac{g}{g}\right) \qquad (3-2)$$

式中　a——结构惯性中心的运动加速度；

g——重力加速度；

g——重力加速度的模。

如果已知物体的运动规律，即知道它的加速度，就可由上述公式求过载系数。在实际计算中，利用它在直角坐标系中的投影进行计算较为方便，即

$$\left.\begin{array}{c} n_x = \dfrac{-a_x}{g} + n_{gx} \\[2mm] n_y = \dfrac{-a_y}{g} + n_{gy} \\[2mm] n_z = \dfrac{-a_z}{g} + n_{gz} \end{array}\right\} \qquad (3-3)$$

式中　n_x、n_y、n_z——沿 x、y、z 轴方向的过载系数；

　　　a_x、a_y、a_z——物体沿 x、y、z 轴方向的加速度；

　　　n_{gx}、n_{gy}、n_{gz}—— x、y、z 轴方向重力加速度的过载系数，即 g/g 在各轴上的投影。

实际结构是有弹性的，弹性系统在动载荷作用下会产生振动，因而，结构的实际变形与同样大小的静载荷作用下的变形不同，各截面上的实际内力与静力计算所得的内力不同。相邻部件之间（例如，导弹的定向钮、定向器的耳轴、高低机的主齿轮等处）的约束反力也应考虑结构振动引起的附加动力分量，即振动惯性力。在工程机构中，往往引入动力系数来表征考虑振动惯性力之后总的载荷。

动力系数的定义并不统一，我们采用其中的一种。即把结构在动载荷作用下的最大变形 y_d 与在静载荷（其数值等于动载荷的最大值）作用下产生的变形 y_s 之比叫作动力系数，即

$$\mu = \frac{y_d}{y_s} \qquad (3-4)$$

μ 是大于 1 的系数，用它乘以静载荷就得到了总的动载荷。许多国家对各类起重运输机械都规定了专门的动力系数，但发射装置尚无此规范。

3.1.3　计算状态

根据对发射装置工作条件的分析，可把发射装置承载情况分成若干特征状态，在每一状态下结构所处的外力和环境条件是一定的。当然，发射装置要在各种状态下工作，要承受各种状态下的载荷。但是，每一结构元件较大的内力或不利条件只出现在一种状态之中，这一状态叫作该元件的设计状态或载荷计算状态。结构的强度、刚度和寿命，以及机构的工作性能，要根据载荷计算状态来设计。

发射装置的设计状态可分成以下三类。

（1）贮运状态。它指的是发射装置在陆上、水中或空中运输和吊装过程中结构的承载情况。其载荷与所用的运载体有关，有车载（轮式或履带车辆、铁路）、舰载（水面或水下）、机载（飞机、直升机）、吊装过程等；还与所处的环境条件（路面、海情、气候条件）有关。研究这种状态，主要是解决运载体设计和导弹运输时的减振问题。某些在贮运中起作用的机构（例如，行军固定器、抗风暴机构等）也应在这种载

荷情况下设计。

（2）发射准备状态。它指的是放列、撤收、瞄准（或起竖）及其他勤务操作等工作过程中结构的承载情况，也包括导弹处于待发状态的环境条件中结构的承载情况。

瞄准过程是使起落部分或回转部分瞄向目标或规定位置的过程，包括调转运动和跟踪运动。调转运动是为了转移火力或使发射装置回到装弹位置；跟踪运动是根据活动目标的运动规律或为了补偿运载体摇摆而进行的瞄准运动。其载荷与瞄准运动的规律及瞄准参数有关，也与环境条件有关。瞄准机要在这种载荷情况下设计。

放列、撤收及其他勤务操作的载荷与操作规程有关，主要有自身重力与冲击载荷。有关的转换与操作机构（车体及导流器的转换机构、调平机构等）要根据这种载荷情况设计。

（3）发射状态。它指的是导弹发射过程结构的承载情况。发射过程包括：导弹解锁、约束期运动、半约束期运动及滑离后的自由飞行。其载荷与导弹结构、发射装置结构及发射条件有关，是发射精度、发射可靠性、发射时的安全防护等要考虑的设计状态。在这种状态下，不但有力的作用，还有高温烧蚀作用。

3.2　弹－架系统的坐标系

在进行发射装置的载荷、瞄准参数、振动特性及导弹的滑离参数的分析计算时，要研究导弹－发射装置系统（简称弹－架系统）的运动学与动力学规律。在这些研究中，往往假设弹－架系统是由有限个刚体组成的，刚体之间用刚性接头连接，或用弹性接头连接（即用弹簧、阻尼器连接）。只要适当选择固连于刚体上的矢量，并描述各矢量之间的关系，就能完成刚体运动的研究工作。在研究时，可引用矢量－矩阵分析法。此法概念清楚、书写简明、概括性强，容易实现计算程序化。

在本书中，矢量用黑斜体字母来表示，例如 $\boldsymbol{a}$。矢量可以表示为直角坐标系的 3 个坐标轴方向的单位矢量的线性组合，即

$$\boldsymbol{a} = a_x \boldsymbol{e}_x + a_y \boldsymbol{e}_y + a_z \boldsymbol{e}_z \qquad (3-5)$$

也就是说，矢量 $\boldsymbol{a}$ 可以用 3 个不共面的矢量组成，这 3 个矢量形成一组基底，称为矢量基，用 $\bar{\boldsymbol{e}}$ 来表示。组成基底的 3 个矢量 $\boldsymbol{e}_x$、$\boldsymbol{e}_y$、$\boldsymbol{e}_z$ 叫基矢量，分别代表 3 个坐标轴的单位矢量。而标量 a_x、a_y、a_z 是矢量 $\boldsymbol{a}$ 在基底 $\bar{\boldsymbol{e}}$ 中的坐标，简称为 $\boldsymbol{a}$ 在 $\bar{\boldsymbol{e}}$ 中的坐标。

在运算中往往用矩阵代表矢量，使矢量计算转换为矩阵计算。用黑斜体字母表示矩阵，如与式（3-5）相对应的矩阵为

$$\boldsymbol{a} = \begin{pmatrix} a_x & a_y & a_z \end{pmatrix}^{\mathrm{T}} \qquad (3-6)$$

如果要使式（3-6）所示的矩阵代表式（3-5）所示的矢量，就必须采用某一基底。矩阵所用的基底用下标表示，例如 $\boldsymbol{a}_R$ 表示固于火箭基底 $\bar{\boldsymbol{e}}^{(R)}$ 的加速度矩阵，简称为基底 $\bar{\boldsymbol{e}}^{(R)}$ 的矩阵。当基底可从方程式的前后关系看出时，就不用下标了。

本节介绍作为基底常用的坐标系的选择及其变换。

3.2.1　坐标系的选择

一般选用 5 个基本坐标系作为矢量基：

地面坐标系（$O_g\xi\eta\zeta$）原点 O_g 是相对地面固定的一点。$O_g\xi$ 轴是通过 O_g 点的水平轴，指向预定目标（或发射方向）的水平方向。$O_g\eta$ 垂直于地面，向上为正。$O_g\zeta$ 在 O_g 点的水平面内，按右手法则取为正。用符号 $\bar{e}^{(g)}$ 表示此坐标系形成的矢量基。

运载体坐标系（$O_v x_v y_v z_v$）固联于运载体上，如图 3-1 所示。原点 O_v 在运载体质心处，$O_v x_v$、$O_v y_v$、$O_v z_v$ 分别为运载体的纵轴、竖轴和横轴。用符号 $\bar{e}^{(v)}$ 表示此坐标系形成的矢量基，其广义坐标为 ψ、θ、γ 角。ψ 角在水平面内，θ 和 γ 角在铅垂面内。

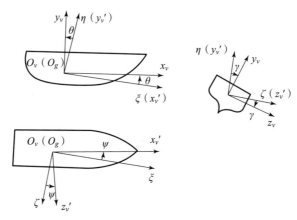

图 3-1　运载体坐标系

发射装置坐标系（$O_l xyz$）固联于发射装置的起落部分上，如图 3-2 所示。坐标

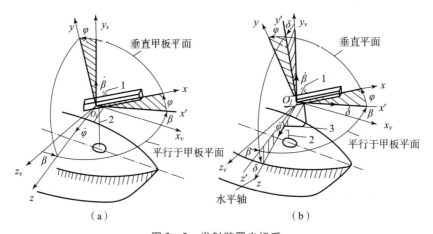

（a）　　　　　　　　　　（b）

图 3-2　发射装置坐标系

（a）二轴瞄准系统；（b）三轴瞄准系统

1—高低耳轴；2—方向回转轴；3—稳定轴

原点 O_l 在高低耳轴的中心线上，O_lx 轴沿发射方向，在起落部分的对称面内；O_ly 轴垂直于高低耳轴；O_lz 轴沿高低耳轴的轴线方向。用符号 $\overline{\boldsymbol{e}}^{(l)}$ 表示此坐标系的矢量基。二轴瞄准系统相对于运载体的广义坐标为 β 和 φ 角。β 为方向角，是发射装置绕方向回转轴 2 转动的角；φ 为高低角，是发射装置绕高低耳轴 1 转动的角。

三轴瞄准系统相对于运载体的广义坐标为 β、φ 和 δ 角。δ 为稳定角，是稳定部分绕稳定轴 3 回转的角。此角在包含耳轴线的垂直于甲板的平面内，使耳轴保持水平。

弹体坐标系（$O_Rx_1y_1z_1$）固联于弹体上，如图 3 - 3 所示。原点 O_R 是导弹的质心，O_Rx_1 轴是导弹的纵轴，O_Ry_1 及 O_Rz_1 轴为横轴。用符号 $\overline{\boldsymbol{e}}^{(R)}$ 表示此坐标系组成的矢量基。相对地面坐标系的广义坐标为 ψ_1、θ_1、γ_1 角。ψ_1 为弹体偏航角，θ_1 为弹体俯仰角，γ_1 为弹体滚转角。

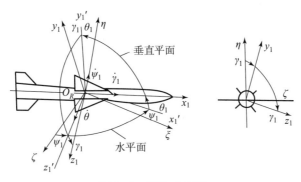

图 3 - 3　弹体坐标系

弹道坐标系（$O_Rx_ty_tz_t$）固联于导弹质心的速度矢量上，如图 3 - 4 所示。O_Rx_t 轴与导弹质心的速度矢量一致，是弹道的切线，导弹离开发射装置前，其是发射方向（射向）；O_Ry_t 轴在包含导弹质心速度矢量的铅垂面内，与 O_Rx_t 垂直，O_Rz_t 轴位于水平面内，垂直于弹道。用符号 $\overline{\boldsymbol{e}}^{(t)}$ 表示此坐标系组成的矢量基，相对于地面坐标系的广义坐标为 ψ_t 和 θ_t 角。ψ_t 为弹道偏角，在水平面内；θ_t 为弹道倾角，在垂直平面内。

图 3 - 5 和表 3 - 1 综合列出了 5 个基本坐标系，便于查阅。

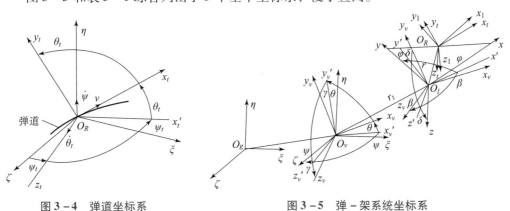

图 3 - 4　弹道坐标系　　　　　　　　图 3 - 5　弹 - 架系统坐标系

表 3 – 1　弹 – 架系统坐标系

名称	坐标	原点	固定位置	矢量基	坐标起始方向	广义坐标
地面坐标系	$\xi\eta\zeta$	O_g——固于地面	地面	$\bar{e}^{(g)}$	$O_g\xi$——指向预定目标的水平方向 $O_g\eta$——垂直于地面 $O_g\zeta$——垂直于$\xi O_g\eta$平面	
运载体坐标	$x_v y_v z_v$	O_v——运载体质心	运载体	$\bar{e}^{(v)}$	x_v、y_v、z_v轴沿运载体的纵轴、竖轴和水平轴	相对$\bar{e}^{(g)}$为ψ、θ、γ
发射装置坐标系	xyz	O_l——起落部分高低转动中心	发射装置	$\bar{e}^{(l)}$	$O_l x$——沿射向 $O_l y$——在起落部分纵对称面内 $O_l z$——垂直于纵对称面	相对$\bar{e}^{(v)}$为β、φ、δ
弹体坐标系	$x_1 y_1 z_1$	O_R——导弹质心	导弹	$\bar{e}^{(R)}$	$O_R x_1$、$O_R y_1$、$O_R z_1$——沿导弹的纵轴、竖轴、水平横轴	相对$\bar{e}^{(g)}$为ψ_1、θ_1、γ_1
弹道坐标系	$x_t y_t z_t$	O_R——导弹质心	导弹质心的速度矢量	$\bar{e}^{(t)}$	$O_R x_t$——沿速度矢量 $O_R y_t$——在含$O_R x_t$的铅垂面内 $O_R z_t$——垂直于$x_t O_R y_t$面	相对$\bar{e}^{(g)}$为ψ_t、θ_t 相对$\bar{e}^{(l)}$为a

3.2.2　坐标系的变换

矢量在两个坐标系中的变换关系可以利用其夹角的方向余弦来建立。

1. 运载体坐标系与地面坐标系

运载体坐标系相对地面坐标系的方向可表示为 3 个依次转动的合成。转动开始时，两者原点重合，第一次绕 η 轴转过 ψ 角，结果得到辅助坐标系 $x_v'\eta z_v'$（图 3 – 1）；第二次绕 z_v' 轴转过 θ 角，得到辅助坐标系 $x_v y_v' z_v'$；最后绕 x_v 轴转过 γ 角，得到 $x_v y_v z_v$ 坐标系。每一次转动的变换方程为

$$\bar{e}^{(v)\prime} = \boldsymbol{\lambda}^{(1)}\bar{e}^{(g)} \qquad \bar{e}^{(v)\prime\prime} = \boldsymbol{\lambda}^{(2)}\bar{e}^{(v)\prime} \qquad \bar{e}^{(g)} = \boldsymbol{\lambda}^{(3)}\bar{e}^{(v)\prime\prime} \qquad (3-7)$$

式中

$$\boldsymbol{\lambda}^{(1)} = \begin{bmatrix} \cos\psi & 0 & -\sin\psi \\ 0 & 1 & 0 \\ \sin\psi & 0 & \cos\psi \end{bmatrix} \quad \boldsymbol{\lambda}^{(2)} = \begin{bmatrix} \cos\theta & \sin\theta & 0 \\ -\sin\theta & \cos\theta & 0 \\ 0 & 0 & 1 \end{bmatrix} \quad \boldsymbol{\lambda}^{(3)} = \begin{bmatrix} 1 & 0 & 0 \\ 0 & \cos\gamma & \sin\gamma \\ 0 & -\sin\gamma & \cos\gamma \end{bmatrix}$$

$$(3-7\text{a})$$

相应的矩阵方程为

$$(x_v' \quad \eta \quad z_v')^{\mathrm{T}} = \boldsymbol{\lambda}^{(1)}(\xi \quad \eta \quad \xi)^{\mathrm{T}} \qquad (3-8)$$

$$(x_v \quad y'_v \quad z'_v)^{\mathrm{T}} = \boldsymbol{\lambda}^{(2)}(x'_v \quad \eta \quad z'_v)^{\mathrm{T}} \qquad (3-9)$$

$$(x_v \quad y_v \quad z_v)^{\mathrm{T}} = \boldsymbol{\lambda}^{(3)}(x_v \quad y'_v \quad z'_v)^{\mathrm{T}} \qquad (3-10)$$

将式（3-7）中的三个方程合并，则得

$$\overline{e}^{(v)} = \boldsymbol{\lambda}\, \overline{e}^{(g)} \qquad \boldsymbol{\lambda} = \boldsymbol{\lambda}^{(1)}\boldsymbol{\lambda}^{(2)}\boldsymbol{\lambda}^{(3)} \qquad (3-11)$$

相对的矩阵方程为

$$(x_v \quad y_v \quad z_v)^{\mathrm{T}} = \boldsymbol{\lambda}(\xi \quad \eta \quad \xi)^{\mathrm{T}} \qquad (3-12)$$

矩阵 $\boldsymbol{\lambda}$ 称为变换矩阵，其中各元素为

$$\left.\begin{aligned}
&\lambda_{11} = \cos\theta\cos\psi; \quad \lambda_{12} = \sin\theta; \quad \lambda_{13} = -\cos\theta\sin\psi; \\
&\lambda_{21} = -\cos\gamma\sin\theta\cos\psi + \sin\gamma\sin\psi; \quad \lambda_{22} = \cos\gamma\cos\theta; \\
&\lambda_{23} = \cos\gamma\sin\theta\sin\psi + \sin\gamma\cos\psi; \quad \lambda_{31} = \sin\gamma\sin\theta\cos\psi + \cos\gamma\sin\psi; \\
&\lambda_{32} = -\sin\gamma\cos\theta; \quad \lambda_{33} = -\sin\gamma\sin\theta\sin\psi + \cos\gamma\cos\psi
\end{aligned}\right\} (3-12\mathrm{a})$$

当地面坐标系的原点不与运载体质心重合时，如运载体的质心在地面系中的坐标为 $(\xi^{(O_v)}, \eta^{(O_v)}, \xi^{(O_v)})$，则两坐标系之间的关系为

$$(x_v \quad y_v \quad z_v)^{\mathrm{T}} = \boldsymbol{\lambda}(\xi - \xi^{(O_v)} \quad \eta - \eta^{(O_v)} \quad \xi - \xi^{(O_v)})^{\mathrm{T}} \qquad (3-13)$$

同理，各坐标系之间有下列关系。

2. 发射装置坐标系与运载体坐标系

$$\overline{e}^{(l)} = \boldsymbol{\tau}\overline{e}^{(v)} \qquad (3-14)$$

相应矩阵方程为

$$(x \quad y \quad z)^{\mathrm{T}} = \boldsymbol{\tau}(x_v \quad y_v \quad z_v)^{\mathrm{T}} \qquad (3-15)$$

变换矩阵 $\boldsymbol{\tau}$ 中的元素为

$$\left.\begin{aligned}
&\tau_{11} = \cos\varphi\cos\beta + \sin\varphi\sin\beta\sin\delta; \quad \tau_{12} = \sin\varphi\cos\delta; \\
&\tau_{13} = \sin\varphi\cos\beta\sin\sigma - \cos\varphi\sin\beta; \quad \tau_{21} = \cos\varphi\sin\beta\sin\delta - \sin\varphi\cos\beta; \\
&\tau_{22} = \cos\varphi\cos\delta; \quad \tau_{23} = \sin\varphi\sin\beta + \cos\varphi\cos\beta\sin\beta; \\
&\tau_{31} = \cos\delta\sin\beta; \quad \tau_{32} = -\sin\delta; \quad \tau_{33} = \cos\delta\cos\beta
\end{aligned}\right\} (3-15\mathrm{a})$$

式中 φ、β、δ——三轴瞄准系统的高低角、方向角和稳定角。

若为二轴瞄准系统，则 $\delta = 0°$，代入式（3-15a）中，即得到变换矩阵的各元素。变换关系仍为式（3-14）和式（3-15），但变换矩阵变为 $\boldsymbol{\tau}'$，其元素为

$$\left.\begin{aligned}
&\tau'_{11} = \cos\varphi\cos\beta; \quad \tau'_{12} = \sin\varphi; \quad \tau'_{13} = -\cos\varphi\sin\beta; \\
&\tau'_{21} = -\sin\varphi\cos\beta; \quad \tau'_{22} = \cos\varphi; \quad \tau'_{23} = \sin\varphi\sin\beta \\
&\tau'_{31} = \sin\beta; \quad \tau'_{32} = 0; \quad \tau'_{33} = \cos\beta
\end{aligned}\right\} (3-15\mathrm{b})$$

3. 发射装置坐标系与地面坐标系

$$\overline{e}^{(l)} = \boldsymbol{\tau}\boldsymbol{\lambda}\, \overline{e}^{(g)} = \boldsymbol{U}\, \overline{e}^{(g)}$$

$$\boldsymbol{U} = \boldsymbol{\tau}\boldsymbol{\lambda}$$

相应矩阵方程为

$$(x \quad y \quad z)^T = U(\xi \quad \eta \quad \xi)^T \tag{3-16}$$

变换矩阵 U 的元素为

$$U = [\tau_{ij}][\lambda_{ij}] \tag{3-16a}$$

即将式（3-12a）及式（3-15a）代入就可得到 U_{ij}。

4. 弹道坐标系与地面坐标系

因为弹道坐标系是在铅垂面内研究导弹质心运动的规律，它与地面坐标系之间只有两个夹角 θ_t 及 ψ_t。这种情况和二轴瞄准系统的发射装置坐标系相对运载体坐标系的关系相似，即将式（3-15a）中的 φ 及 β 分别用 θ_t 及 ψ_t 代替，而 $\delta = 0°$ 即可得到变换矩阵 τ''，变换方程为

$$(x_t \quad y_t \quad z_t)^T = \tau''(\xi \quad \eta \quad \xi)^T$$
$$\tau'' = [\tau''_{ij}] \tag{3-17}$$

5. 弹道坐标系与运载体坐标系

由式（3-12）及式（3-17）可得

$$(x_t \quad y_t \quad z_t)^T = \tau''\lambda^{-1}(x_v \quad y_v \quad z_v)^T = U'(x_v \quad y_v \quad z_v)^T \tag{3-18}$$

$$U' = \tau''\lambda^{-1} = \tau''\lambda^T = [\tau''_{ij}][\lambda_{ij}]^T \tag{3-18a}$$

因为 λ 是正交矩阵，所以 $\lambda^{-1} = \lambda^T$。式中元素 τ''_{ij} 用式（3-15a）、λ_{ij} 用式（3-12a）的计算公式，但用 θ_t 及 ψ_t 代替式中的 φ 及 β。即用 θ_t、ψ_t、θ、ψ 及 γ 角进行变换。

在二轴瞄准的发射装置中，由于无稳定系统，发射装置高低耳轴对地面存在一倾斜角，使 y、z 轴与弹道坐标系的 y_t、z_t 之间有一夹角 α，故有

$$(x \quad y \quad z)^T = S_1(x_t \quad y_t \quad z_t)$$

$$S_1 = \begin{bmatrix} 1 & 0 & 0 \\ 0 & \cos\alpha & \sin\alpha \\ 0 & -\sin\alpha & \cos\alpha \end{bmatrix}$$

将式（3-15）代入，得

$$(x_t \quad y_t \quad z_t)^T = S_1^{-1}\tau'(x_v \quad y_v \quad z_v)^T = T(x_v \quad y_v \quad z_v)^T \tag{3-19}$$

变换矩阵 T 中的元素为

$$\left.\begin{array}{l} T_{11} = \cos\varphi\cos\beta; \quad T_{12} = \sin\varphi; \quad T_{13} = -\cos\varphi\sin\beta; \\ T_{21} = -\sin\varphi\cos\beta\cos\alpha - \sin\beta\sin\alpha; \quad T_{22} = \cos\varphi\cos\alpha; \\ T_{23} = \sin\varphi\sin\beta\cos\alpha - \cos\beta\sin\alpha; \quad T_{31} = -\sin\varphi\cos\beta\sin\alpha + \sin\beta\cos\alpha; \\ T_{32} = \cos\varphi\sin\alpha; \quad T_{33} = \sin\varphi\sin\beta\sin\alpha + \cos\beta\cos\alpha \end{array}\right\}$$

$$\tag{3-19a}$$

6. 弹体坐标系与地面坐标系

$$(x_1 \quad y_1 \quad z_1)^{\mathrm{T}} = \boldsymbol{\lambda}'(\xi \quad \eta \quad \xi)^{\mathrm{T}} \tag{3-20}$$

式中，矩阵 $\boldsymbol{\lambda}'$ 的元素 λ''_{ij} 与式（3-12a）的形式相同，但用 θ_1、ψ_1、γ_1 相应地代换 θ、ψ、γ。

7. 发射装置坐标系与弹体坐标系

导弹支承在定向器上有两种配置情况：一种是导弹纵轴与定向器轴线一致；另一种是两轴有一固定的夹角（$\Delta\theta_1$）。例如，某些有并联助推器的导弹，有时就采用后一种配置形式，如图 3-6 所示。

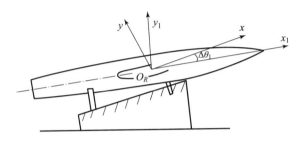

图 3-6　导弹与定向器间有夹角的配置

如果不考虑发射装置的弹性变位和定向器导轨不平直的影响，导弹滑离前，因定向器的约束，在第一种配置情况下，弹体坐标系与发射装置坐标系各对应轴平行。瞄准过程两坐标系之间无相对运动，发射过程只有相对平移。所以弹体坐标系与地面坐标系之间还可写成下列形式

$$(x_t \quad y_t \quad z_t)^{\mathrm{T}} = \boldsymbol{S}_1 \boldsymbol{\tau}''(\xi \quad \eta \quad \zeta)^{\mathrm{T}} = \boldsymbol{\lambda}''(\xi \quad \eta \quad \zeta)^{\mathrm{T}} \tag{3-21}$$

矩阵 $\boldsymbol{\lambda}''$ 中的元素为

$$\left.\begin{aligned}
&\lambda''_{11} = \cos\theta_t\cos\psi_t; \quad \lambda''_{12} = \sin\theta_t; \quad \lambda''_{13} = -\cos\theta_t\sin\psi_t; \\
&\lambda''_{21} = -\sin\theta_t\cos\psi_t\cos\alpha + \sin\psi_t\sin\alpha; \quad \lambda''_{22} = \cos\theta_t\cos\alpha; \\
&\lambda''_{23} = \sin\theta_t\sin\psi_t\cos\alpha + \cos\psi_t\sin\alpha; \quad \lambda''_{31} = \sin\theta_t\cos\psi_t\sin\alpha + \sin\psi_t\cos\alpha; \\
&\lambda''_{32} = -\cos\theta_t\sin\alpha; \quad \lambda''_{33} = -\sin\theta_t\sin\psi_t\sin\alpha + \cos\psi_t\cos\alpha
\end{aligned}\right\}$$

$$\tag{3-21a}$$

当采用第二种配置形式时，发射装置与弹体坐标系之间的关系为

$$(x_1 \quad y_1 \quad z_1)^{\mathrm{T}} = \boldsymbol{S}_2(x \quad y \quad z)^{\mathrm{T}} \tag{3-22}$$

$$\boldsymbol{S}_2 = \begin{bmatrix} \cos\Delta\theta_1 & -\sin\Delta\theta_1 & 0 \\ \sin\Delta\theta_1 & \cos\Delta\theta_1 & 0 \\ 0 & 0 & 1 \end{bmatrix} \tag{3-22a}$$

这时弹体坐标系与地面坐标系之间的关系可写成

$$(x_1 \quad y_1 \quad z_1)^T = S_2 U (\xi \quad \eta \quad \zeta)^T \tag{3-23}$$

3.3 常见载荷分析

3.3.1 燃气流引起的载荷

固体火箭发动机的燃气流是一种高温高速含有固体粒子的气体射流，温度高达 2 000 ℃ ~2 500 ℃，速度从喷管断面处的 2 000 m/s 左右到距离喷管 12~20 m 处的 120~200 m/s。燃气流对发射装置、相邻导弹、载体（舰艇、飞机、车辆）及阵地的影响表现为：动力影响、热影响和侵蚀影响，是发射装置设计时非常重要的研究内容。

关于燃气流的基本概念和各种射流的计算方法，在许多专著中有详细分析，本书仅介绍燃气流对发射装置的扰动作用，主要表现为如下三种：

①燃气射流对发射装置作用一个冲击力，激励起弹 – 架系统的振动，造成火箭导弹的初始扰动；

②燃气流作用在发射装置上的反溅流对刚离轨的火箭导弹产生气动干扰；

③在发射箱中发射时，火箭导弹后部四周的二次流对火箭导弹的扰动。

1. 燃气射流的冲击力

对于多联装发射装置，当第 n 发火箭发射时，燃气流作用到发射装置迎气正面而产生的动压分布为 $q(r, x, t)$，冲击力则为

$$R(t) = \iint_A q(r,x,t)\,\mathrm{d}A \tag{3-24}$$

式中　A——发射装置迎气正面上承受动压作用的有效面积。

$R(t)$ 取决于火箭发动机的性能、喷口与发射装置迎气正面之间的距离、发射装置的几何形状。例如，各个定向器在发射装置中的排列、每一定向器伸出起落架之外的长度、弹发射出去后空发射管的位置和数量等。

式（3-24）是通过动压来计算作用于发射装置上的冲击力的，即冲击力是射流动压在垂直于射流轴心线的面积上的简单积分，对倾斜平面，再乘以因子 $(1-\cos\theta)$ 来求得实际冲击力。其中 θ 是射流轴心线与迎气面间的夹角。这种计算是基于如下假设，即射流冲击后呈辐射状转向，其转折半径为射流直径的 $1/10 \sim 1/5$，之后射流流向与平板平行，这时平板上的静压分布约等于射流内的动压分布。换言之，射流转折成与平板平行所产生的离心力必定与转折气流内的静压平衡，射流转向而引起的静压升高约等于未转向射流内的动压。

为了计算燃气射流作用在发射装置上的冲击力，需先求燃气射流的流场参数，然

后再根据下列公式计算动压力和最终结果。

若为超声速燃气射流，在发射装置迎风面前产生正激波，则用下列公式计算动压：

$$p = \left\{ \frac{\dfrac{2k}{k+1}Ma^2 - \dfrac{k-1}{k+1}}{\left[\left(\dfrac{4k}{k+1}\right)^2 - \dfrac{2(k-1)}{(k+1)^2 Ma^2}\right]^{\frac{k-1}{k-1}}} - 1 \right\} p_a$$

$$\approx \frac{\dfrac{2k}{k+1}Ma^2 - \dfrac{k-1}{k+1}}{\left[\left(\dfrac{4k}{k+1}\right)^2 - \dfrac{2(k-1)}{(k+1)^2 Ma^2}\right]^{\frac{k}{k-1}}} - 1 \qquad (3-25)$$

式中　k——气流的等熵指数；

　　　Ma——马赫数；

　　　p_a——周围介质（即大气）压力。

若为亚声速燃气射流，$Ma < 1$，属于等熵定常流，则可用式（3 - 26）计算动压：

$$p = \frac{1}{2}k p_a Ma^2 \qquad (3-26)$$

在射流主段，为

$$p \approx 0.665 Ma^2 \qquad (3-27)$$

可按下列步骤计算作用在发射装置上的冲击力。

①在射流轴线方向选择计算动压的横截面的位置。距喷口较近的地方取较小的间距，距喷口较远的地方取较大的间距。

②计算每一选定截面内的动压和温度。计算时可分割成若干层圆环，然后计算环内外圆上的动压 p_i 及 p_{i+1}。

③用式（3 - 28）近似计算冲击力

$$R(t) = \sum_{i=1}^{n} p_{avi}\Delta A_i \qquad (3-28)$$

式中　p_{avi}——每一圆环的内外圆上动压的平均值；

　　　ΔA_i——对应圆环所包含的发射装置迎风正面面积。

由此可确定 $R(t) - x$ 曲线。若欲变为随时间变化的曲线，可利用式（3 - 29）得到：

$$t = \frac{v - v_1}{a} = \sqrt{\frac{2}{a}}\left(\sqrt{x - S_1} - \sqrt{S_1}\right) \qquad (3-29)$$

式中　a——导弹纵向运动的平均加速度；

　　　v_1、v——导弹滑离速度和滑离后的飞行速度；

　　　S_1——导轨的滑离长度。

2. 反溅流干扰

燃气射流对发射装置迎气正面的冲击产生了复杂的有黏与无黏的干扰流场,因此,部分冲击流会反溅到火箭上,反溅流的非对称性能引起火箭弹的压差,如果压差足够大,那么所造成的扰动就会影响火箭的弹道。

如图 3 –7 所示,某导弹发射时,燃气射流在导流筒和地面上产生反溅流,作用在导弹尾部,对导弹的弹道产生了较大的干扰。

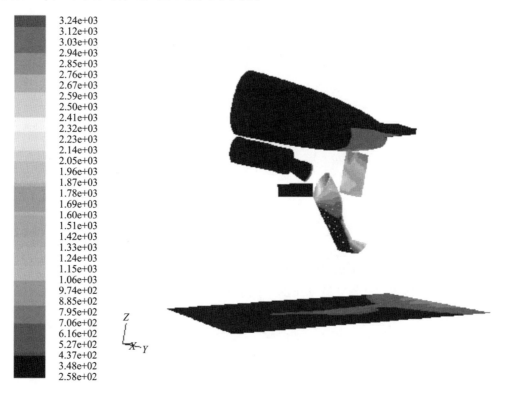

图 3 –7 反溅流干扰导弹的运动

3. 二次流干扰

当火箭从发射管或发射箱中发射时,弹与管之间的环形间隙可能出现二次流。可能有以下两种情况。

一种情况是喷射器效应。当欠膨胀的燃气流从喷管中喷出时,从环形间隙内抽吸上游空气,这股气流叫作被引射流。在喷管后部混合而喷出湍流混合流,形成喷射器效应。

另一种情况是产生旁泄流。对于被引射流,如果增大滞止压力,或者喷管扩张角较大,则在射流边界碰到管壁时,它必定转折很大角度,产生较强的撞击激波。撞击激波相当强时,所形成的逆压梯度就能使部分燃气流向上游倒转入环形间隙。这种向上游倒转的燃气流称为旁泄燃气流。

火箭发射时，弹与管之间的环形间隙可能不对称，以致围绕火箭后部旋成体和尾翼的被引射流的流速出现差异。间隙增大，被引射流的流速增大，造成静压减小；反之，则静压增大。因而产生附加的摆动力矩，加大了火箭的起始扰动。向上游倒转入环形间隙的旁泄气流，由于间隙不对称，静压也不对称，有一附加的摆动力矩作用于火箭之上，加大了初始扰动。如图 3 - 8 所示，在导弹出箱时，喷射器效应在箱口产生引射流，作用在导弹的安定面上，由于结构不对称，在火箭上产生了力矩。

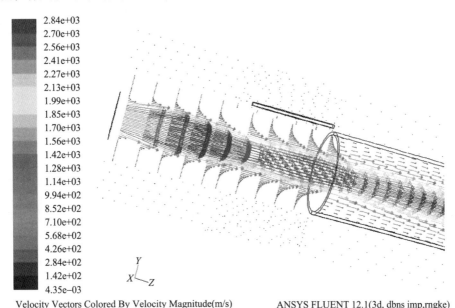

Velocity Vectors Colored By Velocity Magnitude(m/s)　　　ANSYS FLUENT 12.1(3d, dbns imp,rngke)

图 3 - 8　引射流对火箭产生力矩

3.3.2　导轨不平度引起的惯性载荷

1. 确定性不平直轨面的影响

由于制造、安装和使用上的原因，发射导轨的导向面实际上不可能是完全平直的。例如，导轨加工时表面有波纹度，装配时紧固件作用的力不均匀使表面不平，多根导轨接头处错位，使用时太阳不均匀加热使导轨弯曲，等等。虽然这个弯曲度是微小的，但是导弹在其上运动时，在垂直导向面的方向有相对运动，还有转动。因而有一个惯性力和惯性力矩，通过定向钮作用在发射装置上。这是一个随导弹移动的力和力矩，将激励弹 - 架系统振动。对导轨较长、火箭滑离速度较大的系统，这个载荷不能忽略。

有以下两种考虑这个载荷对系统激励影响的方法。

①在导弹运动方程中直接引入导轨表面曲线。就是说，先确定导轨表面的函数，即确定导弹在这种表面上运动时的相对位移，然后代入运动方程中进行分析计算。

②先求导弹在导轨上运动时的相对惯性力与力矩，然后用此力作为激振力作用于

系统之上进行分析计算。

两种计算方法都需要知道轨面形状。而轨面形状一般是不规则的,不平度的函数规律及数值范围是随机的,要用统计的方法获得统计特性。在实际设计时,往往对加工和装配后的产品规定一个允许的最大不平度,认为轨面形状是确定性函数,如余弦函数、圆弧或代数多项式,最大值不超过允许的不平度。本节先分析确定性轨面形状的影响,随后分析随机轨面形状的影响。图 3-9 所示为导弹在不平轨面上运动。

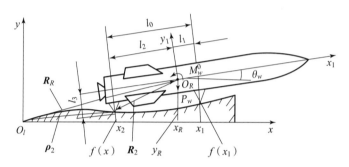

图 3-9　导弹在不平轨面上运动

图中 xO_ly 是固于导轨上的坐标系,O_lx 是平直的轨面。$x_1O_Ry_1$ 是弹体坐标系。$f(x)$ 是不平轨面的函数。

假设轨面的不平度很小,只形成微小的弯曲;导弹离轨前,定向钮不脱离轨面;定向器的弹性变形不改变轨面的形状。任一时间导弹质心的位置和纵轴的转角为

$$R_R = \boldsymbol{\rho}_2 - \boldsymbol{R}_2 \tag{3-30}$$

$$\theta_R = \frac{1}{l_0}[f(x_2 + l_0) - f(x_2)] \tag{3-31}$$

式中　$\boldsymbol{R}_R$——O_l 点到导弹质心 O_R 的矢径,在 $\bar{e}^{(l)}$ 矢量基中的坐标为 (x_R, y_R);

$\boldsymbol{\rho}_2$——O_l 点到导弹定向钮处的矢径,在 $\bar{e}^{(l)}$ 矢量基中的坐标为 $(x_2, f(x_2))$;

$\boldsymbol{R}_2$——O_R 点到后定向钮处的矢径,在 $\bar{e}^{(l)}$ 矢量基中的坐标为 $(-l_2, -l_3)$。

式 (3-30) 在 $\bar{e}^{(l)}$ 矢量基中的矩阵表达式为

$$(x_R, y_R)^{\mathrm{T}} = (x_2, f(x_2))^{\mathrm{T}} - \boldsymbol{S}(-l_2, -l_3)^{\mathrm{T}} \tag{3-32}$$

根据假设,轨面不平度很小,所以式中转换矩阵 $\boldsymbol{S}$ 为

$$\boldsymbol{S} = \begin{bmatrix} 1 & -\theta_R \\ \theta_R & 1 \end{bmatrix} \tag{3-33}$$

将式 (3-30) 及式 (3-31) 对时间 t 求导数,并认为 $l_3\theta_R \approx 0$,则得

$$\ddot{y}_R = \frac{\dot{x}_R^2}{l_0}[l_2 f''(x_R + l_1) + l_1 f''(x_R - l_2)] + \frac{\ddot{x}_R}{l_0}[l_2 f'(x_R + l_1) + l_1 f'(x_R - l_2)] \tag{3-34}$$

$$\ddot{\theta}_R = \frac{\dot{x}_R^2}{l_0}[f''(x_R + l_1) - f''(x_R - l_2)] + \frac{\ddot{x}_R}{l_0}[f'(x_R + l_1) - f'(x_R - l_2)] \tag{3-35}$$

式中，"$'$" 是对 x 求导数；"$\cdot$" 是对时间 t 求导数。所以，轨面不平引起的导弹的横向过载系数为

$$n_w^0 = -\frac{\ddot{y}_R}{g} = \frac{\dot{x}_R^2}{gl_0}\left[l_2f''(x_R+l_1)+l_1f''(x_R-l_2)\right] - \frac{\ddot{x}_R}{gl_0}\left[l_2f'(x_R+l_1)+l_1f'(x_R-l_2)\right]$$

$$(3-36)$$

轨面引起的横向惯性力为

$$p_w = n_w^0 W_R \qquad (3-37)$$

式中　W_R——导弹重力，$W_R = m_Rg$。

由于角加速度 $\ddot{\theta}_R$ 的影响，弹体任一横截面上的过载分量与上述 n_w^0 值不同，还应考虑附加的过载分量 Δn_w，其值为

$$\Delta n_w = -\frac{\ddot{\theta}_R}{g}\Delta x_1\left[f''(x_2+l_0)-f''(x_2)\right]\dot{x}_R^2 - \frac{\Delta x_1}{gl_0}\left[f'(x_2+l_0)-f'(x_2)\right]\ddot{x}_R \qquad (3-38)$$

式中　Δx_1——弹体任一截面离质心 O_R 的距离。

轨面不平引起的惯性力矩为

$$M_w^0 = \frac{J_{z_1}^R}{l_0}\dot{x}_R^2\left[f''(x_R+l_1)-f''(x_R-l_2)\right] + \frac{J_{z_1}^R}{l_0}\ddot{x}_R\left[f'(x_R+l_1)-f'(x_R-l_2)\right] \qquad (3-39)$$

式中　$J_{z_1}^R$——导弹的赤道转动惯量。

对于轨面形状，若用图 3-10 所示的余弦函数来描述，即

$$f(x) = \frac{1}{2}h\left[1-\cos\left(\frac{2\pi}{\lambda}x\right)\right] \qquad (3-40)$$

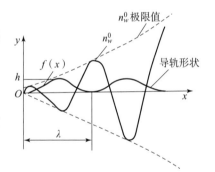

式中　λ——轨面基本段长度（波长），在此长度内对制造质量进行控制；

　　　h——该段轨面的最大高度（波高）；

　　　x——导轨上所考虑点的位置。

图 3-10　余弦轨面

用式（3-40）对 x 求导数，并带入相应的 x 值，由式（3-36）~式（3-39）即可求得需要的结果。如果认为两定向钮间的长度正好是 $f(x)$ 的波长，则导弹在其上的运动是没有转动的，即 $\theta_R = \dot{\theta}_R = \ddot{\theta}_R = 0$，将 $f(x_R-l_1) = f(x_R+l_2) = f(x)$ 代入式（3-36）中，得

$$n_w^0 = -\frac{1}{g}\left[\dot{x}_R^2f''(x)+\ddot{x}_Rf'(x)\right]$$

将式（3-40）代入，得

$$n_w^0 = -\frac{2\pi}{g}\frac{h}{\lambda^2}\dot{x}_R^2\cos\left(\frac{2\pi}{\lambda}x\right) - \frac{\pi}{g}\frac{h}{\lambda}\ddot{x}_R\sin\frac{2\pi}{\lambda} \qquad (3-41)$$

式（3-40）表明，过载系数在导弹运动过程中是变化的，与导轨不平度的数值和

导弹运动参数有关。若不平度的最大值正好出现在定向器的前端，并且向下弯曲，即 $x = n\pi$（n 是正整数），而此时导弹的速度 $\dot{x}_R = v_t$（滑离速度），这时 n_w^0 将有最大值：

$$n_{w\max}^0 = \frac{2\pi^2}{g}\frac{h}{\lambda^2}v_t^2 \approx 2\frac{h}{\lambda^2}v_t^2 \qquad (3-42)$$

现在使用的一些产品规定的不平度为 $(h/\lambda) < (0.1 \sim 0.5)/1\,000$，当 v_t 很小时，即使不平度较大，过载系数也很小。所以，短导轨发射装置可以不考虑导轨不平度的影响。

2. 随机不平轨面的影响

以往的研究都把轨面形状规定为确定性的函数，实际上，轨面形状是随机变化的。从实测的结果可以清楚看出，轨面的变化是不规则的，各个轨面的数值也有很大差别。但是，对实测样本进行傅里叶变换，并进一步处理得到离散的平滑谱系列，我们发现各组数据具有相同的变化规律，数值也相近，它们的规律如图 3-11 所示。可用下列函数来描述轨面不平的空间功率谱密度函数：

$$S_q(\Omega) = a|\Omega|e^{b|\Omega|} + c \qquad (3-43)$$

式中　Ω——空间频率，表示每米长的轨面某谐量出现的次数，m^{-1}；

a、b、c——常数，可以由同类型导轨的轨面实测得到，同样类型的轨面其值是相同的，实测的数量越多越准确。

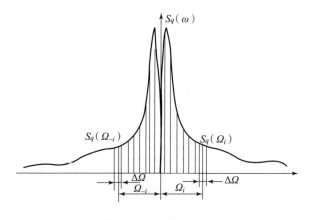

图 3-11　等效功率谱

例如，对某贮运发射箱中的导轨进行实测，经统计处理并利用曲线拟合法可以确定轨面谱的系数为：$a = 2.462 \times 10^{-8}$，$b = -3.304$，$c = 1.58 \times 10^{-22}$。所以轨面谱为

$$S_q(\Omega) = 2.462 \times 10^{-8}|\Omega|e^{-3.304|\Omega|} + 1.58 \times 10^{-22} \qquad (3-44)$$

下面引入准随机函数的概念，说明如何由已知轨面谱求导弹在上面运动时的动载荷。

设 $y = f(x)$ 为轨面不平的函数，它是随机量。可以设法用一确定型函数来代替，这一函数叫作准随机函数。用功率谱等效的方法来确定准随机函数。

把 $S_q(\Omega)$ 曲线下的面积沿 Ω 轴等分为 $(2n+1)$ 个微面积。设每一等分段宽为 $\Delta\Omega$，且相对纵轴是对称的，如图 3-11 所示。

令第 i（或 $-i$）段的中心频率为 Ω_i（或 Ω_{-i}），它们的面积为 $\Delta\Omega S_q(\Omega_i)$。

设准随机函数为一系列谐波函数的叠加。谐波函数 $A_i \sin(2\pi\Omega_i x)$ 的功率谱密度可表示为

$$\frac{1}{4}A_i^2\delta(\Omega-\Omega_i)+\frac{1}{4}A_i^2\delta(\Omega+\Omega_i)$$

式中，$\delta(\Omega)$ 为狄拉克函数，它具有这样的性质，$\Omega\neq 0$ 时为零，$\Omega=0$ 时为无穷大，并使 $\int_{-\infty}^{+\infty}\delta(\Omega)\mathrm{d}\Omega=1$。因此，谐波 $A_i\sin(2\pi\Omega_i x)$ 的功率谱值可以用一对 δ 函数来表示。把两者相对比，可以看出，只要使

$$\frac{1}{4}A_i^2=\Delta\Omega S_q(\Omega_i)$$

就可以认为图 3-11 所示功率谱就是谐波 $A_i\sin(2\pi\Omega_i x)$ 的谱值。由上式得

$$A_i=2\sqrt{\Delta\Omega S_q(\Omega_i)},\quad |i|=1,2,\cdots,n \tag{3-45}$$

同理，$\Omega=0$ 处的微面积可等效为某一常量 A_0 的均方值。因

$$\frac{1}{2}A_i^2=\Delta\Omega S_q(\Omega_i)$$

故

$$A_0=\sqrt{2\Delta\Omega S_q(\Omega_i)} \tag{3-46}$$

准随机函数则为

$$f(x)=A_0+\sum_{i=1}^{n}A_i\sin(2\pi\Omega_i x)$$

将式（3-45）、式（3-46）及 $\Omega_i=i\Delta\Omega$ 代入，得

$$f(x)=\sqrt{2\Delta\Omega S_q(0)}+2\sqrt{\Delta\Omega}\sum_{i=1}^{n}\sqrt{S_q(i\Delta\Omega)}\sin(2\pi i\Delta\Omega x) \tag{3-47}$$

知道 $S_q(\Omega)$ 后即可利用此式求 $S_q(\Omega)$ 的准随机样本函数。它实际上是一系列确定性谐波函数的叠加。$f(x)$ 随 $\Delta\Omega$ 大小而变，$\Delta\Omega$ 越小，这种等效越准确，利用计算机计算可达到很精确的程度。将式（3-44）描述的轨面谱系数代入，得

$$f(x)=2\sqrt{\Delta\Omega}\sum_{i=1}^{n}\sqrt{2.462\times10^{-8}i\Delta\Omega\mathrm{e}^{-3.304i\Delta\Omega}+1.58\times10^{-22}}\sin(2\pi i\Delta\Omega x)$$

$$\tag{3-48}$$

将随机函数式（3-48）对 x 求导数，并代入式（3-37）和式（3-40）中得随机轨面引起的过载系数，即

$$n_R = -\frac{\ddot{y}_R}{g} = -\frac{8\pi^2 \dot{x}_R^2}{l_0 g}(\Delta\Omega)^{\frac{5}{2}}\left\{ l_2 \sum_{i=1}^{n} \sqrt{S_q(i\Delta\Omega)i^2}\sin[2\pi i\Delta\Omega(x_R + l_1)]\right\} +$$

$$l_1 \sum_{i=1}^{n} \sqrt{S_q(i\Delta\Omega)i^2}\sin[2\pi i\Delta\Omega(x_R - l_2)] -$$

$$\frac{4\pi\ddot{x}_R}{l_0 g}(\Delta\Omega)^{\frac{3}{2}}\left\{ l_2 \sum_{i=1}^{n} \sqrt{S_q(i\Delta\Omega)i^2}\cos[2\pi i\Delta\Omega(x_R + l_1)] +\right.$$

$$l_1 \sum_{i=1}^{n} \sqrt{S_q(i\Delta\Omega)i}\,\Delta\Omega\cos[2\pi i\Delta\Omega(x_R - l_2)]\right\} \tag{3-49}$$

$$M_R = \frac{8\pi^2 J_{z_1}^R \dot{x}_R^2}{l_0}(\Delta\Omega)^{5/2}\left(\sum_{i=1}^{n} \sqrt{S_q(i\Delta\Omega)i^2}\{\sin[2\pi i\Delta\Omega(x_R - l_1)] - \sin[2\pi i\Delta\Omega(x_R - l_2)]\}\right) -$$

$$\frac{4\pi^2 J_{z_1}^R \dot{x}_R}{l_0}(\Delta\Omega)^{3/2}\left(\sum_{i=1}^{n} \sqrt{S_q(i\Delta\Omega)i}\{\cos[2\pi i\Delta\Omega(x_R + l_1)] +\right.$$

$$\left.\cos[2\pi i\Delta\Omega(x_R - l_2)]\}\right) \tag{3-50}$$

式中，$J_{z_1}^R$、l_1、l_2 及 l_0 是已知量，x_R 及导数由导弹运动方程求得，所以，利用式（3-44）给出的 $S_q(\Omega)$ 值可以计算出任一时刻的 n_R 及 M_R 值。

3.3.3 风载荷

风载荷是研究地面或舰面弹-架系统振动必须考虑的一种激励因素，对于垂直发射的导弹更为重要。

在研究风的作用时，除了较为复杂的地形条件之外，一般不考虑铅垂风的影响，认为风速是平行于地面的。为了研究方便，还将风分解成垂直于射击平面的横风 u_ξ 和平行于射击平面的纵风 u_ζ；纵风又可进一步分解为平行于定向器的分量 u_x 及垂直于定向器的 u_y，如图 3-12（a）所示。u_y 使系统在射击平面内产生振动，它所引起的火箭的初始扰动，造成导弹着点的射程散布；u_ξ 使系统在水平面内产生横向振动，它所引

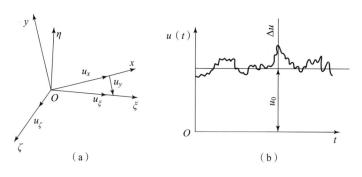

（a）　　　　　　　　　（b）

图 3-12　风载荷

起的扰动造成弹着点的方向散布。在发射动力学中，u_x 的影响往往忽略不计。

根据一些实测资料可以看出，在固定的高度，风速总是在其平均值附近平稳地变化 [图 3 – 13（b）]，因此，可把风速作为一个平稳随机过程来看待。平均风速部分产生的是静载，而随机脉动部分则产生动载。在任一点上，水平风速的瞬时值可以用式（3 – 51）来表示：

$$u(h,\ t) = u_0(h) + \Delta u(h,\ t) \tag{3 – 51}$$

式中 $u(h,\ t)$ ——在高度 h 处，某时刻 t 的风速；

$u_0(h)$ ——上述同一点处的平均风速；

$\Delta u(h,\ t)$ ——上述同一点处瞬时风速相对平均风速的变化量。

$\Delta u(h,\ t)$ 可以用式（3 – 52）来表示：

$$\Delta u(h,\ t) = au_0(h)\xi(t) \tag{3 – 52}$$

式中 a——常数因子，它是 $\Delta u(h,\ t)$ 的方差 σ_u 与 $u_0(h)$ 之比；

$\xi(t)$ ——均值为零、方差为 1 的平稳随机过程。

根据参考文献 [1]，a 可近似取为 0.1。由概率论知识可得，对于不同的置信度水平，最大瞬时风速为平均风速的 1.3 ~ 1.4 倍。平均风速的大小取决于当时的气象条件、发射区域的地面条件和温度梯度。对每一具体型号的产品，根据导弹的任务及发射条件来选取，导弹武器系统的战术技术条件是重要的依据。

除用风速表示风载大小之外，还可以用风压来表示。风压的平均值 $q_0(h)$ 相当于静载荷的作用，而风压的随机脉动部分 $\Delta q(h,\ t)$ 相当于动载荷。设 $q(h,\ t)$ 表示某高度 h 处的瞬时风压，则有

$$q(h,\ t) = q_0(h) + \Delta q(h,\ t) \tag{3 – 53}$$

而 $\Delta q(h,\ t)$ 用式（3 – 54）表示为

$$\Delta q(h,\ t) = r(h)q_0(h)\xi(t) \tag{3 – 54}$$

式中 $\xi(t)$ ——均值为零、方差为 1 的平稳随机过程；

$r(h)$ ——高度 h 处脉动风压方差与平均风压之比，根据参考文献 [1]，其值为

$$r(h) = \begin{cases} r_0 = 0.12 \sim 0.16 & h \leqslant 20 \text{ m} \\ r_0\left(\dfrac{20}{h}\right)^{\frac{1}{n}} & h > 20 \text{ m} \end{cases}$$

其中 $n = 8 \sim 12$。

风作用在弹 – 架系统上的载荷值由风速（或风压）、受风结构的迎气面积和气动阻力系数等因素来确定。迎风面积和气动阻力系数与结构外形有关。具体计算公式如下：

$$p_w = \sum q_i S_i \tag{3 – 55}$$

式中 p_w——作用在发射装置上总的风载荷，N；

S_i——计算迎风面积，m^2；

q_i——与计算面积相适应的计算风压，N/m^2。

考虑了风的性质、受风结构的形状及所处位置的高度后的风压叫作计算风压。其值为

$$q_i = qC_xR_H\beta \qquad (3-56)$$

式中　q——额定风压；

　　　C_x——气动压力系数；

　　　R_H——风压的高度修正系数，见表 3-2；

　　　β——阵风作用时钢结构的修正系数，见表 3-3。

表 3-2　风压的高度修正系数 R_H

超出地面高度/m	10	20	30	40	50	60	80	100	120	140
修正系数	1.0	1.35	1.58	1.80	1.87	1.93	2.07	2.20	2.26	2.32

表 3-3　阵风作用时钢结构的修正系数 β

自然振动周期/s	0.25 以下	0.5	0.75	1.0	1.5	2.0	2.5	3.0	4.0	5.0	7.0 以上
修正系数	1.22	1.29	1.35	1.38	1.44	1.49	1.54	1.58	1.66	1.70	1.75

额定风压是风以某一风速稳定作用的压力，其值为

$$q = \frac{1}{2}\rho v^2 \qquad (3-57)$$

式中　ρ——空气密度，$N \cdot s^2/m^4$，它与气温有关，根据战术技术条件规定的气温选取；

　　　v——风速，m/s。

发射装置能正常工作的最大风速叫作最大工作风速（v_w），对应的风压叫作额定工作风压（q_w）。使发射装置不能正常工作，但仍保持其强度和稳定性的最大风速叫作最大非工作风速（v_n），对应的风压叫作额定非工作风压（q_n）。注意，最大工作风速时发射装置虽然能正常工作，但能否发射导弹则要根据战术技术条件而定。各种气温下的空气密度列于表 3-4 中；经常遇到的风速和气温下的额定工作风压列于表 3-5 中；经常遇到的风速下的额定非工作风压列于表 3-6 中；国际上采用的风力等级列于表 3-7 中。

表 3-4　各种气温下的空气密度

气温/℃	+15	-40	-50
密度/（$N \cdot s^2 \cdot m^{-4}$）	1.226	1.510	1.569

表 3 – 5　经常遇到的风速和气温下的额定工作风压

最大工作风速/（m·s⁻¹）	10	12	15	20	25	30
−40 ℃时工作风压/（N·m⁻²）	75.5	108.8	169.7	302.1	472.7	679.7
−50 ℃时工作风压/（N·m⁻²）	78.5	112.8	176.5	313.8	490.4	706.2

表 3 – 6　经常遇到的风速下的额定非工作风压

最大非工作风速/（m·s⁻¹）	15	20	25	30	35	40
+15 ℃时非工作风压/（N·m⁻²）	138.3	245.2	382.5	551.2	750.3	981.0

表 3 – 7　风力等级

风级	风级名称	海面上 6 m 高处的风速/（m·s⁻¹）		海面上 6 m 高处的风压/（N·m⁻²）		海面浪高/m	
		平均值	突风	平均值	突风	一般	最高
0	无风	0~0.5	1.0	0	1.96	—	—
1	软风	0.6~1.7	3.2	1.96	7.84	0.1	0.1
2	轻风	1.8~3.3	6.2	8.83	30.4	0.2	0.3
3	微风	3.4~5.2	9.6	21.6	73.6	0.6	1.0
4	和风	5.3~7.4	13.6	44.1	147.1	1.0	1.5
5	清风	7.5~9.8	17.8	76.5	252.1	2.0	2.5
6	强风	9.9~12.4	22.2	122.6	392.3	3.0	4.0
7	疾风	12.5~15.2	26.8	184.4	573.8	4.0	5.5
8	大风	15.3~18.2	31.6	264.8	797.4	5.5	7.5
9	烈风	18.3~21.5	36.7	367.8	1 076	7.0	10.0
10	狂风	21.6~25.1	42.0	502.2	1 407	9.0	12.5
11	暴风	25.2~29.0	47.5	670.9	1 800	11.5	16.0
12	飓风	>29	53.0	877.8	2 246	14.0	>16

气动阻力系数取决于物体的迎风外形，根据不同的结构选取：

对矩形梁和桁架，$C_x = 1.4$。

对各种外廓为矩形的部件、控制件和其他设备，$C_x = 1.2$。

对圆柱形结构，当 $qd^2 \leqslant 9.8$ N 时，$C_x = 1.2$；当 $qd^2 \geqslant 14.7$ N 时，$C_x = 0.7$；当 9.8 N $< qd^2 < 14.7$ N 时，则用内插法决定 C_x 值。

还必须考虑风对弹体的作用。风不仅在迎风面上有压力，在物体背面还引起减压作用，其效果与迎风面的增压相当。图 3 – 13 表示气流流过弹体时的压力分布。弹体迎风面有一部分的压力系数为1.0，背风面有一部分的吸力系数为0.3，压力系数沿弹体表面的分布是不均匀的，考虑作用在弹体上总的风荷时，可取总气动阻力系数为0.6。

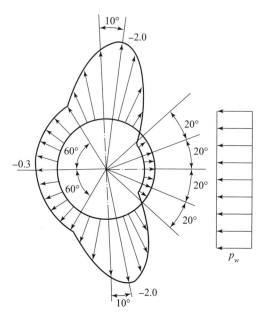

图3-13　气流流过弹体时的压力分布

对于计算迎风面积的确定，对有壁实体结构，取该设备轮廓以内的面积；对无壁结构，则取该设备轮廓以内的面积减去杆件之间的空隙面积，即

$$S = \alpha S_0 \qquad (3-58)$$

式中　S_0——杆件外廓包围的面积；

　　　α——填空系数，由下式确定：

$$\alpha = \frac{S_0 - S'}{S_0}$$

式中　S'——杆件之间的空隙面积。

如果一设备有几个前后排列高度相等的梁或桁架，如多联装的定向器，则计算面积取决于两梁的间隔 l 与高度 h 之比，见表3-8。

表3-8　并列梁计算迎风面积

l/h	计算迎风面积
<1	S_1（第一个梁的面积）
1~2	$S_1 + \frac{1}{2}S_2 + \cdots + \frac{1}{2}S_n$
>2	$S_1 + S_2 + \cdots + S_n$

如果设备有圆柱形杆件，应当计算与风向垂直的平面上风载荷的共振作用。引起

共振的临界风速按式（3-59）计算：

$$v_{cv} \approx \frac{5d}{T} \qquad (3-59)$$

式中　d——构件的直径，m；

　　　T——设备的固有振动周期，s。

当考虑风载荷的动态效应时，还必须考虑风速脉动引起的作用于结构上的总的空气载荷谱密度。可以用风速脉动谱密度的形式表示。沿风的流动方向，风速脉动谱密度可近似用式（3-60）来描述：

$$S_{u_y}(u_0\omega) = \frac{\sigma_u^2 l^2}{u_0^2}\frac{6\omega}{\left[1+\left(\frac{\omega l}{u_0}\right)^2\right]^{4/3}} \qquad (3-60)$$

式中　ω——风速脉动频率；

　　　l——区间上的湍流的广义尺度，在这个长度范围，风速脉动是密切相关的；

　　　σ_u——风速脉动的均方值，它与平均风速（u_0）和离地面的高度（h）（在 $h <$ 50 m 范围内）的关系式近似由式（3-61）确定：

$$\sigma_u = (0.218\,9 \sim 0.000\,11h)u_0^{0.8} \qquad (3-61)$$

3.3.4　核爆炸引起的载荷

核爆炸时将产生冲击波、光热辐射、贯穿辐射、电磁脉冲和放射性污染。例如，原子弹在空中爆炸时，约有55%的能量形成冲击波，30%的能量形成光热辐射，5%的能量形成贯穿辐射，还有10%的能量为残留的放射性物质。这些就是核武器的破坏因素，它们将使发射装置的机械结构、电气元件等受到综合性破坏。

1. 冲击波的作用

对发射装置而言，冲击波是核爆炸时的主要破坏因素。计算冲击波作用的目的，是检查在一定威力的核爆炸后，距爆炸中心多远发射装置仍能保持其战斗能力。

核武器在空气中爆炸时，在中心形成一个火球，它放出贯穿辐射和光热辐射。与此同时，由于爆炸产物的巨大压力，爆炸产物迅速向四处膨胀，压缩周围的空气介质，形成空气冲击波，如图 3-14 所示。空气冲击波前缘叫作冲击波阵面。阵面后的一球形层空气是正压区，其波为压缩波，它的压力和密度比未扰动的空气要高得多。冲击波对发射装置的破坏作用是

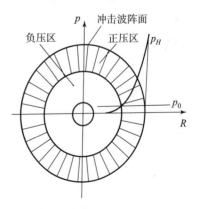

图 3-14　原子弹在空中
爆炸时的变化过程

由此压力和高速运动的空气造成的。内层是负压区，其波为稀疏波，它的压力和密度比未扰动的空气要低。当冲击波接触地面时，出于反射，会产生另一反射冲击波，两个冲击波融合成加强波，使空气中的压力比原冲击波的压力增加了 $2 \sim 3$ 倍，更增大了它的破坏作用。

当冲击波阵面通过空间某一点时，该处空气压力瞬时增加到波阵面内的压力 p_H，随后逐渐下降。图 $3 - 15$ 表示该处压力随时间变化的规律。图中 p_0 是未扰动空气的压力，p_H 与 p_0 之差叫作超压，即

$$\Delta p_H = p_H - p_0$$

图中，τ 是冲击波阵面到达时间，此时空气还未受到扰动；t_+ 是冲击波正压区作用时间，超压 $\Delta p_H > 0$；t_- 是负压区作用时间，$\Delta p_H < 0$，空气开始朝反方向运动。t_- 比 t_+ 大 $2 \sim 3$ 倍。

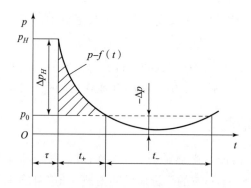

图 $3 - 15$　空气压力随时间的变化规律

空气冲击波阵面内的超压 Δp_H 是该点到爆炸中心的距离 R 和核装药 TNT 当量 w 的函数，可用"爆炸物理"中的经验公式计算。对在无限空中爆炸产生的冲击波，阵面内超压为

$$\Delta p_H = 0.082 \frac{\sqrt[3]{w}}{R} + 0.265 \left(\frac{\sqrt[3]{w}}{R} \right)^2 + 0.686 \left(\frac{\sqrt[3]{w}}{R} \right)^3 \qquad (3 - 62)$$

对地面爆炸产生的空气冲击波，由于只向一半空间传播，形成一半球形的冲击波，相当于将 w 增大一倍，故超压用式（$3 - 63$）计算

$$\Delta p_H = 0.104 \frac{\sqrt[3]{w}}{R} + 0.421 \left(\frac{\sqrt[3]{w}}{R} \right)^2 + 1.37 \left(\frac{\sqrt[3]{w}}{R} \right)^3 \qquad (3 - 63)$$

式中，R 的单位为 m；w 的单位为 kg；Δp_H 的单位为 MPa。

冲击波阵面的传播速度为

$$v_H = 340 \sqrt{1 + 0.081 \Delta p_H} \qquad (3 - 64)$$

利用式（$3 - 63$）时，Δp_H 的单位仍为 MPa。

现求冲击波对发射装置的作用。图 3 - 16 所示为冲击波对发射装置的作用，由此可见发射装置正面和背面所受的力随时间的变化规律。

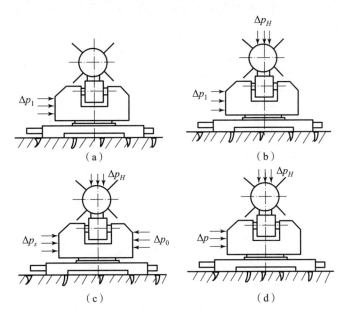

图 3 - 16　冲击波对发射装置的作用

（a）波阵面到达瞬间；（b）气流绕过侧面及上表面时；（c）气流绕到背面后；（d）波阵面全部通过后

当冲击波遇到发射装置或其他设备时，气流突然受阻，设备正面（所有爆炸方向的垂直表面）的空气受到附加压缩，压力进一步提高，出现反射压力 Δp_1。图 3 - 16 （a）表示冲击波阵面到达时正面受到的压力，其值为

$$\Delta p_1 = 2\Delta p_H + \frac{6\Delta p_H^2}{\Delta p_H + 0.686} \tag{3-65}$$

冲击波通过发射装置时，发射装置的上表面（所有平行于冲击波传播方向的表面）承受的压力等于阵面的超压，即 Δp_H。图 3 - 16 （b）即表示冲击波绕过侧面和上表面的装置受力。

因为发射装置的尺寸与冲击波的相比较小，冲击波与之相遇时将出现绕流现象。就是说，只有与发射装置表面相接触的那部分冲击波产生反射波，其余部分仍由两侧继续传播。反射波阵面后气体的压力高于两侧冲击波阵面后气体的压力，气体开始由高压区流向低压区，因而发生由装置边缘向中央传播的稀疏波。所以正面的反射压力 Δp_1 很快下降。当稀疏波沿装置正面传过时（t_1），阵面的超压约减少一半，即

$$\Delta p_H \approx \frac{1}{2}\Delta p_1$$

当冲击波阵面通过侧面及上表面开始到达背面时（t_2），作用于装置背面的超压逐步加大。当冲击波阵面后的稀疏波通过背面时（t_3），背面超压最大值约为

$$\Delta p_0 = \frac{2}{3}\Delta p_H$$

图 3 - 16（c）表示气流绕到背面后装置的正面、上表面及背面承受的压力。图 3 - 17 中曲线 a 是发射装置正面受载曲线，b 是背面受载情况。整个发射装置两侧面受的力互相抵消，上表面受的力与地面反力平衡，正面受的力减去背面受的力应当是整个发射装置的合力，如图 3 - 17 中阴影部分所示。

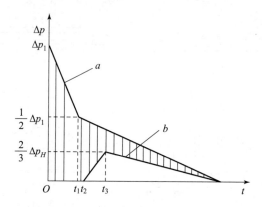

图 3 - 17　发射装置所受到的压力 - 时间关系

作用在发射装置表面上的载荷是不断变化的，在计算冲击波的作用时，需根据所有外载荷矢量和而求出最大合成载荷。合成载荷的大小是由冲击波速度头持续作用决定的，而不是由反射压力 Δp_1 短暂作用来决定的。合成压力的最大值可用式（3 - 66）求出：

$$p_{max} = C_X q \tag{3-66}$$

式中　C_X——气动阻力系数；

　　　q——冲击波的速度头，用式（3 - 67）计算：

$$q = \frac{2.5\Delta p_H^2}{\Delta p_H + 7} \tag{3-67}$$

作用在发射装置上的最大载荷为

$$F_{max} = S_1 p_{max} \tag{3-68}$$

式中　S_1——发射装置表面的计算面积。

2. 其他破坏因素的作用

光热辐射、贯穿辐射、电磁脉冲和放射性污染等因素对发射装置的工作能力和作战可靠性也有影响，设计时应采取适当的防护措施。

光热辐射是核爆炸时高温火球发出的强光。它的作用时间随核爆炸的威力增大而增长，从几秒到十几秒。它的作用半径比冲击波的作用半径大。光热辐射的高温对发射装置、未加防护的其他设备和人员影响很大，高温会使易燃的有机材料融化、炭化和着火。

为防止光辐射，在发射装置外面应尽量避免使用易燃材料，还有人建议采用特殊的防热层。光学设备应安装防闪光装置。

贯穿辐射是核爆炸后产生的中子流和 γ 射线引起的。中子流衰减快，作用半径小。γ 射线占贯穿辐射总量的 70% ~ 80%，贯穿力较强，作用时间长达 10 多秒，是主要杀伤因素。贯穿辐射会使光学仪器和照相器材失效，使发射装置形成感生放射性同位素，造成放射性污染。

导弹和地面电气设备对贯穿辐射的防护程度，由容器和防护罩的壁厚与材料性能决定。据国外刊物报道，发射装置和其他地面设备上的各种电气设备，已采用了特殊的屏蔽方式，将中子和 γ 射线完全吸收或减弱到允许限度。钢筋混凝土、铅和各种碳氢材料都已用作这样的屏蔽材料。

核爆炸的电磁脉冲会使地面电气设备和电缆通信线路中出现电势扰动。在 100 万吨核弹头爆炸时，可产生数百万安培的电流。这样大的电流会给设备中导体施加上兆瓦功率的脉冲，使设备受到严重破坏。即使在很远的距离上，电磁脉冲对设备的影响仍可能是很大的。当 1 000 t 核装药爆炸时，距爆炸中心 1 000 km 的地方，电磁场的强度为 0.1 V，若高空爆炸时，记录到的场强为 5 V/m。

因为核爆炸时会产生频率范围很宽的电磁脉冲，所以任何地面设备的元件实际上都可能遇到这种效应的破坏。例如，一条长 10 km 的电缆会因低频辐射作用而破坏，因为普通的电缆屏蔽并不能防止内部导线被烧坏。地面设备和导弹脆弱的元件还包括晶体管、电感线圈、滤波器、继电器及所有可调元件。因此，在电气设备的各个元件和电缆线路上要使用专门的屏蔽和防护层。

核爆炸形成的放射性物质，会造成地面、物体和空气的污染，并可在几天内甚至更长时间内起作用。发射装置和其他地面设备如受到放射性污染，使用起来就非常危险，或者根本不能使用。

3.4　舰载发射装置载荷计算

3.4.1　舰艇摇摆运动

1. 舰艇摇摆运动的一般规律

舰艇在水中航行时，除航行方向的运动外，还有复杂的摇摆运动及船体前踵（船的首垂线与龙骨延伸线的交点）出水引起的碰击。这些现象与其所处水中的波浪运动有关。在波浪运动中，水的各个质点的运动轨迹，在深水中近似为圆，在水面处圆的半径最大，随水深而减小；在浅水中近似为椭圆，椭圆的水平半轴和垂向半轴随水深而减小。波浪稳定时，在波浪表面投一轻物，这个轻物并不会被送到一边去，而是在原地沿近似圆周的轨道运动，并且每一水平处水的质点都做同样运动，但其相位不同。所以它们任何时候都分布在波浪的所谓波形上，造成波浪在移动的印象。如图 3－18（a）所示，t_0 时刻的波面位置是 1、2、3、…，它们沿各自的轨圆运动，波峰时随波向前运动；波谷时逆波向后运动；通过静水面时向上或向下运动。到了 t_1 时刻，波面则为 1′、2′、3′、…，似乎波浪向前移动了一段距离，实际上仅是波形向某一方向的移动，水质点并无前进运动。

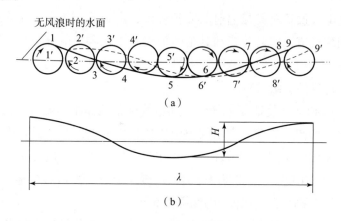

图 3－18　波浪中水质点的运动轨迹

（a）水中任一位置波浪随时间的变化；（b）波形曲线

1、2、…、9 表示 $t = t_0$ 时波浪表面位置；1′、2′、…、9′表示 $t = t_1$ 时波浪表面位置。海浪的波形往往接近于正弦曲线，如图 3－18（b）所示。根据液体波动理论和经验公式，其参数为

$$\left.\begin{aligned} T &= \sqrt{\frac{2\pi}{g}\lambda} \approx 0.8\sqrt{\lambda} \\ c &= \frac{\lambda}{T} = \sqrt{\frac{g}{2\pi}\lambda} \approx 1.25\sqrt{\lambda} \\ H &\approx \frac{1}{20}\lambda \end{aligned}\right\} \tag{3-69}$$

式中　λ——波长，两相邻波峰或波谷间的水平距离，m；

　　　T——波浪周期，两相邻波经过海面上同一固定点的时间间隔，s；

　　　c——波速，m/s；

　　　H——波高，从波峰到波谷的垂直高，m。

实际海浪并不是规则的波形表面，而是不规则的随机波面。海浪表面状态用海况来描述，表 3－9 列出了海况参数。

表 3 – 9　海况参数（风和充分成长的海浪）[1]

海况等级	海面概貌 征状	蒲福风级	风 名称	风 风速范围/kn[2]	风 风速/kn	浪 平均波高/m	浪 主要周期范围/s	浪 谱峰周期/s	浪 平均周期/s	浪 平均波长/m	最小风程/n mile[2]	最小风时/h（指明者除外）
0	海面平静如镜	0	无风	1	0	0	—	—	—	—	—	—
1	形成鱼鳞状波纹，但峰无泡沫	1	软风	1~3	2	0.012	1.2	0.75	0.5	0.254	5	18 min
2	微浪，短小而明显，呈玻璃状，但不破裂	2	轻风	4~6	5	0.092	0.4~2.8	1.9	1.3	2.044	8	39 min
3	弱浪，波峰开始破裂，泡沫呈玻璃色，也偶有白浪	3	微风	7~10	8.5	0.244	0.8~5.0	3.2	2.3	6.100	9.8	1.7
3		3		7~10	10	0.366	1.0~6.0	3.2	2.7	8.235	10	2.4
3	小浪，波浪拉长，常翻白浪	4	和风	11~16	12	0.488	1.0~7.0	4.5	3.2	12.20	18	3.8
3		4		11~16	13.5	0.640	1.4~7.6	5.1	3.6	15.86	24	4.8
3		4		11~16	14	0.702	1.5~7.8	5.3	3.8	18.00	28	5.2
3		4		11~16	16	0.885	2.0~8.8	6.0	4.3	21.66	40	6.6
4	中浪，波形长而明显，形成许多白浪（偶尔有些浪花）	5	劲风	17~21	18	1.129	2.5~10.0	6.8	4.8	27.45	55	8.3
4		5		17~21	19	1.251	2.8~10.6	7.2	5.1	30.20	65	9.2
4		5		17~21	20	1.403	3.0~11.1	7.5	5.4	33.86	75	10
5	大浪开始形成；海面铺遍白浪（多半有些浪花）	6	强风	22~27	22	1.678	3.4~12.2	8.3	5.9	40.87	100	12
5		6		22~27	24	2.013	3.7~13.5	9.0	6.4	48.80	130	14
5		6		22~27	24.5	2.074	3.8~13.6	9.2	6.6	50.02	140	15
5		6		22~27	26	2.349	4.0~14.5	9.8	7.0	57.34	180	17
6	波浪累积，波浪破裂而生的白沫被吹成沿风向的条带（开始可以看到浪烟）	7	疾风	28~33	28	2.715	4.5~15.5	10.6	7.5	64.66	230	20
6		7		28~33	30	3.142	4.7~16.7	11.3	8.0	76.25	280	23
6		7		28~33	30.5	3.233	4.8~17.0	11.5	8.2	78.69	290	24
6		7		28~33	32	3.538	5.0~17.5	12.1	8.6	86.93	340	27

续表

海况等级	海面概貌 征状	风 蒲福风级	风 名称	风 风速范围/kn²	风 风速/kn	浪 平均波高/m	浪 主要周期范围/s	浪 谱峰周期/s	浪 平均周期/s	浪 平均波长/m	浪 最小风程/n mile²	浪 最小风时/h（指明者除外）
7	巨浪，波浪更长；波峰边缘破裂成浪烟，飞沫成沿风向的明显条带，浪花见度到能见度	8	大风	34~40	34	3.996	5.5~18.5	12.8	9.1	98.21	420	30
					36	4.514	5.8~19.7	13.6	9.6	110.7	500	34
					37	4.758	6.0~20.5	13.9	9.9	114.7	530	37
					38	5.002	6.2~20.8	14.3	10.2	119.6	600	38
					40	5.551	6.5~21.7	15.1	10.7	135.4	710	42
8	狂浪，飞沫吹成沿风向的密集条带，海浪开始翻滚，能见度受影响	9	烈风	41~37	42	6.131	7~23	15.8	11.3	150.1	830	47
					44	6.710	7~24.2	16.6	11.8	162.9	960	52
					46	7.350	7~25	17.3	12.3	180.0	1110	57
9	狂涛，长峰悬垂，大片飞沫吹成沿风向的密集白色条带，整个海面呈白色。海浪翻滚严重，轰隆声似雷。能见度受影响	10	狂风③	48~55	48	7.991	7.5~26	18.1	12.9	198.3	1250	63
					50	8.662	7.5~27	18.8	13.4	213.5	1420	69
					51.5	9.211	8~28.2	19.4	13.8	224.5	1560	73
					52	9.394	8~28.5	19.6	13.9	228.8	1610	75
					54	10.13	8~29.5	20.4	14.5	247.1	1800	81
10	怒涛，海面完全覆盖。波峰白沫被随风向上的波峰覆盖。长片白沫缘到处都被吹成泡沫。能见度受影响	11	暴风③	56~63	56	10.89	8.5~31	21.1	15	277.6	2100	88
					59.5	12.29	10~32	22.4	15.9	300.4	2500	101
11	空气中充满了飞沫和浪花。海面一片雪白。浪花四溅，能见度受到非常严重的影响	12	飓风③	64~71	>64	14.21	10~35	24.1	17.2	—	—	—

①1994年由莫斯科维茨（L. Moskowitz）和皮尔逊（W. Pierson）修订，经 Navy Oceanoraphic Office 特许。
②1 n mile=1.852 km，1 kn=1 n mile/h=1.852 km/h。
③对于飓风（还有狂风和暴风）来说，所需的风时很少能达到，资料亦很少，故海浪并不充分成长。

在海面上航行的舰艇总是在做摇摆运动，其运动规律可以看作是由以舰艇质心为基点的轨道运动及绕质心的摇摆运动合成，可用图 3 - 19 来描述。基本形式包括以下几种。

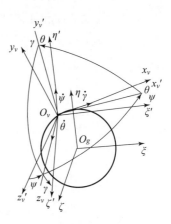

（1）横摇。舰艇绕纵轴的旋转振荡运动，图中 γ 角即横摇角。由于水的阻力较小，γ 可达很大值（可达 40° ~ 50°）。

（2）纵摇。绕横轴的旋转振荡运动，θ 角即纵摇角，其值由舰艇尺寸及风浪参数而定。由于阻力大，纵摇振幅比横摇的小很多，很少超过 9° ~ 12°。

（3）偏摇。绕垂向轴的旋转振荡运动，ψ 角即偏摇角，其振幅一般不超过 1° ~ 1.5°，而且它的摇摆周期较长，故在实际瞄准计算中不考虑它的影响。

图 3 - 19　舰艇摇摆参数

（4）垂荡。垂向的平移振荡运动，载荷分析时应考虑它的影响。

（5）纵荡。纵向的平移运动，大型舰只实际上是没有的。

（6）横荡。横向的平移运动。

前三种为绕质心的摇摆运动。

除了摇摆运动之外，还有一种动力效应——碰击效应。碰击是船艏底部撞击波面时突然受到的一种冲击，是由前踵出水所引起的。它使船的垂向加速度剧变，并伴有船体梁以其固有频率做强烈的振动。

2. 舰艇绕质心的摇摆规律

一般认为舰艇在规则波中的横摇和纵摇是简谐运动，即

$$\left.\begin{aligned}\gamma &= \gamma_{max}\sin\left(\frac{2\pi}{T_\gamma}t + \gamma_0\right)\\[2mm]\theta &= \theta_{max}\sin\left(\frac{2\pi}{T_\theta}t + \theta_0\right)\end{aligned}\right\} \tag{3-70}$$

式中　γ_{max}、θ_{max}——舰艇横摇、纵摇的最大振幅；

$\quad\quad T_\gamma$、T_θ——舰艇横摇、纵摇的自摇周期；

$\quad\quad \gamma_0$、θ_0——舰艇横摇、纵摇的初相位。

摇摆速度和加速度为

$$\left.\begin{aligned}\dot{\gamma} &= \gamma_{max}\frac{2\pi}{T_\gamma}\cos\left(\frac{2\pi}{T_\gamma}t + \gamma_0\right)\\[2mm]\dot{\theta} &= \theta_{max}\frac{2\pi}{T_\theta}\cos\left(\frac{2\pi}{T_\theta}t + \theta_0\right)\end{aligned}\right\} \tag{3-71}$$

$$\left.\begin{aligned}\ddot{\gamma} &= -\gamma_{max}\frac{4\pi^2}{T_\gamma^2}\sin\left(\frac{2\pi}{T_\gamma}t + \gamma_0\right)\\[2mm]\ddot{\theta} &= -\theta_{max}\frac{4\pi^2}{T_\theta^2}\sin\left(\frac{2\pi}{T_\theta}t + \theta_0\right)\end{aligned}\right\} \tag{3-72}$$

最大摇摆速度和加速度为

$$\left.\begin{array}{l}\dot{\gamma}_{\max} = \gamma_{\max}\dfrac{2\pi}{T_{\gamma}}\\[3mm]\dot{\theta}_{\max} = \theta_{\max}\dfrac{2\pi}{T_{\theta}}\end{array}\right\}\qquad(3-73)$$

$$\left.\begin{array}{l}\ddot{\gamma}_{\max} = -\gamma_{\max}\dfrac{4\pi^2}{T_{\gamma}^2}\\[3mm]\ddot{\theta}_{\max} = -\theta_{\max}\dfrac{4\pi^2}{T_{\theta}^2}\end{array}\right\}\qquad(3-74)$$

式中，"－"号表示加速度方向与运动方向相反。

舰艇横摇和纵摇速度矢量 $\boldsymbol{\gamma}$、$\boldsymbol{\theta}$ 的方向分别与 x_v、z_v' 轴向一致，如图 3 – 19 所示。当忽略偏摇（$\psi = 0°$）时，利用 x_v、η、z_v' 轴与 x_v、y_v、z_v 轴间的夹角余弦，可求得舰艇沿 x_v、y_v、z_v 轴向的摇摆速度为

$$\left.\begin{array}{l}\omega_{vx_v} = \dot{\gamma}\\\omega_{vy_v} = \dot{\theta}\sin\gamma\\\omega_{vz_v} = \dot{\theta}\cos\gamma\end{array}\right\}\qquad(3-75)$$

式中 ω_{vx_v}、ω_{vy_v}、ω_{vz_v} ——舰艇沿 x_v、y_v、z_v 轴间的摇摆速度。

摇摆加速度为

$$\left.\begin{array}{l}\varepsilon_{vx_v} = \ddot{\gamma}\\\varepsilon_{vy_v} = \ddot{\theta}\sin\gamma + \dot{\theta}\dot{\gamma}\cos\gamma\\\varepsilon_{vz_v} = \ddot{\theta}\cos\gamma - \dot{\theta}\dot{\gamma}\sin\gamma\end{array}\right\}\qquad(3-76)$$

进行载荷分析时，需要求最大摇摆速度与加速度。根据三种情况来计算：

只考虑纵摇时，$\gamma = \psi = 0°$，故

$$\omega_{vx_v} = \omega_{vy_v} = 0;\ \omega_{vz_v} = \dot{\theta};\ \omega_{vz_v\max} = \dot{\theta}_{\max}$$
$$\varepsilon_{vx_v} = \varepsilon_{vy_v} = 0;\ \varepsilon_{vz_v} = \ddot{\theta};\ \varepsilon_{vz_v\max} = \ddot{\theta}_{\max}\qquad(3-77)$$

只考虑横摇时，$\psi = \theta = 0°$，故

$$\omega_{vy_v} = \omega_{vz_v} = 0;\ \omega_{vx_v} = \dot{\gamma};\ \omega_{vx_v\max} = \dot{\gamma}_{\max}$$
$$\varepsilon_{vy_v} = \varepsilon_{vz_v} = 0;\ \varepsilon_{vx_v} = \ddot{\gamma};\ \varepsilon_{vx_v\max} = \ddot{\gamma}_{\max}\qquad(3-78)$$

纵摇和横摇同时达到最大值时，当舰艇摇摆到甲板处于水平位置瞬间，即 $\theta = \gamma = 0°$时，纵摇和横摇速度最大。这时的合成速度为

$$\omega_{vx_v} = \dot{\gamma}_{\max} = \gamma_{\max}\frac{2\pi}{T_{\gamma}};\ \omega_{vy_v} = 0;\ \omega_{vz_v} = \dot{\theta}_{\max} = \theta_{\max}\frac{2\pi}{T_{\theta}}\qquad(3-79)$$

当舰艇运动到最大角度时，即 $\theta = \theta_{\max}$，$\gamma = \gamma_{\max}$，纵摇和横摇速度为零，但加速最大。此时的合成速度为

$$\left.\begin{array}{l} \varepsilon_{vx_v} = \ddot{\gamma}_{\max} = -\dfrac{4\pi^2}{T_\gamma^2}\gamma_{\max} \\[3mm] \varepsilon_{vy_v} = \ddot{\theta}_{\max}\sin\gamma_{\max} = -\dfrac{4\pi^2}{T_\theta^2}\theta_{\max}\sin\gamma_{\max} \\[3mm] \varepsilon_{vz_v} = \ddot{\theta}_{\max}\cos\gamma_{\max} = -\dfrac{4\pi^2}{T_\theta^2}\theta_{\max}\cos\gamma_{\max} \end{array}\right\} \qquad (3-80)$$

显然，纵摇和横摇同时出现最大值的或然率是很小的。

3. 舰艇质心的轨圆运动

舰艇质心因波浪引起的空间运动可视为一圆周运动，故把质心的轨道运动称为轨圆运动。大型军舰的横向尺寸与波浪长度相比要小，故假设质心的轨道运动在横向平面内为一圆形。所以质心的位移为

$$\left.\begin{array}{l} y_v^{(O_v)} = r_0\sin\dfrac{2\pi}{T_0}t \\[3mm] z_v^{(O_v)} = r_0\cos\dfrac{2\pi}{T_0}t \end{array}\right\} \qquad (3-81)$$

式中　r_0、T_0——轨道运动的半径及周期。

轨圆运动的最大速度及加速度为

$$\left.\begin{array}{l} v_{y_v}^{(O_v)} = v_{z_v}^{(O_v)} = \pm\dfrac{2\pi}{T_0}r_0 \\[3mm] a_{y_v}^{(O_v)} = a_{z_v}^{(O_v)} = \pm\dfrac{4\pi^2}{T_0^2}r_0 \end{array}\right\} \qquad (3-82)$$

小型舰艇较复杂，舰艇的横向尺寸与纵向尺寸都较小。假设轨道运动在纵向平面和横向平面内的投影均为圆形，则质心的位移为

$$\left.\begin{array}{l} x_v^{(O_v)} = r_0\cos\dfrac{2\pi}{T_0} \\[3mm] y_v^{(O_v)} = r_0\sin\dfrac{2\pi}{T_0} \\[3mm] z_v^{(O_v)} = r_0\cos\dfrac{2\pi}{T_0} \end{array}\right\} \qquad (3-83)$$

轨圆运动的速度与加速度的最大值为

$$\left.\begin{array}{l} v_{y_v}^{(O_v)} = v_{z_v}^{(O_v)} = \pm\dfrac{2\pi}{T_0}r_0 \\[3mm] a_{y_v}^{(O_v)} = a_{z_v}^{(O_v)} = \pm\dfrac{4\pi^2}{T_0^2}r_0 \end{array}\right\} \qquad (3-84)$$

一般认为轨圆运动的半径 r_0 约为波高之半，轨圆运动周期 T_0 与波浪周期 T 近似，根据经验，波高与波长有如下关系：

$$H \approx \frac{1}{20}\lambda$$

所以轨圆运动的最大加速度为

$$a^{(O_v)} = \pm \frac{4\pi^2}{T_0^2}r_0 \approx \frac{\pi}{2} \tag{3-85}$$

3.4.2 舰载发射装置的摇摆载荷

1. 舰上固定部件的惯性载荷

有些部件（如基座）或定角发射装置固定于舰艇上，与舰艇无相对运动。计算这些部件的惯性载荷就是要计算舰上固定点（部件所在位置）的加速度。如果要计算的部件固定于 A 处，由舰艇质心 O_v 到 A 点的矢径为 $\boldsymbol{R}_A$，则 A 点的加速度为（图 3-20）

$$\boldsymbol{a}^{(A)} = \boldsymbol{a}^{(O_v)} + \boldsymbol{\varepsilon}_v \times \boldsymbol{R}_A + \boldsymbol{\omega}_v \times (\boldsymbol{\omega}_v \times \boldsymbol{R}_A)$$

式中 $\boldsymbol{\varepsilon}_v$、$\boldsymbol{\omega}_v$——舰艇摇摆的角加速度及角速度。

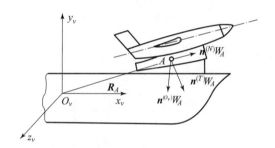

图 3-20 部件的惯性载荷

固定于 A 处的部件摇摆过载系数为

$$\begin{aligned}
\boldsymbol{n}^{(A)} &= -\frac{\boldsymbol{a}^{(A)}}{g} \\
&= -\frac{1}{g}\left[\boldsymbol{a}^{(O_v)} + \boldsymbol{\varepsilon}_v \times \boldsymbol{R}_A + \boldsymbol{\omega}_v \times (\boldsymbol{\omega}_v \times \boldsymbol{R}_A)\right] \\
&= \boldsymbol{n}^{(O_v)} + \boldsymbol{n}^{(T)} + \boldsymbol{n}^{(N)}
\end{aligned} \tag{3-86}$$

式中 $\boldsymbol{n}^{(O_v)}$——舰艇质心轨圆运动的过载系数，$\boldsymbol{n}^{(O_v)} = -\boldsymbol{a}^{(O_v)}/g$；

$\boldsymbol{n}^{(T)}$——舰艇摇摆时，部件的切向过载系数，$\boldsymbol{n}^{(T)} = -(\boldsymbol{\varepsilon}_v \times \boldsymbol{R}_A)/g$；

$\boldsymbol{n}^{(N)}$——舰艇摇摆时，部件的法向过载系数，$\boldsymbol{n}^{(N)} = -[\boldsymbol{\omega}_v \times (\boldsymbol{\omega}_v \times \boldsymbol{R}_A)]/g$。

下面分别求这几个过载系数。

1）质心轨圆运动的过载系数

对小型舰艇，将式（3-85）代入即得最大过载系数：

$$n_{x_v}^{(O_v)} = n_{y_v}^{(O_v)} = n_{z_v}^{(O_v)} = \pm \frac{4\pi^2}{g}\frac{r_0}{T_0^2} \tag{3-87}$$

对大型舰只，将式（3-83）代入，最大过载系数为

$$n_{y_v}^{(O_v)} = n_{z_v}^{(O_v)} = \pm \frac{4\pi^2}{g} \frac{r_0}{T_0^2} \qquad (3-88)$$

若将式（3-86）代入，最大过载系数为

$$\boldsymbol{n}^{(O_v)} \approx \frac{\pi}{2g} \approx \frac{\pi}{20} \qquad (3-89)$$

这是大风浪时的过载系数，但此时往往不允许发射导弹，只用于航行时的载荷分析。由式（3-89）可以看出，实际上 $\boldsymbol{n}^{(O_v)}$ 的数值不大，最大值也不超过 0.16，所以实际应用时忽略其影响也可以。

2）部件的切向和法向过载系数

大过载系数出现在下列两种情况下：其一是舰艇通过水平位置瞬间，这时摇摆速度最大，因此法向过载系数最大；其二是舰艇处于最大摇摆角度时，角加速度最大，因此切向过载系数最大。通常前者要比后者小，故取后者，即取 $\theta = \theta_{\max}$，$\gamma = \gamma_{\max}$，$\dot{\theta} = \dot{\gamma} = 0$ 进行计算，因此 $\boldsymbol{n}_v^{(N)} = 0$。而

$$\boldsymbol{n}_v^{(T)} = -\frac{1}{g}\tilde{\boldsymbol{\varepsilon}}_v \boldsymbol{R}_A, \quad \tilde{\boldsymbol{\varepsilon}}_v = \begin{bmatrix} 0 & -\varepsilon_{z_v} & -\varepsilon_{y_v} \\ -\varepsilon_{z_v} & 0 & -\varepsilon_{x_v} \\ -\varepsilon_{y_v} & \varepsilon_{x_v} & 0 \end{bmatrix} \qquad (3-90)$$

式中　$\boldsymbol{R}_A$——A 点在 $\overline{\boldsymbol{e}}^{(O_v)}$ 基中的坐标 $(R_{Ax_v}, R_{Ay_v}, R_{Az_v})$。

只考虑舰艇纵摇时，将式（3-78）代入，得最大过载系数：

$$n_{x_v}^{(T)} = -\frac{4\pi^2}{g}\frac{\theta_{\max}}{T_\theta^2}R_{Ay_v}; \quad n_{y_v}^{(T)} = \frac{4\pi^2}{g}\frac{\theta_{\max}}{T_\theta^2}R_{Ax_v}; \quad n_{z_v}^{(T)} = 0 \qquad (3-91)$$

只考虑舰艇横摇时，将式（3-79）代入，得最大过载系数：

$$n_{x_v}^{(T)} = 0; \quad n_{y_v}^{(T)} = -\frac{4\pi^2}{g}\frac{\gamma_{\max}}{T_\gamma^2}R_{Az_v}; \quad n_{z_v}^{(T)} = \frac{4\pi^2}{g}\frac{\gamma_{\max}}{T_\gamma^2}R_{Ay_v} \qquad (3-92)$$

若认为纵摇和横摇同时达到最大，将式（3-80）代入，得最大过载系数：

$$\left. \begin{aligned} n_{x_v}^{(T)} &= \frac{4\pi^2}{g}\left(\frac{\theta_{\max}}{T_\theta^2}R_{Az_v}\sin\gamma_{\max} - \frac{\theta_{\max}}{T_\theta^2}R_{Ay_v}\cos\gamma_{\max}\right) \\ n_{y_v}^{(T)} &= \frac{4\pi^2}{g}\left(\frac{\theta_{\max}}{T_\theta^2}R_{Ax_v}\cos\gamma_{\max} - \frac{\gamma_{\max}}{T_\gamma^2}R_{Az_v}\right) \\ n_{z_v}^{(T)} &= \frac{4\pi^2}{g}\left(\frac{\gamma_{\max}}{T_\gamma^2}R_{Ay_v} - \frac{\theta_{\max}}{T_\theta^2}R_{Ax_v}\sin\gamma_{\max}\right) \end{aligned} \right\} \qquad (3-93)$$

2. 瞄准部分的摇摆惯性载荷

发射装置的瞄准部分在跟踪目标或调转时，与舰艇间有相对运动，而舰艇本身又有摇摆与振荡运动，所以固于瞄准部分上的任意一点的运动是两个运动的合成。这个

运动可以看成是 $\overline{e}^{(l)}$ 基的原点 O_l 的移动，以及绕通过 O_l 点的瞬时轴的转动。因而固定于瞄准部分的 B 点处的加速度矢量为

$$\boldsymbol{a}^{(B)} = \boldsymbol{a}^{(O_l)} + \boldsymbol{\varepsilon}_l \times \boldsymbol{R}_B + \boldsymbol{\omega}_l \times (\boldsymbol{\omega}_l \times \boldsymbol{R}_B)$$

式中 $\boldsymbol{a}^{(O_l)}$——原点 O_l 的加速度矢量；

$\boldsymbol{\varepsilon}_l$、$\boldsymbol{\omega}_l$——瞄准部分的加速度与角速度矢量；

R_B——O_l 点至 B 点的矢径。

B 处部件的过载系数为

$$\begin{aligned}
\boldsymbol{n}^{(B)} &= -\frac{\boldsymbol{a}^{(B)}}{g} = -\frac{1}{g}\left[\boldsymbol{a}^{(O_l)} + \boldsymbol{\varepsilon}_l \times \boldsymbol{R}_B + \boldsymbol{\omega}_l \times (\boldsymbol{\omega}_l \times \boldsymbol{R}_B)\right] \\
&= \boldsymbol{n}^{(O_l)} + \boldsymbol{n}^{(r)}
\end{aligned} \tag{3-94}$$

式中 $\boldsymbol{n}^{(O_l)}$——原点 O_l 的牵连运动的过载系数，$\boldsymbol{n}^{(O_l)} = -\boldsymbol{a}^{(O_l)}/g$；

$\boldsymbol{n}^{(r)}$——B 点绕 O_l 转动的过载系数：

$$\boldsymbol{n}^{(r)} = -\frac{1}{g}\left[\boldsymbol{\varepsilon}_l \times \boldsymbol{R}_B + \boldsymbol{\omega}_l \times (\boldsymbol{\omega}_l \times \boldsymbol{R}_B)\right] \tag{3-95}$$

下面分别求这两个过载系数。

1）O_l 点的过载系数

一般情况下，O_l 点相对舰艇的位置是随瞄准角度而变化的。但是，这一变化量比 O_l 点相对地面的变化量要小。为简化计算，假设 O_l 在舰艇坐标系中的位置不变。

所以 $\boldsymbol{n}^{(O_v)}$ 就变成舰艇上固定点 O_l 的过载系数，因而可利用式（3-86）来计算。但是要注意，式中 $\boldsymbol{R}_A$ 应为 $\boldsymbol{r}_l$，是 O_v 到 O_l 的矢径（图 3-5）。利用坐标变换关系可求发射装置矢量基 $\overline{e}^{(l)}$ 中的过载系数 $\boldsymbol{n}_l^{(T)}$ 的矩阵方程。

对三轴瞄准系统，利用式（3-14），得

$$\boldsymbol{n}_l^{(O_l)} = \boldsymbol{\tau} \boldsymbol{n}_v^{(O_l)} \tag{3-96}$$

式中 $\boldsymbol{n}_l^{(O_l)}$——O_l 点的过载系数在 $\overline{e}^{(l)}$ 矢量基的分量 $(n_x^{(O_l)}, n_y^{(O_l)}, n_z^{(O_l)})$；

$\boldsymbol{n}_v^{(O_l)}$——O_l 点的过载系数在 $\overline{e}^{(l)}$ 矢量基的分量 $(n_{x_v}^{(O_l)}, n_{y_v}^{(O_l)}, n_{z_v}^{(O_l)})$。

对二轴瞄准系统，使 $\boldsymbol{\tau}$ 的元素 [式（3-15a）] 中 $\delta = 0°$，再利用式（3-96）计算。

2）B 点绕 O_l 转动的过载系数

与式（3-96）相对应的固定于发射装置矢量基 $\overline{e}^{(l)}$ 的矩阵方程为

$$\boldsymbol{n}_l^{(r)} = \frac{-1}{g}\left(\boldsymbol{\varepsilon}_{l_1} \boldsymbol{R}_{B_1} + \tilde{\boldsymbol{\omega}}_{l_1} \tilde{\boldsymbol{\omega}}_{l_1} \boldsymbol{R}_{B_1}\right) \tag{3-97}$$

其中

$$\boldsymbol{n}_l^{(r)} = (n_x^{(r)} \quad n_y^{(r)} \quad n_z^{(r)})^{\mathrm{T}}, \quad \boldsymbol{R}_{B_1} = (R_{B_x} \quad R_{B_y} \quad R_{B_z})^{\mathrm{T}}$$

$$\boldsymbol{\varepsilon}_{l_1} = \begin{bmatrix} 0 & -\varepsilon_{lz} & \varepsilon_{ly} \\ \varepsilon_{lz} & 0 & -\varepsilon_{lx} \\ -\varepsilon_{ly} & \varepsilon_{lx} & 0 \end{bmatrix} \qquad \tilde{\boldsymbol{\omega}}_{l_1} = \begin{bmatrix} 0 & -\omega_{lz} & \omega_{ly} \\ \omega_{lz} & 0 & -\omega_{lx} \\ -\omega_{ly} & \omega_{lx} & 0 \end{bmatrix} \qquad (3-97a)$$

下面求不同工作状态下瞄准部分相对地面的角加速度（ε_{lx}　ε_{ly}　ε_{lz}）及角速度（ω_{lx}　ω_{ly}　ω_{lz}），再由式（3-97a）计算过载系数。

（1）调转状态。这时已知瞄准部分相对舰艇的角速度矢量 $\boldsymbol{\omega}_{lv}$ 及角加速度矢量 $\boldsymbol{\varepsilon}_{lv}$（是瞄准机所赋予的参数），考虑舰艇相对地面的摇摆运动 $\boldsymbol{\omega}_v$ 矢量后，得矢量和为

$$\boldsymbol{\omega}_l = \boldsymbol{\omega}_{lv} + \boldsymbol{\omega}_v$$

$$\boldsymbol{\varepsilon}_l = \boldsymbol{\varepsilon}_{lv} + \boldsymbol{\varepsilon}_v$$

固定于发射装置矢量基中的对应矩阵为

$$\boldsymbol{\omega}_{l_1} = \boldsymbol{\omega}_{lv_1} + \boldsymbol{\omega}_{v_1} \qquad\qquad (3-98)$$

$$\boldsymbol{\varepsilon}_{l_1} = \boldsymbol{\varepsilon}_{lv_1} + \boldsymbol{\varepsilon}_{v_1} \qquad\qquad (3-99)$$

对三轴瞄准的发射装置，由式（3-76）、式（3-77）及式（3-15）知其矩阵为

$$\boldsymbol{\omega}_{v_1} = \boldsymbol{\tau}(\dot{\gamma} \quad \dot{\theta}\sin\gamma \quad \dot{\theta}\cos\gamma)^{\mathrm{T}} \qquad\qquad (3-100)$$

$$\boldsymbol{\varepsilon}_{v_1} = \boldsymbol{\tau}(\ddot{\gamma} \quad \ddot{\theta}\sin\gamma + \dot{\theta}\dot{\gamma}\cos\gamma \quad \ddot{\theta}\cos\gamma - \dot{\theta}\dot{\gamma}\sin\gamma)^{\mathrm{T}} \qquad (3-101)$$

由图 3-2（b）可看出，瞄准速度矢量 $\dot{\boldsymbol{\beta}}$、$\dot{\boldsymbol{\varphi}}$、$\dot{\boldsymbol{\delta}}$ 分别沿 y_v、z、x' 轴方向。将它们向 x、y、z 轴投影，得瞄准部分相对舰艇的角速度与角加速度分量

$$(\omega_{1v,x} \quad \omega_{1v,y} \quad \omega_{1v,z})^{\mathrm{T}} = \boldsymbol{A}(\dot{\beta} \quad \dot{\varphi} \quad \dot{\delta})^{\mathrm{T}} \qquad (3-102)$$

$$(\varepsilon_{1v,x} \quad \varepsilon_{1v,y} \quad \varepsilon_{1v,z})^{\mathrm{T}} = \dot{\boldsymbol{A}}(\dot{\beta} \quad \dot{\varphi} \quad \dot{\delta})^{\mathrm{T}} + \boldsymbol{A}(\ddot{\beta} \quad \ddot{\varphi} \quad \ddot{\delta})^{\mathrm{T}} \qquad (3-103)$$

式中

$$\boldsymbol{A} = \begin{bmatrix} \cos\delta\sin\varphi & 0 & \cos\varphi \\ \cos\delta\cos\varphi & 0 & -\sin\varphi \\ -\sin\delta & 1 & 0 \end{bmatrix} \quad \dot{\boldsymbol{A}} = \begin{bmatrix} \dot{\varphi}\cos\delta\cos\varphi - \dot{\delta}\sin\delta\sin\varphi & 0 & -\dot{\varphi}\sin\varphi \\ -\dot{\varphi}\sin\delta\cos\varphi - \dot{\varphi}\cos\delta\sin\varphi & 0 & -\dot{\varphi}\cos\varphi \\ -\dot{\delta}\cos\delta & 0 & 0 \end{bmatrix}$$

$$(3-103a)$$

由式（3-99）~式（3-103）代入式（3-95）中，即可求出调转过程的 $n_x^{(r)}$、$n_y^{(r)}$、$n_z^{(r)}$。

只考虑舰艇纵摇时，且取最大摇摆角度，计算条件为 $\theta = \theta_{\max}$，$\gamma = \dot{\theta} = \dot{\gamma} = \ddot{\gamma} = 0$，$\ddot{\theta} = \ddot{\theta}_{\max}$。

只考虑舰艇横摇时，且取最大摇摆角度，计算条件为 $\theta = \dot{\theta} = \dot{\gamma} = \ddot{\theta} = 0$，$\gamma = \gamma_{\max}$，$\ddot{\gamma} = \ddot{\gamma}_{\max}$。

对二轴瞄准的发射装置，此时 $\delta = \dot{\delta} = \ddot{\delta} = 0$，将此值代入前述公式之中即可求得对应的过载系数。

（2）跟踪瞄准状态。如果根据目标运动规律，得到了发射装置相对舰艇的运动参

数，则可用上述调转时的计算公式求过载系数，但以跟踪瞄准时允许的海情及瞄准参数代入。如果知道的是相对地面的运动参数，即 $\dot{\psi}_t$、$\dot{\theta}_t$ 及 $\dot{\alpha}$ 等，则由下列公式求过载系数：

对三轴瞄准的发射装置，由图 3-4 及图 3-21 可看出，矢量 $\dot{\psi}_t$、$\dot{\theta}_t$ 及 $\dot{\alpha}$ 分别沿 η、z_t、x_t 轴方向。将它们向 x、y、z 轴投影，得

$$(\omega_{lx} \quad \omega_{ly} \quad \omega_{lz})^{\mathrm{T}} = \boldsymbol{B}(\dot{\psi}_t \quad \dot{\theta}_t \quad \dot{\alpha})^{\mathrm{T}} \tag{3-104}$$

$$(\varepsilon_{lx} \quad \varepsilon_{ly} \quad \varepsilon_{lz})^{\mathrm{T}} = \dot{\boldsymbol{B}}(\dot{\psi}_t \quad \dot{\theta}_t \quad \dot{\alpha})^{\mathrm{T}} + \boldsymbol{B}(\ddot{\psi}_t \quad \ddot{\theta} \quad \ddot{\alpha})^{\mathrm{T}} \tag{3-105}$$

式中

$$\boldsymbol{B} = \begin{bmatrix} \sin\theta_t & 0 & 1 \\ \cos\theta_t\cos\alpha & \sin\alpha & 0 \\ -\cos\theta_t\sin\alpha & \cos\alpha & 0 \end{bmatrix} \quad \dot{\boldsymbol{B}} = \begin{bmatrix} \dot{\theta}_t\cos\theta_t & 0 & 0 \\ -\dot{\theta}_t\sin\theta_t\cos\alpha - \dot{\alpha}\cos\theta_t\sin\alpha & \dot{\alpha}\cos\alpha & 0 \\ \dot{\theta}_t\sin\theta_t\sin\alpha - \dot{\alpha}\cos\theta_t\cos\alpha & -\dot{\alpha}\sin\alpha & 0 \end{bmatrix}$$

$$\tag{3-105a}$$

将这些公式代入式（3-98）中，即得跟踪瞄准时的过载系数。

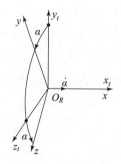

图 3-21　三轴瞄准的发射装置坐标系与弹道坐标系

对二轴瞄准的发射装置，$\alpha = \dot{\alpha} = 0$，代入式（3-104）、式（3-105）中，得

$$(\omega_{lx} \quad \omega_{ly} \quad \omega_{lz})^{\mathrm{T}} = (\dot{\psi}_t\sin\theta_t \quad \dot{\psi}_t\cos\theta_t \quad \dot{\theta}_t)^{\mathrm{T}} \tag{3-106}$$

$$(\varepsilon_{lx} \quad \varepsilon_{ly} \quad \varepsilon_{lz})^{\mathrm{T}} = (\ddot{\psi}_t\sin\theta_t + \dot{\theta}_t\dot{\psi}_t\cos\theta_t \quad \ddot{\psi}_t\cos\theta_t - \dot{\theta}_t\dot{\psi}_t\sin\theta_t \quad \ddot{\theta}_t)^{\mathrm{T}} \tag{3-107}$$

将式（3-106）、式（3-107）代入式（3-97）中即得过载系数。

进行摇摆惯性载荷计算时需注意：

①行军状态和战斗状态（瞄准、发射）的工作情况与海情是不同的，应分别考虑。航行状态发射装置不进行瞄准，或用锁紧机构固定，所以根据最不利海情计算。战斗状态要根据战术技术要求的海情和瞄准参数计算。

②认为纵摇和横摇同时出现最大值而计算舰艇的最大速度与加速度，只是为了简化计算而做的一种假设。据此计算的摇摆惯性载荷结果偏大。所以，在进行结构强度和瞄准机设计时，不必再选用过大的安全系数。

实际情况是，在同一海区，当纵摇（或横摇）出现最大时，横摇（或纵摇）处于

某一中间过程，不太可能正好同时产生最大值。

根据发射装置在舰上的位置，只考虑纵摇，而忽略横摇；或者只考虑横摇，忽略纵摇。据此进行有关计算也有足够精度，而计算大大简化。当发射装置在舰上艏艉布置时，到舰艇质心的纵向距离较远，纵摇影响大，故可以只计纵摇。若在舰的中部，且在船舷的两侧，虽然距舰艇质心较近，但横摇的参数较大，所以只考虑横摇。

3.4.3　导弹作用在发射装置上的载荷

导弹发射前，相对定向器是静止的，此时作用在发射装置上的载荷有弹重力、运载体运动和瞄准运动引起的惯性力、风作用在导弹上的力等。发射时，导弹在定向器上运动，此时作用的载荷除了前面已提到的之外，还有导弹相对运动引起的惯性载荷、自旋导弹的不平衡载荷、发动机的推力分力、燃气冲击力、摩擦力、闭锁器的解脱力及系统振动惯性力等。

在计算导弹的重力作用时，要考虑重力的增长因素，即考虑导弹有改进时，原发射装置仍能适用。一般按 20% 左右的增长计算。导弹重力可作为集中载荷通过定向钮作用到定向器上。

发动机推力对发射装置作用的大小和性质，要根据发动机结构形式和配置方式等具体情况进行分析。例如，串联发动机的推力偏心力和力矩、并联发动机的推力垂直分量、斜置喷管的转动力矩等。

燃气冲击力、闭锁力、风载荷及系统振动惯性力由专门章节论述，计算时可引用，本节仅分析导弹作用的由牵连运动和哥氏加速度引起的惯性载荷。

1. 牵连运动引起的惯性载荷

牵连运动是由运载体运动及瞄准部分瞄准运动而引起的。求弹箭质心的牵连惯性力，实质上是求起落部分一定点 O_R 的惯性力。所以，根据弹箭发射和瞄准时的条件，利用式（3-94）计算。但式中 R_B 用原点到所分析的弹箭质心的矢径代替（图 3-5）。对舰载发射装置，公式中各项计算式可直接引用。对车载发射装置，应根据运动规律对式（3-94）中的第一项做适当修改。这时第一项是车辆上某一固定点（它是发射装置坐标原点）的过载系数。由式（3-86）知，它由三项组成，而第一项应根据车辆质心的轨道运动规律来计算。

2. 哥氏加速度引起的惯性力

当导弹在旋转的定向器上移动时，将有一附加的加速度，即哥氏加速度。它引起哥氏惯性力，其过载系数矢量为

$$n_k = -\frac{2}{g}\boldsymbol{\omega}_l \times \boldsymbol{v} \qquad (3-108)$$

式中　$\boldsymbol{\omega}_l$——定向器相对地面的转动角速度，在 $\overline{e}^{(l)}$ 基中的坐标为 $(\omega_{lx}, \omega_{ly}, \omega_{lz})$；

v——导弹质心相对地面的移动速度，它在 $\overline{e}^{(I)}$ 基（即相对定向器的速度分量）中的坐标为 (v_x,v_y,v_z)。

因为横向分量很小，一般认为 $v_y = v_z = 0$。

两矢量叉积的等效矩阵为

$$n_k = -\frac{2}{g}\tilde{\boldsymbol{\omega}}_l\boldsymbol{v}$$

其中 $\tilde{\boldsymbol{\omega}}_l = \begin{bmatrix} 0 & -\omega_z & \omega_y \\ \omega_z & 0 & \omega_x \\ -\omega_y & \omega_x & 0 \end{bmatrix}$；$\boldsymbol{v} = (v_x \quad 0 \quad 0)^{\mathrm{T}}$；$\boldsymbol{n}_k = (n_{kx} \quad n_{ky} \quad n_{kz})^{\mathrm{T}}$。

$$(n_{kx} \quad n_{ky} \quad n_{kz})^{\mathrm{T}} = \left(0 \quad -\frac{2}{g}\omega_{lz}v_x \quad \frac{2}{g}\omega_{ly}v_x\right)^{\mathrm{T}} \tag{3-109}$$

下面分析不同发射条件时哥氏惯性载荷的过载系数。

1）从舰载二轴瞄准的发射装置上跟踪发射导弹

此时，由于导弹滑离前受定向器的约束，两者相对地面的转动速度是一样的，所以定向器相对地面的瞄准速度也为 $\dot{\psi}_t$、$\dot{\theta}_t$、$\dot{\alpha}$，定向器的旋转速度在 $\overline{e}^{(I)}$ 中的投影由式（3-104）表示，代入式（3-109）得

$$\left.\begin{array}{l} n_{kx} = 0 \\[2mm] n_{ky} = \dfrac{2}{g}(\dot{\psi}_t\cos\theta_t\sin\alpha - \dot{\theta}_t\cos\alpha)v_x \\[3mm] n_{kz} = -\dfrac{2}{g}(\dot{\psi}_t\cos\theta_t\cos\alpha + \dot{\theta}_t\sin\alpha)v_x \end{array}\right\} \tag{3-110}$$

式中 α——ψ_t、θ_t、θ、γ 的函数。

2）从舰载固定式发射装置上发射导弹

此时，由于舰艇摇摆，定向器相对地面仍有旋转运动，故导弹在其上运动时亦有哥氏加速度。

因为是固定式发射装置，定向器与舰艇之间无相对运动，故 $\omega_t = \omega_v$。定向器安装在舰艇的 β_0、φ_0 方向，将式（3-100）代入式（3-109）中，得过载系数：

$$\left.\begin{array}{l} n_{kx} = 0 \\[2mm] n_{ky} = \dfrac{2}{g}(\dot{\theta}\cos\beta_0\cos\gamma + \dot{\gamma}\sin\beta_0)v_x \\[3mm] n_{kz} = -\dfrac{2}{g}[\dot{\theta}(\cos\varphi_0\sin\gamma + \sin\varphi_0\sin\beta_0\cos\gamma) - \dot{\gamma}\sin\varphi_0\cos\beta_0]v_x \end{array}\right\} \tag{3-111}$$

过载系数最大值可能发生在舰艇摇摆到平衡位置，即 $\theta = \gamma = 0°$ 时，此时 $\dot{\theta} = \dot{\theta}_{\max}$，$\dot{\gamma} = \dot{\gamma}_{\max}$，故

$$n_{kx} = 0$$

$$n_{ky} = \frac{2}{g}\ (\ \dot{\theta}\cos\beta_0\cos\gamma + \dot{\gamma}\sin\beta_0\ )v_x$$

$$n_{kz} = -\frac{2}{g}\ \big[\ \dot{\theta}\ (\cos\varphi_0\sin\gamma + \sin\varphi_0\sin\beta_0\cos\gamma) - \dot{\gamma}\sin\varphi_0\cos\beta_0\ \big]v_x$$

$$(3-112)$$

只考虑纵摇或只考虑横摇时，则令 $\dot{\theta}_{\max}$（或 $\dot{\gamma}_{\max} = 0$）。

3）从地面发射装置跟踪瞄准时发射导弹

此时发射基础是固定的，即 $\theta = \gamma = 0°, \psi_t = \beta, \theta_t = \varphi$，所以 $\omega_{ly} = \dot{\beta}, \omega_{lz} = \dot{\varphi}$，故

$$n_{kx} = 0$$

$$n_{ky} = \frac{2}{g}\ \dot{\varphi}v_x$$

$$n_{kz} = -\frac{2}{g}\ \dot{\beta}v_x\cos\varphi$$

$$(3-113)$$

3.4.4　舰载发射装置综合载荷分析

1. 舰载发射装置运输状态综合载荷计算

舰载发射装置运输状态的综合载荷主要包括舰（艇）运动产生的惯性载荷、风载荷、导弹作用载荷、发射装置自重载荷和充气载荷等。

1）惯性载荷

按 3.4.2 节计算某型舰载发射装置的惯性载荷，某型舰的摇摆参数见表 3-10。

表 3-10　某型舰的摇摆参数

摇摆方式	海况	六级	九级
垂荡	三一单幅值/（°）	2~3	≥7
	周期/s	5~7	
横摇	三一单幅值/（°）	13~18.5	≥30
	周期/s	8~12	
纵摇	三一单幅值/（°）	2.6~4	≥7
	周期/s	5~7	

取纵摇摇心为舰摇心

$$x_v = (0.6~0.67)L = 79.2~88.4 \text{ m}$$

$$z_v = T = 4.25 \text{ m}$$

式中　L——舰水线长；

　　　T——舰吃水深。

在 $O'x'y'z'$ 坐标系中，前发射装置中心坐标：

$x' = 136^{\#} - 0.2 = 67.8$ （m）

$y' = \pm 5$ m

$z' = 11.8 + 1.5 - 4.25 = 9.05$ （m）

式中　$136^{\#}$——舰 136 肋（每肋 0.5 m）。

后发射装置中心坐标：

$x' = 146^{\#} - 0.2 = 72.8$ （m）

$y' = \pm 5$ m

$z' = 11.8 + 1.5 - 4.25 = 9.05$ （m）

在 $O_v x_v y_v z_v$ 坐标系中，前发射装置坐标：

$x_v = （79.2 \sim 88.4） - 67.8 = 11.4 \sim 20.64$ （m）

$y_v = 11.8 - 4.25 + 1.5 = 9.05$ （m）

$z_v = \pm 5$ m

在 $O_v x_v y_v z_v$ 坐标系中，取前外侧发射箱为计算状态：

$R_{x_v} = 21$ m

$R_{y_v} = 9$ m

$R_{z_v} = \pm 5$ m

参考表 3 – 10，按以下九级海情原始数据进行计算：

最大横摇角：$\gamma_{max} = 30°$

最大纵摇角：$\theta_{max} = 7°$

横摇周期：$T_{\gamma} = 10$

纵摇周期：$T_{\theta} = 5.7$

升沉运动幅值：$Y_o = 5.7$

升沉运动周期：$T_o = 6$

发射箱纵倾角：$\Phi = 15°$

发射箱方位角：$\beta = 30°$

根据式（3 – 91）~式（3 – 93），计算得出九级海情下发射箱惯性载荷，见表 3 – 11。

表 3 – 11　九级海情下发射箱惯性载荷

惯性载荷	$\theta_{max} \gamma_{max}$	$\theta_{max} - \gamma_{max}$	$-\theta_{max} \gamma_{max}$	$-\theta_{max} - \gamma_{max}$
n_x	– 0.834 2	– 1.317 2	– 0.737 7	– 1.457 0
n_y	– 4.377 6	– 4.211 8	– 4.099 0	– 3.869 9
n_z	– 0.112 2	0.285 1	– 0.347 5	0.279 1

2）风载荷

按 3.3.3 节计算某发射箱上的风载荷。

航行状态舰的航速为 32 节：$v_1 = 32 \times 0.518\,48 = 16.59$（m/s）

九级海情的风速：$v_2 = 32.7$ m/s

按式（3-57）计算额定风压：

$$q = \frac{1}{2}\rho \times v^2 = 0.5 \times 1.226 \times (32.7 + 16.47)^2 = 1\,482\ (\text{N/m}^2)\quad（其中 \rho 取 +15\ ℃时$$

的密度）

按式（3-56）计算计算风压：

$$q_i = q \times C_x \times R_H \times \beta = 1\,482 \times 1.2 \times 1.0 \times 1.22 = 2\,169.6\ (\text{N/m}^2)$$

式中　C_x——气动阻力系数，取 1.2；

　　　R_H——风压随高度增加的系数，取 1.0；

　　　β——考虑阵风作用的修正系数，取 1.22。

3）导弹作用载荷

导弹相对发射装置是静止的，此时作用在发射装置上的载荷主要有弹重力和舰载运动引起的惯性载荷。导弹受舰载发射装置牵连运动引起的惯性载荷与计算发射装置惯性载荷类似，可按哥氏加速度引起的惯性力计算方法计算，计算时注意将发射装置的质心移动到弹体质心。

4）发射装置自重载荷

发射装置自重载荷在计算时可按惯性载荷处理。

5）充气载荷

发射箱在运输时一般充有气体，可将气体压强施加在发射箱内壁上。

2. 舰载发射装置发射状态综合载荷计算

舰载发射装置发射状态的综合载荷主要包括舰（艇）运动产生的惯性载荷、风载荷、发射装置自重载荷、剪切机构剪切载荷、燃气流引起的载荷等。其中惯性载荷、风载荷、发射装置自重载荷的计算和上节运输状态的计算类似，本节主要介绍剪切机构剪切载荷和燃气流引起的载荷的计算。

1）剪切机构剪切载荷

剪切载荷随弹的不同而不同，一般由导弹总体给出，施加在剪切机构或安装剪切机构的箱体上。

2）燃气流引起的载荷

燃气流引起的载荷可按 3.3.1 节进行初步计算，但目前一般由专用的流体分析软件计算完成。

根据某型发射箱燃气流计算的结果，从燃气流计算中取得导弹在箱内刚运动（即导弹运动 0 m），导弹在箱内运动 1 m、2 m、4 m、6 m、10 m、14 m，以及导弹出箱 2 m、5 m、10 m、20 m 时箱体内壁的压力数据，以箱体底部中心为坐标原点，以射向为 x 轴正向，取在发射过程中沿 x 方向各点所承受的最大相对压力值，其中有正压也有负压，如图 3 – 22 所示。

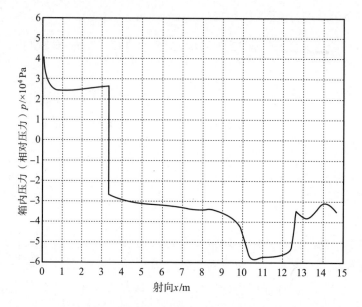

图 3 – 22   发射箱内部沿射向各位置的最大压力

计算时可取最大压力值施加在箱体上，也可按各位置的最大压力施加在发射箱上。

3.5   车载发射装置载荷计算

3.5.1   车载发射装置运输状态综合载荷分析

1. 路面运输时的振动载荷

车载发射装置在路面上行驶时，由于路面不平，会产生振动。为了消除硬性冲击，减轻振动响应带来的不利影响，在运载体上均装有弹性悬挂装置。研究这种弹性系统振动规律，计算缓冲部分产生的惯性载荷，对某些部件的设计有很大实际意义。

行驶振动取决于道路状态、行驶速度和结构。分析时，可以把系统简化成单自由度系统的模型或者是多自由系统，并将道路激励视为正弦位移函数或随机函数，通过道路路面凸凹不平的统计分析得到其规律，然后建立运动方程分析计算。

1）多自由度系统模型

将发射装置简化为图 3 – 23 所示模型，即将系统简化为 4 个刚体：发射装置（含弹箭）、车架、前车体、后车体。各刚体间用弹簧－阻尼器相连，限制其运动。发射装置和车架可垂直移动和绕各自的质心转动，弹簧 $k_1 \sim k_4$ 与阻尼器 $c_1 \sim c_4$ 分别模拟结构或悬挂系统的弹性与阻尼。$m_1 \sim m_4$ 及 J_1、J_2 为质量和转动惯量。前、后车体可垂直移动弹簧 k_5、k_6，以及阻尼器 c_5、c_6 表示轮胎同地面接触时的弹性和阻尼。函数 $f_1(t)$、$f_2(t)$ 表示路面不平引起的前轮和后轮位移。所以，系统用 6 个广义坐标来描述：4 个位移 y_1、y_3、y_5、y_6 和两个转角 y_2、y_4。

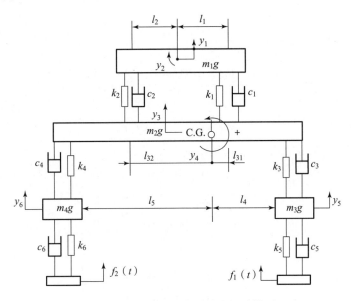

图 3 - 23　六自由度发射装置行驶模型

在建立模型时做了如下假设：认为导弹发射装置和车架的刚度足够高，忽略它们自身的振动影响；弹簧是线性的，因为车架的限制器达到死点前，弹簧 k_2、k_4 仍为线性的，达到死点后则成刚性的；同时，认为滚转和水平运动很小，对系统没有有害的影响。

用拉格朗日方程建立系统的运动微分方程，系统的动能为

$$T = \frac{1}{2}(m_1\dot{y}_1^2 + J_1\dot{y}_2^2 + m_2\dot{y}_3^2 + J_2\dot{y}_4^2 + m_3\dot{y}_5^2 + m_4\dot{y}_6^2) \qquad (3-114)$$

保守力的势能为

$$U = \frac{1}{2}k_1(y_3 + l_{31}y_4 - y_1 - l_1y_2)^2 + \frac{1}{2}k_2(y_3 - l_{32}y_4 - y_1 + l_2y_2)^2 +$$

$$\frac{1}{2}k_3(y_5 - y_3 - l_4y_4)^2 + \frac{1}{2}k_4(y_6 - y_3 - l_5y_4)^2 + \qquad (3-115)$$

$$\frac{1}{2}k_5(y_5 - f_2(t))^2 + \frac{1}{2}k_6(y_6 - f_2(t))^2$$

非保守力的虚功为

$$\delta W = -c_1(\dot{y}_3 + l_{31}\dot{y}_4 - \dot{y}_1 - l_1\dot{y}_2)(\delta y_3 - l_{32}\delta y_4 - \delta y_1 + l_2\delta y_2) -$$

$$c_2(\dot{y}_3 - l_{32}\dot{y}_4 - \dot{y}_1 + l_2\dot{y}_2)(\delta y_3 - l_{31}\delta y_4 - \delta y_1 + l_2\delta y_2) -$$
$$c_3(\dot{y}_5 - \dot{y}_3 - l_4\dot{y}_4)(\delta y_5 - \delta y_3 - l_4\delta y_4) -$$
$$c_4(\dot{y}_6 - \dot{y}_3 + l_5\dot{y}_4)(\delta y_6 - \delta y_3 + l_5\delta y_4) - \qquad (3-116)$$
$$c_5(\dot{y}_5 - \dot{f}_1(t)) + \frac{1}{2}c_6(\dot{y}_6 - \dot{f}_{66}(t))^2$$
$$= \sum_{i=1}^{6} Q_i \delta y_i$$

式中　Q_i ——非保守的广义力。

应用拉格朗日运动方程:

$$\frac{\mathrm{d}}{\mathrm{d}t}\frac{\partial T}{\partial \dot{y}_i} - \frac{\partial T}{\partial \dot{y}_i} + \frac{\partial U}{\partial \dot{y}_i} - Q_i = 0 \qquad i = 1,2,\cdots,6 \qquad (3-117)$$

可得

$$\boldsymbol{M}\ddot{\boldsymbol{y}} + \boldsymbol{C}\dot{\boldsymbol{y}} + \boldsymbol{K}\boldsymbol{y} = \boldsymbol{f}(t) \qquad (3-118)$$

式中, $\boldsymbol{M}$、$\boldsymbol{C}$、$\boldsymbol{K}$ 矩阵中各项元素为

$$\boldsymbol{M} = \begin{bmatrix} m_1 & 0 & 0 & 0 & 0 & 0 \\ 0 & J_2 & 0 & 0 & 0 & 0 \\ 0 & 0 & m_2 & 0 & 0 & 0 \\ 0 & 0 & 0 & J_2 & 0 & 0 \\ 0 & 0 & 0 & 0 & m_2 & 0 \\ 0 & 0 & 0 & 0 & 0 & m_4 \end{bmatrix} \qquad (3-119)$$

$$\boldsymbol{C} = \begin{bmatrix} c_1+c_2 & c_1l_1-c_2l_2 & -(c_1+c_2) & -(c_1l_{31}-c_2l_{32}) & 0 & 0 \\ c_1l_1-c_2l_2 & c_1l_1^2+c_2l_2^2 & -(c_1l_1+c_2l_2) & -(c_1l_1l_{31}+c_2l_2l_{32}) & 0 & 0 \\ -(c_1+c_2) & -(c_1l_1+c_2l_2) & -(c_1+c_2+c_3+c_4) & c_1l_{31}-c_2l_{32}+c_3l_4-c_4l_5 & -c_3 & -c_4 \\ -(c_1l_{31}-c_2l_{32}) & -(c_1l_1l_{31}+c_2l_2l_{32}) & c_1l_{31}-c_2l_{32}+c_3l_4-c_4l_5 & c_1l_{31}^2+c_2l_2^2+c_3l_4^2+c_4l_5^2 & -c_3l_4 & c_4l_5 \\ 0 & 0 & -c_3 & -c_3l_4 & c_3+c_5 & 0 \\ 0 & 0 & -c_4 & c_4l_5 & 0 & c_4+c_6 \end{bmatrix}$$
$$(3-120)$$

$$\boldsymbol{K} = \begin{bmatrix} k_1+k_2 & k_1l_1-k_2l_2 & -(k_1+k_2) & -(k_1l_{31}-k_2l_{32}) & 0 & 0 \\ k_1l_1-k_2l_2 & k_1l_1^2+k_2l_2^2 & -(k_1l_1+k_2l_2) & -(k_1l_1l_{31}+k_2l_2l_{32}) & 0 & 0 \\ -(k_1+k_2) & -(k_1l_1+k_2l_2) & -(k_1+k_2+k_3+k_4) & k_1l_{31}-k_2l_{32}+k_3l_4-k_4l_5 & -k_3 & -k_4 \\ -(k_1l_{31}-k_2l_{32}) & -(k_1l_1l_{31}+k_2l_2l_{32}) & k_1l_{31}-k_2l_{32}+k_3l_4-k_4l_5 & k_1l_{31}^2+k_2l_2^2+k_3l_4^2+k_4l_5^2 & -k_3l_4 & k_4l_5 \\ 0 & 0 & -k_3 & -k_3l_4 & k_3+k_5 & 0 \\ 0 & 0 & -k_4 & k_4l_5 & 0 & k_4+k_6 \end{bmatrix}$$
$$(3-121)$$

2）规则路面上行驶时的动态响应

发射装置行驶时的动态响应主要取决于车轮在路面上的垂直位移历程，因此，输入路面条件是非常重要的。假设所考虑的路面条件为正弦波，其波幅为 h_0 ，而变化的半波长为 l_i 。因此，x 处的前轮位移 $u(x)$ 可定义为（图 3 - 24）

$$u(x) = \begin{cases} h_0 \left[1 - \cos \dfrac{\pi(x - x^{i-1})}{l_i} \right] & x^{i-1} \leqslant x \leqslant x^i, i \text{ 为奇数} \\ h_0 \left[1 + \cos \dfrac{\pi(x - x^{i-1})}{l_i} \right] & x^{i-1} \leqslant x \leqslant x^i, i \text{ 为偶数} \end{cases} \tag{3-122}$$

式中　x ——沿路面测得的坐标，$x^i = \sum\limits_{j=1}^{i} l_i$ 。

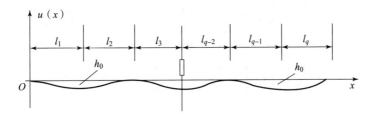

图 3 - 24　正弦波路面

若以 v 表示等速行驶时的速度，可得

$$x = vt \tag{3-123}$$

和

$$u(t) = \begin{cases} h_0 \{ 1 - \cos[\omega_i(t - t^{i-1})] \} & x^{i-1} \leqslant x \leqslant x^i, i \text{ 为奇数} \\ h_0 \{ 1 + \cos[\omega_i(t - t^{i-1})] \} & x^{i-1} \leqslant x \leqslant x^i, i \text{ 为偶数} \end{cases} \tag{3-124}$$

式中，$\omega_i = \pi v/l_i$ ，$t^i = x^i/v$ ，因此，前轮的垂直位移函数可定义为

$$f_2(t) = \begin{cases} u(t) & 0 \leqslant t \leqslant T_1 \\ 0 & \text{其他情况下} \end{cases} \tag{3-125}$$

式中　T_1 ——路面起伏终止时的时间。

后轮的垂直位移与前轮的垂直位移大小相等，但有一时滞，即

$$f_2(t) = f_1(t - t_L) \qquad t_L \leqslant t \leqslant T_1 + t_L \tag{3-126}$$

式中　t_L ——后轮到达前轮在路面上同一点所经过的时间，若两轮之间的距离为 L ，则

$$t_L = \frac{L}{v} \tag{3-127}$$

从式（3 - 125）和式（3 - 126）不难看出，垂直位移函数取决于行驶速度和路面不平的半波长的比值。

有了这些位移函数和运动方程，就可进行系统的动态响应分析，求发射装置的振动加速度 $\ddot{y}_1$ 和 $\ddot{y}_2$，从而得到运行时的过载系数。也可求某些部位的振动位移，满足规定的要求。

3）悬挂系统的最优设计

利用运动方程式（3－118）及位移函数式（3－126）、式（3－127）还可进行悬挂系统的优化设计，使在一定的路面条件及行驶速度条件下，发射装置或导弹的最大绝对加速度达到最小，即最大过载最小，且满足使某些相对位移不超过规定的约束条件。

将式（3－118）改写为下面的状态方程形式：

$$\begin{bmatrix} \dot{y} \\ \ddot{y} \end{bmatrix} = \begin{bmatrix} O & I \\ -M^{-1}K & -M^{-1}C \end{bmatrix}\begin{bmatrix} y \\ \dot{y} \end{bmatrix} + \begin{bmatrix} O \\ M^{-1} \end{bmatrix}f \tag{3－128}$$

或者

$$\dot{x} = Ax + Bf \tag{3－129}$$

其中

$$x = \begin{bmatrix} y \\ \dot{y} \end{bmatrix},\ A = \begin{bmatrix} O & I \\ -M^{-1}K & -M^{-1}C \end{bmatrix},\ B = \begin{bmatrix} O \\ M^{-1} \end{bmatrix}$$

目标函数为

$$\psi_0 = \max|\ddot{y}_1^i(t)| \quad t\in[0,\tau]; i=1,2,\cdots,p' \tag{3－130}$$

式中　$\ddot{y}_1^i(t)$——在第 i 个路面条件 $f_1^i(t)$ 和 $f_2^i(t)$ 下发射装置质心的加速度，$f_1^i(t)$ 和 $f_2^i(t)$ 的定义见式（3－125）和式（3－126）。

式（3－130）的最大目标函数可变为使式（3－131）极小化：

$$\psi_0 = d \tag{3－131}$$

式中　d 可按式（3－132）定义为 ψ_0 的上限：

$$|\ddot{y}_1^i(t)| \leq d \quad 0\leq t\leq\tau; i=1,2,\cdots,p' \tag{3－132}$$

此外，还要约束由另一组极端路面条件引起的发射装置的加速度。因此，所加的附加约束条件为

$$|\ddot{y}_1^i(t)| \leq \theta_1 \quad 0\leq t\leq\tau; i=p'+1,\cdots,p \tag{3－133}$$

式中　θ_1——最大容许加速度。

行驶时，发射装置、车架、车体间的相对位移，车轮与路面间的相对位移均处于给定的极限内。在 p 个路面条件下，这些约束条件必须满足。其约束条件可写成：

$$|y_3^i(t) + l_{31}y_3^i(t) - y_1^i(t) - l_1y_2^i(t)| \leq \theta_2 \tag{3－134}$$

$$|y_3^i(t) - l_{32}y_4^i(t) - y_1^i(t) + l_2y_2^i(t)| \leq \theta_3 \tag{3－135}$$

$$|y_5^i(t) - y_3^i(t) - l_4y_4^i(t)| \leq \theta_4 \tag{3－136}$$

$$|y_6^i(t) - y_3^i(t) + l_5 y_4^i(t)| \leq \theta_5 \qquad (3-137)$$

$$|y_5^i(t) - f_1^i(t)| \leq \theta_6 \qquad (3-138)$$

$$|y_6^i(t) - f_2^i(t)| \leq \theta_7 \qquad (3-139)$$

$$0 \leq t \leq \tau; i = 1,2,\cdots,p'$$

式中　$\theta_2 \sim \theta_7$ ——最大允许位移。

若函数 $\eta(t)$ 为连续函数，则约束条件 $\eta(t) \leq 0$，$0 \leq t \leq \tau$ 相当于下列积分约束条件：

$$\int_0^\tau [\eta(t) + |\eta(t)|] \mathrm{d}t = 0 \qquad (3-140)$$

因此，式（3-132）~式（3-139）的约束条件可写成积分式：

$$\psi_i = \int_0^\tau [|\ddot{y}_1^i| - \alpha + ||\ddot{y}_1^i| - \alpha|] \mathrm{d}t = 0 \qquad i = 1,2,\cdots,p' \qquad (3-141)$$

$$\psi_{p'+i} = \int_0^\tau [|\ddot{y}_1^i| - \theta + ||\ddot{y}_1^i| - \theta_1|] \mathrm{d}t = 0 \qquad i = 1,2,\cdots,p-p' \qquad (3-142)$$

$\psi_{p+i} =$

$$\int_0^\tau |y_3^i(t) + l_{31} y_3^i(t) - y_1^i(t) - l_1 y_2^i(t)| - \theta_2 + ||y_3^i(t) + l_{31} y_3^i(t) - y_1^i(t) - l_1 y_2^i(t)| - \theta_2| \mathrm{d}t$$
$$= 0 \qquad i = 1,2,\cdots,p \qquad (3-143)$$

$\psi_{2p+i} =$

$$\int_0^\tau |y_3^i(t) - l_{32} y_4^i(t) - y_1^i(t) + l_2 y_2^i(t)| - \theta_3 + ||y_3^i(t) - l_{32} y_4^i(t) - y_1^i(t) + l_2 y_2^i(t)| - \theta_3| \mathrm{d}t$$
$$= 0 \qquad i = 1,2,\cdots,p \qquad (3-144)$$

$$\psi_{3p+i} = \int_0^\tau |y_5^i(t) - y_3^i(t) - l_4 y_4^i(t)| - \theta_4 + ||y_5^i(t) - y_3^i(t) - l_4 y_4^i(t)| - \theta_4| \mathrm{d}t$$
$$= 0 \quad i = 1,2,\cdots,p \qquad (3-145)$$

$$\psi_{4p+i} = \int_0^\tau [|y_6^i(t) - y_3^i(t) + l_5 y_4^i(t)| - \theta_5 + ||y_6^i(t) - y_3^i(t) + l_5 y_4^i(t)| - \theta_5|] \mathrm{d}t = 0$$
$$i = 1,2,\cdots,p \qquad (3-146)$$

$$\psi_{5p+i} = \int_0^\tau [|y_5^i(t) - f_1^i| - \theta_6 + ||y_5^i(t) - f_1^i| - \theta_6|] \mathrm{d}t = 0$$
$$i = 1,2,\cdots,p \qquad (3-147)$$

$$\psi_{6p+i} = \int_0^\tau [|y_6^i(t) - f_2^i| - \theta_7 + ||y_6^i(t) - f_2^i| - \theta_7|] \mathrm{d}t = 0$$
$$i = 1,2,\cdots,p \qquad (3-148)$$

将式（3-141）~式（3-148）写成通式：

$$\psi_s = \int_0^\tau L_s[t, y(t), \boldsymbol{b}] \mathrm{d}t = 0 \qquad s = 1,2,\cdots,8p \qquad (3-149)$$

式中 **b**——设计变量，在本节中可供选择的设计变量为

$$\boldsymbol{b} = \begin{bmatrix} k_1 & k_2 & k_3 & k_4 & c_1 & c_2 & c_3 & c_4 & d \end{bmatrix}^{\mathrm{T}} \qquad (3-150)$$

对设计变量也可规定下列界限：

$$b_j^L \leqslant b_j \leqslant b_j^U \qquad j = 1,2,\cdots,9 \qquad (3-151)$$

或

$$\psi_s = g_s(b) \leqslant 0 \qquad s = 8p + 1 \qquad (3-152)$$

式中 b_j^L、b_j^U ——设计变量的上限和下限。

除了式（3-149）的设计参数的约束条件外，状态变量约束方程数取决于路面条件数。于是本节的最优设计问题是：$b_j \in \mathbf{R}^n$，使 ψ_0 极小化，且满足状态方程和约束条件。

4）随机路面上行驶的动态响应

实际路面的凸凹不平是随机的，其规律不能用已知的确定性函数来描述，只能用概率统计的方法求各类路面的统计规律。即用统计函数，如统计平均值（均值、均方值、均方根值）、概率密度函数、相关函数集功率谱密度函数来描述路面不平这一随机过程。

1984 年，国际标准协会在文件 ISO/TC108/SC2N67 中提出路面不平度表示方法草案，建议路面功率谱密度 $G_q(n)$ 用式（3-153）表示：

$$G_q(n) = G_q(n_0) \left(\frac{n}{n_0}\right)^{-W} \qquad (3-153)$$

式中 n ——空间频率，它是波长的倒数，即每米长度中包括几个波长，m^{-1}；

n_0 ——参考空间频率，$n_0 = 0.1\ \mathrm{m}^{-1}$；

$G_q(n_0)$ —— n_0 下的路面谱，称为路面不平度系数，$\mathrm{m}^2/\mathrm{m}^{-1}$；

W ——频率指数，为双对数坐标上斜线的斜率，它决定路面谱的频率结构。

上述文件提出按路面谱将路面分为八级。表 3-12 规定了路面不平度系数 $G_q(n_0)$ 的范围及其几何平均值，分级路面谱的频率指数 $W = 2$。表中列出了 $0.011\ \mathrm{m}^{-1} < n < 2.83\ \mathrm{m}^{-1}$ 范围路面不平度相应的均方根值 $q_{rms}(\delta_q)$ 的数值。

表 3-12 路面不平度八级分类标准

路面等级	$G_q(n_0)$ / $[10^6 \mathrm{m}^2 \cdot (\mathrm{m}^{-1})^{-1}]$ $n_0 = 0.1\ \mathrm{m}^{-1}$			$\sigma_q/10^3\mathrm{m}$ $0.011\ \mathrm{m}^{-1} < n < 2.83\ \mathrm{m}^{-1}$		
	下限	几何平均值	上限	下限	几何平均值	上限
A	8	16	32	2.69	3.81	5.38
B	32	64	128	5.38	7.61	10.77
C	128	256	512	10.77	15.23	21.53

续表

路面等级	$G_q(n_0)$ / $[10^6 m^2 \cdot (m^{-1})^{-1}]$ $n_0 = 0.1 \, m^{-1}$			$\sigma_q / 10^3 m$ $0.011 \, m^{-1} < n < 2.83 \, m^{-1}$		
	下限	几何平均值	上限	下限	几何平均值	上限
D	512	1 024	2 048	21.53	30.45	43.06
E	2 048	4 096	8 192	43.06	60.90	86.13
F	8 192	16 384	32 768	86.13	121.80	172.26
G	32 768	65 536	131 072	172.26	243.61	344.52
H	131 072	262 144	524 288	344.52	487.22	689.04

据统计,我国公路路面谱基本上在 A、B、C 三级范围之内,但是比较差的 B、C 比重较大。

对车辆振动系统的输入,除了路面不平度,还要考虑车速这个因素。根据车速将空间频率谱密度 $G_q(n)$ 换算为实践频率谱密度 $G_q(f)$,当车辆以速度 $v(m/s)$ 驶过空间频率 $n(m^{-1})$ 的不平路面时,输入的时间频率(s^{-1})是 n 与 v 的乘积,即

$$f = vn \tag{3-154}$$

相应的时间频率和空间频率的带宽关系为

$$\Delta f = v \Delta n \tag{3-155}$$

故

$$G(f) = \frac{\Delta n}{\Delta f} G_q(n) \tag{3-156}$$

将式(3-154)和式(3-155)代入,则有

$$G(f) = \frac{1}{v} G_q\left(\frac{f}{v}\right) \tag{3-157}$$

发射装置在随机路面上行驶时的响应也是随机过程。随机过程激励的频域一般较宽,由于系统起滤波作用,它把激励频谱中接近系统固有频率的振动放大,把远离其固有频率的振动分量滤掉。因此,激励和响应的形态往往有很大的差别。即使激励的频谱是平直谱,响应过程也往往只是几个窄带随机振动的组合。在确定系统对随机激励的响应时,可根据已知激励的功率谱 $S_x(\omega)$,以及由动力学方程通过傅里叶变换而求得的传递函数,从而求响应的功率谱 $S_y(\omega)$,由 $S_y(\omega)$ 计算系统广义坐标的均方值及它在某范围内的概率。

路面不平时,通过前、后车轮使发射装置产生振动,其激励功率谱密度为

$$S_x(\omega) = \begin{bmatrix} S_{x_1 x_1}(\omega) & S_{x_1 x_2}(\omega) \\ S_{x_2 x_1}(\omega) & S_{x_2 x_2}(\omega) \end{bmatrix} \tag{3-158}$$

式中　$S_{x_1x_2}(\omega)$、$S_{x_2x_1}(\omega)$ ——过程 x_1、x_2 的互谱密度；

$\quad\quad S_{x_1x_1}(\omega)$、$S_{x_2x_2}(\omega)$ ——输入 x_1、x_2 的谱密度。

系统的响应谱密度为

$$S_y(\omega) = \begin{bmatrix} S_{y_1y_1}(\omega) & S_{y_1y_2}(\omega) & S_{y_1y_3}(\omega) & S_{y_1y_4}(\omega) & S_{y_1y_5}(\omega) & S_{y_1y_6}(\omega) \\ S_{y_2y_1}(\omega) & S_{y_2y_2}(\omega) & S_{y_2y_3}(\omega) & S_{y_2y_4}(\omega) & S_{y_2y_5}(\omega) & S_{y_2y_6}(\omega) \\ S_{y_3y_1}(\omega) & S_{y_3y_2}(\omega) & S_{y_3y_3}(\omega) & S_{y_3y_4}(\omega) & S_{y_3y_5}(\omega) & S_{y_3y_6}(\omega) \\ S_{y_4y_1}(\omega) & S_{y_4y_2}(\omega) & S_{y_4y_3}(\omega) & S_{y_4y_4}(\omega) & S_{y_4y_5}(\omega) & S_{y_4y_6}(\omega) \\ S_{y_5y_1}(\omega) & S_{y_5y_2}(\omega) & S_{y_5y_3}(\omega) & S_{y_5y_4}(\omega) & S_{y_5y_5}(\omega) & S_{y_5y_6}(\omega) \\ S_{y_6y_1}(\omega) & S_{y_6y_2}(\omega) & S_{y_6y_3}(\omega) & S_{y_6y_4}(\omega) & S_{y_6y_5}(\omega) & S_{y_6y_6}(\omega) \end{bmatrix}$$

$$(3-159)$$

根据随机振动理论，有

$$S_y(\omega) = H^*(\omega)S_x(\omega)H^{\mathrm{T}}(\omega) \qquad (3-160)$$

式中　$H(\omega)$ ——系统的频率响应函数；

$\quad\quad H^*(\omega)$ ——$H(\omega)$ 的共轭矩阵。

现在的问题是，如何求频率响应函数。对于多自由度系统，由运动方程经傅里叶变换直接求 $H(\omega)$ 是非常困难的，因为矩阵求逆的工作量非常大。下面介绍一种借助现代控制理论中的有关定理，利用计算机求 $H(\omega)$ 的方法。

首先，考虑单个输入的情形。设输出方程为

$$y = Gx \qquad (3-161)$$

式中　y ——输出向量；

$\quad\quad G$ ——输出矩阵；

$\quad\quad x$ ——n 维状态向量，见状态方程式（3-129）。

若系统是能控的，即

$$r(S) = \rho[\,b \quad Ab \quad A^2b \quad A^3b \quad \cdots \quad A^{n-1}b\,] = n \qquad (3-162)$$

式中　$r(S)$ ——矩阵 S 的秩。

由控制理论可知，必然存在一个线性变换：

$$Z = PX \qquad 或 \qquad X = P^{-1}Z \qquad (3-163)$$

把式（3-129）和式（3-161）变换成如下形式

$$Z = A_1Z + b_1f \qquad (3-164)$$

$$Y = GP^{-1}Z \qquad (3-165)$$

式中

$$A_1 = \begin{bmatrix} 0 & 1 & 0 & \cdots & \cdots & 0 \\ 0 & 0 & 1 & 0 & \cdots & 0 \\ \vdots & \vdots & \vdots & \vdots & \vdots & \vdots \\ 0 & 0 & \cdots & \cdots & \cdots & 1 \\ -a_n & -a_{n-1} & \cdots & \cdots & \cdots & -a_1 \end{bmatrix}$$

$$\boldsymbol{b}_1 = \begin{bmatrix} 0 & 0 & \cdots & 0 & 1 \end{bmatrix}^T$$

线性变换由式（3-166）确定：

$$\boldsymbol{P} = \begin{bmatrix} \boldsymbol{P}_1^T & \boldsymbol{A}^T\boldsymbol{P}_1^T & \cdots & (\boldsymbol{A}^{n-1})^T\boldsymbol{P}_1^T \end{bmatrix}^T \tag{3-166}$$

式中

$$\boldsymbol{P}_1 = \begin{bmatrix} 0 & 0 & \cdots & 1 \end{bmatrix} \boldsymbol{S}^{-1}$$

$$= \begin{bmatrix} 0 & 0 & \cdots & 1 \end{bmatrix} \begin{bmatrix} \boldsymbol{b} & \boldsymbol{A}\boldsymbol{b} & \boldsymbol{A}^2\boldsymbol{b} & \boldsymbol{A}^3\boldsymbol{b} & \cdots & \boldsymbol{A}^{n-1}\boldsymbol{b} \end{bmatrix}$$

对式（3-164）和式（3-165）进行拉氏变换，得

$$s\boldsymbol{Z}(s) = A_1\boldsymbol{Z}(s) + \boldsymbol{b}_1\boldsymbol{f}(s) \tag{3-167}$$

式中　s——拉氏算子。

所以得

$$\frac{\boldsymbol{Z}(s)}{\boldsymbol{f}(s)} = (\boldsymbol{I}s - \boldsymbol{A}_1)^{-1}\boldsymbol{b}_1$$

$$= \frac{\begin{bmatrix} 1 & s & s^2 & \cdots & s^{n-2} & s^{n-1} \end{bmatrix}^T}{s^n + a_1 s^{n-1} + \cdots + a_{n-1}s + a_n} \tag{3-168}$$

因为

$$\boldsymbol{y}(s) = \boldsymbol{G}\boldsymbol{P}^{-1}z(s)$$

所以

$$\frac{\boldsymbol{y}(s)}{\boldsymbol{f}(s)} = \boldsymbol{G}\boldsymbol{P}^{-1}\frac{z(s)}{\boldsymbol{f}(s)} = \frac{\begin{bmatrix} 1 & s & s^2 & \cdots & s^{n-2} & s^{n-1} \end{bmatrix}^T}{s^n + a_1 s^{n-1} + \cdots + a_{n-1}s + a_n}$$

令

$$\frac{\boldsymbol{y}(s)}{\boldsymbol{f}(s)} = \boldsymbol{G}\boldsymbol{P}^{-1}\frac{z(s)}{\boldsymbol{f}(s)} = \frac{\begin{bmatrix} 1 & s & s^2 & \cdots & s^{n-2} & s^{n-1} \end{bmatrix}^T}{s^n + a_1 s^{n-1} + \cdots + a_{n-1}s + a_n}$$

$$A(s) = s^n + a_1 s^{n-1} + \cdots + a_{n-1}s + a_n$$

$$B_i(s) = b_{i1}s^{n-1} + \cdots + b_{i(n-1)}s + b_{in}$$

有

$$H_i(s) = \frac{y_i(s)}{\boldsymbol{f}(s)} = \frac{B_i(s)}{A(s)} \tag{3-169}$$

式（3-169）为显式表达式，只涉及对数字矩阵的运算，因此很容易在计算机上进行。

对于多输入系统，可对每一输入重复上述运算而得到系统的传递矩阵，即频率响应函数。利用式（3-160）求得 $\boldsymbol{S}_y(\omega)$ 之后，可以进一步计算其他响应统计量：

位移响应的均方值为

$$\sigma_{yi}^2 = \int_{-\infty}^{+\infty} S_{yi}(\omega)\,\mathrm{d}\omega \tag{3-170}$$

速度响应均方值为

$$\sigma_{yi}^2 = \int_{-\infty}^{+\infty} \omega^2 S_{yi}(\omega)\,\mathrm{d}\omega \tag{3-171}$$

加速度响应均方值为

$$\sigma_{yi}^2 = \int_{-\infty}^{+\infty} \omega^4 S_{yi}(\omega)\,\mathrm{d}\omega \tag{3-172}$$

有时需要求结构上某点 a 处的响应，因为该处有重要仪器，不允许有过大的振动。根据小位移假设，有

$$y_a = y_1 + l_a y_2 \tag{3-173}$$

因此

$$S_{y_a}(\omega) = S_{y_1y_1}(\omega) + l_a^2 S_{y_ay_a}(\omega) + 2l_a R_e[S_{y_1y_2}(\omega)] \tag{3-174}$$

$$\sigma_{y_a}^2 = \sigma_{y_1}^2 + 2l_a R_e[\sigma_{y_1y_2}] + l_a^2 \sigma_{y_2}^2 \tag{3-175}$$

有时还要知道加速度与位移在某个范围内出现的概率。这就需要了解加速度或位移的概率分布函数。要精确地求出概率分布函数是很困难的，甚至不可能，一般都近似求解。响应一般是激励与系统脉冲函数的卷积，即

$$y(t) = \int_{-\infty}^{t} h(t-\tau)x(\tau)\,\mathrm{d}\tau \tag{3-176}$$

所以响应可以看成是许多随机因素之和。根据大数定律，可将 $y(t)$ 近似看作正态概率分布的随机过程，即

$$P(y) = \frac{1}{\sqrt{2\pi}\sigma_y}\exp\left[-\frac{(y-\mu_y)^2}{2\sigma_y^2}\right] \tag{3-177}$$

式中　μ_y——随机变量的均值；

　　σ_y^2——均方值。

则 y 在任一区间出现的概率为

$$P(y_1 < y < y_2) = \int_{y_1}^{y_2} P(y)\,\mathrm{d}y \tag{3-178}$$

计算式（3-178）可以直接查正态分布表。引用此式时应注意，当计算区间在 μ_y 附近时的概率比较准确；对于远离 μ_y 的值，计算其出现的概率时，有可能出现较大的误差。

5）振动载荷的简化分析

在发射装置方案设计阶段，许多结构参数还未确定，不可能用前述方法进行分析计算来求瞬变动态响应值。但是可以用简化方法求最大过载系数，作为方案设计的初步数据。

（1）发射装置垂直振动运动方程的建立和分析。

研究发射装置在铅垂面内振动的一般情况，即缓冲部分，不仅有垂直移动，而且

还绕通过质心的横轴转动，如图 3－25 所示。图中 W_b 为发射装置的缓冲部分重力。O 为质心位置；K_1、K_2 为振动过程中前、后缓冲器的反力；C_1、C_2 为前、后缓冲器的刚度系数；y 为缓冲部分重心的垂直位移；φ 为缓冲部分对通过质心的横轴的转动角。

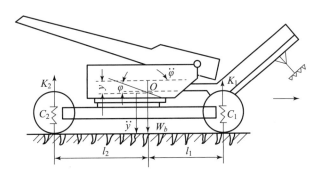

图 3－25　二自由度发射装置行驶模型

研究时取静平衡位置为原点，忽略振动阻尼，并假设除缓冲器外，发射装置其余部件（包括车轮）为非弹性体。在这种情况下，发射装置为图 3－25 所示的二自由度系统，它在振动过程中的位置由两个坐标来确定：质心相对平衡位置的位移 y 及转角 φ。

取缓冲部分为自由体，沿 y 轴方向的平衡方程为

$$\frac{W_b}{g}\ddot{y} + K_1 + K_2 - W_b = 0 \tag{3-179}$$

式中　$\ddot{y}$——振动加速度，沿 y 轴为正向。

$$\left. \begin{array}{l} K_1 = C_1(y + l_1 \tan\varphi) + C_1 y_{s1} \\ K_2 = C_2(y - l_2 \tan\varphi) + C_1 y_{s2} \end{array} \right\} \tag{3-180}$$

式中　y_{s1}、y_{s2}——前、后缓冲器的静压缩量。

将式（3－180）代入式（3－179）中，因为 φ 值很小，认为 $\tan\varphi \approx \varphi$，得

$$\frac{W_b}{g}\ddot{y} + (C_1 + C_2)y + (C_1 l_1 - C_2 l_2)\varphi + (C_1 y_{s1} + C_2 y_{s2}) - W_b = 0$$

又因为

$$W_b = C_1 y_{s1} + C_2 y_{s2}$$

所以上式可写成

$$\frac{W_b}{g}\ddot{y} + (C_1 + C_2)y + (C_1 l_1 - C_2 l_2)\varphi = 0 \tag{3-181}$$

绕通过质心横轴转动的平衡方程为

$$J\ddot{\varphi} + K_1 l_1 - K_2 l_2 = 0 \tag{3-182}$$

式中　J——缓冲部分绕通过质心横轴的转动惯量：

$$J = \frac{W_b}{g}\rho^2$$

ρ ——惯性半径。

将式（3-180）代入式（3-182）中，并注意静止时：

$$C_1 y_{s1} l_1 = C_2 y_{s2} l_2$$

则得

$$\ddot{\varphi} + \frac{g}{W_b \rho^2}(C_1 l_1 - C_2 l_2)y + \frac{g}{W_b \rho^2}(C_1 l_1^2 + C_2 l_2^2)\varphi = 0 \qquad (3-183)$$

令

$$p^2 = \frac{g}{W_b}(C_1 + C_2) = \frac{g}{W_b}C \ （C \text{ 是总刚度系数}）$$

$$b = \frac{g}{W_b}(C_1 l_1 - C_2 l_2)$$

$$\omega^2 = \frac{g}{W_b}(C_1 l_1^2 + C_2 l_2^2)$$

并代入式（3-181）及式（3-183）中，得

$$\ddot{y} + p^2 y + b\varphi = 0$$

$$\ddot{\varphi} + \frac{b}{\rho^2}y + \frac{\omega^2}{\rho^2}\varphi = 0$$

从上述方程可看出：垂直振动和角振动是互动关联的。一般情况下，缓冲部分做垂直移动的同时，还有角转动。但是在 $C_1 l_1 = C_2 l_2$ 时，也就是缓冲器的刚度与缓冲器距质心的距离成反比时，$b = 0$，则垂直振动与角振动互不相关。此时方程变为

$$\ddot{y} + p^2 y = 0 \qquad (3-184)$$

$$\ddot{\varphi} + \frac{\omega^2}{\rho^2}\varphi = 0 \qquad (3-185)$$

在发射装置设计中，一般 $C_1 l_1$ 是接近等于 $C_2 l_2$ 的。所以，可以分别研究两种振动。对于新设计的发射装置，缓冲部分的转动惯量是不知道的，要确定其转动惯量，需要进行复杂的计算。实践证明，对于工程计算，只需考虑垂直振动，忽略角振动。这样计算的结果与试验值接近。因此，把发射装置的运动看成是一个自由度系统的运动，即只需要计算垂直振动。

（2）发射装置垂直振动的载荷计算。

研究发射装置垂直振动的载荷问题，实质是解微分方程式（3-184）的问题。式（3-184）是一般的二阶线性齐次微分方程，其通解为

$$y = A\sin(pt + \alpha)$$

式中　p ——振动频率；

α ——初相位角，$\tan\alpha = \dfrac{p y_0}{\dot{y}_0}$，$\dot{y}_0$ 为初始速度；

A ——振幅，$A = \sqrt{y_0^2 + \dfrac{\dot{y}_0^2}{p^2}}$。

当 $t = 0$ 时，$y = y_0$，最大垂直位移 $\dot{y}_0 = 0$，所以 $\alpha = 90°$，$A = y_0$，故

$$y = y_0\cos(pt) \tag{3-186}$$

式中的初始位移这样确定：

发射装置在任何道路上行驶时，由于路面不平坦的影响，使缓冲器产生附加位移。图 3-26 为研究装有扭杆缓冲器的车轮通过障碍物时的情况。在通过障碍物以前，轮轴至扭杆的距离为 a_0，通过障碍物时，两者的距离为 a'，此时扭杆的扭角为 θ，垂直位移为 $y = a_0 - a'$。y 就是引起振动的初始位移。

由于路面条件是任意的，如果要以解析式来确定障碍物的形状，不但使计算繁杂，而且准确性也并不能提高。所以，当前都采用根据缓冲器的缓冲性能来决定其最大的唯一量。图 3-26 中 θ_{max} 是扭杆最大的扭转角，此时最大的垂直位移为 y_0，可把此值看作振动系统的初始位移。

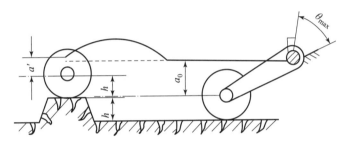

图 3-26 装有扭杆缓冲器的车轮越过障碍物时的情况

将式（3-186）对时间求二阶导数，则

$$\ddot{y} = -y_0 p^2\cos(pt)$$

当 $pt = 0$ 时，加速度的值最大，即

$$\ddot{y}_{max} = -y_0 p^2$$

将 p^2 的值代入上式，则变为

$$\ddot{y}_{max} = -y_0 C\frac{g}{W_b} = -\frac{y_0}{y_s}g$$

式中 y_s——静平衡时的垂直位移，$y_s = \dfrac{W_b}{C}$。

因此，垂直振动产生的惯性力为

$$P_d = \frac{W_b}{g}\ddot{y}_{max} = -W_b\frac{y_0}{y_s}$$

式中   "$-$" 号表示惯性力的方向和加速度的方向相反。

作用在缓冲部分上的总的力为

$$P = W_b \pm W_b\frac{y_0}{y_s} = W_b\left(1 \pm \frac{y_0}{y_s}\right) = n_y W_b$$

式中　n_y——路面运输时的振动过载系数，$n_y = 1 \pm \dfrac{y_0}{y_s}$，其中" ± "由振动的方向决

定。求最大值时，取正号。

由上述分析可知，发射装置路面运输时，作用在部件上的载荷不是重力，而是重力乘以过载系数。

过载系数与缓冲器的刚度有关，与结构上允许的变形量有关。缓冲器的刚度越大，过载系数越小；但当缓冲器的刚度很大时，就会引起冲击。这样反而增加了行军时发射装置所受的载荷。目前计算轮式发射装置时，一般取 $n_y = 3 \sim 4$。

同理，履带式发射装置运行时的动载荷也可用过载系数表示，其过载系数 $n_y = 2 \sim 3$。

2. 路面行驶时制动与转弯载荷

1）制动时载荷

发射装置路面运输制动时，各零部件都要产生惯性力。路面运输中制动时虽有各种不同的情况，但以完全制动（急刹车）时惯性力为最大。所谓完全制动，是指全部车轮停转，车轮在路面上纯滑动。这时，可将整个发射装置视为一个刚体。其受力情况如图 3 - 27 所示。图中 W_l 为发射装置的行军状态重力；P_w 为空气阻力；N_1、N_2 为路面对前、后车轮的反力；v_1 为开始制动时的行驶速度；P_φ 为路面附着力，其大小为

$$P_\varphi = \varphi(N_1 + N_2) = \varphi W_l \cos \alpha$$

式中　α——路面坡度；

　　　φ——轮胎对路面的附着系数，见表 2 - 11。

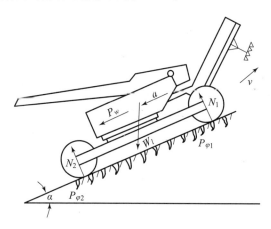

图 3 - 27　发射装置制动时的受力

由图 3 - 27 知

$$\frac{W_l}{g} a = P_\varphi + W_l \sin \alpha + P_w$$

$$= \varphi W_l \cos \alpha + W_l \sin \alpha + P_w \qquad (3-187)$$

式中　a——制动加速度。

一般情况下，P_w 很小，可以忽略，故得

$$a = (\varphi \cos \alpha + \sin \alpha)g \qquad (3-188)$$

因上坡时 α 为正值，下坡时 α 为负值，故不考虑下坡时的情况。轮式发射装置只能行驶在坡度角 α 小于 $\arctan \varphi$ 的坡道上，否则将发生倒滑。当 $\alpha = \arctan \varphi$ 时，由式（3-188）得

$$a = \frac{2\varphi}{\sqrt{1+\varphi^2}}g \qquad (3-189)$$

当 $\alpha = 0°$ 时，即在水平路面运输时，有

$$a = \varphi g$$

当 $\alpha \in (0, \arctan \varphi)$ 时，不难证明 a 不可能超过式（3-188）所给出的值。所以有

$$a = \left(\varphi \sim \frac{2\varphi}{\sqrt{1+\varphi^2}} \right)g \qquad (3-190)$$

制动过载系数为

$$n_x = \varphi \sim \frac{2\varphi}{\sqrt{1+\varphi^2}} \qquad (3-191)$$

附着系数与轮胎（花纹、气压等）和路面状况等一系列因素有关，一般以干燥的沥青和混凝土路面的附着系数最大，可达 0.8。故取最大值代入式（3-191）中，得相应的制动时过载系数的最大值为

$$n_x = 0.8 \sim 1.25$$

2）转弯时载荷

发射装置在路面运输中转弯时，各零部件都要产生惯性力。如果发射装置以匀速 v 行驶在转弯半径为 R 的弯道上，则所产生的离心力为

$$F = \frac{W_l v^2}{gR} \qquad (3-192)$$

式中　W_l——发射装置重力；

　　　F——发射装置的离心力。

但是，在急转弯时，一般不能用高速行驶，否则会使发射装置绕一侧车轮接地点倾覆（侧向翻车）。因此，必须在保证不发生侧翻的条件下计算允许的行驶速度，据此估计离心力的最大值。

发射装置转弯时的受力如图 3-28 所示。图中 B 为轮距；h 为行军时的重心高；γ 为路面侧倾角；其他符号如前所述。

由图 3-28 知，保证发射装置不侧翻的条件为

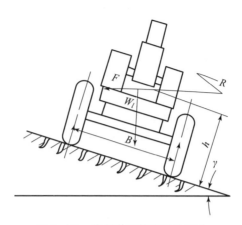

图 3-28 发射装置转弯时的受力

$$\left(W_l\cos\gamma + F\sin\gamma\right)\frac{B}{2} \geqslant \left(F\cos\gamma - W_l\sin\gamma\right)h$$

即

$$F \leqslant \dfrac{\dfrac{B}{2h} + \tan\gamma}{1 - \dfrac{B}{2h}\tan\gamma}W_l \qquad\qquad (3-193)$$

转弯时允许的过载系数为

$$n_z = \frac{F}{W_l} \leqslant \dfrac{\dfrac{B}{2h} + \tan\gamma}{1 - \dfrac{B}{2h}\tan\gamma} \qquad\qquad (3-194)$$

3.5.2　车载发射装置发射状态综合载荷分析

车载发射装置发射时的动态特性与所受载荷关系密切。在发射初始阶段，载荷主要是导弹箱（筒）内运动与发射装置的相互作用，以及导弹发动机燃气流对导流器的冲击及反溅作用；在弹体离开发射装置后，载荷主要是燃气对发射装置迎风面的冲击和影响。在这些载荷作用下，作为载体的车辆会产生垂直、俯仰、侧倾等多个自由度的振动，并且这些振动互相耦合，其作用结果又会对导弹的状态产生影响。这些载荷及作用均具有强烈的动态特性和瞬态特性。本节对不同时期的发射载荷计算方法进行详细的分析。

1. 导弹箱（筒）内运动对发射装置的载荷

导弹沿发射箱（筒）运动，除了作用一个移动的重力之外，还有移动质量所产生的惯性力即导轨不平直引起的惯性力、自旋导弹质量不均匀引起的不平衡力和振动惯性力。

导弹对发射装置的作用力是发射装置对导弹的作用力的反作用力，两力大小相同，方向相反。

前（中）适配器对发射装置的作用力为

$$\begin{bmatrix} F^r_x \\ F^r_y \\ F^r_z \end{bmatrix} = \begin{bmatrix} -F^{sf}_x \\ -F^{sf}_y \\ -F^{sf}_z \end{bmatrix} \delta(x - x_p - l_1) = \begin{bmatrix} \mu_1 F^s \\ F^s(\cos\beta_3 - \mu_1\sin\alpha\sin\beta_3) \\ F^s(\sin\beta_3 + \mu_1\sin\alpha\cos\beta_3) \end{bmatrix} \delta(x - x_p - l_1)$$

$$(3-195)$$

当前适配器飞离发射装置后，变为中适配器对发射装置的作用力和力矩，式（3-195）中相应的变量替换为与中适配器对应的量即可，下同。

后适配器对发射装置的作用力为

$$\begin{bmatrix} F^r_{2x} \\ F^r_{2y} \\ F^r_{2z} \end{bmatrix} = \begin{bmatrix} -F^{sf}_{2x} \\ -F^{sf}_{2y} \\ -F^{sf}_{2z} \end{bmatrix} \delta(x - x_p + l_R) = \begin{bmatrix} \mu_2 F^s_2 \\ F^s_2(\cos\beta_{31} - \mu_2\sin\alpha\sin\beta_{31}) \\ F^s_2(\sin\beta_{31} + \mu_2\sin\alpha\cos\beta_{31}) \end{bmatrix} \delta(x - x_p + l_R)$$

$$(3-196)$$

适配器对发射装置的作用力矩为零。所以发射装置受到的集中力为

$$f_x(x_1,t,\cdots) = \frac{C\ddot{\gamma}(\sin\alpha + \mu\cos\alpha)}{r_b(\cos\alpha - \mu\sin\alpha)}\delta(x_1 - x_p + l_R) + \mu_1 F^s\delta(x_1 - x_p - l_1) +$$
$$\mu_2 F^s_2\delta(x_1 - x_p + l_R) \tag{3-197}$$

$$f_y(x_1,t,\cdots) = \frac{C\ddot{\gamma}}{r_b}\sin(\gamma + \gamma_0)\delta(x_1 - x_p + l_R) +$$
$$F^s_2(\cos\beta_{31} - \mu_2\sin\alpha\sin\beta_{31})\delta(x_1 - x_p + l_R) +$$
$$F^s(\cos\beta_3 - \mu_1\sin\alpha\sin\beta_3)\delta(x_1 - x_p - l_1) \tag{3-198}$$

$$f_z(x_1,t,\cdots) = -\frac{C\ddot{\gamma}}{r_b}\cos(\gamma + \gamma_0)\delta(x_1 - x_p + l_R) +$$
$$F^s_2(\sin\beta_{31} + \mu_2\sin\alpha\cos\beta_{31})\delta(x_1 - x_p + l_R) +$$
$$F^s(\sin\beta_3 + \mu_1\sin\alpha\cos\beta_3)\delta(x_1 - x_p - l_1) \tag{3-199}$$

集中力矩为

$$\begin{bmatrix} M_x(x_1,t,\cdots) \\ M_y(x_1,t,\cdots) \\ M_z(x_1,t,\cdots) \end{bmatrix} = \begin{bmatrix} -C\ddot{\gamma} \\ C\ddot{\gamma}\left(\dfrac{\sin\alpha + \mu\cos\alpha}{\cos\alpha - \mu\sin\alpha}\right)\sin(\gamma + \gamma_0) \\ -C\ddot{\gamma}\left(\dfrac{\sin\alpha + \mu\cos\alpha}{\cos\alpha - \mu\sin\alpha}\right)\cos(\gamma + \gamma_0) \end{bmatrix} \delta(x_1 - x_p + l_R)$$

$$(3-200)$$

分布力为

$$\begin{bmatrix} \overline{f}_x(x_1,t,\cdots) \\ \overline{f}_y(x_1,t,\cdots) \\ \overline{f}_z(x_1,t,\cdots) \end{bmatrix} = \begin{bmatrix} 0 \\ 0 \\ 0 \end{bmatrix} \tag{3-201}$$

分布力矩为

$$\begin{bmatrix} \bar{M}_x(x_1,t,\cdots) \\ \bar{M}_y(x_1,t,\cdots) \\ \bar{M}_z(x_1,t,\cdots) \end{bmatrix} = \begin{bmatrix} 0 \\ 0 \\ 0 \end{bmatrix} \tag{3-202}$$

轴向力为

$$P(x_1,t,\cdots) = \int_{x_1}^{l} \bar{m}\ddot{x}\mathrm{d}x_1 \tag{3-203}$$

发射装置 x 方向受的总力为

$$F_x = \bar{f}_x + f_x(x_1,t,\cdots) = \frac{C\ddot{\gamma}(\sin\alpha + \mu\cos\alpha)}{r_b(\cos\alpha - \mu\sin\alpha)}\delta(x_1 - x_p + l_R) +$$

$$\mu_1 F^s\delta(x_1 - x_p - l_1) + \mu_2 F_2^s\delta(x_1 - x_p + l_R) \tag{3-204}$$

式中　x_1——前适配器到坐标原点的距离；

$\quad\quad x_p$——质心到坐标原点的距离；

$\quad\quad l_1$——质心到前适配器的距离；

$\quad\quad l_R$——质心到后适配器的距离。

发射装置 y 方向受的总力为

$$F_y = \bar{f}_y + f_y(x_1,t,\cdots) + \frac{\partial}{\partial x_1}\Big[P(x_1,t,\cdots)\frac{\partial y}{\partial x_1}\Big] - \frac{\partial}{\partial x_1}\bar{M}_z(x_1,t,\cdots) -$$

$$M_z(x_1,t,\cdots)\delta'(x_1 - x_p + l_R) - \Big(\frac{\partial}{\partial x_1}M_z(x_1,t,\cdots)\Big)\delta(x_1 - x_p + l_R)$$

$$= \frac{C\ddot{\gamma}}{r_b}\sin(\gamma + \gamma_0)\delta(x_1 - x_p + l_R) + F_2^s(\cos\beta_{31} - \mu_2\sin\alpha\sin\beta_{31})\delta(x_1 - x_p + l_R) +$$

$$F^s(\cos\beta_3 - \mu_1\sin\alpha\sin\beta_3)\delta(x_1 - x_p - l_1) - \bar{m}\ddot{x}\frac{\partial y}{\partial x_1} + \Big(\int_{x_1}^{L}\bar{m}\ddot{x}\mathrm{d}x_1\Big)\frac{\partial^2 y}{\partial x_1^2} +$$

$$\cos(\gamma + \gamma_0)\frac{C\ddot{\gamma}(\sin\alpha + \mu\cos\alpha)}{\cos\alpha - \mu\sin\alpha}\delta'(x_1 - x_p + l_R) +$$

$$\frac{\partial}{\partial x_1}\Big[\cos(\gamma + \gamma_0)\frac{C\ddot{\gamma}(\sin\alpha + \mu\cos\alpha)}{\cos\alpha - \mu\sin\alpha}\Big]\delta(x_1 - x_p + l_R) \tag{3-205}$$

发射装置 z 方向受的总力为

$$F_z = \bar{f}_z + f_z(x_1,t,\cdots) + \frac{\partial}{\partial x_1}\Big[P(x_1,t,\cdots)\frac{\partial z}{\partial x_1}\Big] - \frac{\partial}{\partial x_1}\bar{M}_{-y}(x_1,t,\cdots) -$$

$$M_{-y}(x_1,t,\cdots)\delta'(x_1 - x_p + l_R) - \frac{\partial}{\partial x_1}(M_{-y}(x_1,t,\cdots))\delta(x_1 - x_p + l_R)$$

$$= -\frac{C\ddot{\gamma}}{r_b}\cos(\gamma + \gamma_0)\delta(x_1 - x_p + l_R) + F_2^s(\sin\beta_{31} + \mu_2\sin\alpha\cos\beta_{31})\delta(x_1 - x_p + l_R) +$$

$$F^s(\sin\beta_3 + \mu_1\sin\alpha\cos\beta_3)\delta(x_1 - x_p - l_1) + \frac{\partial}{\partial x_1}\Big[\Big(\int_{x_1}^{L}\bar{m}\ddot{x}\mathrm{d}x_1\Big)\frac{\partial z}{\partial x_1}\Big] +$$

$$\frac{\partial}{\partial x_1}\bar{M}_y(x_1,t,\cdots) + \sin(\gamma+\gamma_0)\frac{C\ddot{\gamma}(\sin\alpha+\mu\cos\alpha)}{\cos\alpha-\mu\sin\alpha}\delta'(x_1-x_p+l_R) +$$

$$\frac{\partial}{\partial x_1}\left[\sin(\gamma+\gamma_0)\frac{C\ddot{\gamma}(\sin\alpha+\mu\cos\alpha)}{\cos\alpha-\mu\sin\alpha}\right]\delta(x_1-x_p+l_R) \qquad (3-206)$$

2. 燃气射流对发射装置的载荷

燃气射流对发射装置有较大的冲击力，引起发射装置的振动，从而影响续射弹的起始扰动，对武器射击密集度有一定的影响。

1）燃气射流流场特性参数的确定

当弹飞离定向管后，其燃气射流冲击发射装置正面，产生动压分布 $p(r,s)$（如图 3-29 所示，s 表示从弹喷口截面到发射装置迎气正面的距离，r 表示轴对称圆形气流中的任一点到轴心线的距离）。

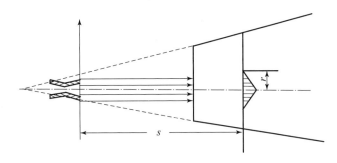

图 3-29　燃气流计算简图

随弹飞离定向管距离 s 而变的作用于发射装置的冲击力为

$$F_r(s) = \iint_D p(r,s)\,\mathrm{d}\sigma \qquad (3-207)$$

式中　D——发射装置迎气正面上动压作用的有效面积。

喷口压力 p_e、喷口温度 T_e、喷口流速 v_e、流速函数 $F_U(\xi_e)$ 分别为

$$p_e = p_0 x_e \qquad (3-208)$$

$$T_e = T_0 x_e^{\frac{k-1}{k}} \qquad (3-209)$$

$$v_e = \varphi_1 F_U(\xi_e)\sqrt{\chi f_0} \qquad (3-210)$$

$$F_U(\xi_e) = \sqrt{\frac{2k}{k-1}\left(1-x_e^{\frac{k}{k-1}}\right)} \qquad (3-211)$$

式中　p_0——高温情况下燃烧室内的燃气压力；

$\quad\quad x_e$——压力比，$x_e = f(\xi_e,k)$，可以由相关表格查到；

$\quad\quad \xi_e$——喷口扩张比，$\xi_e = \dfrac{R_e}{R_t}$，其中 R_e 为喷口截面半径，R_t 为喷喉截面半径；

$\quad\quad k$——等熵指数；

T_0——燃烧室内温度；

φ_1——流速系数；

χ——热损失修正系数；

f_0——等压火药力。

燃气射流初始段为一圆柱形核心区，其马赫数为

$$Ma_c = \frac{v_c}{a_c} = \frac{v_c}{\sqrt{kRT_c}} \qquad (3-212)$$

式中　v_c——流速，$v_c = v_e$；

T_c——温度，$T_c = T_e$；

a_c——燃气射流初始段声速；

R——气体常数。

射流主段的轴线速度为

$$v_m = v_e \mathrm{e}^{-\frac{k_1 a_0 (s-s_e)}{r_0}} \qquad (3-213)$$

轴线温度为

$$T_m = (T_c - T_a)\mathrm{e}^{-\frac{k_2(s-s_e)}{r_0}} + T_a \qquad (3-214)$$

式中　v_e——喷口截面流速；

$k_1 \, \backslash k_2$——系数；

T_a——大气温度。

射流主段在横截面上任一点处，速度和温度分别为

$$v = v_m \mathrm{e}^{-\frac{k_3 r}{a_0 s_1}} \qquad (3-215)$$

和

$$T = (T_m - T_a)\mathrm{e}^{-\frac{k_3 r}{2a_0 s_1}} + T_a \qquad (3-216)$$

式中　v_m——所指定的横截面处的轴线速度；

T_m——所指定的横截面处的温度；

k_3——系数；

r——射流主段横截面上任一点到轴线的距离。

主段内轴线上任一点马赫数为

$$Ma_m = \frac{v_m}{\sqrt{k_p R_p T_m}} \qquad (3-217)$$

横截面上的马赫数为

$$Ma = \frac{v}{\sqrt{k_p R_p T}} \qquad (3-218)$$

2）冲击力的计算

根据前面公式，即可计算燃气射流对发射装置的冲击力。若超声速燃气射流（马赫数 $Ma > 1$）在发射装置迎气正面前产生正激波，则采用超声速皮托管公式计算动压：

$$p = \left\{ \frac{\dfrac{2k}{k+1}Ma^2 - \dfrac{k-1}{k+1}}{\left[\dfrac{4k}{(k+1)^2} - \dfrac{2(k-1)}{(k+1)^2 Ma^2}\right]^{\frac{k}{k-1}}} - 1 \right\} p_a \qquad (3-219)$$

若燃气射流马赫数 $Ma < 1$，属于等熵稳定流，则用式（3-220）计算动压：

$$p = \frac{k p_2}{2} Ma^2 \qquad (3-220)$$

燃气射流对发射装置的冲击力也可近似计算为

$$F_r(s) = \sum_{j=1}^{n} p_{avj} \Delta \sigma_j \qquad (3-221)$$

式中　$\Delta \sigma_j$ —— p_{avj} 的作用面积，$j = 1, 2, \cdots, n$；

　　　s ——弹飞离定向管的距离。

3.6　机载导弹发射装置载荷分析

机载导弹发射装置有两种工作状态：载机飞行状态和发射状态。

载机飞行时，导弹已装在发射装置上。带弹的发射装置和载机成为一个整体，就像飞机上悬挂的其他重物（副油箱、炸弹）一样。它受的载荷除导弹和发射装置重力之外，还有载机飞行时的惯性载荷及空气动力、装在机身内的发射装置无空气动力。后两种载荷与载机飞行状态有关，知道载机飞行时的受载情况，就可求得相应的发射装置载荷。可利用飞机在各种典型状态下的过载系数进行计算。

发射导弹时，发射装置除受自身重力、载机飞行时的惯性载荷和空气动力外，还承受导弹作用的载荷：推力、燃气气动载荷、导弹相对定向器运动的惯性载荷（哥氏惯性力与相对惯性力）以及解脱闭销器的力。这些力在有关章节中介绍，计算方法是相同的。但哥氏力一般不大，因为发射过程中，载机一般不做过大的机动动作。

3.6.1　飞机飞行和着陆时的受载情况

飞机飞行时，作用于其上的载荷有自身重力、升力、阻力及发动机的推力。飞行状态（如爬升、俯仰）或气流改变时，升力会发生很大的变化。着陆时地面撞击力也很大。由于升力和地面撞击力对飞机影响最大，所以研究飞机载荷时，着重研究此二力。

1. 飞行时飞机的载荷

飞机在水平面内盘旋或转弯时，有一倾斜角 γ，如图 3 - 30（a）所示。其上作用的外力有：重力 W_C、推力 P、升力 Y 和阻力 X。升力的垂直分力与重力平衡；水平分力是使飞机转弯的向心力，使飞机产生向心加速度。推力与阻力相等时，飞机为等速运动，切向加速度为零；当推力大于阻力时，则有一切向加速度 $\mathrm{d}v/\mathrm{d}t$。

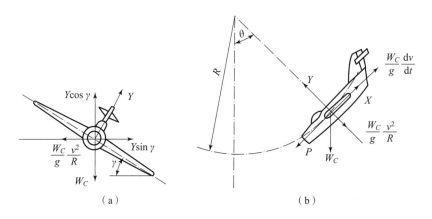

图 3 - 30　飞行曲线飞行时载荷

（a）在水平面内；（b）在铅垂面内

飞机曲线飞行虽是一种受力不平衡的运动状态，但根据达朗贝尔原理，加上法向惯性力及切向惯性力之后，就可当作受力"平衡"的运动状态来研究，即

$$Y\cos\gamma - W_C = 0, \quad Y = \frac{W_C}{\cos\gamma}$$

或

$$Y\sin\gamma - \frac{W_C}{g}\frac{v^2}{R} = 0, \quad Y = \frac{W_C}{g}\frac{v^2}{R\sin\gamma}$$

$$P - X - \frac{W_C}{g}\frac{\mathrm{d}v}{\mathrm{d}t} = 0$$

式中　v——飞机飞行速度；

　　　R——飞行轨迹的曲率半径。

所以过载系数为

$$\left.\begin{aligned} n_x &= \frac{1}{g}\frac{\mathrm{d}v}{\mathrm{d}t} \\ n_y &= \frac{1}{\cos\gamma} \quad 或 \quad \frac{v^2}{gR\sin\gamma} \end{aligned}\right\} \tag{3-222}$$

飞机水平转弯时，$\cos\gamma$ 总是小于 1，为了平衡重力，必须增大攻角，使升力大于飞机重力。γ 越大，必需的升力也越大。为了有较小的转弯半径，需要有较大的升力。但实

际飞行中，由于受到推力和机翼临界攻角的限制，飞机能够产生的升力是有限的，所以 γ 角也有个限度。目前一般歼击机正常转弯的最大倾斜角 $\gamma = 75° \sim 85°$，所以 $n_y = 4 \sim 6$。

飞机在铅垂平面内做曲线飞行时，如俯冲、拉起，其上作用的力如图 3 - 30（b）所示。根据平衡条件，有

$$Y = W_C \cos \theta + \frac{W_C}{g} \frac{v^2}{R}$$

$$P - X = - W_C \sin \theta + \frac{W_C}{g} \frac{\mathrm{d}v}{\mathrm{d}t}$$

过载系数为

$$\left. \begin{array}{l} n_x = - \sin \theta + \dfrac{1}{g} \dfrac{\mathrm{d}v}{\mathrm{d}t} \\[3mm] n_y = - \cos \theta + \dfrac{1}{g} \dfrac{v^2}{R} \end{array} \right\} \tag{3 - 223}$$

所以，飞机在铅垂面内做曲线飞行时的过载系数随 v、R、θ 而变化。对一定的 v 及 R，飞机飞到最低位置时，n_y 达最大值。此时升力大大超过飞机重力，而与重力和离心力"平衡"。

等速直线平飞时，式（3 - 223）中的 $\theta = 0°$，$R = \infty$，$\dfrac{\mathrm{d}v}{\mathrm{d}t} = 0$，所以

$$n_x = 0, \quad n_y = 1 \tag{3 - 224}$$

等速直线斜飞时，式（3 - 223）中的 $R = \infty$，$\dfrac{\mathrm{d}v}{\mathrm{d}t} = 0$，所以

$$n_x = - \sin \theta, \quad n_y = \cos \theta \tag{3 - 225}$$

由前面分析可知：等速直线飞行时，飞机的升力不超过它的重力，法向过载系数 $n_y \leqslant 1$，纵向过载系数 $n_x < 1$。

曲线飞行时，飞机受的力较大，而且往往比直线飞行时大得多。

2. 飞机着陆时的载荷

飞机以速度 v 着陆时，其水平分速 v_x 在着陆滑跑过程中逐渐消失，当跑道足够长时，飞机水平方向的惯性力不大。若在舰面上受到跑道长度限制，要拦截着陆时，则此力较大。垂直分速 v_y 会在与地面相撞后很短的时间内消失，故在垂直方向受到较大的冲击力。此时作用在飞机上的载荷有：作用在起落架上的垂直冲击力 P_f、作用在质心处的惯性力 N 和重力 W_C，如图 3 - 31 所示。如不计升力，则质心处的过载系数

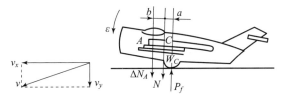

图 3 - 31　飞机着陆时的载荷

$$n_y = \frac{P_f}{W_C}$$

现代飞机粗猛着陆时，n_y 约为 3.5。

前三点起落架式飞机，以两个主轮触地，在重力及惯性力作用下，飞机会产生低头的角加速度 ε，在质心外的任一重物 A 将产生附加惯性力 ΔN_A，其值为

$$\Delta N_A = \frac{W_A}{g} b \varepsilon$$

式中　W_A——物体 A 的重力；

　　　b——物体 A 到飞机质心的距离。

附加过载系数为

$$\Delta N_A = \frac{b \varepsilon}{g}$$

因而，飞机质心外的重物总的过载系数为

$$n_A = n_y \pm \Delta n_A \tag{3-226}$$

若着陆时，ε 是使飞机低头的角加速度，则重物在质心前取 "－" 号，在质心后取 "＋" 号。

3. 飞机典型受载情况

飞机有各种可能的飞行状态，对应的外载荷也很复杂。要以这些外载荷来进行强度计算是不可能的。同样，也不能以各种可能飞行的状态来规定相应的发射装置载荷。因此，各国有关部门规定了 "飞机强度规范"，作为飞机强度计算的依据。过载系数与升力系数及速压的关系为

$$n_y = \frac{Y}{W_G} = \frac{C_Y q S_Y}{W_G}$$

式中　C_Y——升力系数；

　　　q——飞机飞行时的速压；

　　　S_Y——机翼和机身的升力作用面积。

各种飞行条件的 C_Y 和 q 是不同的，但可得到相同的过载系数，因为 C_Y 和 q 的乘积可以相等。所以，可从实际飞行中找出若干种典型的最严重的情况作为设计规范。如果能满足规范的条件，则认为一切飞行动作都是安全的。发射装置及导弹在载机飞行时的载荷，也可相应地确定。

强度规范规定了飞机在各种飞行状态时，各部件的载荷大小和分布性质及其他。图 3-32（a）是强度规范规定的歼击机的典型飞行情况及相应的可能发生的飞行航迹，图 3-32（b）则表示典型受载情况下的 C_Y 和 q 的关系。在简单说明几种情况前，先介绍几个概念：

n_{max}——最大使用过载，是飞机在典型受载情况下承受的载荷与飞机重力之比。

q_{max}——最大平飞速压。飞机以最大平飞速度飞行时的速压。

$q_{max\ max}$——最大允许速压。飞机在俯冲或下滑飞行时的速压都大于 q_{max}，此时允许的最大速压值就叫最大允许速压。

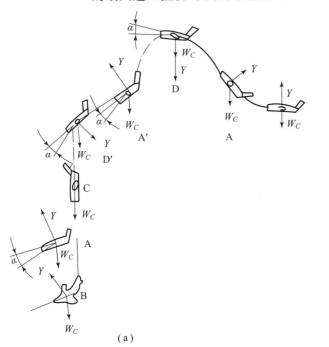

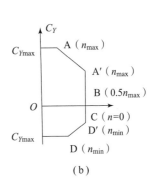

（a）

图 3 - 32　飞机典型受载情况

（a）歼击机的典型飞行情况及相应的可能发生的飞行航迹；（b）典型受载情况下的 C_Y 和 q 的关系

情况 A：飞机以临界攻角做曲线飞行。相应于最大升力系数 C_{Ymax} 下达到最大使用过载，即

$$C_{YA} = C_{Ymax}, \quad n_A = n_{max} \tag{3-227}$$

当飞机退出俯冲做急跃升或在平飞中遇到上升阵风时，都可能出现情况 A。

情况 A′：飞机以较小的攻角和最大允许速度做曲线飞行。相当于最大速压下达到最大使用过载，即

$$q_{A'} = q_{max\ max}, \quad n_{A'} = n_{max} \tag{3-228}$$

当飞机从高速俯冲中退出时，可能出现情况 A′。情况 A′与不急剧地退出俯冲（以小攻角退出）相对应。情况 A 与急剧退出俯冲（以大攻角退出）相对应。

情况 B：飞机以小攻角和最大允许速度偏转副翼做曲线飞行。此时

$$q_B = q_{max\ max}, \quad n_B = 0.5 n_{max} \tag{3-229}$$

当飞机退出俯冲并偏转副翼时，可能出现此情况。

情况 C：相当于 C_Y 的俯冲情况。即飞机在垂直俯冲中达到最大允许速度时偏转副翼的受载情况。此时

$$C_{YC} = 0, \quad q_C = q_{\max\max} \tag{3-230}$$

情况 D：飞机以负的临界攻角做曲线飞行。相当于负向最大升力系数下达到最大负向过载，即

$$C_{YD} = C_{Y\min}, \quad n_D = n_{\min} \tag{3-231}$$

飞机急剧地进入俯冲时可能出现情况 D。

情况 D′：飞机以小的负攻角和最大允许速度做曲线飞行。相当于最大速压下达到最大负向使用过载，即

$$q_{D'} = q_{\max\max}, \quad n_{D'} = n_{\min} \tag{3-232}$$

飞机不急剧地进入俯冲时可能出现情况 D′。情况 D 和情况 D′ 载荷方向与情况 A、情况 A′的相反。

情况 E：飞机粗猛地三点着陆时的受载情况。

3.6.2　载机飞行和着陆时发射装置的载荷

悬挂在飞机上的发射装置及导弹，与载机是一整体。载机飞行和着陆时，发射装置承受的载荷可根据飞机在各种典型受载情况下的过载系数来确定。知道飞机的过载系数后，可相应地确定发射装置的过载系数，但是需注意：

（1）对飞机而言，升力对载荷及强度影响最大，主要研究法向过载系数。但对发射装置而言，除了法向载荷外，某些零件还必须根据纵向及侧向载荷进行设计。例如，闭锁挡弹器是防止导弹纵向移动的，设计时必须知道典型受载情况下的最大纵向过载系数。当战斗机做滚转改正动作时，有很大的向下和侧向惯性力，以及侧向气动力，这些力对发射装置也有很大的影响，应计算侧向过载系数。

（2）悬挂在机外的发射装置及导弹，本身还有空气动力。计算这些力时，必须考虑到非均匀的扰动气流的影响及飞行中的一些临界情况。计算攻角时，要考虑它与飞机之间的安装角。

（3）发射装置和导弹一般布置在机身或机翼下，其质心不与载机质心在同一断面内，需要考虑附加的过载系数的影响。

（4）根据强度设计的需要，可分别计算导弹和发射装置的载荷，或视为一整体来计算。例如，分析导轨强度时，要分别计算导弹及发射装置的载荷；分析发射装置的吊挂强度时，可计算合成载荷。

下面举例说明飞机典型受载情况下，发射装置相应的载荷。

情况 A 时，发射装置受到过载 $n_l W_{lR}$，升力 Y_l、Y_R 和阻力 X_l、X_R，如图 3-33 所示。其中 W_{lR} 是导弹和发射装置合成重力，升力和阻力为

$$Y_l = C_{Yl}^{\alpha}(\alpha + \varphi_0) q S_l, \quad Y_R = C_{YR}^{\alpha}(\alpha + \varphi_0) q S_R$$

$$X_l = C_{Xl} q S_l, \quad X_R = C_{XR} q S_R$$

式中　C_{Yl}^{α}、C_{Xl}——情况 A 时发射装置的升力及阻力系数；

　　　C_{YR}^{α}、C_{XR}——情况 A 时导弹的升力及阻力系数；

　　　α——飞机攻角；

　　　φ_0——发射装置在飞机上的安装角；

　　　S_l、S_R——发射装置和导弹的气动力计算面积。

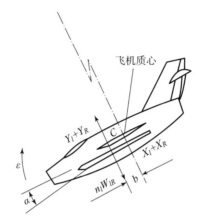

图 3-33　情况 A 时发射装置的受力

由于情况 A 时，载机做曲线飞行，有相对质心的角加速度 ε，而发射装置质心与载机质心不在同一横断面内，故过载系数包括两部分，即

$$n_l = n_{yA} + \Delta n = n_{yA} + \frac{b\varepsilon}{g} \qquad (3-233)$$

式中　n_{yA}——情况 A 时，飞机的过载系数；

　　　Δn——质心不重合时的附加过载系数；

　　　b——导弹与发射装置合成质心到载机质心的距离。

情况 D 时，发射装置受的载荷如图 3-34 所示，计算方法同前，但应采用情况 D 时的攻角及过载系数。

情况 E 为三点粗猛着陆，此时发射装置受的载荷如图 3-35 所示。此时一般不计阻力和升力。

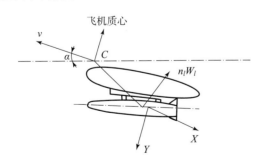

图 3-34　情况 D 时发射装置的受力

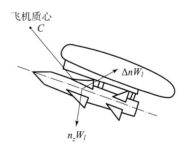

图 3-35　情况 E 时发射装置的受力

如果发射装置悬挂在远离机身的机翼另一端，在着陆撞击时，机翼的振动会引起附加惯性力，决定载荷时也须考虑它。

为了确定飞机机身和机翼上悬挂物的过载系数与空气动力，美国已有专门的军用规范。该规范规定了飞机和直升机飞行与着陆时运载物的极限设计过载系数及气动参数，可用来进行运载物的载荷计算。

载机飞行时发射装置的载荷也可利用此规范来计算。由规范中查出极限过载系数 n_{x1}、n_{y1}、n_{z1}，俯仰角加速度 $\ddot{\theta}$，偏航角加速度 $\ddot{\psi}$ 及计算气动载荷的参数，从而计算出发射装置所受的力。

图 3-36 表示载机飞行时导弹所受的载荷。此时，发动机已点火，闭锁挡弹器未解脱，以此为例来说明确定导弹定向元件反力的方法，此力即导弹作用到定向器上的载荷。

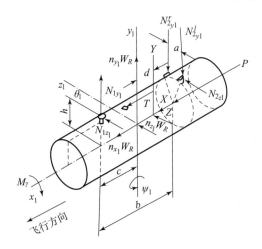

图 3-36　载机飞行时导弹所受的载荷

图中 $n_{x1}W_R$、$n_{y1}W_R$、$n_{z1}W_R$ 为沿 x_1、y_1、z_1 方向的惯性载荷；X、Y 及 Z 为升力、阻力及侧向阻力；M_γ 为由于机翼周围有不均匀气流而产生的导弹滚动力矩；T 为闭锁力；P 为推力；$N_{1_{y_1}}$、$N_{1_{z_1}}$ 为前定向元件的反力；$N_{2_{y_1}}^l$、$N_{2_{y_2}}^r$ 为左、右后定向元件在 y_1 方向的反力；$N_{2_{z_1}}$ 为后定向元件在 z_1 方向的反力。以上各力的方向和作用点如图中所示。

将 x_1、y_1、z_1 方向作用于导弹上的力相加，得

$$T + P + X + n_{x_1}W_R = 0$$

$$N_{1_{y_1}} + N_{2_{y_1}}^l + N_{2_{y_1}}^r + n_{y_1}W_R + Y = 0$$

$$N_{1_{z_1}} + N_{2_{z_1}} + n_{z_1}W_R + Z = 0$$

对通过前定向元件与 x_1、y_1 轴平行的轴取矩，得

$$(N_{2_{y_1}}^l + N_{2_{y_1}}^r)b + cn_{y_1}W_R + (c+d)Y + J_{z_1}\ddot{\theta} - h(n_{x_1}W_R + P + X) = 0$$

$$(N_{2_{y_1}}^l + N_{2_{y_1}}^r)\frac{a}{2} + M_\gamma + h(n_{z_1}W_R + Z) = 0$$

在横向对质心取矩，得

$$-dZ + cN_{1_{z_1}} - (b-c)N_{2_{z_1}} + J_{y_1}\ddot{\psi} = 0$$

式中 J_{z_1}、J_{y_1} 为导弹对过质心的 z_1、y_1 轴的转动惯量。

联立解上述 6 个方程，得到

$$
\begin{aligned}
N_{1_{y_1}} &= \frac{1}{b}\Big[-h(P + X + n_{x_1}W_R) + J_{z_1}\ddot{\theta} + (c+d)Y + cn_{y1}W_R \Big] - n_{y_1}W_R - Y \\
N_{2_{y_1}}^l &= \frac{1}{2b}\big[b(P + X + n_{x_1}W_R) - J_{z_1}\ddot{\theta} - (c+d)Y - cn_{y1}W_R \big] - \\
&\quad \frac{1}{a}\big[h(n_{z_1}W_R + Z) + M_\gamma \big] \\
N_{2_{y_1}}^r &= \frac{1}{2b}\big[h(P + X + n_{x_1}W_R) - J_{z_1}\ddot{\theta} - (c+d)Y - cn_{x_1}W_R \big] + \\
&\quad \frac{1}{a}\big[h(n_{z_1}W_R + Z) + M_\gamma \big] \\
R_1 &= \frac{1}{b}\big[-J_{y_1}\ddot{\psi} - (b-c)n_{y_1}W_R - (b-d+c)Z \big] \\
R_2 &= \frac{1}{b}\big[J_{y_1}\ddot{\psi} - cn_{z_1}W_R - (C+d)Z \big] \\
T &= -P - X - n_{x_1}W_R
\end{aligned}
\qquad (3-234)
$$

计算飞机着陆时发射装置受到的载荷，应将上述各公式中的气动载荷略去，因为此时飞机的速度不高，推力也不存在。此外，各式中的过载系数应以着陆时的数据代入。

3.7 发射装置结构分析

3.7.1 结构分析的基础知识

1. 结构分析的基本概念

1）结构分析问题定义

很多工程分析问题都可以定义成在一个区域中承受某些载荷，而我们想要知道这个区域的反应。所谓区域，可能是一固体、流体，或只是一个空间，但在结构分析问题上，区域是指一个固体。结构分析是一个固体承受载荷后求解结构反应的过程，如图 3-37 所示。

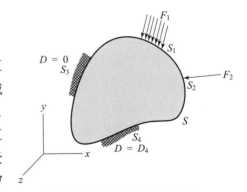

图 3-37 结构分析问题定义

图 3 - 37 中有一个固体结构，并有 4 个常见的载荷加在这个固体上。第一个载荷是作用在边界 S_1 上的均布载荷 F_1；第二个载荷是作用在边界 S_2 上的集中载荷 F_2；第三个载荷是作用在边界 S_3 上的约束（位移 D 为 0）；第四个载荷是作用在边界 S_4 上的已知位移。结构分析的目的是求解在这样的载荷下所产生的结构反应。我们所举的 4 个载荷都是作用在边界上，所以又可以称为"边界条件"。但是负载并不一定全部都作用在边界上，譬如重力可以均匀作用在固体内部，这种情形通常不称为边界条件，而以"载荷"统称这些分布在边界上及结构内的条件。

当载荷超过一定限度时，结构会发生过度变形或破坏。为保证结构的正常工作，在结构分析时，一般需要考虑如下的要求：

（1）强度要求，在规定的载荷作用下，结构应当不被破坏，即结构应有足够的抵抗破坏的能力。

（2）刚度要求，在载荷作用下，结构即使有足够的强度，但如果变形过大，仍不能正常工作。因此，刚度要求是指结构应有足够的抵抗变形的能力。

（3）稳定性要求，即结构应有足够的保持原有平衡形态的能力。

2）载荷

为了有效地将载荷作用在结构中，有必要对载荷进行分类。前面所举的一些载荷例子，都是作用在结构表面上的，所以可以先将负载分为两大类：作用在物体表面的载荷及作用在物体内部的载荷。作用在物体表面的载荷包括力及位移。力又分为集中力及分布力；位移则又可分为零位移及非零位移，其中零位移又称为"约束"。作用在结构内部的载荷，最常看到的是热载荷，其以温度变化量描述于整个结构中（而非只有表面）；惯性力（如重力、惯性力等）也是常见的分布于整个结构的力；此外，静电力、磁力等也是分布在结构中的力。

3）位移、应力、应变

通常用位移、应力、应变来表示某一结构承受载荷后的结构反应。位移是指每一点的位移，它代表结构的变形。所以，描述结构反应时，体现结构的刚度。一个材料它能够承受的应力、应变都是有一限度的；应力、应变超过某一程度，就会破坏或失稳，应力和应变体现结构的强度。通常把它们作为结构设计是否满足要求的重要检验基准。

用 u 来代表位移，用 σ 来代表应变，用 ε 来代表应力。注意，这 3 个量都不是单一的量，所以用向量来表示它们。在 3D 的结构系统里面，位移有 3 个分量，应变及应力各有 6 个分量，一共有 15 个分量。把这 15 个量当作要去求解的未知量，只要知道了这 15 个量，就能清楚地描述结构反应。

位移很容易理解，在图 3 - 38 中，画了变形前及变形后的结构。假设某一个特定的质点 (x, y, z) 在变形后移到了一个新的位置，把它的位移用一个向量 u (x, y, z) 来表示，因为它是一个向量，所以，在 3D 中，可以用 3 个分量 u_x、u_y、u_z 来表示，式（3 – 235）中的 3 个分量都是位置的函数：

$$\boldsymbol{u} = \begin{pmatrix} u_x & u_y & u_z \end{pmatrix} \qquad\qquad (3-235)$$

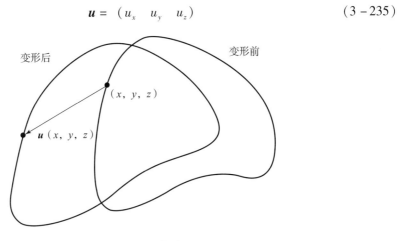

图 3 – 38　位移

应力是用来描述结构中某一点承受各方向的力的密度，也就是每单位面积有多少力。图 3 – 39 中，以围绕结构中的 A 点来说明应力的意义。图中的 6 个平面分别代表 $+x$、$-x$、$+y$、$-y$、$+z$ 及 $-z$ 方向，譬如垂直于 $+x$ 方向的平面称为 $+x$ 平面，垂直于 $-x$ 方向的平面称为 $-x$ 平面，其他类同。假如，在 $+x$ 方向感受到力的作用，可将此应力拆成 3 个分量，分别平行于 x、y 及 z 方向——在图 3 – 39 中以 σ_x、τ_{xy}、τ_{xz} 来表示，注意其中第一个下标 x 是指作用在 $+x$ 平面上，第二个下标是指应力的方向。

因为 σ_x 垂直于 $+x$ 平面，所以称之为该平面上的正向应力；而 τ_{xy}、τ_{xz} 相切于 $+x$ 平面，所以称之为该平面上的切向应力。图 3 – 39 与图 3 – 40 是完全一样的，只是转个方向而已。

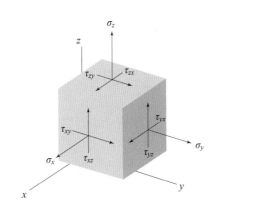

图 3 – 39　结构中某一点的应力描述

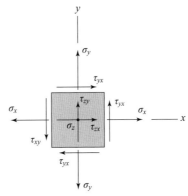

图 3 – 40　实体中某一点的 xy 平面的应力描述

为了描述某一个点的应力，只描述一个方向（或平面）的应力是不够的，在 3D 的世界里，最少需要描述 3 个方向的应力才能完整地描述某一点的应力状态。其他方向的应力可以从这 3 个方向的应力推算出来，但是这 3 个方向必须是独立的，一般选择 $+x$、$+y$ 及 $+z$ 方向。如前面所讨论的，我们以 σ_x、τ_{xy}、τ_{xz} 来表示 $+x$ 方向的正应力及平行于 $+y$ 及 $+z$ 方向的切应力；同样地，以 σ_y、τ_{yx}、τ_{yz} 来表示 $+y$ 方向的正应力及平行于 $+x$ 及 $+z$ 方向的切应力；而以 σ_z、τ_{zx}、τ_{zy} 来表示 $+z$ 方向的正应力及平行于 $+x$ 及 $+y$ 方向的切应力。所以可以用 9 个分量来表示一个点的应力状态：

$$\boldsymbol{\sigma} = \begin{bmatrix} \sigma_x & \tau_{xy} & \tau_{xz} \\ \tau_{yx} & \sigma_y & \tau_{yz} \\ \tau_{zx} & \tau_{zy} & \sigma_z \end{bmatrix} \qquad (3-236)$$

这 9 个应力分量分别表示在图 3 - 39 中的立方体上。事实上，这 9 个分量并不是完全独立的，利用力的平衡条件可以证明：

$$\left.\begin{array}{l} \tau_{xy} = \tau_{yx} \\ \tau_{yz} = \tau_{zy} \\ \tau_{zx} = \tau_{xz} \end{array}\right\} \qquad (3-237)$$

也就是说，式（3 - 236）中的矩阵是对称的。所以，只要用 6 个分量就可以来描述，用向量的方式来表示，可以写成

$$\boldsymbol{\sigma} = \begin{pmatrix} \sigma_x & \sigma_y & \sigma_z & \tau_{xy} & \tau_{yz} & \tau_{zx} \end{pmatrix} \qquad (3-238)$$

应变是描述某一质点被拉伸或压缩的程度。在 3D 的情况下，应变比应力更难理解。现在让我们来思考一个结构内的一个质点 A 及邻近的点 B 和 C，如图 3 - 41 所示。注意，我们故意选择 3 个点的位置使得 AB 和 AC 互相垂直。假设这个结构变形以后 A、B、C 3 个点变为 A'、B'、C' 3 个点。

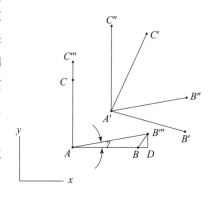

图 3 - 41　质点 A 的应变

为了要计算 AB 和 AC 这两根纤维在变形后被拉伸了多少，先将变位前后的纤维叠合在一起做比较，亦即将变形后的纤维 $B'A'C'$ 进行旋转，变成 $B''A'C''$，再进行平移，变成 $B'''AC'''$。注意，经过旋转及平移后并不影响其两根纤维的相对关系（即长度及夹角）。现在可以很清楚地看出原来的 x 方向的一条小纤维 AB 被拉伸成 AB'''，其总伸长可以用向量 $\boldsymbol{BB'''}$ 来表示。这个伸长量 $\boldsymbol{BB'''}$ 可拆成两个分量：正向伸长量 BD 及剪向伸长量 DB'''，将它们除以原来的长度 AB 就是正向应变（用 ε_x 表示）及切向应变（用 γ_{xy} 表示）：

$$\varepsilon_x = \frac{BD}{AB}, \ \gamma_{xy} = \frac{DB'''}{AB}$$

注意，这里使用了和应力一样的下标，亦即第一个下标 x 是指作用在 $+x$ 平面上，

第二个下标是指应变的方向。

根据上式，正向应变是很容易理解的：x 平面上的正向应变就是 x 方向的一条无穷小的纤维，它的伸长量除以原来的长度。而切向应变则需进一步思考，以下的讨论中假设变形是无穷小的。根据上式，x 平面上向着 y 方向的切应变事实上就是夹角 BAB'''，亦即在无穷小的变位假设下

$$\gamma_{xy} = \frac{BD'''}{AB} = \angle BAB''' \text{ （rad）}$$

这个角度也就是两根原来垂直的纤维的角度变化。我们的结论是：γ_{xy} 表示 x 平面上 y 方向的切应变分量，它是 xy 平面上两根原来垂直的纤维的角度变化。注意此角度是以弧度表示的。

在 3D 的情况下，x 平面上除了正应变 ε_x 外，还有 y 方向的切应变分量 γ_{xy} 及 z 方向的切应变分量 γ_{xz}；y 平面上则有正应变 ε_y、x 方向的切应变分量 γ_{yx} 及 z 方向的切应变分量 γ_{yz}；z 平面上则有正应变 ε_z、x 方向的切应变分量 γ_{zx} 及 y 方向的切应变分量 γ_{zy}。所以，在 3D 的情况下，可以用 9 个分量来表示一个点的应变状态

$$\boldsymbol{\varepsilon} = \begin{bmatrix} \varepsilon_x & \gamma_{xy} & \gamma_{xz} \\ \gamma_{yx} & \varepsilon_y & \gamma_{yz} \\ \gamma_{zx} & \gamma_{zy} & \varepsilon_z \end{bmatrix} \qquad (3-239)$$

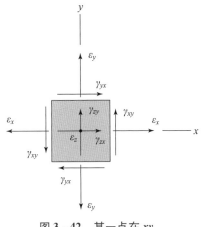

图 3 – 42　某一点在 xy 平面的应变分量

这 9 个应变分量可以分别表示成类似图 3 – 40 的样子。图 3 – 42 则是 xy 平面的表示方式。

式（3 – 239）中的 9 个分量也并不是完全独立的，我们可以证明（程序有点复杂，若有兴趣，可以参考材料力学课本）：

$$\left. \begin{matrix} \gamma_{xy} = \gamma_{yx} \\ \gamma_{yz} = \gamma_{zy} \\ \gamma_{zx} = \gamma_{xz} \end{matrix} \right\} \qquad (3-240)$$

也就是说，式（3 – 239）中的矩阵是对称的，所以只要用 6 个分量就可以来描述。用向量的方式来表示，可以写成

$$\boldsymbol{\varepsilon} = \begin{pmatrix} \varepsilon_x & \varepsilon_y & \varepsilon_z & \gamma_{xy} & \gamma_{yz} & \gamma_{zx} \end{pmatrix} \qquad (3-241)$$

2. 结构分析模型

1）控制方程式

在前面所定义的结构分析问题中，所选定的未知量是位移 $\boldsymbol{u}$、应力 $\boldsymbol{\sigma}$ 及应变 $\boldsymbol{\varepsilon}$：

$$\boldsymbol{u} = \begin{pmatrix} u_x & u_y & u_z \end{pmatrix} \qquad (3-242)$$

$$\boldsymbol{\sigma} = \begin{pmatrix} \sigma_x & \sigma_y & \sigma_z & \tau_{xy} & \tau_{yz} & \tau_{zx} \end{pmatrix} \tag{3-243}$$

$$\boldsymbol{\varepsilon} = \begin{pmatrix} \varepsilon_x & \varepsilon_y & \varepsilon_z & \gamma_{xy} & \gamma_{yz} & \gamma_{zx} \end{pmatrix} \tag{3-244}$$

其中位移有 3 个未知量，应力有 6 个未知量，应变也有 6 个未知量，必须建立 15 个方程式才能解出这 15 个未知量，这些方程式就是所谓的控制方程式（governing equations）。

面对前面所定义的结构分析问题，先利用力平衡原理来建立 3 个方程式。在 3D 中，力平衡方程式应该有 6 个，但是其中 3 个已经用来证明切应力是对称的，接着利用应变与位移之间的几何关系，建立 6 个方程式，称为应变与位移关系。最后假设应力与应变之间存在着某一个关系，即胡克定律，有 6 个方程式。所以共有 15 个方程式。

2）力平衡方程式

第一组方程式称为力平衡方程式，即动量守恒定律的另一种形式。为了思考结构上某一质点的力平衡，可分成两种情况来讨论：第一种情况是这一点是在结构内部的某一个质点，第二种情况是这一点是在结构表面的一个质点。

先讨论在结构内部的某一个质点。假想一个微小元素（图 3-39），它的长、宽、高分别是 dx、dy、dz。假设它除了受 σ_x、σ_y、σ_z、τ_{xy}、τ_{yz}、τ_{zx} 外，其内部还受了 f_x、f_y、f_z 的结构体积力，对这个微小的元素，应用力平衡条件为

$$\sum F_x = 0, \sum F_y = 0, \sum F_z = 0$$

可以得到下列方程式

$$\left. \begin{aligned} \frac{\partial \sigma_x}{\partial x} + \frac{\partial \tau_{xy}}{\partial y} + \frac{\partial \tau_{xz}}{\partial z} + f_x &= 0 \\ \frac{\partial \tau_{yx}}{\partial x} + \frac{\partial \sigma_y}{\partial y} + \frac{\partial \tau_{yz}}{\partial z} + f_y &= 0 \\ \frac{\partial \tau_{zx}}{\partial x} + \frac{\partial \sigma_{zy}}{\partial y} + \frac{\partial \tau_z}{\partial z} + f_z &= 0 \end{aligned} \right\} \tag{3-245}$$

注意，不能再应用 3 个力矩平衡条件，因为已经用这 3 个力矩平衡条件来证明在剪应力是对称的了。

如果这个质点是在结构的表面上，也可以取一个微小元素，再对这个微小元素应用力平衡条件，也可求得如下方程式：

$$\left. \begin{aligned} \sigma_x n_x + \tau_{xy} n_y + \tau_{xz} n_z &= T_x \\ \tau_{yx} n_x + \sigma_y n_y + \tau_{yz} n_z &= T_y \\ \tau_{zx} n_x + \tau_{zy} n_y + \sigma_z n_z &= T_z \end{aligned} \right\} \tag{3-246}$$

其中 n_x、n_y、n_z 是该点在结构表面上的单位法向向量的分量，而 T_x、T_y、T_z 是作用在结构表面上的外力。

3）应变与位移关系

接下来介绍下列的 6 个方程式，描述了应变 ε 和位移 u 间的关系：

$$\left.\begin{aligned}
\varepsilon_x &= \frac{\partial u_x}{\partial x} \\[2mm]
\varepsilon_y &= \frac{\partial u_y}{\partial y} \\[2mm]
\varepsilon_z &= \frac{\partial u_z}{\partial z} \\[2mm]
\gamma_{xy} &= \frac{\partial u_x}{\partial y} + \frac{\partial u_y}{\partial x} \\[2mm]
\gamma_{yz} &= \frac{\partial u_y}{\partial z} + \frac{\partial u_z}{\partial y} \\[2mm]
\gamma_{zx} &= \frac{\partial u_z}{\partial x} + \frac{\partial u_x}{\partial z}
\end{aligned}\right\}
\tag{3-247}$$

式（3-247）纯粹是一种几何关系，不涉及任何物理现象。可以取一个微小的元素，从其几何关系导出这样的关系。推导过程中忽略了二次微分项及更高的微分项，只留下一次微分项，这代表式（3-247）只有在很小的变形量下才能够成立。

4）应力与应变关系

下列 6 个方程式又叫作胡克定律，描述了应力和应变的关系：

$$\left.\begin{aligned}
\varepsilon_x &= \frac{\sigma_x}{E} - \mu\frac{\sigma_y}{E} - \mu\frac{\sigma_z}{E} \\[2mm]
\varepsilon_y &= -\mu\frac{\sigma_x}{E} + \frac{\sigma_y}{E} - \mu\frac{\sigma_z}{E} \\[2mm]
\varepsilon_z &= -\mu\frac{\sigma_x}{E} - \mu\frac{\sigma_y}{E} + \frac{\sigma_z}{E} \\[2mm]
\gamma_{xy} &= \frac{\tau_{xy}}{G} \\[2mm]
\gamma_{yz} &= \frac{\tau_{yz}}{G} \\[2mm]
\gamma_{zx} &= \frac{\tau_{zx}}{G}
\end{aligned}\right\}
\tag{3-248}$$

注意，这 6 个方程式只是一种理想化的假设，也就是说，当应用到这些方程式时，必须确定材料符合这种假设。这种描述应力和应变关系的方程式又称为材料的本构方程式（constitutive equations），式（3-248）是常被应用的形式，因为它是最简单的形式，并且在很多情况下其精确度是可以接受的。注意，式（3-248）中，应力与应变呈线性关系。符合式（3-248）的材料称为线性材料（或线性弹性材料）。

式（3-248）中包含了 3 个参数，它们代表线性弹性材料的材料参数：E、G 及 μ。

E 称为杨氏模数（Young's Modulus）。当对线性弹性材料做单轴拉伸试验时，如果把横轴作为应变，纵轴作为应力，所画出来的线应该是一条直线，而直线的斜率即为杨氏模数 E。G 称为剪切模量（shear modulus）。当对线性弹性材料做剪力试验时，如果把横轴作为剪应变，纵轴作为剪应力，所画出来的线也应该是一条直线，而直线的斜率即为剪切模量 G。μ 称为泊松比（Poisson's ratio）。当做单轴拉伸试验时，x 方向被拉伸的同时，y 和 z 的方向会收缩，此时 y 或 z 方向的收缩量与 x 方向拉伸量的比即为泊松比。事实上，这 3 个材料参数并非独立的，试验可以证明它们存在着下列的关系：

$$G = \frac{E}{2(1+\mu)} \tag{3-249}$$

所以，只要知道其中两个参数即可知道第三个参数，也就是说，符合胡克定律的线性弹性材料只有两个独立的材料参数——E、G、μ 中的任何两个。

让我们来看看式（3-248）中的方程式。第 1、2、3 个方程式事实上就是杨氏模数及泊松比的定义。对 3D 空间中的某一质点而言，它承受的应力可能是多轴的，所以，在观察 x 方向的应变时，不只是 x 方向的应力会造成 x 方向的拉伸，y 方向的应力也会造成 x 方向的收缩，同样，z 方向的应力也会造成 x 方向的收缩。第 4、5、6 个方程式事实上就是剪切模量的定义。

3.7.2 结构有限元分析

在 3.7.1 节中建立了 15 个方程式，这 15 个方程式共包含了 15 个未知量。理论上，这 15 个方程式可以解 15 个未知量，但是实际上，只有很简单的结构并且承受很简单的负载的结构问题才有可能获得一个解析解。工程问题中，结构的几何形状及负载都是很复杂的。

在没有计算机的年代，大多数工程师会把几何形状及负载做简化后再来解问题。譬如，简化成一个悬臂梁承受一个集中载重或均布载重等。但是大部分工程问题若是太勉强地进行简化，所得到的解与实际偏离太多了。因此，工程师、数学家发明了很多的方法来解 3.7.1 节中所描述的方程式，包括直接法、试函数法、虚构原理和最小势能原理法，具体方法可参考相关的书籍，但是到目前为止，最成功、最被普遍应用的方法可以说是有限元法。从 20 世纪 30 年代至今，它已经发展了 80 多年。

有限元法事实上是针对边界值问题所发展的。实际中工程问题的自变量通常可分为两类：一个是空间（常用 x、y、z 3 个变量表示），另一个是时间（常用 t 表示）。在空间变量上，通常可以将问题转化成一个边界值问题；但是在时间变量上，通常将问题看成一个初始值问题。因为通常初始时间的条件是已知的，但是最后时间点的条件通常无法得知。初始值问题通常以有限差分法来解是比较适合的。所以，一般含时间变量在内的工程问题（即动态问题），沿着时间轴将问题切割（利用有限差分法）成许多只含空间变量的边界值问题，再以有限元法来解这些边界值问题，亦即在固定的时间点上去解一个边界值问题，再将每个时间点的解答串联起来。

1. 有限元法的基本概念

前面提过的结构系统大多有很复杂的几何形状及载荷，而对于简单的几何形状及载荷，可直接写出它的方程式。有限元法的基本构想即基于上述事实。首先把一个有复杂几何形状的区域切割成一些比较小且形状较简单的区域，每个小区域称为一个单元（element），如图 3 – 43 所示。

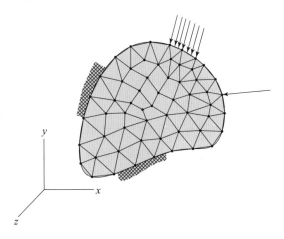

图 3 – 43　有限元法的基本构想

所谓简单的区域，是指其几何形状是简单的，譬如，在 2D 的情况下是三角形或四边形等，在 3D 的情况下是四面体或六面体等。

单元与单元假设是经由节点（node）来连接的，在图 3 – 43 中，用黑点表示节点。就一个单元来看，这些节点可以认为是附属在单元上面的。举例来讲，一个三角形单元，它的节点可能坐落在 3 个顶点上。再以六面体为例，若它的顶点上面各有一个节点，那么一个六面体就共有 8 个节点。无论是 2D 的三角形、四边形还是 3D 的四面体或六面体，通常在每个顶点上都有一个节点，但是这并不表示只有顶点上才可以有节点。举个例子，2D 四边形的单元，除了可以在 4 个顶点上有节点外，也可以在 4 个边上的中点各有一个节点，这样的单元就共有 8 个节点。

在有限元法中，通常取节点上的位移量作为未知量，未知量又称为自由度（degrees of freedom）。在 3D 的情况下，每个节点有 3 个自由度，分别是 x、y、z 方向的位移量；而在 2D 的情况下，每个节点有两个自由度，分别是 x、y 方向的位移量。对一个 2D 的三角形单元而言，若 3 个顶点各有一节点，那么这个单元就有 6 个自由度。对一个 3D 的六面体而言，若各个顶点各有一节点，共有 8 个节点，那么这个单元就有 24 个自由度。

因为每一个单元都有简单的几何形状，而只有节点上可能有外力作用（因为单元间只有节点相连接），很容易把这个简单的结构实体的方程式写出来，并且把这些方程式用自由度（未知位移量）来表示，这些方程式就称为单元的方程式（element equations）。每个单元都会有一组方程，它们事实上是将一个单元视为一个自由体的力平衡方程。

接着就把全部单元的力平衡方程联立起来，变成一个联立方程组，称为整体结构方程。解出这组联立方程后，就可以得知每个节点上的位移量了。

有了节点上的位移量后，就可以计算整个单元上的位移。有了位移 u 后，可以利用式（3-247）计算应变 ε，再利用式（3-248）计算应力 σ。

1）自由度

前面提到的自由度（degrees of freedom）有必要在这里再进一步地讨论。自由度是指节点上的未知量。结构的问题通常是以位移（displacement）为未知量。2D 时每个节点有 2 个自由度，3D 时每个节点有 3 个自由度。在图 3-44 所示的 3D 四面体单元中，共有 4 个节点，每个节点上有 3 个自由度，所以共有 12 个自由度，表示成 d。假设每个节点上的自由度分别用 u_x、u_y、u_z 来表示，而 4 个节点分别用 i、j、k、l 来表示，则这个单元的自由度可以表示成

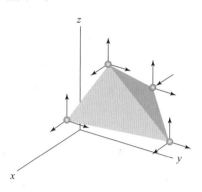

图 3-44　自由度

$$d = (\begin{matrix} u_x^i & u_y^i & u_z^i & u_x^j & u_y^j & u_z^j & u_x^k & u_y^k & u_z^k & u_x^l & u_y^l & u_z^l \end{matrix}) \qquad (3-250)$$

对热分析而言，自由度通常指温度，也就是说未知量是温度。对流场分析而言，其自由度则相当复杂，包括了流速、压力等。而对电场分析而言，自由度通常是电压。磁场分析则使用磁位能作为自由度。

2）形函数

让我们来思考一个问题，考虑一个未知函数 $y = f(x)$，已知某些 x 点上的 y 值，那么怎么去反求这个函数 $f(x)$？当然，精确解很难实现，但是至少可以找出一条通过这些已知点的曲线作为其近似解。这条曲线可以是连续的，也可以是片段连续的。

一个很简单的方法是假设这些已知点中间的函数为直线，换句话说，即把每一个已知点用直线连接起来，形成一条片段连续的函数，来代表这个未知函数。对很多应用而言，这种方法常常已经足够精确，尤其是如果已知点之间的距离足够小时，通常足够精确。这样用直线来作为两个已知点间的内插值的方法称为线性插值。同样的道理，也可以用片段的二次函数来代表一个未知函数，这样的曲线会更平滑，精确度会更高。这样用二次曲线来作已知点间的插值的方法称为二次曲线插值。

同样的观念可以应用在有限元法里面。将位移 u 当作未知函数，节点上的位移量 d 当成已知量。如果假设节点间的位移场是线性分布的，那么就采用线性的插值函数来表示节点间的位移量的值；同理，如果假设节点间的位移场是二次分布的，那么就采用二次的插值函数来表示节点间的位移量的值。在有限单元里面，不把它叫作插值函数，而叫作形函数（shape function）。数学上 u 和 d 间的关系可以用式（3-251）来表示：

$$u = Nd \qquad (3-251)$$

式（3-251）中的 N 就是所谓的形函数矩阵。以图 3-45 中的四面体单元为例，因为 u 是 3×1 的向量，d 是 12×1 的向量，所以 N 是 3×12 的矩阵，其形式如下所示：

$$N = \begin{bmatrix} N_i & 0 & 0 & N_j & 0 & 0 & N_k & 0 & 0 & N_l & 0 & 0 \\ 0 & N_i & 0 & 0 & N_j & 0 & 0 & N_k & 0 & 0 & N_l & 0 \\ 0 & 0 & N_i & 0 & 0 & N_j & 0 & 0 & N_k & 0 & 0 & N_l \end{bmatrix} \quad (3-252)$$

其中 N_i、N_j、N_k、N_l 称为形状函数。注意，形状函数是位置的函数。一般而言，一个单元如果有 n 个节点，就会有 n 个独立的形状函数。当形状函数是线性时，表示位移场被假设为片段线性函数；而当形状函数是二次时，表示位移场被假设为片段二次函数。

3）单元的阶数

一个单元的阶数是指它的形状函数是一次还是二次。如果其形状函数是一次的，这个单元就称为线性单元；如果其形状函数是二次的，这个单元就称为二阶单元。一般来说，判断一个单元是线性单元还是二阶单元是很容易的，可以从它的节点的排列来判断：如果一个单元只有在顶点有节点，那么它必定是线性单元，就像图 3-44 所示的单元；如果一个单元除了在顶点有节点外，每个边上中点也有节点，那么它是二阶单元，如图 3-45 所示的单元。

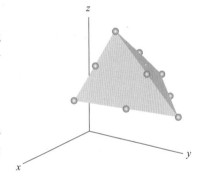

图 3-45　二阶单元

那么一个单元的阶数有何重要性呢？一般来讲，使用越高阶单元，其解算的精度越高，解算时间越长。但是有限元软件为了减少单元的种类，通常不发展三阶或三阶以上的单元；如果要提高解算的精度，最方便的方法是将整个结构切割成更多、更细的单元。

4）刚度矩阵

在前面谈过有限元法的基本构想是将一个结构切割成很多的单元，每一个单元可以建立它的力平衡方程式。单元的力平衡方程式形式如下：

$$kd = f \quad (3-253)$$

其中，d 是单元节点上的自由度，以图 3-44 所示的单元而言，d 是一个 12×1 的向量，所以 f 必然也是 12×1 的向量，而 k 必然是 12×12 的矩阵。f 的物理意义是作用在节点上面的力，那么 k 的物理意义则是每单位的位移量所需要的力，这就是刚度的定义。所以 k 称为单元的刚度矩阵，把所有单元的力平衡方程式联立起来构成整体结构的力平衡方程式时，其形式可以写成

$$KD = F \quad (3-254)$$

这里的 D 就是整体结构所有节点上的自由度，F 就是作用在节点上的力，而 K 称

为整体结构的刚度矩阵。式（3－254）事实上是一组线性方程式，借助计算机可以很容易解出 D。

K 有一些特点：它都是对称的，而且只有靠近中间的值才是非零值，其余大部分都是零。这些特点使这个方程式更容易解。

有限元法成功的原因之一是将一组非常复杂的偏微分方程式转换成一组很简单的线性方程式。不过这是对一个线性的结构而言的，若是一个非线性的结构，在观念上可以视为解许多段的线性问题。

在热分析的情况中，热平衡方程式的形式也是如同式（3－253）及式（3－254）一样，自由度 d 或 D 是温度，右边的 f 或 F 是热流量（heat flow），而 k 或 K 称为热传导矩阵（conductivity matrix）。

5）有限元分析步骤

最后将有限单元分析的步骤整理如下：

（1）输入一个有限单元分析模型，包括每个单元的种类、空间位置、材料性质及载荷的描述等；

（2）建构每个单元的力平衡方程式；

（3）将这些单元的力平衡方程式联立起来，形成一个整体结构的力平衡方程式；

（4）解出未知位移量；

（5）利用解出的位移量计算应变、应力。

2. 结构分析类型

工程分析的问题可以依其解答是否随时间变化而区分成两大类别：其反应与时间无关的静态分析及其反应随时间而变的动态分析。对于结构分析而言，动态分析主要有瞬态分析、模态分析和谐响应分析三种。还有一种分析是结构分析专有的，即稳定性分析。我们知道一个结构若承受压力达到某一程度，虽然应力还未达到破坏的程度，可是反应会开始呈现不稳定的现象，也就是说，增加一点点负载，就会使得反应急速加大，这种现象称为屈曲。譬如，承受轴向载重的柱子会弯曲、薄板会折皱等，都是屈曲的现象。

通常可以把结构分析分成上述五种分析类别：静态分析、瞬态动力学分析、模态分析、谐响应、屈曲分析。而其他领域也可以分成几种类似的分析类别，如热传分析中，也有所谓静态分析（通常称为稳态分析）及瞬时分析。但是热传问题中没有所谓模态分析或谐响应分析。在电场的分析中，除了有静态分析（静电场分析）外，还有动态分析，动态分析则有瞬态分析、模态分析及谐响应分析。

另外，根据载荷和变形的关系，结构分析又分为线性分析和非线性分析。

以下说明这些分析类别的意义。

1）瞬态动力学分析

前面介绍了结构的力平衡方程式（3 - 254），在这个力平衡方程式中，有两个力被忽略了，较完整的力平衡方程式形式应该如下所示：

$$M\ddot{D} + C\dot{D} + KD = F \qquad (3-255)$$

式（3 - 255）中，等号的右边代表作用在结构上的外力，这个外力 F 和等号左边的三个力形成平衡的关系：惯性力（inertia force，$M\ddot{D}$）、阻尼力（damping force，$C\dot{D}$）、弹性力（elastic force，KD）。惯性力则是我们所熟悉的质量乘上加速度 $M\ddot{D}$。阻尼力是结构物由所有外部的摩擦（譬如结构与空气间）或内部的摩擦（结构材料内部本身）所引起的阻力，它通常被简化成与速度 $\dot{D}$ 成正比，而正比系数 C 称为阻尼系数。式（3 - 255）称为动力平衡方程式，它的解算是随着时间而变的，称为瞬态解。式（3 - 255）代表瞬态分析的控制方程式，其中惯性力（$M\ddot{D}$）与阻尼力（$C\dot{D}$）两项合称为动力效应（dynamic effect）。

2）静态分析

当式（3 - 255）中的阻尼力及惯性力可以忽略时，力平衡方程式变成式（3 - 254）的形式，在什么情况下可以忽略阻尼力及惯性力呢？仔细观察式（3 - 255），当变形速度 $\dot{D}$ 很小时，可以忽略阻尼力 $C\dot{D}$；而当变形加速度 $\ddot{D}$ 很小时，可以忽略惯性力 $M\ddot{D}$。所以，通常是在变形速度及加速度很小时，式（3 - 255）可以简化成式（3 - 254）的形式，称为静力平衡方程式。式（3 - 254）代表静态分析的控制方程式。通常有两种情况符合"变形速度及加速度很小"的假设：

第一种情况是所谓的稳态（steady - state）的情况。让我们想象下列情况，有一个弹簧上面挂着重物，刚挂上去时弹簧会上下振动，但此振动幅度会慢慢地减小（因为有阻尼力），最后会停在一个稳定的状态，此时弹簧是完全静止的（变形速度及加速度都是零）。所以如果关心稳态的反应（相对地，达到稳态之前的反应称为瞬时反应），直接去解式（3 - 254）可以了。我们再强调这一点：所有的结构分析问题的本质都是动态的，可是当分析的目的是稳态的反应时，只要进行静态分析就可以了。

第二种情况纯粹是动态问题的近似解，也就是虽是动态的问题，但是因为阻尼力及惯性力都足够小，所以把它们忽略掉。通常在变形速度很慢时，可以做这样的近似解。譬如，以很慢的速度将外力作用于一个结构物时，结构的变形也必定很慢。注意，结构变形速度很慢时，并不表示变位很小。但是外力作用多慢才叫作够慢呢？以下是一个简单的准则：我们知道每一个结构都有它的基本共振周期（fundamental period，这个可以经由模态分析来求得），如果外力是反复作用，且这个反复的周期大于基本共振周期的 3 倍，则阻尼力及惯性力常常可以被忽略掉。

3）模态分析

模态分析（modal analysis）是去求解结构在没有外力作用下的振动（称为自由振动或自然振动）行为，包括自然频率（natural frequencies）及相对的振态。想象一外力施于结构，使得结构开始振动，然后把此外力撤掉，结构还是会继续振动，这就是没有外力下的自由振动。此时式（3-255）的右边 $\boldsymbol{F}$ 就变成 $\boldsymbol{0}$，所以模态分析的控制方程式变成如下形式：

$$\boldsymbol{M\ddot{D} + C\dot{D} + KD = 0} \tag{3-256}$$

式（3-256）是一个特征值问题（eigenvalue problem）：可以找到很多个都能满足式（3-256）的解，而每一个解都对应一个"特征值"。这些特征值的物理意义与结构的自然振动频率有关，而其对应的解就是其模态。其中最低的自然频率又称为基本自然振动频率（fundamental frequencies）。有关特征值问题的细节，请参考线性代数书籍。

为什么要知道自然频率呢？有时候，我们希望避开这些自然频率，避免结构产生共振破坏。譬如，所有会旋转的零件，我们不希望其旋转频率和结构的自然振动频率太接近，以免产生共振现象。共振现象轻者会产生噪声，重者可能将结构振坏。相反地，有时候会利用共振现象来节省输入能量。譬如，在以薄膜振动来压迫液体的微型泵设计中，故意控制输入电流脉冲（electricity pulse）的频率与薄膜的自然振动频率一致，来节省输入能量。除此之外，基本自然频率可以给我们一个准则，通过它可知道结构变形是快还是慢。基本自然频率也可以代表结构整体的刚度：频率低表示结构的刚度很低（结构很柔软），相反，频率高表示结构的刚度很高（结构很坚硬）。结构的软硬程度视需求不同而有不同的设计。譬如，刚性的高楼设计虽然不会摇动得太厉害，但是却不容易吸收地震能量；相反，柔性的高楼设计虽然摇动会比较大，但是往往可以吸收很大的地震能量，这犹如竹子虽软，却不易被风折断。

模态（vibration modes）有何实用上的价值呢？从振形（mode shapes）可以知道在某个自然共振频率下结构的变形趋势。若要加强结构的刚性，可以从这些较弱的部分来加强。比如一个装置的设计，如果经过模态分析后发现，最低频的振态是在整个装置的扭转方向（torsion），那么表示这个方向的刚度是首先需要加强的部分。

4）谐响应分析

谐响应分析（harmonic response analysis）可能是初学者较不容易了解的分析类别之一。每一个人都有荡秋千的经验，在秋千上适当地控制用力的时间点，秋千就能越荡越高，事实上，这是利用了秋千（单摆）的自然振动频率。另外一个例子是在吊桥上，一个人的力量就可以让很大的吊桥摆动，这也是利用了吊桥的自然振动频率。其实，只要顺着吊桥的自然振动频率同步地施予力量，一个人是可以把吊桥荡坏的。

相同的现象也可以出现在很多机器或结构上。譬如，一个会转动的机器（如电动机、引擎等）架设在一个支承结构上面。当机器转动时，因为转动通常会有或多或少的偏心，这种偏心的转动会造成一个上下的反复力量作用在支承结构上。如果这个转动的频率与支承结构的自然频率很接近，则这个支承结构就会产生共振现象，其后果是产生噪声、很大的变形，甚至破坏。另一个例子是会转动的叶片本身的共振现象。

叶片有自己的自然频率，如果叶片转动的频率和它的自然频率相近，叶片就会开始振动，同样，噪声、变形、破坏都有可能发生。

以上的例子都是强调结构体本身产生共振现象，在共振发生时，理论上变形会被无限制地放大（所以必然破坏）。实际的情况是，因为有阻尼的效应，变形的放大是有限度的，但是有多大呢？谐响应分析的目的就是了解结构在周期性的外力作用下的结构反应。

图 3 - 46 是一个结构在各种频率的周期性外力作用下的反应。横轴是外力的频率（由小至大），纵轴是某一特定点的变位量的振幅（也就是最大变位量）。注意，反应突然放大的地方代表共振现象。

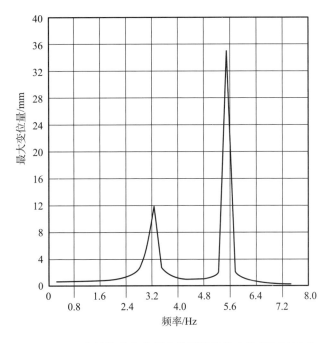

图 3 - 46　一个结构在各种频率的周期性外力作用下的反应

5）线性分析和非线性分析

若结构的反应和载荷是呈线性的关系，此结构就是线性结构，否则称为非线性结构。对一线性结构来做分析，就称为线性分析；对一非线性结构来做分析，就称为非线性分析。图 3 - 47 表示在线性分析中反应与载荷的关系。以一个悬臂梁为例，载荷可以是梁端的载重或沿着梁长度的载重，反应可以是梁端的位移，或是任何一点的位移和应力。

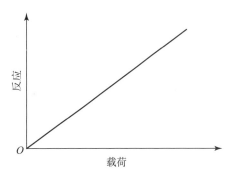

图 3 - 47　线性分析中反应与载荷的关系

严格来说，所有的结构都是非线性的，线性结构是一个理想化的假设。通常在什么样的条件下可以做这样一个理想化的假设呢？可以归纳成 3 个条件：变形必须很小；应力、应变关系必须是线性关系，也就是要符合胡克定律；在整个变形过程中不可以有状态或拓扑结构的改变，也就是说，本来是连在一起的，变形后不可以是分开的，或是反过来，本来是分开的部分，变形后不可以接触在一起。这种问题最多的是接触（contact）的问题，另外，破坏也是常遇到的状态的改变。

若符合以上 3 个假设条件，基本就可以认为结构是线性的。虽然这 3 个假设条件很严格，不过很多的时候，线性的假设都是可以接受的。尤其是只是要做一个结构行为上的探讨时，线性的假设能够很有效地去预测结构的各种行为，毕竟它比一个非线性的分析要容易得多。

线性结构 3 个条件中，只要有一个条件不能成立，就把它称为非线性结构。所以，非线性结构可依此分类如下：若是变形很大的情况，则称为几何非线性（geometric non-linearity）；若是应力、应变间不是线性的关系，则称为材料非线性（material nonliearility）；若是有状态上的改变，则称为状态非线性（status nonlinearity）。很多实际的例子都是同时存在着一个以上的非线性特质，图 3 – 48 是一个方形空心断面承受轴向压力的变形图，因为上下对称，所以只显示上半部。此例子是三种非线性同时存在：一是此例为大变形（几何非线性）；二是在如此大变形情况下，应力、应变关系常呈非线性关系，而且有部分变形是塑性的（材料非线性）；三是材料间有一部分已经接触在一起了（状态非线性）。

图 3 – 48　一个方形空心断面承受轴向压力的变形图

3. 结构分析的材料模型

在前面提过 6 个应力与应变关系［如式（3 – 247）］，它们是由适当的假设得到的。这 6 个描述材料特性的方程式称为材料的本构方程式（constitutive equation），方程式中的参数称为材料参数。

式（3 - 248）所描述的是一个简单的应力、应变关系，含有两个材料参数（E、G、μ 中任意两者），这是最简单、最常用的材料模式，但只是众多的材料模型（material models）之一而已。下面介绍结构分析中几种常见的材料模型。

1）弹性与塑性材料

通常材料模型都是以应力 - 应变曲线（或是应力 - 应变率曲线）来描述的。图 3 - 49 所示为某一材料进行单轴拉伸试验所得到的应力 - 应变曲线。当应力达到某一点而将应力解除之后，应力 - 应变曲线会回到原点，亦即外力解除后会恢复到变形前的几何形状，这种材料就称为弹性材料（elastic material）。图 3 - 49（a）是应力解除后，应力 - 应变曲线循着原来的路径回到原点；图 3 - 49（b）是应力解除后，应力 - 应变曲线虽然回到原点但并不是循着原来的路径。这两种材料都称为弹性材料。注意，图 3 - 49（b）的应力 - 应变曲线围绕的面积代表一部分的能量损失，这些能量损失通常是以热的方式贮存在材料中或散播出去（想象高速行进中的橡胶轮胎的发热现象），这一线性称为磁滞现象。

若弹性材料的应力 - 应变曲线呈直线，则称为线性弹性［如低碳钢在很小的应力下会呈现线性弹性，如图 3 - 49（c）所示；否则称为非线性弹性，如图 3 - 49（a）所示］。线性弹性材料通常以式（3 - 248）来描述。

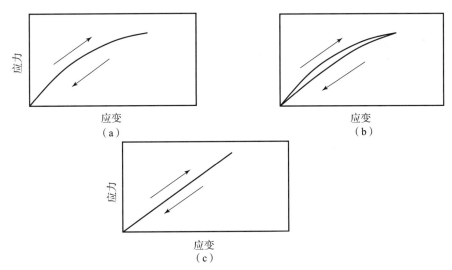

图 3 - 49　某一材料进行单轴拉伸试验后所得到的应力 - 应变曲线

（a）非线性弹性；（b）磁滞弹性；（c）线性弹性

还有另一种可能的材料行为：将应力解除后，曲线并没有回到原点，而是有一残留应变（residual strain），或称塑性应变（plastic strain），我们称此种材料为塑性材料（plastic material）。塑性材料应力 - 应变曲线如图 3 - 50 所示。注意，应力解除后的曲

线常呈一直线；而在应力 - 应变曲线图里所围成的
区域也代表了一种能量的损失，通常也是以热的方
式贮存在材料中或散播出去。如果对塑性材料（想
象碳钢在大变形下）反复地施予应力，则一方面会
产生热，另一方面会有塑性变形的累积，两者都可
能对材料产生破坏。ANSYS 提供了很多的塑性材料
模型可供选择。

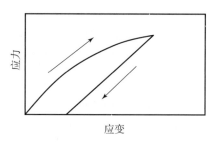

图 3 - 50　塑性材料应力 - 应变曲线

　　2）黏性与非黏性材料

　　一般的金属材料，反应和负载几乎是同步的；外力作用后，变形几乎是瞬间发生
的，这种材料称为非黏性材料。图 3 - 51 代表非黏性材料的应力、应变与时间的关系；
我们将它们画成两个图，其横轴都是时间，纵轴则分别是应力及应变。当施予应力时，
应变与应力是同步发生的，即应力增加，变形跟着增加；应力减小，变形也跟着减小。
这是大部分金属材料在固态时的特质之一。

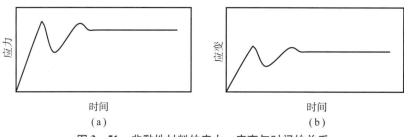

图 3 - 51　非黏性材料的应力、应变与时间的关系
（a）应力 - 时间曲线；（b）应变 - 时间曲线

　　相对的，许多材料（会"流动"的材料，譬如，金属在液态时，或是许多高分子
材料）的应力和应变发生不是同步的，如图 3 - 52 所示。应力增加时，应变不会马上
增加，而会有一个时间的延迟；相对的，应力减小时，应变也不会立即减小，也是会
延迟一段时间才减小。这种变形有时间延迟的效应，称为黏性效应，这种材料称为黏
性材料（viscous material）。黏性的现象事实上是"流动"的现象，所以黏性材料是介
于固体与流体间的材料，其材料模型通常非常复杂。这种材料模型常应用在下列情形：

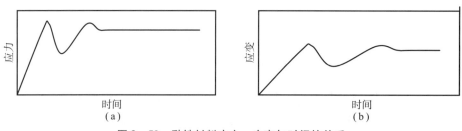

图 3 - 52　黏性材料应力、应变与时间的关系
（a）应力 - 时间曲线；（b）应变 - 时间曲线

在高温下（约熔点的一半以上）的金属；高分子材料。

3）各向同性、各向异性与正交各向同性材料

各向同性材料每一个方向的材料性质都一样；反之，则称为各向异性材料。之前提到的胡克定律公式［式（3-248）］，事实上是各向同性线性弹性材料的公式。各向异性线性弹性材料则可以用式（3-257）来描述：

$$\boldsymbol{\varepsilon} = \boldsymbol{D}\boldsymbol{\sigma} \qquad (3-257)$$

其中，应力 $\boldsymbol{\varepsilon}$ 及应变 $\boldsymbol{\sigma}$ 都是 6×1 的向量，所以 $\boldsymbol{D}$ 必然是 6×6 的矩阵，这个矩阵可以证明是对称的，所以，一般的各向异性线性弹性材料含有 21 个材料参数。

有很多各向异性材料呈现出正交性：材料的对称面互相正交。很多人造的复合材料都呈现出正交性，如层合板等。式（3-257）称为广义胡克定律，可以直接延伸至正交性材料：

$$\left.\begin{aligned}
\varepsilon_x &= \frac{\sigma_x}{E_x} - \mu_{xy}\frac{\sigma_y}{E_y} - \mu_{xz}\frac{\sigma_z}{E_z} \\
\varepsilon_y &= \frac{\sigma_y}{E_y} - \mu_{yz}\frac{\sigma_z}{E_z} - \mu_{yx}\frac{\sigma_x}{E_x} \\
\varepsilon_z &= \frac{\sigma_z}{E_z} - \mu_{zx}\frac{\sigma_x}{E_x} - \mu_{zy}\frac{\sigma_y}{E_y} \\
\gamma_{xy} &= \frac{\tau_{xy}}{G_{xy}} \\
\gamma_{yz} &= \frac{\tau_{yz}}{G_{yz}} \\
\gamma_{zx} &= \frac{\tau_{zx}}{G_{zx}}
\end{aligned}\right\} \qquad (3-258)$$

式（3-258）代表正交各向异性线性弹性材料的应力、应变关系，它含有 12 个材料参数：E_x、E_y、E_z、G_{xy}、G_{yz}、G_{zx}、μ_{xy}、μ_{yz}、μ_{xz}、μ_{yx}、μ_{zy}、μ_{zx}。其中 E_x 是 x 方向的拉伸模量，G_{xy} 是 xOy 平面上的剪切模量，而 μ_{xy} 代表因为 y 方向的拉伸所造成的 x 方向的泊松效应，其他符号则依此类推。μ_{xy}、μ_{yz} 及 μ_{xz} 称为主泊松比，而 μ_{yx}、μ_{zy} 及 μ_{zx} 称为次泊松比。广泛而言，μ_{xy} 与 μ_{yx}，μ_{yz} 与 μ_{zy}，μ_{xz} 与 μ_{zx} 可能不相等，但是它们之间有下列关系：

$$\frac{\mu_{xy}}{E_x} = \frac{\mu_{yx}}{E_y}, \quad \frac{\mu_{yz}}{E_y} = \frac{\mu_{zy}}{E_z}, \quad \frac{\mu_{xz}}{E_x} = \frac{\mu_{zx}}{E_z} \qquad (3-259)$$

所以正交各向异性线性弹性材料含有 9 个独立的材料参数。

正交性材料的例子并不少见，许多人造的复合材料为了发挥材料的最大效益，分别在不同方向设计成不同的刚度或强度，而且常常设计成正交性的，在后续章节将有详细介绍。

4. 强度理论

在结构分析中，根据结构材料不同，需要用不同的强度理论判断材料的破坏形式。

一般来讲，结构的破坏形式可分为塑性屈服和脆性断裂两种类型。相应地，强度理论可分为两大类：一类是解释脆性材料断裂破坏的，包括最大应力理论和最大拉应变理论；另一类是解释材料塑性屈服破坏的，包括最大切应力理论和形状改变比能理论。

1）最大拉应力理论（第一强度理论）

这一理论认为，最大拉应力是引起材料断裂破坏的主要因素，即不论是单向应力状态还是复杂应力状态，只要危险点的最大拉应力 σ_1 达到材料在单向拉伸时最大拉应力的极限值 σ_b，材料就会发生脆性断裂破坏，可表示为

$$\sigma_1 < [\sigma] = \frac{\sigma_b}{n} \qquad (3-260)$$

式中 n——结构的安全系数。

需要注意的是，第一强度理论对于任何截面上没有拉应力的单向压缩或三向压缩都不再适用。此外，该理论没有考虑其他两个主应力的影响，显然存在缺陷。

2）最大拉应变理论（第二强度理论）

这一理论认为，最大拉应变是引起材料断裂破坏的主要因素，即不论是单向应力状态还是复杂应力状态，只要危险点处的最大拉应变 ε_1 达到材料在单向拉伸时的最大拉应变的极限值 ε^0，材料就会发生断裂破坏。

在单向拉伸时，假设直到发生断裂时，材料仍处在线弹性范围内，则拉断时拉应力极限值可表示为

$$\varepsilon^0 = \frac{\sigma_b}{E} \qquad (3-261)$$

应用广义胡克定律，复杂应力状态下的 $\varepsilon_1 = \frac{1}{E}[\sigma_1 - \mu(\sigma_2 + \sigma_3)]$，因此，第二强度理论表达式可写为

$$\sigma_1 - \mu(\sigma_2 + \sigma_3) \leqslant [\sigma] \qquad (3-262)$$

从形式上看，该理论考虑了三向主应力的影响，比最大拉应力理论要完善，但在一般情况下，它并不比最大拉应力理论更符合试验结果，因此应用较少。

3）最大切应力理论（第三强度理论）

这一理论认为，最大切应力是引起材料屈服破坏的主要因数，即不论是单向应力状态还是复杂应力状态，只要危险点处的最大切应力 τ_{max} 达到材料的单向应力状态下开始屈服时的切应力的极限值 τ^0，材料就会发生塑性屈服破坏。

在单向拉伸时，当横截面上的拉应力达到极限应力时，与轴线呈 $45°$ 的斜截面上相应的切应力极限值为 $\tau = \frac{\sigma_b}{2}$。而在复杂应力状态下，最大切应力为 $\tau_{max} = \frac{\sigma_1 - \sigma_3}{2}$，因此，第三强度理论可写为

$$\sigma_1 - \sigma_3 \leqslant [\sigma] \qquad (3-263)$$

最大切应力理论被许多塑性材料的试验结果所证实。但其未考虑中间主应力 σ_2 的影响，存在一定缺陷。此外，该理论只适合抗拉、抗压强度指标相同的塑性材料，对脆性材料不适用。

4）形状改变比能理论（第四强度理论）

这一理论认为，形状改变比能是引起材料屈服破坏的主要因素，即不论是单向应力状态还是复杂应力状态，只要危险点处的形状比能达到材料在单向应力状态下发生屈服时形状改变比能的极限值 U_f^0，材料就会发生屈服破坏。

在单向拉伸时，形状改变比能的极限值可表示为

$$U_f^0 = \frac{1+\mu}{E}\sigma_s^2 \qquad (3-264)$$

在复杂应力状态下，形状改变比能与等效应力表达式相同，因此，第四强度理论可写为

$$\overline{\sigma} = \sqrt{\frac{1}{2}\left[(\sigma_1 - \sigma_2)^2 + (\sigma_2 - \sigma_3)^2 + (\sigma_3 - \sigma_1)^2\right]} \leqslant [\sigma] = \frac{\sigma_s}{n} \qquad (3-265)$$

该理论从反映受力和变形的综合影响的应变能出发来研究材料的强度，因此较为全面和完善。

一般来讲，对于脆性材料，宜采用第一强度理论，第二强度理论很少应用；对于塑性材料，宜采用第三强度理论和第四强度理论。但在一些特殊情况下，需要依据材料本身所处状态来确定。为此，无论是塑性材料还是脆性材料，在接近三向等拉的情况下，都将发生脆性断裂破坏，宜采用第一强度理论；在接近三向等压的情况下，都将发射塑性屈服破坏，宜采用第三强度理论或第四强度理论。

5. 有限元商业软件

大型通用有限元软件以功能强、使用方便、计算结果可靠和效率高等特点而逐渐形成新的技术商品，成为工程分析强有力的工具。目前，有限元法在现代结构力学、热力学、流体力学和电磁学等许多领域都发挥着重要作用。我国科研院所、工程界比较流行、广泛使用的大型有限元商业软件主要有 ANSYS、MSC Nastran、Abaqus、ADINA、AutoDYN 和 LS-DYNA 等。这里分别进行简要介绍。

1）ANSYS

ANSYS 是在 20 世纪 70 年代由 ANSYS 公司开发的工程分析软件。开发初期是为了应用于电力工业，现在已经广泛应用于航空、航天、电子、汽车、土木工程等各种领域，能够满足各行业有限元分析的需要。

ANSYS 软件主要包括 3 个模块：前处理模块、分析计算模块和后处理模块。前处理模块提供了一个强大的实体建模及网格划分工具，用户可以方便地构造有限元模型；

分析计算模块包括结构分析（可进行线性分析、非线性分析和高度非线性分析）、流体动力学分析、电磁场分析、声场分析、压电分析以及多物理场的耦合分析，可模拟多种物理介质的相互作用，具有灵敏度分析及优化分析能力；后处理模块可将计算结果以彩色等值线显示、矢量显示、粒子流迹显示、立体切片显示、透明及半透明显示（可看到结构内部）等图形方式显示出来，也可将计算结果以图表、曲线形式显示或输出。软件提供了多种单元类型，用来模拟工程中的各种结构和材料。

2）MSC Nastran

Nastran，即NASA结构分析系统（NASA Structual Analysis System），是20世纪60年代初美国宇航局为满足登月需求，使用有限元法开发的系统。2006年，MSC公司在继承原有MSC Nastran强大求解功能的基础上，又将高级非线性、显式非线性、链式分析、外噪声等分析功能集成到该求解器内，使得MSC Nastran成为目前业界最强大并得到最广泛应用的仿真方案。

MSC Nastran把解算器Nastran、Marc、Dytran、Admas和LS-DYNA综合成一个完全集成的多学科仿真方案提供给生产企业。此外，Nastran还为用户提供开发工具DMAP语言。根据实际工程应用，Nastran中有近70种单元的单元库以满足各种分析功能需要。Nastran常用于静力学分析、屈曲分析、动力学分析、热分析、空气动力学弹性及颤振分析、流固耦合分析、概率有限元分析等。

3）Abaqus

Abaqus是一套功能强大的工程模拟的有限元软件，其解决问题的范围从相对简单的线性分析到许多复杂的非线性问题。Abaqus包括一个丰富的、可模拟任意几何形状的单元库，并拥有各种类型的材料模型库，可以模拟典型工程材料的性能，其中包括金属、橡胶、高分子材料、复合材料、钢筋混凝土、可压缩超弹性泡沫材料以及土壤和岩石等地质材料。作为通用的模拟工具，Abaqus除了能解决大量结构（应力/位移）问题，还可以模拟其他工程领域的许多问题，如热传导、质量扩散、热电耦合分析、声学分析、岩土力学分析（流体渗透/应力耦合分析）及压电介质分析。

Abaqus由两个主要的分析模块组成：Abaqus/Standard和Abaqus/Explicito。其中在Abaqus/Standard中还附加了3个特殊用途的分析模块：Abaqus/Aqua、Abaqus/Design和Abaqus/Foundation。另外，Abaqus还分别为Moldflow和MSC. Adams提供了Moldflow接口和Adams/Flex接口。Abaqus/CAE是集成的Abaqus工作环境，包含了Abaqus模型的建模、交互式提交作业和监控运算过程以及结果评估（即后处理）等能力。Abaqus/Viewer是Abaqus/CAE的子模块，它只包含其中的后处理功能。

4）ADINA

ADINA是以有限元方法为基础的大型数值计算系统，通过求解各种物理基本控制方程来计算各种结构、流体、温度场及多场耦合的不同问题，提供以下5个求解器：

（1）ADINA：结构模型求解器（进行如坝体抗震响应、流变计算）；

（2）ADINA – F：流体模型求解器（进行如非稳态渗流、明渠流动计算）；

（3）ADINA – T：温度（场）模型求解器（进行如混凝土水化热模拟）；

（4）ADINA – FSI：结构 – 流体 – 温度耦合模型求解器（进行如蓄水渡槽的地震响应计算）；

（5）ADINA – TMC：结构 – 温度耦合模型求解器（进行如坝体的温度应力计算）。

5）AutoDYN

AutoDYN 是美国 Century Dynamics 公司于 1985 年在加州硅谷开发的一款高度非线性显式有限元分析程序，发展至今一直致力于军工行业的产品设计与优化，并加入了全球最大的 CAE 软件公司 ANSYS。AutoDYN 正逐步融入 ANSYS 的整个协同仿真环境。

该软件拥有 Euler、Lagrange、ALE、SPH 等众多非常优秀的求解器，以及 300 多种常用的材料数据库和完全的流固耦合技术。它的结果重新映射技术和部件激活抑制技术极大地提高了用户的计算效率。该软件主要模拟流体、气体及固体在高速冲击和极限载荷条件下的响应及耦合分析，在国际军工行业享有盛誉，广泛应用于弹道学、战斗部设计、穿甲、爆轰、水下爆炸等问题的分析研究，如装甲和反装甲的优化设计、航天飞机火箭等点火发射、战斗部设计及优化、水下爆炸对舰船的毁伤评估、针对城市中的爆炸效应，可对建筑物采取防护措施，并建立保险风险评价、石油射孔弹性能研究、国际太空站的防护系统的设计、内弹道气体冲击波研究、高速动态载荷下材料的特性研究等。

6）LS – DYNA

LS – DYNA 是一种通用显式动力学分析程序，能够模拟真实世界的各种复杂问题，特别适合求解各种二维、三维非线性结构的高速碰撞、爆炸和金属成型等非线性动力冲击问题，同时，可以求解传热、流体及流固耦合问题。

LS – DYNA 程序是功能齐全的几何非线性（大位移、大转动和大应变）、材料非线性（140 多种材料动态模型）和接触非线性（50 多种）程序，以 Lagrange 算法为主，兼有 ALE 和 Euler 算法；以显式求解为主，兼有隐式求解功能；以结构分析为主，兼有热分析、流体 – 结构耦合功能；以非线性动力分析为主，兼有静力分析功能（如动力分析前的预应力计算和薄板冲压成型后的回弹计算）。

3.7.3　发射装置刚强度分析

1. 发射装置刚强度有限元分析流程

结合有限元软件和发射装置的特点，发射装置刚强度有限元分析流程如图 3 – 53 所示，下面分别进行介绍。

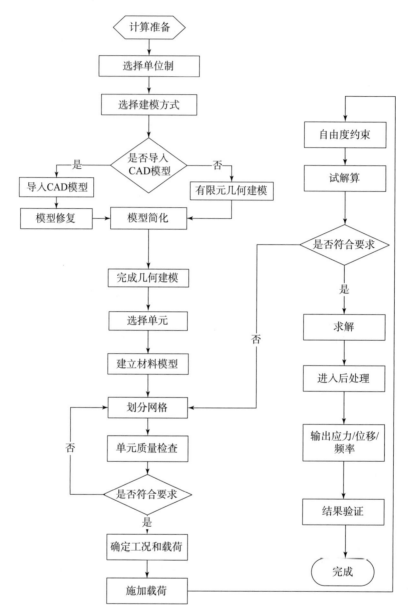

图 3 – 53　发射装置刚强度有限元分析流程

1）模型的单位选择

有限元分析过程中要保证单位的协调，当导入外部 CAD 模型到有限元软件中时，如果发现单位不一致，需要仔细检查模型并进行修改。

常用的单位制及其换算见表 3 – 13。

表 3 – 13　常用的单位制及其换算表

物理量	量纲	m – kg – s 制	mm – kg – s 制	mm – g – s 制	m – t – s 制
长度	L	m	mm	mm	m
质量	m	kg	kg	g	t
时间	t	s	s	s	s
面积	L^2	m^2	mm^2	mm^2	m^2
体积	L^3	m^3	mm^3	mm^3	m^3
惯性矩	L^4	m^4	mm^4	mm^4	m^4
速度	L/t	m/s	mm/s	mm/s	m/s
加速度	L/t^2	m/s^2	mm/s^2	mm/s^2	m/s^2
密度	m/L^3	kg/m^3	kg/mm^3	g/mm^3	t/m^3
力	$m \cdot L/t^2$	$kg \cdot m/s^2$	$mN = 10^{-3}N$ $= kg \cdot mm/s^2$	$\mu N = 10^{-6}N$ $= g \cdot mm/s^2$	$kN = t \cdot m/s^2$
力矩	$m \cdot L^2/t^2$	$N \cdot m$ $= kg \cdot m^2/s^2$	$mN \cdot mm$ $= 10^{-3}N \cdot mm$ $= kg \cdot mm^2/s^2$	$\mu N \cdot mm$ $= 10^{-6}N \cdot mm$ $= g \cdot mm^2/s^2$	$kN \cdot m$ $= t \cdot m^2/s^2$
应力/弹性模量/压力	$m/(L \cdot t^2)$	$Pa = N/m^2$ $= kg/(m \cdot s^2)$	kPa $= kg/(m \cdot s^2)$	Pa $= g/(m \cdot s^2)$	kPa $= t/(m \cdot s^2)$

有限元模型的单位一般应与 CAD 模型的单位保持一致，如果不一致，可在有限元软件中利用缩放等命令使其一致，优先选用的单位制为 m – kg – s 制和 mm – kg – s 制。

2）简化处理

模型建立后，根据分析目的对有限元模型进行简化，可去除与分析不相关的特征，一般简化的原则包括：

①简化后的模型应保留结构的重要几何特征。

②简化后的模型应满足网格划分的质量要求。

③简化后的模型应方便边界条件的加载。

④装配模型的材料等属性参数相同，并且在不考虑接触和装配体之间连接强度时，可将装配件合并。

⑤除作为约束条件而必须保留的螺栓、铆接等连接孔、工艺孔外，其余均可填充。

⑥可去除破坏了结构对称的一些不重要的倒角和凸台，便于利用对称模型。

针对发射装置的刚强度分析，主要的简化原则包括：

①发射装置上提供约束的辅助支承、连杆和拉杆一般不可忽略。

②发射装置上焊接连接的零部件可合并。

③发射装置上电气电缆的布线孔和安装孔一般可忽略。

④发射装置上的加强筋和加强筋板一般不可忽略。

⑤发射装置支脚或支脚座上提供约束的安装孔一般不可忽略。

⑥发射箱的刚强度计算一般仅考虑箱体，忽略前后箱盖和箱内各机构，计算时将箱盖和各机构的承载加在法兰与箱体的安装位置，箱盖和箱内各机构如果需要考核，可单独计算。

⑦发射箱箱体铆接的外蒙皮角筋计算时一般忽略。

⑧发射箱计算时忽略对刚强度无贡献的夹层隔热材料和隔热板。

⑨发射箱上的各窗口可忽略，或者将窗口所承受的载荷施加在连接处。

⑩适配器发射的发射箱，适配器一般忽略，单独计算适配器的承载。

3）单元类型的选择

按几何特征和单元种类，结构可分为杆系结构、板壳结构和实体结构。

对于不同的结构，有限元软件中有相对应的单元类型，与杆系结构对应的单元类型有杆和梁单元，与板壳结构对应的单元为壳单元，与实体结构对应的单元为3D实体单元。在应用时不仅需要考虑各单元的几何特征，也需要结合结构的力学行为。

具体的几何特性与力学行为如下。

①对于杆系结构，一般认为当杆件长度大于5倍截面特征尺寸时，若杆件不受弯矩，则采用杆单元模拟；若承受弯矩，则采用梁单元模拟。

②对于板壳结构，一般可根据表3-14进行处理。

表 3 - 14 板壳结构的几何特性、力学行为和单元选择对照表

几何特性	力学行为	单元
$L/h \leqslant (5 \sim 8)$	厚板	3D 实体单元
$(5 \sim 8) < L/h < (80 \sim 100)$	薄板	2D 实体单元或壳单元
$L/h \geqslant (80 \sim 100)$	薄膜	薄膜单元
$R/h \leqslant 20$	中厚壳	中厚壳单元
$R/h > 20$	薄壳	薄壳单元
注：h 为板壳厚度，L 为平板面内特征尺度，R 为壳体中面的曲率半径。		

③对于既非梁也非板壳结构，可选择3D实体单元。

主要单元类型的选择原则如下。

①力学行为原则。按上述的杆系结构、板壳结构和实体结构，分别采用与之力学行为相符的线单元、板壳单元和实体单元进行模拟。

②单元维数原则。优先选择梁杆单元，其次是板壳单元，最后是实体单元。

③单元阶数原则。优先选择高阶单元，但要注意高阶单元网格扭曲过大等问题。

④单元形状原则。优选四边形和六面体单元，然后再选择三角形和四面体单元。

⑤建模方便原则。当确定单元类型后，在能够达到同样目的时，应选择该类单元建模方便者。

发射装置结构单元的选择原则如下。

①发射箱的前后法兰一般当作板壳结构，推荐采用壳单元划分网格。

②发射箱内蒙皮用壳单元划分。

③发射箱各环筋、纵筋和支承框推荐采用梁单元，也可用壳单元。

④适配器滑轨一般截面较大，推荐采用壳单元划分。

⑤发射用的导轨推荐采用梁单元。

⑥发射箱支脚和吊块可简化到相应的支承框上，如果不简化，推荐采用实体单元。

⑦刚弹性转换器用弹簧阻尼单元。

⑧如果发射箱利用复合材料层合而成，复合材料层合结构件推荐采用壳单元，也可选择相应的实体单元。

⑨发射架上的各组成杆用梁单元。

⑩连杆或拉杆推荐采用杆单元，也可用梁单元。

⑪安装座和支脚座用实体单元。

⑫加强筋用梁单元。

⑬加强筋板选择壳单元。

4）材料模型

金属发射箱常用的材料是不锈钢与铝合金，材料均是各向同性线弹性材料，在有限元计算中只需输入密度、弹性模量及泊松比。如果考虑到发射时温度对弹性模量的影响，应输入各温度对应的弹性模量。

复合材料需要根据所选择的结构类型建立材料模型，如果结构是碳纤维或玻璃纤维层合结构，选用壳单元。除密度外，需要输入的材料参数有：纵向弹性模量、横向弹性模量、面内泊松比、剪切弹性模量；另外，需要在材料模型或者在失效准则中定义纤维方向拉伸强度、纤维方向压缩强度、基体方向拉伸强度、基体方向压缩强度和剪切强度。

如果选择的是正交各向异性实体单元，除密度外，需要输入的材料参数有 9 个：3 个方向的弹性模量、3 个面内的泊松比和 3 个面内的剪切弹性模量。同样需要定义各方向的强度，由于竖直方向的弹性模量不易取得，因此，建议在没有试验的基础上不要采用正交各向异性实体单元，如果确实需要用实体单元，而且也没有数据，可选择横向弹性模量相同的实体单元。

5）网格划分

网格数量决定了计算的效率和精度，应综合考虑，一般发射装置的单元数量在 10^5 范围内。

在结构不同部位采用大小不同的网格，这是为了适应计算数据的分布特点。网格密度受很多因素影响，如应力梯度、载荷类型、边界条件、所用的单元类型、单元形态及所期望的精度等。推荐的网格密度处理方式如下：

①约束和载荷加载处等关注区域网格应加密，其他区域网格应稀疏。

②倒角、翻边等关注的细节特征在宽度方向至少应放两排单元或一排有中间节点的单元。

③凸台、筋等关注的特征在厚度方向上至少应放两排单元或一排有中间节点的单元。

④连接孔等特征要求沿径向有两圈单元，再逐渐过渡到非连接区域。

单元之间过渡应相对平稳，否则，将影响计算结果的准确性，甚至使有限元计算无法进行。为避免不同单元类型的过渡导致局部应力异常，应避免把网格过渡区置于关心的区域或应力变化很大的区域。推荐的网格过渡措施如下：

①对于体单元，一般应使用四面体、五面体或六面体单元过渡。

②对于面单元，一般应使用三角形或四边形单元过渡。

6）连接的处理

焊接的零部件如果单元类型一致，可合并为一个特征，除此以外，可采用以下三种方式处理焊接。

①用两个零件焊缝处节点对节点融合的方式来模拟焊缝，如果是点焊，推荐此种方式处理。

②用刚性单元模拟焊缝，刚性单元连接两层结构的节点。

③利用刚性单元和实体单元模拟焊缝。刚性单元分别连接两层结构和实体的各节点。

螺纹连接可采用以下的处理方式：

①只考虑连接、被连接的零件或总成，不考虑螺栓本身的影响时，用一对多的刚杆单元将孔中心节点与孔第一、二层节点相连。

②不仅考虑连接、被连接的零件或总成，还需考虑螺栓本身的影响，此时螺栓用杆单元表示，用刚杆单元将孔中心节点与孔第一、二层节点相连，用杆或梁单元连接上下层孔中心节点。

③不考虑螺栓孔周围的应力，忽略孔本身，以螺栓孔中心为基点，利用刚性单元和实体单元模拟螺栓。刚性单元分别连接两层结构和实体的各节点。

铰链连接可采用以下处理方式：

①用刚性单元和杆单元模拟铰链之间的连接，在铰链孔中心建立刚性单元（释放

沿铰链销轴向的旋转自由度）与孔的内、外圈相连，刚性单元之间的铰链销用杆元（或者梁元）模拟。

②完全用刚性单元模拟铰链时，在销轴轴向中心创建两重复节点，分别建立两个刚性单元连接销轴所连的构件，再将两个重复节点通过多点约束方式连接，该多点约束沿销轴轴向的自由度释放。

7）单元检查

单元属性检查包括单元截面属性检查、单元的位置检查、单元的质量检查和单元的方向检查。

①单元截面属性检查。梁单元需要检查单元截面的输入参数和截面的方向，壳单元需要检查单元的厚度，复合材料壳单元还需要检查单元的铺层角度。

②单元的位置检查。利用梁单元的中心位置偏转和选择壳单元的顶部、中部和底部的位置，使梁单元和壳单元位于正确的位置。

③单元的质量检查。不良的单元形状会导致不准确的结构，甚至会导致计算不收敛或应力奇异，因此，需要对单元的质量进行检查。单元质量检查包括纵横比、斜度角、弯曲角、锥度和雅克比值等多种形状检查参数。

8）载荷与约束

发射装置计算时，建议发射箱与发射架共同建模进行计算。如果单独计算发射箱，施加的载荷为箱内导弹引起的载荷，约束加在发射箱支脚上；如果单独计算发射架，发射架上的载荷为导弹与发射箱引起的载荷，可以按如下两种方式获得：

①如果发射箱已进行了有限元计算，取出发射箱支脚位置的支反力，施加在发射架支脚座上作为载荷。

②如果发射箱未进行有限元计算，可将发射箱和导弹以质量点建模，利用连杆单元将质量点与发射架支脚座位置连接，通过施加质量点的过载或力将载荷传递到发射架上。

根据第 3.1～3.6 节的计算状态和载荷分析，主要的计算工况包括运输工况、发射工况、起竖工况、回转工况、吊装工况和摆装工况，各工况包含的载荷如下：

①发射装置运输工况的载荷包括运输时的惯性载荷、风载荷、箱内充气压力载荷和重力。

②发射工况的载荷包括舰载的导弹运输载荷、风载荷、重力、燃气流的冲击载荷和剪切力，燃气流的冲击载荷一般是指通过燃气流的计算得出流场对发射箱内表面的压力和温度，由于温度的影响属于瞬时冲击加热，计算时一般忽略。

③当发射装置需要快速起竖时，需要考虑快速起竖过程中的过载，一般将起竖过程中计算的导弹过载施加在发射装置上，并考虑风载荷、充气压力载荷和重力的影响。

④当发射装置需要快速回转时，需要考虑回转过程中的过载，一般将导弹在回转

过程中的过载施加在发射装置上，并同时考虑风载荷、充气压力载荷和重力的影响。

⑤发射箱在吊装时，需要考虑吊装过程中的过载，一般将导弹吊装过程中的过载施加在发射装置起吊位置。

⑥发射箱在摞装时，需要将上箱的发射箱和导弹的重力施加在下层发射箱的摞装位置，摞装运输时，需要同时考虑上箱和下箱的运输过载。

各载荷的施加一般可按以下方式进行：

①导弹运输载荷和起竖过载一般以过载的方式体现，在载荷施加时，将导弹的过载换算成力作用在发射箱内支承或锁定导弹的位置，横向和法向的过载以力的方式施加在导轨或适配器滑轨支承位置的节点上，轴向过载以力的方式施加在挡弹机构或锁紧机构上。

②一般将燃气流作用的最大压力施加在发射箱内表面上，在进行详细分析时，也可取出压力沿射向的分布或者压力与时间的函数，将其施加在发射箱内表面上。

③剪切力施加在安装剪切机构的箱体位置的节点上。

④风载荷一般以压力的方式施加在迎风面上，也可以力的形式分配施加到迎风面的节点上。

⑤充气压力的施加与风载荷类似，一般以压力的方式施加在发射箱内表面上，也可以力的形式分配施加到内表面的节点上。

⑥重力以重力加速度的方式施加，施加时注意重力加速度的方向。

在3D结构分析中，自由度有6个，即3个平动自由度和3个转动自由度，发射装置的自由度约束一般按以下方式进行：

①单独对发射箱进行分析时，将发射箱支脚位置的平面或者平面上的节点6个自由度全约束。

②发射架固定座位置的平面或平面上的节点的6个自由度全约束。

③转换节点坐标系，将连杆或拉杆连接处的轴向自由度约束。

9）求解

常用的有限元软件一般均可求解发射装置刚强度，可用的有限元软件求解器包括ANSYS、Abaqus、MSC Nastran和NX Nastran。发射装置仿真分析的求解类型一般为静态分析和模态分析，在静态分析过程中一般不考虑非线性，如果结构位移较大，应考虑几何非线性影响，开启软件的大变形项。若考虑几何非线性与未考虑的结果差别较大，应以考虑几何非线性的计算结果为准。在计算发射工况时，根据需要也可进行瞬态动力学的分析。

在求解前，可以选择进行求解代价估计，包括运行时间估计、文件大小估计和内存需求估计，根据估计的结果优化模型并求解。

一般要求在求解前，取部分模型进行试解算，可改变网格密度进行变换求解。当网格密度改变后前后计算结果差异不大于15%时，认为网格密度合适，可以进行正式求解。

10）后处理

后处理是对计算结果的处理，发射装置刚强度分析必须输出应力和位移，可选择输出约束反力和外载荷力。

在后处理过程中，有时会出现应力奇异点，如果应力奇异点离感兴趣区域较远，可以在查看结果时通过不激活受影响的区域忽略它的影响；如果应力奇异点位于感兴趣区域，需要进行如下纠正：

①在尖角处增加倒角，重新进行分析。

②替换点力载荷为等效压力载荷。

③"散布"位移约束至一个节点集。

11）结果验证

计算完成后，可对计算结果进行验证，一般采用工程估算、约束反力（支反力）、不同计算软件核算和对试验结果进行验证。

①采用工程经验或以往的数据进行估算，对计算结果进行初步的验证。

②在没有试验结果的情况下，可利用有限元软件在后处理中取出约束反力，与施加的载荷进行比较，如果约束反力等于载荷，说明加载正确。这可以作为一种简单的验证方式。

③可以利用不同的有限元软件对计算结果进行对比分析，差异不大于10%可认为计算合理。

④如果进行了加载试验，可利用试验结果对计算进行验证，并改进计算模型；复合材料发射箱由于材料性能离散和工艺性能影响较大，建议在计算前进行材料的试验和典型层合件的试验并改进计算模型。

2. 发射装置刚强度分析示例

某型发射装置采用四联装方式，发射架与箱弹连接关系示意如图 3 - 54 所示，导弹与发射箱通过三组滑块连接。本节进行发射装置在运输状态下的刚强度分析。

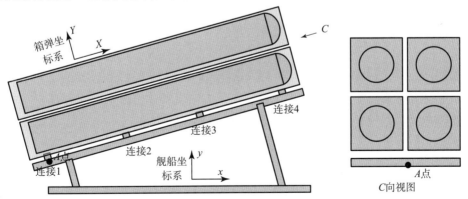

图 3 - 54　发射架与箱弹连接关系示意

1）计算模型

依据发射箱架结构模型，建立完整的发射装置有限元模型，如图 3 - 55 所示。

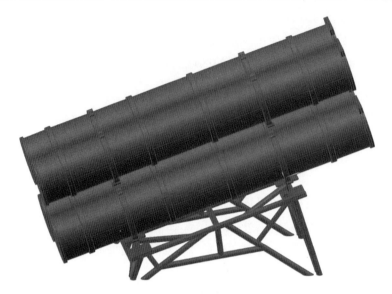

图 3 - 55　发射装置有限元模型

为达到设计减重目标，发射架和发射箱主体采用薄壁梁管结构和薄壳蒙皮构成，这些结构的截面尺寸（截面直径、厚度等）均远小于其主尺寸（结构长度等），因此，可采用梁杆单元和壳单元建立有限元模型。

2）连接方式处理

发射架与发射箱接触：发射架与发射箱接触为简化模型，以避免非线性分析带来的困难，采用变强度杆结构近似模拟箱、架间的连接关系。

发射架销轴与发射箱销孔连接：发射箱销轴与发射箱销孔同样通过接触连接，但只具有销轴方向的运动自由度，采用变强度杆结构和约束方程相结合的方式近似模拟销轴连接。

拉杆连接：采用杆单元直接将发射架的承力部位和发射箱上的拉紧位置进行连接。

箱体间连接：利用约束方程直接约束箱体间的对应自由度约束，包括左右箱体在 Z 方向（箱体坐标系）上的约束和上下箱体在 Y 方向（箱体坐标系）的约束。

箱弹连接：在导弹滑块对应位置将导弹简化梁模型节点与导轨节点采用弹性梁连接。

3）约束和载荷

为保证支承结构的刚强度，发射装置与舰艇上的强结构（肋骨）固接，因此，可直接约束发射架底部节点的所有自由度。

参考 3.4.2 节计算发射装置的惯性载荷，得出主要惯性载荷如下。

①垂向过载状态。过载大小：5.3g；

②横向、纵向最大过载耦合状态。横向过载：1.8g；纵向过载：1.8g。

其他运输状态载荷包括导弹受发射装置牵连运动的惯性载荷、风载荷、自重载荷和充气载荷。导弹受发射装置牵连运动的惯性载荷在模型中直接施加在简化后的弹体上；风载荷按风压施加在发射箱外表面上；自重载荷与惯性载荷类似，直接施加在发射装置上；充气载荷施加在发射箱内表面上。

4）计算结果

计算获得发射架最大等效应力为 99.531 MPa，发射箱上最大应力为 81.759 MPa，发射箱上最大位移为 4.853 mm，满足强度条件。计算结果分别如图 3 – 56、图 3 – 57 和图 3 – 58 所示。

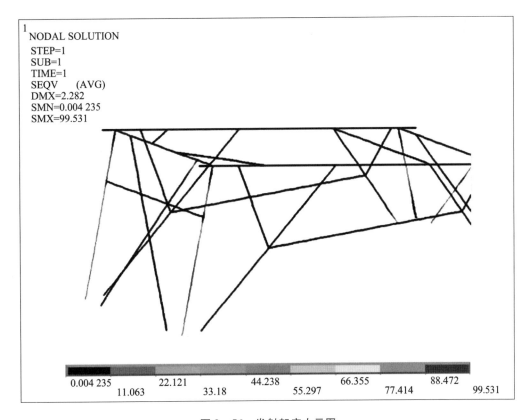

图 3 – 56　发射架应力云图

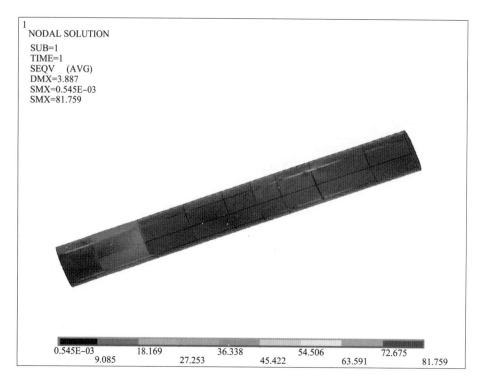

图 3 – 57　发射箱应力云图

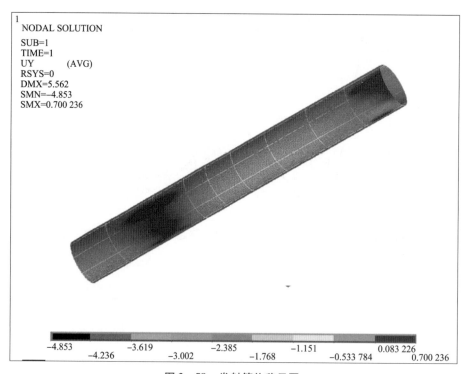

图 3 – 58　发射箱位移云图

3.7.4　复合材料发射箱结构分析

1. 复合材料特性

目前发射装置采用的材料主要是金属材料。由于金属材料密度大，在很多情况下难以满足武器系统的轻量化要求。此外，金属材料在复杂燃气环境和自然环境下的抗烧蚀、抗化学腐蚀方面也存在诸多问题。

复合材料不同于化合物和合金材料，它们的区别在于复合材料中的组分材料始终作为独立形态的单一材料而存在，没有明显的化学反应。它是一种结构材料，其性能和特性既可以保持原组分材料的某些特点，又能发挥组合以后的新特性。同传统材料相比，复合材料在力学性能上有比强度（σ_b/ρ）和比模量（E/ρ）较高的特点，性能具有可设计性，同时还具有良好的抗腐蚀性能，已经受到越来越多的关注，并在国内外发射装置中逐步得到应用。

2. 复合材料力学分析

1）复合材料力学分析基本假设

在对复合材料进行力学分析时，往往做以下假设：

（1）层合板是连续的。

连续性假设认为组成复合材料构件的体积空间充满着物质，其结构材料是密实的，即忽略由于工艺等原因在材料内部所造成的不可避免的少量空隙等缺陷，并认为相邻的各组成部分材料或各铺层都是紧密贴合的。

（2）单向板是均匀的。

均匀性假设认为从单向板内取出的任意部分，不论其体积大小如何，其力学性能在给定的坐标系下都是完全相同的。即不考虑组分材料之间的细观结构的效应，也就是说，只考虑单向板宏观的平均性能。因此，从单向板的任意点处按给定坐标系切取的典型单元体，其力学性能是相同的，而与典型单元体所处的位置无关。

按此假设，对于多向层合板，则在同一铺层（或同一铺层方向的若干层组成的铺层组内）是均匀的；而对于不同铺层方向的层，尽管各层是同种材料，但是在同一坐标系内所取典型单元体，其力学性能是不同的，所以多向层合板是分段均匀的。

（3）单向板是正交各向异性的。

正交各向异性假设认为单向板具有两个互相垂直的弹性对称面。对称面的垂直方向为材料的主方向。铺层方向是两个主方向中模量较大的一个。多向层合板一般是各向异性的，但不一定是正交异性的。即使是单向层合板，它在坐标与材料主方向重合时是正交异性的，但当坐标方向不与材料主方向重合时，也呈现各向异性的性能。

（4）层合板是线弹性的。

线弹性假设认为层合板在外力作用下产生的变形与外力成正比关系，且当外力卸去后，层合板能够完全恢复原来的形状。

（5）层合板的变形是很小的。

小变形假设认为变形与层合板构件的原始尺寸相比通常可以忽略不计。所以，在研究层合板构件的平衡和运动，以及其内部受力和变形等问题时，均可按构件的原始尺寸和形状进行计算。

2）复合材料的单层理论

根据复合材料的基本假设，在线弹性、小变形的情况下，叠加原理仍能适用。所以，所有应力分量引起的某一应变分量，等于由各个应力分量分别引起该应变分量的代数和。而且，在正交各向异性材料的主方向上，一点处的正应变仅与该点处的正应力有关，而与剪应力无关；同时，该点处的剪应变也仅与剪应力有关。

在平面应力状态下，正交各向异性单层板，在材料的主方向（纤维的方向 L、垂直于纤维的方向 T、厚度方向 Z，或 1、2、3 轴）坐标系（或正轴坐标系）中的应力 – 应变关系为

$$\left.\begin{aligned} \varepsilon_1 &= \frac{1}{E_1}\sigma_1 - \frac{\mu_{12}}{E_2}\sigma_2 \\ \varepsilon_2 &= \frac{1}{E_2}\sigma_2 - \frac{\mu_{21}}{E_1}\sigma_1 \\ \gamma_{12} &= \frac{1}{G_{12}}\tau_{12} \end{aligned}\right\} \tag{3-266}$$

式（3-266）也称为广义胡克定律。这里有 5 个工程弹性常数：E_1、E_2、μ_{12}、μ_{21} 和 G_{12}，但独立的工程弹性常数为 4 个。令

$$\left.\begin{aligned} s_{11} &= \frac{1}{E_1}, \ s_{22} = \frac{1}{E_2}, \ s_{66} = \frac{1}{G_{12}} \\ s_{12} &= -\frac{\mu_{12}}{E_2} = -\frac{\mu_{21}}{E_1} \end{aligned}\right\} \tag{3-267}$$

称这些量为柔度系数。从式（3-267）还可以导出用这些柔度系数表示的工程弹性常数，即

$$\left.\begin{aligned} E_1 &= \frac{1}{s_{11}}, \ E_2 = \frac{1}{s_{22}}, \ G_{12} = \frac{1}{s_{66}} \\ \mu_{12} &= -\frac{s_{12}}{s_{22}}, \ \mu_{21} = -\frac{s_{12}}{s_{11}} \end{aligned}\right\} \tag{3-268}$$

用柔量分量表示的单向板在主坐标系下的应变 – 应力关系式如下：

$$\begin{bmatrix} \varepsilon_1 \\ \varepsilon_2 \\ \gamma_{12} \end{bmatrix} = \begin{bmatrix} s_{11} & s_{12} & 0 \\ s_{12} & s_{22} & 0 \\ 0 & 0 & s_{66} \end{bmatrix} \begin{bmatrix} \sigma_1 \\ \sigma_2 \\ \tau_{12} \end{bmatrix} \tag{3-269}$$

由式（3-266）可以解出 σ_1、σ_2、τ_{12}。以应力为已知量、应变为未知量的应力 - 应变关系式如下：

$$\left.\begin{array}{l} \sigma_1 = mE_1\varepsilon_1 + m\mu_{21}E_2\varepsilon_2 \\ \sigma_2 = mE_2\varepsilon_2 + m\mu_{12}E_1\varepsilon_1 \\ \tau_{12} = G_{12}\gamma_{12} \end{array}\right\} \qquad (3-270)$$

设式（3-270）中

$$m = (1 - \mu_{12}\mu_{21})^{-1} \qquad (3-271)$$

则式（3-270）中应变有关各系数可简写为

$$\left.\begin{array}{l} Q_{11} = \dfrac{E_1}{1-\mu_{12}\mu_{21}}, \quad Q_{22} = \dfrac{E_2}{1-\mu_{12}\mu_{21}}, \quad Q_{66} = G_{12} \\ Q_{12} = \mu_{12}Q_{22} = \mu_{21}Q_{11} \end{array}\right\} \qquad (3-272)$$

称这些量为模量分量。因此，式（3-270）也可写成以模量分量表示的应力 - 应变关系的矩阵形式：

$$\begin{bmatrix} \sigma_1 \\ \sigma_2 \\ \tau_{12} \end{bmatrix} = \begin{bmatrix} Q_{11} & Q_{12} & 0 \\ Q_{12} & Q_{22} & 0 \\ 0 & 0 & Q_{66} \end{bmatrix} \begin{bmatrix} \varepsilon_1 \\ \varepsilon_2 \\ \gamma_{12} \end{bmatrix} \qquad (3-273)$$

综上所述，单向板或铺层的应力 - 应变关系可以用不同的三组材料常数来描述。这三组材料之间可以相互转换，由任意一组材料常数可求得另外两组材料常数。工程弹性常数由简单试验测得，所以，刚度性能在物理意义上是比较清楚的。柔量分量是由应力求应变关系式中的系数，且与工程弹性常数之间有较简单的换算关系。模量分量是由应变求应力关系式中的系数。在讨论多向层合板时会看到，各铺层之间的应变可以认为符合一定的简单关系，此时模量分量将是直接联系铺层模量与多向层合板刚度系数之间关系的参数。模量分量和柔量分量之间存在互逆关系。

3）复合材料的叠层板理论

（1）中面变形。

层合板是由单层板按一定顺序和角度叠层起来的。为了分析层合板的刚度，需要做以下假设：

①变形很小，且服从胡克定律。

②层与层之间理想黏结，无缝隙，黏结层的厚度可忽略不计。因此，层与层之间没有相互错动，变形是沿厚度连续的。

③层合板很薄，层合板中变形前垂直于中面的直线段，变形后仍保持直线且垂直于中面，该线段长度不变，即 $\varepsilon_z = 0$。

由假设③可得各方向任一点的应变：

$$\left.\begin{array}{l}\varepsilon_x = \dfrac{\partial u}{\partial x} = \dfrac{\partial u_0}{\partial x} - z\dfrac{\partial^2 \omega_0}{\partial x^2} \\[3mm] \varepsilon_y = \dfrac{\partial v_0}{\partial y} - z\dfrac{\partial^2 \omega_0}{\partial y^2} \\[3mm] \gamma_{xy} = \dfrac{\partial u_0}{\partial y} + \dfrac{\partial v_0}{\partial x} - 2z\dfrac{\partial^2 \omega_0}{\partial xy}\end{array}\right\} \tag{3-274}$$

将式（3-274）合写成矩阵形式：

$$\begin{bmatrix}\varepsilon_x \\ \varepsilon_y \\ \gamma_{xy}\end{bmatrix} = \begin{bmatrix}\varepsilon_x^0 \\ \varepsilon_y^0 \\ \gamma_{xy}^0\end{bmatrix} + z\begin{bmatrix}k_x \\ k_y \\ k_{xy}\end{bmatrix} \tag{3-275}$$

式中 $\varepsilon = \begin{bmatrix}\varepsilon_x \\ \varepsilon_y \\ \gamma_{xy}\end{bmatrix}$，为薄板中任意点的应变。

$$\begin{bmatrix}\varepsilon_x^0 \\ \varepsilon_y^0 \\ \gamma_{xy}^0\end{bmatrix} = \begin{bmatrix}\dfrac{\partial u_0}{\partial x} \\[2mm] \dfrac{\partial v_0}{\partial y} \\[2mm] \dfrac{\partial u_0}{\partial y} + \dfrac{\partial v_0}{\partial x}\end{bmatrix} \begin{bmatrix}k_x \\ k_y \\ k_{xy}\end{bmatrix} = \begin{bmatrix}-z\dfrac{\partial^2 \omega_0}{\partial x^2} \\[2mm] -z\dfrac{\partial^2 \omega_0}{\partial y^2} \\[2mm] -2z\dfrac{\partial^2 \omega_0}{\partial xy}\end{bmatrix} \tag{3-276}$$

式中 $(\varepsilon_x^0,\ \varepsilon_y^0,\ \gamma_{xy}^0)$ ——层合板中面的正应变和切应变；

$(k_x,\ k_y,\ k_{xy})$ ——中面的弯曲挠曲率或扭曲率。

（2）本构关系。

由式（3-275）知，层合板的应变沿 z 方向是线性变化的。根据单层板的应力-应变关系式（3-273），可求得层合板中第 k 层的应力：

$$\begin{bmatrix}\sigma_x \\ \sigma_y \\ \tau_{xy}\end{bmatrix}_k = \begin{bmatrix}\overline{Q}_{11} & \overline{Q}_{12} & \overline{Q}_{16} \\ & \overline{Q}_{22} & \overline{Q}_{26} \\ \text{sym.} & & \overline{Q}_{66}\end{bmatrix}_k \times \left(\begin{bmatrix}\varepsilon_x^0 \\ \varepsilon_y^0 \\ \gamma_{xy}^0\end{bmatrix} + z\begin{bmatrix}k_x \\ k_y \\ k_{xy}\end{bmatrix}\right) \tag{3-277}$$

$\overline{Q}$ 矩阵有下标 k，说明每一层的 $\overline{Q}$ 不完全相同。z 是变量，每一单层对应不同的 z。每一层的 ε_x^0、ε_y^0、γ_{xy}^0、k_x、k_y、k_{xy} 都不一样。层合板单位宽度上的合内力（拉、压或剪切力）为 $(N_x,\ N_y,\ N_{xy})$，单位宽度上的合内力矩（弯矩或扭矩）为 $(M_x,\ M_y,\ M_{xy})$，如图 3-59、图 3-60 所示。合内力、合内力矩由各单层的应力沿层合板厚度积分而得

$$(N_x, N_y, N_{xy}) = \int_{-h/2}^{h/2}(\sigma_x, \sigma_y, \tau_{xy})\mathrm{d}z \tag{3-278}$$

$$\left(M_x, M_y, M_{xy}\right) = \int_{-h/2}^{h/2} \left(\sigma_x, \sigma_y, \tau_{xy}\right) z \mathrm{d}z \qquad (3-279)$$

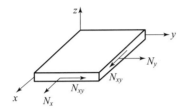

图 3-59　单位宽度上的合内力

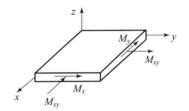

图 3-60　单位宽度上的合内力矩

将式（3-277）带入式（3-278）、式（3-279）得

$$\begin{bmatrix} N_x \\ N_y \\ N_{xy} \end{bmatrix} = \begin{bmatrix} A_{11} & A_{12} & A_{16} \\ & A_{22} & A_{26} \\ \text{sym.} & & A_{66} \end{bmatrix} \begin{bmatrix} \varepsilon_x^0 \\ \varepsilon_y^0 \\ \gamma_x^0 \end{bmatrix} + \begin{bmatrix} B_{11} & B_{12} & B_{16} \\ & B_{22} & B_{26} \\ \text{sym.} & & B_{66} \end{bmatrix} \begin{bmatrix} k_x \\ k_y \\ k_{xy} \end{bmatrix} \qquad (3-280)$$

$$\begin{bmatrix} M_x \\ M_y \\ M_{xy} \end{bmatrix} = \begin{bmatrix} B_{11} & B_{12} & B_{16} \\ & B_{22} & B_{26} \\ \text{sym.} & & B_{66} \end{bmatrix} \begin{bmatrix} \varepsilon_x^0 \\ \varepsilon_y^0 \\ \gamma_x^0 \end{bmatrix} + \begin{bmatrix} D_{11} & D_{12} & D_{16} \\ & D_{22} & D_{26} \\ \text{sym.} & & D_{66} \end{bmatrix} \begin{bmatrix} k_x \\ k_y \\ k_{xy} \end{bmatrix} \qquad (3-281)$$

以上公式构成层合板的基本关系，即本构方程。若 N、M 已知，由式（3-280）和式（3-281）可求得 ε^0 和 k，进而可对层合板进行应力和变形分析。

4）复合材料的破坏准则

对于正交各向异性材料，需要 5 个强度指标才能对复杂应力状态下的单层板进行强度分析。5 个指标分别是：

①X_t：纤维方向的拉伸极限强度。

②X_c：纤维方向的压缩极限强度（绝对值）。

③Y_t：横方向的拉伸极限强度。

④Y_c：横方向的压缩极限强度（绝对值）。

⑤S：面内剪切极限强度。

得到以上 5 个强度指标后，利用合适的强度准则，就可以对单层板进行强度分析和评估。在航空复合材料结构设计中，常用的有蔡-希尔（Tsai-Hill）准则、蔡-胡（Tsai-Wu）准则、霍夫曼（Hoffman）准则。

（1）最大应力准则。

最大应力准则认为，通过坐标转换后，材料主轴方向的各应力分量必须小于各自的强度，见式（3-282），关系中有一个不成立，就将发生破坏。最大应力准则不考虑破坏模式之间的相互影响，即某个方向的破坏只与该方向的应力分量有关，与其他方向的应力无关。

$$\left.\begin{aligned}\sigma_1 < X_t \quad (\text{拉伸}) \qquad \sigma_2 < Y_t \quad (\text{拉伸})\\ |\sigma_1| < X_c \quad (\text{压缩}) \qquad |\sigma_2| < Y_c \quad (\text{压缩})\\ \tau_{12} < S \quad (\text{剪切}) \end{aligned}\right\} \qquad (3-282)$$

（2）最大应变准则。

$$\left.\begin{aligned}\varepsilon_1 < \varepsilon_{1t} \quad (\text{拉伸}) \qquad \varepsilon_2 < \varepsilon_{2t} \quad (\text{拉伸})\\ |\varepsilon_1| < \varepsilon_{1c} \quad (\text{压缩}) \qquad |\varepsilon_2| < \varepsilon_{2c} \quad (\text{压缩})\\ \gamma_{12} < \gamma_{12}^u \quad (\text{剪切}) \end{aligned}\right\} \qquad (3-283)$$

ε_{1t}、ε_{1c} 分别是纤维方向的拉伸和压缩极限应变；ε_{2t}、ε_{2c} 分别是横向的拉伸和压缩极限应变，是绝对值；γ_{12}^u 是剪切极限应变。式（3-283）只要有一个不成立，将发生破坏。最大应变准则也不考虑破坏模式之间的相互作用。

（3）蔡-希尔破坏理论。

由于各向异性材料应力、应变之间的耦合效应，用最大应力（变）理论所得结果与试验数据差别较大，因此，需要考虑包含更多的强度指标，研究更为完善的强度理论。

1965 年，Stephen W. Tsai，建立了蔡-希尔单向板破坏准则：

$$\frac{\sigma_1^2}{X^2} - \frac{\sigma_1\sigma_2}{X^2} + \frac{\sigma_2^2}{Y^2} + \frac{\tau_{12}^2}{S^2} = 1 \qquad (3-284)$$

式中 X——纵向拉压强度；

Y——横向拉压强度；

S——面内剪切强度。

蔡-希尔准则只能判定是否发生破坏，而不能判定发生何种形式的破坏。由于考虑了应力分量的相互影响，根据最大应力准则判定不破坏的情形，也可能满足蔡-希尔准则破坏条件。

（4）霍夫曼破坏理论。

考虑同一方向上拉、压强度不同这一情况后，霍夫曼提出了另一准则：

$$\frac{\sigma_1^2}{X_t X_c} - \frac{\sigma_1\sigma_2}{X_t X_c} + \frac{\sigma_2^2}{Y_t Y_c} + \frac{X_c - X_t}{X_t X_c}\sigma_1 + \frac{Y_c - Y_t}{Y_t Y_c}\sigma_2 + \frac{\tau_{12}^2}{S^2} = 1 \qquad (3-285)$$

该准则考虑了不同的拉、压强度和 3 个应力同时作用情况。当 $X_t \neq X_c$、$Y_t \neq Y_c$ 时，式（3-285）就是蔡-希尔准则。

（5）蔡-胡应力准则。

蔡-胡应力准则规定不论什么应力状态，当铺层正轴向的应力分量满足失效准则时，材料就会失效。

$$F_{11}\sigma_1^2 + 2F_{12}\sigma_1\sigma_2 + F_{22}\sigma_2^2 + F_{66}\sigma_6^2 + F_1\sigma_1 + F_2\sigma_2 = 1 \qquad (3-286)$$

$$F_{11} = \frac{1}{X_t X_c} \qquad F_1 = \frac{1}{X_t} - \frac{1}{X_c}$$

$$F_{22} = \frac{1}{Y_t Y_c} \qquad F_2 = \frac{1}{Y_t} - \frac{1}{Y_c}$$

$$F_{66} = \frac{1}{S^2} \qquad \sigma_6 = \tau_{12}$$

一般，$-1 < F_{12}^* < 1$，而 $F_{12}^* = F_{12} / \sqrt{F_{11} F_{22}}$。

3. 复合材料发射箱结构分析示例

以下进行某型复合材料发射箱的刚强度分析。复合材料发射箱主要由内外蒙皮、夹层泡沫、前后法兰、环筋、支承框等组成。

箱体内蒙皮为 2.5 mm 厚度 T700 – 12K 单向层合板 + 内层 0.5 mm 厚度碳布，外蒙皮为 1 mm 厚度高强玻璃纤维/环氧单向层合板，夹层为 46 mm 厚度聚氨酯泡沫，法兰为 20 mm 厚度 T700/环氧单向板 + 10 mm S 玻璃纤维/环氧单向板，支承框为 8 mm 厚度 T700/环氧单向板，截面为矩形管结构，加强筋为 2 mm 厚度 T700/环氧单向板，截面为 "Ω" 结构。材料性能见表 3 – 15。

表 3 – 15　材料性能

性能		T700 – 12K 单向板（0.125 mm）	碳布（0.125 mm）	S 玻璃纤维/环氧单向板（0.2 mm）	聚氨酯泡沫
拉伸强度/MPa	纵向	1 903	653.4	1 200	
	横向	38	608.4	20	
拉伸弹性模量/GPa	纵向	128	68.8	40	10
	横向	8.29	63.9	10	
压缩强度/MPa	纵向	1 257	546.3	700	0.15
	横向	159	528.3	110	
压缩弹性模量/GPa	纵向	113	64	40	10
	横向	7.78	60.4	8	
纵横剪切强度/MPa		83.7	159.3	18	
纵横剪切模量/GPa		4.48	4.3	4	

箱壁各部分复合材料铺层方式见表 3 – 16。

表 3 – 16　箱壁复合材料铺层方式

序号	材料	位置	厚度/mm	层数	铺层方式
1	玻璃纤维/环氧单向板	外蒙皮	1	5	$[0/45/90/-45/0]_s$
2	聚氨酯泡沫	夹层	46	1	各向同性
3	碳纤维/环氧单向板	内蒙皮	2.5	20	$[0/45/90/-45/0]_s$
3	玻璃纤维/环氧单向板	法兰内层	10	50	$[0/45/90/-45/0]_s$
4	碳纤维/环氧单向板	环筋内缘加强板	2	16	$[0/45/0/-45]_s$
5	碳纤维/环氧单向板	支承框壁	8	65	$[0/45/90/-45/0]_s$

建立复合材料发射箱有限元模型，如图 3 – 61 所示。

图 3 – 61　复合材料发射箱有限元模型

发射箱在导弹发射时需要承受导弹燃气流造成的压力，本例中以 0.05 MPa 的静压载荷模拟，图 3 – 62 ~ 图 3 – 64 所示为计算所得发射箱变形、应力、应变云图。

计算的发射箱最大变形为 8.9 mm，最大应力为 44.1 MPa，最大应变为 0.537，满足要求。

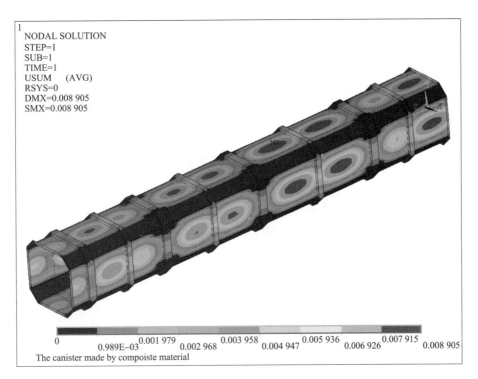

图 3 - 62　复合材料发射箱变形云图

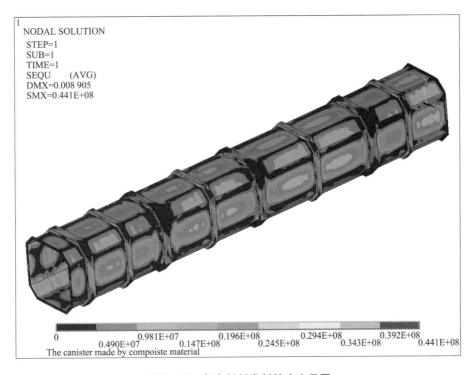

图 3 - 63　复合材料发射箱应力云图

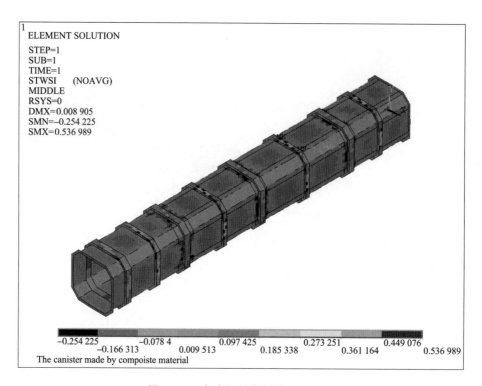

图 3 − 64　复合材料发射箱应变云图

第4章 舰潜载发射装置设计

按照发射角度划分，舰潜载发射装置分为倾斜式发射装置和垂直式发射装置。前者又包括固定角发射装置和回转式发射装置，后者按照排导方式可分为公用排气道式垂直发射装置和独立自排导式垂直发射装置。

4.1 舰载倾斜发射装置设计

4.1.1 固定角发射装置设计

1. 概述

舰（艇）载发射装置采用倾斜发射形式，以便导弹发射后，顺利进入预定弹道（过载小），其俯仰角取决于导弹的发射要求，常为定角。并且，随着弹上扇面发射技术的发展，目标又处于海面上，通过舰上发射装置的配置和舰艇发射前的机动，可以覆盖攻击海域，所以发射方位角一般也是固定的。固定角发射装置主要应用于美国的"捕鲸叉"、法国的"飞鱼"、俄罗斯的"日炙"等。

2. 组成和工作原理

舰载倾斜式固定角导弹发射装置一般由贮运发射箱（筒）、发射装置支架、电气设备、燃气流排导装置等组成。有些发射装置还包括液压装置，用于发射箱（筒）开关盖控制。

（1）贮运发射箱（筒），一般由箱（筒）体、发射梁及其悬挂装置（或适配器及其滑轨）、插头机构、开关盖机构、导弹限位锁定机构、剪切机构、箱（筒）内环境参数检测装置、充气装置、电气系统、干燥剂及存放装置等组成。贮运发射箱（筒）使导弹与外界环境隔离，在导弹的贮存、运输和发射状态，为导弹提供保持其完好的有利内部环境；可以作为从外部检查导弹和导弹与外部传递信号、电力与指令的中介；也是直接发射导弹的作战单元，在导弹发射中起导向、定位作用。

（2）发射装置支架，一般由本体（金属焊接件）、发射箱定位及锁定装置组成。发射装置支架（简称支架）作为导弹及发射箱（筒）的支承底座，是重要承力组件，其功能是支承和固定贮运发射箱（筒），保证发射箱与舰面的联系，赋予导弹规定的发射仰角和用于固定发射装置中的电气设备及液压设备。

（3）电气设备，包括发射箱（筒）电气设备、舰面电气设备及舱内有关的电气设备三部分。发射箱（筒）电气设备一般包括插头插座、电加热装置、限位开关和导线电缆束等；舰面电气设备一般包括导弹接线箱、电动机控制箱、插头插座、导线电缆束等；舱内电气设备一般包括温度控制箱、液压控制箱、温度显示箱、环境参数测量仪和导线电缆束等。

（4）燃气流排导装置，一般由板材焊接而成，其作用是根据舰面布局情况，对需防护的设备进行燃气流防护。

液压装置由泵站、油缸、控制阀组、压力表及管路等组成。在舰载倾斜式固定角导弹发射装置中，液压装置一般仅用于大型发射箱（筒）的开关盖机构，如俄罗斯的"马斯基特"发射筒。

3. 设计依据

发射装置设计的依据是导弹系统和舰艇总体所提供的原始资料，包括：

（1）发射装置设计任务书；

（2）导弹、发射装置（箱）、运输装填设备协调图；

（3）导弹、地（舰）面设备信号、芯线协调表；

（4）导弹一阶、二阶固有频率；

（5）导弹质量、质心位置及转动惯量；

（6）导弹发射时燃气流参数；

（7）电、液、气源的品种、容量、特性等；

（8）舰（艇）面发射装置布置图及安装技术要求；

（9）舰（艇）用条件；

（10）舰（艇）理论线型图；

（11）舰（艇）舱室布置图。

4. 发射装置设计的战术技术指标

1）发射装置设计的战术要求

（1）发射方式。根据导弹总体性能、舰（艇）总体布置情况等选择发射时的姿态、导弹在发射梁上的贮存方式（贮运发射箱式）等。

（2）发射装置的形式。由作战时的火力要求和系统总体布置确定联装数、装填与补给的方式、发射率等。

（3）发射时导弹离轨姿态和速度（或发射导轨长度）。

（4）适应的环境条件。发射装置在发射、运输、航行状态下适应的力学环境、自然环境、电磁环境。

（5）操作使用要求的方便性、安全性。

（6）最大尺寸和最大质量。

2）发射装置设计的技术要求

技术要求是导弹武器系统、舰（艇）总体提出的结构、电气协调要求，主要有：

（1）导弹和发射装置间的配合与协调。

（2）导弹在发射装置上支承、贮存、检查以及发射的环境条件要求。

（3）发射装置和装填、转运设备以及其他地面设备的操作配合与协调要求。

（4）发射装置在舰（艇）面上配置与安装调整精度。

（5）发射时燃气流排导与防护要求。

发射装置设计就是将战术要求与技术要求指标结合起来，根据技术要求确定技术途径，选定结构需满足战术要求。

5. 发射支架的设计

1）支架的用途

发射装置支架（简称支架）是飞航导弹发射装置的一个重要承力组件。它的功能是：支承和固定贮运发射箱（筒），保证发射箱与舰面的联系，并赋予导弹规定的发射仰角和用于固定发射装置的部分电气设备、液压设备。

2）支架的基本要求

就支架的功能而言，其设计都应有一致的要求，主要要求如下。

（1）满足导弹武器系统提出的战术技术要求。

①具备支承、固定贮运发射箱（筒）并赋予一定射向的功能。

②满足发射装置所分配的技术精度指标，包括纵倾角、横倾角、质量、外形尺寸等要求。

③满足使用环境条件的要求，即在相应的高温、高湿、高海情的条件下，支架必须保证有足够的强度和刚度，能可靠地工作。

（2）满足合理的结构设计要求。

①结构应便于支承和固定贮运发射箱，操作轻便，迅速可靠。

②在满足功能和结构条件下，结构紧凑，尺寸最小，质量最小。

③便于安装、操作和保护支架上的电气设备、液压设备等。

④便于维护保养。

⑤设置供起重、装卸用的吊环（钩）及运输中的固定位置。

⑥具有良好的加工工艺性、考虑产品的经济性。

⑦选用的金属材料及涂、镀覆层材料应满足"三防"要求。

⑧结构应与舰总体布局相协调。

（3）满足安全使用要求。

支架的外形及操作部位不应危及操作人员的安全。

3）支架的结构设计

支架的结构主要由两部分组成：一是支架本体，一是锁定机构。

支架本体一般采用管材或型材（槽钢、角钢、工字钢等）焊接成能赋予规定射向，具有足够强度、刚度，并能与运载体安装、固定的结构框架。

锁定机构分为前锁定机构和后锁定机构两种形式。每个贮运发射箱支承在一组锁定机构上。每组锁定机构包括 2 个前锁定机构和 2 个后锁定机构，由于上本体有带"V"槽面和平面两种，因此，一组锁定机构有四种结构形式。

前锁定机构（图 4－1）起锁定贮运发射箱前支脚的作用。从图中可看出，它是由本体 1 和装在箱体 2 内的零、部件组成。图示中的本体 1 为带"V"槽的一种，其结构如图 4－2 所示。当转动螺杆的方头时，通过叉形体带动钩子沿托架上的导向销向前（或向后）运动，从而实现松开（或锁紧）发射箱前支脚的目的。

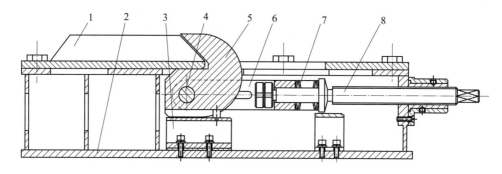

图 4－1　前锁定机构

1—本体；2—箱体；3—托架；4—销轴；5—钩子；6—叉形体；7—碟形弹簧；8—螺杆

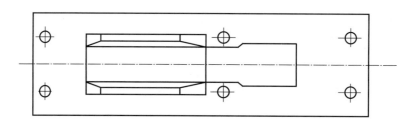

图 4－2　带"V"槽的本体结构

箱体底平面上布有 8 个螺栓孔，锁定机构通过 8 个螺栓固定在支架本体上。

蝶形弹簧既能防止螺杆转动，同时也是贮运发射箱热胀冷缩的自动补偿环节。

后锁定机构（图 4－3）起锁紧贮运发射箱后支脚的作用。其结构和工作原理与前锁定机构的基本相同。

后锁定机构上的卡爪与前、后锁定机构上的钩子配合，共同锁紧发射箱的 4 个支脚。

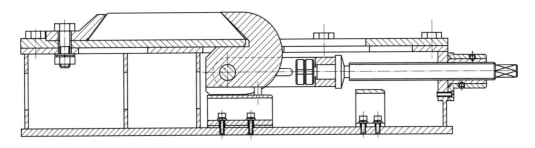

图4-3 后锁定机构

目前，装舰（艇）的飞航导弹发射装置已趋向于俯仰、方位角固定的箱式发射装置。这种结构形式决定了支架应可靠地支承和固定贮运发射箱。但是，发射装置支架吊装上带弹的发射箱后，无论发射状态还是航行状态，支架受到的工作载荷和环境载荷非常复杂，在这些随机载荷的作用下，支架同时产生振动、冲击、颠簸、摇摆；另外，支架安装在舰（艇）平台的不同位置给支脚造成的动力学环境也不同，而支架的动力学响应也随着力学环境和自身结构不同而不同。支架在这些复杂而综合的作用结果下将会产生变形、结构变位。因此，支架的结构设计必须通过计算分析，优选方案，最终得到结构简单、质量最小，又能满足最恶劣外载荷时的强度、刚度要求的结构。

支架的计算步骤如下：

（1）建立结构模型。可根据经验，选择或设计最优支架结构方案，运用三维设计软件，建立支架的结构模型。

（2）建立计算模型。针对结构模型，根据有限元计算的需要，对其进行必要的处理，并准备必要的数据。

（3）确定约束条件。根据支架在舰上安装的情况，在计算模型上施加合适的约束条件。

（4）确定外载荷。一般按支架所受最恶劣（舰艇在高海情下航行时）的外载荷选取。

（5）计算获得结构的应力、应变等结果。

（6）分析计算结果，验证受力主杆件的安全系数。

（7）修正方案，求得优化方案。

发射装置支架是低合金钢管材、板材或普通碳素型材的焊接结构。由于焊缝多，焊接时易产生较大变形。但支架的发射仰角又直接影响导弹的初始飞行轨迹，为保证导弹具有一定的初始发射角及与舰面的联系，在支架设计时采取了一些活动调节环节。例如，为保证锁定机构支承发射箱支脚的4个平面处于同一平面内，在锁定机构与支架本体之间设置了调整垫板，板厚为6～8 mm。调整垫板弥补了支架本体的焊接变形，其平面度应不低于《形状和位置公差未注公差的规定》GB 1184中附表1的11级。此时，发射箱的 4 个支脚同时坐落在锁定机构的平面上，当钩子锁紧支脚时，不会对发射箱箱体产生预应力。

支架的支承底板与舰面之间采用 8 ~ 10 mm 的调整垫板，弥补支架在运输过程中的变形及舰面平台变形造成的安装误差，以保证支架的纵倾角、横倾角。

安装在支架上的一组锁定机构中，带"V"槽的锁定机构布置在中心线的同一侧，并要求保证前、后"V"槽对中心线的平行度和对称度；反之，另一侧的锁定机构支承面是平面，因此，吊装发射箱时支脚很容易进入"V"槽内，操作十分方便。

锁定机构的卡爪、钩子的结构强度及锁定机构连接螺栓的连接强度是在外载荷分析的基础上用最恶劣状态的最大外载荷进行设计的，可利用机械设计的方法计算，同时也考虑到结构的外观及相互尺寸协调等方面的需要。

一般情况下，支架在发射装置中所占体积和质量都较大，设计时，在满足使用功能的条件下，应尽量减小质量，使结构紧凑。而管式桁架结构就具有自重较小、整体刚度大的优点，因此，不少支架的结构形式采用钢管桁架结构。但是，这种结构形式的缺点是制造工作量大，焊接工作条件差，外形尺寸也稍大些，电气设备布置困难。另外，型材焊接结构虽然制造容易，便于安装各种设备，但是自重比管结构的大。

支架采用加强筋板的方式来提高支架焊接半体杆与杆之间的连接强度和刚度，筋板的厚度为 3 ~ 4 mm，加强筋板一定要布置合理，否则一是不起作用，二是增加了结构的质量。

支架的变形是由焊接热应力引起的，因此，设计支架时要合理选用焊缝的形式、尺寸、位置，以减小热应力及焊接变形。焊接时使用多种类工装、工艺架等强制性方法限制支架的自由变形。支架利用断续焊、对称焊等来减小变形，焊后采用人工振动时效、自然时效或热处理等方法去除残余应力对结构的影响。

支架安装在舰（艇）上，环境条件恶劣，构件很容易锈蚀，为保证支架有足够的工作寿命，选择的材料要好，不能存在潜在的锈迹或锈斑。选择具有很好的附着性能和"三防"性能的涂料涂覆在清理干净的支架外表面。机加表面要进行表面处理，涂层厚度要求在 7 ~ 12 μm。目前支架的机加件都采用镀镉、镀铬、镀锌等表面处理方法防止锈蚀。活动部位采用涂润滑油脂进行保护。

目前国外舰载导弹发射装置的支架多采用数量少的大构件焊接而成，既保证构件强度和刚度，外形还美观。

4）支架的受力分析

作为支架，一般直接支承着发射箱（筒），下面同运载体（舰、艇、车、飞机等）连接、固定。所以它承担着导弹、发射箱及运载体传来的动、静载荷。

静载荷包括支架自重、导弹和发射箱自重以及附属的电气、液压设备的自重。

动载荷则有风载、惯性载荷、导弹发射时的脱锁力、气动载荷和爆炸冲击波等。

动载荷在不同的工作状况下有不同的内容，所以要具体分析，选取最主要的动载荷来作为设计载荷。

（1）支架的一般工作状况。

做支架受力分析时，应至少考虑以下三种工况。

①瞄准状态。

瞄准状态是指导弹系统在瞄准打击目标时支架的工作状况。在这种状态下，支架可能做升降或回转运动，应注意最大的升降或回转加速度，其引起的动载不可忽视。

作为定角发射的支架，导弹瞄准打击目标完全是靠动载体的回转来完成的。飞航式导弹一般都有 ±30° 以上的射击扇面，只要目标进入扇面，就可以发射导弹，所以运载体无须也不太可能做大角度的急速旋转。其引起的惯性载荷可以忽略。当然，运载体航行时所引起的惯性力及其他动、静载荷则是主要的考虑对象。

②发射状态。

为了提高导弹的命中精度，一般导弹发射时，要求运载体运行较为平稳，这就是说，导弹发射时，支架所承受的外载往往不是最大的。但是有一些载荷是独有的，如导弹滑行前的闭锁力、燃气动力，以及导轨不平行引起的惯性力等。

③航行状态。

支架所承受的最大载荷往往出现在这种状态中，特别是当追击目标或逃避敌方攻击时，一般会使用运载体的极限速度，因此，惯性力、风载、颠振、冲击等几种载荷都可能同时产生最大值。一般应把此状态作为最主要的设计状态，再综合考虑以上两种状态，就可较全面地包括实际的外载荷了。

（2）几种重要载荷的计算和处理。

下面以舰载飞航导弹的发射装置支架为例，说明几种重要的外力的计算方法，其他类型的支架也可参考这种方法。

为了计算简便，在做支架的受力分析时，有时采用"过载系数 n"的概念。

①风载。

桁架式支架的迎风面积与发射箱（筒）相比是很小的，可以忽略，只需计算发射箱（筒）的最大迎风面上所承受的风载即可。即

$$F_i = qC_x R_H S_i \beta$$

式中 F_i——最大迎风面形心所承受的风载；

      q——额定风压，根据允许的最大海情按表 4 - 1 取离海面 6 m 高处的突风风压值；

      C_x——气动阻力系数，只与迎风物体（发射箱）外形有关，对矩形物体，可取 $C_x = 1.4$；

      R_H——风压随高度增加系数，如发射箱离海面高度小于 10 m，取 $R_H = 1.0$；

β——考虑阵风作用时的修正系数，视舰艇的振动周期而定；

S_i——迎风面面积。

风力等级见表4-1。

表4-1 风力等级表

风级	风级名称	海面上6 m高处的风速/（m·s⁻¹）		海面上6 m高处的风压				海面浪高/m	
				平均值		突风		一般	最高
		平均值	突风	kgf①·m⁻²	Pa	kgf·m⁻²	Pa		
0	无风	0 ~ 0.5	1.0	0	0	0.1	1.96	—	—
1	软风	0.6 ~ 1.7	3.2	0.2	1.96	0.8	7.84	0.1	0.1
2	软风	1.8 ~ 3.3	6.2	0.9	8.83	3.1	30.4	0.2	0.3
3	微风	3.4 ~ 5.2	9.6	2.2	21.6	7.5	73.6	0.6	1.0
4	和风	5.3 ~ 7.4	13.6	4.5	44.1	15.0	147.1	1.0	1.5
5	清风	7.5 ~ 9.8	17.8	7.8	76.5	25.7	252.1	2.0	2.5
6	强风	9.9 ~ 12.4	22.2	12.5	122.6	40.0	392.3	3.0	4.0
7	疾风	12.5 ~ 15.2	26.8	18.8	184.4	58.4	573.8	4.0	5.5
8	大风	15.3 ~ 18.2	31.6	27.0	264.8	81.3	797	5.5	7.5
9	烈风	18.3 ~ 21.5	36.7	37.5	367.8	109.7	1 076	7.0	10.0
10	狂风	21.6 ~ 25.1	42.0	51.1	502.2	143.5	1 407	9.0	12.5
11	暴风	25.2 ~ 29.0	47.5	68.4	670.9	183.5	1 800	11.5	16.0
12	飓风	>29.0	53.0	89.5	877.8	229.0	2 246	14.0	>16

可以根据力的平衡原理，将力 F_i 分配到支架上的有关节点上去。一般发射箱同时有两个主要的迎风面，应当将两者叠加分配到支架上，看作支架上的作用外力。

风载最大过载系数一般不会超过0.5。

②摇摆惯性载荷。

这种载荷主要是指舰艇的纵摇和横摇所产生的过载，应选择离舰艇摇心最远的一座发射装置支架来分析。

以横摇为例，发射装置支架惯性载荷如图4-4所示，A点为带弹发射箱的质心，O点为舰艇的摇心，可以事先从有关舰艇的资料中算出最大角速度 $\dot{\theta}$ 和角加速度 $\ddot{\theta}$，依下式可算出径向和切向最大惯性力 F_R、F_t：

$$F_{R\max} = n_{r\max}\omega = \frac{a_{r\max}}{g}\omega = \frac{R\ddot{\theta}_{\max}}{g}\omega$$

---

① 1 kgf = 9.8 N。

$$F_{t\max} = n_{t\max}\omega = \frac{a_{t\max}}{g}\omega = \frac{R\ddot{\theta}_{\max}^2}{g}\omega$$

θ 取弧度值。纵摇惯性载荷计算与此类似。

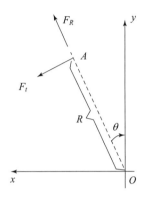

图 4 – 4　发射装置支架惯性载荷

横、纵摇惯性载荷也可按力的平衡原理移到发射箱支架上的有关节点上去。但应注意，A 点为带弹发射箱的质心，若是双联装支架，则为各带弹发射箱的组合质心，这一点与风载的作用点不同，风载作用于迎风面的形心上。

③其他重要载荷。

一般舰载导弹发射装置支架除了有以上的风载、纵横摇惯性载荷以外，冲击、颠振、轨圆运动的过载等都必须考虑。

这里综合中国现代舰艇的有关技术资料以及试验验证所取得的一些经验数据记录，供参考：

冲击过载系数 $n_{c\max} = 1.5$；

颠振过载系数 $n_{d\max} = 3 \sim 7$；

轨圆运动过载系数 $n_g = \dfrac{\pi}{20}$；

值得注意的是颠振，它对支架设计有很大影响。即在设计载荷中占的比例相当大，若 n_d 取得过大，支架必定笨重，因此建议取 $n_d = 3$，最大不能超过 5。

以上这三种载荷都可看作垂直于海平面的载荷，但一般不是垂直于甲板的，这是值得注意的。

把以上所述的各种载荷统统分配到支架的有关节点上去，每个有关节点都有 F_x、F_y、F_z 和 M_x、M_y、M_z 6 个参数。把它们作为外载，与甲板固定连接的节点作为约束，就可建立模型，利用计算机及相应的结构分析软件来校核各单元的内力，从而修正初始的支架设计，使其结构得以优化，更趋合理。

以上只是针对舰载定角发射架而言的，对于运载体是公路车辆或飞机，或是其他类型的发射架，其外载荷要根据运载体的有关技术资料以及支架的结构形式加以分析确定。只要抓住动、静载荷这个特点，下面的事情就好做了。

5）支架的强度、刚度计算及振动特性分析

这部分工作主要是利用计算机及相应的结构分析软件来实现的。

所谓的强度计算，即指对支架在动、静载荷作用下，各结构单元的内应力计算，从而修正预定的结构参数，使各单元符合强度要求；而刚度计算则是计算各节点的最大位移；振动特性则是指结构在动载荷作用下的振型及固有频率。不过，由于建模时已经对结构做了许多简化，所以计算得出的频率与实际固有频率相差较大，这是应注意之处。目前振动特性是通过在实验室内进行试验来测试和验证的，即对包括弹、发射箱和发射装置支架在内的整套发射装置进行试验检测。

根据计算结果，找出最危险的部位，如强度不足，则加强该部位；如有一些单元承力太小，又不做其他用，则可去除、简化，使整个结构更趋于合理。改动后的结构再次进行计算，直到满意为止。

6）导流器的设计

对于舰上热发射的导弹来说，导流器是必须配备的设备，其作用是顺利排导燃气流，避免对舰面设备造成损伤。其具体的设计见第8.2节。

4.1.2　回转发射装置设计

在导弹发射装置中，有一种要求在较大范围内自动跟踪瞄准目标进行攻击的类型，因此发射装置设置了回转部分。以下就回转发射装置与固定发射装置在设计上的不同之处进行介绍。

1. 回转支承参数的选择

1）概述

为了支承回转部分并与发射装置瞄准机构中的方向机配合，赋予发射架回转部分在水平面内的角度转动，实现预定方向射角的要求，在回转部分和基座之间装有回转支承装置。

发射装置的回转部分固定在回转座圈上，而回转支承的固定座圈则与基座固接。在回转时借助滚动摩擦传递力矩，从而可减小方向瞄准的载荷。

回转支承装置的作用载荷是由回转台以上的转动部分的自重及所承受的各种外力施加给回转支承装置的载荷。

舰舰导弹发射装置布置在舰甲板上，舰艇型回转支承作用载荷如图 4 - 5 所示。在相对静止状态，回转支承装置上的作用载荷由以下几种因素形成：包括带弹的贮运发射箱在内的回转部分的自重及运载体运动和瞄准运动引起的 x、y、z 三方向的惯性载荷；风力作用在发射箱上的载荷；挡弹发射时，导弹在推力作用下相对发射箱运动所

产生的发动机推力、剪切销的剪断力
及燃气流的动载荷 T；等等。也就是
说，回转支承装置上面要承受回转部
分传来的动、静载荷，而下面承受运
载体传来的动载荷，这些复杂的载荷
在回转支承上可以简化为沿回转轴方
向作用的轴向力 Q、垂直回转轴方向作
用的径向力 F 和翻倒力矩 M。

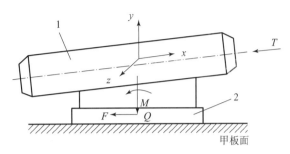

图 4-5 舰艇型回转支承作用载荷

1—发射箱；2—回转支承装置

2）回转支承装置的结构形式

在要求跟踪瞄准的发射装置中，回转支承装置的结构形式多采用滚动支承座形式，
根据承受轴向力 Q、径向力 F、翻倒力矩 M 能力不同，回转支承装置的结构可分为以
下三种形式。

（1）简单支承装置

如图 4-6 所示，它由止推轴承、径向轴承和立轴等组成。其工作特点是受力单
纯。径向力 F 由立轴 3 和径向轴承 2 承受；止推轴承 1 承受轴向力 Q 和翻倒力矩 M。
防撬板和基座之间留有间隙 Δ，当翻倒力矩 M 增大，间隙 Δ 消除，防撬板起防止回转
部分翻倒的作用。

简单支承装置的优点是承载能力大，便于制造，但是结构复杂，各方向受翻倒力
矩的能力不同。

（2）半通用型支承装置

图 4-7 为导弹发射装置所采用的半通用型支承装置。主要由上、中、下三座圈组
成。上、下两座圈固定在回转托架上，中座圈固定在基座上，固定不动。中座圈上的齿
圈与瞄准机构方向机的小齿轮配合，实现发射装置回转部分相对固定部分的回转。中座圈
上的短立柱和滚柱轴承承受径向力 F，双排轴承和上、下座圈承受轴向力 Q 和翻倒力矩 M。

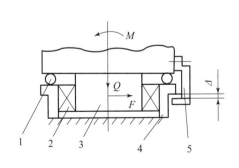

图 4-6 简单支承装置

1—止推轴承；2—径向轴承；

3—立轴；4—基座；5—防撬板

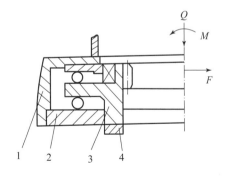

图 4-7 半通用型支承装置

1—上座圈；2—下座圈；

3—中座圈；4—基座

半通用型支承装置的特点是承载能力大，摩擦力小，方向跟踪瞄准轻便，但是结构复杂。

（3）通用型支承装置

图4-8所示的通用型支承装置内外圈滚道是两个对称的圆弧曲面。滚珠的接触压力角一般为60°~70°，它具有结构简单、承载能力大、高度尺寸小的优点，但是受力复杂，摩擦阻力矩大，工艺要求高。其工作特点是一排滚珠（或滚柱）同时承受轴向力 Q、径向力 F 和翻倒力矩 M 三种载荷。

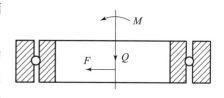

图4-8　通用型支承装置

3）回转支承装置的受力分析

在进行回转式发射装置设计时，应主要考虑滚子与滚道之间的接触强度，所以受力分析也围绕这个中心进行。

按一般程序，首先应确定最大外载荷，这些外载荷主要包括导弹发射时的闭锁力，导弹滑行时的摩擦阻力、燃气动力，回转支承装置的自重和运输状态所经受的各种载荷等。

一般选取射击平面内的一对滚子作为强度计算的对象，此一对滚子所受的外载荷最大。所以，必须事先将射击平面内的所有外载通过力的平衡原理移到回转中心。合成结果主要有受轴向力 Q、径向力 F 和翻倒力矩 M。

下面就导弹回转支承装置设计中通常采用的三种基本形式分别做分析。

1）简单支承装置的受力分析

下面以图4-6所示简单支承装置的止推轴承为例来分析其受力情况。其他类型的轴承则较为简单或在导弹发射装置中用得少，可参考其他资料。

简单支承装置一般有以下三种工作情况。

（1）第一种工作情况。

当轴向力 Q 较大、翻倒力矩 M 较小时，滚道不与滚珠脱开，滚珠全部参与受力，防撬板不起作用。其变形规律如图4-9（a）所示。

（2）第二种工作情况。

当翻倒力矩 M 加大，由于有间隙 Δ 存在，使上滚道张开一定角度，滚道与滚珠部分脱开，滚珠部分受力，防撬板仍不起作用。其变形规律如图4-9（b）所示。

（3）第三种工作情况。

滚道张开角度加大，滚珠部分脱开，部分滚珠受力，防撬板承受一部分载荷。其变形规律如图4-9（c）所示。

根据弹性理论及变形协调条件，上述三种工作情况可用函数 $u(\beta)$ 来判别，即

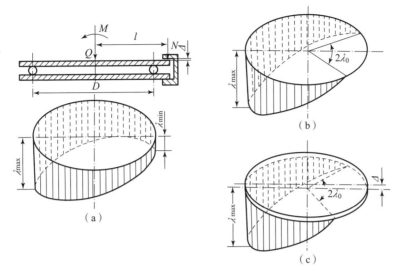

图 4 - 9 三种工作情况变形图

（a）第一种工作情况；（b）第二种工作情况；（c）第三种工作情况

$$u(\beta) = \frac{2M}{DQ} \tag{4-1}$$

式中 M——翻倒力矩；

Q——轴向力；

D——滚珠中心圆直径；

β——变形系数。

三种工作情况的判别如下。

（1）当 $0 < u(\beta) \leqslant 0.6$ 时。

此时可判定其属于第一种工作情况。因为当滚珠的最小变形 $\lambda_{\min} = 0$ 时，$u(\beta) = 0.6$，此时开始有滚珠不受力，但受力最大的滚珠所承受的最大外载荷为

$$p_{\max} = \frac{Q}{n}\varepsilon(\beta) \tag{4-2}$$

式中 $\varepsilon(\beta)$ ——不均匀系数，表示回转支承受力的不均匀程度；

n——滚珠数量。

$\varepsilon(\beta)$ 与 $u(\beta)$ 有关，即每一确定的 $u(\beta)$，相应地有一个确定的 $\varepsilon(\beta)$。滚珠座圈的 $u(\beta)$ 与 $\varepsilon(\beta)$ 的对应关系列于表 4 - 2 中。

表 4 - 2 滚珠座圈的 $u(\beta)$ 与 $\varepsilon(\beta)$ 的对应关系

工作情况	第一种工作情况							第二种工作情况			
$u(\beta)$	0	0.1	0.2	0.3	0.4	0.5	0.6	0.7	0.8	0.9	0.95
$\varepsilon(\beta)$	1.0	1.0	1.41	1.64	1.87	2.10	2.36	2.72	3.37	4.80	6.80

图 4-10 表示第一种工作情况在射击平面内各滚珠的变形呈直线变化。

（2）当 $0.6 < \dfrac{2M}{DQ} \leqslant 1$ 时。

此时属于第二种工作情况或第三种工作情况，即部分滚子不受力。

先假设是第三种工作情况，即防撬板承受一部分载荷，有约束力 N，如图 4-11 所示。

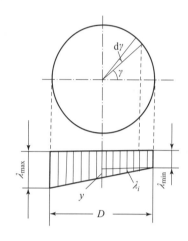

图 4-10　第一种工作情况变形图

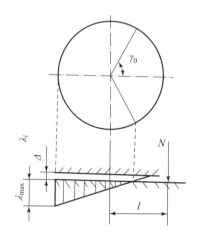

图 4-11　第三种工作情况变形图

由式（4-3）计算 $s(\gamma_0, \phi)$，再根据 s 和 ϕ 值从表 4-3 中查出 $u(\gamma_0)$ 值。

$$s(\gamma_0, \phi) = \frac{\dfrac{M}{l} + Q}{5\ 346nK\sqrt{\dfrac{d}{2}}\ (\Delta\phi)^{1.5}} \tag{4-3}$$

式中　Δ——防撬板间隙，cm；

　　　l——防撬板支承面至回转中心距离，cm；

　　　d——滚珠直径，cm；

　　　K——修正系数，它和滚道槽半径 R 与滚珠半径 $d/2$ 的比值有关，由表 4-4 可查出；

　　　ϕ——$\phi = \dfrac{D}{2l}$。

表 4-3　滚珠座圈的 $u(\gamma_0)$ 值

ϕ	$s(\gamma_0, \phi)$									
	0.03	0.04	0.05	0.06	0.07	0.08	0.09	0.10	0.12	0.14
0.6	0.942	0.934	0.922	0.922	0.915	0.909	0.905	0.901	0.892	0.885

续表

ϕ	$s(\gamma_0, \phi)$									
	0.03	0.04	0.05	0.06	0.07	0.08	0.09	0.10	0.12	0.14
1.0	0.941	0.933	0.926	0.922	0.915	0.909	0.905	0.902	0.894	0.888
1.2	0.940	0.926	0.926	0.920	0.915	0.909	0.905	0.902	0.895	

ϕ	$s(\gamma_0, \phi)$									
	0.16	0.18	0.20	0.30	0.40	0.50	0.70	1.00	2.00	3.00
0.6	0.877	0.871	0.865	0.842	0.825	0.812	0.773	0.760	0.705	0.636
0.8	0.882	0.875	0.870	0.852	0.835	0.824	0.805	0.788	0.745	0.695
1.0	0.884	0.877	0.872	0.855	0.838	0.827	0.811	0.803	0.700	

表 4 – 4　刚度和接触应力修正系数

$2R/\alpha$	105	106	107	108	109	110	111	112	113	114	115	120	125	130	140
K	2.55	2.39	2.28	2.18	2.11	2.04	1.98	1.93	1.88	1.84	1.81	1.67	1.58	1.51	1.41

①若 $u(\gamma_0) > \dfrac{2M}{DQ}$ 时。

此时说明防撬板不参加工作，这时属于第二种工作情况。可由计算出的 $u(\gamma_0)$ 查表 4 – 2 得 $\varepsilon(\gamma_0)$ 值，再由式（4 – 2）求出滚珠受的最大载荷 $p_{\max}$。其变形如图 4 – 12 所示。

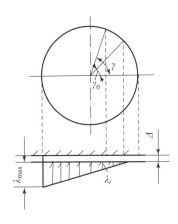

图 4 – 12　第二种工作情况变形图

②若 $u(\gamma_0) < \dfrac{2M}{DQ}$ 时。

此时说明防撬板参加工作，即属于第三种工作情况。按计算出的 $u(\gamma_0)$ 由表 4 – 2 查出 $\varepsilon(\gamma_0)$ 值。

用下面两公式计算防撬板的反作用力 N 及滚珠所受的最大压力 p_{max}。

$$N = \frac{\dfrac{M}{l} + Q}{1 + \dfrac{D}{2l}u(\gamma_0)} - Q \qquad (4-4)$$

$$p_{max} = \frac{Q + N}{n}\varepsilon(\gamma_0) \qquad (4-5)$$

2）半通用型支承装置的受力分析

半通用型支承装置也有三种工作情况，见表4-5。前两种工况上排滚珠不受力，下排滚珠部分或全部受载，这两种工作情况的受力计算公式与简单支承装置的一致。第三种工况为中滚道脱开量较大，间隙消除后，上下两排滚珠均有一部分受力，半通用型支承装置变形如图4-13所示。

表4-5 不均匀系数 $\varepsilon_d(\gamma_0)$ 和 $\varepsilon_u(\gamma_0)$

$u_t(\gamma_0)$	0.60	0.65	0.70	0.75	0.80	0.85	0.90	0.95	1.0	1.2	1.4	1.6	1.8	2.0	2.34
$\varepsilon_d(\gamma_0)$	2.36	2.50	2.64	2.77	2.90	3.03	3.15	3.26	3.38	3.83	4.28	4.73	5.18	5.62	6.39
$\varepsilon_u(\gamma_0)$	0	0.06	0.16	0.27	0.37	0.48	0.58	0.69	0.81	1.24	1.68	2.12	2.57	2.92	3.78

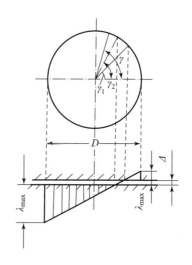

图4-13 半通用型支承装置变形图

为计算简便，可忽略间隙 Δ 的影响。首先求出

$$u_t(\gamma_0) = \frac{2M}{DQ} \qquad (4-6)$$

再根据此值查表4-5，可得出 $\varepsilon_u(\gamma_0)$、$\varepsilon_d(\gamma_0)$，这两者分别为上、下两排滚珠的不均

匀受力系数。滚珠所受最大压力如下。

上排滚珠最大压力

$$p_{u\max} = \frac{Q}{n}\varepsilon_u(\gamma_0) \qquad\qquad (4-7)$$

下排滚珠最大压力

$$p_{d\max} = \frac{Q}{n}\varepsilon_d(\gamma_0) \qquad\qquad (4-8)$$

3）通用型回转支承装置的受力分析

通用型回转支承装置由单一的一排滚珠承受全部的载荷，如图 4 - 14 所示。

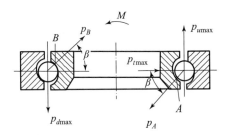

图 4 - 14　通用型回转支承装置受力分析

按下列步骤计算：

（1）先计算 $u_t(\gamma_0) = \dfrac{2M}{DQ}$。

（2）查表 4 - 5 可得到不均匀系数 $\varepsilon_u(\gamma_0)$、$\varepsilon_d(\gamma_0)$。

（3）根据式（4 - 7）、式（4 - 8）计算出射击平面内一对滚珠从上面作用的最大压力 $p_{u\max}$ 及从下面作用的最大压力 $p_{d\max}$。

（4）计算滚珠径向最大压力：

$$p_{t\max} = \frac{F}{n}\varepsilon(\gamma_0)$$

式中　$\varepsilon(\gamma_0)$——不均匀系数，对于滚柱，$\varepsilon(\gamma_0) = 5$，对于滚珠，$\varepsilon(\gamma_0) = 4.6$。

（5）由图 4 - 14 可知，当内座圈对射击平面的一对滚珠作用载荷 $p_{t\max}$、$p_{u\max}$、$p_{d\max}$ 后，滚珠在 A、B 两点产生反力，即接触压力 p_A、p_B，其计算式为

$$\tan\beta = \frac{p_{u\max} - p_{d\max}}{p_{t\max}}$$

$$p_A = \frac{p_{u\max}}{\sin\beta}$$

$$p_B = \frac{p_{d\max}}{\sin\beta}$$

4）回转支承装置回转阻力矩计算

回转阻力矩主要来自滚珠的滚动阻力、滚珠与隔离圈的摩擦阻力及密封防尘圈与轴的摩擦阻力。

（1）滚动阻力矩。

①止推轴承的阻力矩。

$$M_Q = Qf\frac{D}{d} \qquad (4-9)$$

式中　Q——止推轴承的轴向载荷，N；

　　　f——滚子的滚动摩擦系数，$f = 0.01 \sim 0.08$；

　　　D——回转中心圆直径，cm；

　　　d——滚子直径，cm。

②径向轴承的滚动阻力矩。

$$M_F = \frac{D}{d}f\sum p_i \qquad (4-10)$$

式中　p_i——滚子上的正压力，N。

经简化可取

$$M_F = \frac{4}{\pi}Ff\frac{D}{d}（滚柱轴承）$$

$$M_F = 1.22Ff\frac{D}{d}（滚珠轴承）$$

式中　F——作用于轴承上的径向力，N。

若回转支承装置中有止推轴承和径向轴承，则总的阻力矩由两部分组成，即

$$M_G = M_Q + M_F \qquad (4-11)$$

（2）摩擦阻力矩

①滚子与隔离圈的摩擦阻力矩。

$$M_0 = \frac{\pi}{2}q_0D^2 \qquad (4-12)$$

式中　q_0——隔离圈单位长度的摩擦阻力，取 $q_0 = 0.98$ N/cm。

②密封防尘圈与转轴的摩擦阻力矩。

$$M_y = \frac{\pi}{2}q_yD_1^2 \qquad (4-13)$$

式中　q_y——防尘圈单位长度的摩擦阻力，取 $q_y = 0.882$ N/cm；

　　　D_1——防尘圈摩擦圆周直径，cm。

2. 回转支承装置结构参数的确定

根据发射装置所受外载荷的大小及总体布置的要求，定出回转支承装置的结构形

式和尺寸后，需确定结构参数，并进行强度计算。

1）机构参数的确定

（1）滚动体数量的确定。

滚动式回转支承装置常采用隔离圈来保证滚动体之间的正常距离，以便使滚动体受力均匀，摩擦力小，运转正常。

一排滚动体的数量为

$$n = \frac{K_p \pi D}{d} \tag{4-14}$$

式中　D——滚动体中心圆直径，cm；

　　　d——滚动体直径，cm；

　　　K_p——用以考虑放置隔离圈而在滚动体间留间隙的系数，一般取 $K_p = 0.6 \sim 0.8$。

（2）滚道结构尺寸。

滚道槽圆弧半径　　　$R = (1.05 \sim 1.5) \dfrac{d}{2}$

滚道厚度　　　　　　$b = (0.3 \sim 0.6)d$

滚道深度　　　　　　$a = (0.05 \sim 0.15)d$

式中　d——滚动体直径，cm。

上述参数范围对双排滚珠的回转支承取较大值，单排滚珠的回转支承取较小值。滚道结构参数如图 4-15 所示。

（3）其他要求。

滚珠、滚柱一般选用国家标准直径，所以应符合有关轴承标准的要求。

滚珠、滚柱都要分组装配，一组中的直径差值要尽量小。滚珠允差 0.002 mm，滚柱允差 0.006 mm。

滚动体硬度比滚道硬度略高。一般滚动体硬度 HRC 61~65，滚道硬度 HRC 52~56，淬火层深度为 2~4 mm，回火带硬度不低于 HRC 42。

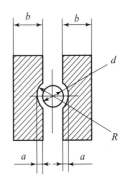

图 4-15　滚道
结构参数

2）强度计算

（1）滚动体与滚道的接触强度。

滚动体的强度一般大于滚道的强度，因此只验算滚道的接触强度。

对于滚珠与滚道，按点接触应力计算为

$$\sigma_{\max} = 45\,700 \sqrt[3]{\frac{p_{\max}}{d^2}} \leqslant [\sigma] \tag{4-15}$$

式中　$p_{\max}$——滚珠所承受的最大压力，N；

d——滚珠直径，cm；

$\sigma_{\max}$——滚珠与滚道之间最大接触挤压应力，N/cm^2；

$[\sigma]$——滚道的许用挤压应力。

对于滚珠与滚道，按线接触应力计算为

$$\sigma_{\max} = 195 \sqrt{\frac{p_{\max}}{lr}} \leq [\sigma] \tag{4-16}$$

式中 $p_{\max}$——滚柱所承受的最大压力，N；

l——接触线长度，cm；

r——滚珠半径，cm。

（2）滚珠压碎强度。

滚珠不被压碎的条件是：

$$p_{\max} \leq C_g d^2$$

式中 d——滚珠直径，cm；

C_g——滚珠标准强度系数，一般 $d < 5$ cm 时，取 $C_g = 1\,470\ N/cm^2$。

4.2　舰载垂直发射装置设计

舰载垂直发射系统一般由几个垂直发射装置组成，每个垂直发射装置是一个完整的导弹发射模块，可以独立完成发射任务。舰载导弹垂直发射装置已被越来越多的导弹使用，成为当前的主流发展方向。目前最成熟的，也是最广泛使用的是以美国的 MK-41 为代表的公用排气道式垂直发射装置。近年来，新型的独立自排导式发射装置已在兴起，这种发射装置也有其自身的特点。下面对上述两类垂直发射装置的设计特点进行简要介绍。

4.2.1　公用排气道式垂直发射装置设计

以美国的 MK-41 垂直发射装置为例，一个弹库装 8 部垂直发射装置，按矩形排列安装在弹库的底板上。每个垂直发射装置装 8 枚箱弹，一个弹库装 61 枚导弹，导弹都处于待发状态。

1. 设计要求

（1）采用模块化设计，易于适应不同吨位舰艇的需要。

（2）结构应紧凑，尺寸小。

（3）确保导弹贮存和发射安全。

（4）使用操作方便。

（5）应有变电配电设备。

（6）燃气排导系统应能耐高温、防燃气流冲刷和烧蚀，特别是导弹意外点火时，能耐燃气流长时间的冲刷和烧蚀。

（7）发射箱应有良好的密封性能，防止邻近导弹发射时燃气进入箱内。

（8）不允许燃气进入弹库。

（9）应有安全保障系统，以防导弹超温和意外点火时引起爆炸。

（10）应设公用补弹机构。

（11）应满足与舰基准面的垂直精度要求。

（12）应满足强度和刚度要求，在发射和六级海况下不允许有永久变形，在九级海况下不应被破坏。

（13）发射时冲击振动要小。

（14）满足可靠性、可维修性和可用性要求。

（15）满足以下舰上环境条件要求。

①自然环境条件：

温度：−30 ℃ ~ +60 ℃；

湿度：+35 ℃，相对湿度93%；

盐雾：+35 ℃，5%盐溶液盐雾；

霉菌：应具有防止霉菌生长能力。

②风和浪：

各级海况下的浪高与风速见表4 − 6。

表4 − 6　各级海况下的浪高与风速

海况等级	四	五	六	九
三一浪高[①]/m	1.25 ~ 2.5	2.5 ~ 4	4.0 ~ 6.0	14.0
相应风级	5 ~ 7	7 ~ 8	8 ~ 9	12
平均风速/（m·s⁻¹）	~17.1	13.9 ~ 20.7	17.2 ~ 24.4	32.7
①浪高的标准统计值规定为1/3最大浪高的平均值，简称三一浪高。				

平均风速的标准高度规定为海平面以上 10 m。若风的作用点不足 10 m，应按下列关系式修正：

$$u_z = u_{10}(Z/10)^{1/8}$$

式中　u_z——距海平面 Z m 处的风速值，m/s；

　　　u_{10}——距海平面 10 m 处的风速值，m/s；

　　　Z——风作用点距海平面的高度，m。

2. 基本组成和功能

舰载垂直发射装置的基本组成有：弹舱、燃气排导系统、安全系统、发控系统、配电系统和装填系统，如图 4 - 16 所示。

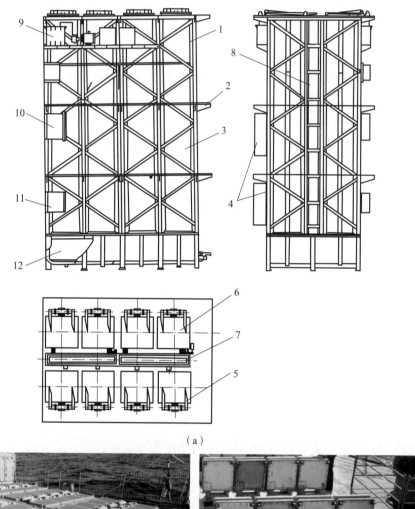

(a)

(b)

图 4 - 16　八隔舱舰载垂直发射装置

(a) 布局图；(b) 实物图

1—弹舱结构；2—人行维修通道；3—发射箱；4—电源；5—舱口盖开启系统；6—舱口盖；
7—燃气盖；8—燃气通道；9—喷淋系统；10—发控组合；11—电动机控制板；12—压力室

1）弹舱

根据舰吨位的大小和舰上的布置，可以设计成二隔舱、四隔舱、六隔舱和八隔舱。每一个隔舱装一枚导弹。弹舱的主结构为空间刚架结构，隔舱分成两排，在两排隔舱之间设有燃气通道，其上方有装甲板、舱口盖和舱口盖开启系统，刚架结构侧面安装有发控组合、模拟器、配电设备和人行维修通道。

弹舱结构采用优质钢制成，要求有足够的强度和刚度，以保证导弹运输、贮存和发射时的结构变形量不超过允许范围。

在弹舱结构的侧面设有人行维修通道，用于设备的维修和安装。维修通道的宽在450 mm左右。维修通道可以做成折叠式。

舱口盖平时用于密封舱室，以保护箱弹和发射系统免遭弹片、海水和燃气流的损害。导弹发射时，舱口盖开启系统自动打开舱口盖，并将开盖状态信息传送到发控显示台，舱口盖打开后才允许发射导弹。舱口盖是装甲护盖。舱口盖上设有防冰加热系统，防止舱口盖周围结冰，影响开盖。防冰加热系统可以采用自限式电热带，自限式电热带安装在舱口盖的密封槽内。它不仅有加热作用，还可以起密封作用。

自限式电热带有两根平行电源母线和数单元电热丝，接通电源（220 V）后，电热丝发热，形成一个连续加热体。电热丝有温度自限特性，保持电热带调定的温度。电热带母线和电热丝外是绝缘材料。

舱口盖开启方式一般有两种：机电开启和电液开启。机电开启主要由电动机、减速器、过载保护器、缓冲器、传动轴和摇臂等组成。机电开启采用机械传动，可靠性比较高，可维修性也比较好。电液开启主要由电动机、液压泵、液压马达、缓冲机构和摇臂等组成。由于舰上环境条件恶劣，电液开启的可靠性和可维修性比机电开启差。

2）燃气排导系统

在垂直发射装置中，导弹垂直贮存在密闭的发射箱中，导弹正常发射或意外点火时，将产生大量的高温、高速燃气流，燃气流的速度达2 500 m/s左右，温度2 000 K左右，并含有腐蚀性强的氧化铝、化合能力极强的氢氧化物、大量的二氧化碳、未燃尽的氢气及其他可燃物。若燃气流从发射装置中排出不及时，进入相邻的发射箱，可能烧坏导弹结构，引燃助推器或引爆弹头，导致危及全舰的灾难性的连锁反应。

如果燃气流进入空发射箱或不能顺利排导出去，将同发射箱中的空气混合，使未烧尽的氢气及其他可燃物发生化学反应，进一步燃烧，还有引起爆炸的危险。由此，要求燃气排导系统能确保进入系统的燃气不流向任何空发射箱中，同时，将发动机燃气安全而畅通地排导到舰外安全区域，保证导弹发射和舰艇的安全。

燃气排导系统设计是舰载垂直发射装置设计的最主要、最关键项目。

（1）燃气排导系统结构。

受舰艇空间的限制，舰载垂直发射装置只能垂直向上排导燃气。

　　燃气排导系统主要由压力室、燃气控制门、公用燃气道和燃气排气盖等组成（图4－17、图4－18），压力室上面安装弹舱和发射箱，下面与弹库基座相连。

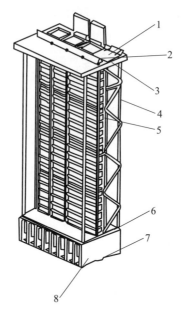

图4－17　垂直发射燃气排导系统

1—舱口盖；2—排气盖；3—甲板；4—弹舱构架；5—公用燃气道；

6—压力室上连接结构；7—压力室连接基座；8—压力室

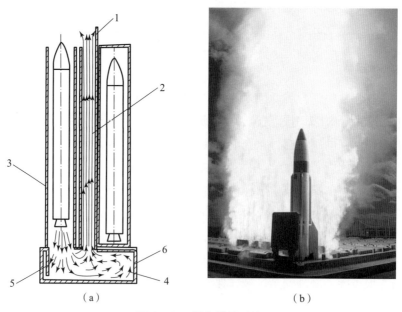

图4－18　燃气排导系统

（a）剖面图；（b）发射照片

1—排气盖；2—公用燃气道；3—发射箱；4—压力室；5—燃气控制门；6—防烧蚀材料

压力室是在导弹发射或抑制发射时，容纳高温燃气，并将燃气引入公用的燃气道，使燃气由燃气道向上排出。为了防止燃气对压力室底部和其侧壁的烧蚀，压力室的内表面采用防烧蚀材料。

为降低发射装置的高度，要求压力室的高度小；另外，为使燃气有足够的排导空间和减小燃气流对压力室的烧蚀，压力室的高度应尽可能大些。美国 MK-41 垂直发射装置的压力室高度为 0.7 m。

压力室主要由构架和壁板组成。构架由钢型材焊接而成，壁板焊在构架上，壁板材料为优质钢板。

压力室上表面与发射箱相连，在压力室上表面有密封垫，形成密封连接，避免导弹排出的燃气进入弹库。

压力室的燃气从燃气道排入大气中。燃气道是一个箱形件，内表面涂有防烧蚀材料。燃气道的尺寸设计应保证能顺利排导燃气，尺寸过小将增大压力室内的燃气温度和压力。燃气道的尺寸与压力室的尺寸应相适应。

燃气控制门的功能是防止导弹发动机点火所在隔舱的燃气进入其他任何隔舱。燃气控制门安装在压力室上部，在其他发射隔舱的发动机点火时，能可靠地处于关闭状态，只有当发射隔舱的发动机点火时，在燃气流作用下自动打开，排出燃气，导弹飞离发射箱后，又能可靠地重新关闭。燃气门上有一个转轴，靠螺旋弹簧关闭。

燃气排气盖，在导弹发射前自动打开，排气盖机构应采用弱连接，在排气盖开启系统有故障或发动机意外点火时，也应能自动打开。

防烧蚀材料是燃气排导系统的重要热防护结构。对防烧蚀材料的要求是：

①耐高温，烧蚀率低；

②耐燃气流冲刷，热强度高；

③附着力强，不脱落；

④防老化，使用寿命长；

⑤工艺性能好，便于施工；

⑥多次使用，并能承受 1 次意外点火。

防热材料有两类：一类是涂料，一类是贴片。国内防热材料比较好的有涂料 66A，贴片有高硅氧玻璃钢。涂料 66A 的烧蚀率为 0.24 mm/s，高硅氧玻璃钢的烧蚀率为 0.26 mm/s。国外防烧蚀材料，压力室选用增强酚醛或橡胶玻璃酚醛，发射箱内表面选用氯丁橡胶。

（2）燃气排导系统燃气参数。

导弹发射瞬间，冲破发射箱后盖的燃气直接作用在压力室底板上，瞬时压力峰值可按式（4-17）计算。

$$p = \frac{\dfrac{2k}{k+1}Ma^2 - \dfrac{k-1}{k+1}}{\left[\dfrac{4k}{(k+1)^2} - \dfrac{2(k-1)}{(k+1)^2 Ma^2}\right]^{\frac{k}{k-1}}} p_a \qquad (4-17)$$

式中　k——燃气绝热指数；

　　　Ma——燃气马赫数，$Ma = \dfrac{u}{a}$，u 为燃气速度，a 为燃气声速；

　　　p_a——周围压力。

根据计算和试验，压力室瞬时压力峰值可达 1 MPa 左右。

燃气直接冲到压力室底板后，很快出现三维流动。为了便于计算压力室燃气平均参数，对压力室燃气流动做如下假设：由于燃气在压力室内的速度远比燃气出口速度小，可假定燃气速度为零，其他燃气参数在空间均匀相等，且为时间的函数。这样就可用高低压室的模型描述此流动。发动机为高压室，压力室为低压室。燃气流从压力室流向公共燃气道时，压力室又是高压室，公共燃气道为低压室。该模型的数学表达式为

$$\frac{\mathrm{d}m_1}{\mathrm{d}t} = \frac{k_0 S_1}{(RT_0)^{1/2}} p_1 \qquad (4-18)$$

$$\frac{\mathrm{d}m_2}{\mathrm{d}t} = \frac{k_0 S_2}{(RT_2)^{1/2}} p_2 \qquad (4-19)$$

$$\rho_2 = \frac{m_1 - m_2}{V_2} \qquad (4-20)$$

$$p_2 = \frac{(m_1 - m_2)RT_2}{V_2} \qquad (4-21)$$

$$T_2 = \frac{p_2}{\rho_2 R} \qquad (4-22)$$

$$k_0 = \sqrt{k\left(\frac{2}{k+1}\right)^{\frac{k+1}{k-1}}} \qquad (4-23)$$

式中　m_1——由发动机流入压力室的燃气质量；

　　　m_2——由压力室流入公共燃气道的燃气质量；

　　　p_1——燃烧室的燃气压力；

　　　T_0——燃烧室的燃气温度；

　　　R——燃气常数；

　　　S_1——发动机喉部面积；

　　　S_2——公用燃气道截面积；

　　　p_2——压力室内燃气平均压力；

T_2——压力室内燃气平均温度；

ρ_2——压力室内燃气平均密度；

V_2——压力室的容积；

k——燃气绝热指数。

由式（4-18）~式（4-23）可以解得 m_1、m_2、p_2、T_2、ρ_2 随时间的变化规律。

燃气压力试验结果表明，导弹发射有两个阶段：第一阶段是点火阶段，在这一阶段中，初始的压力波通过压力室和公共燃气道；第二阶段是飞离阶段，在这一阶段中，导弹飞离发射箱，发动机燃气夹带空气进入燃气排导系统。

通过缩比冷试验和模拟导弹发射试验，燃气排导系统内燃气压力的平均值为：发射箱 0.28 MPa，压力室 0.27 MPa，公共燃气道 0.18 MPa。

3）安全系统

安全系统是舰载武器设计中的重要问题，必须确保舰的安全。它的主要功能是保证导弹的贮存安全，尤其是导弹在一级发动机意外点火情况下舰的安全。安全系统包括自动喷淋系统、注水系统、通风系统、灭火系统和防冰系统等。

（1）自动喷淋系统。

弹库设有两个独立的喷淋系统，一个是弹箱喷淋系统，另一个是弹库喷淋系统。每个弹箱通过独立的阀门与弹箱喷淋系统相连，当弹箱内的温度超过导弹贮存的允许温度（75 ℃~80 ℃）时，在发控系统控制下，冷却水直接喷向导弹的战斗部。图 4-19 是自动喷淋系统框图，主要由温度敏感元件（热电偶或温度继电器）、发控系统、电磁阀和淡水压力贮罐等组成。因舰上不允许有高压贮罐，所以贮罐压力大约 1.5 MPa。系统内温度敏感元件感受发射箱内温度，自动控制喷淋系统启动。当贮存的淡水用完之后，系统接通舰艇防火水管，改用海水冷却。

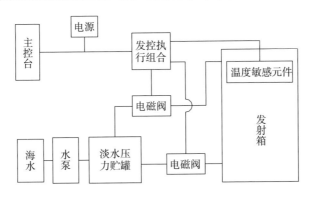

图 4-19　自动喷淋系统框图

弹库喷淋系统用于防止弹库通道失火。当通道温度超出允许值时，即自动启动喷淋系统或者手动控制启动。系统中的排水系统，排出弹箱和弹库中的积水。

弹库内的电气接线箱和电缆等都采用防水密封结构和防爆结构。

（2）注水系统。

当弹箱或弹库中的导弹意外点火时，注水系统向发射箱或弹库喷注大量海水，淹没发电机，使其降温。注水系统主要由光热传感器、控制器、电磁阀、电动水泵等组成。

（3）通风系统。

导弹发射后，压力室和排气道中残存着有毒气体和可燃气体，如不及时清除，将影响设备与人员的安全。导弹发射后，通风系统将干燥清洁空气注入压力室，清除和稀释有毒气体与可燃气体。通气系统主要由控制器、电磁阀和通风机等组成。

4）发控系统

发控系统是导弹发射系统的重要组成部分，对导弹和发射系统进行控制、检查、测量，并将导弹发射系统的状态及弹库的存弹情况输入全舰艇武器控制系统，接受并执行来自全舰武器控制系统的"选弹"和"发射"指令，还对弹库和弹库内的导弹进行自动管理。发控系统主要由发控台和发控执行组合组成。

发控台主要由计算机组成。发控台通过发控组合与导弹连接，检查导弹库存和发射装置状态，并将其结果报告给全舰武器控制系统。

一个弹库一般配有两个发控台，每个发控台都能控制弹库中所有的导弹。正常工作时，每个发控台只控制舰艇总备弹量的一半，即只与一半导弹相连；当一个发控台产生故障时，另一个发控台可立即转换成对全部导弹进行控制，继续发射而不会削弱战斗力。

发控执行组合又称发射程序器或导弹顺序器。它对导弹实施发射控制，完成导弹的发射准备和发射。同时发出指令操纵舱口盖开启电动机控制箱，打开或关闭舱口盖。它还控制弹库的安全系统及弹舱的自检系统。

发控系统通常有以下三种工作状态。

（1）模拟状态。

将发控系统与发射装置上的导弹模拟器连接起来，进行模拟发射和训练，导弹模拟器用于模拟弹箱、弹舱、导弹控制和导弹的各种状态与条件，向发控系统提供正常和非正常的信息。同时，通过在模拟器上插入模拟故障，可训练操作人员掌握判断与排除故障的方法。

（2）准备状态。

全部设备对接，只断开发射电路。每隔一定时间，就对发控系统和导弹进行一次检测，并将导弹准备状况和弹库情况输入全舰武器系统。操作人员通过检测设备连续地检测发射系统工作情况，及时而迅速地发现故障，排除故障，使发射系统处于完好的战备状态。

（3）战斗状态。

全部设备对接，接受并执行"选弹"和"发射"指令，进行导弹发射。

5）配电系统

配电系统的主要功能是将舰上电源转换成垂直发射系统和导弹需要的直流电与交流电，并供电，同时对馈电线路提供过载保护。

6）装填系统

导弹补给装填，是任何导弹武器系统中不可缺少的环节，每个导弹发射系统都必须配备与其相应的装填系统，舰用垂直发射系统也不例外。由于舰用的环境条件和垂直发射的贮弹特点，对导弹装填系统的要求更高，主要是：

（1）既可在码头向每个导弹隔舱装填导弹发射箱，也可在规定的海情下进行海上装填，并在给定的海情下具有要求的装填速度。

（2）装填设备不工作时，能收缩和折叠成航行状态，自动地置于专用隔舱内。

（3）能自动地伸出隔舱，迅速而方便地由航行状态展开成工作状态。

舰载导弹发射系统，导弹补给有两种方式：一种是海上补给，由海上补给船将导弹发射箱送到舰上，再由舰上装填系统将导弹发射箱吊装到每个弹舱中；另一种是码头补给，又分两种方式，一种是码头起重机将导弹发射箱直接吊到舰上的弹舱中，另一种是先由码头起重机将导弹发射箱吊到舰上，再由舰上装填系统将导弹发射箱吊装到每个弹舱中。

舰上装填系统通常由一台折叠式液压起重机和一台液压升降机组成。平时折叠收起，占用几个弹舱的位置，补弹时，由液压升降机将液压起重机推出甲板，吊装导弹发射箱，为弹舱补弹。维修时，把导弹发射箱吊出。

美国 MK-41 导弹装填系统的可伸缩液压升降机，是瑞典 HIAB-FOCO 公司设计的一种民品的军用改进型，臂长 8.5 m，起吊高度 7.6 m，起吊质量超过 1 800 kg，能对整个发射系统的 61 个发射弹舱进行航行补给作业。它安装在甲板下面，其上有装甲舱盖。展开工作时，首先由液压泵将升降机升到甲板水平面以上，并将锁定装置锁定，然后吊装 61 个导弹发射箱。在航行中，系统能从舰左舷或右舷进行导弹的装填。在舰艇横摇 $-5° \sim +5°$，纵摇 $-2° \sim +2°$ 的条件下，补给速率为每小时 10 枚导弹发射箱，维持正常航行作业的极限横摇角为 15°。

4.2.2　独立自排导式垂直发射装置设计

1. 发展背景

独立自排导式发射装置是一种类似暖水瓶构造的发射装置。从结构上看，它不是美国的发明，英国在 20 世纪 80 年代为垂直发射的"海狼"导弹研制的发射筒就是一种独立自排导式发射装置。然而这个概念却由美国在 90 年代初首先提出。独立自排导式发射装置是否要代替现役的 MK-41 垂直发射系统还没有一致的说法，但可以肯定的是，它比 MK-41 垂直发射系统用途更广，可用来装备各种舰艇，执行反舰、对陆攻击、舰艇防空、反潜和海军水面支援等任务。到适当的时候，为独立自排导式发射装置发展的技术还可能用来改进现役的 MK-41 垂直发射系统以及联合武器系统。这种以模块化设计为基础的新型发射装置将比现役的 MK-41 垂直发射系统具有更强的火力、更高的灵活性和更低的制造成本，此外，还有如下一些优点：

（1）独立自排导式发射装置有一个自主的燃气排导系统，不需要检修甲板以下的舰艇结构。其发射电子线路分配到各个发射筒中，提高了整个系统的可靠性。

（2）双层壁的独立自排导式发射装置就像双层甲板一样能保护导弹不受弹片的损伤。内外筒之间的环形间隙又像一个暖水瓶一样对内部的导弹提供隔热。

（3）圆形的耐压容器和一次使用的设计可使结构做得很轻，因此，可避开舰艇的质量限制，携带更多的导弹。

（4）独立自排导式发射装置可以使导弹垂直发射、水平发射，或者以两者之间的任何一个角度发射，故可装备在几何形状受限制的空间，如水面效应舰和窄体船等。

（5）减振环在甲板上，而不是在舰艇的内底减弱水下冲击，因此减振效果更好。

（6）除具有现役 MK-41 垂直发射系统的发射功能外，还能发射其他各种各样的武器，如（MK-46 和 MK-50）鱼雷、（箔条和曳光弹）诱饵装置、（声呐浮标）遥感装置等。

2. 结构特征

独立自排导式发射装置由独立自排导式发射筒、电气结构和舰载武器模块三部分组成。它的设计特点是：每个独立自排导式发射筒都有自主的燃气排导系统；整个发射装置采用分配式发射电子设备。这使得每个独立自排导式发射筒都能成为一个完整的发射装置。现将各个组成部分介绍如下。

1）独立自排导式发射筒

独立自排导式发射筒的基本结构如图 4-20 所示，仅有 5 个分组件：内筒、外筒、半球形端盖、底板和支承内筒的纵梁。独立自排导式发射筒用两个共心的圆筒支承导弹，为导弹从中发射导向，并实现燃气排导。同心的燃气排导方法是使用两个同心圆筒间的环形间隙作排泄燃气的管道。火箭发动机产生的燃气通过发射筒底板中的孔，由一个半球形的端盖使其流转 180°，进入环形间隙。通过改变底板上孔口的大小，可以控制燃气排放时产生的推力。

每个独立自排导式发射筒都有独立的燃气排导系统，可以作为一个完整的发射装置来使用。在一个大的发射装置中，各个发射筒是独立的。其结构简单，而且轻便，彼此之间可以隔得很远，因此改进了舰艇的生存能力。独立自排导式发射筒没有运动部件，不会发生磨损，所以不需要维修。由于各种导弹采用通用的发射方法，其形体可以设计得基本相同。灵活的制造工艺使得发射装置不再多样化，可以应用一种通用的生产过程进行生产。独立自排导式发射筒采用齐平安装的发射舱口盖，不存在雷达反射截面积。另外，独立自排导式发射筒还可用 MK－41 垂直发射系统的海上补给系统进行海上补给。

2）电气结构

战舰可通过发射控制局部区域网络进行内部数据通信。各种各样的武器控制系统，如，"战斧"和"宙斯盾"，在发射控制局部区域网络上给出发射信号，由独立自排导式发射筒接收和处理。在某些情况下，由于数据要在武器控制系统和独立自排导式发射筒之间往返传递，因此需要进行双向通信。每个独立自排导式发射筒有两套插件，它们都是市场上流行的。一套为热端插件，可连续地工作。通过它们与局部区域网络连通，通报环境检测和故障感受情况。这套电子插件对所有的独立自排导式发射筒都是通用的，不管它们装载的是哪种武器。对于不同类型的导弹，只是软件不同。此外，这套热端插件还有其他的功能，如控制舱盖的开启和除冰。另一套为冷端插件，仅在有意发射导弹时才使用。这些插件控制导弹的操作电源、任务数据的装定、惯性基准装置的对准和火药的引发。

每个独立自排导式发射筒在发射控制局部区域网络中都是一个节点。从不同武器控制系统接收发射的命令，并指示导弹的发射。独立自排导

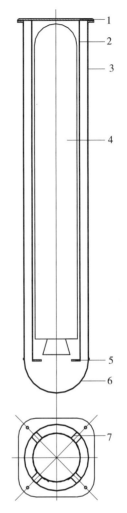

图 4－20 独立自排导式
发射筒的基本结构

1—筒盖；2—内筒；3—外筒；4—导弹；
5—底板；6—半球形端盖；7—纵梁

式发射筒有自主的电源，并在导弹所在地执行发射控制功能。导弹操作电源由直流－直流变压器组成。变压器根据导弹的需要把舰艇上的整体式电源系统提供的 270 V 直流电流转变成额定的 28～300 V 直流电流。

把新型导弹用在现有发射系统的最大障碍就是导弹的电气结构太复杂。而独立自排导式发射装置的电气结构是一种在不改变发射系统的情况下，就能适应新型导弹的系统，因此不再要求给导弹发射装置做回归试验。

3）舰载武器模块

将独立自排导式发射筒安装在舰艇上主要有两种方法：一种是符合海军舰艇系统工程标准的"国际标准"模块，另一种是作为装载舰全承力部件的"舰艇/武器"一体化模块。

（1）国际标准模块。

国际标准模块的主要优点是具有互换性。这些模块可在舰艇之间进行换装。武器的检修和改进与舰艇的检修和船厂的可用性无关。上述标准规定了模块的几何外形、管缆连接点、支承结构和甲板围栏。通过这种方法，可把武器的研制和建造与装载舰的建造过程分开。这种方法的缺点是，提高了发射装置的质量和装载舰基座的造价。

未来舰艇用的独立自排导式发射装置国际标准模块见表4-7。

表4-7　未来舰艇用的独立自排导式发射装置国际标准模块

模块标准尺寸	长×宽×高/（cm×cm×cm）	甲板面积/m²	载弹量					模块允许质量/t
			战斧	陆军战术导弹系统[1]	标准导弹2B1K2/3	标准导弹2B1K4	改进的海麻雀	
AAA	381×318×501	12	16[2]	16	16	12[2]	44	
AA	440×380×830	16.6	20	20	20	16	54	50
A	610×500×830	30.5	35	35	35	30	175	
B	900×610×830	54.8	80	80	80	54	340	
①假定采用潜艇用的密封舱，否则用标准导弹2B1K4发射筒。②如果模块顶部与舰艇甲板齐平，则需增加模块基座的深度。								

（2）舰艇/武器一体化模块。

作为装载舰的全承力部件，舰艇弯曲和扭曲引起的纤维应力将通过模块，因此容纳导弹发射装置的凹槽将不需要加强。导弹承受的水下爆炸冲击载荷可通过减振环作用在主甲板上而得到缓冲。此处冲击载荷比内底的小得多。传统的发射装置通常坐落在刚性基础上，刚性基础庞大、笨重，可把巨大的冲击载荷传送到发射装置的底座和导弹，因此存在底座严重的开裂问题。加固底座以防断裂一直是舰艇工程中尚未解决的问题。

舰艇在海上航行时，艇体承受着由浮力和重力引起的载荷。当舰艇在波浪之间行进时，艇体将会发生"中拱"和"中垂"，同时还存在使艇体产生扭曲的附加载荷。对于舰艇/武器一体化模块，上述弯曲和扭曲引起的纤维应力将通过模块。由于每个发射筒都有自己的燃气排导系统，所以应力才有可能进行这样的传播。通过模块中每个小的通孔的局部加固，使失去的断面模量得以弥补。曾用有限元法对具有常规加固底座和舰艇/武器一体化模块的理论船体进行分析，得到的结论是：在相同载荷作用下，常规加固的底座其变形和应力为舰艇/武器一体化模块的两倍。但舰艇/武器一体化模块的主要缺点是不易从舰艇上卸下。

3. 设计中需考虑的问题

1）减振设计

近距爆炸冲击的减振设计一直是舰载导弹发射系统研制中的一个重要问题。对独立自排导式发射装置来说，减振方法主要有两种。

一种是安装减振环，其作用是减弱传递到独立自排导式发射筒的冲击垂直分量。它与惯用的减振方法的主要不同点是，把冲击载荷反作用在露天甲板上，而不是反作用于内底的基座。甲板上输入的冲击载荷要小得多，而减振环可将其进一步减弱，使导弹的位移、反作用力和力矩达到可允许的程度。对造船和弹库设计来说，反作用力的减小有利于支承结构的减轻。

如在 2 000 kg 独立自排导式发射筒和导弹上，对 $60g$、20 Hz 一个周期输入位移的反作用力要减小到 1/4。没有减振环，反作用力将是 $60 \times 2\ 000$ kg，即 120 000 kg。若有减振环，则反作用力可减少到 30 000 kg，而作用在导弹上的冲击加速度可减少到 $15g$。所以，安装了减振环，就可以把甲板上的反作用力减小到结构上可允许的程度。减振环按国际标准模块和舰艇/武器结构一体化模块设计很重要，其外径尺寸应尽量小，以便在可利用的空间能装入最大数量的导弹。

另一种减振方法是采用可用于舰艇/武器一体化模块的球形减振系统。该减振方法的优点是结构简单。它的缺点是，模块在满载的条件下很重，在空载的条件下又很轻，因此，该减振系统不能保证模块的被动减振。另外，当该减振系统改变其与舰艇的相对位置时，可能要求有可变几何形状的甲板界面和围栏。

2）防火问题

在研制的目前阶段，对独立自排导式发射装置尚未考虑防火设计。同目前安装在 MK-41 垂直发射系统中的防火设备相比，独立自排导式发射装置模块的独特之处是需要防火设备有一些改变。MK-41 垂直发射系统中的防火设备由冲水系统和洒水灭火系统组成。冲水系统装在贮运发射箱内，当发动机意外点火时，或是当温度很高时，用来冷却导弹；洒水灭火系统是在温度升得特别快时，用来冷却贮运发射箱的外部。独立自排导式发射筒是集运输和发射功能为一体的装置，将防火系统装入其中，将影响它作为一体化装置的优势。

对独立自排导式发射装置来说，一种可供选择的方案大概是装有两个或多个喷嘴的类似系统，直接向独立自排导式发射筒顶部外表面喷水。在整个发射筒周围形成一个冷却膜，但不淋湿导弹。除外部冲水系统外，还应该给武器模块安装洒水设备，当温度升得太快时，用来冷却整个武器模块。

3）材料研究

根据发射的导弹和特定的工作环境（如限动点火），计算的筒体材料最高温度超过 1 093 ℃。这样高的温度，再加上较高的燃气压力，使得在筒体上形成了足够高的应力，因此独立自排导式发射装置应考虑采用高温合金材料。钛合金由于有很高的强度和抗高温氧化性能，再加上在海水环境中突出的抗腐蚀能力，而被考虑用作独立自排导式发射装置的材料。

4.3 潜载发射装置设计

潜载发射具有隐蔽性好、机动性强、对敌攻击突然性大的特点，因此，近50年来，潜载导弹及其水下发射技术得到了飞速的发展。从潜艇上发射导弹，目前主要有两种发射方式：一种是使用标准的鱼雷管水平发射，另一种是使用专门的垂直发射装置发射。

4.3.1 鱼雷管水平发射装置设计

鱼雷管水平发射是指导弹由鱼雷发射管实施发射。由于鱼雷发射管一般都处于水平状态，因此，通过鱼雷发射管发射潜载导弹的方式统称为水平发射。潜载导弹鱼雷管水平发射不必对潜艇进行大的改装，可缩短研制周期，减少研制费用，适装性好，发射平台多，潜艇上的备用架可装多枚导弹，提高了潜艇的作战持续时间，因此美国的"捕鲸叉"、俄罗斯的"桑普森"以及法国的"飞鱼"均采用标准鱼雷管水平发射。

1. 发展概述

鱼雷发射管主要是用于发射鱼雷，因此，其内径一般都是标准的533 m。但是，导弹由于其用途不同，飞行距离不同，弹径各有差异。对于较小直径的导弹，为了适应标准鱼雷管发射，一般均需采用运载方式，也就是说，在导弹与标准鱼雷发射管之间有一运载器。由于运载器处于弹和鱼雷管之间，其优越性首先是较方便地解决了导弹与鱼雷发射管之间的接口协调与匹配问题；其次，由于导弹装在运载器内，在水下不与海水接触，这样，在水面舰艇或陆上发射的飞航导弹就能较方便地移植到潜艇上实施水下发射，从而降低导弹的研制难度，缩短研制周期；最后，利用运载器可获得较好的水动力学特性，有利于导弹穿过水层，提高发射可靠性。但这一方式也存在若干缺点：运载器结构复杂，带弹运载器出水后有弹器分离这样一个复杂的技术问题，被抛掉的运载器壳体下沉时还有可能砸到艇。

对于运载器，根据在水中航行时有无动力推进，可分为有动力型运载器和无动力型运载器。无动力运载器能够寂静发射，因而可提高攻击潜艇的隐蔽性；运载器无动力、无尾翼、无舵面，因而流体动力外形简单，容易设计。但无动力运载器主要靠正浮力滑行至水面，出水速度较低，稳定性较差。有动力运载器在水中机动能力强，出水速度大，在距海面20~30 m高度分离，避开了分离时的波浪干扰及其他因素的影响，发射深度范围较宽。但在水下的噪声比较大，不利于隐蔽。

采用运载器水平发射的潜载导弹主要有美国的 UGM－84 "鱼叉" 中程潜对舰导弹（采用无动力运载器），法国的 SM－39 "飞鱼" 近程潜对舰导弹（采用有动力运载器），法、德、意联合研制的 "独眼巨人" 潜空导弹（采用有动力运载器），美国的 "海长矛" 远程潜对潜导弹（采用无动力运载器）以及俄罗斯的 SS－N－21 潜射巡航导弹（采用有动力运载器）。

当导弹直径增加，采用水密运载器不能适应标准鱼雷管发射时，就采用注水运载器（也称密封发射舱）。平时导弹装入密封发射舱内，然后再装填进鱼雷发射管。发射时，先将导弹从密封发射舱发射出去，然后再将密封发射舱抛出去，以便装填下一发导弹。采用密封发射舱从标准鱼雷管中发射的潜载导弹只有美国的 BGM－109B "战斧" 远程反舰导弹及潜载 BGM－109 巡航导弹。

当导弹直径再增加时，就只能采用裸式发射了，也就是说无运载器，如美国的 UUM－44A "萨布洛克" 潜对潜导弹和苏联的 SS－N－15 潜对潜导弹，这类导弹直接装填在标准鱼雷发射管中。采用无运载器发射的优点是在标准鱼雷管中可装填最大直径的导弹，有利于增加导弹的射程，也提高了鱼雷管的空间利用率。另外，当导弹出水时，无技术复杂的弹器分离问题，有利于提高导弹的飞行可靠性。但其缺点是水下发射的导弹需具有耐水压的能力和防止海水浸入的密封能力，另外，水下发射的导弹要经历水下和空中两种不同介质的飞行运动阶段，因此，导弹的流体动力外形既要适合水中段的航行，又要适合空中段的飞行，技术难度较大。

当导弹直径再继续增加时，标准鱼雷管就不适用了，只能采用加粗的鱼雷发射管，如苏联的 SS－N－16 中程潜对潜导弹就采用直径为 650 mm 的发射管发射。

运载器发射方式虽然存在运载器出水后弹器分离的技术问题，但可方便地解决导弹与发射管之间的接口协调与匹配问题，获得较好的水动力学特性。相比较，运载器方式已成为潜射巡航导弹发射技术的发展趋势。

下面以美国 "捕鲸叉" 水平鱼雷管发射为例，介绍鱼雷管水平发射装置运载器的功能、组成、原理和设计要求。

2. 运载器功能、组成及原理

发射装置运载器应具备以下功能。

（1）运载器应具有贮存导弹的功能：运载器应能在库房和装载艇上贮存导弹。

（2）运载器应具有水下运载导弹的功能：运载器应能运载导弹安全离开发射艇，使导弹按预定的水弹道出水，且符合规定的出水姿态要求。

（3）运载器应具有发射导弹的功能：运载器应能满足弹器分离的性能要求，按预定的弹器分离程序发射导弹。

运载器通常由头部、中段、尾部、适配器、控制系统和动力系统（有动力运载器）等组成，并设有便于其检测用的测试窗口，窗口处应密封可靠，开盖方便。

"捕鲸叉"导弹鱼雷管发射是世界水下潜射导弹无动力运载器的典型代表，开创了导弹水中无动力寂静运载的先河，安全性高，经济性好。潜射捕鲸叉导弹运载器具有三大功能：贮存运输导弹、水下发射运载导弹和作为导弹水面分离平台。

"捕鲸叉"导弹运载器基本构型和主体尺寸与常规钝头鱼雷的相似，自身为正浮力密封体且无附加推进动力装置（无动力），其内装载"捕鲸叉"导弹，载弹运载器由潜艇标准水平鱼雷管实施水下发射。该运载器的主要组成："平端面曲线头部＋圆筒形中段收敛型尾部（带折叠翼舵和鳍）＋操纵控制系统"，其中尾部由尾舱和可分离尾锥通过爆炸螺栓连接而成，可分离头部内装有出水压力传感器、延时器和头分火工品，中段圆筒则是装载导弹的舱段。

发射前，潜艇按规定深度、速度和姿态航行，潜艇射击指挥仪通过"捕鲸叉"导弹运载器尾端通信电缆装订射击诸要素，发射时潜艇发射动力系统将载弹运载器推出鱼雷管。当运载器以离管初速运动至设定距离时，运载器尾部折叠尾翼迅速解锁并展开，然后运载器依靠自身正浮力和翼舵产生的抬头力矩，按要求于水中航行并以一定的倾角和速度运行至前方水面。运载器倾斜冲出水面时，头部压力传感器（位于中心点正下方）及时给出出水信号，在设定时间头部抛射分离，尾锥解锁，导弹助推器点火工作，助推器喷流吹掉尾锥，导弹相对运载器快速滑行分离，弹、器间一组减振限流适配垫脱落，弹、器水面自推力分离过程很快完成。之后，导弹飞向水面舰船目标，而运载器分离体则相继落入水中。图4-21是潜-舰"捕鲸叉"导弹运载器实物照片。

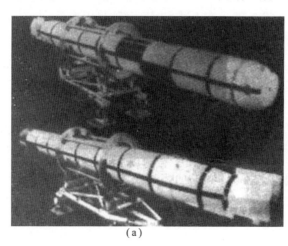 

(a)   (b)

图4-21 潜-舰"捕鲸叉"导弹运载器实物照片

3. 运载器总体设计

1）运载器无动力航行水弹道设计

在潜艇鱼雷管机械接口（口径、制止器和注水孔）与电气接口（通信设定电缆安装）条件限制下，设计选择运载器流体动力外形（圆头缩尾细长减阻线型）和折叠尾翼布局。在符合导弹机械和电气接口要求等限制条件下，设计选择运载器内腔通道、分离滑轨和尾部内腔组件机构布局。合理配置运载器正浮力与"三心"（浮心、重心和压心）相对位置，分浅水发射与深水发射设计折叠尾翼离管展开解锁距离及鳍舵操控程序，使载弹运载器无动力寂静航行爬升按要求的速度和姿态指标出水，并且出水点位置能够确保导弹运载器水面分离体在下落过程中不与潜艇相碰。

在水中海流、艇艏效应、折翼展开冲击扰动、拖尾绳带阻尼及水面波浪效应存在的条件下，设计上需保证发射后正浮力载弹运载器顺畅通过艇艏平台区，水中无动力航行弹道具有高的稳定性和可控性。在保证离管速度和安全出艇条件下，运载器合拢尾翼解锁距离与尾翼展开时间应尽量短，且左右两翼展开同步性应高，以控制尾翼展开到位之前运载器无动力无控静不稳定弹道段的下沉和横滚。发射时，艇速和艇的姿态对运载器初始弹道的影响也需在设计中加以考虑。

2）弹器水面动态分离设计

导弹与运载器于水面实现弹器动态自推力分离，需满足导弹初始空中飞行速度和姿态的要求。运载器头部可采用"聚能炸药索小火箭"周向切割整体侧推抛射技术，运载器尾锥可采用爆炸螺栓电爆解锁及导弹助推器喷流被动吹落技术，导弹依靠其助推器推力与运载器主体通过滑块导轨实施快速分离。

设计选择弹器水面分离内弹道和分离时序，保证在水面波浪和阵风随机干扰下弹器瞬态分离的可靠性和姿态稳定性，保证运载器分离体（头部、主体和尾锥及减振垫圈）不与导弹和潜艇相干涉与碰撞。运载器头部须迅速分离以安全让开导弹飞行通道，并降低火工品切割侧推中对运载器主体的扰动及对弹头的不利影响。运载器尾锥爆炸螺栓须可靠同步解锁并被顺利吹落以降低脱落扰动。为保证分离前后时刻运载器头部均处在水面之上，即保持导弹分离过程在干环境（空气介质）中进行，并保证总体质量、质心及分离过程力学和热学环境要求，必须做到：在满足导弹减振垫适配效果的条件下，正确确定适配垫布置位置和开口间隙范围，以合理控制燃气反喷流量；正确选择运载器尾舱内壁线型、后端面收敛角与排流口径，以控制燃气主流流量和后坐力大小在合适的范围；合理安排内腔控制组件（包括电缆）和操纵机构布局，使运载器尾舱内喷流燃气流动顺畅稳定；合理匹配运载器头分延迟设定时间、尾分时间和助推器点火时间顺序（分离时序），以适应从浅至深不同深度下发射出水速度不同的工况。

3）运载器结构设计

运载器为导弹的水下发射配套设备，为一次性使用产品，因此，运载器必须具有良好的耐压性、水密性及制造装配工艺性和经济性。

运载器中段可采用一定厚度的铝板分段卷焊成圆筒，圆筒焊接为在高应力强度下的无缝焊接，并保证满足严格的尺寸精度、直线度、质心精度等要求。筒内壁用于导弹装填和分离滑行的导轨，要满足严格的对中线、直线度和尺寸公差要求。

4.3.2 潜艇垂直发射装置设计

1. 概述

潜载发射装置安装在导弹核潜艇上，平时用来垂直存放潜射导弹，并满足导弹对存放环境条件的要求；在战时，可以实施对导弹的水下发射，将导弹从艇内弹射出水，并满足导弹对筒内弹道参数的要求。

垂直发射的优点是：导弹尺寸不受标准鱼雷管尺寸限制，能够使潜艇存贮更多的导弹，以配置多种武器；使潜艇在作战时不受导弹发射角的限制，不用进行占位机动就能发射，提高了快速反应能力；不仅能对目标进行全方位攻击，而且能对多目标同时进行导弹多方位攻击；提高导弹的出筒速度，使导弹以最短的路径冲出水面，出水稳定性好，抗海浪干扰能力强；导弹离艇之后可以直接爬升至水面，不需要像鱼雷管发射那样由水平转到倾斜爬升弹道的过程，弹道简单，可靠性高。

2. 组成及工作原理

一套完整的潜载导弹发射装置，尽管其性能不同、形式各异，但其结构主要由发射筒，筒盖系统，水、气密系统，减振系统，发射动力系统以及发射装置辅助系统六大部分组成。

当携带着导弹的核潜艇进行战斗巡航时，一旦接到战斗命令，潜艇、导弹及相应的设备都将按预定的发射程序工作。就发射装置来说，先将导弹定位，即由巡航时的松开状态转为定位状态，包括导弹方位归零等。然后向发射动力系统的冷却器内注水。当发射程序进行到准备均压开盖时，先往筒盖与筒口水密隔膜之间的空腔内注水，并往发射筒内充气，通过艇上均压系统的工作，使筒口水密隔膜上的水压与隔膜下的气压同舷外的海压力均衡，并跟踪由于潜艇机动航行所造成的压力波动。开盖前，打开通海阀，使筒盖内注的水与舷外的海水相连通，这样筒盖内外的海水压力均衡，才能较顺利地打开发射筒盖。接着指令旋松筒盖上的锁紧环，开盖液压机动作，将筒盖打开，为导弹的出筒飞行让出通道。然后有的将筒盖锁定，或采取其他措施，防止发射时损坏筒盖系统的有关设备。当筒盖打开后，由于筒口水密隔膜的作用，海水不能涌入筒内，保持了导弹在发射筒内的良好技术状态。当待发的导弹完成测试和装订弹道数据后，就由艇上的电源转换成导弹上的电源。脱落插头插拔机构将自动脱落的插头回收到发射筒的密封罩内，为导弹在发射筒内运动让出通道。当发射条件满足后，打开点火保险机构的保险栓，由发控台按下发射按钮。若筒口水密隔膜是自裂形式的，则指令隔膜自裂。而后起爆电爆管发射动力系统点火，点燃燃气发生器内的点火药，并使燃气发生器内的主装药开始工作，产生高温高压的燃气流进入水冷却器，形成燃气-蒸汽混合工质气体。该气体通过弯管进入发射筒内，并在发射筒内建立起一定的压力作用于导弹底部尾罩上。导弹与发射筒之间装有气密装置，能对发射工质气体起密封作用。这样，作用在导弹底部的压力使导弹按设计的筒内弹道规律向上运动。若筒口水密隔膜为非自裂式水密薄膜，则冲破之，使导弹按要求的出筒速度弹射出发射筒进入水中，继而冲出水面上升到空中，火箭发动机自行点火，按预定的弹道飞向目标。

3. 发射装置的设计要求

潜载导弹发射装置在平时作为导弹在潜艇上的运载工具，用来携带和贮存导弹；在发射导弹时，为导弹起飞提供弹射动力并将导弹从发射筒内弹射出去，直至推出水面。这就是说，导弹发射装置在平时要满足导弹贮存环境条件的要求，在发射时要满足发射导弹的要求。

1）减振要求

潜艇面临的最大威胁是遭受敌人水中兵器攻击所造成的爆炸破损。随着武器性能的提高、威力的增大以及各种引爆技术的发展，特别是各种导弹核武器进入海战，即使是非接触爆炸，也会使潜艇的大面积壳体和裸露在艇外的设备受到强大的水中冲击波压力的作用，造成艇体剧烈的冲击振动，并通过艇体，将这一冲击振动传递到艇内结构及设备上，使其受到冲击破坏。导弹中的各种电子设备、火药、点火器、引爆装置等都不能承受如此大的冲击振动载荷的作用。为了保证弹的生存和作战能力，发射装置必须设置减振装置。当发射装置受到冲击振动载荷作用时，通过减振装置的减振、隔振，使传递到弹上的冲击振动响应值低于导弹所能承受的极限。

2）水密及强度要求

安装在潜艇上的导弹发射装置，大部分在艇体内部，还有一部分裸露在潜艇耐压壳体之外，因此，发射装置必须满足与潜艇耐压壳体同样的水密及强度要求。即使在潜艇耐压壳体内的发射筒，考虑到导弹舱万一破损进水情况下，潜艇仍应具有逃生能力。因此，也必须保证发射筒内导弹的安全。故艇内部分的发射筒也必须满足水密和强度的要求。

3）检测和检修导弹仪器设备的要求

导弹存放于密封的发射筒内，为了对弹上的仪器设备进行检测，直到发射前仍需对导弹射击诸元参数进行装订，都需要把发射筒外的各种操作及检测指令通过电缆与弹上的仪器设备相连接，因此，在保证发射筒密封要求的前提下，用电插头与弹上的插座相连接。这种插头需要自动或手动插上，在发射前需要自动脱落并回收至发射筒密封罩内。另外，弹上的仪器设备发生故障时，在不退弹情况下应能进行检修，甚至更换。这就要求在与弹相对应的部位开有适当的检查孔，以满足检修或更换某些弹上仪器设备的要求。

4）温度和湿度的要求

贮存在发射筒内的导弹，对贮存环境的温度和相对湿度有较严格的要求，而潜艇内的自然环境是无法满足此要求的，因此，必须对发射筒内进行调整，以满足导弹对温度和相对湿度的要求。

5）发射筒内弹道要求

为了将导弹弹射出发射筒，直至冲出水面，必须有足够能量的动力源，即发射动力系统。发射动力系统产生的发射工质气体作用于导弹底部，以推动导弹运动。为了保证导弹仪器设备的安全，对发射筒内弹道参数有较严格的要求，包括作用在弹底上的压力、工质气体温度以及弹在筒内运动的最大加速度及弹的出筒速度等。

6）发射通道要求

为了保证导弹按要求弹射出发射筒，一方面必须保证导弹在发射筒内有一定量的行程，另一方面必须让出导弹在筒内做向上运动的导向通道。因此，对发射通道的要求包括：与弹相连接的脱落插头必须自动脱落并回收到发射筒的密封罩内；发射筒盖必须预先打开，水密隔膜必须事先自裂或能被导弹冲破而不影响弹道；弹、筒气密装置，如适配器，必须有足够的抗弯刚度以满足导弹在筒内运动的导向要求等。

7）水密及气密要求

发射导弹前需将发射筒盖打开，如果没有其他措施，海水就会涌进发射筒，导弹上的仪器设备就会因进水而短路，这是绝对不允许的。另外，在实际使用中，可能出现发射筒盖打开后，决定暂不发射该发导弹的情况，要求该发导弹仍处于正常状态，以备再次使用。因此，在发射筒盖打开后，必须有一层水密隔膜将海水挡在筒外，这就是水密要求。

导弹能够被弹射出筒，主要是由于发射工质气体作用于弹底部，推动导弹向上运动。因此，在导弹与发射筒之间必须有气密装置，以满足漏气压力不超过规定值的要求；同时，气密装置还能起到补偿导弹与发射筒的制造公差的适配作用。当然，由于发射时发射工质气体将充满整个发射筒，因此，无论是发射筒和发射动力系统还是有关附属系统，都需要满足气密及水密要求，防止发射工质气体及发射后涌入筒内的海水渗漏到导弹舱内。

8）发射时导弹的方位及垂直精度要求

发射前，为了保证导弹瞄准系统正常工作，特别是弹上平台能有一确切的基准点，必须满足导弹在发射筒内的方位及垂直精度要求，也就是说，导弹必须被正确地定位。但由于在平时贮存航行条件下，为满足导弹的减振要求，定位装置呈松开状态。在发射导弹时，由定位装置将导弹定位，以满足发射时导弹的方位及垂直精度的要求。

9）防护要求

发射时，发射动力系统产生的高温、高压及高速燃气–蒸汽工质气体，不仅会对发射动力系统的金属壳体产生烧蚀和冲刷作用，而且也将使发射筒内壁受到烧蚀和冲刷作用，因而必须对其进行防护，以减小其不利影响。另外，当发射导弹后，由于涌入发射筒内的海水不可能及时被排除，海水就会对发射筒壁起腐蚀作用，同时，海水中的海生物有可能繁殖或附着在发射筒壁上，影响发射筒再次发射导弹。因此，在对海水的腐蚀作用进行防护的同时，还要防除海水中的海生物生长。

4. 垂直发射装置设计

1）发射装置与潜艇的接口设计

发射装置与潜艇的接口一般有机械接口、电气接口和液压接口。

发射装置安装在潜艇导弹舱内，其外筒与导弹舱一般都采用焊接结构，并作为导弹舱的承力构件，设计时要考虑发射筒在舷外外伸段的高度、筒盖的开盖角度以及各种结构在舱内的布置等各个机械接口。

发射装置的电气接口也较多，需实现各机构的动作按程序进行，如筒盖的开盖动作。此外，需要对发射装置有关设备工作状态进行显示、输出，因此，电气接口设计协调时要仔细核对，以满足各部分的要求。

当各机构的动作依靠液压源来实现时，要对相关的液压接口进行设计。

2）发射装置与导弹的接口

发射装置与导弹的接口主要体现在导弹在发射箱内的定位、锁定、导向以及电气接口。这些机械、电气接口与其他平台的发射装置一致，设计时应互相参考。

3）发射筒

发射装置的发射筒是发射装置的主体部件，平时用于贮存导弹，发射导弹时起导向作用。其结构尺寸和功能的确定主要取决于导弹与潜艇的要求。

发射筒筒体的结构形式取决于导弹的发射方式，若采用冷发射，发射筒一般由外筒、内筒、筒间密封及挡流装置等组成。

外筒是内筒和导弹及发射装置各机构设备的安装基座，它直接固定在艇体耐压壳上，设计时要考虑有足够的刚度和强度，能承受工作环境下的内、外压力，对内筒和导弹进行保护，同时对弹舱耐压壳体也起到加强作用。外筒一般为钢结构，由筒体、连接法兰和加强肋等组成，一般设计成一整段，开孔处用围栏加强，在满足内筒安装、减振和发射动力初容积的前提下，结构尺寸、高度和直径应尽量小。

内筒是导弹的装载载体，需要为导弹提供发射导向，因此，内筒的内径公差需要满足较高的精度要求，同时具有满足导向要求的刚度。

筒间密封装置一般为上、下两部分。上部的密封装置在开盖时能保证筒口处内、外筒间的水密，能承受发射时导弹出筒瞬间形成的筒口压力场作用。下部的密封装置除能保证水、气密外，还要在发射时能承受高温、高压燃气流的冲刷作用。筒间密封装置如图 4-22 所示，其主体件为氯丁橡胶制成的圆环，布置在下部的还用尼龙夹层来加强。它在艇上安装在内筒装艇后，用金属压环和螺栓紧固粘接在内、外筒上、下法兰面上。在橡胶环内侧衬有金属承载管，作用在橡胶环外表面上的压力通过传递可以由它来承受。这样便形成一个耐压、密封又能满足弹性位移要求的筒间密封装置。

为避免燃气流直接冲刷密封环，一般还需设由挡流板和支架组成的挡流装置。

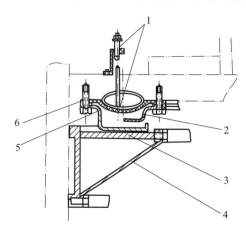

图 4 – 22　筒间密封装置

1—金属承载管及支承部件；2—里挡板；3—支架；4—挡流板；5—外挡板；

6—筒间密封环及紧固螺栓

由于发射筒在使用过程中要能承受燃气流冲刷、耐海水长期浸泡，因此，对于钢制的发射筒，要在其表面涂以涂层。用喷涂方法在筒体表面形成一层均匀的牢固附着的连续的涂层，不仅能对筒体材料起到很好的保护作用，还能满足发射时耐高温、高压的燃气流冲刷，以及海水浸泡等其他要求。

4）筒盖系统

筒盖系统是潜载导弹垂直发射装置的重要组成部分。当潜艇在水面和水下航行时，它和发射筒组成贮存导弹的密闭容器，保证发射筒上部的水密性。在潜艇处于发射状态时，按指令迅速打开筒盖，保证导弹的顺利发射；导弹发射后，迅速关闭筒盖。当潜艇停靠码头时，开启和关闭筒盖，以供装填导弹及维护保养导弹发射装置。

潜载发射装置的筒盖与舰载发射装置的筒盖不同，这是由于在潜艇装甲盖打开后，筒盖需要承受下潜深度下的水压，并能可靠地工作，因此，筒盖是潜载发射装置的设计难点。

筒盖开盖角度应保证导弹发射时顺利出筒的要求，一般应大于100°。筒盖的开启方式可选用液压传动方式，也可采用燃气流自力开盖方式。筒盖的开、关盖时间要满足导弹发射要求，考虑两发导弹之间齐射时间间隔，这需要根据不同导弹的要求进行具体设计。为了保证筒盖在开启过程中的平稳可靠，在开盖、关盖过程终了还需采取缓冲方式，如缓冲垫或专用缓冲器。

5）减振系统

当潜艇遇到深水炸弹或核爆炸等水中兵器攻击时，潜载导弹发射装置将承受相当大的冲击载荷，使得潜艇、导弹发射装置和导弹产生垂直振动、水平振动与旋转振动。该冲击振动载荷作用到导弹上可能使导弹电气设备上的大多数敏感元件失灵，因此必须设置减振装置。

减振系统分为水平方向减振系统和垂直方向减振系统两大部分。

水平减振系统一般由布置在内、外筒之间的液压弹簧或泡沫塑料水平减振垫构成，也有用粘贴在内筒内表面的减振垫构成。当遇敌人水中兵器攻击时，水平减振系统起缓冲减振作用，减小作用在导弹上的水平冲击负荷，同时在潜艇航行时，起隔振作用。水平减振系统可采用液压弹簧减振方式、泡沫塑料减振方式或减振垫方式。图 4 - 23 ~ 图 4 - 25 所示为各类减振系统的参考结构。

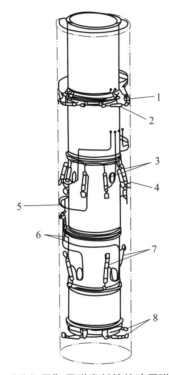

图 4 - 23　"北极星"导弹发射筒的液压弹簧悬挂系统

1—水平锁定筒；2—上部水平液压弹簧；3—上部垂直液压弹簧；4—垂直锁定筒；
5—锁定筒气管；6—液压弹簧充液线路；7—底部垂直液压弹簧；8—底部水平液压弹簧

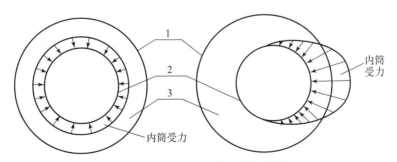

图 4 - 24　泡沫塑料减振系统原理图

1—外筒；2—内筒；3—泡沫垫

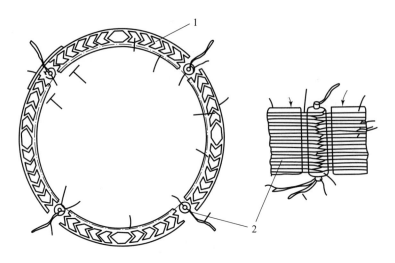

图 4-25　混合式组合减振垫

1—预弯 V 形支柱减振垫；2—抗拉纤维环带

　　垂直减振系统一般由布置在发射筒底部的液压减振器或弹簧减振器构成。其能可靠地支承导弹，即起垂直支承定位作用；在遭受敌人水中兵器攻击而产生强烈冲击振动负荷作用时，起缓冲减振作用；在潜艇航行时，起隔振作用。垂直减振器可采用碟簧减振器、液压减振器，如图 4-26、图 4-27 所示。

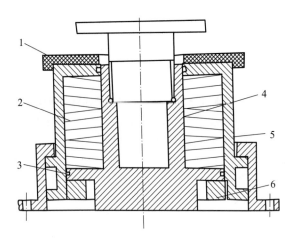

图 4-26　碟簧减振器

1—盖板；2—碟簧；3—密封件；4—导向件；5—壳体；6—锁紧螺圈

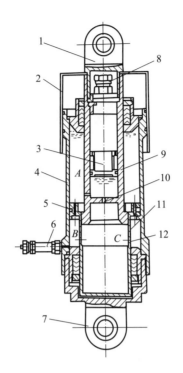

图 4 – 27　液压减振器

1—上支耳；2—保护罩；3—小活塞；4—缸筒；5—阻尼孔；6—补油活门；

7—下支耳；8—充气活门；9—活塞杆；10—补油孔；11—活塞套；12—通孔

在减振器设计或选型时，把艇体可能遭受的冲击环境和振动参数以及导弹允许承受的最大响应值分别作为输入、输出参数。例如，某发射装置垂直减振系统，设计任务书规定：其输入力学参数速度为 X m/s；而缓冲后，保证在导弹上的响应值不大于 Y g、Z ms、半正弦这样的水平。在缓冲系统设计时，要从发射装置全局的角度综合考虑最大压缩量、结构布置、操作空间、燃气流扰动等多种相关因素。

第 5 章　车载发射装置设计

随着公路网的发达，公路机动发射的部署范围比较广，既可以利用中心腹地的有利条件，亦可以利用复杂地形的环境条件，还可延伸到前沿地区以扩大攻击范围。但公路机动发射受到公路及桥梁的承载能力、公路上的涵洞及其他设施的限制，实施公路机动发射的导弹多为质量不太大、尺寸较小的中近程导弹，远程导弹只要质量、尺寸符合道路约束条件亦可实施公路机动发射。

以下对车载发射装置设计进行介绍。首先，对各种类型的车载发射装置设计中通用的设计技术进行介绍，如总体参数计算方法、液压系统设计、电气系统设计等；随后，将针对各种不同类型的车载发射装置，介绍其特有的一些设计要点和方法。

5.1　车载发射装置的通用设计技术

5.1.1　车载发射装置的总体布置

由于受到承载能力、空间尺寸、使用要求等的限制，车载发射装置的总体布置难度较大，有许多特点工作时必须注意。

1. 尽量增加联装数

由于车体承载能力及尺寸的限制，定向器的联装数是有限的。为了提高单车的火力，应尽可能多装弹。为此，应简化部件结构，减小尺寸及质量，使车体有较多剩余载重和空间用来装弹。同时，还应要求减小弹的横向尺寸。

引入结构系数 λ 来表明结构设计的优越性。设弹的重力为 W_R，装弹数为 n，车体载重为 W_E，发射装置部件重力为 W_L，则剩余载重允许的装弹量为

$$nW_R \leqslant W_E - W_L$$

令 $\lambda = \dfrac{nW_R}{W_L}$，代入上式则有

$$n \leqslant \frac{\lambda W_E}{(\lambda + 1) W_R}$$

用此式可估算允许的装弹数。现有火箭发射装置的结构系数 λ 为 0.3 ~ 0.72，平均

值为 0.5。

2. 合理确定耳轴和立轴位置

耳轴是起落部分俯仰回转的中心，便于瞄准机的安排。在最大射角时，定向器尾端有足够的距离，利于燃气流的排导。在保证这个距离的前提下，起落部分质心可接近耳轴，减小不平衡力矩。但定向器尾端的距离过高，整个发射装置的质心高，外形高，会影响行驶与发射时的稳定性以及行驶的机动性。

耳轴离地高度小，对提高发射车的稳定性和机动性有利。但过小，会影响定向器尾端离地高，不利于燃气流的排导。同时，也影响直前射击时的最小射角值，这是因为受驾驶室高度的限制。

确定立轴位置时要注意的问题：

（1）立轴位置是指立轴在车体上的位置和相对耳轴的距离。立轴位置的布置影响车体轴荷的分配、瞄准角受驾驶室限制的程度及回转支承装置的受力状况。

（2）立轴和耳轴距离应使车体各轴荷分配合理。对自行载重越野车，前轴载荷占 22% ~ 27%，后轴占 73% ~ 78%。改变载荷分配将影响原汽车的操纵性能、稳定性能和振动性能。

（3）驾驶室限制发射装置的高低与方位瞄准范围，立轴后移对增大瞄准角是有利的。

（4）应使回转部分质心靠近立轴，在高低极限射角时，质心应在立轴两侧。多联装发射装置连续发射时，质心位置变化不应过大。

（5）选择合适的放列、调平、撤收方案，操作方便，动作准确可靠，转换时间短。

（6）保证发射稳定性。对横向发射时的稳定性应进行计算，保证发射车不侧滑、不翻倒。可选择一定长度的伸缩支腿和符合比压要求的地面支承盘与驻锄。总布置时，使由导弹离轨时的合成载荷造成的翻倒力矩及水平力尽量减小。

（7）满足人 – 机工程的要求。操作使用的手柄、按钮、仪表、操作窗口等应符合人体尺寸、人体力学等方面的要求。在总布置时，应合理地安排它们的位置，决定它们的尺寸、作用力、显示方法和颜色，充分发挥人和机器的最大能动性，并防止人为差错发生。

5.1.2　总体参数计算

在发射车总体计算过程中经常用到发射车的质心 x、z 坐标，可用式（5 – 1）求出：

$$x = \frac{\sum Q_i X_i}{\sum Q_i} \tag{5 – 1}$$

$$z = \frac{\sum Q_i Z_i}{\sum Q_i} \qquad (5-2)$$

式中　Q_i——发射车各部分质量，kg；

　　　X_i——发射车各部分质量相对应的质心距离坐标原点在 x 向的尺寸，m；

　　　Z_i——发射车各部分质量相对应的质心距离坐标原点在 z 向的尺寸，m。

其他总体参数的计算可参见 2.6.1 节相关内容。

5.1.3　液压系统设计

液压系统的设计首先要根据它所要完成的功能和采取的控制方式绘制系统原理图。

液压系统的控制方式有手动控制、计算机控制等。早期设计的发射车采用手动控制，现在手动控制作为计算机控制的备份方案和调车时的工序仍然保留着，而计算机控制则被广泛采用，计算机控制根据控制量的不同分为开关量控制、模拟量控制和数字量控制。

开关量控制比较简单，当计算机接收到某个开关量信号后，计算机发出一个或一组指令，使系统执行预定的动作。

模拟量控制时，计算机定时采集模拟量信号，经过判读和处理，满足一定条件后发出指令和数字量，数字量经过数/模转换和放大，控制伺服阀，再控制执行元件。模拟量控制框图如图 5-1 所示。这种控制方式精度高、频带宽；但信号需经数/模转换，制造成本高。

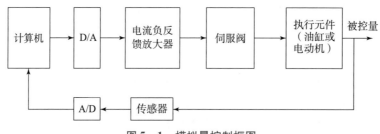

图 5-1　模拟量控制框图

数字量控制时，由计算机发出的指令和数字量直接控制步进电动机，带动数字阀运动，再由数字阀控制执行元件工作，数字量控制框图如图 5-2 所示。这种控制方式

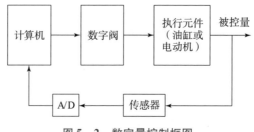

图 5-2　数字量控制框图

不需要数/模转换，滞后小，重复精度高，稳定性好，对油液的过滤精度要求不高，但受阀动态性能的限制，频带较窄。

采用手动控制实现起竖、闭锁和转向的液压系统，除了电动泵之外，还设置手摇泵，这是为了在无电源的情况下驱动液压系统，对元件进行密封充压、排气及油缸微调等工作。有时手摇泵作为备份泵，使起竖臂回收，下放导弹。

选择油泵时，首先要确定它的最大工作压力：

$$p_p = k(p_F + \sum \Delta p)$$

式中　p_F——执行元件的最大工作压力，Pa；

$\sum \Delta p$——执行元件到油泵出口处的沿程和局部阻力损失之和，Pa；

k——考虑动态压力的系数，取 1.25~1.60。

阻力损失在选定液压元件并确定液压系统布置后才能确定。粗略估计时可按经验选取。系统简单、流速较小的，取 $\sum \Delta p = 0.2 ~ 0.5$ MPa；系统复杂、流速较大的，取 $\sum \Delta p = 0.5 ~ 1.5$ MPa。

其次要确定油泵的体积流率：

$$q_p = k q_{max}$$

式中　k——系统的泄漏系数，一般取 1.1~1.3；

q_{max}——系统中执行元件的最大体积流率，m^3/s。

此外，还要考虑发射车的使用环境，油泵的自吸能力应与油箱的安装高度相适应。

发射车液压系统设计时还应注意如下几点：

（1）发射车使用环境条件要求 -40 ℃ 时，必须选用 10 号航空液压油（SY1181）和与之相容的 5002 橡胶（HG6-483）。选用的液压元件也应满足这一使用温度的要求，温度升高会引起封闭腔的油压升高，应设置限压装置。

（2）起竖臂回收时，在重力作用下，起竖臂下降速度会越来越快。为限速和安全起见，液压系统内应装置限速阀，此阀应安装在靠近起竖油缸的油路上。

（3）液压系统中还应设置双向液压锁。双向液压锁也叫作平衡阀，它使油缸的活塞停留在任意位置，保持油缸呈锁定状态；被锁液体由于环境温度变化或其他原因压力超过额定值时，阀门能自动开启泄压，保证系统安全；当油缸上的载荷变化引起油缸运动速度不稳定时，平衡阀能自动平衡外载变化，避免产生震荡。

（4）为适应长距离运输，所有螺纹连接都要有防松措施。为防止紧急制动时的惯性力使液压锁活门开启，通向液压锁的换向阀应采用 Y 形结构，不能采用 O 形结构。

油箱排气孔上应设置堵针，运输时堵住排气孔，既防止灰尘污染液压油，也防止转弯时油从排气孔溢出。

（5）为了防锈，必须把系统中空气排净，系统应在其最高部位设排气装置。

（6）蓄压器的设置是在贮存时，使系统保持正压，防止空气进入；但系统工作时应使其隔离，避免蓄压器引起系统压力波动，影响系统正常工作。

5.1.4 电气系统设计

发射车电气系统包含两部分：一部分是供配电系统为用电系统提供电源，另一部分是电气控制系统。供配电系统的电源可以是车上配备发电机组自行发电，亦可以使用车载电瓶。同时要求具备接入 220 V/380 V 市电功能，将市电按需要的品质转换成合格的电源。发射车用电部分包括弹上用电，弹体加温用电，测发控系统用电，仪器舱、驾驶室加温、制冷用电，瞄准系统和车上其他功能的系统用电，发射车照明用电，发射车展车、调平控制系统用电等。用电电压为直流 24 V、28 V、36 V 和交流 220 V、380 V 等。可根据各用电设备的不同，配备不同品质的电源。

电气控制系统用于控制发射车的展开、转载、回抱导弹，撤收发射车。实现发射车的操纵自动化，可以减少操作人员，而且快速、准确、可靠。目前实现上述动作的控制方案基本为用计算机控制和可编程控制器控制。

随着发射车设计一体化的进展，发控系统和发射车广泛采用计算机控制，而且通常采用 CAN 总线技术，使得弹上检测、发射控制自动化进行。

计算机控制系统的硬件包括微处理器（CPU）、内存储器（ROM、RAM）、模拟量和数字量输入/输出通道、开关量输入/输出通道、人机联系设备、运行控制台等，它们通过系统总线构成一个完整的系统，如图 5 - 3 所示。

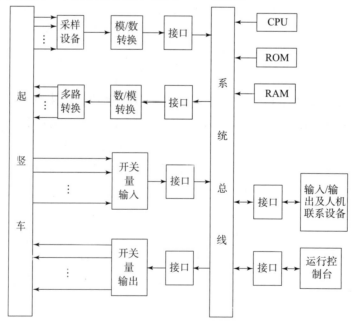

图 5 - 3　计算机控制系统的硬件组成

　　电子计算机控制部分的软件包括操作系统和实用程序。操作系统包括 CPU 管理、存储器管理、输入/输出管理、文件管理等。使用程序根据控制的动作要求编写。编写使用程序可以用机器语言、汇编语言和高级语言。CAN 总线的软件编写要遵守 CANOpen 协议。

　　发射车的电子计算机控制部分应具备如下功能。

　　（1）可按不同的工作状态完成预定的动作。这些工作状态是指自动状态（按顺序完成规定动作）、步进状态（完成某一步动作后按键才转向下一步）和选步状态（可从任意一步开始顺序执行，也可按操作人员意愿执行任意一步）。

　　（2）能实现无条件转移。这就是用强制执行的办法顺序完成各组动作。当检测元件、反馈元件发生故障时，可采用这种方法。

　　（3）能实现条件转移。这是当系统故障使某步动作未能在规定的时间内完成时，可以等待，直到这一动作完成才能转入下一步。

　　（4）可显示当前的状态。这里所指的当前状态主要是正在执行的程序步号、起竖的角度值、前梁调平的误差值等。

　　（5）能进行故障查询。这是指能显示发生故障的输入、输出通道编码和对调平传感器等进行断线识别和溢出判定，并显示有关信息等。

　　（6）能进行人工干预。对某些重要组件可以进行人工干预，使其急停而不影响整套动作的顺序执行。

　　在选步状态下，可在控制台上使液压系统电气系统的任意一个控制元件（如电磁阀、继电器）或任意一个执行机构（组件）动作。

　　发射车计算机控制的设计步骤如图 5-4 所示。

　　电子计算机控制的使用环境应适应发射车的使用环境（包括温度、湿度和振动冲击环境等），如不适应，应采取相应措施，同时要注意提高可靠性和电磁兼容性。

　　用于工业控制的可编程控制器（或简称 PLC），它的输入/输出板经过特别设计，既标准化，又便于编制控制软件，因此，它的软件设计特别方便；模板化结构的 PLC，使用、维修都比较方便。和电子计算机控制一样，PLC 控制发射车的各组动作是由程序实现的，因此发射车动作顺序如有变化，只需修改程序，不必变更硬件。由于 PLC 是为工业控制设计的，所以，对振动冲击有较强的适应能力。其控制电压比一般电子计算机控制所用的控制电压高，因此抗干扰能力强。PLC 还具有远程通信能力，可与发控系统进行数据通信，这就为整个地面设备实现自动控制奠定了基础。

　　PLC 的硬件配置如图 5-5 所示。

　　PLC 软件包括操作系统、控制语言和实用控制软件。软件设计时，为了提高可维护性，常采用模块化结构，如图 5-6 所示。

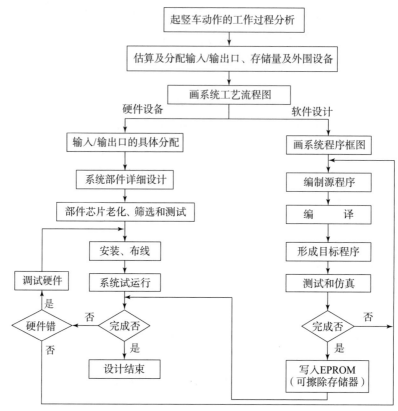

图 5 - 4　发射车计算机控制的设计步骤

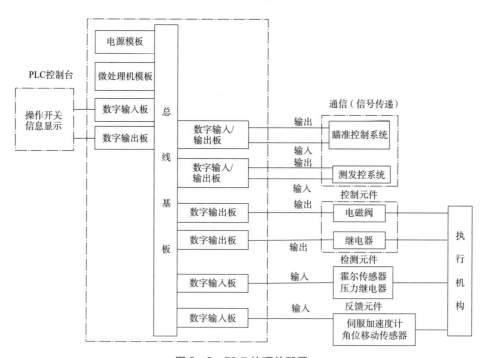

图 5 - 5　PLC 的硬件配置

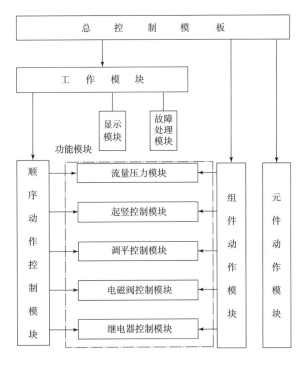

图 5 - 6　PLC 软件的模块化结构

软件设计时，应特别注意提高系统的可靠性，此外，还应注意节省内存和提高程序的效率。为了消除输入信号中的噪声，应采用数字滤波。

PLC 和电子计算机控制在设计上有许多共同点，系统设计和软件设计中的各种细节可参阅有关专著。

发射车为了防止漏电电流对操作人员的危害，还应设计接地钻，以便将漏电电流导入地下。

5.1.5　自动调平系统设计

1. 概述

对于机动式发射，发射装置的所在阵地虽然经过平整，但往往达不到导弹发射时所要求的水平精度，仍有一定的坡度。因此，当发射装置处于战斗状态而基座架基准平面与当地水平面不平行时，便会影响发射装置的射向标定、瞄准、跟踪以及导弹发射时弹道的初始精度。

为减小由于阵地坡度所产生的上述偏差，发射装置本身一般设有调平系统，通过调平系统调整发射装置的座架基准平面与当地水平面相平行，或达到某个不超过允许值的倾斜角。

调平系统根据工作方式可分为手动调平和自动调平。手动调平又可分为螺旋千斤顶调平、液压千斤顶调平、手控电气液压调平和手控机电调平。

自动调平，若按系统所采用的动力源分，可分为机电自动调平（用机电执行机构）和电液自动调平；若按所采用的水平检测元件分，又可分为光电式自动调平、液体摆式自动调平等。

为了缩短导弹机动发射的准备时间，现在通常采用自动调平，而手动调平仅作为一种辅助手段。

2. 自动调平系统的技术要求

武器系统对导弹发射车自动调平系统提出的战术技术要求很多，主要的要求有：

（1）调平及其准备时间应不大于某规定值；

（2）调平精度应满足战术指标的要求；

（3）调平极限角（工作范围）应大于阵地允许的坡度；

（4）调平后，发射车或发射装置的座架基准平面应处于刚性支承之下，并能锁紧固定，以保持调平精度长期不变；

（5）能有较大功率的输出；

（6）平均无故障工作时间（MTBF）应大于某规定值；

（7）在自动调平出现故障时，能方便、迅速地转入手控调平；

（8）调平系统结构简单，工作稳定，操作及维修方便。

其中最主要的战术技术要求是调平精度、可靠性、调平及其准备时间。

3. 调平系统的任务、特点及组成

导弹发射车自动调平系统的主要任务是在规定的时间内将发射车调平，并使其处于刚性支承之下，为导弹的射前标定及发射提供水平基准。

发射车的自动调平是一个技术上比较复杂的自动控制问题，主要表现在以下几个方面：

（1）被调整的对象是轮式或履带式车辆，被调量为一个平面。理论上三点确定一个平面，然而工程实践上不能处处如此，还必须从工程结构上加以考虑。例如，导弹发射车的调平采用四点支承调平结构更为合理，即调整 4 个支承点的高低，使发射车的底盘达到水平。

（2）调平负载比较大，要求执行机构能输出较大的功率。发射车的总质量一般达到 40 t 或更大，故执行机构要选用功率比较大的液压油缸。

（3）自动调平系统一般是非线性系统。这在设计、校正及理论分析上比较困难。自然也可以设计为线性系统，但它对水平检测元件及变换放大元件要求较高，因此成本会提高，且系统的可靠性还有可能降低。如用两级电液伺服阀取代三位四通电磁换向阀，其情况也是如此。因为前者较后者不但价格高得多，而且对工作介质油的洁净度要求也很高。

根据发射车平时主要由四轮支承的结构特点和稳定性要求，其调平系统结构也采用 4 个支承点比较合理。调平系统的结构布置如图 5-7 所示。

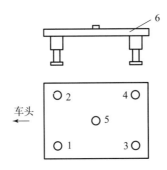

图 5-7　调平系统的结构布置

1，2，3，4—油缸；5—光电水平检测器；6—发射车底盘

调平系统包括自动调平和手控调平，它们的组成如图 5-8 所示。

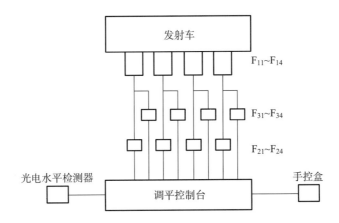

图 5-8　自动和手控调平系统的组成

$F_{11} \sim F_{14}$—油缸；$F_{21} \sim F_{24}$—电磁换向阀（自动调平用）；$F_{31} \sim F_{34}$—电磁换向阀（手控调平用）

　　自动调平系统主要由 4 个功能相同的电液位置控制支路及其控制台组成。每一支路均有相同的光电水平检测元件、继电放大元件、三位四通电磁换向阀及油缸。

　　为了便于叙述和理解，假设图 5-7 中四个支承点 1、2、3、4 为正方形布置，并与安装光电水平检测器 5 的基准平台处在同一平面内（或两平面相互平行），它们的对角线交点 O 与基准平台中心重合，则定义 4 个支承点 1、2、3、4 同交点（中心）O 的连线 $1O$、$2O$、$3O$、$4O$ 与通过 O 点所作的当地理论水平面的夹角为 α_1、α_2、α_3、α_4，且认为夹角在理论水平面之上者为正，之下者为负。显然，α_1 与 α_4、α_2 与 α_3 分别互为同一垂直平面内的对顶角，故其大小必然相等，其符号必然相反。

　　光电水平检测器的安装及其四组光电水平检测元件的内部布置均与支承点 1、2、

3、4 ——对应,分别检测非水平倾角 α_1、α_2、α_3、α_4。

为了在自动调平系统出现故障时也能进行调平,还设有手控调平系统。手控调平是通过 4 个三位开关分别控制 4 个三位四通电磁换向阀和油缸,进而调整发射车 4 个支承点的高低来达到调平的目的。它与自动调平共用同一油缸。手控调平系统包括 4 个元器件相同、功能相同的支路以及水平仪、手控盒等。水平仪同光电水平检测器安装在发射车的同一平台或基准平面上。手控调平的支路原理方块图如图 5 - 9 所示。

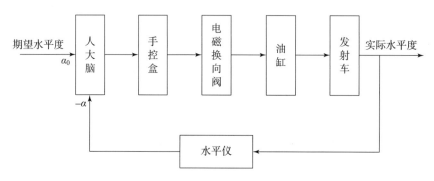

图 5 - 9　手控调平的支路原理方块图

4. 调平系统的原理及工作过程

电液调平系统的原理图分液压、电气两部分,下面分别进行介绍。

1)调平系统的液压原理图及工作过程

液压回路从功能上可分为三部分:一是自动调平控制回路,它主要由三位四通电磁换向阀 $F_{21} \sim F_{24}$ 及 4 只液压缸组成。二是手控调平液压回路,它主要由三位四通电磁换向阀 $F_{31} \sim F_{34}$ 及 4 只液压缸组成。自动调平和手控调平共用一个液压缸。三是液压供油回路,它主要由机械泵、手摇泵、油箱、压力表及其他功能阀组成。单稳分流阀把泵输出的液压油分成两个支流供自动调平回路和手控调平回路使用。机械泵由汽车发动机带动,通过调整发动机的油门来控制泵的输出油压和流量。机械泵空载启动,当其转数达到一定值时,电磁溢流阀 F_{51} 通电工作。切断回油,泵开始向液压回路供高压油。

自动调平时,换向阀 $F_{21} \sim F_{24}$ 及相应的 4 只液压缸受控于光电水平检测器。

手控调平时,通过拨动三位开关控制三位四通电磁换向阀 $F_{31} \sim F_{34}$ 及相应的液压缸的工作方向来调整发射车 4 个支承点的升降,使车达到水平。

手控调平液压回路还兼有补油功能。当自动调平中出现 3 个支承点着地、1 个支承点悬空时,可通过它进行人工补油,使该悬空支承点也着地,防止车发生倾倒。不过,在多次试验和使用中还未出现过此种情况,因为发射车不可能做成绝对刚性。

自动调平和手控调平以后,双向液压锁自行锁定液压缸的运动。

2)调平系统的电气原理图及工作过程

电液调平系统的电气原理图如图 5 - 10 所示。

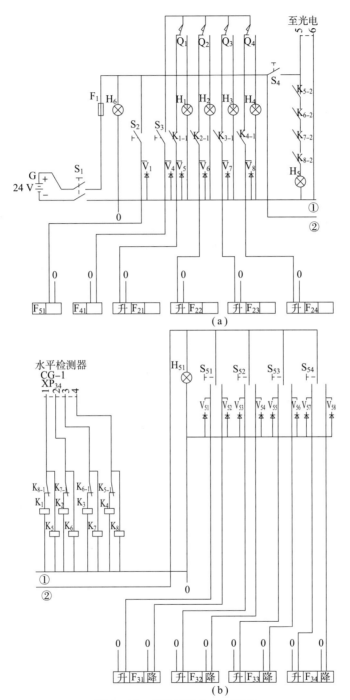

图 5 – 10　调平系统电气原理图

（a）自动调平示意图；（b）手动调平示意图

G—汽车蓄电池；S_1—电源开关；H_6，H_{51}—电源指示灯；S_2—加液压开关；S_3—调液压开关；S_4—自动手控
调转开关；$Q_1 \sim Q_4$—行程限位开关；$H_1 \sim H_4$—限位信号灯；H_5—调平信号灯；$K_1 \sim K_8$—继电器；$S_{51} \sim S_{54}$—
手控调平开关；$F_{21} \sim F_{24}$，$F_{31} \sim F_{34}$—三位四通电磁换向阀；F_{41}—二位二通电磁换向阀；F_{51}—电磁溢流阀

该电原理图可分为自动调平和手控调平两部分。前者主要由光电水平检测器、继电器 $K_1 \sim K_8$、行程限位开关 $Q_1 \sim Q_4$、信号灯 $H_1 \sim H_5$、电磁换向阀 $F_{21} \sim F_{24}$ 及自动调平开关 S_4 等组成。后者主要由三位开关 $S_{51} \sim S_{54}$ 和三位四通电磁换向阀 $F_{31} \sim F_{34}$ 组成。蓄电池 G 供电 24 V。

手控调平是通过拨动三位开关 $S_{51} \sim S_{54}$ 来控制三位电磁换向阀 $F_{31} \sim F_{34}$ 的左通、右通及断开，进而调整 4 只液压缸的升降，以达到发射车的水平。

在自动调平过程中，4 只液压缸的支承调整点只能升不能降，以免发射车回到弹性调平状态。这由 8 只继电器 $K_1 \sim K_8$ 组成的逻辑控制电路给予保证。即支路 1 工作时，4 路必然截止；2 路工作时，3 路必然截止。反之亦然。但是，电路 1，4 同电路 2，3 在电路上没有相互制约的关系。只升不降是发射车自动调平系统的一个重要特点。

当发射车上光电水平检测器处于水平时，据前面对水平检测器工作原理分析的结论，支路 1、2、3、4 均有电压 24 V 输出，则继电器 K_5、K_6、K_7、K_8 工作，其常闭触点 K_{5-1}、K_{6-1}、K_{7-1}、K_{8-1} 断开，继电器 K_1、K_2、K_3、K_4 不工作。这时，常开触点 K_{1-1}、K_{2-1}、K_{3-1}、K_{4-1} 仍为常开，4 只电磁阀 $F_{21} \sim F_{24}$ 及相应的 4 只液压缸均不工作；而常开触点 K_{5-2}、K_{6-2}、K_{7-2}、K_{8-2} 应闭合，调平信号灯 H_5 亮，表示车已处于水平状态。

当车处于非水平时，假设支承点 1、2（参见图 5-10）相对支承点 4、3 为低，则 1、2 路有 24 V 电压输入，而 4、3 路无输入。此时，继电器 K_1、K_5 及 K_2、K_6 工作，而 K_3、K_7 及 K_4、K_8 不工作。即常开触点 K_{1-1}、K_{5-2} 及 K_{2-1}、K_{6-2} 闭合，而常闭触点 K_{5-1}、K_{6-1} 断开。不过 K_{5-1}、K_{6-1} 断开与否，对自动调平不产生影响，因为这时 3、4 路并无电压输入。同时，调平信号灯不亮。

触点 K_{1-1}、K_{2-1} 闭合，电磁换向阀 F_{21}、F_{22} 及相应的液压缸 1、2 工作，支承点 1、2 处升高。如果系统未超调，则会使车逐渐达到水平。车调平以后，8 只继电器及其触点的工作动作情况与上述车处于水平状态时相同，则调平信号灯 H_5 亮。

本自动调平系统是一个继电器系统，一般都是经过几次振荡，即电路 1 与 4、2 与 3 的相互交替工作才能达到调平。

如果由于某种原因，某液压缸的行程已超过最大工作值，则由相应的行程开关所控制的限位信号灯应亮。这时，应找出原因，排除故障，重新进行调平。如果是阵地坡度超出设计允许值，应另选坡度较小的阵地，再进行调平。

自动调平完成以后，系统用双向液压锁自行锁定，以保持发射车调平精度的长期不变。

5. 自动调平的执行机构

自动调平相同的执行机构有两种：一是电动执行机构，二是液压执行机构。具体选用哪种，主要取决于被调整的对象及系统的具体要求。其原则是充分利用两者的优点，避免它们的不足。发射车之所以选用液压执行机构，主要有如下三点考虑。

（1）它的功率质量比大。

（2）液压油缸的动态特性好，反应速度快，时间常数小。这有利于系统的稳定和精度的提高。

（3）所采用的底盘车出厂时已备有较大功率的液压源系统可供选用。

1）液压元件的选用

电液自动调平系统是由电气和液压两部分组成的。液压回路同电气回路一样，也是由若干元器件组成的，所不同的是，它是由液压元器件组成的。在液压元器件中，有的直接用于自动、手控调平系统，作为某一环节，如三位四通电磁换向阀、油缸等；有的用于液压供油回路，如油泵、溢流阀等。

在本液压回路中，除油缸外，所有液压元器件均有厂标定型产品可供选用。液压元件选用的主要依据是功用、流量和工作压力。

三位四通电磁换向阀是调平系统中一个重要元件，它除有控制液流方向的作用外，还兼有电－液功能转换和功率放大的作用。

2）液压缸的设计

（1）设计依据。

液压缸是液压执行元件，它与主机及主机上的机构有着直接的联系，对于不同的机种和机构，液压缸具有不同的用途和工作要求。因而，在设计前要做好调查研究，备齐必要的原始资料和设计依据，其中主要包括：

①主机的用途和工作条件；

②工作机构的结构特点、负载情况、行程距离、运动速度和动作要求；

③液压回路所选定的工作压力和流量；

④有关国标、部标和技术规范等。

液压缸的额定压力，往复运动速比，缸体内径、外径，活塞直径及进出油口连接尺寸等基本参数，在现行有关国标、部标中都有规定。

（2）设计内容和步骤。

①液压缸类型和各部分结构形式的选择。

②基本参数的确定，其中主要包括液压缸的工作负载、工作速度和速比，缸筒内径、活塞杆直径、工作行程和导向长度等。

③结构强度计算和验算，其中包括缸筒壁厚、外径和缸底厚度的强度计算，活塞杆的强度计算和稳定性验算，以及各部分连接结构的强度计算。

④导向、密封、防尘、排气和缓冲等装置的设计。

⑤整理设计计算书，绘制工作图及编写技术文件。

应当指出，对于不同类型和结构的液压缸，其设计内容和步骤必然有所不同，而且各参数之间往往具有各种内在联系，需要综合考虑、反复验算才能获得比较满意的结果，所以设计步骤也不是固定不变的。

（3）基本参数的确定。

在计算确定液压缸的基本参数之前，应先根据其用途选定它的类型。

导弹发射车调平系统负载力的特点是沿上下垂直方向。故在调平过程中，使车升高时，需要的推力大，而使车下降时，由于车自身的重力（含载重）的作用，则需要的推力较小。对此，选用双作用单活塞杆液压缸比较合适。该种液压缸简图如图 5-11 所示。

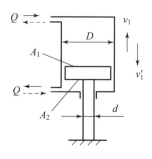

图 5-11　双作用单活塞杆液压缸简图

①工作负载。

液压缸的工作负载是指工作机构在满负载情况下，以一定加速度启动时对液压缸产生的阻力 R，即

$$R = R_1 + R_f + R_g \tag{5-3}$$

式中　R_1——工作机构的荷重及自重等对液压缸产生的作用力，N；

R_f——工作机构在满载下启动时的静摩擦力，N；

R_g——工作机构在满载下启动时的惯性力，N。

②往复推力。

如果两向运动的供油压力相等，往复运动所产生的推力分别为

$$F_1 = (A_1 p - A_2 p_0)\eta_m = \frac{\pi}{4}\big[D^2(p - p_0) + d^2 p_0\big]\eta_m \tag{5-4}$$

$$F_2 = (A_2 p - A_1 p_0)\eta_m = \frac{\pi}{4}\big[D^2(p - p_0) - d^2 p_0\big]\eta_m \tag{5-5}$$

式中　F_1——无杆端产生的推力，N；

F_2——有杆端产生的推力，N；

p——缸内进油压力，Pa；

p_0——缸内回油背压，Pa；

D——活塞直径（油缸内径），m；

d——活塞杆直径，m；

η_m——液压缸的机械效率。

③工作速度和速比。

当无杆腔进油时，活塞或缸体的工作速度为

$$v_1 = \frac{4Q\eta_v}{\pi D^2} \tag{5-6}$$

有杆腔进油的速度为

$$v_2 = \frac{4Q\eta_v}{\pi(D^2 - d^2)} \qquad (5-7)$$

式中　Q——供油流量，m^2/s；

　　　η_v——液压缸的容积效率。

如果工作机构对液压缸的工作速度有一定要求，应根据所需的工作速度和已选定油泵的流量来确定缸径；推力和速度都有要求时，可根据速度和缸径来选择泵；在速度没有要求时，可根据已选定的泵和缸径来确定工作速度。

液压缸作为自动调平系统的执行机构，其工作速度一般都有一定的要求。

假如液压缸的两端供油量相等，其往复运动比 φ 为

$$\varphi = \frac{v_2}{v_1} = \frac{D^2}{D^2 - d^2} \qquad (5-8)$$

除有特殊要求外，速比不宜过大或过小，以免产生过大的背压或使活塞杆太细，稳定性不好。φ 值可按 ISO 7181 标准选定，工作压力高的液压缸选取大值，工作压力低的则选取小值。

④缸筒内径。

通常，在系统所给定的工作压力下，把保证液压缸具有足够的牵引力来驱动工作负载作为确定缸筒内径的原则。最高速度的要求，一般在校核后通过泵的合理选择，以及恰当的拟定液压系统予以满足。

对于双作用单杆液压缸，当活塞杆是以推力驱动工作负载时，压力油输入无杆腔。根据式（5-4），由活塞杆的最大推力 $F_1 = R$，得缸筒内径

$$D = \sqrt{\frac{4R}{\pi(p - p_0)\eta_m} - \frac{d^2 p_0}{p - p_0}} \qquad (5-9)$$

式中　R——液压缸的工作负载，N。

当活塞杆以拉力驱动负载时，则压力油进入有杆端，由式（5-5），令 $F_2 = R$，得缸筒内径

$$D = \sqrt{\frac{4R}{\pi(p - p_0)\eta_m} + \frac{d^2 p_0}{p - p_0}} \qquad (5-10)$$

对于双作用液压缸，缸筒内径一般应按式（5-9）和式（5-10）计算后取较大值。不过也不尽然，有时双向的工作负载并不相同。如某调平系统液压缸的工作负载就是如此，可不必考虑式（5-10）。

根据式（5-9）、式（5-10）计算出来的油缸内径数据，尚需按国标 GB/T 2348—1993 进行调整。

⑤活塞杆直径。

活塞杆直径通常先从满足速度或速度比的要求来进行选择，然后再校核其结构强

度和稳定性。

由式（5-8）可知，单杆活塞杆的往复速度比为

$$\varphi = \frac{D^2}{D^2 - d^2}$$

由此得活塞杆的直径

$$d = \sqrt{\frac{\varphi - 1}{\varphi}} \qquad (5 - 11)$$

式中的 φ 值可根据系统需要，并参照 ISO 7181 标准系列选用。

其余基本参数的计算，结构强度计算，活塞杆的稳定性验算和导向、密封、防尘、排气、缓冲等装置的设计，因篇幅限制，不再叙述，请参阅相关设计手册和文献。

3）液压缸的动态分析

这里忽略负载阻尼和负载弹簧刚度，仅考虑负载惯性、油液弹性和油缸泄漏，则液压缸与负载的物理模型如图 5-12 所示，输出位移 $Y(s)$ 对输入流量 $Q(s)$ 的传递函数如图 5-13 所示。

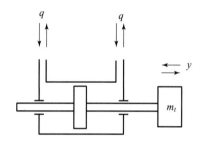

图 5-12　液压缸与负载的
物理模型

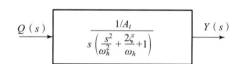

图 5-13　输出位移 $Y(s)$ 对输入
流量 $Q(s)$ 的传递函数

其中

$$\omega_h = \sqrt{\frac{4 E_y A_t^2}{V_t m_t}} \qquad (5 - 12)$$

$$\xi = \frac{K_{ce}}{A_t} \sqrt{\frac{E_y m_t}{V_t}} \qquad (5 - 13)$$

式中　ω_h——液压缸液压固有频率；

　　　V_t——液压缸两腔容积；

　　　A_t——液压缸活塞的有效面积；

　　　m_t——活塞及负载折算到活塞上的等效质量；

　　　E_y——油液等效容积弹性模量；

　　　ξ——液压相对阻尼系数；

K_{ce}——总压力流量系数，$K_{ce}=K_C+C_{sl}$，K_C 为阀的流量压力系数（以负载压差为准），C_{sl} 为泄漏系数。

（1）液压固有频率 ω_h。

如果将式（5-12）改写为

$$\omega_h = \sqrt{\frac{4E_yA_t^2}{V_tm_t}} = \sqrt{\frac{K_h}{m_t}} \qquad (5-14)$$

则液压缸的固有频率同由弹簧与质量构成的机械振动系统的固有频率相当，故可以称 K_h 为液压弹簧刚度。ω_h 是液压系统的一个非常重要的参数，它往往也是整个系统的最低固有频率。从式（5-14）可知，增大 A_t，减小 V_t，可以有效地提高 ω_h。m_t 小的负载及 E_y 大的油液均可使 ω_h 值增加。

此外，液压弹簧刚度还与活塞的位置有关，如果令液压缸的左右腔液压弹簧刚度及容积分别为 K_{h1}、V_{t1} 及 K_{h2}、V_{t2}，则动力机构的固有频率

$$\omega_h = \sqrt{\frac{K_{h1}+K_{h2}}{m_t}} = \sqrt{\frac{E_yA_t^2}{m_t}\left(\frac{1}{V_{t1}}+\frac{1}{V_{t2}}\right)}$$

很容易求得 ω_h 的最小值发生在 $V_{t1}=V_{t2}=V_t/2$ 时，即活塞处于中间位置时，此时

$$\frac{1}{V_{t1}}+\frac{1}{V_{t2}}=\frac{4}{V_t}$$

而当 V_{t1} 或 V_{t2} 为零时，即活塞处于液压缸的顶端时，将出现 ω_h 的最大值。

ω_h 在系统工作过程中是个变数。

（2）液压相对阻尼系数 ξ。

式（5-13）给出了液压相对阻尼系数 ξ 的表达式。由此可以看出 ξ 是由总压力流量系数 K_{ce} 引起的泄漏阻尼。$K_{ce}=K_C+C_{sl}$，一般 K_C 较 C_{sl} 大得多，所以 K_{ce} 主要取决于 K_C，而 K_C 与阀的位置及负载压力大小都有关系，且变化范围较大，故使得 ξ 的变化范围也较大。

ω_h、ξ 是阀控液压缸动态分析的重要参数，同时也是整个系统动态特性的重要参数。从某种意义讲，前者决定系统的频宽，后者决定系统的稳定性和快速性。

6. 自动调平装置液压系统静载分析

节流调速分析回路如图 5-14 所示。

该系统是由几支调速回路组合而成的，这种回路具有结构简单、使用维护方便、成本低等优点。为了便于分析，取液压系统中的一支回路作为研究对象。因该系统在整个调平过程中是以油缸无杆腔作为主工作腔的，且各回路都是经同一个调速阀后进入执行油缸的，这样，整个节流阀回路如图 5-15 所示。

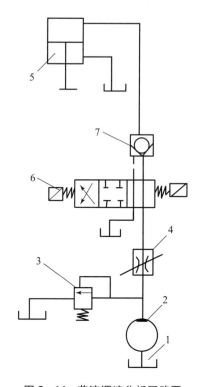 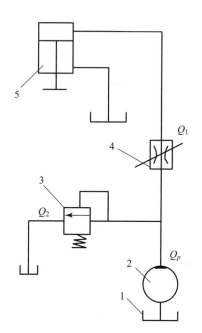

图 5-14 节流调速分析回路图　　　　　　　图 5-15 节流调速简化回路分析图

1—油箱；2—油泵；3—溢流阀；4—调速阀；　　　　1—油箱；2—油泵；3—溢流阀；

5—油缸；6—电磁换向阀；7—液控单向阀　　　　　　4—调速阀；5—油缸

考虑到电磁换向阀 6 在系统中仅起换向作用，当电流达到一定值后，就立即开通，且通流面积较大，所以可以假设在正常工作（即正常的开通和关闭）时，液流通过电磁换向阀无节流损失。另外，不考虑液控单向阀 7 的压力损失，则图 5-14 可简化成图 5-15 所示的回路。

1）回路的负载特性分析

在图 5-15 中，设油泵流量 Q_p = 常数，此值可根据发射架的外形尺寸不同而定。其中一部分流量 Q_1 通过调速阀 4 进入油缸，另一部分流量 Q_2 从溢流阀 3 流回油箱。若不考虑回路的管道压力损失，则液流通过调速阀 4 的流量 Q_1 可根据薄壁孔流量公式求得

$$Q_1 = Ka \sqrt{p_0 - p_1} \qquad (5-15)$$

式中　p_0——调速阀中节流阀入口压力；

p_1——油缸进油腔压力；

K——与油液性质和节流口形状有关的系数；

a——调速阀中节流阀节流口的过流面积。

另外，从图 5 - 15 还可知，若不考虑作用在调速阀中减压阀阀芯上的摩擦力、液动力及其重力的影响，则作用在减压阀阀芯上的力平衡方程式为

$$p_0 a_0 = p_1 a_0 + F_s$$

$$p_0 - p_1 = \frac{F_s}{a_0} \tag{5 - 16}$$

式中　F_s——调速阀中减压阀阀芯的弹簧力；

　　　a_0——调速阀中减压阀阀芯的有效工作面积，调速阀选定后此值为常数。

若不考虑油缸的泄漏，则油缸的速度

$$v_c = \frac{Q_1}{A_1} = \frac{Ka}{A_1} \cdot \sqrt{\frac{F_s}{a_0}} \tag{5 - 17}$$

在设计调速阀时，考虑其节流阀部分的压力降，取 $\Delta p = p_0 - p_1 = \dfrac{F_s}{a_0} = 3 \times 10^{-5} \sim 2 \times 10^{-5}$ Pa，这样就可以选用弹簧系数很小的调节弹簧。在调节过程中，因弹簧要补偿外载变化引起压力差变化时的位移量很小，所以可以认为在工作过程中减压阀的弹簧力 F_s = 常数，由式（5 - 17）可知，油缸的速度 v_c = 常数。式（5 - 17）就是调速阀调速回路的负载特性方程，其曲线如图 5 - 16 所示。

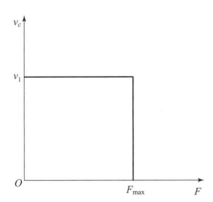

图 5 - 16　调速阀调速回路曲线图

2）回路的刚度分析

若对式（5 - 17）求导，即可得到回路的刚度公式

$$T = -\frac{\partial F}{\partial v_c} = \infty \tag{5 - 18}$$

式（5 - 18）表明，该回路的刚度在理论上是无穷大的，这也可以从图 5 - 15 中看出来。通过以上分析，该调速阀调速回路，因油缸的速度基本上不受负载变化的影响，图 5 - 16 中 v_1 呈水平线，直至 F 变化到 F_{max} 为止。因此就低速性能、调速范围、回路刚度而言，该回路能比较满意地达到调平工况的要求。

3）回路的发热分析

因为回路的发热量与回路的功率损失有直接关系，所以首先要讨论调速阀调速节流回路的功率特性。

（1）回路的功率特性分析。

要讨论功率特性，就要讨论回路的功率损失。从图 5 - 15 中看出，若不考虑回路的管路等沿程功率损失而先只考虑油液通过各阀的功率损失，由于实际上管路的沿程功率损失比经过阀后的功率损失要小得多，这样回路的功率损失可用式（5 - 19）计算：

$$\Delta N_l = \Delta N_P + \Delta N_r + \Delta N_t = p_P Q_2 + (p_P - p_0)Q_1 + (p_0 - p_1)Q_1 \qquad (5 - 19)$$

式中　ΔN_P——溢流阀的功率损失，当 α 调定后，即 Q 被调定后，其值不变，即 ΔN_P = 常数；

　　　ΔN_r——调速阀中减压阀节流功率损失，当 α 调定后，其值与 p_1 成正比；

　　　ΔN_t——调速阀中节流阀节流功率损失，当 α 调定后，其值为常数，且 $p_0 - p_1 = \dfrac{F_s}{a_0}$ = 常数，所以 ΔN_t = 常数。

油泵的输出功率为

$$N_P = p_P Q_P \qquad (5 - 20)$$

所以油缸的输入功率为

$$N_c = p_1 Q_1 = N_P - \Delta N_l \qquad (5 - 21)$$

当调速阀调定在某一开度时，由式（5 - 20）所确定的回路功率特性曲线如图 5 - 17 所示。

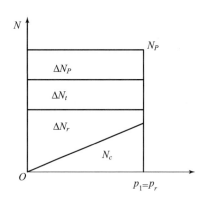

图 5 - 17　调速阀回路功率特性曲线图

（2）回路的效率分析。

分析该回路的效率是为了得知该回路的功率利用程度。

根据公式

$$\eta = \frac{\text{回路的输出功率}}{\text{回路的输入功率}}$$

在图 5 – 15 所示的回路中，用油缸的输入功率作为回路的输出功率，用油泵的输出功率作为回路的输入功率，则效率为

$$\eta = \frac{N_c}{N_P} = \frac{N_P - \Delta N_l}{N_P} = 1 - \frac{\Delta N_l}{N_P} \tag{5-22}$$

因为从图 5 – 17 中知道该回路的 ΔN_l 较大，占去的面积相当大，所以由式（5 – 22）分析出该回路的效率较低。

（3）回路的油温分析。

由于回路中的功率损失 ΔN_l 较大，这样，当油液经溢流阀和调速阀时，其功率损失全部转变成热量，使油温升高。

设单位时间内油液通过各阀时产生的热量为 H，即 $H = \Delta N_l$，这部分热量 H 使油液温度升高，其值可由式（5 – 23）确定：

$$t = \frac{\Delta N_l}{\rho Q c_V} \tag{5-23}$$

式中　Q——油液通过阀孔的流量；

　　　ρ——油液的密度；

　　　c_V——油液的比定容热容。

由式（5 – 23）可知，ΔN_l 越大，则油温 t 越高。当油温逐渐升高时，容积效率下降，节流元件的节流特性发生变化，造成速度不稳定，这样调平运动就会出现振动现象，导致调平精度降低和调平过程时间延长。另外，油液温度升高还会使油质变坏，在局部发热的物体表面形成沉积物，堵塞元件小孔和缝隙，最后导致电磁换向阀的阀芯发生"卡死"现象，因而在设计调平系统时，一定要注意系统的发热现象，控制油温在许可范围之内。

系统的热平衡方程式

$$H = H_a + H_f \tag{5-24}$$

式中　H——系统产生的热量；

　　　H_a——系统吸收的热量，这是使系统油温升高的热量；

　　　H_f——系统通过散热表面散发到外界去的热量。

式（5 – 24）中系统产生的热量 H 是由系统回路特性和工况条件确定的，如前所述，其计算公式一般为

$$H = H_p + H_s + H_u \tag{5-25}$$

式中　H_p——油泵功率损失产生的热量；

　　　H_s——油液通过溢流阀（孔）时产生的热量（即 ΔN_l 引起的热量）；

H_u——油液通过管道时功率损失产生的热量（即 ΔN_u 引起的热量）。

若把式（5-24）进行变换，得

$$H_a = H - H_f \qquad (5-26)$$

所以，要减小系统吸收的热量，即减小使油温升高的那部分热量 H_a，则只有增加 H_f 方能达到目的。当然，从式（5-26）还可知，要达到这个目的，尽量降低系统的功率损失即降低 H 值也是一个办法，但是目前比较困难，主要是与元器件的质量有关。在实际设计中，一般考虑增加 H_f 的办法。

H_f 的计算公式为

$$H_f = \sum K_i A_i \Delta T = KA\Delta T \qquad (5-27)$$

式中　A——总的散热面积，这里主要指油箱的散热面积；

　　　K——油箱的散热系数；

　　　ΔT——系统油温与周围环境温度之差。

由式（5-27）知，增加 H_f 的办法主要是增加散热面积 A 和散热系数 K。由于发射装置的安装空间和质量的限制较多，所以增加散热面积 A 是有效的。实际上，设计系统时要着重考虑散热系数 K 的控制，一般在通风不好的地方其系数 $K = 7 \sim 8$，通风良好时其系数 $K = 13$，风扇冷却处 $K = 20$，若用循环水强制冷却，则 $K = 95 \sim 150$。因此，可以看出，散热条件不一样，其值可相差几十倍，所以，在环境温度较高的地区，为了降低油液的温升，则绝不能忽视 K 值。

7. 自动调平装置液压系统的振动和噪声

1）系统引起振动和噪声的原因

引起系统振动和噪声的原因主要有以下几个方面。

（1）驱动液压泵的机械传动部分引起的噪声相当大，尤其是在液压泵直接由发动机带动的工况下，其噪声比由电动机带动引起的噪声要高，而发射车的液压泵一般都是由发动机直接带动的。

（2）液压泵本身的噪声是整个系统中产生噪声的主要部分。由于在调平过程中各回路的油液流量和压力经常处于急剧变化状态，所以造成了泵中各构件的振动，接着又引起周围空气产生疏密变化的振动，进而产生噪声。

（3）液压泵的噪声也是系统中噪声的重要部分。在调平工程中，由于进入各阀的流量和压力产生急剧变化，尤其是流量和压力脉冲，使阀体与壁面振动而产生噪声。在该系统中，由于工作中电磁换向阀频繁换向，从而使溢流阀频繁动作，因而溢流阀的噪声比其他阀更为明显。

（4）系统中空气的进入不但容易产生空穴现象，从而形成很高的压力冲击引起噪声，也极容易使执行机构在运动中出现爬行现象，这也是产生振动和噪声的原因。

2）降低系统振动和噪声的主要途径

（1）防止外界空气进入系统是重要的途径，从式（5－31）知，该系统回路在理论上的刚度是无穷大的，但由于外界空气的进入，油液本身的有效体积弹性系数却大大降低，从而使整个系统的刚度减小，这样就容易产生爬行现象。关于这点可做如下分析：因为该系统是一个典型的传动系统，如果传动系统的刚度 K 为无穷大，传动系统中就不可能有贮存及放出能量的过程，被传动件与传动件好似一个刚体，在传动过程中只有一起运动才不会出现爬行运动。当系统的刚度下降到某一值时，也就是到了爬行运动的临界值时，系统的传动部分则会出现爬行运动，爬行运动一定是在运动中出现了断续即运动的速度和加速度均为零的时候产生，因此，把这种状态定义为产生爬行运动的临界条件。如果系统回路的阻尼比 ξ 的值大于产生爬行的临界条件中计算出的 ξ 值时，则执行元件便不会产生爬行。阻尼比 ξ 的公式为

$$\xi = \frac{M}{2\sqrt{LD}} = \frac{m - \dfrac{VC_f}{\lambda E}}{2\sqrt{\dfrac{mV}{E\lambda}\left(\dfrac{A^2}{\lambda} - C_f\right)}} \qquad (5-28)$$

式中　m——物体的质量；

　　　V——油缸进油腔的容积；

　　　λ——液导；

　　　A——油缸活塞有效作用面积；

　　　E——油液有效体积弹性模量；

　　　C_f——与摩擦力有关的系数。

由式（5－28）可以看出，若 E 值减小，则使阻尼比 ξ 的值也减小，当减小到比临界阻尼比还小时，就会出现爬行运动。可见，必须防止外界空气进入系统中，另外，还要设法排出在系统中存有的空气。除了油液中混有空气影响系统刚度外，其他机械部分的刚度也要尽可能地提高，以利于消除爬行。

（2）防止系统产生空穴现象，避免由此产生的气蚀和振动。在设计回路时，应考虑阀的进口压力与出口压力之比不要太大，一般以 3.5 为宜。试验表明，当进口压力为 p_1，出口压力低于某一临界值时，就会产生空穴现象，并发出噪声，其流量系数急剧下降。根据试验的经验公式，此时的临界压力为

$$p_{2c} = 1 + 0.35(p_1 - 1)n \qquad (5-29)$$

式中　n——节流口通流面积与节流最大通流面积之比，$n = \dfrac{a}{A}$，a 为节流口通流面积，

A 为节流口最大通流面积；

　　　p_1——阀进口压力；

　　　p_{2c}——阀出口临界压力。

若节流口出口压力 $p_2 \leqslant p_{2c}$ 时，则要考虑用二级减压或节流，使每级压差减小，以防止空穴现象的发生。

为防止油源产生空穴现象，一般采取减小吸油阻力的方法。

（3）采用弹性物体使系统的油泵与底座隔离，还可以在管道或薄壁零件的表面涂上一层阻尼材料层，使之减振，防止噪声向空气中辐射。

总之，液压系统的振动和噪声是一个较复杂的问题，不但与元件设计、制造和工作过程等有关，而且与系统的设计、安装和使用维护等有关。

5.2　车载倾斜发射装置设计

5.2.1　车载变仰角发射装置设计

和舰（艇）载发射采用倾斜发射形式相同，车载发射导弹武器通过发射装置的配置和发射前的机动，可以覆盖攻击区域，所以发射方位一般是固定的，但出于对射程及弹道需求、发射装置前障碍物高度等影响因素的考虑，车载导弹武器也有不少是采用变仰角发射的。

车载变仰角发射装置的变仰角是靠液压系统或电动系统来实现的，具体形式取决于车辆上动力部分采用的是液压驱动还是电驱动。另外，对于采用高低角跟踪瞄准的发射装置，应当根据目标的运动规律的最不利情况来确定瞄准速度与加速度，具体参见本书的瞄准机设计相关内容。

5.2.2　车载随动发射装置设计

除了装载对象不同，这部分的设计要点与本书的回转发射装置设计相同，在此不再复述。

5.3　车载垂直发射装置设计

为了提高武器的机动性，将陆基垂直发射装置装在载重越野汽车底盘上，使垂直发射装置、导弹和汽车底盘三位一体，成为垂直发射车。发射车具有运输、起竖和发射多种功能。

5.3.1　基本组成和功能

垂直发射装置主要由起竖架、燃气导流装置和发控组合等组成。

1. 起竖架

起竖架由起竖托架、起竖机构和弹箱锁定机构等组成。

起竖托架为一空间刚架结构，用于导弹发射箱的安装。起竖托架与汽车底盘通过耳轴相连，在起竖机构的作用下，由水平状态升到垂直状态，并满足垂直精度要求。

起竖托架上有垂直状态检测装置。为了便于导弹发射箱装填，起竖托架上有导弹发射箱滑行导轨。弹箱锁定机构也装在起竖托架上。

起竖机构可以采用多级液压油缸或滚珠丝杠。

导弹发射箱锁定机构，保证导弹发射箱与起竖托架的牢固连接，还起定位导弹发射箱的作用，保证导弹发射箱轴线与托架轴线一致。导弹发射箱锁定机构一般有两种形式：液压式和机械式。

2. 燃气导流装置

燃气导流装置基本有下面几种。

1）内导流装置

所谓内导流，就是每一个发射箱都有单独的燃气导流装置。它与发射箱构成一个结构整体。这种导流装置由位于导弹下方的导流器和位于导弹与发射箱之间的 4 条上气道组成（图 5 – 18）。导弹发射时，发动机的燃气流首先冲击到导流器的中心分流锥上，导流器带有减压孔，而后经导流器转向 180°，经 4 条上气道穿过发射箱上端口排到外边。

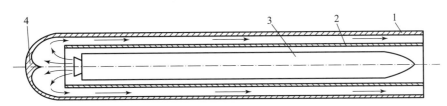

图 5 – 18　内导流装置示意图

1—外筒；2—内筒；3—导弹；4—筒底导流锥

发射箱下端用一底板密封，底板和导弹底部支座之间为导流器，导流器由薄钢板制成，构成锥形导流曲面，导流曲面为半圆形。在导流器中心，形成一个伸出导弹方向的分流锥，围绕这个分流锥所形成的半圆形横截面的通道，把燃气流折转 180°，进入箱壁和弹翼通道结构之间构成的 4 条上气道，燃气排出箱外方向与导弹运动方向相同。

导流器和上气道内表面涂有防烧蚀材料。导流器的强度必须能承受住正常发射的燃气流冲击。为了减弱冲击波强度，在导流器上钻有若干气孔，这样导流器下边的空间相当于公用燃气排导系统的增压室。

2）单面后向导流装置

单面后向导流装置如图 5 – 19 所示。

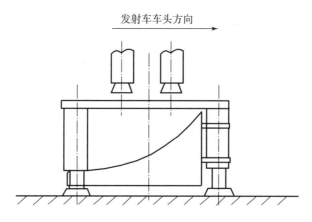

图 5-19　单面后向导流装置

在发射箱下面，发射台支柱之间，安置单面后向导流器。优点是能防止燃气流向前流动烧蚀车辆，还可避免燃气流横向流动，产生使载车摆尾的横向力，而且单面导流器结构简单，便于制造。缺点是燃气流对载车产生向前的纵向力，力图使载车向前移动。采用这种燃气排导方式时，发射台宽度应略大于发射箱宽度，发射台高度应满足载车的对接安装要求。由于采用单面导流，导流器的高度比较高。为了减小导流器的高度，将导流器设计成双弧面矮导流器，也能够保证顺利排导燃气流。

导流器应当由套箍套在发射台支腿上，套箍与支腿的配合应允许导流器有一定量的向下滑动和小角度摆动。导流器底面面积应小于 4 个支腿围成的面积，以保证发射导弹引起导流器有小量下沉时，不致引起发射台移位和发射姿态被破坏。

3）蓄焰室导流装置

蓄焰室导流装置如图 5-20 所示。

在每个发射箱下部延伸出一段空间作为蓄焰室，导弹排出的燃气流，首先在蓄焰室积蓄，待导弹启动上升后，再随导弹的运动向上排出。为了防止燃气流回流烧蚀导弹，在导弹底部固定有密封环，当导弹运动到箱口时，密封环卡在箱口上，或随导弹飞出后，再与导弹分离。

蓄焰室导流装置的优点是：

①用蓄焰室解决燃气流的排导问题，发射车稳定性好，没有侧向力和纵向力。

②燃气在蓄焰室中积蓄而建立起的压力，能提高导

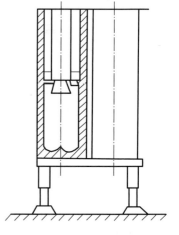

图 5-20　蓄焰室导流装置

弹的离箱速度，加大导弹出箱后的稳定性，同时也能使导弹的飞行速度有所增加。

蓄焰室导流装置的缺点是：

①蓄焰室的压力使发射箱的下坐力增加，对地基的要求高。

②发射箱结构复杂，长度和质量加大，成本提高，对一次性使用的发射箱不太适用。

蓄焰室中燃气平均压力可以按式（5－30）进行估算：

$$p = \rho RT = \frac{W}{V}RT \qquad (5-30)$$

式中　W——Δt 时间内，发动机排入蓄焰室的燃气质量，$W = G\Delta t$，G 为燃气质量流率；

　　　V——蓄焰室容积；

　　　T——蓄焰室燃气温度；

　　　R——燃气常数。

4）侧向导流装置

侧向导流装置如图 5－21 所示。

导流器为双曲面，导流器弹性连接于发射台支柱上。在发动机点火时，在燃气流作用下，导流器接触地面，导流器上的燃气压力由地面承受。该导流装置的优点是导流器高度比较小，缺点是发射车受到一个侧向力，使发射车有可能摆尾。

5）悬挂平板导流装置

悬挂平板导流装置如图 5－22 所示。

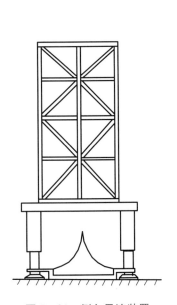

图 5－21　侧向导流装置

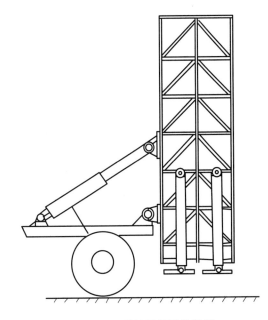

图 5－22　悬挂平板导流装置

悬挂平板导流装置，装在起竖托架的后面。发射车在行军时，该装置与起竖托架锁定；在作战时，导弹起竖到垂直状态解锁。导弹发射时，在燃气流作用下，悬挂平板接触地面,以保护地面免遭燃气流破坏。当导弹发动机燃气流作用在悬挂平板上的力小于悬挂力时,悬挂平板离开地面,恢复原来状态。

悬挂平板导流装置的悬挂机构是螺旋弹簧。该装置结构简单,并且不产生侧向力和纵向力,发射车稳定性好。该装置的缺点是对燃气流几乎没有导流能力,使燃气向四周流动,汽车轮胎有可能受到燃气流的影响。

3. 发控组合

发控组合是带弹发控系统的主要组成部分,它的主要功能是用于导弹的发射控制和状态检测。它按着武器发控系统的指令完成待发导弹选择和发射方式(单发、齐发和间隔发射)的确定,并按发射程序完成发射导弹的准备、检测;在发射指令下达后,按着预先装定的程序和时序完成导弹的发射;在发射过程中,对发射程序进行实时检测及故障判断,并对发射出现故障的导弹进行隔离,以及完成可发导弹的转换。

5.3.2 垂直发射车稳定性计算

发射过程中,垂直发射装置受到燃气流偏心力、风荷和发射装置倾斜引起的侧向力,这是使发射车失稳的三大因素。从整体结构看,发射车从两侧翻倒的可能性最大。

1)导流器在发射载荷作用下,地基下沉量计算

(1)燃气流作用于导流器上的冲量 I。

$$I = Ft \tag{5-31}$$

式中 F——燃气流作用于导流器上的力;

  t——燃气流对导流器作用时间。

(2)导流器的初速度 v。

根据动量原理,有

$$mv = Ft$$

则

$$v = \frac{Ft}{m} \tag{5-32}$$

式中 m——导流器质量;

  v——导流器运动初速度。

(3)地基下沉量。

设地基单位面积承压能力和下沉量呈下述函数关系:

$$q = q_0 + l\tan 70° = q_0 + 2.75l \tag{5-33}$$

式中 q——土壤单位面积承压能力;

  q_0——中等密度硬土质下沉时的承压能力,$q_0 = 0.25$ MPa;

  l——土壤受压下沉量,cm。

根据能量守恒定律

$$\frac{1}{2}mv^2 = lqS$$

则
$$l = \frac{mv^2}{2qS} \qquad (5-34)$$

式中　S——导流器的底面积。

2）燃气流对发射装置的作用

导弹飞出发射箱后，随着导弹上升高度的增加，越来越多的燃气流直接作用在相邻发射箱前盖上，如图 5 - 23 所示。

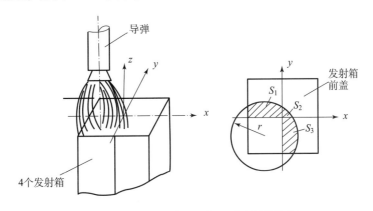

图 5 - 23　导弹出箱后燃气流对发射箱作用

设燃气扩展的圆形域半径为 r，且假设发动机推力 F 均匀分布在这个圆形域上。前盖所受的平均分布压强为
$$p = F/\pi r^2 \qquad (5-35)$$

燃气射流初始段半径 r 可以按式（5 - 36）计算：
$$r = \frac{d}{2}\sqrt{p_1} \qquad (5-36)$$

式中　d——发动机尾喷口直径；

　　　p_1——燃气流喷口压强。

由燃气流压强所引起的对 y 轴的力矩 M_{y1} 可表示为
$$M_{y1} = \int_{S_1+S_2+S_3} pl_i \mathrm{d}S_i \qquad (5-37)$$

3）风载荷作用

垂直发射装置在野外工作时，所受的风载荷按式（5 - 38）计算：
$$F_2 = \sum q_i S_i \qquad (5-38)$$

式中　q_i——单位面积上的风压；

　　　S_i——迎风面积。

垂直作用于迎风面积上的风压按式（5 - 39）计算：

$$q_i = qC_xR_H\beta \qquad (5-39)$$

式中　q——额定风压;

　　　C_x——气动阻力系数;

　　　R_H——风压随高度增加系数;

　　　β——计算阵风作用的动力系数。

额定工作风压的计算公式为

$$q_p = \frac{\rho v_p^2}{2} \qquad (5-40)$$

式中　ρ——规定最低温度下的空气密度;

　　　v_p——最大工作风速。

额定非工作风压的计算公式为

$$q_H = \frac{\rho v_H^2}{2} \qquad (5-41)$$

式中　v_H——最大非工作风速。

额定工作风压 q_p 列于表 5-1。表内所列的是经常遇到的风速和气温参数。

表 5-1　额定工作风压 q_p　　　　　　　　　　$N \cdot m^{-2}$

温度	$v_p/(m \cdot s^{-1})$					
	10	12	15	20	25	30
-40 ℃	75.5	108.8	169.5	301.8	472.4	679
-50 ℃	78.4	112.7	176.4	313.6	490.0	705.6

额定非工作风压 q_H 列于表 5-2。表内所列的是经常遇到的风速。

表 5-2　额定非工作风压 q_H

$v_H/(m \cdot s^{-1})$	15	20	25	30	35	40
$q_H(\pm 15℃)/(N \cdot m^{-2})$	138.2	245.0	382.2	550.8	749.7	980.0

气动阻力系数 C_x 按不同结构选取。

对矩形梁和桁架:$C_x = 1.4$。

对各种矩形外廓部件:$C_x = 1.2$。

对圆柱形结构:

当 $qd^2 \le 9.8$ N 时,$C_x = 1.2$;

当 $qd^2 \ge 14.7$ N 时,$C_x = 0.7$;

当 qd^2 值介于上述两值之间时,可用内插法确定 C_x 值。

对单独的壁:$C_x = 1.4$。

对于发射装置上的裸弹，还必须考虑风载荷对弹体的作用。

对竖立在发射装置上的导弹，弹体迎风面的压力系数取 1.0，其反面的吸力系数取 0.4，所以，总的气动阻力系数等于 0.6。

风速与地面设备超出地面高度有关，随高度的增加而增加。因此，在计算时要根据不同高度引入风压修正系数 R_H，其数值列于表 5 - 3。

表 5 - 3　风压修正系数 R_H

超出地面高度/m	10	20	30	40	50	60	80	100	120	140
R_H	1.00	1.35	1.58	1.80	1.87	1.93	2.07	2.20	2.26	2.32

考虑阵风作用，则钢结构的动力系数 β 按自然振动周期列于表 5 - 4。

表 5 - 4　自然振动周期的动力系数 β

自然振动周期/s	0.25 以下	0.5	0.75	1.0	1.5	2.0	2.5	3.0	4.0	5.0	7.0 以上
β	1.22	1.29	1.35	1.38	1.44	1.49	1.54	1.58	1.66	1.70	1.75

迎风面积的计算，对有壁结构，取该设备轮廓以内的面积；对无壁结构，取该设备轮廓以内的面积减去杆件之间空着的面积：

$$S = \alpha S_0 \tag{5-42}$$

式中　S_0——构架轮廓以内的面积；

　　　α——构架系数，$\alpha = \dfrac{S_0 - S'}{S_0}$，$S'$ 为杆件之间空着的面积。

如果地面设备具有几个前后排列高度相同的横梁或桁架，它的迎风面积分别如下：

（1）如果横梁之间的距离小于第一个横梁的高度，则取第一个横梁的面积，即 $S = S_1$。

（2）如果横梁之间的距离等于或大于横梁的高度，但小于高度的两倍，则取第一个横梁的面积与后面每一个横梁面积的一半之和，即

$$S = S_1 + \frac{1}{2}S_2 + \frac{1}{2}S_3 + \cdots + \frac{1}{2}S_n \tag{5-43}$$

（3）如果横梁之间的距离等于或大于横梁高度的两倍，则取所有横梁面积的总和。

如果设备带有圆柱形构件，应计算与风向垂直的平面上的风载荷共振作用。

引起共振的临界风速按下式计算：

$$v_{kp} \approx \frac{5d}{T}$$

式中　d——圆柱构件的直径，m；

　　　T——设备自由振动周期，s。

不同气温的空气密度列于表 5 - 5。

表 5 - 5　不同气温的空气密度

气温/℃	+15	-40	-50
密度 ρ / （kg·m^{-3}）	1.225	1.510	1.569

由风荷引起的对 y 轴的力矩 M_{y2} 可表示为

$$M_{y2} = q_i bL \left(\frac{L}{2} + l \right) \tag{5-44}$$

式中　q_i——单位面积上的风压；

　　　b——方箱宽度；

　　　L——方箱长度；

　　　l——发射台高度。

在用式（5-45）计算时，可参见图 5 - 24。

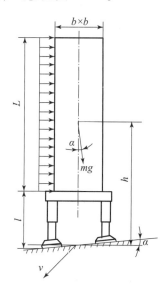

图 5 - 24　风压和质心偏移

4）发射台倾斜引起的翻倒力矩

在发射时，由于发射载荷的作用，地基下沉，引起发射台倾斜，倾角设为 α，则由此引起的质心偏移所产生的力矩为

$$M_{y3} = mgh \sin \alpha \tag{5-45}$$

式中　m——发射台和发射箱（带弹）质量；

　　　g——重力加速度；

　　　h——质心距地面距离。

5）垂直发射装置自身稳定力矩 M_y

可按式（5-46）计算：

$$M_y = mgh\cos\alpha \tag{5-46}$$

发射车的稳定性要求为

$$M_y > M_{y1} + M_{y2} + M_{y3} \tag{5-47}$$

若发射车的稳定性计算不满足式（5-47），则要增加稳定性措施。

5.3.3　车载垂直裸弹热发射装置设计

1. 简介

导弹垂直热发射车是导弹武器系统作战火力单元，在公路上实施机动和转移，并在预定地点进行发射准备和实施垂直热发射的装备。

1）发射车的类型

导弹垂直热发射车常见有两种形式，即半挂式导弹发射车和自行式导弹发射车。

半挂式导弹发射车如图5-25所示。半挂车直接与牵引车上的牵引座相连，半挂车的一部分重力通过牵引座传递到牵引车上，从而增加了牵引车的附着力。半挂列车能实现向后倒车，对准发射点；牵引座处的空间协调比较复杂，高度会增加；半挂车要求转向时，其转向只能通过牵引座传递转角，所以转向系统设计较困难。

图 5-25　半挂式导弹发射车

自行式导弹发射车具有运输、起竖、发射等功能。有的发射车还配有发射台、供配电系统和测试发控系统等，并且都安装在一个汽车底盘上，如图5-26所示。这种发射车装弹后长度较小，但整车较高。到达发射场后准备时间短，操作方便，对发射场的要求较低，因而武器系统生存能力较强。

图 5 – 26　自行式导弹发射车

2）对发射车的要求

（1）具有较高的机动能力。导弹实施机动发射，是提高武器系统作战能力的重要手段，而提高机动性的关键在于发射车。发射车在规定的公路和桥梁上行驶，发射车动力性、通过性、平顺性和制动性能要好，所以要求发射车具有较高的机动能力。

（2）具有快速反应能力。实现发射车操作自动化和检测自动化，以缩短发射准备时间，迅速进入发射状态并实施发射，同时也要求具有快速撤收能力。

（3）具有待机贮存和保护导弹的能力。发射车应保证导弹在待机贮存期间所需温度、湿度等环境条件，并能在导弹运输、起竖、发射时保护导弹不被损坏。

（4）具有多种功能。要求将运输、起竖、发射、保调温等多种功能综合为一体，用一辆发射车完成多种功能。

（5）有燃气流导流装置或防护装置。发射车应设燃气流导流装置，以免烧蚀发射车。

（6）具有一定的抗核、抗冲击振动的能力。发射车在导弹运输、发射过程中，应具备抗冲击振动的能力；在核爆炸条件下，应具备一定的抗核爆炸引起的冲击和振动能力。

（7）具备伪装能力。要求能伪装，具有防红外、可见光、雷达波侦察能力。

（8）有较高可靠性。设计发射车时，对发射车提出可靠性要求，做出评估并提出可靠性大纲，以保证发射车具有较高的可靠性。

3）设计原则

为保证设计的发射车功能齐全，机动性好，可靠性高，应遵守下列原则。

（1）综合性。综合性指标是指功能和技术综合。功能综合是指根据任务书要求，将多种功能要求综合为一体，如一辆发射车可具备运输、起竖、发射等多种功能；技术综合是指发射车总的技术水平高，但并不是所有组成的分系统技术水平都是最高，一个好的总体设计是整体性能良好、可靠性高，并不全是技术水平高的分系统综合。

（2）机动性。发射车的机动性必须满足设计任务书规定指标，提高发射车机动性的关键在于牵引车或自行式车辆底盘的动力性能和整体结构质量，因此，选择合适的牵引车或自行式车辆底盘和降低结构质量是总体设计时必须综合考虑的问题。

（3）使用性。使用性是评价发射车设计者为部队服务思想的核心，也是作战使用的核心。总体设计时，应考虑操作程序自动化且便于操作，使用中便于维护保养，便于定期检定。

（4）先进性。武器系统研制周期长，总体设计时，对技术状态必须进行长远考虑，注意到有关新技术、新材料、新工艺的发展状况，既要采用较成熟的新技术，又要注意实用性和可靠性，必要时，提出关键课题，经验证后再确定采用与否。

（5）可靠性。总体设计时应根据可靠性要求，结合当前技术水平和元器件可靠性指标，提出发射车可靠性指标以及评估办法，想方设法设计出高可靠性的发射车。

2. 功能及组成

发射车是导弹武器系统中的关键装备，是运输导弹、实施导弹发射准备、赋予导弹初始姿态并发射导弹的装备。

（1）功能。由于导弹武器系统对发射车要求不相同，所以发射车的功能也不相同，一般有如下功能。

①支承运输导弹。能在规定的等级公路和桥梁上行驶，有一定的越野能力，具备良好的机动性、通过性、平顺性和制动性能。

②待机贮存导弹。保障待机贮存期间导弹所需的环境条件，能在待机贮存期间对导弹进行定期检测提供必要的条件。

③由运输状态迅速转入发射状态。必要的操作程序和较短的时间，使导弹从运输状态迅速转入发射状态，并满足在这种转换过程中导弹要求的力学条件。

④具备导弹射前快速检测发射能力。具有瞄准功能，赋予导弹发射时的初始姿态。

⑤具有测发控设备，实施导弹发射。

⑥发射后迅速撤离功能。发射未遂或平时训练时，迅速撤收回导弹。

⑦具有供配电功能。除自备电源外，可接市电，具备防静电功能。

⑧发射时能排导燃气流，避免发射车烧蚀。

⑨有的型号还要求发射车具备快速定位定向功能、通信联络功能、反侦察伪装隐蔽功能、抗核加固功能等。

（2）组成。发射车主要由下列部分组成。

①行走系统。半挂式发射车除牵引车外，半挂车部分尚有行走系统、转向系统、制动系统等；自行式发射车是一个标准或改型的汽车底盘，也可以是一个专门设计的汽车底盘。

②车架。车架起着连接全车各部分的作用，它又是主要的受力部件。它的一端通过回转轴与起竖臂相连，另一端设有用来支承起竖臂的后梁，在靠近回转轴处还设有安装起竖油缸的支承梁，行走系统和其他很多系统的部、组件都固定在车架上。

③起竖臂和闭锁装置。起竖臂是支承和托起导弹的主要受力部件，它的一端通过回转轴与车架相连，另一端有一个支点，当臂处于水平位置时，它与车架上的后梁接触。运输和停放时，导弹重力通过闭锁装置传到起竖臂上，起竖臂通过回转轴和车架的后梁支架将力传递到车架上。起竖臂下连接着起竖油缸，通过起竖油缸的伸缩实现起竖臂带着导弹起竖与下放。起竖时，起竖油缸下支点将力传到车架上，上支点将力传到起竖臂上，遂将起竖臂和导弹举起，导弹通过闭锁装置固定在起竖臂上，起竖时，闭锁装置锁紧，到垂直状态后，将导弹下放到发射台上，然后松开，在取消发射时，进行反向操作，收回导弹。

④液压系统。液压系统为全车提供动力油源和主要传动形式，在液压力驱动下，执行元件与有关部分配合，完成发射车的调平、起竖、支承、闭锁等动作。起竖油缸伸缩实现起竖臂的起竖、下放和控制起竖角度。为满足一些特殊要求，发射车后梁装有后梁支腿，并进行调平。为改善车架的受力状态，有的发射车还装有前支腿。

⑤电气系统。电气系统主要由供电系统，起竖、闭锁等程序控制系统，照明及信号指示系统等部分组成，其功能是为全车供配电及进行过程控制。

⑥发射台。发射台用于导弹射前准备及发射过程中垂直支承导弹；根据导弹控制系统的要求调整导弹的垂直度；配合瞄准设备完成导弹的方位瞄准；此外，还有某些支承电缆等辅助性工作。

除上述主要组成部分外，为实现某些特殊功能要求，还装备一些专用设备，如测发控系统、定位定向系统等。

3. 总体布置

发射车的总体布置主要是确定起落部分回转轴的中心位置、起竖油缸上下支点的位置、发射台与弹体的相对位置等几个关键位置布局。

导弹、起竖臂、闭锁装置等构成发射车的起落部分，起落部分俯仰回转的中心称为回转轴中心。回转轴中心位置影响全车轴荷分配的合理性，发射车的外形尺寸，发射车行驶时的纵、横向稳定性以及发射时的稳定性，关系到发射车的公路机动性能、铁路运输是否超限等。

回转轴中心 x 向坐标（沿发射车纵轴线）的位置影响到发射车的承载能力，如轴荷分配、全车长度、全车的平面通过性、纵向稳定性以及铁路运输是否超限等；回转

轴 y 向坐标，要求起落部分中心线尽量与发射车中心线重合，各部件对称布置，注意车辆左右均载；回转轴中心 z 向坐标（发射车纵向中心面向上的方向）影响到发射车的总高度，纵、横稳定性及铁路运输合成质心是否超限等。

　　为了使竖立后导弹中心线与发射台中心线对准，回转轴中心与导弹中心线之间的垂直距离应等于回转轴与发射台中心的水平距离。

　　起竖油缸上端（上支点）与起竖臂相连，下端（下支点）与车架相连。下支点要布置在车架横梁处，以便承载和传递载荷；起竖油缸的上支点尽量靠近起竖臂与弹体合成质心处，这样使起竖受力较好。为了在开始起竖的瞬间获得较大的起竖力矩，上下支点离回转轴中心越远越好，但起竖油缸的伸出长度则要相应增加，所以要综合考虑各因素来确定起竖油缸的安装位置。起竖油缸常竖直安装，若安装长度不足或由于其他原因，起竖油缸也可倾斜安装。

　　由于结构布局需要，起竖油缸可以是单缸或双缸，单缸缸径尺寸较大，双缸要考虑双缸的同步性。

　　在发射车的总体布置过程中，要考虑导弹呈垂直状态下导弹尾部与发射台的相对位置，根据导弹发动机喷管位置和对排导燃气流的需求，确定发射台的位置。导流器的主要特征参数示意图如图 5－27 所示。发动机喷管端面至导流器冲击点的距离定为冲击高度 H_c，一般 $H_c = (0.6 \sim 2)d_e$，单位为 m。式中 d_e 是发动机喷管直径，单位为 m。

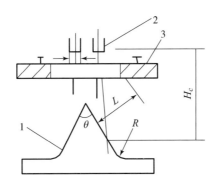

图 5－27　导流器的主要特征参数示意图

1—导流器；2—喷管；3—发射台框架

4. 起竖臂和闭锁机构设计

　　起竖臂由本体及其固定在它上面的支承、闭锁机构、工作台面等组成。起竖臂用以支承导弹以及起竖和回收下放导弹时承载，是支承和托起导弹的主要受力部件。导弹通过闭锁装置固定在它上面。起竖臂的一端通过回转轴与车架相连，起竖臂下面连接着起竖油缸，通过起竖油缸的伸缩实现起竖臂带着导弹的起竖和回收下放。起竖臂另一端有一个支点，当臂处于水平位置时，它与车架上的后梁接触，运输和停放时起竖臂、闭锁装置和导弹的重力通过回转轴与这个支点传到车架上。

1）起竖臂类型

梁式起竖臂由两根纵向梁和一些横向连接构件组成，如图 5-28 所示。

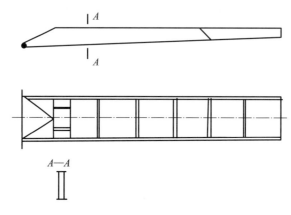

图 5-28　梁式起竖臂

主要承力构件为两根纵向梁，它们一般是用钢板焊接成工字形、槽形或封闭盒形截面。两根纵向梁之间的横向构件是为了提高起竖臂的侧向抗弯能力、抗扭能力和侧向稳定性。梁式结构的主要优点是零件数量少，加工省时，缺点是质量大，焊接后容易变形。

桁架式起竖臂由两个纵向平面桁架通过横向构件连接在一起，组成一个比较复杂的空间结构，如图 5-29 所示。

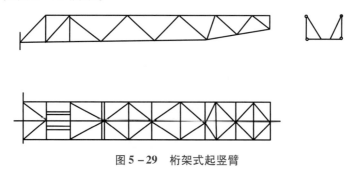

图 5-29　桁架式起竖臂

在桁架式起竖臂中，杆件一般采用无缝钢管，因为圆管受压时稳定性最好；风载荷的阻力系数小；不易碰伤操作人员。桁架式起竖臂有可能适当调整杆件的截面尺寸，使之达到满应力状态，材料的承载能力可以得到充分的发挥，所以，在承受相同载荷的条件下，桁架式比梁式质量小，但桁架式起竖臂的零件数量多、焊接接头多、焊接工艺复杂，而且由于焊接接头的应力集中，容易产生疲劳断裂。

混合式起竖臂是介于桁架式和梁式之间的一种结构形式，它的纵梁不如梁式结构的纵梁那么强，有时只在纵向构件的某些部分使用盒形梁。混合式起竖臂如图 5-30 所示，它在回转轴附近的一段采用盒形梁，其他部分用无缝钢管组成桁架。

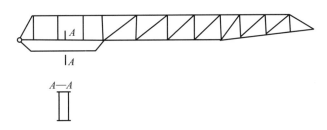

图 5 - 30 混合式起竖臂

战术导弹的直径、长度和质量都较小，所以往往采用梁式起竖臂。直径、长度和质量较大的导弹，通常采用混合式的起竖臂。

2) 结构参数的确定

确定起竖臂的结构参数应考虑如下三种载荷工况。

(1) 起竖开始状态。这是指起竖油缸伸出，将装有导弹的起竖臂顶起的一瞬间。这种工况下，起竖臂的受力最严重，所以起竖臂设计主要根据这种工况。

这时作用在起竖臂上的载荷有：导弹的重力、起竖臂与闭锁装置的重力、风载荷以及液压系统限速阀起作用时引起的惯性力。

起竖开始时，导弹的重力通过闭锁装置作用于起竖臂的上下夹钳部位。导弹、闭锁装置与起竖臂的重力在回转轴与起竖油缸处产生的支承力也同时作用到起竖油缸和车架上。

作用在弹体上的风载荷，可按式 (5 - 48) 近似地计算：

$$W = 1.3CgA_2 \qquad\qquad (5 - 48)$$
$$C = C_1 + C_2$$

式中　1.3——考虑瞬间极大风速下偶然性风压增值的系数；

C——风力系数，一般取 0.6；

C_1——弹体迎面的压力系数，取 $C_1 = 1.0$；

C_2——弹体背面的吸力系数，取 $C_2 = -0.4$；

g——计算风压，Pa；

A_2——弹体迎风面积，m^2。

风载作用点是在形心上。

液压系统限速阀是为防止起竖臂下降过速而设计的。当液压系统出现故障或误操作引起起竖臂下降速度超过允许值时，限速阀起作用，使起竖臂迅速停止下降。

液压系统限速阀起作用时引起的惯性力是一种动载荷。计算动载荷时，应考虑整个发射车与导弹在这些激励下的响应，计算比较复杂。粗略计算时，往往采取简化处理。考虑限速阀起作用时的惯性力，可对导弹和起竖臂重力作用下的计算结果乘以动荷系数处理，即

$$\sigma_d = k_d \sigma_{st} \tag{5-49}$$

式中　σ_d——考虑限速阀起作用引起的附加应力后起竖臂的动应力；

　　　k_d——动荷系数，取 1.1~1.4；

　　　σ_{st}——导弹、起竖臂与闭锁装置的重力作用下起竖臂的静应力。

（2）运输状态。运输状态下起竖臂的载荷是在路面激励下的动力响应问题，它的计算方法可见有关专著。粗略计算也可以按静载荷进行，然后将求得的应力值乘以平顺性计算时求出的动荷系数，得到最大应力值。

这种状态下起竖臂要承受交变应力的作用，所以必须考虑它的疲劳强度。而结构疲劳计算的情况比较复杂，它不仅和结构中交变应力的循环形式有关，还和材料的疲劳强度极限及结构的应力集中情况有关。

（3）起竖至垂直状态。这时起竖臂上的载荷除了导弹、闭锁装置及起竖臂的重力之外，还有风载荷的作用。这种状态下应当特别注意前两种工况下载荷较小，而在本工况下载荷较大，以及由于载荷方向的改变需要进行结构稳定性校核的部位。

确定起竖臂的结构强度时，首先确定许用应力。起竖臂采用低碳钢或低合金钢时，许用应力可按下式计算：

$$[\sigma] = \sigma_s / n_s$$

式中　σ_s——材料的屈服极限；

　　　n_s——安全系数，一般取 1.5，忽略次要载荷时可取 2。

起竖臂设计时，一般都要通过估算初步确定能够同时满足上面三种载荷工况的结构参数，然后进行更精准的计算，并根据计算结果进行参数的调整。

梁式起竖臂可按单梁进行计算。根据上述三种载荷工况分别画出它的弯矩图。然后选择若干断面，计算它所需的截面模量：

$$W_i = M_i / [\sigma]$$

式中　W_i——该截面所承受的最大弯矩。

最后针对选定的截面形状，选择所有的尺寸，使其截面模量大于或等于上式计算的值。在选择截面尺寸时，还需要考虑其承剪的能力和稳定性的要求。当然，还应考虑工艺上的可能性。

起竖臂长度应满足：

$$l_1 \geq l_2 + l_3 + \frac{1}{2} b_1 \tag{5-50}$$

式中　l_2——回转轴至导弹支承面的距离，m；

　　　l_3——导弹支承面到上夹钳的距离，m；

　　　b_1——上夹钳的宽度，m。

3）闭锁装置的组成

闭锁装置由上夹钳、下夹钳和传动装置三部分组成。

闭锁装置在起竖和运输时用于支承与固定导弹，并防止因起竖臂变形对导弹产生的附加力。起竖时，闭锁机构锁紧，到垂直状态后，将导弹下放到发射台上，然后松开。在取消发射时，进行反向操作，收回导弹。导弹常采用图 5 – 31 所示的固定方式。

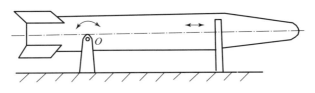

图 5 – 31　导弹的固定方式

导弹的上支承部位用上夹钳支承并抱紧，但允许导弹沿轴向有小量的移动。导弹的下支承部位用下夹钳固定，允许导弹绕 O 点有小的转动。起竖至垂直状态后，闭锁装置下放导弹，将它安放到发射台上，然后松开上、下夹钳。取消发射时，从发射台上回抱并托起导弹，重新固定到起竖臂上。有的导弹长度较大，要求在上夹钳前或后增加定力支承。

上夹钳的结构如图 5 – 32 所示。

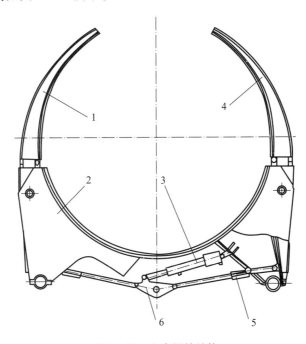

图 5 – 32　上夹钳的结构

1—左杠杆；2—上夹钳座；3—上夹钳油缸；4—右杠杆；5—拉杆；6—支臂

上夹钳座固定在起竖臂上，左、右杠杆通过销轴与上夹钳相连。它们的张开与闭合实现松开与抱紧导弹。为了在转载与回抱时左、右杠杆不碰伤导弹，杠杆的张开距离应适当大些。上夹钳座及左、右杠杆与导弹接触的部位均应垫有一定厚度的毛毡或橡胶，以保护导弹蒙皮不被擦伤。

进行上夹钳设计时，首先要根据导弹上支点的结构和起竖臂的结构形式确定上夹钳的结构布局，再确定有关尺寸；然后进行载荷计算；最后校核上夹钳、杠杆及其受力结构的强度。上夹钳的最大载荷是运输导弹时上夹钳座上竖向载荷的最大值、侧向风载荷和转载时的离心力引起的最大侧向力两个方向载荷的矢量和。

最大载荷发生在带导弹起竖至垂直状态时，除了导弹产生的载荷外，考虑顺风或侧风的作用，并求两个方向载荷的矢量和。

下夹钳的结构形式取决于导弹下支承部位的形式。球头销是一种比较常见的下支承部位的形式，因为采用这种形式可以缩短回抱时间。

下夹钳座固定在起竖臂上，其上装有两个下夹钳油缸和两个防移油缸。4个油缸活塞杆的端部都有一个带平面的顶块。油缸伸出时，这些顶块用以夹紧球头销。下夹钳油缸用来防止导弹一个方向的轴向移动。防移油缸用来防止导弹另一个方向的轴向移动和侧向移动。下夹钳油缸上顶块的侧面还设有挡块，用来限制球头销在平面上的移动范围。起竖至垂直状态时，下夹钳油缸的伸缩实现了导弹的提升和下放。

下夹钳设计时，应当考虑如下载荷工况：

（1）运输导弹。运输导弹时的载荷值也简单地用静载荷乘以动荷系数来计算。

（2）紧急制动时的惯性力。制动时的惯性力与制动强度有关，其最大值为

$$F = mg\phi \tag{5 - 51}$$

式中 m——导弹的总质量；

  g——重力加速度；

  ϕ——路面的附着系数。

（3）垂直状态时下夹钳的载荷。起竖至垂直状态时，对于导弹重力与风载荷（顺风、逆风或侧风）引起的下夹钳载荷，取其中的最大值进行下夹钳的结构设计，并确定传动装置上的载荷。

传动装置实现上夹钳的张开与闭合、下夹钳的锁紧与松开以及导弹的提升和下降。传动方式有机械传动、液压传动和电气传动。

机械传动操作不便，结构复杂，已很少采用。

液压传动结构简单，操作方便，应用最广泛。它由油缸、机械锁和液压锁等组成。

电气传动安装与操作也很方便，应用也较广。

根据上夹钳、下夹钳设计时求得的载荷，可确定传动装置上的载荷，并根据传动的速度要求，计算传动装置的功率。

闭锁装置设计时，要特别注意安全可靠，因为一旦出现故障，造成导弹倾覆，后

果将不堪设想，所以闭锁装置的传动装置常采用双重保险的措施，以提高其可靠性，并视需要设置行程开关和信号装置，以保证操作的正确性。

5. 起竖油缸设计

起竖油缸是一个执行机构，它通过液压系统中油泵输出一定压力和流量的液压油来驱动油缸，使油缸伸缩，以达到起竖臂的起竖或回收下放。

计算起竖过程中起竖油缸载荷的变化规律时，设起竖臂绕回转轴转动了 α 角，起落部分的重力及风载荷对回转轴的力矩为 M_α，起竖油缸上的力 F 对回转轴的力矩应与 M_α 平衡，由此可得

$$F = M_\alpha / (\alpha \sin \gamma) \qquad (5-52)$$

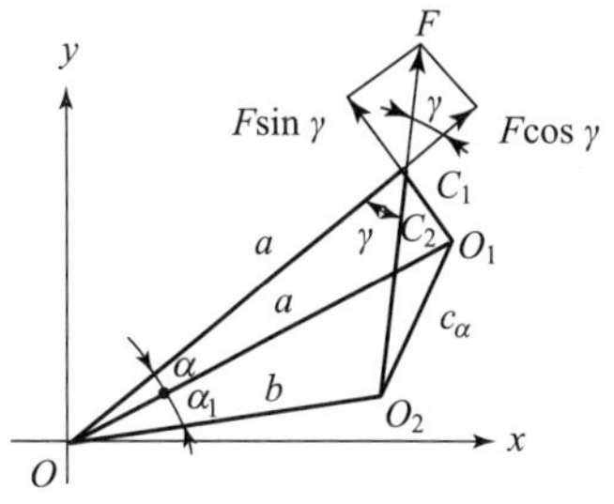

在图 5-33 的 $\triangle OO_1O_2$ 中，由正弦定理得

$$\frac{b}{\sin \gamma} = \frac{c_\alpha}{\sin(\alpha + \alpha_1)} \qquad (5-53)$$

图 5-33　起竖油缸受力图

由余弦定理得

$$c_\alpha = \sqrt{a^2 + b^2 - 2ab\cos(\alpha + \alpha_1)} \qquad (5-54)$$

将式（5-54）代入式（5-53）求出 $\sin \gamma$，并代入式（5-52）即可求得起竖油缸的反力 F。

将起竖车的参数代入，即可求出起竖油缸的载荷与起竖角 α 之间的关系，如图 5-34 所示。

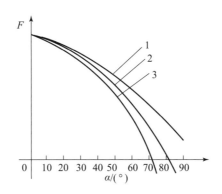

图 5-34　起竖油缸载荷与起竖角 α 之间的关系

1—迎风；2—无风；3—顺风

起竖时，一方面要考虑导弹及发射车的重力载荷，另一方面还要考虑顺风或逆风引起的风载荷的作用。

起竖油缸伸出的最大长度（最小工作长度）不仅要满足起竖臂的起竖角度为 90°，而且还要考虑到起竖场坪的不平度以及液压支腿抬高后有 2°~3° 的倾角，设计中起竖

的角度应不小于93°。

起竖油缸最大行程

$$l_{max} = c_{93} - c \qquad (5-55)$$

式中　c_{93}——起竖93°时油缸伸出的全长，mm；

　　　c——起竖油缸的安装长度，mm。

根据油缸最大工作长度和安装长度的数据，可设计成单级缸或多级缸。多级缸的级数多，各级较短，容易加工，便于在车上安装；但直径大，装配与维修较困难。

多级缸的各级平均行程

$$l_{av} = l_{max}/n \qquad (5-56)$$

式中　n——油缸的级数，一般取 2~4。

当起竖的导弹与起竖臂的合成重心跨过回转轴时，起竖油缸必须设置一反压腔。当起竖油缸只有一级反压腔时，要将竖立93°的导弹拉至起竖油缸支反力为零的角度 α_k。式（5-56）计算的平均行程 l_{av} 应满足

$$l_{max} \geqslant c_{93} - c_{\alpha_k}$$

式中　c_{α_k}——起竖油缸的支反力为零时对应的油缸长度。

起竖油缸支反力为零时对应的起竖角 α_k 由图5-34确定。取各种情况下 α_k 的最小值按式（5-54）计算 c_{α_k}。

为使起竖油缸结构紧凑，各级行程能得到有效利用，应满足

$$l_{av} = (0.7~0.8)c \qquad (5-57)$$

确定 l_{av} 后，即可进行结构设计。根据各级缸筒的位置与结构，对各级行程进行适当调整，确定各级缸筒的实际行程 l_1、l_2、…和它们的结构长度。最后对起竖油缸的伸出和缩回尺寸进行尺寸链计算，并且应当满足全部伸出后至少能起竖93°的要求，全部缩回后的长度应比安装长度小 5~10 mm，避免运输过程中由于起竖臂和车架变形而产生的冲击。

下面应确定各级缸筒的截面积，并验算起竖和下放过程中的压力。

起竖过程中，油缸正腔的压力 p 为

$$p = \frac{F}{A_i \eta} + \Delta p' \qquad (5-58)$$

式中　A_i——i 级缸筒的端面积，m^2；

　　　η——油缸的效率，取 0.88~0.94；

　　　$\Delta p'$——反腔回油阻力引起的正腔压力增量，Pa；

　　　F——起竖油缸的载荷，N，按式（5-52）计算。

起竖油缸受拉时，反腔的最大压力为

$$p_{max} = \frac{F'_{max}}{A' \eta} + \Delta p \qquad (5-59)$$

式中　F'_{max}——起竖油缸承受的最大拉力，N；

　　　A'——反腔工作面积，m^2；

　　　Δp——正腔回油阻力引起的反腔压力增量，Pa。

　　起竖油缸的反腔可以设在最外层缸筒上，如图 5 – 35 所示，也可设在最内层缸筒上，如图 5 – 36 所示。

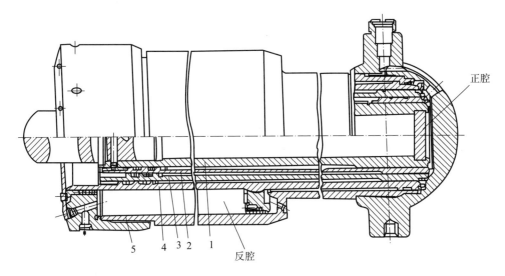

图 5 – 35　反腔在最外层的起竖油缸

1——级筒；2—二级筒；3—三级筒；4—四级筒；5—壳体

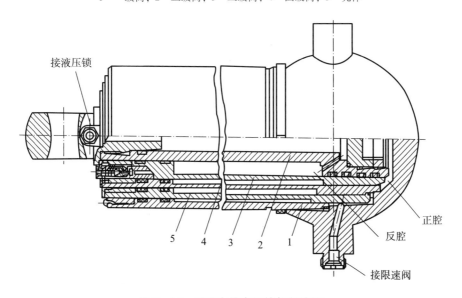

图 5 – 36　反腔在最内层的起竖油缸

1—壳体；2——级筒；3—二级筒；4—三级筒；5—四级筒

图 5 – 35 所示的起竖油缸为防止四级筒最先伸出,反腔必须有预定压力,所以控制较困难。反腔行程只能用到四级筒的一半左右。但它能承受较大拉力,反腔供油管路可采用钢管连接,使用方便。

图 5 – 36 所示的油缸的反腔行程能得到充分利用,且操作简单。而反腔供油管路要采用软管连接,使用较复杂。

根据选定的结构形式,可求出正腔和反腔的压力变化曲线。图 5 – 37 所示是反腔在最内层时的正、反腔压力变化曲线,由于缸筒端面积的突然变化,压力变化呈阶梯形。

最后应验算各级缸筒的强度。

设缸筒壁厚为 δ,内直径为 d。当 $\delta/d \leqslant 1/10$ 时,缸筒的最大应力可按薄壁圆筒公式计算:

$$\sigma = pd/2\delta \qquad (5-60)$$

式中　p——液压系统的最大压力。

当 $\delta/d > 1/10$ 时,套筒的最大应力按厚壁圆筒公式计算:

$$\sigma = \frac{r_e^2 + r_i^2}{r_e^2 - r_i^2} p \qquad (5-61)$$

式中　r_e——套筒的外半径;

　　　r_i——套筒的内半径。

缸筒最大应力应小于许用应力:

$$[\sigma] = \sigma_b/n_b$$

式中　σ_b——材料的强度极限;

　　　n_b——安全系数,取 3.5 ~ 5。

起竖油缸的两端要考虑与车架和起竖臂的固定连接,一端要设计结构允许转动,另一端要装置万向关节轴承,以避免起竖油缸承受附加弯矩。

6. 发射台及其防护设计

1) 发射台的功能

发射台是装在发射车尾部的一个构件。在导弹的射前准备及发射过程中,它垂直支承导弹;根据导弹的要求调整导弹的垂直度;配合瞄准设备完成导弹的方位瞄准;

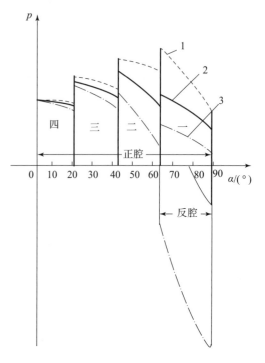

图 5 – 37　反腔在最内层时的正、
反腔压力变化曲线

1—逆风；2—无风；3—顺风

导弹发射时排导燃气流；完成导弹脱插电连接器的支承等一些辅助性工作。

2）对发射台的要求

①导弹通常有 4 个支点，故发射台对导弹的支承应均匀、可靠；

②方位和垂直度调整的传动机构效率高，并有足够的储备，电液操作时动作可靠，且可手工操作；

③方位回转和垂直度调整要有较高的精度；

④定向排导高温高速燃气流且不危及导弹的安全；

⑤要求一定的使用寿命；

⑥应结构紧凑、轻便、可靠，操作自动化，维护保养方便；

⑦配备发射准备工作所需的专用附件。

3）发射台的组成

发射台通常由台体、回转部、方向机、支承千斤顶、导流器、电气液压系统、防风装置及导弹发射准备工作所需的其他附件等组成，发射台结构三维图如图 5 − 38 所示。

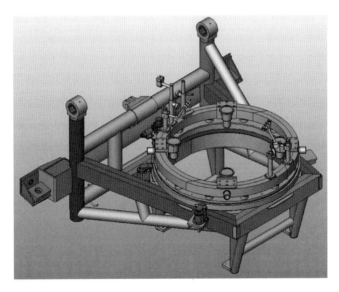

图 5 − 38　发射台结构三维图（图中导流器未示出）

台体通常是用结构钢焊接成的多边形空腹框架，框架下焊有支柱，框架上焊有轴承圈，是重要的承载结构。回转部也是用钢材焊接成多边形空腹框架，框架上连接有支承导弹的可调支承盘及其他附件，框架的下方焊有承环，承环有齿圈，通过方向机传动，实现导弹方位回转。支承盘是支承导弹的传力机构，可以是手动机械式圆盘或电驱动式圆盘。千斤顶用以支承发射台，最常用的是螺旋千斤顶，这种千斤顶稳定、可靠。导流器常用结构钢加筋设计成盒形结构，车载发射台结构外形常用双面导流器。

电气液压系统由液压泵、各种阀门、油缸及电气控制系统组成,用以完成发射台的升降、调平、方位回转及其他辅助工作。防风装置是为了防止导弹倾倒,一般是设置手动拉紧器。

4)导流器的防护

导弹发动机上的燃气流作用在发射台导流器上,将产生一个冲击力,这个力影响发射车的受载特性。此外,燃气流还对发射台的导流器有热影响和侵蚀影响。导弹燃料燃烧产物中含有一系列腐蚀性化学物质及硬微粒,这些物质温度高,速度大,对导流器有腐蚀和化学作用。速度为数百米每秒的气流作用在导流器上时,会产生硬微粒的双相流,具有极大的破坏力,在短时间内可将零件的油漆和电镀层冲掉,并将玻璃钢及其他合成材料中的树脂冲掉。

导流器在燃气冲刷的热流和动压力作用下产生冲刷烧蚀、变形乃至击穿。因此,可在导流器表面喷涂有耐热材料的防护层,也可加装耐烧蚀玻璃钢、合成树脂制成的防热帽,以防止或减轻烧蚀。导流器的设计涉及燃气动力学、传热学、材料学和结构强度等。

第6章　机载导弹弹射装置设计

6.1　概　　述

机载导弹主要有两种发射方式：自推力发射与外动力弹射。近距离空空导弹多用自推力发射方式，远距离空空或空地导弹多用外动力弹射方式，中距离导弹两者方式都有。

自推力发射用的装置结构简单、尺寸小、质量小、工作可靠。发射时，导弹可快速通过干扰区，初始扰动较小，对控制系统稳定工作有利。但是，这种发射方式存在一些问题，限制了它在机载导弹发射中的应用范围。主要问题有：导弹发射时燃气流对载机的有害影响；发射装置受到很大气动载荷和惯性载荷时，使导弹滑块与导轨间的摩擦力加大；采用自推力发射、弹－架系统只能外挂，从而增大迎面阻力。

因此，外动力弹射方式成为目前最常用的机载导弹发射方式。该方式是利用外动力将导弹弹射出去，离开载机一段距离后，导弹发动机点火，在导弹推力作用下飞行，直至击中目标。它可以避免导轨式发射装置的一些不利因素。

6.2　弹射时导弹的分离方案

机载导弹战术运用的全过程可概括为发射、制导飞行和摧毁目标3个阶段。发射是这一过程的标志，而发射成功则是导弹有效摧毁目标的先决条件。

导弹的发射过程包括两项技术内容：使导弹发动机点火工作和使导弹脱离载机的约束。在时间顺序上，这两项内容互为先后，缺一不可。正是由于这一点，使载机导弹的发射区别于机载射击武器的射击和航空炸弹的投放。

导弹分离运动的方案决定了弹射装置的结构，影响导弹在飞机附近安全飞行的初始参数，是弹射装置设计首先要分析的内容。

导弹弹射时可有3个方向：

（1）飞机航向向前，在导弹的纵轴方向；

（2）从飞机向下，在垂直于导弹纵轴的方向；

（3）逆飞机航向向后，在导弹纵轴方向。

这3个方向可将弹射的可能方向划分成4个区域，如图6-1所示。第一区域，α_I =0°~30°；第二区域，α_{II} =20°~90°；第三区域，α_{III} =90°~160°；第四区域，α_{IV} = 150°~180°。为使导弹按要求的弹射方向脱离飞机，可采用如图6-2所示结构方案来实现。

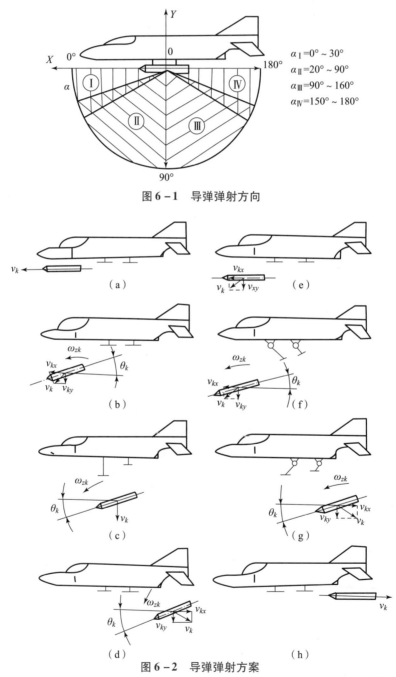

图6-1 导弹弹射方向

图6-2 导弹弹射方案

导弹纵轴沿飞机飞行方向向前分离，可用图 6 - 2（a）所示导轨式弹射装置来实现。导弹质心的相对速度矢量沿飞机航向，俯仰角和俯仰角速度为零。

弹射方向在第一区域者可在弹射装置中用曲线导轨来实现，如图 6 - 2（b）所示。导弹的速度矢量向前下方，有速度分量 v_{kx}、v_{ky}，俯仰角和俯仰速度为零。用曲线 - 直线组合导轨或不同曲率的曲线组合导轨的弹射装置，如图 6 - 2（c）所示，可使导弹获得必要的俯仰角和俯仰速度初始值，质心速度矢量仍为向前下方。

用杠杆式弹射装置可使导弹在第二区域内分离，如图 6 - 2（d）所示。获得质心速度 v_{kx}、v_{ky}，即俯仰角与俯仰速度。向 $\alpha = 90°$ 方向弹射，则用活塞式弹射装置，如图 6 - 2（e）所示。活塞机构伸出，导弹以线速度 $v_k = v_{ky}$ 从飞机上分离，同时选择气缸推力相对导弹质心作用力的关系，使导弹获得安全分离所必要的俯仰角与俯仰角速度。如果杠杆机构几何尺寸选得合适，也可使导弹横向运动，但比活塞机构实现起来复杂很多。

导弹脱离方向在第三区域，可用输出杠杆逆飞机航向运动的杠杆式弹射装置来实现，如图 6 - 2（f）所示。分离参数的形成与第二区相似。

导弹分离方向在第四区域，用弹射装置中的直线 - 曲线导轨逆飞机航向向后来实现，如图 6 - 2（g）所示。分离参数的形成与第一区相似。向后逆飞机航向在导弹纵轴方向强制分离，用弹射装置中的直线导轨来实现，如图 6 - 2（h）所示。相对速度矢量 v_k 逆飞机航向向后，俯仰角和俯仰速度为零。在这个方向弹射的优点是，作用在导弹上的气动阻力与弹射方向重合，从而使导弹与弹射装置间的安全间隙扩大，也导致相对弹射速度增大。

现代弹射装置是基于前述分离原理而设计的。活塞式弹射装置用于横向弹射，杠杆式弹射装置用于斜向弹射，弹射装置中的导轨则赋予纵向运动。

6.3　机载导弹弹射装置的一般原理

6.3.1　导弹分离参数的确定

设计弹射装置首先要确定合理的导弹分离参数，进而选取强制分离的运动学方案，确定弹射装置的结构。导弹分离参数包括：导弹垂直速度、俯仰角和俯仰角速度。确定这些参数时必须考虑下列条件：

①导弹分离后，飞行中不与载机发生碰撞；

②导弹应该在不会使发动机熄火的区域分离；

③导弹的初始运动参数应符合导弹控制系统提出的要求。

为了保证安全分离，不发生弹机相撞，通常要求导弹越过 1～2.5 m 的干扰区。弹射装置带着导弹运动这么长的距离，在结构上很难实现。因而是带着导弹运动 0.25 ~ 0.4 m 时分离，同时导弹获得 4 ~ 6 m/s 的线速度，靠这个速度越过整个干扰区。

图 6 - 3 所示为几种可能的导弹分离方案及分离后的初始弹道。导弹分离后沿弹道 1 飞行，能充分满足所有要求条件；按弹道 2 飞行，能满足弹机不碰撞的要求，但危及飞机发动机的工作安全性；按弹道 3 飞行，两个条件都不满足，弹机将相撞，燃气流将使飞机发动机熄火；按弹道 4 飞行，导弹的控制系统不能保证避开初始干扰区，因此，导弹运动不稳定。这 4 条弹道是弹射装置使导弹强制分离后的运动轨迹，显然应当按照弹道 1 的要求确定分离参数。

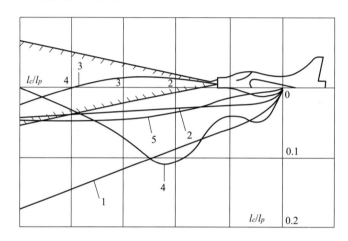

图 6 - 3　几种可能的导弹分离方案及分离后的初始弹道

图中曲线 5 是自力发射装置发射时，导弹的初始运动轨迹。这条轨迹不满足第二个条件——载机发动机不熄火。

6.3.2　机载弹射装置结构方案选择

弹射式发射装置承担导弹在载机上的悬挂、运载、运用（弹射投放、发射）以及机弹信号的交联等任务，是构成该导弹武器系统不可缺少的组成部分。根据机载武器系统总布局的特点及战术要求，弹射发射装置的结构要正确地将导弹配置在飞机上，对导弹实现可靠的悬挂、运输以及弹射分离。同时，还要满足分离参数及其他要求，如应满足载机的负载方案要求，不应过分改变原重心位置；应保持较好的气动外形；应满足通用化要求；等等。弹射式发射装置一般由动力装置、传动机构、壳体结构、电插拔机构、闭锁机构、电气系统和挂弹机构 7 个基本部分组成。它完成导弹的吊挂、载运及弹射分离等任务。

动力装置是弹射装置的动力源。它为导弹的闭锁、开锁、弹射及传动机构的复位提供动力源。根据做功的工质，可将当前动力装置分为两类：燃气式动力装置与压缩气体式动力装置。燃气是火药气体燃烧生成的气体，它膨胀做功提供动力。压缩气体是贮于气瓶中的干燥空气或氮气，由电磁阀控制使气体进入气缸做功而提供动力。这两种动力装置在国外的弹射装置中都有实际应用。

传动机构是将弹射动力传递给导弹的中间机构，它保证弹射过程中导弹的运动方向不沿航向和滚动方向翻转。根据带弹分离方向，可将传动机构分为两类：活塞式和杠杆式。活塞式传动机构使导弹强制分离的速度垂直于导弹的纵轴；杠杆式传动机构使导弹向前或向后斜向分离，有沿纵轴和垂直纵轴的分离速度。

壳体结构是弹射装置的主要承力结构。所有机构都装在壳体上，保持它们之间的相互关系，用以保证将弹射装置固定在载机上，将导弹固定在弹射装置上。设计时主要注意强度问题。要保证质量小，工艺性好，强度足够。壳体结构一般是封闭的盒形结构，可以用标准型材焊接，或螺栓连接，或模压成型。

吊挂组件实现弹射装置与飞机的连接。设计时的基本要求是：结构简单可靠；在各种使用条件下有足够的强度；容易拆卸，以便更换弹射装置；装配位置要规格化，以便同一装置能挂在多种飞机上。

图 6-4 所示的吊挂组件在国内外各种飞机上得到广泛应用，说明这些结构是有效的。双耳吊挂组件［图 6-4（a）］结构简单可靠、装卸方便，卸轴就行了。右边吊耳上的长圆孔可补偿安装偏差和温度变化的影响。其缺点是连接处有间隙，只是在弹射装置较宽、横向力不大、扭转力矩小时才有效。双耳四点吊挂组件［图 6-4（b）］是上述方案的改进。通过增加连轴的数量来减小其尺寸，从而减小了弹射装置的高度。这一方案中，前轴承受轴向力，其他轴承受横向力及扭转力矩产生的垂直载荷。这种方案较复杂，但优越性并不显著。枢轴式吊挂组件［图 6-4（c）］广泛用于大负载的连接，而不需要加大弹射装置的宽度。枢轴中，一个承受轴向载荷；另一个有纵向槽，可作尺寸与温度补偿。用结构可张开的套筒使枢轴有合适的连接间隙。前述三种方案都不能将吊挂导弹应急投放，而图 6-4（d）所示方案则可具有应急投放功能。前一支耳承受轴向力，吊环螺栓承受垂直载荷，后一支耳承受侧向载荷及垂直载荷。这种固定法广泛用于质量不大的导弹中。

电插拔机构完成弹射装置和导弹间的电气连接。在挂飞期间，要从机上向导弹发送关于目标截获和发射瞬间的指令与信息、从导弹向机上发送发射准备开始工作的信息，这些电信号用导线经插拔机构传送，导弹分离时插头自动断开。机构原理取决于插头类型，机载弹射装置常用的插头有：剪切式、拉断式、插拔式。剪切式插头广泛用于小直径的导弹中，拉断式插头多用于中远距导弹中。

闭锁机构用来将弹射机构锁定在壳体上，将导弹锁定在弹射机构的吊挂中，使弹射机构及导弹均处于运输状态。闭锁机构有两部分：锁住导弹的部件和锁住弹射机构的部件。结构设计时，要保证在弹射初期两部分能同时解锁，而在运输中能同时闭锁。

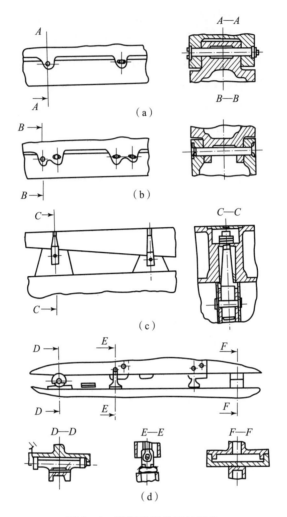

图 6 - 4 弹射装置的吊挂组件

(a) 双耳吊挂组件；(b) 双耳四点吊挂组件；(c) 枢轴式吊挂组件；(d) 吊环螺栓吊挂组件

电气系统用于传递载机、弹射装置、导弹间的电源和信号。挂弹机构将导弹吊在弹射装置下。

6.3.3 杠杆式弹射装置结构和工作原理

1. 杠杆式弹射装置结构

图 6 - 5 所示为杠杆式弹射装置，主要完成导弹的吊挂、载运及弹射分离等任务。杠杆式弹射装置由壳体、弹射机构、闭锁机构、电插拔机构、电气系统组成。动力装置主要有燃气式和压缩气体式。

壳体 1 由钢材焊成，是安装和固定弹射机构的零部件。前、后吊挂将弹射装置挂在载机下，而前、中、后 3 个吊环将导弹吊在弹射装置下。

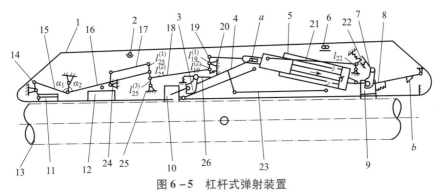

图 6-5 杠杆式弹射装置

1—壳体；2，6—吊挂；3，7—闭锁机构；4—前推杆；5—气动机构；8—后推杆；

9~11—吊环；12—电插拔机构；13—导弹；14~22、24~26—杠杆；23—连杆

弹射机构完成导弹的弹射分离动作，由气动机构 5，充气组件，前后推杆 4、8 及闭锁机构 3、7 组成。

气动机构（图 6-6）是解除导弹闭锁，强迫导弹分离，导弹分离后使弹射机构复位等工作的动力。由电磁阀 6、活塞 7、气缸 8、活塞头 9 组成。电磁阀在气缸的前部，用以控制气动机构的动作，它有两种工作状态：通或断，其原理如图 6-7 所示。电磁铁的启闭时间很短，为毫秒级，可以视为瞬时通或断。线圈（图 6-6 的 10）通电后电磁铁（图 6-6 的 11）迅速移动，控制口打开，气缸内所充的高压气体推动主阀芯，主阀打开，高压气体进入气缸后腔，在此压力作用下气缸伸出。气缸头部与后推杆相连，推动后推杆，使导弹弹射分离。活塞前部与杠杆（图 6-5 的 20、21）相连，完成解锁与闭锁工作。

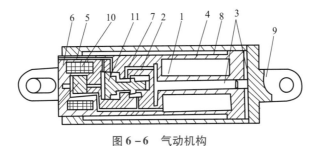

图 6-6 气动机构

1~5—空腔；6—电磁阀；7—活塞；8—气缸；9—活塞头；10—线圈；11—电磁铁

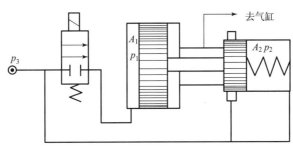

图 6-7 电磁阀原理图

充气组件用以充气和检查机构中的压力。前、后推杆用以将导弹的中、后吊环固定在弹射装置上，将导弹向下推出一定距离，最后使导弹分离。闭锁机构的作用是：在运输中，将推杆锁定在壳体上；在弹射时，将插头从导弹插座中拔出，同时释放前吊环，使导弹挂于中后吊环上。

电插拔机构实现导弹与弹射装置间的电气连接。通过杠杆机构（图6-5的17）使插拔机构放下，电路接通，使插拔机构升起，电路断开。

电气系统用于传递载机、弹射装置、导弹间的电源和信号，在地面准备或模拟操作时将电路闭锁，发出弹射机构已闭锁和导弹已挂上的信号，控制弹射机构动作，弹射终了时点燃导弹发动机。

2. 杠杆式弹射装置工作原理

1）导弹弹射过程

（1）通电后，电磁阀各个元件工作，打开活塞杆的通道，使所充高压气体进入活塞与气缸间的空腔（图6-6中3），活塞工作。

（2）在气体压力的作用下，活塞向左上移动（图6-5），使3个吊环解锁，使电插头拔出。活塞移动时，杠杆20带动杠杆19转动，让开锁制位置。在弹簧作用下，闭锁机构3转动，解除吊环的闭锁状态。杠杆19转动的同时带动杠杆18、17将电插头拔出，并带动杠杆16、15、14，使前吊环解锁。活塞移动的同时，通过杠杆21使杠杆22转动，让开锁制位置，在弹簧作用下，使后闭锁机构转动，解除后吊环的闭锁状态。

（3）活塞移动到位后，图6-5中轴销a停止运动，气缸在气体压力的作用下向右下方移动，带动后推杆转动，通过后吊环使导弹一起运动。与此同时，气缸也通过连杆23带动前推杆转动，由中吊环迫使导弹一起运动，到终了位置导弹分离。导弹分离前给发动机点火信号，导弹分离后即点火。

（4）导弹分离后，弹射装置到终端限制处（图6-5的b）停止。

2）弹射装置的复位过程

（1）导弹分离后，电磁阀断电，空腔（图6-6中3）中的气体放到大气中去，活塞在空腔（图6-6中4）中的气体作用下缩入气缸，即气缸向左下方运动。

（2）气缸带动前后推杆使弹射机构恢复装弹位置。

（3）气缸运动到位后不再运动，活塞在气体压力的作用下向右下方运动，通过杠杆机构完成闭锁动作，并使插拔机构下移到接通位置。

3. 杠杆式弹射装置设计特点

从前面的介绍可以看出，设计杠杆式弹射装置时必须满足下列功能性的要求：

（1）能实现挂弹与运输，在起飞、飞行或降落时导弹不会自行从弹射装置中脱落。

（2）保证导弹可靠的分离，并具有要求的分离参数（分离行程，垂直速度、俯仰速度、发射角度）。

（3）保证导弹弹射时无航向和横向翻滚。

（4）导弹分离后，弹射机构要恢复到初始位置，所以动力装置的能量不但要满足弹射的需要，而且要满足机构复位、闭锁等的需要。

（5）插拔机构在导弹弹射时要能收回到壳体之间，在装弹时能够下降，保证插头能插入插座之中。

（6）发射之前载机能给导弹提供电源。

（7）能目视检查弹射机构的闭锁情况、导弹在弹射机构上的固定情况、气动机构的充气情况。

6.3.4　活塞式弹射装置结构和工作原理

1. 活塞式弹射装置结构

活塞式弹射装置使导弹横向运动，到一定距离后分离，分离时有垂直纵轴的速度，但无转动。活塞式弹射装置和杠杆式弹射装置一样，由 4 个基本部分组成，即壳体、动力装置、传动机构和闭锁机构。动力装置主要有燃气式和压缩气体式。传动机构主要有气体作动筒（活塞）和气、液体作动筒（活塞）。除了 4 个基本部分外，活塞式弹射装置还包括电插拔机构、电气系统和挂弹机构等。

传动机构有两个活塞，前后各一个，同步运动，行程相等，所以导弹只有横向移动，无转动。两个活塞可以用气瓶的气体或燃气发生器产生的燃气直接推动，也可由气体（或燃气）经过液体来推动。

图 6-8 所示为气液活塞式弹射装置原理图。承力壳体是金属焊接结构，是弹射装

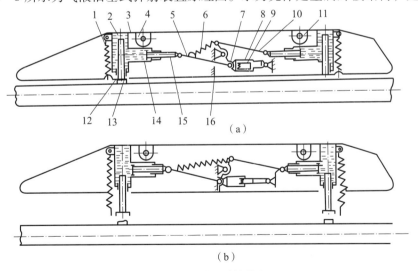

（a）

（b）

图 6-8　气液活塞式弹射装置原理图

1，6—复位弹簧；2—垂直油壳；3—壳体；4，11—吊挂；5—前推杆；7—杠杆；8—气缸；9—燃气发生器；
10—后推杆；12—垂直活塞；13—基座；14—水平油缸；15—水平活塞；16—终端挡块

置各种机构的固定基础，前后两个吊挂组件挂于载机的机身或机翼下面。壳体是承力构件，设计时要保证有足够的强度和刚度，还有满足各机构安装位置的精度要求。

燃气发生器中装有火药和点火系统，火药燃烧时产生高压气体，经节流器降低压力后推动气缸工作，是弹射装置的动力源。图 6 - 9 是燃气发生器的一种结构原理图。它由燃烧室 2，火药 3，调节装置 4、5 及气缸 6 组成。火药点燃后，在燃烧室中燃烧，产生高压燃气，经喷嘴降低压力进入低压室 1 中，推动气缸完成导弹的弹射工作。

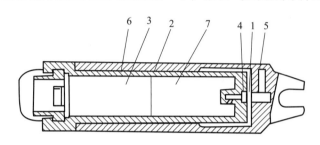

图 6 - 9　燃气发生器的一种结构原理图

1—低压室；2—燃烧室；3—火药；4，5—调节装置；6—气缸；7—燃烧室腔体

传动机构由前后两个垂直油缸、前后两个水平油缸、前后两个推杆、杠杆、前后复位弹簧、杠杆复位弹簧组成。用以传递弹射动力，实现弹的分离运动，同时使复位弹簧拉紧，贮存活塞及杠杆复位所需要的能量。

闭锁机构将导弹吊耳固于活塞座上，并将活塞锁在运输位置不至向下移动，直到发射时解除闭锁。

2. 活塞式弹射装置弹射工作原理

系统给出点火信号后，燃气发生器中的点火系统将火药点燃，产生的燃气使气缸移动一段距离，使前后推杆 5、10（图 6 - 8）同步转动，推动水平活塞移动，将液体由工作腔中压出，使垂直活塞快速伸出，同时带动导弹横向运动。工作行程终了，闭锁机构放开导弹的吊耳，导弹便按要求的速度在要求的距离分离，如图 6 - 8（b）所示。

垂直活塞向下移动，将复位簧 1 拉紧，杠杆将复位簧 6 拉紧。当导弹分离后，传动机构继续运动，直到被终端挡块挡住。在复位弹簧的作用下，活塞恢复到挂飞位置，杠杆处于初始状态。

这种结构的优点是：推杆机构行程很短，使弹射装置的高度减小，有利于在载机上的布置；推杆行程虽然很短，但靠液压系统仍能保证有较长的弹射距离。

3. 活塞式弹射装置设计

活塞式弹射装置设计主要考虑 4 个方面：燃气发生器设计、传动机构设计、弹射动力学分析以及传动机构的复位设计等。

（1）燃气发生器设计。根据弹射能量的需要确定装药类型、装药量及尺寸、燃烧室容积、喷管尺寸、气缸行程、点火系统等。

（2）传动机构设计。根据弹射行程的需要确定传动机构的传动比，设计传动机构长度或行程，进行运动学分析。

（3）弹射动力学分析。根据导弹分离时速度的需要进行系统的动力学分析。

（4）传动机构的复位设计。根据传动机构复位时克服液体阻尼、摩擦阻力等的需要设计复位弹簧。

6.4　气动装置计算

气动装置是气动弹射的动力源，设计时要计算气体的初始参数（气体初压力 p_0 及气瓶的初容积 V_0）及气体的推力 Q，确定气瓶与气缸的结构尺寸。设计时要满足下列要求。

（1）要克服作用在导弹上的外部载荷——气动力与力矩。

（2）要保证导弹分离的行程、分离速度、分离俯仰角和角速度。

（3）要满足强迫运动的时间。

6.4.1　气源参数计算

设计时，首先应保证气瓶中气体的能量大于使导弹强制分离所做的功，还应考虑传动机械解锁及复位所需的功。

对活塞式弹射装置，使导弹强制分离所需的功为

$$A_R = Y H_y + \frac{W_R}{g} \frac{v_y^2}{2} \qquad (6-1)$$

式中　Y——作用在导弹上的升力；

　　　H_y——导弹垂直强制分离行程；

　　　v_y——导弹垂直分离速度。

气瓶中气体应具有的能量为

$$A_a = \frac{p_0 V_0}{n-1} \left[1 - \left(\frac{p_k}{p_0} \right)^{\frac{n-1}{n}} \right] = \frac{p_0 V_0}{n-1} \left(1 - \tau^{\frac{n-1}{n}} \right) \qquad (6-2)$$

式中　p_0、p_k——气体的初压与终压；

　　　V_0——气瓶中气体的初始容积；

　　　n——多变指数；

　　　τ——气体膨胀比。

根据能量定律，有

$$A_R = \eta A_a \qquad (6-3)$$

式中 η——传动机构的效率。

将式（6-1）、式（6-2）代入式（6-3），得

$$YH_y + \frac{W_R}{g}\frac{v_y^2}{2} = \eta\frac{p_0 V_0}{n-1}\left(1 - \tau^{\frac{n-1}{n}}\right)$$

则气瓶中初始压力与容积的关系可写成下列形式，即

$$V_0 = \frac{n-1}{\eta p_0\left(1 - \tau^{\frac{n-1}{n}}\right)}\left(\frac{W_R}{g}\frac{v_y^2}{2} + YH_y\right) \tag{6-4}$$

现代气动装置 $p_0 = 20 \sim 40$ MPa，而气体膨胀比与装置的结构有关，实际结构一般为 $\tau = 0.3 \sim 0.6$，传动效率 $\eta = 0.5 \sim 0.8$。考虑到气动传动机构解锁与复位需要消耗能量，V_0 应取得较大一些。

对杠杆式弹射装置，导弹是斜向强制分离的，所做的功为

$$A_R = YH_y + XH_x + \frac{W_R}{2g}(v_y^2 + v_x^2) \tag{6-5}$$

式中 X——导弹气动阻力；

$\quad\quad v_x$——导弹水平分离速度；

$\quad\quad H_x$——导弹强制分离的水平位移。

若导弹分离瞬间机械杠杆的转角为 φ，则有

$$v_x = v_y\tan\varphi \tag{6-6}$$

$$H_x = H_y\tan\varphi$$

将式（6-5）、式（6-6）代入式（6-4）中得

$$(Y + X\tan\varphi)H_y + \frac{W_R}{2g}v_y^2(1 + \tan^2\varphi) = \frac{\eta p_0 V_0}{n-1}\left(1 - \tau^{\frac{n-1}{n}}\right)$$

整理后有

$$V_0 = \frac{n-1}{\eta p_0\left(1 - \tau^{\frac{n-1}{n}}\right)}\left[(Y + X\tan\varphi)H_y + \frac{W_R}{2g}v_y^2(1 + \tan^2\varphi)\right] \tag{6-7}$$

φ 角根据导弹弹射的轨迹要求由传动机构的几何关系来确定，一般 $\varphi = 20° \sim 40°$。

6.4.2 气动推力计算

对图 6-6 所示气动机构进行气体动力学分析，可以计算气缸各腔的气体参数（压力 p、容积 V、温度 T），从而确定作用在传动机构上的推力。在进行分析时做如下假设。

（1）气缸中的气体是理想气体。

（2）气缸中各个腔内的气体参数是均匀分布的。

（3）气体变化过程是绝热过程。

利用气体状态方程、系统的质量平衡方程与能量平衡方程来建立计算公式。

1. 气体状态方程

建立研究空间内某一瞬间的气体状态，具体为

$$p_i V_i = m_i R T_i \tag{6-8}$$

式中　V_i——所研究空间 i 的容积；

　　　p_i、m_i、T_i——与容积 i 相应的气体压力、质量、温度；

　　　R——气体常数。

2. 开口系统的质量守恒方程

$$\frac{\mathrm{d}m_i}{\mathrm{d}t} = \sum_j G_{ji} - \sum_j G_{ij} \tag{6-9}$$

式中　G_{ij}——从容积 i 中流到与之相通的容积 j 中的气体秒流量；

　　　G_{ji}——从容积 j 中流入容积 i 中的气体秒流量。

3. 能量守恒方程

根据能量守恒原理可知，容积 i 中能量的变化是由进入气体的总焓和气体膨胀做功之差构成，即

$$\frac{\mathrm{d}(m_i E_i)}{\mathrm{d}t} = \sum_j h_j G_{ji} - \sum_j h_i G_{ij} - p_i \frac{\mathrm{d}V_i}{\mathrm{d}t} \tag{6-10}$$

式中　E_i——容积 i 中气体的比内能；

　　　h_i、h_j——容积 i 和 j 中气体的比焓。

4. 气体参数方程

将式（6-8）对时间 t 求导数，将式（6-9）代入，得

$$\frac{\mathrm{d}p_i}{\mathrm{d}t} = \frac{R T_i}{V_i}\left(\sum_j G_{ji} - \sum_j G_{ij} \right) + \frac{p_i}{T_i}\frac{\mathrm{d}T_i}{\mathrm{d}t} - \frac{p_i}{V_i}\frac{\mathrm{d}V_i}{\mathrm{d}t} \tag{6-11}$$

在工程计算中常用的是比热容比 k，它的定义是

$$E_i = c_V T_i, \quad h_i = c_p T_i, \quad h_j = c_p T_j \tag{6-12}$$

$$c_p - c_V = R, \quad \frac{c_p}{c_V} = k \tag{6-13}$$

式中　c_V、c_p——比定容热容与比定压热容。

由式（6-10）可得

$$\frac{\mathrm{d}T_i}{\mathrm{d}t} = \frac{R T_i}{V_i p_i}\left[\sum_j (k T_j - T_i) G_{ji} - \sum_j (k-1) G_{ij} - \frac{k-1}{R} p_i \frac{\mathrm{d}V_i}{\mathrm{d}t} \right] \tag{6-14}$$

式（6-11）和式（6-14）就是确定容积 i 中的气体参数的一般方程，其值取决于下列关系：

$$G_{ij} = G_{kpij} q(\lambda)$$

$$\lambda = \frac{p_j}{p_i}$$

式中 G_{kpij}——气体临界截面的流量：

$$G_{kpij} = \frac{\varphi_p A(k) F_{kpij} p_i}{\sqrt{RT_i}} \qquad (6-15)$$

其中

$$A(k) = \left(\frac{2}{k+1}\right)^{\frac{1}{k-1}} \sqrt{\frac{2gk}{k+1}}$$

F_{kpij}——临界截面的面积；

φ_p——流量系数。

由于流体有阻力，实际气体与理论值相比有收缩，流速要降低。

$q(\lambda)$ 为气体动力学函数，即

$$q(\lambda) = \begin{cases} 1 & 0 \leq \lambda \leq \left(\frac{2}{k+1}\right)^{\frac{k}{k-1}} \\ \left(\frac{k+1}{k-1}\right)^{\frac{1}{k-1}} \sqrt{\frac{k+1}{k-1}\left(\lambda^{\frac{2}{k}} - \lambda^{\frac{k+1}{k}}\right)} & \left(\frac{2}{k+1}\right)^{\frac{k}{k-1}} < \lambda \leq 1 \end{cases}$$

当 λ 从 0 到 1 时，$q(\lambda)$ 也先从 0 增加到 1；λ 从 1 到 0 时，$q(\lambda)$ 也从 1 到 0。系数 $q(\lambda)$ 取决于观察断面与临界断面流动质量之比，即

$$q(\lambda) = \frac{\rho w}{\rho_{kp} w_{kp}} = \frac{G F_{kp}}{G F} = \frac{F_{kp}}{F}$$

式中 ρ、w、F——观察断面的气流密度、速度和面积；

ρ_{kp}、w_{kp}、F_{kp}——临界面的气流密度、速度和面积。

5. 气动参数方程

利用式（6-11）及式（6-14）可以求得气动装置各腔的气动参数，即

蓄压腔中（图 6-6 中 1 腔）的参数：

$$\left.\begin{aligned} \dot{T}_1 &= \frac{RT_1}{V_1 p_1}\left[(kT_4 - T_1)G_{41} - (k-1)T_1 G_{12}\right] \\ \dot{p}_1 &= \frac{RT_1}{V_1}(G_{41} - G_{12}) + \frac{p_1}{T_1}\dot{T}_1 \end{aligned}\right\} \qquad (6-16)$$

导气管中（图 6-6 中 2 腔）的参数：

$$\left.\begin{aligned} \dot{T}_2 &= \frac{RT_2}{V_2 p_2}\left[(kT_1 - T_2)G_{12} - (k-1)T_2(G_{23} + G_{25})\right] \\ \dot{p}_2 &= \frac{RT_2}{V_2}(G_{12} - G_{23} - G_{25}) + \frac{p_2}{T_2}\dot{T}_2 \end{aligned}\right\} \qquad (6-17)$$

气动工作腔（图 6-6 中 3 腔）的参数：

$$\left.\begin{array}{l} \dot{T}_3 = \dfrac{RT_3}{V_3 p_3}\Big[k(T_2 - T_3)G_{23} - (k-1)T_3 G_{35} - \dfrac{k-1}{R}p_3 \dot{V}_3 \Big] \\[3mm] \dot{p}_3 = \dfrac{RT_3}{V_3}(G_{23} - G_{35}) + \dfrac{p_3}{T_3}\dot{T}_3 - \dfrac{p_3}{V_3}\dot{V}_3 \end{array}\right\} \qquad (6-18)$$

复位腔（图 6-6 中 4 腔）的参数：

$$\left.\begin{array}{l} \dot{T}_4 = \dfrac{RT_4}{V_4 p_4}\Big[-(k-1)T_4 G_{41} - \dfrac{k-1}{R}p_4 \dot{V}_4 \Big] \\[3mm] \dot{p}_4 = \dfrac{RT_4}{V_4}(-G_{41}) + \dfrac{p_4}{T_4}\dot{T}_4 - \dfrac{p_4}{V_4}\dot{V}_4 \end{array}\right\} \qquad (6-19)$$

消除压力腔（图 6-6 中 5 腔）的参数：

$$\left.\begin{array}{l} \dot{T}_5 = \dfrac{RT_5}{V_5 p_5}\Big[(kT_2 - T_5)G_{25} + (kT_3 - T_5)G_{35} - (k-1)T_{5a} \Big] \\[3mm] \dot{p}_5 = \dfrac{RT_5}{V_5}(G_{25} + G_{35} - G_{5a}) + \dfrac{p_5}{T_5}\dot{T}_5 \end{array}\right\} \qquad (6-20)$$

6. 推力方程

当气缸活塞筒移动时，容积 V_3、V_4 发生变化。它们的变化关系为

$$\left.\begin{array}{l} V_3 = V_{30} + F_w l \\ V_4 = V_{40} - F_r l \end{array}\right\} \qquad (6-21)$$

式中　V_{30}——工作腔的初容积；

　　　V_{40}——复位腔的初容积；

　　　F_w——工作腔的横截面积；

　　　F_r——复位腔的横截面积；

　　　l——活塞筒移动量。

容积的变化速度为

$$\left.\begin{array}{l} \dot{V}_3 = F_w \dot{l} \\ \dot{V}_4 = F_r \dot{l} \end{array}\right\} \qquad (6-22)$$

式（6-16）~式（6-20）的初始条件为

$$t_1 = 0 \text{ 时，} T_1 = T_2 = T_3 = T_4 = T_5 = T_a$$
$$p_1 = p_2 = p_4 = p_0$$
$$p_3 = p_5 = p_a$$

式中　T_a、p_a——外界环境的温度和压力；

　　　p_0——气缸中的初压。

由于有 l、$\dot{l}$ 的函数，必须与气动弹射的动力学方程联立才能求出式（6-16）~式（6-22）中的各参数。弹射时的推力由下列方程求得

$$Q = F_w p_3 - F_r p_4 - (F_w - F_r)p_a \tag{6-23}$$

图 6 – 10 是应用前述公式计算出的作动筒各腔的压力与推力曲线。

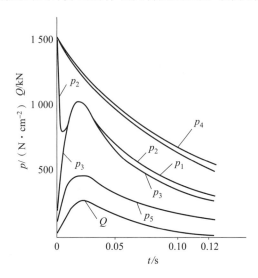

图 6 – 10　作动筒各腔的压力与推力曲线

6.5　火药气体动力装置计算

火药燃烧时产生的气体是燃气弹射的动力源，设计时首先要确定燃气气源参数，随后计算燃气传动的动力学参数。

6.5.1　火药燃气气源参数计算

根据导弹的质量、所受外载荷及分离参数来确定火药和燃烧室的参数。由能量守恒定律，有

$$A_R = \eta f \omega \tag{6-24}$$

式中　f——火药力；

　　　ω——火药量。

由式（6 – 24）可得

$$\omega = \frac{A_R}{\eta f} \tag{6-25}$$

对用燃气推动的活塞式弹射装置，由式（6 – 1）可得火药量为

$$\omega = \frac{1}{\eta f}\left(Y H_y + \frac{W_R}{g}\,\frac{v_y^2}{2} \right) \tag{6-26}$$

对杠杆式弹射装置，由式（6 – 5）及式（6 – 6）可得火药量为

$$\omega = \frac{1}{\eta f}\Big[\left(Y + X\tan\varphi \right)H_y + \frac{W_R}{g}v_y^2\left(1 + \tan^2\varphi \right) \Big] \qquad (6-27)$$

如果火药在燃烧室中瞬时燃烧，气体初压根据结构强度来选择，在火药气体传动中通常取 $p_0 = 50 \sim 150$ MPa。

6.5.2　火药气体传动的动力学参数

1. 基本假设

（1）弹射装置中的火药气体都是理想气体，遵循理想气体定律。

（2）容器中气体参数分布均匀。

（3）在工作过程中气体的热力学性质不改变。

（4）火药全部燃烧完，忽略传动装置中的残余量。

2. 内弹道方程组

1）基本方程

（1）气体状态方程：

$$p_i V_i = m_i R T_i \qquad (6-28)$$

（2）气体质量守恒方程：

$$\frac{\mathrm{d}m_i}{\mathrm{d}t} = \sum_i G_i - \sum_i G_{ij} - \sum_i G_{ijk} \qquad (6-29)$$

（3）能量守恒方程：

$$\frac{\mathrm{d}(m_i E_i)}{\mathrm{d}t} = \sum_i \chi_i h_i G_{ij} - p_i \frac{\mathrm{d}V_i}{\mathrm{d}t} \qquad (6-30)$$

式中　i——所研究的容积；

$\quad\quad j$——与研究容积相通的空间；

$\quad\quad G_i$——火药燃烧时的气体秒生成量；

$\quad\quad G_{ij}$——气体从 i 腔流到 j 腔的秒流量；

$\quad\quad G_{ijk}$——气体从 i 腔或 j 腔流到 k 腔的秒流量；

$\quad\quad h_i$——i 腔中气体比热焓；

$\quad\quad \chi_i$——热损失修正系数；

$\quad\quad E_i$——i 腔中气体的比内能。

（4）燃速方程。

火药气体弹射装置中火药的燃烧速度符合下列定律：

$$u = u_1 p^v \qquad (6-31)$$

式中　u_1——燃速系数；

$\quad\quad v$——燃速的压力指数。

2）气体参数方程

将式（6-28）对时间 t 求导数，然后将所得 dm_i/dt 代入式（6-29）中得到 dp_i/dt 的表达式，即

$$\frac{dp_i}{dt} = \frac{RT_i}{V_i}\left(\sum_i G_i - \sum_i G_{ij} - \sum_i G_{ijk}\right) + \frac{p_i}{T_i}\frac{dT_i}{dt} - p_i\frac{dV_i}{dt} \qquad (6-32)$$

由式（6-12）、式（6-13）和式（6-30）可得

$$\frac{dT_i}{dt} = \frac{RT_i}{p_iV_i}\left[\sum_i G_i(\chi_i k T_{ip} - T_i) - \sum_i (k-1)T_i G_{ij} - \sum_i (k-1)T_i G_{ijk} - \frac{k-1}{R}p_i\frac{dV_i}{dt}\right]$$

$$(6-33)$$

式（6-32）和式（6-33）是确定 V_i 容积中气体参数的微分方程。

3）状态方程

燃烧过程火药气体质量的变化可写成下列形式：

$$\frac{dm_i}{dt} = -nS_iu_i\gamma \qquad (6-34)$$

式中　n——药条的数目；

　　　S_i——火药条燃烧面积；

　　　u_i——火药燃烧速度；

　　　γ——火药密度。

而药条燃烧面积为（图6-11）

$$S_i = 2\pi(R_0 - e_i)(l - 2e_i) + 2\pi(r_0 + e_i)(l - 2e_i) + 2\pi\left[(R_0 - e_i)^2 - (r_0 + e_i)^2\right]$$

$$(6-35)$$

式中　R_0、r_0、l——药条开始燃烧时的外径、内径、长度；

　　　e_i——药条燃烧厚度。

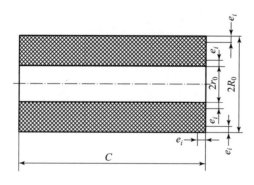

图6-11　药条燃烧面积

则燃烧表面积的变化为

$$\dot{S} = \frac{\Delta S}{\Delta t} = -8\pi(R_0 + r_0)\frac{\Delta e}{\Delta t}$$

令

$$\varepsilon = -8\pi(R_0 + r_0), \quad u = \frac{\Delta e}{\Delta t}$$

则上式写成

$$\dot{S} = \varepsilon u \tag{6-36}$$

火药燃烧过程中燃烧室自由容积的变化为

$$\frac{\mathrm{d}V_i}{\mathrm{d}t} = nS_i u_i \tag{6-37}$$

利用式（6-32）和式（6-33）可得

在燃烧室容积内

$$\dot{p}_0 = \frac{1}{V_0}\Big[nS_0 \gamma uk\chi_0 RT_p - kRT_0(G_{01} + G_{02}) - nS_0 p_0 u + \frac{p_0}{T_0}\dot{T}_0 \Big] \tag{6-38}$$

$$\dot{T}_0 = \frac{T_0}{V_0 p_0}\Big[nS_0 \gamma u(\chi_0 kT_p - T_1) - (k-1)RT_0(G_{01} + G_{02}) - \frac{k-1}{R}p_0 nS_0 u \Big] \tag{6-39}$$

在弹射筒容积内

$$\dot{T}_1 = \frac{Rp_1}{VT_1}\Big[G_{01}(kT_{01} - T_1) - (k-1)G_{12}T_1 - (k-1)\frac{p_i}{R}\dot{V}_1 \Big] \tag{6-40}$$

$$\dot{p}_1 = \frac{p_i}{T_i}\dot{T}_1 - \frac{p_1}{V_1}\dot{V}_1 + \frac{RT_1}{V_1}(G_{01} - G_{12}) \tag{6-41}$$

在确定流量 G_{12} 时，用

$$T_{01} = \frac{\chi_{01}}{\chi_0}T_0, \quad p_{01} = \gamma_1 p_0$$

由于式（6-40）中含有容积变化率 $\dot{V}_1$，解式（6-40）及式（6-41）时，必须结合弹射机构的运动方程。容积 V_1 由式（6-42）确定：

$$V_1 = V_{10} + Sl \tag{6-42}$$

它的变化率等于

$$\dot{V}_1 = S\dot{l} \tag{6-43}$$

式中　V_{10}——气缸初始容积；

　　　S——气缸横断面积；

　　　l——气缸行程。

4）推力方程

气缸推力为

$$Q = pS = m_{BP}\ddot{l} \tag{6-44}$$

式中　m_{BP}——换算到活塞杆上的质量。

$$l = \frac{S}{m_{BP}} \int_0^{t_1} p_i \mathrm{d}t = \frac{s}{m_{BP}} p_i t_i \qquad (6-45)$$

解式（6-38）~式（6-44）的初始条件如下：

$$t = 0, \quad T_0 = T_1 = T_{初值}, \quad G_0 = G_{0初值}$$

$$p_0 = p_1 = p_{大气}$$

$$S = S_0$$

$$V_0 = V_{0初值}$$

$$V_1 = V_{1初值}$$

利用式（6-15）计算流量时，根据喷嘴圆柱长与直径之比，确定 φ_P 值（图6-12）：

$$\frac{l_c}{d_c} = 0.5 \sim 1 \text{ 时}, \quad \varphi_P = 0.6 \sim 0.65$$

$$2 < \frac{l_c}{d_c} < 5 \text{ 时}, \quad \varphi_P = 0.75 \sim 0.85$$

应用前述公式对实例进行计算，弹射筒内各腔的压力与推力曲线如图6-13所示。

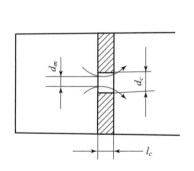

图6-12 气体在节流孔中流动

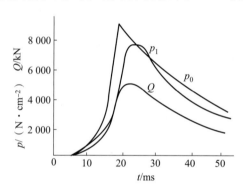

图6-13 弹射筒内各腔的压力与推力曲线

6.6 弹射装置动力学分析

6.6.1 气体弹射系统的运动分析

弹射装置动力学分析的主要目的是研究导弹的分离参数及其影响因素，为方便起见，将弹射机构与导弹一起作为一个系统来研究。弹射机构与导弹一起可以简化为一个平面机构，如图6-14所示。作为整体分析的前提，我们首先进行弹射系统内弹射机构的运动关系分析，再进行导弹与弹射机构的运动关系分析。

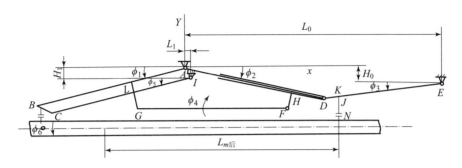

图 6 – 14　弹射系统及坐标选取简图

1. 弹射机构内各部件的运动关系

从图 6 – 14 可以看出，当在气动力的作用下，AD 伸长时，由于 A 是固定的，点 D 在以 E 为圆心的弧上，随着 AD 的伸长，AD 与水平面的夹角变大。由于 AB 杆上 G 点与 AD 上的 F 点通过 GF 相连，当 AD 伸长时，AB 也将绕固定点 A 转动。前导向架通过 B 点与 AB 相连，通过 C 点与 IC 相连，AB 的转动一方面引起 IC 绕固定点 I 转动；另一方面引起前导向架运动。前导向架的运动包括平动与转动，而其转角恰好是导弹的转角。由于后导向架可以绕 ED 上的 J 点转动，因而当前导向架有一转角并迫使导弹转过同样的角度时，后导向架也将转过一定的角度以使前后导向面平行。

为方便起见，在图 6 – 14 中给了确定弹射机构中各部件位置的一组坐标。各部件的位置满足：

$$\overline{AD}\cos\,\phi_2 + \overline{ED}\cos\,\phi_3 = L_0$$

$$\overline{AD}\sin\,\phi_2 - \overline{ED}\sin\,\phi_3 = H_0$$

$$(\overline{AD} - \overline{DH})\cos\,\phi_2 - \overline{HF}\sin\,\phi_2 + \overline{AL}\cos\,\phi_1 - \overline{LG}\sin\,\phi_1 = \overline{GF}\cos\,\phi_4$$

$$\overline{AL}\sin\,\phi_1 + \overline{LG}\cos\,\phi_1 = \overline{AH}\sin\,\phi_2 + \overline{HF}\cos\,\phi_2 - \overline{GF}\sin\,\phi_4$$

$$\overline{AB}\cos\,\phi_1 = \overline{BC}\cos(\phi_0 - \phi_6)\ \ + \overline{IC}\cos\,\phi_5 - L_1$$

$$\overline{AB}\sin\,\phi_1 + \overline{BC}\sin(\phi_0 - \phi_6)\ \ = \overline{IC}\sin\,\phi_5 + H_1$$

以上 6 个方程是弹射机构运动中必须满足的约束条件，其中，$\overline{AD}$ 为气缸两个端点间的距离，因而也是变化的。在下面的分析中，用 u 表示 $\overline{AD}$，前面的约束方程可以写为

$$u\cos\,\phi_2 + \overline{ED}\cos\,\phi_3 = L_0 \tag{6 – 46}$$

$$u\sin\,\phi_2 - \overline{ED}\sin\,\phi_3 = H_0 \tag{6 – 47}$$

$$(u - \overline{DH})\cos\,\phi_2 - \overline{HF}\sin\,\phi_2 + \overline{AL}\cos\,\phi_1 - \overline{LG}\sin\,\phi_1 = \overline{GF}\cos\,\phi_4 \tag{6 – 48}$$

$$\overline{AL}\sin\,\phi_1 + \overline{LG}\cos\,\phi_1 = \overline{AH}\sin\,\phi_2 + \overline{HF}\cos\,\phi_2 - \overline{GF}\sin\,\phi_4 \tag{6 – 49}$$

$$\overline{AB}\cos\phi_1 = \overline{BC}\cos(\phi_0 - \phi_6) + \overline{IC}\cos\phi_5 - L_1 \qquad (6-50)$$

$$\overline{AB}\sin\phi_1 + \overline{BC}\sin(\phi_0 - \phi_6) = \overline{IC}\sin\phi_5 + H_1 \qquad (6-51)$$

2. 导弹的运动分析

当锁定机构打开，导弹前滑块与锁定机构脱离，导弹即将开始弹射运动时，导弹所处的位置如图 6 – 14 所示。

图 6 – 15 表明了后导向架的运动与导弹转角的关系。

$$\phi_7 = \phi_3 - \phi_6 - \alpha_0 \qquad (6-52)$$

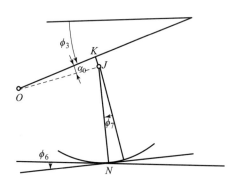

图 6 – 15　后导向架的运动
与导弹转角的关系

导弹质心的坐标为

$$x = L_0 - \overline{EK}\cos\phi_3 + \overline{KJ}\sin\alpha_0 + \overline{JN}\sin\phi_6 - l_{R2}\cos\phi_6 + 0.5d_R\sin\phi_6 \qquad (6-53)$$

$$y = -H_0 - \overline{EK}\sin\phi_3 - \overline{KJ}\cos\alpha_0 - \overline{JN}\cos\phi_6 - l_{R2}\sin\phi_6 - 0.5d_R\cos\phi_6 \qquad (6-54)$$

式中　　l_{R2}——导弹后滑块距导弹质心的水平距离；

　　　　d_R——导弹直径。

导弹的转角已如前述为 ϕ_6。从约束方程式（6 – 46）~ 式（6 – 52）可以看出，在导弹与弹射机构分离前，为确定系统内各部件的位置，用到了 8 个坐标，而这 8 个坐标满足 7 个约束方程，因而弹射系统是单自由度系统。

3. 弹射系统内各部件的速度分析

系统内各部件的速度是计算系统动能的必要前提，下面先进行系统内各部件的速度分析。由于各部件均做平面运动，对绕固定点转动的部件，只给出其角速度表达式即可；而对不是绕固定点运动的部件，将给出其平动分量和转动分量的表达式。

（1）绕固定点转动的部件。在弹射系统中，有 3 个杆类部件是绕定点转动的，它们是杆 ED、杆 AB、杆 IC。借助于图 6 – 16，可以利用坐标 ϕ_3、ϕ_1 和 ϕ_5 表示出它们的转动角速度分别为 $\dot{\phi}_3$、$\dot{\phi}_1$ 和 $\dot{\phi}_5$。

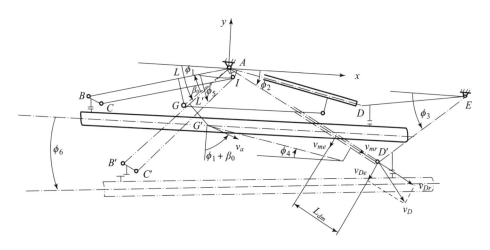

图 6-16　弹射系统内各部件的速度分析简图

（2）不绕固定点运动的部件。如图 6-17 所示，不绕固定点运动的部件有弹射气缸的运动部分 DHF、连杆 GF、前导向架 BC、后导向架 JN 和导弹本体。

①弹射气缸伸出部分 DHF。近似认为气缸伸出部分的质心在其长度的中点。气缸伸出部分的质心运动速度可以分解为两个分量：一个分量是在 AD 连线上与质心重合的点由于 AD 连线的转动而产生的速度，为牵连速度，记为 v_e；另一个分量是质心相对于 AD 连线做相对运动的速度，为相对速度，记为 v_r。这两个分量是相互垂直的。显然

$$v_e = (u - L_{dm}) \dot{\phi}_2$$

式中　L_{dm}——D 点到质心的距离。

v_r 可以通过对 D 点的速度分析求出。从图 6-16 可以看出，D 点既在 ED 上又在 AD 上，由于 ED 绕 E 点转动，D 的速度 v_D 垂直于 ED，且 $v_D = \overline{ED}\dot{\phi}_3$。同时，在 AD 上 D 点的速度可以分解为两个分量：一个分量是在 AD 连线上与 D 点重合的点由于 AD 连线的转动而产生的速度，为牵连速度，记为 v_{De}；另一个分量是 D 点相对 AD 沿 AD 连线相对运动的速度，为相对速度，记为 v_{Dr}。而

$$v_{De} = (u - L_{dm}) \dot{\phi}_2$$
$$v_{Dr} = \dot{u}$$

②连杆 GF。连杆质心速度可以由 v_e 与 v_r 合成，其中 $v_r = 0.5\,\overline{GF}\dot{\phi}_4$。

$$v_x = v_G \sin(\phi_1 + \beta_0) - 0.5\,\overline{GF}\dot{\phi}_4 \sin\phi_4 \tag{6-55}$$

$$v_y = v_G \cos(\phi_1 + \beta_0) + 0.5\,\overline{GF}\dot{\phi}_4 \cos\phi_4 \tag{6-56}$$

其中

$$v_G = \overline{AG} \cdot \dot{\phi}_1 \tag{6-57}$$

③前导向架 BC。在后面的分析中，此部分都能略去，故不再分析其速度。

④后导向架 JN。对后导向架的处理同前导向架。

⑤导弹。由式（6-53）、式（6-54）对时间求导数得

$$\dot{x} = \overline{EK}\dot{\phi}_3\sin\phi_3 + \overline{JN}\dot{\phi}_6\cos\phi_6 + l_{R2}\dot{\phi}_6\sin\phi_6 + 0.5d_R\dot{\phi}_6\cos\phi_6 \qquad (6-58)$$

$$\dot{y} = -\overline{EK}\dot{\phi}_3\cos\phi_3 + \overline{JN}\dot{\phi}_6\sin\phi_6 - l_{R2}\dot{\phi}_6\cos\phi_6 + 0.5d_R\dot{\phi}_6\sin\phi_6 \qquad (6-59)$$

带弹绕质心的转动角速度为 $\dot{\phi}_6$。

6.6.2 弹射系统动力学方程的建立

在建立气动弹射系统的动力学方程时，做如下简化处理：

（1）系统中不包括气动机构中不能伸出的部分；

（2）连接相对转动部件的铰链均为光滑铰链；

（3）前后导向架的影响忽略不计；

（4）作用在弹射机构上的气动力忽略不计。

在上述简化基础上，弹射系统受力简图如图6-17所示。选择 ϕ_6 为广义坐标，拉格朗日方程的形式为

$$\frac{\mathrm{d}}{\mathrm{d}t}\left(\frac{\partial T}{\dot{\phi}_6}\right) - \frac{\partial T}{\phi_6} = Q_{\phi_6} \qquad (6-60)$$

式中　T——系统的动能；

　　　ϕ_6——广义坐标；

　　　Q_{ϕ_6}——广义力。

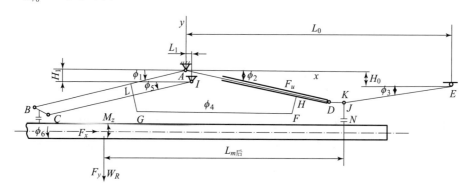

图6-17　弹射系统受力简图

下面根据前面的速度分析和广义坐标的选取，结合约束方程，推导出系统动能和对应广义坐标 ϕ_6 的广义力。

1. 系统的动能

根据前面的速度分析，略去系统中的次要部件包括前导向架、后导向架的动能，系统的动能可以写成式（6-61）：

$$T = \frac{1}{2}J_{AB}\dot{\phi}_1^2 + \frac{1}{2}J_{DE}\dot{\phi}_3^2 + \frac{1}{2}J_{IC}\dot{\phi}_5^2 + \frac{1}{2}J_{DHF}\dot{\phi}_2^2 + \frac{1}{2}m_{DHF}\left[\,(u - L_{dm})^2\dot{\phi}_2^2 + \dot{u}^2\,\right] +$$

$$\frac{1}{2}J_{GF}\dot{\phi}_4^2 + \frac{1}{2}m_{GF}\{\,[\,v_G\sin(\phi_1 + \beta_0) - 0.5\,\overline{GF}\,\dot{\phi}_4\sin\phi_4\,]^2 +$$

$$[\,v_G\cos(\phi_1 + \beta_0) + 0.5\,\overline{GF}\,\dot{\phi}_4\cos\phi_4\,]^2\,\} +$$

$$\frac{1}{2}m_R\,[\,(\overline{EK}\,\dot{\phi}_3\sin\phi_3 + \overline{JN}\,\dot{\phi}_6\cos\phi_6 + l_{R2}\,\dot{\phi}_6\sin\phi_6 + 0.5d_R\,\dot{\phi}_6\cos\phi_6)^2 +$$

$$(-\overline{EK}\,\dot{\phi}_3\cos\phi_3 + \overline{JN}\,\dot{\phi}_6\sin\phi_6 - l_{R2}\,\dot{\phi}_6\cos\phi_6 + 0.5d_R\,\dot{\phi}_6\sin\phi_6)^2\,] + \frac{1}{2}J_R\,\dot{\phi}_6^2 \quad (6-61)$$

式中　　J_{AB}、J_{DE}、J_{IC}、J_{DHF}、J_{GF}、J_R——杠杆 AB、DE、IC、DHF、GF 及导弹的转动
惯量；

$\qquad m_{DHF}$、m_{GF}、m_R——DHF、GF 及导弹的质量。

在动能 T 的表达式中，除包含广义速度 $\dot{\phi}_6$ 外，还包括其他坐标对时间的导数。根据约束方程式（6-46）~式（6-51），在选定 ϕ_6 为广义坐标后，其他坐标可以看成以 ϕ_6 为自变量的函数，即

$$\phi_1 = f_1(\phi_6) \tag{6-62}$$

$$\phi_2 = f_2(\phi_6) \tag{6-63}$$

$$\phi_3 = f_3(\phi_6) \tag{6-64}$$

$$\phi_4 = f_4(\phi_6) \tag{6-65}$$

$$\phi_5 = f_5(\phi_6) \tag{6-66}$$

$$u = f_6(\phi_6) \tag{6-67}$$

因而，可以得到

$$\dot{\phi}_1 = \dot{\phi}_6 f_1'(\phi_6) \tag{6-68}$$

$$\dot{\phi}_2 = \dot{\phi}_6 f_2'(\phi_6) \tag{6-69}$$

$$\dot{\phi}_3 = \dot{\phi}_6 f_3'(\phi_6) \tag{6-70}$$

$$\dot{\phi}_4 = \dot{\phi}_6 f_4'(\phi_6) \tag{6-71}$$

$$\dot{\phi}_5 = \dot{\phi}_6 f_5'(\phi_6) \tag{6-72}$$

$$\dot{u} = \dot{\phi}_6 f_6'(\phi_6) \tag{6-73}$$

代入动能表达式（6-61），经整理得

$$T = \frac{1}{2}\{J_{AB}(f_1')^2 + J_{DE}(f_3')^2 + J_{IC}(f_5')^2 + J_{DHF}(f_2')^2 + J_{GF}(f_4')^2 + J_R +$$

$$m_{DHF}\,[\,(f_6 - L_{dm})^2(f_2')^2 + (f_6')^2\,] + m_{GF}\,[\,(f_2')^2\,\overline{AG}^2 + 0.25\,\overline{GF}^2(f_4')^2 +$$

$$\overline{GF}\,\overline{AG}f_1'f_4'\cos(\phi_1 + \phi_4 + \beta_0)\,] + m_R\,[\,\overline{EK}^2(f_3')^2 + (\overline{JN} + 0.5d)^2 + l_{R2}^2 +$$

$$2\,\overline{EK}l_{R2}f_3'\cos(\phi_1 - \phi_6) + 2\,\overline{EK}(\overline{JN} + 0.5d)f_3'\sin(\phi_3 - \phi_6)\,]\}\,\dot{\phi}_6^2$$

$$(6-74)$$

2. 广义力 Q_{ϕ_6}

作用在弹射机构上的外力有沿 x 方向的气动阻力 F_x、沿 y 方向的气动升力 F_y 和导弹的重力 W_R、绕导弹质心的气动阻力矩 M_z 和作用在气缸上沿 u 方向的气动力 F_u，图 6 – 17 中注明了各力的方向和作用点。

由定义，广义力 Q_{ϕ_6} 满足：

$$Q_{\phi_6}\delta\phi_6 = F_x\delta x + (F_y - W_R)\delta y + M_z\delta\phi_6 + F_u\delta u \qquad (6-75)$$

其中

$$\delta x = \overline{EK}\sin\phi_3\delta\phi_3 + \overline{JN}\cos\phi_6\delta\phi_6 + l_{R2}\sin\phi_6\delta\phi_6 + 0.5d_R\cos\phi_6\delta\phi_6 \qquad (6-76)$$

$$\delta y = -\overline{EK}\cos\phi_3\delta\phi_3 + \overline{JN}\sin\phi_6\delta\phi_6 - l_{R2}\cos\phi_6\delta\phi_6 + 0.5d_R\sin\phi_6\delta\phi_6 \qquad (6-77)$$

而由式 (6-64) 和式 (6-67) 得

$$\delta\phi_3 = f_3'\delta\phi_6 \qquad (6-78)$$

$$\delta u = f_6'\delta\phi_6 \qquad (6-79)$$

将式 (6-78) 代入式 (6-76) 和式 (6-77) 得

$$\delta x = \overline{EK}\sin\phi_3 f_3'\delta\phi_6 + \overline{JN}\cos\phi_6\delta\phi_6 + l_{R2}\sin\phi_6\delta\phi_6 + 0.5d_R\cos\phi_6\delta\phi_6 \qquad (6-80)$$

$$\delta y = -\overline{EK}\cos\phi_3 f_3'\delta\phi_6 + \overline{JN}\sin\phi_6\delta\phi_6 - l_{R2}\cos\phi_6\delta\phi_6 + 0.5d_R\sin\phi_6\delta\phi_6 \qquad (6-81)$$

将式 (6-79)、式 (6-80) 和式 (6-81) 代入式 (6-75) 得

$$Q_{\phi_6} = F_x(\overline{EK}\sin\phi_3 f_3' + \overline{JN}\sin\phi_6 + l_{R2}\sin\phi_6 + 0.5d_R\cos\phi_6) + (F_y - W_R) \times$$
$$(-\overline{EK}\cos\phi_3 f_3' + \overline{JN}\sin\phi_6 - l_{R2}\cos\phi_6 + 0.5d_R\sin\phi_6) + M_z + F_u f_6' \qquad (6-82)$$

3. 系统的动力学方程

由式 (6-74) 的系统动能表达式，可以推得动能 T 对 $\dot\phi_6$ 的偏导数为

$$\frac{\partial T}{\partial \dot\phi_6} = \{J_{AB}(f_1')^2 + J_{DE}(f_3')^2 + J_{IC}(f_5')^2 + J_{DHF}(f_2')^2 + J_{GF}(f_4')^2 + J_R +$$

$$m_{DHF}[(f_6 - L_{dm})^2(f_2')^2 + (f_6')^2] +$$

$$m_{GF}[(f_1')^2\,\overline{AG}^2 + 0.25\,\overline{GF}^2(f_4')^2 + \overline{GF}\,\overline{AG}f_1'f_4'\cos(\phi_1 + \phi_4 + \beta_0)] +$$

$$m_R[\overline{EK}^2(f_3')^2 + (\overline{JN} + 0.5d_R)^2 + l_{R2}^2 + 2\,\overline{EK}l_{R2}f_3'\cos(\phi_3 - \phi_6) +$$

$$2\,\overline{EK}(\overline{JN} + 0.5d_R)f_3'\sin(\phi_3 - \phi_6)]\}\dot\phi_6 \qquad (6-83)$$

再对时间 t 求导数，得

$$\frac{\mathrm{d}}{\mathrm{d}t}\left(\frac{\partial T}{\partial \dot\phi_6}\right) = \{J_{AB}(f_1')^2 + J_{DE}(f_3')^2 + J_{IC}(f_5')^2 + J_{DHF}(f_2')^2 + J_{GF}(f_4')^2 + J_R +$$

$$m_{DHF}[(f_6 - L_{dm})^2(f_2')^2 + (f_6')^2] +$$

$$m_{GF}[(f_1')^2\,\overline{AG}^2 + 0.25\,\overline{GF}^2(f_4')^2 + \overline{GF}\,\overline{AG}f_1'f_4'\cos(\phi_1 + \phi_4 + \beta_0)] +$$

$$m_R[\overline{EK}^2(f_3')^2 + (\overline{JN} + 0.5d_R)^2 + l_{R2}^2 + 2\,\overline{EK}l_{R2}f_3'\cos(\phi_3 - \phi_6) +$$

$$2\,\overline{EK}(\overline{JN} + 0.5d_R)f_3'\sin(\phi_3 - \phi_6)]\}\dot\phi_6 +$$

$$\{2I_{AB}f'_1f''_1 + 2I_{DE}f'_3f''_3 + 2I_{IC}f'_5f''_5 + 2I_{DHF}f'_2f''_2 + 2I_{GF}f'_4f''_4 +$$
$$2m_{DHF}\big[(u - L_{dm})f'_6(f'_2)^2 + (u - L_{dm})^2f'_2f''_2 + f'_6f''_6\big] +$$
$$m_{GF}\big[2\,\overline{AG}^2f'_1f''_1 + 2 \times 0.25\,\overline{GF}^2f'_4f''_4 + 2\,\overline{GF}\,\overline{AG}(f'_1f_4 + f''_1f'_4)\cos(\phi_1 + \phi_4 +$$
$$\beta_0) - 2\,\overline{GF}\,\overline{AG}f'_1f'_4(f'_1 + f'_4)\sin(\phi_1 + \phi_4 + \beta_0)\big] + m_R\big[2\,\overline{EK}^2f'_3f''_3 +$$
$$2\,\overline{EK}(\overline{JN} + 0.5d_R)f''_3 - 2\,\overline{EK}l_{R2}f'_3(f'_3 - 1)\sin(\phi_3 - \phi_6) + 2\,\overline{EK}l_{R2}\cos(\phi_3 - \phi_6) +$$
$$2\,\overline{EK}(\overline{JN} + 0.5d_R)f'_3(f'_3 - 1)\cos(\phi_3 - \phi_6)\big]\}\,\dot{\phi}_6 \tag{6-84}$$

动能 T 对 ϕ_6 的偏导数为

$$\frac{\partial T}{\partial \phi_6} = \frac{1}{2}\{2J_{AB}f'_1f''_1 + 2J_{DE}f'_3f''_3 + 2J_{IC}f'_5f''_5 + 2J_{DHF}f'_2f''_2 + 2J_{GF}f'_4f''_4 +$$
$$2m_{DHF}\big[(u - L_{dm})f'_6(f'_2)^2 + (u - L_{dm})^2f'_2f''_2 + f'_6f''_6\big] +$$
$$m_{GF}\big[2\,\overline{AG}^2f'_1f''_1 + 2 \times 0.25\,\overline{GF}^2f'_4f''_4 + 2\,\overline{GF}\,\overline{AG}(f'_1f''_4 + f''_1f'_4)\cos(\phi_1 + \phi_4 + \beta_0) -$$
$$2\,\overline{GF}\,\overline{AG}f'_1f'_4(f'_1 + f'_4)\sin(\phi_1 + \phi_4 + \beta_0)\big] +$$
$$m_R\big[2\,\overline{EK}^2f'_3f''_3 + 2\,\overline{EK}(\overline{JN} + 0.5d_R)f''_3 -$$
$$2\,\overline{EK}l_{R2}f'_3(f'_3 - 1)\sin(\phi_3 - \phi_6) + 2\,\overline{EK}l_{R2}f''_3\cos(\phi_3 - \phi_6) +$$
$$2\,\overline{EK}(\overline{JN} + 0.5d_R)f'_3(f'_3 - 1)\cos(\phi_3 - \phi_6)\big]\}\,\dot{\phi}_6 \tag{6-85}$$

将式（6-84）、式（6-85）和式（6-82）代入式（6-60），得到系统的运动微分方程为

$$\{J_{AB}(f'_1)^2 + J_{DE}(f'_3)^2 + J_{IC}(f'_5)^2 + J_{DHF}(f'_2)^2 + J_{GF}(f'_4)^2 + J_R + m_{DHF}\big[(f_6 - L_{dm})^2(f'_2)^2 + (f'_6)^2\big] +$$
$$m_{GF}\big[(f'_1)^2\,\overline{AG}^2 + 0.25\,\overline{GF}^2(f'_4)^2 + \overline{GF}\,\overline{AG}f'_1f'_4\cos(\phi_1 + \phi_4 + \beta_0)\big] +$$
$$m_R\big[\overline{EK}^2(f'_3)^2 + (\overline{JN} + 0.5d_R)^2 + l_{R2}^2 + 2\,\overline{EK}l_{R2}f'_3\cos(\phi_3 - \phi_6) +$$
$$2\,\overline{EK}(\overline{JN} + 0.5d_R)f'_3\sin(\phi_3 - \phi_6)\big]\}\,\ddot{\phi}_6 +$$
$$\{J_{AB}f'_1f''_1 + J_{DE}f'_3f''_3 + J_{IC}f'_5f''_5 + J_{DHF}f'_2f''_2 + J_{GF}f'_4f''_4 +$$
$$m_{DHF}\big[(u - L_{dm})f'_6(f'_2)^2 + (u - L_{dm})^2f'_2f''_2 + f'_6f''_6\big] +$$
$$m_{GF}\big[\overline{AG}^2f'_1f''_1 + 0.25\,\overline{GF}^2f'_4f''_4 + 0.5\,\overline{GF}\,\overline{AG}(f'_1f''_4 + f''_1f'_4)\cos(\phi_1 + \phi_4 + \beta_0) -$$
$$0.5\,\overline{GF}\,\overline{AG}f'_1f'_4(f'_1 + f'_4)\sin(\phi_1 + \phi_4 + \beta_0)\big] +$$
$$m_R\big[\overline{EK}^2f'_3f''_3 + \overline{EK}(\overline{JN} + 0.5d_R)f''_3\cos(\phi_3 - \phi_6) -$$
$$\overline{EK}l_{R2}f'_3(f'_3 - 1)\sin(\phi_3 - \phi_6) + \overline{EK}l_{R2}f''_3\cos(\phi_3 - \phi_6) +$$
$$\overline{EK}(\overline{JN} + 0.5d_R)f'_3(f'_3 - 1)\cos(\phi_3 - \phi_6)\big]\}\,\dot{\phi}_6^2$$
$$= F_x(\overline{EK}\sin\phi_3f'_3 + \overline{JN}\cos\phi_6 + l_{R2}\sin\phi_6 + 0.5d_R\cos\phi_6) + (F_y - W_R) \times$$
$$(-\overline{EK}\cos\phi_3f'_3 + \overline{JN}\sin\phi_6 - l_{R2}\cos\phi_6 + 0.5d_R\sin\phi_6) + M_z + F_uf'_6 \tag{6-86}$$

这是弹射系统在弹射过程中必须满足的微分方程，只要给出其中包含的力的算法并求解这个方程，就可知道弹射系统的分离运动。

6.6.3 气缸弹射力的计算

在动力学方程式（6-86）中，涉及的力有三项：导弹的重力 W_R，气缸的弹射力 F_u，气动力 F_x、F_y 和 M_z。下面介绍气缸弹射力 F_u 与气动力 F_x、F_y 和 M_z 的计算方法。

在弹射系统弹射过程中，气缸弹射力 F_u 与气缸的行程和时间有关。气缸弹射力如图 6-18 所示。

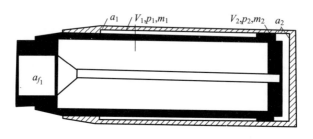

图 6-18 气缸弹射力

为配合整个系统的仿真分析，参见图 6-18，设：

a_1——气缸高压腔的作用力面积，这一面积是固定的，它是气缸前腔的环形面积；

a_2——气缸低压腔的作用力面积，这一面积是固定的，它是气缸后腔的圆形面积；

V_1——气缸高压腔的气体容积，它是一个变值，随着活塞的伸出而减小；

V_2——气缸低压腔的气体容积，它是一个变值，随着活塞的伸出而增加；

m_1——气缸高压腔的气体质量，在气缸活塞伸出过程中一直减小；

m_2——气缸低压腔的气体质量，在气缸活塞伸出过程中一直增加；

p_1——气缸高压腔的气体压力，在气缸活塞伸出过程中一直减小；

p_2——气缸低压腔的气体压力，在气缸活塞伸出过程中一直增加；

a_{f_1}——气缸充气节流口的折算面积，它等于充气气路的最小过流面积乘以一个流量系数，在系统中，最小过流面积为 8 个直径 3 mm 的圆，流量系数在仿真程序中取为 0.4；

q_m——通过气缸节流口的瞬时质量流量；

d_t——积分步长，即时间间隔。

瞬时质量流量 q_m 的大小与节流口两侧的压力比有关。

$$\left.\begin{aligned}\frac{p_2}{p_1}>c_{t1}\text{时}, \quad q_m&=\frac{a_{f_1}p_1 B\sqrt{\left(\dfrac{p_2}{p_1}\right)^{\frac{2}{k}}-\left(\dfrac{p_2}{p_1}\right)^{\frac{k+1}{k}}}}{\sqrt{T_0}}\\[4mm]\frac{p_2}{p_1}\leqslant c_{t1}\text{时}, \quad q_m&=\frac{a_{f_1}p_1 C}{\sqrt{T_0}}\end{aligned}\right\} \qquad (6-87)$$

于是在 $\mathrm{d}t$ 时间内流过的气体质量为

$$\mathrm{d}m = q_m \mathrm{d}t$$

$$m_1 = m_1 - \mathrm{d}m$$

$$m_2 = m_2 + \mathrm{d}m$$

从而可得

$$p_1 = \frac{m_1 R T_0}{V_1} \tag{6-88}$$

$$p_2 = \frac{m_2 R T_0}{V_2} \tag{6-89}$$

$$F_u = a_2 p_2 - a_1 p_1 \tag{6-90}$$

6.7　导弹弹射装置的闭锁与开锁力计算

导弹与弹射装置在挂飞状态由锁制机构锁住，使其处于固定位置。弹射时首先解脱闭锁，使导弹分离。弹射时的解锁及复位时的闭锁都靠动力装置（气动机构或燃气发生器）提供动力，经传动机构来完成。弹射装置设计时，要计算闭锁与开锁所需的力，要选择合适的传动比，确定动力装置所需的能量。

下面以图 6 - 5 所示杠杆式弹射装置为例来说明开闭锁力的计算方法。

6.7.1　开锁力计算

弹射时，气体膨胀，气缸左移，带动杠杆 20 及杠杆 21，使前、中、后 3 个闭锁器解锁，并使插拔机构拔出，移动几毫米后，销轴 a 限制继续移动。气缸的推力 Q 应能克服下列各项力：

（1）前滑块与吊环间的摩擦力。

（2）插头从导弹插座上拔出时的插拔力，并压缩插拔机构的弹簧。

（3）中锁制器解脱的摩擦力，并压缩锁制器的弹簧。

（4）后锁制器解脱的摩擦力，并压缩锁制器的弹簧。

前滑块与吊环脱离时需要克服摩擦力，则杠杆 15 作用于杠杆 14 端的拉力为

$$F_{15} = \frac{M_{\mu 11}}{l_{14} \sin \alpha_{14}} \tag{6-91}$$

式中　$M_{\mu 11}$——吊环解脱时的摩擦力矩，与导弹重力及气动力在前滑块上的分力有关；

l_{14}——杠杆 14 上臂长；

α_{14}——杠杆 14 与杠杆 15 间的夹角。

插头拔出时，弹簧受压产生弹簧力，使插头始终压于插座上，保持电路接通，插

头拔出时，要克服插拔力，则杠杆 17 作用于杠杆 24 上的拉力为

$$F_{17}l_{24}\sin \alpha_{24} = M_{p12} + M_{k12}$$

则
$$F_{17} = \frac{M_{p12} + M_{k12}}{l_{24}\sin \alpha_{24}} \qquad (6-92)$$

式中　l_{24}——杠杆 24 上臂长；

　　　α_{24}——杠杆 24 与杠杆 17 间夹角；

　　　M_{p12}——插头从插座中拔出时的力矩；

　　　M_{k12}——插拔机构的弹簧力的力矩。

中锁制器解脱时，杠杆 20 作用于杠杆 19 端的拉力要克服杠杆 19 与杠杆 24 间的锁制力，同时，要压缩杠杆 19 上的弹簧，此弹簧使杠杆 19 保持锁制位置。此外，杠杆 19 上还作用有杠杆 18 上的拉力，所以总的拉力为

$$F_{20}l_{19}^{(1)}\sin \alpha_{19} = F_{18}l_{19}^{(2)}\sin \alpha_{18} + M_{\mu20} + M_{k19} \qquad (6-93)$$

式中　$l_{19}^{(1)}$——杠杆 19 上臂长；

　　　α_{19}——杠杆 19 与杠杆 20 间的夹角；

　　　$l_{19}^{(2)}$——杠杆 19 中臂长；

　　　α_{18}——杠杆 18 与杠杆 19 间的夹角；

　　　$M_{\mu20}$——中锁制器的锁制力的力矩；

　　　M_{k19}——杠杆 19 上弹簧力的力矩。

杠杆 18 上的拉力 F_{18} 为

$$F_{18}l_{25}^{(3)}\sin \alpha_{25} = F_{16}(l_{25}^{(2)} + l_{25}^{(3)})\sin \alpha_{16} + F_{17}(l_{25}^{(1)} + l_{25}^{(2)} + l_{25}^{(3)})\sin \alpha_{17} \qquad (6-94)$$

式中　$l_{25}^{(1)}$、$l_{25}^{(2)}$、$l_{25}^{(3)}$——杠杆 25 的上臂、中臂、下臂的长度；

　　　α_{25}——杠杆 25 与杠杆 18 间的夹角；

　　　α_{16}——杠杆 16 与杠杆 25 间的夹角；

　　　α_{17}——杠杆 17 与杠杆 25 间的夹角。

杠杆 16 的拉力由式（6-95）求得

$$F_{16} = \frac{\sin \alpha_1}{\sin \alpha_2}F_{15} \qquad (6-95)$$

将式（6-92）代入式（6-94）中得 F_{18}，再代入式（6-93）中即得总的拉力，即

$F_{20} =$

$$\frac{1}{l_{19}^{(1)}\sin \alpha_{19}}\frac{l_{19}^{(2)}\sin \alpha_{18}}{l_{19}^{(3)}\sin \alpha_{25}}\left[\frac{M_{\mu11}\sin \alpha_1}{l_{14}\sin \alpha_{14}\sin \alpha_2}(l_{25}^{(2)} + l_{25}^{(3)})\sin \alpha_{16} + \frac{M_{p12} + M_{k12}}{l_{24}\sin \alpha_{24}}(l_{25}^{(1)} + l_{25}^{(2)} + l_{25}^{(3)})\sin \alpha_{17}\right] + M_{\mu24} + M_{k19}$$

$$(6-96)$$

后锁制器解脱时，杠杆 21 的拉力 F_{21} 要克服杠杆 22 与闭锁机构 7 间的锁制力，并压缩杠杆上的弹簧，即

$$F_{21} l_{22} \sin \alpha_{21} = M_{k22} + M_{\mu22}$$

由此可得

$$F_{21} = \frac{M_{k22} + M_{\mu22}}{l_{22} \sin \alpha_{21}} \qquad (6-97)$$

式中　l_{22}——杠杆 22 下臂长；

　　　α_{21}——杠杆 21 与杠杆 22 间的夹角；

　　　M_{k22}——杠杆 22 上弹簧的力矩；

　　　$M_{\mu22}$——后锁制器锁制力的力矩。

气缸开始工作时，推力应满足式（6-98）才能完成开锁动作，即

$$Q \geqslant F_{20} + F_{21} \qquad (6-98)$$

6.7.2　闭锁力计算

弹射结束后，弹射机构在气动机构作用下恢复成挂飞状态，并靠气缸的推力使前、中、后 3 个锁制器锁住，其动作与开锁时的动作相反。但杠杆 19 和杠杆 22 上的弹簧力起复位作用，不消耗气动能量，气缸设计时剩余的能量必须保证闭锁的需要，气动力的计算方法与开锁时的相似。

第7章　地下井式发射装置设计

7.1　发射井的现状和未来

从美国"大力神 I"导弹采用第一口发射井至今，发射井已有 50 多年的历史，导弹技术一旦有重大改进，发射井都会随之而产生相应的变化。

美苏洲际弹道导弹发射井经历了从地面到地下、抗打击能力由低到高、防护由单一抗超压到综合核加固这一发展过程。导致这一过程的出现主要有以下几个因素：

（1）卫星侦察水平、弹头突防能力、导弹命中精度的不断提高。

（2）导弹本身控制、动力等系统的改进使得设计简单、紧凑的发射井可行；

（3）研究井下发射的一系列问题（排焰、声振、飘移、防腐蚀等）和核爆炸杀伤破坏效应（冲击波、核辐射、电磁脉冲、弹坑效应）对发射井的影响的进展情况。

地下井的发展大致可以分为原始阶段、初级阶段、发展阶段、加固和稳定阶段以及发射井的现状和未来五个时期。

1. 原始阶段

在 20 世纪 50 年代，美苏洲际导弹（美国的"宇宙神 B"、"宇宙神 E"，苏联的 SS‐6）主要是解决地下井有无问题，防护能力远未成为迫切问题，因而当时主要采用地面贮存、地面准备、地面发射，没有防护能力。以后加筑了地面掩体，但辅助设备仍在地面上展开，只有导弹放在掩体内，掩体抗力差，只有 0.014 MPa。"宇宙神 E"则采用了地下掩体，掩体与地表面齐平，这种掩体的抗力也只有 0.17 MPa。

2. 初级阶段

这一阶段主要集中在 20 世纪 50 年代末 60 年代初。特点是掩体发展为地下井，导弹在井下垂直存贮，井下准备，井口（地面）发射。如美国的"宇宙神 F"、"大力神 I"。这些发射井的抗力有 0.69 MPa。发射井由竖坑核井盖组成。在发射井内安装发射管，导弹置于发射管内。井是深 53 m、内径 15.8 m 的混凝土衬里的竖坑。顶部有两扇铰接在地面上的钢筋混凝土井盖。发射台是一个面积 1.57 m²、高 13.7 m 的钢结构，导弹垂直安装在它上面，钢结构底座平放在八边形发射管内。发射台沿着固定在发射管构架上的 3 根导轨上升和下降。发射时先加注推进剂，打开井盖，提升系统，再将导弹发射台连同导弹提升至地面发射。

3. 发展阶段

这一阶段的特点是由原井口（地面）发射变成井下直接发射，大大缩短了发射准备时间，同时，发射井抗力也提高至 2.1 MN/m²。如美国的"大力神Ⅱ"、"民兵Ⅰ"、"民兵Ⅱ"，苏联的 SS-7、SS-8 均采用了这一类型发射井。图 7-1 是民兵导弹地下井结构示意图。该地下井为简易井，燃气直接从导弹周围排出。井底有导流器。地下井是钢筋混凝土结构，深 25 m，直径 3.66 m。井的上部为两层环形设备室，装有防振地板。井与地下发射控制中心间距 5.5 km。地下井的后勤供应室内有环境控制系统，保证井内温度为（24±6）℃，相对湿度不大于 60%。

(a)　　　　　　　　　　　(b)

图 7-1　民兵导弹地下井结构示意图

4. 加固和稳定阶段

从 20 世纪 70 年代初到 70 年代末，发射井的设计开始重视核爆炸的现代效应（地冲击波、核辐射、电磁脉冲、碎片）对地下井的影响。美国曾先后对 1 000 个民兵导弹地下井进行了全面核加固工作。加固措施主要有加厚井盖，在井盖中采用可防核辐射的材料（如可吸收中子的硼）；采用了一整套减振装置；在发射井和设备室之间增设接地环带及高灵敏度电磁脉冲检测器；等等。经加固，井盖抗力增至 6.86 MPa，井体抗力增至 13.7 MPa。这一时期发射井不仅能抗超压，还成为具有综合核防护能力的现代化发射井。

5. 发射井的现状和未来

在美苏陆基洲际弹道导弹、潜地导弹、战略轰炸机三位一体的战略核力量中，陆基洲际导弹仍是举足轻重的力量，因而各军事强国不惜耗巨资改造现存发射井和设计新发射井。如美国的"民兵Ⅱ"、"民兵Ⅲ"、部分"MX"导弹以及苏联的 SS - 17、SS - 18、SS - 19 仍采用地下井的部署方案；已经装备部队和正在研制的第五代洲际导弹 SS - 24、SS - 25、SS - 26、SS - 27，除 SS - 25 为小型机动发射的洲际导弹外，其余型号均采用地下井发射。现在和将来的地下井有两个突出特点：一是多采用冷发射技术，二是地下井经过超级加固。采用新的加固技术，井盖和井体最大均可承受 680 MPa 的攻击力。

7.2　发射井发射方式的优点

与潜艇发射和战略轰炸机发射方式相比，地下井发射导弹具有如下优点：

（1）反应时间短。

由于发射井中心位置早已精确定位，各项准备工作均在井内进行，所以导弹始终处于发射准备状态。如美国的"大力神Ⅱ"及苏联的 SS - 17、SS - 18、SS - 19 的发射准备时间均为 60 s，采用固体推进剂的"民兵Ⅱ"、"民兵Ⅲ"的准备时间均为 32 s。

（2）使用条件好。

导弹及其辅助设备均处在有空调的发射井内（如美国"民兵"导弹发射井设备室温一般维持在 (21.5 ± 5.6)℃，最大相对湿度 60%)，各项发射准备工作不受外界条件变化的影响。

（3）命中精度高。

由于发射井使用条件好，井中心位置精确定位，控制等设备受质量限制无机动发射，小型化要求高，所以命中精度明显高于潜艇发射和战略轰炸机发射。

（4）防护能力高。

现代发射井最突出的特点是具有高的抗打击能力。如苏联的 SS - 17、SS - 18、SS - 19 发射井的抗力均加固到 41 MPa，它相当于 100 万吨当量核弹头触地爆炸距爆炸中心 170 m 的冲击波超压。而机动发射主要靠机动性来提高生存能力，其本身的防护能力极为有限。如美国为小型机动洲际导弹"侏儒"研制的小型运输、起竖、发射车设计抗超压能力仅为 0.17 ~ 0.20 MPa。

（5）投掷质量大。

由于是地下井发射，导弹、弹头及各辅助设备受机动作战限制小，因此，只有发射井内发射，才可能使导弹的起飞质量、投掷质量、弹头当量和数量远远大于潜艇发射、战略轰炸机发射和陆基机动发射的导弹。

（6）指挥控制集中方便。

由于井内设备齐全、集中，便于集中作战指挥和控制。

7.3　发射井的一般结构

7.3.1　对发射井的一般要求

为了顺利完成导弹发射、导弹维护、导弹贮存，对发射井一般有如下要求。

（1）具有高的抗打击能力及防护能力。发射井的井体及井盖应有较高抗超压能力；应避免仪器设备受核辐射、光辐射、电磁脉冲等的干扰；地下发射井应有一定的减振措施，以减小在核爆炸时因发射井结构振动而作用在导弹上的动载荷；发射时的燃气流应能顺利排导，并且应保证排焰道具有耐高温、耐腐蚀性能；应配有温度及湿度控制设施。

（2）保证发射及维护操作正常进行。发射井的结构必须保证完成导弹的垂直安装、发射准备和发射等全部有关操作；发射井主要机构和设备的操作人员要少，要集中控制，导弹和发射电气设备状况要实现远距离监控；技术设备和发射电气设备的布置要合理，要有操作人员接近导弹工作点和技术设备各部件的工作位置，以便地下发射井的作战使用简便。

（3）要有好的经济性。井内工程技术设备应力争降低造价，安装作业应简便，尽量选用现有工业设备；建井位置及地质条件选择除应考虑战略需求外，同时应考虑到经济性，选择合理经济的发射井结构形式。

7.3.2　发射井的组成

地下发射井一般由井筒、井盖、设备室、发射控制室、工作室、排焰系统、环境控制设备、减振设备等组成。

1. 井筒

战略导弹的井筒是在复杂的温度条件下工作的大型构件。复杂的温度条件将会引起井筒材料的物理机械性能变化。在静载荷和动载荷作用下，又将造成大的应力和变形。确定合理的井筒结构，选取性能可靠的材料，仔细计算井筒强度等，都是很重要的。

井筒内衬所用材料应该具有高强度、高耐热性、良导热性和高弹塑性。井筒的强度设计应以最大抗超压能力为设计依据。

井筒基本上是在现场用混凝土浇灌而成的，也有用预制好的混凝土筒或金属筒装配而成的。井筒的类型有三种：整体式、分段式和组合式。

整体式和组合式井筒，可以是三层井筒或两层井筒。三层式井筒应用较广。根据防水层的不同布置，整体式井筒可做成内井筒、外井筒和中间防水层的井筒，也可将防水层贴在混凝土井筒的外层。

分段式井筒是分段装配而成的，通常由数段金属筒或钢筋混凝土构成。金属筒可采用工业建筑方法施工，能够可靠地防水和提高承载能力。它消耗金属多，井筒造价高，但在水文地质困难条件下施工方便。

井筒的横截面如图 7-2 所示。中间布置防水层的整体式井筒的横截面［图 7-2 (a)］是三层井筒。它是由整体的钢筋混凝土外部衬砌、防水的中间金属筒和整体的钢筋混凝土内部饰面层组成的。

在内外金属层之间灌注混凝土的井筒横截面如图 7-2 (b) 所示，外金属层起防水作用，内金属层用来保护中间层免受温度和外力的影响。

两层井筒结构，钢筋混凝土层内部有金属层的如图 7-2 (c) 所示，钢筋混凝土层外部附有防水层的如图 7-2 (d) 所示。

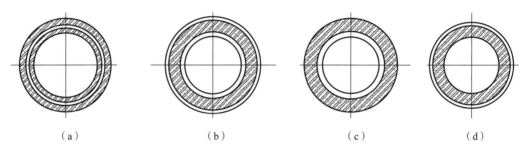

(a)   (b)   (c)   (d)

图 7-2 井筒的横截面

(a) 中间布置防水层；(b) 有内外金属层；(c) 有内金属层；(d) 钢筋混凝土外层贴有防水层

2. 设备室

地下设备室是用来布置技术设备、电气检查发射设备和辅助设备的。设备室可以是矩形的、正方形的或圆形的钢筋混凝土结构。设备室可以是整体式的或分段装配式的。设备室与井筒在结构上可以是连通的或者是隔开的，如图 7-3 所示。

环形设备室的内表面用钢板镶成。金属镶面用来防止土壤和大气的水渗透到设备室内，并且用来保护电气发射设备和其他设备以及核爆炸产生的电磁辐射。

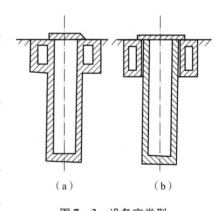

(a)   (b)

图 7-3 设备室类型

(a) 整体式设备室；(b) 隔开式设备室

一般情况下，设备室由下底板、墙壁和顶盖板组成。在设备室上部有排焰隔板、井盖开启机构和有关技术设备。设备室中央盖有井盖。

对于隔开式设备室，在发射井和设备室之间设置接地环带，设置高灵敏度的电磁脉冲检测器和传感器，使关键电路在电磁脉冲到来之前暂时断开。

3. 发射控制室

控制中心一般远离发射井，与发射井有地下通道相连。控制中心是一种经过加固的地下设施，内设有发射控制操纵台、通信联络设备、计算机、自动判读设备等，它用以监视、显示和控制导弹发射准备、检测、目标瞄准和发射等作业，此外，还可通过有线、无线进行通信联络。

控制中心一般为具有减振措施的拱形建筑，地板与拱形室顶用弹簧桁梁支承，使地板与拱形建筑隔振。控制中心除具有必要的控制设备和通信设备外，还设有必要的生活保障及安全保障设施。一般配有防爆闸门，自动供气、供水设备，环境温度、湿度控制设施。

4. 排焰系统

从地下井发射导弹，必须妥善处理在导弹起飞时喷射出来的高温高速燃气流。排焰系统就是用来保证导弹和地下井设备免受燃气流的不良影响。排焰系统是由导流器、排焰道和排焰隔板等组成的。发射井的排焰系统一般有以下几种类型：单排焰道、同心排焰道、偏心排焰道、燃气对导弹有部分影响的排焰道、局部吸收排焰池、蓄焰池等，如图 7-4 所示。

导流器固定在井筒底部的钢板上。导流器引导燃气流经过排焰道排入大气。当导弹从井下起飞时，为了使导弹与由井内排出飞散的燃气流隔开，在发射井的上部设有排焰隔板。

"民兵"导弹从地下发射井起飞时，没有任何保持运动方向的导向装置。在导弹沿发射筒向上飞行过程中，导弹的稳定是靠弹上制导系统来实现的。

排焰道可与井筒分开，也可合在一起。排焰道与井筒分开的地下发射井可设两个排焰道或一个排焰道。

单排焰道的地下发射井 [图 7-4（a）]，排焰性能好，而且土建工程量较小。

排焰道（同心或偏心）与井筒合在一起的地下发射井，以及盲式地下发射井最为经济。

在有同心排焰道的地下发射井里 [图 7-4（b）]，燃气通过井筒的内表面和发射筒外表面之间的环形间隙排入大气。

同心排焰道的地下发射井的主要优点，在于可以采用直径小的井筒，可以减小混凝土井筒的厚度，同时提高地下设施对核爆炸产生的地震载荷影响的稳定性；还可以简化井盖系统和降低其造价，保证地下发射井内有较好的温度、湿度等环境条件。

同心排焰道的地下发射井也存在缺点。在建造地下设施时，由于采用直径和高度较大的金属发射筒，增加了金属材料的消耗量。这种结构，在导弹发射后，进行发射井的消防和中和处理的工作条件较差。

偏心排焰道的地下发射井 [图 7-4（c）]，与同心排焰道不同，发射筒偏靠在井筒内壁的一边。这样，在井筒与一部分发射筒之间形成一个排焰的单面间隙。

在盲式地下发射井里，燃气沿着导弹与井筒壁之间的环形间隙排出。根据导弹受到燃气影响的程度，这样盲式地下发射井可分为排焰对导弹有影响、半影响和无影响三种情况。

燃气对导弹有部分影响的排焰道［图7-4（d）］的地下发射井，导弹置于发射平台上，弹体与井筒壁之间的环形间隙约为1 m。燃气流经由导流器排入环形间隙。这种地下发射井是钢筋混凝土圆筒结构。

为了减小燃气对导弹的影响，在地下发射井内设有专门的局部吸收排焰式或蓄焰池式的燃气吸收装置。

有局部吸收排焰池［图7-4（e）］的地下发射井，在导弹发动机启动阶段能够限制燃气对发动机工作的影响。当导弹离开发射平台时，可以减小燃气对导弹的影响。

蓄焰池式［图7-4（f）］的地下发射井，在结构上稍不同于局部吸收排焰的发射井。其差别在于燃气吸收装置的结构和容积不同。蓄焰池式的容积比局部吸收排焰式的容积大得多。蓄焰池用来在井内导弹起飞时容纳燃气，消除燃气压力和温度对导弹的影响。

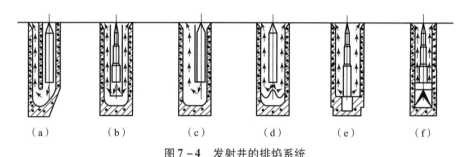

（a）　　　　（b）　　　　（c）　　　　（d）　　　　（e）　　　　（f）

图7-4　发射井的排焰系统

（a）单排焰道；（b）同心排焰道；（c）偏心排焰道；
（d）燃气对导弹有部分影响的排焰道；（e）局部吸收排焰池；（f）蓄焰池

5. 井盖

井盖是地下井发射导弹的重要设备之一，反应速度及抗打击能力在很大程度上取决于井盖性能。提高发射井的生存能力，首先要提高井盖的直接抗力，遭袭击后能否快速展开井盖进行发射反击都是井盖设计中要着重解决的问题。

美国在1967—1969年对井盖的加固及井盖的快速展开进行了一系列的试验。加固主要采用钢筋、钢板和混凝土等材料，并重点研究了碎石的快速清除问题。碎石快速清除主要采用了两种方法：一是从井盖结构上着手，避免遭袭击后碎石堆积在井盖上；二是通过增加井盖的机械传动装置来清除碎石。

改进后的"民兵Ⅲ"导弹井的井盖和"MX"导弹井的井盖都达到了综合防护的要求，这类井盖可防核冲击、防碎石，混凝土中掺入硼可以吸收热中子，一级盖和二级盖之间设有缓冲器或缓冲空间可减弱对地下井的冲击力。

　　井盖的结构形式主要有升降旋转井盖（图7-5）、倾斜式井盖（图7-6）、对接式沉入地下井盖（图7-7）、表面清除碎石井盖、复合井盖（图7-8）和超硬地下井井盖。

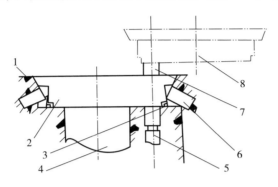

图7-5　升降旋转井盖

1—地面；2—井盖（闭）；3—闭锁机构；4—井筒；5—井盖提升机构；
6—环形碎石收集槽；7—传动轴；8—井盖（开）

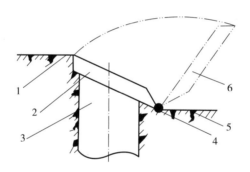

图7-6　倾斜式井盖

1—地面；2—井盖（闭）；3—井口；4—旋转机构；5—地面；6—井盖（开）

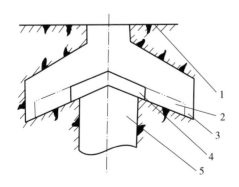

图7-7　对接式沉入地下井盖

1—地面；2—井盖（开）；3—环形
碎石收集槽；4—井盖（闭）；5—井口

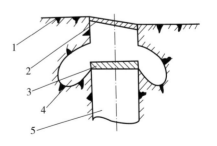

图7-8　复合井盖

1—地面；2—一级井盖；3—二级井盖；
4—环形碎石收集槽；5—井口

升降旋转井盖与地面完全平嵌，平时为密封状态，四周设有环形碎石收集槽。发射前，井盖由提升机构提起一定高度并旋转至井口一侧，井盖上表面碎石及其他杂物即随井盖一起转向一边，井盖与井口连接处的碎石在井盖提升过程中落入环形碎石收集槽。

倾斜式井盖处于斜坡上，遭袭击后，落在井盖上的碎石滑到地平面上，井盖打开时推动剩余碎石转向一边。该类型井盖结构简单，但抗力稍差。

对接式沉入地下井盖一般沉入地下一定深度，碎石沿对接井盖斜坡滑入环形碎石收集槽。对接式沉入地下井盖开启方式一般可有滑动式和双铰链式两种。

表面清除碎石井盖与地面平嵌，井盖一侧设有贮槽，槽内存放若干个碎石刮除器，在井盖的另一侧设有一卷构机，用钢索绕过井盖将刮除器和卷构机连接。开动卷构机把刮除器拖出贮槽，将井盖上的碎石刮走。所有这些机械装置平时都隐藏在加固的地下槽内，用防护材料封住。

复合井盖共有两层，第一层盖为推拉式，第二层盖由气缸传动杆控制。第一层盖可采用水平及倾斜两种设置方式，开启时第一层盖清除大部分碎石，余下部分落至第二层井盖上，由第二层盖开启时倒入其四周的环形碎石收集槽内。如果还有少量砂石落下，可通过导弹护筒滑入井底。MX 导弹井是在导弹筒头部的四周设置一个挡石圈，将细小砂石挡回到小碎石槽内。

超硬地下井盖已不是单纯井盖的概念，它综合利用井口与井盖的设计来提高抗打击能力和快速反应能力。这种井盖一般采用双层结构形式，第一层为加固井盖，在两层井盖之间增设隔振缓冲装置。

7.4　发射井结构参数的选择

地下发射井的结构参数，主要有井筒、设备室和井盖等的几何尺寸。这些尺寸的选择取决于导弹外形尺寸、排焰系统、防护程度和井内技术设备的组成等。

7.4.1　井筒的尺寸

1. 发射井的深度

$$H = KL_P + h_g + h_0 \tag{7-1}$$

式中　L_P——导弹长度；

　　h_g——导流器的高度；

　　h_0——发动机喷口截面到导流器顶端的距离；

　　K——导弹和井盖之间留有适当间距的系数。

系数 K 值的大小取决于导弹在减振系统弹性元件上的垂直位移量，并根据地下发射井的防护程度来确定。

2. 发射筒内径

导弹装在发射筒内,发射筒和井筒内径之间可以作为排焰道,以便用此环形间隙排导燃气流。

发射筒内径取决于导弹的直径,并由导弹和发射筒之间的环形间隙所需值来确定。此间隙值根据导弹从地下发射井起飞时瞄准方式和地下发射井的防护程度来确定。一般情况下,发射筒的内径是根据地下设施的发射井内导弹的由扰动运动方程的解来选择的。由扰动运动方程的解能够得出导弹轴线与井筒轴线间的最大可能漂移量。

3. 井筒的内径

根据所需要的排焰道面积,求算井筒的内径。排焰道面积是由发射井排焰系统的气体动力学计算得到的。

在工程实践中,保证可靠地排除燃气的排焰道面积,可以按照排焰道承力强度关系式求出来。地下发射井排焰系统的承力强度 q_P,是指导弹发动机地面总推力 p_Σ 与排焰道面积 S_g 之比:

$$q_P = \frac{p_\Sigma}{S_g} \tag{7-2}$$

对于承力强度的极限值,大致的参考数据如下:液体推进剂导弹 $q_P \approx 20\ \text{kN/m}^2$;固体推进剂导弹 $q_P \approx 100\ \text{kN/m}^2$。

当给定井筒承力强度的许用值 $[q_P]$ 后,又知道导弹发动机总推力 p_Σ 时,就能够确定地下发射井排焰道所需的面积

$$S_g = \frac{p_\Sigma}{[q_P]} \tag{7-3}$$

根据求出的排焰道所需面积 S_g 值,就可以由式(7-4)确定井筒的内径:

$$d_B = \frac{2}{\sqrt{\pi}}\sqrt{\alpha S_g + S_c} \tag{7-4}$$

式中 S_c——发射筒的面积;

α——井内技术设备和其他构件所占面积的系数。

4. 井筒的外径

如果核爆炸对地下设施的作用,使金属防护层(防水层)外表面和混凝土衬砌内表面的绝对径向变形相等,则认为井筒结构是合理的,其所选择的尺寸是符合要求的。井筒外径的确定可参照图 7-9 进行。

井筒外径是根据内金属防护层和外混凝土衬砌材料的最大有效使用条件进行计算的。井筒外径的计算公式为

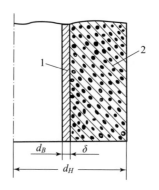

图 7 – 9　井筒外径的确定

1—金属防护层；2—混凝土衬砌

d_B—井筒的内径；δ—金属防护层厚度；d_H—混凝土衬砌外径

$$d_H = \frac{d_B}{\sqrt{1 - \dfrac{\Delta p_\phi}{R}}} \tag{7-5}$$

$$R = v\sigma + (1 - v)R_1$$

式中　d_B——井筒的内径；

Δp_ϕ——空气冲击波阵面的超压；

R——钢筋混凝土的平均许用应力；

v——混凝土的加强系数；

σ——金属的许用应力；

R_1——混凝土的许用压应力。

7.4.2　设备室的尺寸

设备室的尺寸出地下发射井的结构确定，在近似计算中，它可以根据井筒尺寸进行选择。

设备室的外径：

$$D_H = (2 \sim 2.5)d_H \tag{7-6}$$

设备室的高度：

$$H_0 = (1 \sim 1.5)d_H \tag{7-7}$$

井筒的外表面与设备室之间所需的间隙值，根据地下发射井防护程度确定，而防护程度又由核弹头当量和地下井所在位置的地质条件确定。所需的间隙值（cm）可由经验公式计算，即

$$\Delta = \frac{\sqrt{\Delta p_\phi}\sqrt[3]{q}}{20\psi} \tag{7-8}$$

式中 q——核弹头的当量；

ψ——土壤的物理机械特性。

土壤的物理机械特性 ψ 表示横向波与纵向波的传播速度之比，取决于土壤的泊松系数 μ_0，有

$$\psi = \sqrt{\frac{1 - 2\mu_0}{2(1 - \mu_0)}} \qquad (7-9)$$

7.4.3 井盖的尺寸

平面的井盖厚度，与防护门厚度、井盖和设备室壁厚等一样，均取决于地下发射井的防护程度，主要从强度方面考虑。

正方形井盖的厚度为

$$h_0 = \frac{3b}{4}\sqrt{\frac{\Delta p_\phi}{R}} \qquad (7-10)$$

式中 b——正方形井盖的边长；

R——钢筋混凝土的许用应力。

圆形井盖的厚度为

$$h_k = \frac{d_K}{8}\sqrt{\frac{6(3 + \mu)\Delta p_\phi}{R}} \qquad (7-11)$$

式中 d_K——圆边支承圆形井盖的直径；

μ——井盖材料的泊松系数。

井盖最小横截面尺寸由井筒内径 d_B 和设备室的结构确定。在近似计算中，井盖最小横截面尺寸可以根据井筒尺寸进行选择：

$$B_{\min} = (1.2 \sim 1.4)d_B \qquad (7-12)$$

第8章 发射装置典型结构设计

8.1 贮运发射箱设计

8.1.1 概述

贮运发射箱（以下简称发射箱）可以分为舰载倾斜式发射箱、舰载垂直式发射箱（包括燃气自排导式贮运发射筒）、车载倾斜式发射箱、车载垂直式发射箱、潜射及无人机发射箱等。发射箱是导弹发射系统的重要设备之一，具有贮存、运输和发射导弹的功能。随着飞航导弹的发展，发射箱的结构和功能也在不断地改进和发展。

发射箱一般由发射箱体、前后箱盖、发射梁（或适配器）、导轨、支脚、吊环、剪切机构、挡弹机构、脱落插头机构、开关盖机构、锁定器、箱内环境参数检测装置和发射箱电气等组成。

对于燃气自排导式贮运发射筒（也叫"同心筒"，以下简称"同心筒"），还具有内筒和外筒组成的夹层结构，用于燃气流的排导。另外，还有球形底座、导流锥、底板等特征结构。

潜射运载器一般由头部、中段、尾部、适配器、控制系统和动力系统（有动力运载器）等组成，具有贮存、水下运载导弹和按预定的弹器分离程序发射导弹的功能。

导弹弹射发射贮运发射筒还包括燃气发生器，具有按发射内弹道参数要求将导弹弹射出发射筒的功能。

下面以常见的具有发射梁（或适配器）的发射箱为例，进行比较详细的介绍。

8.1.2 发射箱主要结构方案和主要参数的确定

1. 设计原则

发射箱在方案设计和技术设计过程中，依据研制任务书、导弹图纸、弹箱协调图、电缆芯线表以及相关的设计标准、规范等进行设计。

在设计过程中，要遵循以下基本原则：

（1）满足任务书要求的与导弹、发射装置的机械、电气接口协调关系。

（2）根据导弹总体要求确定弹箱匹配和发射方式，即导向梁的形式。主要有适配器发射方式和发射梁发射方式。

（3）确定导弹的装填方式，确定发射箱与支承装弹车、拖车、公路运输车等的接口协调关系。

（4）尽量继承以往型号的成熟技术和经验。

（5）应能适应运载体产生的力学环境和任务书规定的自然环境条件，允许采用调压措施等满足高空运输要求。

（6）发射箱上各机构要求操作和维护方便、安全可靠。

（7）在设计中应充分考虑通用化、系列化、组合化（模块化）的要求。

2. 发射箱主要结构方案和主要参数的确定

发射箱主要由发射箱体、发射梁、前后开关盖机构、悬挂总成、插头机构、锁定器、末端开关压杆机构、剪切机构、挡弹机构、导轨、限制器、仪表组件、支脚、吊环、支脚座、发射箱电气等组成。

1）发射箱基本结构的确定

发射箱基本结构尺寸包括发射箱外形尺寸、前后支脚位置、起吊位置、外接插座位置、仪器仪表（或传感器）的位置等。下面以某型发射箱为例说明发射箱基本结构尺寸的确定。

（1）外形尺寸。

发射箱总长主要依据导弹的长度确定，导弹在发射箱内距离前后箱盖都有一定的安全距离，加上前后箱盖的尺寸，确定了整个发射箱的长度尺寸。发射箱的宽度和高度主要是由内筒尺寸扩展而来的。发射箱的外形尺寸受到舰艇空间或发射车空间布局的限制，要满足整个发射装置的尺寸要求。

（2）支脚和起吊位置的确定。

发射箱支脚和起吊位置是计算发射箱刚强度和振动时的约束位置，因此，位置的确定要满足发射箱在贮存、运输和发射导弹时的受力要求。一般情况下，支脚和吊环在发射箱的同一加强筋上，这两组加强筋是发射箱的主承力件，称为主加强框。

（3）外接插座位置及分离方式的确定。

发射箱电气主要由开关盖电动机构及转接电缆、箱弹转接电缆、遥测转发天线及转接电缆等组成，与火控系统通过发射箱上的转接插座相连接。因此，发射箱上外接插座的布置应便于火控系统插头的插接操作，并能满足发射箱多联装的操作要求。对于脱落插头的分离方式，根据脱落插头的布置位置进行确定。根据分离方向的不同，可采用轴向分离或径向分离；根据分离时机不同，可采用弹动分离和提前分离。

（4）仪器仪表（或传感器）位置的确定。

为了满足发射箱充气和气密贮存的要求，在发射箱上设置有充放气嘴、压力表

（或压力传感器）、温度表（或温度传感器）、湿度指示器（或湿度传感器）。仪器仪表（或传感器）的安装位置应选在发射箱后法兰或箱盖上，便于观测和操作，并满足多联装及库房摞放情况下的观测和操作要求。

2）发射箱内筒尺寸的确定

发射箱内筒截面尺寸是由导弹发射离轨、安全通过发射箱而确定的。发射箱内截面尺寸按以下原则确定：

（1）取决于导弹弹翼和尾翼的尺寸；

（2）导弹发射离轨时，悬挂式导弹要留出足够的下沉量空间，支承式导弹要留出足够的上升量空间；

（3）导弹发射离轨时，要留出足够的偏移量空间；

（4）发射梁断面尺寸。

适配器发射方式的发射箱内筒尺寸还取决于适配器的结构尺寸和适配器滑轨的截面尺寸。

下沉（上升）量、偏移量空间为

$$H_z \geqslant (1.2 \sim 2.0)H \tag{8-1}$$

$$H_h \geqslant (1.2 \sim 2.0)H_0 \tag{8-2}$$

式中　H_z——下沉量空间；

　　　H_h——偏移量空间；

　　　H——导弹离轨时的下沉量；

　　　H_0——导弹离轨时的偏移量。

导弹离轨时的下沉量和偏移量根据任务书要求确定，也可以用式（8-3）和式（8-4）计算：

$$H = (-F\delta_F + F\Delta\theta - n_H G)t_H^2/(2M_m) \tag{8-3}$$

$$H_0 = (-F\delta_F + F\Delta\psi - n_{H_0} G)t_H^2/(2M_m) + H_1 \tag{8-4}$$

式中　H_1——滑块与发射导轨间隙使导弹产生的最大偏移量；

　　　M_m——导弹质量；

　　　F——导弹推力；

　　　δ_F——推力偏心角；

　　　G——导弹重力；

　　　n_H——导弹下沉量方向上的过载系数；

　　　n_{H_0}——导弹偏移量方向上的过载系数；

　　　t_H——导弹离轨时间；

　　　$\Delta\theta$、$\Delta\psi$——分别为导弹离轨时的高低、方向转角，见式（8-5）和式（8-6）：

$$\Delta \theta = \arctan \frac{v_{yJ}}{\sqrt{v_{xJ}^2 + v_{zJ}^2}} \qquad (8-5)$$

$$\Delta \psi = \arcsin \frac{v_{yJ}}{\sqrt{v_{xJ}^2 + v_{zJ}^2}} \qquad (8-6)$$

式中　v_{xJ}、v_{yJ}、v_{zJ}——分别为导弹在舰艇的航向、垂向和横向坐标方向上离轨速度分量。

$$v_{xJ} = v_b \cos \theta_F - R_{Jz} \dot{\theta}_J \cos \left(\arcsin \frac{a}{R_{Jz}} \right) \qquad (8-7)$$

$$v_{yJ} = v_b \sin \theta_F + R_{Jz} \dot{\theta}_J \sin \left(\arcsin \frac{a}{R_{Jh}} \right) + R_{Jh} \dot{\gamma}_J \sin \left(\arcsin \frac{c}{R_{Jh}} \right) \qquad (8-8)$$

$$v_{zJ} = R_{Jh} \dot{\gamma}_J \cos \left(\arcsin \frac{c}{R_{Jh}} \right) \qquad (8-9)$$

式中　v_b——导弹离轨速度；

　　　θ_F——发射仰角；

　　　R_{Jz}——舰艇摇心至导弹质心的纵向距离；

　　　R_{Jh}——舰艇摇心至导弹质心的横向距离；

　　　$\dot{\theta}_J$——舰艇纵摇角速度；

　　　$\dot{\gamma}_J$——舰艇横摇角速度；

　　　a——导弹质心在舰艇纵坐标上的投影；

　　　c——导弹质心在舰艇横坐标上的投影。

8.1.3　发射箱箱体设计

1. 箱体功能和基本要求

箱体是发射箱的主要组成之一，主要由内筒、外筒、加强筋、支脚、吊环、仪表座和箱盖等组成。

1）箱体主要功能

（1）安装发射梁；

（2）安装发射箱电气设备；

（3）安装仪表；

（4）为导弹提供机械保护，使导弹免受高温、严寒、雨雪和风沙等恶劣环境的影响。

2）箱体基本要求

（1）箱体应具有一定的刚强度，满足运输和发射状态下各种载荷的作用；

（2）保证导弹顺利离轨，悬挂式导弹箱体留有足够的下沉量空间，支承式导弹箱体留有足够的上升量空间，同时还应留有足够的侧偏量空间；

（3）箱体具有密封性能，可以充干燥空气或惰性气体，保护导弹不受腐蚀；

（4）箱体应满足电磁兼容性要求；

（5）箱体具有隔热性能或根据需要具有温控功能；

（6）箱体应便于起吊和支承；

（7）箱体应有操作窗口，以便于导弹的锁定、电气连接和机械引信的装定等；

（8）箱体应设有安装仪表或传感器的接口；

（9）箱体应设有电气转接接口；

（10）箱体结构应能适应多联装和摞放要求；

（11）在满足性能前提下，结构要简单、紧凑、质量小；

（12）开盖迅速、方便、安全可靠；

（13）工艺性、可靠性、维修性、安全性、经济性好，外形美观。

2. 箱体的类型和特点

箱体的结构一般都是根据导弹的外形特征和使用要求设计的。其类型有以下几种划分方法：

（1）按结构形式可分为长方形箱体、圆柱形箱体、多角形箱体、异形箱体；

（2）按弹翼状态可分为折叠弹翼箱体和非折叠弹翼箱体；

（3）按承力方式可分为内筒承力箱体和外筒承力箱体；

（4）按材料可分为金属材料箱体（铝合金箱体、普通钢或高强度钢材料箱体、不锈钢箱体）和玻璃钢箱体等。

目前广泛使用的箱体形式多为圆柱形和长方形。圆柱形箱体结构强度好，长方形箱体在多箱联装时结构紧凑、占用空间小。折叠弹翼式箱体可以大大减小箱体截面尺寸和质量，从而可以增加载弹量，但是，截面尺寸小，导弹发射时燃气流对箱体内壁作用力加大，冲刷烧蚀严重，因此多采用内筒承力结构箱体。

3. 箱体刚强度计算

为了保证发射箱箱体刚强度满足使用要求，在箱体结构设计时，要进行箱体的刚强度计算。在进行刚强度计算时，先要建立箱体的力学模型，这个力学模型要能够反映真实的受力与约束情况。作用在箱体上的载荷分为静载荷和动载荷。静载荷对结构作用力的大小、方向和作用点不随时间变化，结构不产生加速度，导弹的质量、箱体的自重等属于静载荷。动载荷对结构作用的大小、方向和作用点随时间变化，风载、摇摆载荷、燃气流、剪切力等属于动载荷。其中，作用时间较长的动载荷如风载、摇摆载荷等可直接等效为静载荷，作用时间较短的动载荷如颠振等不宜直接等效。约束或支承可分为铰支、固支和弹性支承。

1）航行和发射状态下的强度计算

在箱体可能遇到的各种工作状态里，航行和发射状态下受力状况恶劣。航行状态比发射状态海情等级高，而发射状态有剪切力和燃气流作用。

（1）航行状态箱体强度计算。

①航行状态下载荷分析。

箱体设计时，要考虑舰艇摇摆产生的最大惯性载荷，此值出现在以下两种情况：其一是舰艇摇摆通过平衡位置瞬间，摇摆速度最大，法向惯性力最大；其二是舰艇处于最大摇摆角瞬间，摇摆加速度最大，切向惯性力最大。通常法向惯性力比切向惯性力小，故取后者计算最大过载系数。

颠振是舰艇航行在风浪海面上，船体受到波浪冲击所引起的重复性、低强度、大脉冲宽度冲击。最大波浪冲击加速度值随着舰型、航速、海况及舰艇装载状态和航行姿态不同而变化，此值一般由舰用条件给出，一般来说，颠振经舰体传到箱体部位要衰减，故计算加速度值可按当量静载荷或按经验公式处理。

$$g_D = \frac{A}{\pi} \qquad (8-10)$$

$$g_J = 0.7A \qquad (8-11)$$

式中 A——加速度峰值。

②过载系数计算。

发射装置的过载系数可按式（8-12）计算。

摇摆过载系数：

$$\left.\begin{aligned} n_{xv}^{(T)} &= -\frac{4\pi^2}{g}\left(\frac{\theta_{max}}{T_\theta^2}R_{zv}\sin r_{max} - \frac{\theta_{min}}{T_\theta^2}R_{yv}\cos r_{max}\right) \\ n_{yv}^{(T)} &= -\frac{4\pi^2}{g}\left(\frac{\theta_{max}}{T_\theta^2}R_{xv}\cos r_{max} - \frac{r_{min}}{T_r^2}R_{zv}\right) \\ n_{zv}^{(T)} &= -\frac{4\pi^2}{g}\left(\frac{r_{max}}{T_r^2}R_{yv} - \frac{\theta_{max}}{T_\theta^2}R_{xv}\sin r_{max}\right) \end{aligned}\right\} \qquad (8-12)$$

式中 θ_{max}、r_{max}——最大纵、横摇角；

T_θ、T_r——纵摇周期、横摇周期；

(R_{xv}, R_{yv}, R_{zv})——箱体重心在舰坐标系下的坐标。

轨圆运动过载系数：

$$\left.\begin{aligned} n_{xv}^{(v)} &= \pm\frac{4\pi^2}{g}\frac{r_0}{T_0^2}\sin\theta_{max} \\ n_{yv}^{(v)} &= n_{zv}^{(v)} = \pm\frac{4\pi^2}{g}\frac{r_0}{T_0^2} \end{aligned}\right\} \qquad (8-13)$$

式中 r_0——轨圆运动半径；

T_0——轨圆运动周期。

过载系数叠加并转换到箱体坐标系的过载系数。

$$n_x = n_{xv} \cos \beta \cos \phi + n_{yv} \sin \phi - n_{zv} \sin \beta \cos \phi$$
$$n_y = -n_{xv} \cos \beta \sin \phi + n_{yv} \cos \phi + n_{zv} \sin \beta \sin \phi \qquad (8-14)$$
$$n_z = n_{xv} \sin \beta + n_{zv} \cos \beta$$

式中　ϕ——发射箱仰角；

　　　β——发射箱方位角。

③风载。

$$p_w = \sum q_i S_i \qquad (8-15)$$

式中　p_w——作用在箱体上的风载荷；

　　　S_i——迎风面积；

　　　q_i——计算风压：

$$q_i = q c_x R_H \beta$$

式中　q——额定风压；

　　　c_x——气动阻力系数；

　　　R_H——风压随高度增加的系数；

　　　β——阵风作用的修正系数。

④发射梁、导弹的自重和惯性载荷。

这类载荷可以简化后加到箱体上，也可以在发射梁的有限元计算之后求出支反力加到箱体上。

⑤刚强度计算。

箱体各种外载荷计算后，可用有限元分析软件 Nastran 和 ANSYS 等进行刚强度计算。

（2）发射状态箱体强度计算。

发射状态箱体所受载荷除同航行状态外，还增加了剪切力和燃气流作用力。发射状态刚强度计算方法同航行状态。

2）箱体在其他状态下的强度分析计算

箱体除了航行和发射状态外，还有公路运输状态、吊装状态、充气状态等。一般来说，航行和发射状态箱体受力是最恶劣的，只要这两种状态满足要求，就不会在其他状态下出现刚强度问题。

（1）公路运输状态。

公路运输状态是指陆基机动发射车载发射箱，以及由技术阵地到码头舰艇上公路运输发射箱。公路运输中箱体与车辆一起随着行驶速度和道路状况不同而呈振动状态。在计算过程中，三个方向的过载系数取为：轴向 $n_x = 3.5$，法向 $n_y = 2 \sim 3$，横向 $n_z = 2$。

（2）吊装状态。

根据使用要求，发射箱在技术阵地、码头舰艇上或陆基发射阵地要完成起吊安装工作，箱体在吊装状态下，主要对吊环部位的结构进行局部强度设计，同起重机械设备一样，要求安全、可靠。设计时应取较大的安全系数。起吊时，吊臂调整提升，吊索过载系数取 2～2.5。

(3) 充气状态。

箱体充气状态下的强度可按低压密封容器进行计算，正常工作压力为 0.01 MPa（在 25 ℃时），考虑温度升高的影响，最大工作压力为 0.03 MPa。如果发射箱有高空气密运输要求，还要按照高空状态的箱内外相对气压进行计算，这时的相对压力可能会达到 0.08～0.10 MPa。

4. 箱体振动特性计算

箱体振动量（位移、速度、加速度的幅值）、频率、相位、振型频谱等，称为箱体振动基本特性。计算箱体振动特性的方法是将箱体简化成动力学模型，计算或测定箱体的动态特性参数，再求振动特性参数。

建模方法从形式上可分为理论法、试验法和理论－试验法。理论法包括离散模型、连续体模型、有限元模型及混合模型，目前普遍采用有限元模型。试验法的核心是模态参数识别技术。理论－试验法是研究用试验数据修正理论模型。

8.1.4　导向梁的设计

根据导弹总体要求，确定导弹在发射箱内的支承和发射方式，即确定导向梁的结构形式和参数。

1. 导向梁的功用和组成

1) 导向梁的功用

(1) 导弹发射前和发射过程中支承导弹；

(2) 实现导弹发射前检查准备工作；

(3) 为顺利发射导弹提供必要的条件，赋予导弹一定的初始飞行姿态。

2) 导向梁的组成

根据导弹的结构特点和发射要求，一般导向梁由以下几部分组成。

(1) 支承导弹部分：主要包括导向梁本体和发射导轨，用于支承导弹，并赋予导弹发射离轨时初始飞行姿态。

(2) 安全保险装置：由闭锁挡弹器、固定锁紧装置、安全让开机构、分流器等组成，主要用于安全发射导弹。

(3) 电气转接装置：包括电连接器等弹上控制指令反馈装置。通过本装置将地面电源和发控信号与导弹接通。

(4) 装弹限制定位装置：包括对接滑板、限位定位器、导向器等。本装置用于装退导弹时的对接导向和定位。

（5）减振装置：主要包括刚性转换机构、弹性转换机构、固定座、转换动力源和减振器等。运输导弹时，减振装置呈弹性状态；发射导弹前，减振装置转换成刚性状态。

2. 导弹对导向梁的设计要求

（1）满足导弹必要的发射条件。

根据不同导弹发射要求，导向梁应有一定长度的发射导轨，保证导弹发射离轨时具有必要的离轨速度。

设计导向梁时，保证导向梁具有足够的刚强度，合理选择导弹滑块与发射导轨的配合间隙，减小结构引起的初始偏差。根据燃气流作用情况，设计具有良好的排导燃气流的结构外形和装置，以减小燃气流的作用，避免出现反射气流。

（2）安全可靠地支承导弹，满足导弹运输要求。

根据不同导弹对运输环境适应性要求，可以设置减振装置，避免运输过程中导弹上的元器件损坏。支承导弹的导向梁，通过闭锁挡弹机构，实现三个坐标方向上对导弹安全可靠的固定，保证电路、气路连接可靠。

（3）稳妥可靠地发射导弹。

设计时，保证导向梁上的各机构在导弹发射时不妨碍导弹的运动。

（4）操作、使用、维护方便。

装（退）弹时，应保证操作能够准确、轻便、迅速；出现故障时，维护方便。

（5）可靠性高，保证多次发射导弹。

（6）结构紧凑，质量小。

在满足上述要求的条件下，其结构力求简单、实用、安全可靠。

3. 导向梁的选择原则和类型

（1）导向梁的选择原则。

根据导弹结构特点、助推形式、推力大小以及离轨初始条件选择导向梁的形式。

（2）导向梁的类型。

①按发射形式分类。

分为导轨式、适配器式等。

②按离轨形式分类。

同时离轨：用于系统要求导弹头部下沉较小，导弹离轨速度又不大的导弹发射。

不同时离轨：用于离轨速度较大，具有竖向推力作用，或系统对导弹下沉要求不高的导弹发射。

③按导弹在导向梁上的位置分类。

下挂式：多用于质量小，助推器为串联的导弹发射。

蹲式：多用于大型导弹，助推器为串联、并联的导弹发射。

④按导向梁结构形式分类。

盒形梁：用于助推器串联形式导弹发射。

槽形梁：用于助推器并联形式导弹发射。

4. 导向梁结构参数的确定

确定导向梁结构参数，首先要进行导弹离轨参数的计算，导弹离轨参数包括导弹从导向梁上滑离时的离轨速度、偏差角和角速度。

1）同时离轨时导弹离轨速度的计算

导弹离轨速度为

$$v_2 = v_1 + \frac{1}{M}(F - n_x G)(t_2 - t_1) \tag{8-16}$$

式中 v_1——额定推力时导弹滑行中质心速度：

$$v_1 = \frac{F}{2Mt_1}(t_1^2 - t_0^2) - n_x g(t_1 - t_0)$$

M——导弹质量，$M = G/g$；

F——额定推力；

n_x——三个质量沿 x 向的过载系数（x 向为射向）：

$$n_x = n_{1x} + n_{2x}$$

n_{1x}——牵连运动引起的过载系数在 x 轴上的投影；

n_{2x}——重力加速度的过载系数在 x 轴上的投影；

G——导弹重力；

t_2——导弹离轨时间：

$$t_2 = t_1 + \frac{M}{F - n_x G}\left[\sqrt{v_1^2 + \frac{2}{M}(F - n_x G)(s_2 - s_1)} - v_1\right] \tag{8-17}$$

t_1——达到额定推力的时间；

t_0——达到起动力的时间：

$$t_0 = \frac{n_x G + p_2}{F}t_1$$

p_2——闭锁力（无闭锁机构时无此项）；

g——重力加速度；

s_1——达到额定推力时，导弹质心滑行的距离：

$$s_1 = \frac{F}{6Mt_1}(t_1^3 - 3t_0^2 t_1 + 2t_0^3) - \frac{1}{2}n_x g(t_1 - t_0)^2$$

s_2——导轨的滑行长度：

$$s_2 = s_1 + v_1(t_2 - t_1) + \frac{1}{M}(F - n_x G)(t_2 - t_1)^2 \tag{8-18}$$

式（8-17）所示的时间，是以助推器点火为零点的。

如果是在地面定角发射，公式中应去掉牵连运动的作用。若是地面跟踪发射，由于牵连加速度较小，其作用也可忽略。

2）不同时离轨时导弹离轨参数的计算

在不同时离轨过程中，由于导弹前滑块已离轨，后滑块仍在发射导轨上。因此，导弹在重力、推力偏心以及运载体的摇摆等因素作用下，将绕后滑块转动，使其产生角位移和角速度。

（1）离轨速度计算。

$$v_2 = v_3 + \frac{1}{M}(F - n_x G)(t_2 - t_3) \tag{8-19}$$

$$t_2 = t_3 + \frac{M}{F - n_x G}\Big[\sqrt{v_3^2 - \frac{1}{M}(F - nG)(s_2 - s_3)} - v_3\Big] \tag{8-20}$$

$$s_2 = s_3 + v_3(t_2 - t_3) + \frac{1}{3M}(F - n_x G)(t_2 - t_3)^2 \tag{8-21}$$

式中　t_3——导弹前滑块离轨时间；

　　　v_3——导弹前滑块离轨速度；

　　　s_3——导弹前滑块离轨距离。

（2）偏差角与角速度的计算。

计算的简化：

一般发射导轨固定很牢靠，所以认为发射导轨在垂直方向上无微弯曲。

前滑块离轨时，导弹的转角和角速度很小，此值可忽略。

计算公式为

$$\Delta\theta = \frac{B}{2A^2}\left[e^{A(t_2-t_3)} + e^{-A(t_2-t_3)} - 2\right] \tag{8-22}$$

$$\Delta\dot{\theta} = \frac{B}{2A}\left[e^{A(t_2-t_3)} + e^{-A(t_2-t_3)}\right] \tag{8-23}$$

式中　$\Delta\theta$——导弹不同时离轨的偏差角；

　　　$\Delta\dot{\theta}$——导弹不同时离轨的角速度；

$$A^2 = \frac{FL_2}{J_z + L_2^2 M}$$

$$B = \frac{-M_\delta - L_2 n_y G + L_2 F\delta_p}{J_z + L_2^2 M}$$

M_δ——推力偏心矩；

L_2——导弹后滑块到质心的距离；

n_y——三个质量力沿垂直于导弹射向（x向）的方向y上的过载系数；

δ_p——推力偏心角；

J_z——导弹对过质心的 z 轴（横向垂直于 x 轴）的惯性矩。

在此指出，按式（8-19）、式（8-22）、式（8-23）计算的速度、偏差角及角速度都是相对值。如果地面定角发射时，去掉牵连运动和哥氏运动的影响。

3）运载体上导弹离轨参数的计算

（1）运载体运行中导弹离轨的绝对速度和方向（图 8-1）。

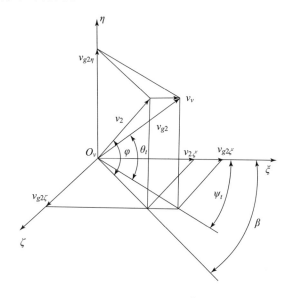

图 8-1　导弹运动坐标系

在不计运载体由于外界扰动引起的附加速度条件下，运载体运动时，导弹离轨瞬间的绝对速度为

$$v_{g2} = v_2 + v_v$$

$O_v\xi\eta\zeta$ 是固定在运载体质心 O_v 处的地面坐标系，$O_v\xi$ 轴与运行速度 v_v 的方向平行。v_{g2} 在地面坐标系中各轴的投影为

$$v_{g2\xi} = v_2\cos\varphi\cos\beta + v_v$$
$$v_{g2\eta} = v_2\sin\varphi$$
$$v_{2\zeta} = -v_2\cos\varphi\sin\beta$$

式中　v_v——运载体质心无扰动的运行速度；

　　　φ——发射装置高低角；

　　　β——发射装置方向角。

导弹离轨绝对速度为

$$v_{g2} = \sqrt{v_{g2\xi}^2 + v_{g2\eta}^2 + v_{g2\zeta}^2} = v_2\sqrt{1 + 2\frac{v_v}{v_2}\cos\varphi\cos\beta + \frac{v_v^2}{v_2^2}}$$

导弹离轨时绝对运动的方向角为

$$\varphi_i = \arctan\left(\frac{v_2\cos\varphi\sin\beta}{v_2\cos\phi\cos\beta + v_2}\right)$$

导弹离轨时绝对运动的高低角为

$$\theta_t = \arctan\left(\frac{v_2\cos\varphi\cos\beta + v_v}{v_{g2}\cos\psi_t}\right)$$

（2）运载体摇摆运动对离轨参数的影响。

运载体的运动，不但影响导弹起始速度的变化，而且影响导弹的姿态，在确定导弹离轨姿态时，必须考虑运载体摇摆的影响。

二轴瞄准发射装置发射导弹，运载体摇摆时导弹的离轨参数为

$$\Delta\theta_1 = \arcsin(\theta\cos\beta\cos\varphi + \sin\varphi + \gamma\cos\varphi\sin\beta) - \varphi$$

$$\Delta\psi_1 = \arctan\left(\frac{-\psi\cos\beta + \gamma\tan\varphi - \sin\beta}{-\cos\beta + \theta\tan\varphi + \psi\sin\beta} - \beta\right)$$

$$\Delta\gamma_1 = \arctan\left(\frac{\gamma\cos\beta - \theta\sin\beta}{\cos\varphi - \theta\sin\varphi\cos\beta - \gamma\sin\varphi\sin\beta}\right)$$

式中　$\Delta\theta_1$——导弹俯仰角的偏差角；

$\Delta\psi_1$——导弹偏航角的偏差角；

θ——运载体纵摇角；

γ——运载体纵摇角。

导弹离轨时角速度偏差：

$$\begin{bmatrix} \omega_{x1} \\ \omega_{y1} \\ \omega_{z1} \end{bmatrix} = \boldsymbol{\tau}' \begin{bmatrix} \omega_{\delta x} \\ \omega_{\delta y} \\ \omega_{\delta z} \end{bmatrix}$$

式中　ω_{x1}、ω_{y1}、ω_{z1}——分别为导弹离轨时因运载体运动引起导弹坐标系各轴上的转动角速度；

$\omega_{\delta x}$、$\omega_{\delta y}$、$\omega_{\delta z}$——分别为运载体摇摆角速度在运载体坐标系各轴上的分量；

$\boldsymbol{\tau}'$——变换矩阵：

$$\boldsymbol{\tau}' = \begin{bmatrix} \cos\varphi\cos\beta & \sin\varphi & -\cos\varphi\sin\beta \\ -\sin\varphi\cos\beta & \cos\varphi & \sin\varphi\sin\beta \\ \sin\beta & 0 & \cos\beta \end{bmatrix}$$

4）导向梁结构主要尺寸的确定

（1）导向梁结构主要尺寸确定原则。

①导向梁长度的确定。

导向梁的长度一般根据发射导轨的长度而确定。在一般情况下，导向梁最大长度不超过导弹的长度。

②导向梁宽度的确定。

原则上其宽度与导弹弹翼之间间隙大于导弹离轨后无控飞行时的最大侧偏量。

$$A - B > 2C$$

式中　A——导弹左、右弹翼间最小间隙；

　　　B——导向梁最大宽度；

　　　C——导弹离轨后无控飞行时的最大侧偏量。

（2）发射导轨长度的确定。

$$s \geqslant s_1 + s_2 + \Delta s$$

式中　s——导轨全长；

　　　s_1——导弹前、后滑块间的距离；

　　　s_2——导弹前滑块离轨时的滑行距离；

　　　Δs——装退导弹需要的长度。

对同时离轨的导向梁，s_2 就是导弹在导轨上的滑离长度，其值按式（8-18）计算。对不同时离轨的导向梁，导弹在导轨上的滑离长度为 $s_1 + s_2$，其值按式（8-21）计算。Δs 可根据需要加在导向梁前或后端。

5. 导向梁强度、刚度计算

1）计算原则

在强度、刚度计算时，既要确保结构的安全可靠，又要合理利用材料，使结构的质量最小，做到技术先进，经济合理。

为此，根据结构的重要性、计算方法的精确程度和材料好坏，选用适当的安全系数。对重要部位，材料的安全系数（按屈服极限计算）一般为 3~5，其他情况一般取 1.5 左右。整体刚度允许挠度 $[f]$，悬臂式取 $L/300$（L——悬臂的有效长度）；简支式取 $L/1\,000$（L——跨度）。

2）导向梁强度计算

（1）导向梁本体的强度计算。

截面水平中性轴为 x，横中性轴为 y，纵中性轴为 z。

①正应力。

一般导向梁在力矩 M_y、M_z 作用条件下，其主频同时承受轴向力和弯矩，按下式计算正应力

$$\sigma_x = \frac{M_y}{W_y} + \frac{M_z}{W_z} \pm \frac{N}{F} \leqslant [\sigma]$$

式中　M_y——计算截面内对 y 轴弯矩；

　　　M_z——计算截面内对 z 轴弯矩；

　　　W_y——计算截面对 y 轴的抗弯模数；

　　　W_z——计算截面对 z 轴的抗弯模数；

N——计算截面内轴向力（拉为正，压为负）；

F——计算截面积；

$[\sigma]$——材料许用应力。

②切应力。

主平面内有两个方向的切应力

$$\tau_y = \frac{Q_y S_z}{J_z H}, \quad \tau_z = \frac{Q_z S_y}{J_y B}$$

式中　Q_y、Q_z——分别为计算截面内 y、z 轴的计算剪力；

　　　S_y、S_z——分别为计算截面内距 y、z 中轴的面积矩；

　　　J_y、J_z——分别为计算截面对 y、z 中性轴的截面惯性矩；

　　　B——导向梁宽度；

　　　H——导向梁高度。

当 $z = 0$ 时，

$$\tau_{\max} \leqslant [\tau]$$

式中　$[\tau]$——材料的许用切应力。

③主应力。

$$\sqrt{\sigma_x^2 + 3(\tau_y^2 + \tau_z^2)} \leqslant [\sigma]$$

（2）发射导轨的强度计算（图8－2）。

发射导轨一般采用"一"字形，强度计算以"一"字形为例进行分析。

从受力看，导轨前端受载荷最恶劣，导弹在导轨上滑行时，滑块的作用点是变化的，作用时间极短。为此，将前滑块的作用力看成静力，并均匀作用在滑块与发射导轨接触面的全长上。力的作用点在发射导轨的边缘，此时，将发射导轨看成一个悬臂进行计算。

计算时，由于后滑块相对速度最大，作用在发射导轨上的载荷也最大，所以，用导弹后滑块的载荷作为计算载荷。同时，发射导轨抗弯断面为最小，经试验证明，其断面是呈 θ 角发生弯曲的。

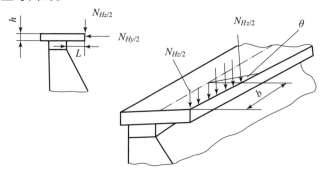

图8－2　发射导轨上的作用力

根据 $\sigma = \sigma_b + \sigma_p \leqslant [\sigma]$，则

弯曲应力

$$\sigma_b = \frac{M}{W} = \frac{N_{Hz}/2L}{\dfrac{Lh^2}{3\sin 2\theta} + \dfrac{6h^2}{b}}$$

压应力

$$\sigma_p = \frac{N_{Hy}}{2F} = \frac{N_{Hy}}{2bh}$$

式中　N_{Hz}——导弹后滑块垂直作用在发射导轨上表面的载荷；

　　　　N_{Hy}——导弹后滑块水平作用在发射导轨侧面的载荷；

　　　　L——发射导轨悬臂长度；

　　　　h——发射导轨厚度；

　　　　b——导弹后滑块长度；

　　　　θ——弯曲角，是变角，为了使 W 最小，一般取 $\theta = 45°$。因此

$$\sigma = \frac{N_{Hz}L}{h^2\left(\dfrac{L}{b} + \dfrac{b}{12}\right)} + \frac{N_{Hy}}{2bh}$$

（3）焊缝强度计算。

①对接焊缝（图 8 - 3）。

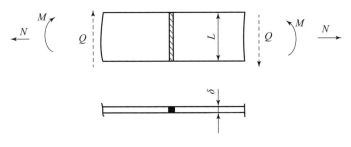

图 8 - 3　对接焊缝

同时承受轴向力及弯矩的对接焊缝应力为

$$\sigma = \frac{N}{F} + \frac{M}{W} \leqslant [\sigma_d] \text{ 或 } [\sigma_p]$$

式中　$F = L\delta$（对于不采用引弧板的焊缝，L 比板宽小 10 mm），δ 为板厚度；

　　　　$W = \dfrac{1}{6}\delta L$——断面抗弯模数；

　　　　$[\sigma_d]$、$[\sigma_p]$——分别为焊缝抗拉、抗压许用应力。

$$\sqrt{\sigma^2 + 3\tau^2} \leqslant [\sigma_d]$$

②角焊缝（图 8 - 4）。

a. 承受轴向力 ［图 8 - 4（b）］的焊缝应力为

$$\tau = \frac{N}{2Lh} \leqslant [\tau]$$

式中 h——焊缝计算厚度（按有关表格查定）；

     L——焊缝计算长度；

    $[\tau]$——焊缝许用切应力。

当 L_1 不等于 L_2 时［图 8 – 4（c）］，焊缝 1 受到的轴向力 N_1、焊缝 2 受到的轴向力 N_2 分别为

$$N_1 = \frac{Ns_2}{s_1 + s_2}, \quad N_2 = \frac{Ns_1}{s_1 + s_2}$$

式中 s_1、s_2——分别为焊缝 1、焊缝 2 至型材中心线距离。

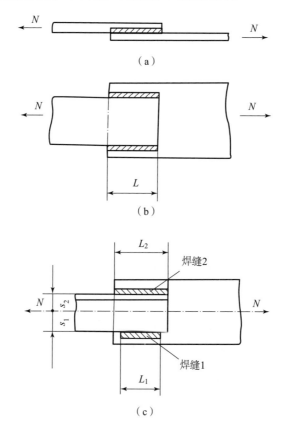

图 8 – 4　角焊缝

焊缝 1 与焊缝 2 的切应力分别为

$$\tau_1 = \frac{N_1}{L_1 h} \leqslant [\tau]$$

$$\tau_2 = \frac{N_2}{L_2 h} \leqslant [\tau]$$

b. 承受剪力及弯矩作用的角焊缝（图 8 - 5）。弯矩产生的焊缝最大切应力为

$$\tau_M = \frac{Mb}{2J}$$

式中 $J \approx \frac{hb^2}{2}\left(l + \frac{b}{6}\right)$——焊缝的惯性矩。

　　　h——焊缝计算厚度。

剪力 Q 产生的焊缝切应力为

$$\tau_Q \approx \frac{Q}{bh}$$

$$\sqrt{\tau_M^2 + \tau_Q^2} \leq [\tau]$$

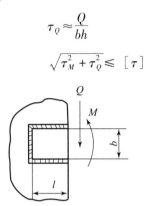

图 8 - 5 受剪力和弯矩作用的角焊缝

（4）螺栓连接强度计算。

①构件承受轴向力时，每个螺栓的许用承载力为

许用抗弯承载力　　　　　　　　$[N_b] = n_b \frac{\pi d_0^2}{4}[\tau]$

许用承压承载力　　　　　　　　$[N_p] = d_0 [\sum \delta [\sigma_p]]$

许用抗拉承载力　　　　　　　　$[N_d] = \frac{\pi d_0^2}{4}[\sigma_d]$

式中 d_0——螺栓螺纹根径；

　　　$\sum \delta$——在同一方向承压的构件较小总厚度；

　　　n_b——每个螺栓的受剪面数量；

　　　$[\sigma_d]$、$[\sigma_p]$、$[\tau]$——分别为螺栓的许用拉应力、承压应力和切应力。

在抗剪连接中，有

$$n \geq \frac{N}{[N]_{\min}}$$

式中 N——作用连接中的计算轴向力；

　　　$[N]_{\min}$——取 $[N_p]$ 和 $[N_s]$ 承载力中较小值；

　　　n——连接一边需要的螺栓数量。

在抗拉连接中，有

$$n \geqslant \frac{N}{[N_d]}$$

当采用下列形式的连接时，实际螺栓数量应比计算值增加 $10\% \sim 15\%$。

a. 一个构件借助于垫板或其他中间板与另一构件连接时；

b. 用拼接板单面连接，或采用不对称搭接时。

②构件承受弯矩和剪力。

当 $h/b > 3$ 时（b 为连接一侧中的首末两行螺栓距离），以图 $8-6$ 为计算简图。

在弯矩 M 作用下，一个螺栓上最大的作用力为

$$P_1 = \frac{ML_1}{u \sum L_i^2}$$

式中 u、L_i 的意义如图 $8-6$ 所示。

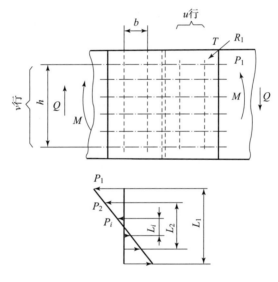

图 $8-6$ $h/b > 3$ 时

在剪力 Q 作用下，一个螺栓所受的作用力 T 为

$$T = \frac{Q}{uv}$$

式中 v 的意义如图 $8-6$ 所示。

在弯矩 M 和剪力 Q 同时作用下，一个螺栓上的最大合力为

$$R_1 = \sqrt{P_1^2 + T_1^2} \leqslant [N]_{min}$$

在弯矩 M 和剪力 Q、轴向力 N 同时作用下，一个螺栓上的最大合力为

$$R_1 = \sqrt{\left(P_1 \pm \frac{N}{n}\right)^2 + T^2} \leqslant [N]_{min}$$

其中轴向力 N 与 P_1 方向相同时为正，方向相反时为负。

$h/b \leqslant 3$ 时，以图 8 – 7 为计算简图。

在弯矩 M 作用下，一个螺栓上最大作用力为

$$P_1 = \frac{ML_1}{\sum L_i^2}$$

式中　L_1——计算的螺栓至连接一侧的中心距离；

　　　　$\sum L_i^2$——连接一侧全部螺栓相对连接另一侧的中心距离的平方和。

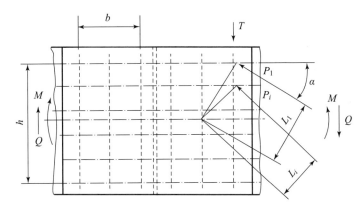

图 8 – 7　$h/b \leqslant 3$ 时

在剪力 Q 作用下，一个螺栓受到的作用力为

$$T = \frac{Q}{n}$$

式中　n——接头的一边所采用的螺栓的数量。

在弯矩 M 和剪力 Q 同时作用下，一个螺栓上所受的最大合力为

$$R_1 = \sqrt{(P_1 \cos \alpha)^2 + (T - P_1 \sin \alpha)^2} \leqslant [N]_{\min}$$

③构件同时受压（拉）及受弯（图 8 – 8）。

在弯矩作用下（绕 x 轴旋转）受压的螺栓，计算中不予考虑。

距 x 轴 y 处某行的一个螺栓所受的拉力为

$$N_1 = \frac{2.5(M \pm PL)y_1}{\sum y_i^2} \leqslant [N_d]$$

式中　L——压（拉）力 P 离 x 轴的距离；

　　　　M——作用在连接件的计算弯矩；

　　　　$\sum y_i^2$——每个受拉螺栓距 x 轴距离平方之和（设共有 i 个受拉螺栓）。

当 P 为压力时，为负；当 P 为拉力时，为正。

系数 "2.5" 是考虑到螺栓预紧力及载荷分布不均匀的影响而加的。

当 $M - PL \leqslant 0$ 时，就不必进行螺栓强度的计算。

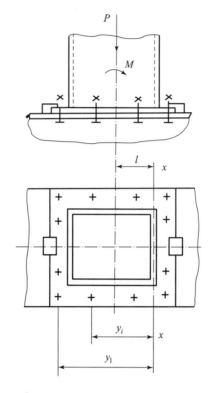

图 8 - 8　同时受压、受弯

3）导向梁刚度计算

在导向梁设计中，导向梁刚度只进行静刚度的计算，而动刚度（即导向梁发射导弹后产生的衰减振动）对于不连续发射导弹的导向梁没有什么影响，所以，在导向梁刚度计算时，不考虑其影响。

导向梁刚度的计算，主要根据导向梁支承的结构形式，在外载荷作用下，产生的最大静挠度 f 不得大于许用值 $[f]$。

4）导向梁稳定性计算

在导向梁设计中，为了在保证可靠使用条件下，获得质量较小的结构，一般导向梁采用钢（或铝）板焊成的箱形结构，其稳定性较为突出，在结构设计时要进行稳定性计算。稳定性包括整体稳定性和局部稳定性两部分。

（1）导向梁整体稳定性计算。

一般情况下，由于箱形截面梁的抗弯、抗扭的能力较强，所以对箱形截面导向梁可不验算整体稳定性。

其他形式截面导向梁按下式计算整体稳定性。

$$\sigma = \frac{M_{\max}}{\varphi W} \leqslant [\sigma]$$

式中　M_{max}——作用在最大刚度平面内的最大计算弯矩；

W——梁受压截面抗弯模数；

φ——整体稳定系数，在多个载荷作用下，按起主导作用的载荷计算，并可根据结构长细比、偏心率查有关表格而定。

（2）导向梁局部稳定性计算。

①根据临界应力确定局部稳定性。

$$\sigma_b = 190k\left(\frac{\delta}{a}\right)^2 \times 10^4$$

$$\sigma_p = 190z\left(\frac{\delta}{a}\right)^2 \times 10^4$$

$$\tau = 190\gamma\left(\frac{\delta}{a}\right)^2 \times 10^4$$

式中　σ_b——弯曲应力，N/cm^2；

σ_p——挤压应力，N/cm^2；

τ——剪切应力，N/cm^2；

δ——板厚，cm；

a——矩形短边长，cm；

k、z、γ——稳定系数，与板尺寸、支承和应力分布有关，可查阅专门手册选取。

上式用于矩形板件计算，此式一方面可用于校核箱形梁各矩形板件的稳定性，另一方面可看出用加大板厚和设置加强筋措施来提高梁的稳定性，一般加大板厚和设置加强筋两种措施是综合采用，最后达到设计出质量小、稳定性好的导向梁的目的。

②腹板局部稳定性计算。

梁主腹板上方或下方直接有载荷作用时：

a. 腹板高度 h_0 与腹板厚度 δ 的比 $h_0/\delta \leqslant 70(60)$ 时，可不设置任何加强筋板，或者按结构需要布置加强筋板。

b. 当 $70(60) < h_0/\delta \leqslant 160(135)$ 时，应设置横向加强筋板（图 8 - 9），其间距 a 满足下列公式要求：

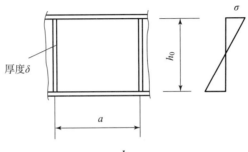

厚度 δ

图 8 - 9　$70(60) < \dfrac{h_0}{\delta} \leqslant 160(135)$ 的受力

梁端部的区段

$$a \leqslant \frac{\beta_1 h_0}{\frac{h_0}{\delta}\sqrt{\tau} - \beta_2} \qquad (8-24)$$

式中 τ——计算区段内腹板最大的平均剪应力，按 $\tau = \frac{\theta_{\max}}{h_0 \delta}$ 计算；

h_0——腹板高度；

δ——腹板厚度；

β_1、β_2——系数按 $\frac{\sigma_p}{\tau}$ 值查表选取，σ_p 为腹板挤压应力，按下式计算：

$$\sigma_p = \frac{p}{(2h_1 + 5)\delta}$$

式中 p——腹板上作用载荷；

h_1——p 作用点至腹板上边缘的高度。

梁中间区段

$$a \leqslant \frac{\beta_3 h_0}{\frac{h_0}{\delta}\sqrt{\sigma_p} - \beta_4} \qquad (8-25)$$

计算区段内腹板最大弯曲正应力为

$$\sigma \leqslant \frac{M_{\max} h_0}{Wh}$$

式中 h——梁全高；

β_3、β_4——系数，根据 σ_p/σ 查表而得。

对于梁的其他部位，按梁端部与中间区段计算 a 值，取较小值。一般在梁全长内，按较小 a 值等间隔设置横加强筋。

计算中 a 值大于 $2h_0$ 或为负值时，取 $a = 2h_0$。

c. 当 $160(135) < h_0/\delta \leqslant 320(270)$ 时，在梁全长范围内，除设置横向加强筋外，还应在受压区内设 1 道或 2 道纵向加强筋（图 8 – 10）。纵向加强筋至腹板受压边缘的

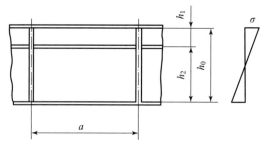

图 8 – 10 $160(135) < \dfrac{h_0}{\delta} \leqslant 320(270)$ 的受力

高度 h_1 满足下式要求

$$h \leqslant \frac{3\ 800\delta}{\sqrt{\sigma + 3\sigma_p}}$$

h_1 一般限为 $h_0/5 \sim h_0/4$。$h_1 < h_0/5$，$h_0/\delta < 240$（200）时，设一道纵向加强筋。$h_1 < h_0/5$，$h_0/\delta > 240$（200）时，设两道纵向加强筋，其中，第一道设在距腹板受压边缘 $(0.15 \sim 0.2)h_0$ 处，第二道设在距腹板受压边缘 $(0.35 \sim 0.4)h_0$ 处。

ⅰ. 设置第一道纵向加强筋时，横向加强筋的间距 a_1 根据式（8-24）或式（8-25）确定，式中 h_0 用 $h_2 = h_0 - h_1$ 代替，σ_p、σ 分别用 $4.0\sigma_p$ 与 $\left(1 - \dfrac{2h_1}{h_0}\right)\sigma$ 代替。

ⅱ. 设置第二道纵向加强筋时，横向加强筋的间距 a_2 根据式（8-24）或式（8-25）确定，式中 h_0 用 $h_3 = (0.6 \sim 0.65)h_0$ 代替，σ_p、σ 分别用 $0.2\sigma_p$ 和第二道纵向加强筋腹板上的 σ_p 代替。

腹板上方无直接载荷作用及腹板受压区无局部挤压应力作用时：

a. $h_0/\delta \leqslant 70(60)$，不设置任何加强筋即可保证腹板的局部稳定性。

b. $70\ (60) < h_0/\delta \leqslant 160(135)$，应设置横向加强筋，其间距 a 按式（8-26）确定。

$$a \leqslant \frac{2\ 300h_0}{\dfrac{h_0}{\delta}\sqrt{\eta\tau - 2\ 560}} \tag{8-26}$$

式中　τ——计算区段内腹板最大平均剪应力：

$$\tau = \frac{Q_{max}}{h_0\delta}$$

η——考虑影响的增大系数，按 $\sigma\left(\dfrac{h_0}{100\delta}\right)^2$ 查表而得；

σ——与 τ 同一计算截面上腹板边缘的弯曲压应力。

c. $160(135) < h_0/\delta \leqslant 240(200)$，应设置纵向、横向加强筋，纵向加强筋离腹板受压边缘高度 h_1 为 $(1/6 \sim 1/5)h_0$ 值。此时，横向加强筋的间距 a 按式（8-26）计算，式中 h_0 用 $h_2 = h_0 - h_1$ 代替，并取 $\eta = 1.4$，求得的 a 大于 $2h_2$ 或为负值时，取 $a = 2h_2$。

d. $240(200) < h_0/\delta \leqslant 320(270)$，除设置横向加强筋外，还应布置两道纵向加强筋，第一道设置在距腹板受压边缘 $(0.15 \sim 0.2)h_0$ 处，第二道设置在距腹板受压边缘 $(0.35 \sim 0.4)h_0$ 处。

此时，横向加强筋的间距 a 由式（8-26）确定，式中 h_0 值用 $h_3 = (0.6 \sim 0.65)h_0$ 代替，并取 $\eta = 1.4$。当 a 大于 $2h_3$ 或为负值时，取 $a = 2h_3$。

③受压翼板的局部稳定性计算。

对于箱形梁，当腹板中心距 b_1 与受压翼板厚度 δ 的比为下列情况时，可不考虑受压翼板的局部稳定性。

相当于 $3^{\#}$ 钢强度的材料，$h_1/\delta \leqslant 60$。

相当于 16Mn 钢强度的材料，$h_1/\delta \leqslant 50$。

当翼板宽度超过上述规定时，应设一道或多道纵向加强筋。

纵向加强筋间隔 c、宽度 b_g、厚度 δ_g 应满足以下规定。

相当于 $3^{\#}$ 钢强度的材料：$c \leqslant 60\delta$；$b_g/\delta_g \leqslant 15$。

相当于 16Mn 钢强度的材料：$c \leqslant 50\delta$；$b_g/\delta_g \leqslant 12$。

图 8 – 11 中 a 为梁横向加强筋间距。

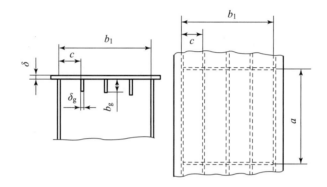

图 8 – 11　宽翼板多道加强筋的设置

每条纵向加强筋需要的惯性矩为

$$J_z \geqslant 0.12\gamma b_1 \delta^3 \tag{8 – 27}$$

式中　J_z——纵筋惯性矩：

$h_1/h_0 = 0.2$ 时，　　　$J_z = \left(2.5 - 0.5\dfrac{q}{h_0}\right)\dfrac{a^2}{h_0}\delta^3$

$$J_{z\min} = 1.5h_0\delta^3$$

$h_1/h_0 = 0.25$ 时，　　　$J_z = \left(1.5 - 0.4\dfrac{q}{h_0}\right)\dfrac{a^2}{h_0}\delta^3$

$$J_{z\min} = 1.5h_0\delta^3$$

$h_1/h_0 \geqslant 0.3$ 时，　　　$J_z = 1.5h_0\delta^3$

当纵筋数量大于 1 时，　$J_z = 1.5h_0\delta^3$

b_1——腹板中心距；

δ——受压翼板厚度；

γ——系数，与系数 α、β 及纵筋数量有关，查有关表选取。

$$\alpha = \frac{a}{b_1}$$

$$\beta = \frac{A_z}{b_1 \delta} \le 0.2，尽量取小值$$

A_z——一条纵向加强筋截面积。

按式（8 - 27）求得的纵向加强筋，可以保证被加强的翼板实际能力达到许用值，而不必考虑其稳定性。

8.1.5　箱盖设计

1. 箱盖的功能

箱盖是贮运发射箱实现密封的重要部件，对导弹的贮存寿命、使用维修性能、发射时的反应时间及可靠性有直接影响。一般需要具备以下功能：

（1）发射箱箱盖关闭时，应有一定的刚强度，能够承受外部一定程度的机械撞击，防止箱内导弹遭受破坏。

（2）应具有良好的气密、隔热性能，为导弹提供良好的贮存环境。

（3）应具有屏蔽电磁辐射的能力。

（4）箱盖打开时应方便、可靠，满足开盖角度、开盖时间指标要求。不能给导弹的发射带来不利影响。

2. 开关盖方式选择

发射箱开关盖方式主要有以下几种。

（1）液压 - 弹簧为动力的开关盖方式。开盖时爆炸螺栓引爆解锁，箱盖在弹簧力的作用下被顶开，靠重力向下打开，最后经缓冲开启到位。关盖时由液压系统提供动力，靠液压筒将箱盖关闭到位。

（2）液压为动力的开关盖方式。箱盖打开和关闭都采用液压筒完成。

（3）机电式开关盖方式。前盖、后盖一般用金属材料制成，箱盖的打开和关闭都采用电动机构完成。发射箱的气密可以采用爆炸螺栓锁紧密封，也可以通过箱盖上的锁紧机构来实现锁紧密封。优点是关盖、开盖可靠，可多次使用。缺点是开关盖机构复杂，质量大。

（4）抛掷式易碎盖。箱盖一般采用复合材料，内敷设导爆索，开盖时靠电点火引爆起爆器，经传爆药柱点燃导爆索，爆轰分离开盖，盖体被整体抛出。

（5）冲破式易碎盖。易碎前盖一般由非金属材料本体和金属法兰组成，非金属材料本体一般为环氧树脂材料或玻璃钢材料，本体上设有破碎槽，易碎前盖被燃气或弹头按预设的破碎槽冲破成若干块而分离。如果后盖要求不分离，盖体根部可用弹性材料粘贴，这样，在燃气流冲破时，盖体破碎的几块打开，随着燃气流强度的减小，后盖慢慢回位，以阻止相邻号位发射时燃气流的进入。易裂盖本体内侧一般安装有承力格栅，用于帮助箱盖承受外来压力。易碎盖具有一次性使用、质量小、成本低、结构简单、操作简便等优点，目前已得到广泛采用。

（6）薄膜盖。薄膜盖由高强度玻璃纤维和环氧树脂复合而成，发射时在燃气流或弹头的作用下在预设的刻痕处破裂。

3. 机电式开盖机构设计

1）结构组成

箱盖盖体一般由本体、耳轴座、铰链座及密封件构成，开盖机构一般由电动机构、推杆、铰链座等组成，如图 8－12 所示。电动机构中有电动机及减速器，电动机的旋转运动经减速后变成直线运动，使箱盖打开或关闭。箱盖上有两个铰链与箱体法兰相连，电动机构使推杆推出时，箱盖可绕铰链转动，实现向下开盖或向上开盖，推杆收回时实现关盖。

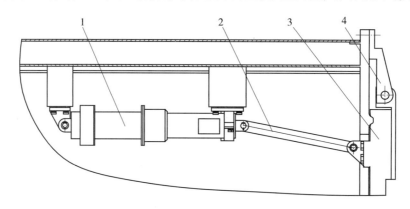

图 8－12　典型爆炸螺栓锁紧机电式开盖机构

1—电动机构；2—推杆；3—箱盖；4—铰链座

为了保证箱体气密，在箱盖上的沟槽内装有密封胶圈或密封胶囊，贮运过程中，箱盖与箱体法兰用螺栓固定，压紧密封圈，从而保证气密。进入待机发射状态，解脱固定螺栓，仅剩一个爆炸螺栓，此时由充气胶囊保证气密，而密封胶圈因螺栓去掉后未压紧，不再起密封作用。爆炸螺栓保证待机发射的箱盖去掉固定螺栓后仍然关闭，由充气囊密封。

开盖动作：待机发射时，拧掉固定螺栓，仅剩一个爆炸螺栓。按下点火指令后，发控系统使爆炸螺栓炸断，随后启动电动机，使推杆向前移动，将箱盖迅速打开，直至箱盖到位。电动机自动断电。箱盖打开速度即推杆移动速度，由于开盖的阻力不大于电动机的额定载荷，所以开盖速度不小于额定速度。

关盖动作：用电动机自动将箱盖抬起。电动机构推杆收回到位，箱盖也关到位，电动机自动断电，随后用爆炸螺栓固定。若进入运贮状态，应拧上全部固定螺栓，使发射箱保持完好的长期贮存的气密状态。

2）开盖角度的确定

对于机电式开盖方式，由于箱盖开启后，箱盖不脱离发射箱，为了确保发射箱盖开启后不对导弹发射过程产生影响，一般需要根据具体要求，将箱盖开启角度设计成固定值。开盖角度需要根据导弹发射过程中弹上设备的工作时序、导弹姿态变化带来的燃气流冲击、具体的开盖结构等因素进行协调确定。

开盖角度没有一个明确、通用的要求，可根据具体需求选择下开盖 90°、上开盖 90°，甚至是侧开盖，如俄罗斯的"马基斯特"导弹发射筒，如图 8 – 13 所示。

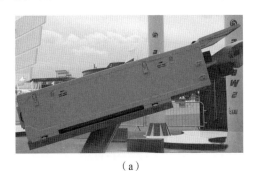

（a）

（b）

图 8 – 13 开盖方式

（a）上开盖；（b）侧开盖

3）开盖时间的计算

箱盖的开盖时间是指箱盖从关闭位置到开启到位所需的时间，是影响导弹武器系统连续攻击能力的重要指标。

在计算开盖时间时，略去箱盖转动时铰链轴的摩擦力、作用在箱盖上的空气阻力及箱内充气压力，只考虑电动机构推杆力的作用。箱盖受力简图如图 8 – 14 所示。

箱盖运动方程

$$J \frac{\mathrm{d}^2 \varPhi}{\mathrm{d}^2 t} = F l_F \sin(\alpha_F + \varPhi) - n G l_G \cos(\alpha_F + \varPhi) \tag{8 – 28}$$

式中 J、G——箱盖的转动惯性及重力；

　　　 F——电动机构推力；

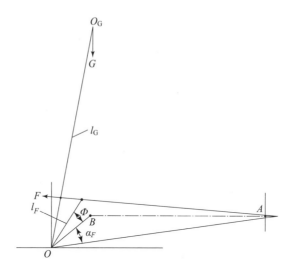

图 8 - 14   箱盖受力简图

Φ——箱盖打开角度，一般为 $0° \sim 90°$；

l_F、l_G——F 及 G 到转动中心的力臂；

α_F——箱盖关紧时的初始结构角；

n——过载系数。

假设箱盖由 Φ_i 打到 Φ_{i+1} 时，F 及 G 作用的力臂不变，因而上式右边为不随 Φ 变化的函数。所以在 $\Phi_i \sim \Phi_{i+1}$ 期间积分，得

$$\omega = \omega_i + \frac{1}{J}\left[Fl_F\sin(\alpha_F + \Phi_i) - nGl_G\cos(\alpha_F + \Phi_i) \right](t - t_i) \tag{8-29}$$

$$\Phi = \Phi_i + \omega_i(t - t_i) + \frac{1}{2J}\left[Fl_F\sin(\alpha_F + \Phi_i) \right] - nGl_G\cos(\alpha_F + \Phi_i)(t - t_i)^2$$

$$\tag{8-30}$$

式中　ι——箱盖开始运动的时间。

初始位置时，$t = 0$，$\Phi = \Phi_i = 0°$，$\omega = \omega_i = 0$，随后的 Φ_i、ω_i 即为前一间隔末的值。

4. 易碎盖的设计

易碎盖一般由盖体、法兰、承力栅格等组成。结构外形有平面形、圆锥形、半球形、半椭圆形等，一般内部预设破碎槽，便于破裂。

1）易碎盖破碎方案选择

易碎盖的破碎方案可以采用弹头冲破式、燃气冲破式和激波冲破式。

弹头冲破式是在导弹向前运动时，利用弹头将前盖冲破，这样前盖破碎过程中会对导弹头部造成一定的冲击。在设计箱盖的破碎压力时，需要考虑弹头的抗冲击能力，确保弹头冲破易碎盖时不会遭受破坏。"海麻雀"、"海鸥"导弹发射箱前箱盖即采用弹头冲破式，如图 8 - 15 所示。

（a）　　　　　　　　　　　　　　　　（b）

图 8 - 15　导弹发射箱易碎盖

（a）"海麻雀"导弹；（b）"海鸥"导弹

当导弹头部装有防护罩（如鱼雷头罩）时，因防护罩本身易碎，是不能再利用导弹头部冲破易碎盖的，此时就需要寻求其他碎盖方式，如燃气冲破式、激波冲破式。

燃气冲破式是利用导弹发射时产生的高速燃气将易碎盖冲破。燃气流可以将发射箱的后盖冲破，也可将同心发射筒的前盖冲破。图 8 - 16 所示为燃气冲破后易碎盖的仿真云图。

激波冲破式可利用导弹助推器点火产生的激波将易碎盖打开，如后易碎盖被发动机喷管所喷射的燃气流冲破，前易碎盖利用燃气冲击波在后盖发生反射而传播到前盖而将其打开。采用激波冲破方式需要通过计算、试验等手段确定易碎盖的开盖压力，以此作为易碎盖设计依据，同时，确保导弹及发射箱能够承受在箱内传播的激波的压力，并对相关薄弱设备进行激波防护。图 8 - 17 所示为发射箱内激波向前盖传播的仿真云图。

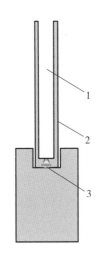

图 8 - 16　燃气冲破后易碎盖的仿真云图

1—导弹；2—发射箱；
3—后易碎盖

图 8 - 17　发射箱内激波向前盖传播的仿真云图

激波冲破式也可利用发射箱内专设的压力管所产生的激波将易碎盖冲破，如图 8 - 18 所示，在发射箱的内部利用薄膜隔出一段作为压力管，压力管内的爆炸装药在适合的时刻点火，所产生的冲击波向前、后两个方向传播，从而使前、后盖均打开，改变两个通道的大小或方向可以获得不同强度的冲击波来打开前后盖。

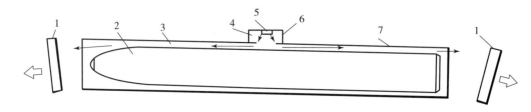

图 8 - 18　压力管产生激波将箱盖打开

1—箱盖；2—导弹；3—箱内部；4—压力管内部；5—装药；6—压力管；7—导弹发射箱

2）易碎盖材料的选择

箱盖体可以选择下列材料制造。

①以硬质聚氨酯泡沫塑料为基材，用金属模具浇铸成型。材料表观密度 0.3 ~ 0.4 g/cm^3，抗拉强度可达 6 ~ 8.5 MPa，抗冲击强度可达 2 ~ 4（kg·cm）/cm^3，其性能足以满足盖的强度要求。

②以玻璃纤维布为基材，加树脂、填料，层压固化成型。根据破碎力的要求来确定玻璃布的层数、树脂配方及含量、固化温度及固化时间。

泡沫塑料质量较小，材质较软，当需要由弹头顶破箱盖时，其破碎过程不会划伤导弹头部。

用金属模具发泡成型，批量生产时能保证易碎盖的尺寸与性能参数的一致性。金属模具使用寿命长，批量生产效率高，较经济。

法兰材料可以选择铝或玻璃钢，两者都较轻，性能都能满足要求，但设计制造时需注意不同材质的特点，采取以下相应的措施。

①玻璃钢法兰刚度较差，用螺栓固定于管口时易变形，气密性不好保证，设计时需加强刚性。铝材法兰没有此问题，结构厚度可小些。

②温度变化时，铝与非金属盖的膨胀系数不一致。黏结部位容易开裂，所以应当进行高低温试验，检查黏结牢度，保证气密要求。

3）易碎盖结构设计

（1）单层结构（图 8 - 19）。

单层结构易碎盖可选用一种适当强度的聚氨酯泡沫塑料，模压成适于镶嵌在发射箱口上的前盖，并通过一个金属框架固定在发射箱上，金属框架是由金属材料制成的。例如铝合金制成方框，形状与盖的相同，但尺寸稍大，框架四边内侧有角形构件，正好同盖的外缘直角相配合；箱盖框架凸耳上有孔，螺钉通过此孔将箱盖固定在发射箱上，此时盖外表面突出的铝膜与铝角形构件密切配合，构成一个光滑封闭的平面，保护导弹免受电磁辐射的影响。对这样一种形式的易碎盖，为了使盖易于破裂，还可在盖上做出适当形状的沟槽，沟槽的截面形状一般为等腰直角三角形或者等边三角形。

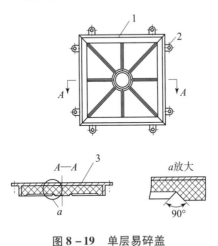

图 8 - 19　单层易碎盖

1—框架；2—支耳；3—铝膜

（2）多层结构易碎盖。

图 8 - 20 所示为多层结构易碎盖，盖体共三层：外层为泡沫塑料，中间为玻璃布，里层为铝箔。玻璃布两面涂胶，将铝箔牢固地粘于塑料层上，并保证有良好的密封性，铝箔起屏蔽作用。

塑料层厚 14 mm，有 8 mm 深的沟槽，把全盖分成 8 块。顶部呈半球形，有直径为 150 mm 的环形沟槽；底部呈圆形，有直径为 300 mm 的环形沟槽。发射时，弹头与盖体相撞，先将直径为 150 mm 的圆板冲落，

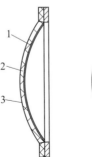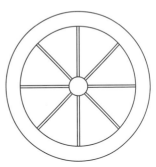

图 8 - 20　多层结构易碎盖

1—铝箔；2—玻璃布；3—泡沫塑料

弹头继续运动时，盖体沿沟槽被挤成 8 块。这种结构可减小弹头撞碎易碎盖时的撞击力。为防止塑料老化，塑料层上涂硫化硅橡胶，厚 0.2 ~ 0.3 mm。

法兰是铝制圆环，厚 20 mm，有足够的刚度，其上有 8 个圆孔，用 8 个螺钉将易碎盖固于发射筒端，被压紧的橡胶圈起密封作用。

盖体采用聚氨酯胶粘在法兰上，按黏结工艺要求保证黏结牢固。

黏结连接的主要优点如下：

①不削弱受力面积；

②不发生开孔处的应力集中现象，受力性能及疲劳强度较高；

③连接点外形平滑，气密性好，连接元件的裂纹不易扩展；

④可以用于不同材料的连接，无电化腐蚀问题。

黏结连接的主要缺点如下：

①在胶缝边缘处有较大的切应力和剥离力，易造成边缘过早剥裂，导致整个胶层破坏。

②强度分散性大，由于温度、湿度等环境因素的影响，黏结强度会降低。所以，要注意黏结工艺，并要做高低温试验，以便检查黏结质量。

5. 整体抛盖设计

这种形式的箱盖，有两种开盖方法：一种是盖体与法兰之间有导爆索，靠火药的爆轰力使箱盖抛出一定距离；另一种是箱盖与箱体之间用爆炸螺栓连接，螺栓炸断之后，靠箱内气压将箱盖整体抛出。

1）设计要求

箱盖的设计要求如下：

（1）在正常发射条件下，导爆索点燃后，箱盖的盖体与法兰剥离，抛出距离不小于 3 m。

（2）在应急发射条件下，导弹头部能冲破箱盖。

（3）箱盖抛掷不影响导弹的正常飞行。

（4）箱盖有足够的强度，能承受运输时的振动及相邻导弹燃气流的冲击。在一定大小静荷载作用下，箱盖不破裂。

（5）保证箱体气密。

（6）耐腐蚀、耐老化、耐高温、有自熄性能。

（7）环境温度为 +50 ℃或 −40 ℃时，箱盖黏结处不应脱黏，气密性不应破坏。

2）导爆索式抛掷盖结构实例

如图 8 −21 所示，箱盖由盖体、法兰、导爆装置组成。

盖体由玻璃纤维细布和环氧树脂制成。中间连续铺设 200 目的铜网，屏蔽电磁场的辐射作用，盖体中间有圆孔，用能透过红外线的护罩罩住，有密封垫防止漏气。导弹在贮运发射箱中，通过透明的护盖接收来自目标的红外信号。盖体四周有一定高度和厚度，中间填充有泡沫塑料的环状突起部，保护导弹头部免受燃气直接冲击。

法兰由玻璃纤维细布和环氧树脂制成。中

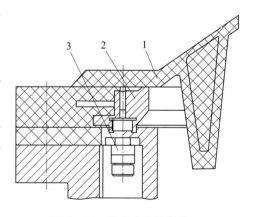

图 8 −21 导爆索式抛掷盖

1—盖体；2—法兰；3—导爆装置

间铺设铜网，屏蔽电磁场的辐射作用。铝片则增加法兰的抗弯刚度，使导爆索的爆轰力只撕裂盖体而不会使法兰变形。法兰四周有均匀分布的圆孔，螺钉通过这些孔将法兰固于箱体上，并由密封垫防止漏气。

开盖原理：两个对称安装的起爆器爆炸后，引爆传爆药柱，并将爆轰能量传给导爆索。沿箱盖黏结面周缘敷设的导爆索被引爆，产生爆轰压力，作用于箱盖之上，使玻璃钢盖从黏结面上剥离，并将箱盖抛出。

导爆装置中的金属护罩能承受导爆索引爆产生的爆压而不会破坏，使玻璃钢盖剥离，并能减弱爆炸波对弹头等的影响。试验证明：只要导爆索药量适当，火工品爆炸时弹头上的压力不大，弹头完好无损，箱盖抛出距离符合要求，法兰周边整齐，发射通道畅通，爆炸力对本体不造成破坏。

3）爆炸螺栓式抛盖结构实例

法国"响尾蛇"发射箱前盖是爆炸螺栓开启盖，也称为抛掷式前盖。发射箱前盖为高 655 mm 的锥形铝合金旋压件，壁厚 1.2 mm，形状与导弹的头部相适应，以减小前盖的尺寸和质量，如图 8 - 22 所示。前盖用爆炸螺栓连接在发射箱上，在发射时，点火电路接通，内部炸药点燃爆炸，剪断了剪切销，使螺栓分成两部分，在爆炸力和箱内压力的作用下将前盖抛出，前盖让开导弹的飞行弹道。为了保证导弹发射安全，只有获得前盖已抛出的信号后才可以点火发射导弹。

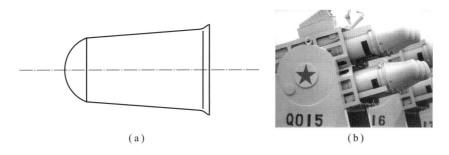

（a）　　　　　　　　　（b）

图 8 - 22　"响尾蛇"抛盖结构

前盖开关结构安装在发射箱侧板的前部，在常态下，前盖安装好，开关控制机构的拉绳与前盖机相连，同时插销到位，压板由斜柱销和滚珠固定，微动开关断开，发动机点火线路不通。发射时，前盖抛出，插销拔出，斜柱销释放压板，压板在弹簧作用下压住微动开关，使其接通导弹发动机点火线路。如出现故障，前盖未抛出，点火电路不会接通，无法进入导弹发射流程，此时前盖开关起保险作用。

8.1.6　适配器设计

1. 适配器的功能

适配器是在导弹与发射筒之间的一种弹性衬垫，当导弹装筒后，适配器在贮存、运输过程中起支承、固定导弹的作用；在发射过程中起导向作用，并控制初始扰动；导弹出筒后，适配器迅速脱离弹体而不影响导弹的气动性能和正常飞行。它的优点如下：

（1）在运输和发射过程中具有良好的减振和导向作用；

（2）使发射筒结构紧凑、简单、质量小，并且改善筒体的工艺性；

（3）减少了弹体外突出物，改善了导弹的气动外形；

（4）防止燃气流倒流，提高发射安全性；

（5）适配器加工容易，安装、使用、维护方便。

适配器发射技术在国外早有应用，如法国的"飞鱼 MM40"、美国的"北极星"等导弹。

2. 适配器的结构与材料

适配器一般以聚氨基甲酸泡沫塑料（聚氨酯）作基体，以聚四氟乙烯和海绵板作衬料，此外，还有弹簧、定位销等配件。典型的适配器结构如图 8 - 23 所示。

之所以选择泡沫塑料作为适配器材料，主要是基于以下考虑：

（1）由于泡沫塑料内部发泡，而且本身的动力特性复杂，使其在整个变形过程中处于弹性 - 塑性 - 黏弹性相交汇的流变状态，表现出强烈的非线性特性，这些都是获得良好冲击特性的基础。

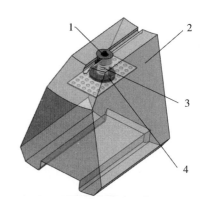

图 8 - 23　适配器典型结构
1—定位销；2—适配器本体；
3—分离弹簧；4—弹簧座销

（2）可以有效阻止多个振峰的产生。当系统处于路面不平或海浪起伏的随机激励环境中时，对多自由度现行系统将激励起许多共振峰，产生噪声或疲劳破坏。对于这种环境，采用以往调整刚度和质量的方法常常难以使结构的固有特性避开宽频带激励频率。对于黏弹性材料，因动力特点及阻尼较大，可以有效解决这个问题。

（3）泡沫种类较多，对于同一种化学成分的材料，可以通过不同的加工工艺和发泡处理得到密度、刚度、阻尼等物理参数大不相同的材料，而且易于加工成多种复杂形状的零件。

鉴于上述特点，使得在设计适配器时能兼顾运输时的减振特性、发射中的控制扰动特性与滑离后的分离特性三方面的要求，合理进行各参数的设计。

3. 适配器的布局方式

发射筒内适配器的布置需要根据导弹外形、可支承位置、分离要求以及弹筒间的结构协调确定，一般需要布置前、中、后三组适配器，每一组适配器的片数一般为四片，可采用" + "字形或" × "字形布置。如果由于弹箱结构限制，也可采用其他形式的布置方式，但需要满足适配器对导弹上下、左右方向的限位。图 8 - 24 所示为前、中、后三组适配器" + "字形布局方式。

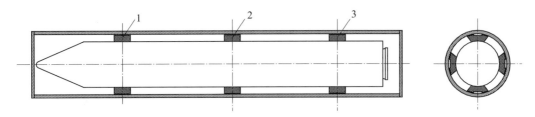

图 8 - 24　前、中、后三组适配器" + "字形布局方式

1—前适配器；2—中适配器；3—后适配器

4. 影响适配器可靠分离的因素

导弹发射时，适配器与导弹一起在筒内运动。当适配器飞离发射筒后，则在分离弹簧的弹力、气动力和自身重力作用下与弹体分离，并在空中沿着预定的轨迹飞行，而导弹在发动机推力作用下沿既定弹道飞行。

根据适配器分离特性分析，影响适配器与弹体分离的主要因素有以下几点。

（1）气动外形和质量。当出口速度一定时，如果气动升力大，阻力系数小，适配器就能获得较大的分离距离；适配器质量小，分离后的飞行运动易受气流干扰。

（2）分离弹簧的弹力。弹力大，适配器分离初始加速度就大，在分离过程中运动距离也较大。

（3）弹簧力作用点与适配器质心的距离。弹簧力作用点的位置影响适配器分离时的运动姿态，应选择适当。

（4）风速与风向。

（5）射角。一般来说，增大射角对适配器分离是有利的。

（6）适配器出筒时的初始速度。初始速度增加，适配器分离速度加快，有利于分离。

适配器分离基本要求是发射时适配器在与导弹分离过程中不与弹体、展开中的弹翼、舵等部位相碰撞，并且保证有一定的安全距离。

5. 适配器分离运动研究

导弹离开发射筒后，与适配器保证可靠地分离是导弹发射可靠性的重要环节，因此，分析诸多因素对适配器分离特性的影响及其控制措施，是十分必要的。

1）适配器与导弹分离过程中的受力分析

作用于适配器质心的力有三个：分离弹簧的弹力 N、气动力合力 F 和重力 G。使适配器产生转动的力矩有两个：分离弹簧的弹力对质心的力矩 M_N、气流的气动力的合力矩 M_F，如图 8 - 25 所示。

分离弹簧的弹力值 N 和弹力矩值 M_N 的确定：根据适配器与弹体的相对位置关系计算出弹簧的长度。这个长度若小于弹簧的原长，则弹力数值由弹力 – 变形关系曲线确定（该曲线由实测得到）。若这个数值超过弹簧的原长，则弹力值为零。弹簧力矩 $M_N = E \times N$，E 为由质心指向弹簧力作用点的矢径。

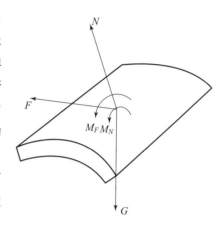

气动力合力 F 和气动力矩 M_F 的计算：将所有作用在适配器表面上的空气动力合成一个作用在适配器质心处的合力 F 和一个绕质心的合力矩 M_F，这对力和力矩的大小与适配器的几何形状（气动外

图 8 – 25　适配器的受力分析

形）有关，与相对运动的气流的大小和方位有关。这些关系通过 6 个空气动力系数（阻力系数、升力系数、侧力系数、滚转力矩系数、偏航力矩系数、俯仰力矩系数）综合地反映出来，这些系数由适配器的风洞试验测得。总空气动力矢量 F、总空气动力矩 M_F 的具体数值通过在适配器的风轴坐标系上的投影 X、Y、Z 和 M_{xF}、M_{yF}、M_{zF} 来计算。

当给定了某一瞬时适配器相对气流运动的攻角 α、侧滑角 β 及适配器与气流的相对运动速度 v_r 后，就可确定 6 个气动系数，从而确定适配器所受的空气动力和空气动力矩。

$$\left.\begin{aligned} X &= \frac{1}{2}C_x\rho v_r^2 S \\[6pt] Y &= \frac{1}{2}C_y\rho v_r^2 S \\[6pt] Z &= \frac{1}{2}C_z\rho v_r^2 S \end{aligned}\right\} \tag{8 – 31}$$

$$\left.\begin{aligned} M_{xF} &= \frac{1}{2}m_x\rho v_r^2 SL \\[6pt] M_{yF} &= \frac{1}{2}m_y\rho v_r^2 SL \\[6pt] M_{zF} &= \frac{1}{2}m_z\rho v_r^2 SL \end{aligned}\right\} \tag{8 – 32}$$

式中　C_x——阻力系数；

　　　C_y——升力系数；

　　　C_z——侧力系数；

　　　m_x——滚转力矩系数；

m_y——偏航力矩系数；

m_z——俯仰力矩系数；

ρ——空气密度；

S——计算特征面积；

L——计算特征长度。

2）建立描述适配器空间运动的动力学微分方程组和运动学方程组

将适配器的空间任意运动分解为随其质心的平动和绕其质心的转动。对非惯性参考系，适配器质心的动力学微分方程为

$$F_c = m\left(\frac{\mathrm{d}}{\mathrm{d}t} + \boldsymbol{\Omega} \times \right) \tag{8-33}$$

式中　F_c——作用于适配器质心的所有外力的合力；

m——适配器的质量；

$\boldsymbol{\Omega}$——非惯性参考系对地轴坐标系的转动角速度矢量；

——适配器质心对地绝对速度。

对非惯性参考系，适配器绕其质心转动的动力学微分方程为

$$M_c = I\frac{\mathrm{d}\boldsymbol{\Omega}}{\mathrm{d}t} + \boldsymbol{\Omega} \times B_c \tag{8-34}$$

式中　M_c——作用于适配器质心的所有外力矩的合力矩；

I——惯性张量矩阵：

$$I = \begin{bmatrix} I_{xx} & I_{xy} & I_{xz} \\ I_{yx} & I_{yy} & I_{yz} \\ I_{xz} & I_{yz} & I_{zz} \end{bmatrix}$$

B_c——适配器相对于质心的总角动量。

将矢量方程（8-33）向适配器的混合坐标系的三个坐标轴上投影，则得到

$$\left. \begin{aligned} \frac{\mathrm{d}v}{\mathrm{d}t} &= (-X - W\sin\theta_2 + N_x)/m \\ \frac{\mathrm{d}\theta_2}{\mathrm{d}t} &= (Y\cos\gamma_c - Z\sin\gamma_c - W\cos\theta_2 + N_y)/(mv) \\ \frac{\mathrm{d}\varphi_2}{\mathrm{d}t} &= -(Y\sin\gamma_c + Z\cos\gamma_c)/(mv\cos\theta_2) \end{aligned} \right\} \tag{8-35}$$

式中　X——适配器所受的空气阻力；

Y——适配器所受的空气升力；

Z——适配器所受的空气侧力；

W——适配器所受的重力；

N_x——适配器所受的弹簧力在混合系 x 轴上投影；

N_y——适配器所受的弹簧力在混合系 y 轴上投影；

θ_2——适配器的弹道倾角；

φ_2——适配器的弹道偏角；

γ_c——适配器风轴坐标系 y 轴的滚转角。

将矢量方程（8-35）向适配器的体轴坐标系投影，则得到

$$
\left.
\begin{aligned}
\frac{\mathrm{d}\omega_x}{\mathrm{d}t} &= \left[M_x - (I_z - I_y)\omega_y\omega_z \right]/I_x \\[2mm]
\frac{\mathrm{d}\omega_y}{\mathrm{d}t} &= \left[M_y - (I_x - I_z)\omega_z\omega_x \right]/I_y \\[2mm]
\frac{\mathrm{d}\omega_z}{\mathrm{d}t} &= \left[M_z - (I_y - I_x)\omega_x\omega_y \right]/I_z
\end{aligned}
\right\}
\tag{8-36}
$$

式中　ω_x、ω_y、ω_z——适配器转动的角速度矢量 $\boldsymbol{Q}$ 在体轴坐标系三个坐标轴上的投影；

I_x、I_y、I_z——适配器绕其三个主中心惯性轴的转动惯量；

M_x、M_y、M_z——作用于适配器质心的所有外力矩的合力矩在适配器的三个主中心惯性轴上的投影。

设适配器质心对地轴坐标系的坐标为 (x, y, z)，则有运动学关系

$$
\left.
\begin{aligned}
\frac{\mathrm{d}x}{\mathrm{d}t} &= v\cos\theta_2\cos\varphi_2 \\[2mm]
\frac{\mathrm{d}y}{\mathrm{d}t} &= v\sin\theta_2 \\[2mm]
\frac{\mathrm{d}z}{\mathrm{d}t} &= -v\cos\theta_2\sin\varphi_2
\end{aligned}
\right\}
\tag{8-37}
$$

式中　v——适配器质心对地轴坐标系的运动速度值。

上面方程组（8-35）~（8-37）中未知数的数目超过了方程的数目，必须再根据运动学关系补充下面的方程：

$$
\left.
\begin{aligned}
\frac{\mathrm{d}\varphi_1}{\mathrm{d}t} &= (\omega_y\cos\gamma_1 - \omega_z\sin\gamma_1)/\cos\theta_1 \\[2mm]
\frac{\mathrm{d}\theta_1}{\mathrm{d}t} &= \omega_y\sin\gamma_1 - \omega_z\cos\gamma_1 \\[2mm]
\frac{\mathrm{d}\gamma_1}{\mathrm{d}t} &= \omega_x - \tan\theta_1(\omega_y\cos\gamma_1 - \omega_z\sin\gamma_1)
\end{aligned}
\right\}
\tag{8-38}
$$

式中　φ_1——适配器的方位角；

θ_1——适配器的俯仰角；

γ_1——适配器的滚转角。

$$\sin \gamma_c = \left[\cos\alpha \sin\beta \sin\theta_1 - (\sin\alpha\sin\beta\cos\gamma_1 - \cos\beta\sin\gamma_1)\cos\theta_1 \right]/\cos\theta_2$$

$$\sin\alpha = -\left[\cos\theta_2\sin\gamma_1\sin(\varphi_1 - \varphi_2) - \cos\theta_2\sin\theta_1\cos\gamma_1\cos(\varphi_1 - \varphi_2) + \right.$$
$$\left. \sin\theta_2\cos\theta_1\cos\gamma_1 \right]/\cos\beta$$

$$\sin\beta = \cos\theta_2\left[\cos\gamma_1\sin(\varphi_1 - \varphi_2) + \sin\theta_1\sin\gamma_1\cos(\varphi_1 - \varphi_2) \right] - \sin\theta_2\cos\theta_1\sin\gamma_1$$

$$(8-39)$$

式中　α——适配器与相对运动气流的攻角；

　　　β——适配器与相对运动气流的侧滑角。

动力学微分方程和 9 个运动学方程包括了 15 个独立的参数：v，φ_2，θ_2，ω_x，ω_y，ω_z，φ_1，θ_1，y_1，x，y，z，α，β，γ_c，而方程组中的其他参数 x，y，z，M_x，M_y，M_z 均为上述 15 个参数的函数。这样，在给定初始条件的情况下，由方程组（8-35）~（8-39）所构成的联立方程组是闭合的。这里要指出的是，上面的方程在地面风速为零或很小可忽略时成立；若地面风速不为零，则必须对上面的方程组进行修正。

8.1.7　插头机构设计

1. 插头机构的功能及组成

导弹发射之前，地面（舰面）电源、控制导弹的电信号等都需要通过发射装置传递到导弹上，对导弹进行地面供电和控制；导弹发射时，又要及时而可靠地断开电路，并迅速让开一段距离，不致妨碍导弹的运动。发射装置中完成这项功能的机构就是插头机构。插头机构中的插头与导弹插座插接时不可靠，会造成导弹不能正常发射，贻误战机；插头与插座分离时不可靠，可能造成弹上插座被损坏，电路短路，严重时造成导弹发射失败，因此，插头机构是发射装置中的重要组成部分，在各类发射装置中都把电插头机构作为重要部件进行研究与设计。

插头机构主要由两部分组成：一是脱落插头，它实现电路连接；二是插拔机构，它实现脱落插头与导弹上插座的插接以及导弹发射时的可靠分离。

2. 插头机构的分离形式

插头机构的分离形式与插座在导弹上的安装方向有关，一般有轴向弹动分离、径向弹动分离、径向提前分离等。如果插座轴线与导弹轴线平行，插头的分离方向与导弹运动方向一致，可利用导弹的向前运动实现轴向弹动分离，插头与插座的插接和分离动作较易实现，插头机构的组成相应也简单些，一般只考虑导弹装填、发射时的让开通路、防止燃气流烧蚀插头等问题。

如果插座的轴线与导弹轴线垂直，插头沿导弹的径向插入，插头与插座的分离方向与导弹的运动方向垂直，需要一套较为复杂的机构来实现这种径向分离；此时，对于插头的分离时机，分以下两种情况来考虑。

1）径向提前分离

这种分离形式是指在导弹发射前，接受插头分离指令将插头先行拔出，断开电气通路，然后再给出导弹点火发射指令。由于插头分离后导弹再点火运动，插头机构的运动与导弹运动无关，此时必须设置专门的插头解锁、分离机构来实现插头的分离，一般还要将插头分离到位的信号反馈给武控系统，确保导弹发射时，其运动通路是畅通的。

2）径向弹动分离

这种插头分离形式是指插头在导弹点火运动中逐渐拔离，插头的运动是复合运动，一方面随着导弹向前移动，另一方面，还要向与导弹运动方向垂直的方向远离导弹运动。由于导弹启动后有较大的加速度，导弹的运动速度增长很快，这就要求插头机构必须具有使插头迅速、安全、可靠拔出的性能。此时的插头机构也是最为复杂的。

3. 插头机构的设计要求

在武器系统中，发射装置的插头机构主要用于脱落插头和导弹插座的插接或分离，是实现弹箱电气连接的重要部件，在设计中有许多特殊要求必须满足，所以，在多数产品研制中都列为专门课题进行研究。产品设计时的基本要求有如下几点。

（1）保证插头与导弹上插座准确可靠地插接，确保地面（舰面）电路与导弹电路可靠地接通。

（2）保证导弹发射时，插头与弹上插座安全可靠地分离，切断电气通路。

（3）保证导弹发射时，插头或其他组成部分不与导弹发生干涉，不能损坏导弹，避免使导弹受到附加扰动，不能妨碍导弹的运动。

（4）对多次使用的电插头应设有防燃气流烧蚀与冲刷的措施。

（5）插头机构的操作应简单、安全，维护方便。

（6）在技术阵地向发射阵地转运过程中，确保插头与弹上插座的可靠插接，不能因运输冲击引起自行脱落。

（7）应具有手动分离的功能，保证不发射时能手动分离，以实施退弹操作。

在具体设计过程中，应考虑以下几个问题。

（1）插头与插座能配合的极限位置，要求纵向、横向及上下均有允许的调整范围。

插头与插座极限配合，不但与发射箱本身的设计偏差有关，也与弹上插座的设计偏差有关，因此，在设计时，要充分考虑各个因素进行尺寸链计算，确定出需要的调整范围以及装配调整方法。

纵、横及上、下偏差是由插头机构制造及在发射箱内安装时的误差、导弹装在箱内时的偏差造成的。解决办法是：结构上应保证插头能顺利插入插座中，插头的最大上升高度应保证插座在极限位置时能插到位，但插座在下极限时，插头插到位即停止，不致强制上升将弹顶坏；装配时，应留有间隙和调整环节，使插头能转动而不致卡死。

（2）插拔力范围。

插拔力是使插头插接、分离的动力，设计时要留有一定的安全系数。插拔力范围的确定要根据插针与插孔的数量、插头与插座的初始分离力以及机构运动本身的摩擦力来确定。要保证插针与插孔间有一定压力，使电信号不断路，但不能过多增加插入或拔出的困难。

（3）插头分离时间。

对于径向分离插头机构，要保证导弹发射时插头机构不妨碍导弹运动，需要对插头的分离时间做出规定，这个分离时间根据导弹的运动速度确定，必须小于可能与插头碰撞的弹上设备运动至插头位置的时间。

（4）插头快速分离时制动的可靠性。

根据插头的分离速度来确定制动要求，要保证插头拔出后能停在安全位置，防止撞击或反弹。

（5）插头芯线导通性能、密封性能。

（6）环境条件变化对插头机构运动性能的影响。例如，在高低温条件下，插头机构运动环节摩擦力变化对插头分离性能的影响。

直式插头是当前采用较广泛的插头，现代不少型号导弹都选用直式插头组成电插头机构完成电路的连接、分离功能，其中直插式插头机构非常典型，下面就以此为例，介绍插头机构的设计。

4. 直插式插头机构的设计

直插式电插头机构示意图如图 8 - 26 所示。机构上的电插头与导弹插接时，使用专用的插接螺杆，首先将插接螺杆装好，顺时针旋下螺杆，压住上连接板，带动螺柱、插头等向下移动，使插头插入弹上插座。当插接到位时，限位轮被限位销卡住，保持插接位置，与此同时，立柱上的立柱弹簧被压缩，贮存使插头拔起的弹性势能，取下插接螺杆即完成了插接动作，如图 8 - 26 （c） 所示。

导弹发射时，导弹带动插头及与它连接的移动架一起前移，使限位轮脱开限位销的约束，在立柱弹簧弹力作用下，上连接板带动插头迅速上升，实现插头与插座的分离，如图 8 - 26 （d） 所示。

1）机构的运动分析

直插式电插头机构插头与插座的分离运动过程可分三个阶段：第一阶段是插座带动插头沿射向前移，插头又带动移动架前移，使限位轮逐渐脱离限位销的约束，在限位轮中心面未移出限位销端头之前，插头与插座间没有相对运动，此时插头运动轨迹为一条直线。第二阶段是限位轮中心面移出限位销端头后，上连接板及插头在立柱弹簧的作用下开始上升，在插头导销未脱出插座导孔之前，插头除有上升运动外，在插座的带动下还有向前移的运动，因此，第二阶段插头是做复合运动，其运动轨迹为一

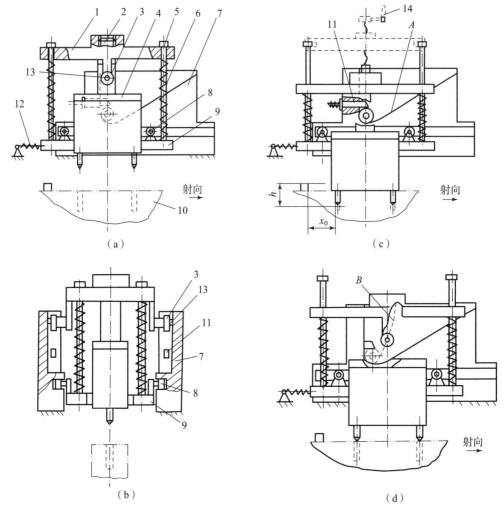

图 8-26 直插式电插头机构示意图

(a) 待插接状态；(b) 射向视图；(c) 插接状态；(d) 分离状态

1—上连接板；2—螺柱；3—限位轮；4—电插头；5—立柱；6—立柱弹簧；7—模板；8—滚轮；

9—底座；10—弹上插座；11—限位销；12—回位弹簧；13—导向销；14—插接螺杆

条曲线。第三阶段是插头导销完全脱离插座导孔后，插头在立柱弹簧的作用下继续上升，此时虽没有插座带动插头前移，但第二阶段的运动使插头已获得了一定的惯性，故仍有向前的运动，此阶段插头也是在做复合运动，如图 8-26 中的虚线 B 所示。

插头升起高度所需时间的简化计算如下：

直插式电插头机构的插头升起主要靠立柱弹簧的弹力，弹力小，则插头拔起速度小，有可能与导弹上滑块或其他凸起物相干涉，致使插头损坏，因此，设计中要对插头升起高度所需时间进行计算，用计算结果与滑块或弹上凸起物移动到插头部位所需时间相比较，确定设计是否满足要求。

对于直插式电插头机构的运动，前面已进行了分析，插头在拔离过程中做复合运动，为简化计算，可把插头运动看成垂直升起运动，其运动微分方程如下。

$$K(x_0 - x) - mg - p_M = m\ddot{x}$$
$$m\ddot{x} + Kx = Kx_0 - mg - p_M \tag{8-40}$$

式中　K——立柱弹簧刚度系数；

　　　x_0——立柱弹簧在插接状态时的压缩量；

　　　x——立柱弹簧升起的高度；

　　　m——机构中插头及上升部分的质量；

　　　p_M——插座对插头的摩擦力。

由式（8-40）得

$$x = \frac{2m}{K}(Kx_0 - mg - p_M)\left[1 - \cos\left(\sqrt{\frac{m}{K}}t\right)\right] \tag{8-41}$$

$$t = \sqrt{\frac{K}{m}}\arccos\left[1 - \frac{Kx}{2(Kx_0 - mg - p_M)m}\right]$$
$$= \sqrt{\frac{K}{m}}\arccos\left[1 - \frac{K}{2m(Kx_0 - mg - p_M)}x\right] \tag{8-42}$$

式（8-42）中的 x_0、m、p_M、K 各值结构中如已定，则由此可算出插头让开滑块通过高度所需时间 t。一般情况下，滑块移到插头处所需时间 T 总体设计可以给出或计算出。如 $t < T$，则安全，如图 8-27 所示。

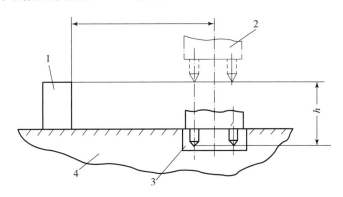

图 8-27　插头、滑块相对位置示意图
1—滑块；2—拔起让开滑块位置；3—插座；4—弹体

2）插头与插座配合偏差和解决方法

插头与插座之间在纵向、横向和垂直方向位置配合会出现偏差。此时，如何保证插头的插针仍能正确插入插座，使所有的电路都顺利接通，是设计中的一个很重要的问题。因此，在设计时，必须分析造成位置偏差的各种因素，进行尺寸链计算，定出允许偏差范围及装配调整方法，并提出生产时的验收技术条件。

横向偏差产生的原因如下：

（1）电分离器的中心线与导轨的中心线不在同一垂直面上；

（2）插头上的两个定位销与定位销孔不同心；

（3）导弹上的插座中心线对导弹中心线不垂直；

（4）因变形而造成插座的中心线与导弹的定向元件对称线不垂直；

（5）导弹定向元件在导轨上放置时可能出现偏移。

总之，横向偏差是由电分离器本身制造公差和它在定向器上的安装误差、插座的制造公差和它在导弹上的安装误差，以及导弹安装在定向器上时的位置偏差等所造成的。产生横向偏差后，可能使定位销相对定位销孔偏移一段距离［参看图 8-28（a）］或者定位销有一个已进入孔中，而另一个销与孔可能出现公盈［参看图 8-28（b）］。

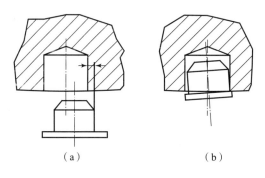

（a）　　　　　　　　　　（b）

图 8-28　插头与插座横向配合偏差

从结构上可采取下述办法使插头与插座顺利接通：定位销的直径小于孔径，且将头部做成锥形，使其能起引导作用；在装配时要留有间隙，使插头转动后不致卡死；此外，还设有归位机构，使插头分离后能恢复垂直位置，不致影响下一发使用。

垂直弹轴方向的偏差，是由导弹上插座的外表面距定向器表面的高度有改变造成的。插头垂直移动距离应保证插座在最高位置时能够插到位。若插座在最低位置时，插头的升高位置也能至此停止，不致强制上升而将导弹上的插座顶坏。

纵向偏差（沿弹轴纵向）产生的原因和结果与横向偏差的相似。解决的办法也是在装配时调整电插头的中心线，在可能卡滞的地方留有一定的间隙，采取相同的工艺基准以减小偏差。

3）机构自动调位性能分析

插头机构上的插头相对导弹插座位置总是要有偏差的，这是因为插头机构本身的制造、装配，插头机构在发射梁上的安装，插座在导弹上的安装以及导弹在发射箱上的安装、固定等都会有偏差产生，这些偏差最终都反映到插头与插座的相对位置偏差中。为确保插头与插座插接顺利可靠，一般在插头机构中设置自动找正机构，用来弥补插头与插座相对位置偏差带来的影响。

图 8 - 29 所示是自动找正机构工作原理图。它主要由套筒、顶杆、压簧等组成。在套筒内有压簧，压簧上端顶在套筒上，下端坐落在顶杆凸肩上，顶杆上下有两锥面分别与套筒两锥面相配合，顶杆下端连接插头。

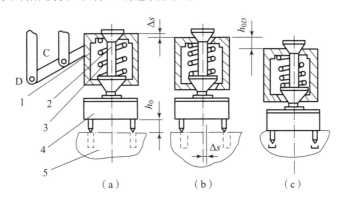

图 8 - 29　自动找正机构工作原理图（一）
(a) 插头插座无位置偏差时的待插状态；(b) 插头插座位置偏差为 Δs 时的状态；
(c) 插头插座位置偏差为 Δs 插接后状态
1—套筒；2—顶杆；3—压簧；4—插头；5—插座

当插头与弹上插座插接时，如插头相对插座有位置偏差 Δs 时 ［图 8 - 29 （b）］，插头导销将不能插入插座导孔，插头受阻，此时套筒继续下移，套筒压缩弹簧，使套筒与顶杆配合的两个锥面产生间隙，此时顶杆在横方向处于悬浮状态。由于插头有垂向力作用在插座上，而插头导销端部又是圆锥面，故有插座导孔对导销的侧向力作用，该作用力推动插头向右侧移动，使插头中心与插座中心对正，实现找正后的插接，如图 8 - 29 （c） 所示，这就是自动找正机构的工作原理。

自动找正机构的找正范围是有一定限度的，即 Δs 必须小于插头导销半径，否则因导销顶端处在导孔以外而无侧向力推动导销对中，也就失去了自动找正的功能。因此，采用该机构时，需对各有关偏差加以控制，使其综合偏差 Δs 小于插头导销半径。

从图 8 - 29 可看出，当顶杆中轴线偏离套筒中轴线 Δs 时，顶杆相对套筒在高度方向上也将有 Δs 的升高，因此，插头与插座在有横向偏差时，插头将不能完全插接到位，为解决这个问题，在结构设计中采用了使套筒多下降 Δs 的办法加以解决。而无 Δs 偏差时，套筒下降的多余量由套筒内的压簧吸收，使插头在有无偏差时都能插接到位。

该自动找正机构虽解决了插头自动找正问题，但也带来了不利之处。因套筒和顶杆的锥面分开后，顶杆失去了套筒对它的限位，因此导弹发射时，插头将产生偏斜，这对插头拔出插座是不利的。

图 8 - 30 所示是另一种结构形式的自动找正机构，图中的螺柱 1 与四连杆插接机构或其他形式的插接机构相连接，连接板 4 与插头 6 连接，在螺套 2 与连接板之间装有衬

圈3，控制螺套、衬圈、连接板之间的配合面间隙，使衬圈在螺套和连接板之间只能侧向滑动而不转动。从图中可看出，螺柱和衬圈为一体，螺套、连接板及插头为一体，在两组成体横向留有 Δs 间隙，因此插头相对螺柱可横向移动。当插头和插座位置有偏差时，靠插座导孔对插头导销的横向作用力，使插头与插座对中，完成找正，实现插接，这种自动找正机构基本克服了上述找正机构中的不足。

在此找正机构中也设置了弹簧5，其作用与图8-29中的弹簧作用基本相同。

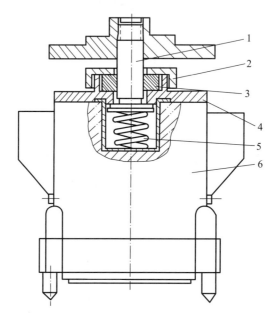

图 8-30　自动找正机构工作原理图（二）

1—螺柱；2—螺套；3—衬圈；4—连接板；5—弹簧；6—插头

8.1.8　锁弹机构设计

1. 锁弹机构的功能

锁弹机构的作用，是在导弹运输过程中和发射前将导弹锁定在导轨上，保证导弹处于所要求的位置，限制其在外力作用下产生移动。这种锁定作用需要一直维持到导弹发射或具备了发射的某些必要条件时才停止。

锁弹机构一般包含限制导弹向后移动的固定挡块、限制导弹向前运动并自动解锁的活动机构。对于有的导弹，还需要有限制导弹上下跳动的结构。

对车载发射装置，在带弹行军时，需要把导弹锁住，使导弹不能发生位移，此时锁弹机构需要能克服行军时的各个方向过载。车载发射装置一般不在行驶中发射导弹，而是进入阵地或停止后才发射导弹。为了由行军状态迅速转为战斗状态，锁弹机构应能自动开锁。

对舰载（或机载）发射装置，在舰船（或飞机）航行过程中需要把导弹锁定在固定位置，确保不因航行过程中的摇摆冲击发生移动。舰载（或机载）发射装置一般是在行动中进行导弹的发射，所以要求锁弹机构在发射前能可靠地将导弹锁住，在发射时又能可靠地自动开锁，但不允许发射前开锁。

有的导弹要求主发动机先点火，等它工作正常后，助推器才点火，这时需要锁弹机构将待发导弹先锁住，不许因主发动机的推力作用而产生运动，因为主发动机的推力较小，一般不能保证导弹正常起飞。

对于有的导弹，因发动机刚点火时工作不稳定，推力偏心大，易造成较大的发射偏差，为保证导弹的正常起飞，需要将导弹锁定至推力达到一定值时才解锁，此时一般采用抗剪销式的锁弹机构。

2. 锁弹机构的设计原则

（1）锁弹机构的设计，既要保证在发射前使导弹处于所要求的位置上，又要保证导弹的正常发射。

（2）锁弹机构的结构形式，根据导弹和导向梁的结构特点、使用条件以及导弹发射离轨的要求来选择。

（3）锁弹机构可以设计成一体，如抗剪销式的锁弹机构；也可根据锁定导弹的运动方向设计成两部分，甚至三部分，如限制导弹向前移动的锁定器、限制导弹上下跳动的限位器、限制导弹向后运动的挡弹器等。

（4）锁紧力的确定是锁弹机构设计的关键，需要根据发射装置的实际工作环境以及导弹运载中的过载来确定，并要具有一定的安全系数。

（5）对于导弹解锁时机没有特殊要求的情况，可利用导弹助推器点火产生高温高压气体，将锁弹机构的某环节破坏而实现解锁。

3. 锁紧力的计算

锁紧力是设计锁弹机构的主要数据。它的计算方法应根据导弹和发射装置的类型、使用的条件来确定。

1）机动导弹发射装置

锁紧力应当能够克服在导弹运行时可能使其移动的重力分力和惯性力。对不同的运载体来说，要求的锁紧力是不同的。

（1）车载发射装置锁紧力。

车载发射装置的锁紧力应大于行驶中制动时导弹的惯性力。由于导弹和发射装置的质心不重合，在刹车时，导弹除了具有和发射装置相同的制动加速度以外，还有因质心不重合而产生的附加加速度。因此，其惯性力包括两个部分，由于行军时导弹的仰角一般都很小，可以认为导弹轴线与行驶方向一致。于是其锁紧力 T 为

$$T \geqslant (n_x + \Delta n_x) W_R \tag{8-43}$$

式中　W_R——导弹重力；

　　　　n_x——在行驶中紧急刹车时，发射装置的过载系数，对轮式车辆来说，$n_x = 0.8 \sim 1.25$；

　　　　Δn_x——由于导弹与发射装置缓冲部分质心不重合，紧急刹车时导弹的附加过载系数。

发射装置在行驶时，除了缓冲部分质心位移外，还有质心的转动，其转动加速度为 $\ddot{\varphi}$。于是，在质心之外的导弹将产生附加惯性力，这个力的附加过载系数为

$$\Delta n_x = \frac{h_m \ddot{\varphi}}{g}$$

式中　$\ddot{\varphi}$——发射装置缓冲部分绕质心转动的角加速度；对轮式和履带式车载发射装置，其 $\ddot{\varphi}_{max} = 9 \sim 13 \text{ rad/s}^2$；

　　　　h_m——缓冲部分质心到导弹纵轴的距离。

（2）舰载发射装置锁紧力。

为了保证舰载发射装置在舰艇摇摆时，导弹能够可靠地固定在定向器上，锁紧力必须大于摇摆时导弹的惯性力和风载，即

$$T \geqslant n_x W_R + F_w \tag{8-44}$$

式中　F_w——风使导弹沿纵轴方向移动的载荷；

　　　　n_x——舰艇摇摆时，弹纵轴方向的过载系数。

F_w 和 n_x 值与海情以及与发射装置在舰艇上的位置有关。如果无抗风暴机构，就应以能航行的海情下的最大摇摆参数和风速进行计算；如果有抗风暴机构，则以允许不使用抗风暴机构时的参数进行计算。

（3）机载发射装置锁紧力。

机载发射装置锁紧力应大于载机着陆和机动飞行时导弹的惯性力，即

$$T \geqslant n_x W_R$$

式中　n_x——载机机动飞行或着陆时，导弹最大的纵向过载系数，此值与载机的型号及导弹在飞机上的布置位置有关。

对舰载飞机来说，机动飞行和拦截着陆时，导弹的纵向过载系数两者差别很大。例如美国军用标准"MIL – A – 8591E"中规定，飞机翼载物的过载系数在飞行时为2，拦截着陆时为9。如果根据过载系数为9来设计锁紧力，在发射时由导弹来克服这样大的锁紧力，可能引起导弹产生激震。因此，有的采用高、低两级锁紧挡弹器，在飞行发射时用低级锁紧力，而在拦截着陆时则用高级锁紧力锁住导弹。在这种情况下，应设有保险装置，以保证在发射前使高级锁紧力的锁紧挡弹器处于开锁状态。

2）助推器点火前先开动主发动机时的锁紧力

发射这种导弹时，所用锁弹机构的锁紧力应大于主发动机的推力，以免导弹过早

移动。

$$T \geqslant P_m - \mu W_R \cos \varphi - W_R \sin \varphi \tag{8-45}$$

式中　P_m——主发动机的最大推力；

　　　φ——发射时的高低角；

　　　μ——导弹定向元件与导轨间的摩擦系数。

应当根据发射时的最小高低角来确定锁紧力。如果主发动机推力较小，而高低角又较大时，只靠导弹的重力分力和摩擦阻力就足以阻止导弹向前移动，则可只用一个简单的挡弹器，阻止导弹下滑，保持它在确定的位置上。

3）抗剪销式锁弹机构的锁紧力

为减小发射时偏差，需要导弹推力达到一定值时才释放导弹，此时锁紧力应等于或稍大于允许导弹起飞的推力。这个推力，一般包括已达到一定值的推力，此外，还应考虑弹重 W_R 的分量，即

$$T \geqslant P_\alpha - W_R \sin \varphi \tag{8-46}$$

式中　P_α——允许导弹起飞的推力值。

为了锁紧可靠，保证在发射前使导弹处于所要求的位置，同时为了保证正常发射，在确定锁紧力时，应取一个安全系数 K。这个系数的选取与导弹的解锁时机有关，如锁弹机构在发射前解除锁定，一般取 1.5 以上的安全系数；而对于抗剪销式的锁弹机构，则需要在锁紧力满足要求的条件下，安全系数尽可能取得小一些，因为此力越大，在解锁瞬间所引起的激震和跳动也就越大。这个激震载荷可引起导弹制导系统失灵，同时，这个振动将引起发射初始偏差增大，多发联装的发射装置也可能影响发射速率。

上述几种闭锁力的计算是针对某一情况进行的，实际中可能往往是几种要求同时存在，这时的锁紧力应根据具体条件来确定。

4. 锁紧机构的设计

锁紧机构的形式有抗剪销式、拉断式、弹簧式、抗张连杆式和摩擦式等。当锁紧力的大小已知时，便可选择适当形式，然后进行有关计算。

1）抗剪销式锁弹机构设计

抗剪销式锁弹机构，其结构简单，作用可靠，实际应用较多。这种形式是用一个抗剪销锁住导弹，当发动机的推力达到所要求的锁紧力时，便将金属销剪断，导弹这时才开始运动。抗剪销的受力如图 8-31 所示。

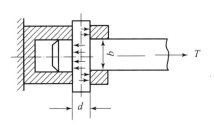

图 8-31　抗剪销的受力

在锁紧力 T 的作用下，抗剪销的两个断面受剪，同时销的表面受到挤压。根据所受的剪切和挤压应力来设计抗剪销的直径和长度。

抗剪销所受的切应力

$$\tau = \frac{2T}{\pi d^2}$$

式中　d——抗剪销直径；

　　　T——锁紧力；

　　　τ——切应力。

抗剪销的材料确定后，其剪切强度极限 τ_b 则已知，于是可得

$$d = \sqrt{\frac{2T}{\pi \tau_b}}$$

挤压应力为

$$\sigma = \frac{T}{db}$$

式中　b——抗剪销的有效长度。

已知 T、d 和抗剪销的挤压许用应力 $[\sigma]$ 时，便可求抗剪销的有效长度 b：

$$b = \frac{T}{[\sigma]d}$$

2）拉断式锁弹机构设计

拉断式锁弹机构，将拉杆一端固定在导弹上，另一端固定在导向梁上，导弹点火移动时，克服拉杆的拉伸力，把拉杆拉断而发射，所克服的拉断力为锁定力，如图 8-32 所示。

拉杆所受拉应力

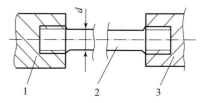

图 8-32　拉杆的受力

1—导弹；2—拉杆；3—导向梁

$$\sigma = \frac{2T}{\pi d^2}$$

$$d = \sqrt{\frac{2T}{\pi \sigma}}$$

式中　d——拉杆直径；

　　　σ——抗拉强度极限。

3）弹簧式锁弹机构设计

图 8-33 所示为一弹簧式锁弹机构，它是由活动挡铁、弹簧和固定挡铁组成的。导弹的后定向元件位于两块挡铁之间，活动挡铁不能顺时针转动，在弹簧力的作用下，导弹被挡铁挡住不动。在发射时，当发动机推力大于锁定力时，活动挡铁被迫向逆时针方向转动，即开始解除锁定，当转到一定位置时，锁定全部解除。

为了确定弹簧力 R 及挡铁轴的反力 R_x、R_y，取挡铁为自由体，其上的作用力示于图 8-33 中，根据静力平衡方程式，可得

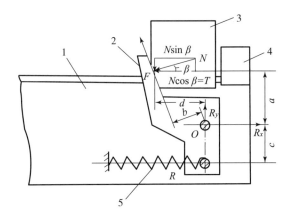

图 8 – 33　弹簧式锁弹机构

1—导向梁；2—活动挡铁；3—前滑块；4—固定挡铁；5—弹簧

$$R_x = N\cos \beta + \mu N \sin \beta + R = T(1 + \mu \tan \beta) + R$$

$$R_y = N\sin \beta - \mu N \cos \beta = T(\tan \beta - \mu)$$

$$R = \frac{T}{C}\left(a + d\tan \beta - \frac{\mu b}{\cos \beta} \right) \qquad\qquad (8 - 47)$$

式中　N——导弹作用在挡铁上的力，它垂直于挡铁的斜面；

　　　T——闭锁力，它是 N 在导弹纵轴方向的分力，即 $T = N\cos \beta$；

　　　μ——定向元件与挡铁之间的摩擦系数。

图 8 – 33 中的摩擦力 $F = \mu N$，R_x、R_y 为挡铁轴的反力。

a、b、c、d、β 等结构尺寸示于图 8 – 33 中。

当解锁力 T 和有关结构尺寸已知时，根据式（8 – 47）求出弹簧的拉力 R，进而设计弹簧；求出 R_x、R_y，设计挡铁轴。

弹簧式锁弹器一般用于锁紧力较小的情况。当锁紧力较大时，解锁瞬间激震较大。这种结构简单，可反复使用。

8.1.9　悬挂减振装置设计

1. 减振装置功用及工作原理

1）减振装置的功用

在运输过程中，带弹贮运发射箱通过减振装置中的转换机构，将发射梁呈弹性减振状态，减小发射箱的振动对导弹的影响，实现对导弹的减振；发射导弹时，又通过转换机构作用，使发射梁呈刚性状态，保证导弹发射离轨时的初始姿态。

2）减振装置的工作原理

减振装置采用了消极隔振原理，在发射梁和发射箱体支承结构间设置了减振器，减小发射箱体支承结构的振动对导弹的影响，并在减振装置中又设置了转换机构，从而实现发射梁的刚性、弹性转换要求。

2. 减振装置主要参数的确定

1）消极隔振形式的选择

在减振装置设计中，首先根据导弹与发射箱外形、质量和结构的特点，选择消极隔振的形式，一般分为以下三种类型。

（1）支承式消极隔振。

此形式结构简单，是普遍采用的一种形式，如图8-34所示。

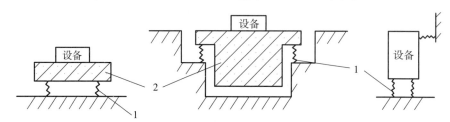

图 8-34 支承式消极隔振

1—减振器；2—基础板

（2）悬挂式消极隔振。

如图8-35所示，此形式应用于各方向水平刚度小、频率低的设备，其中采用图8-35（a）所示形式时，应设法消除弹簧颤振的影响。

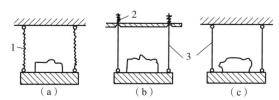

图 8-35 悬挂式消极隔振

1—拉簧；2—承压弹簧；3—摆杆

（3）振子式消极隔振。

图8-36（a）所示形式可以隔水平振动，图8-36（b）所示形式可以隔垂直振动，其体系自振频率可以设计得很低，由于弹簧颤振问题以及单方向隔振的缺点，使用时受到一定限制。

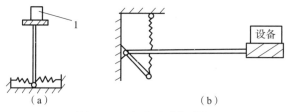

图 8-36 振子式消极隔振

1—设备

单独采用以上某种形式时，往往有一定的局限性，为了克服某种类型的缺点，吸取其他类型的优点，可将上述形式综合使用。

根据导弹和发射装置的结构特点，是采用对导弹进行隔振，还是对弹箱一起进行隔振，应该要充分论证，从而选择一个切实可行的隔振方案。

2）减振装置设计布置原则

要充分发挥减振装置的减振效果，减振装置的合理布置是非常重要的，减振装置设计布置必须遵守以下原则。

（1）确定减振器位置时，各支承点的布置应对称于设备质心，使各减振器受力匀称，防止耦合振动现象出现。

（2）安装在同一设备上的减振器，必须平衡，使各减振器的变形一致。一般有以下两种方法。

①等刚度法。

这是一种常用的方法，使每个减振器所受的载荷一样。适用于同一种减振器和安装位置可自由选择的条件下。对于质心对称的设备，将减振器对称布置即可实现。

②不等刚度法。

使每个减振器承受不同载荷，使用同一型号不同载荷系列的减振器，以保证其变形一致。适用于安装位置已决定或设置质心偏离的条件下。

（3）安装基准面要水平，减振器与设备（或机架）下表面连接高度要一致，其水平误差要符合各种型号减振器的要求，保证每个减振器的承载（变形）和自振频率一致。

（4）对质心过高的设备，除防止耦合振动外，要保证设备的稳定，防止晃动。必要时，应加大机架质量，使体系质心下降；对立柜式设备，在其侧背设置铰接连接形式。

（5）保证隔振体系具有足够的阻尼。

在消极隔振的设计中，为了获得良好的隔振效果，往往将隔振体系的自振效率设计得较低，这时，偶然激发的隔振体系的自由振动衰减很慢。因此，低频自由振动不易消失，为了加快低频自由振动的衰减，必须保证隔振体系具有足够的阻尼。为此，除合理选择减振器外，必要时要采用阻尼器。

3）隔振系数的确定

隔振系数是衡量消极隔振的隔振效果的重要参数。该系数是设备隔振后的振动与振源振动大小的比值，用振幅、振动速度、振动加速度来表示。相应地，隔振系数亦有振幅隔振系数 η_A、速度隔振系数 η_v 及加速度隔振系数 η_a。

$$\eta_A = \frac{A_1}{A}, \qquad \eta_v = \frac{v_1}{v}, \qquad \eta_a = \frac{a_1}{a}$$

式中　A_1、v_1、a_1——分别为设备隔振后的振幅、振动速度、振动加速度;

　　　A、v、a——分别为振源的振幅、振动速度、振动加速度。

根据贮运发射箱运载体振动的特点,隔振系数按单自由度体系的以下两种振源进行计算。

(1) 单自由度体系振源干扰为一正弦波。

隔振体系的隔振系数为

$$\eta_A = \eta_v = \eta_a = \frac{1}{a^2 - 1}$$

式中

$$a = \frac{\omega_0}{\omega}$$

其中　ω_0——振源干扰振动圆频率;

　　　ω——隔振体系自由振动圆频率。

(2) 单自由体系振源干扰为两个正弦波。

在此条件下,体系的隔振系数为

$$\eta_A = \left(\frac{A_{y_1}}{1 - \dfrac{\omega_{01}^2}{\omega^2}} + \frac{A_{y_2}}{1 - \dfrac{\omega_{02}^2}{\omega^2}} \right) \times \frac{1}{A_{y_1} + A_{y_2}}$$

$$\eta_v = \left(\frac{A_{y_1}\omega_{01}}{1 - \dfrac{\omega_{01}^2}{\omega^2}} + \frac{A_{y_2}\omega_{02}}{1 - \dfrac{\omega_{02}^2}{\omega^2}} \right) \times \frac{1}{A_{y_1}\omega_{01} + A_{y_2}\omega_{02}}$$

$$\eta_a = \left(\frac{A_{y_1}\omega_{01}^2}{1 - \dfrac{\omega_{01}^2}{\omega^2}} + \frac{A_{y_2}\omega_{02}^2}{1 - \dfrac{\omega_{02}^2}{\omega^2}} \right) \times \frac{1}{A_{y_1}\omega_{01}^2 + A_{y_2}\omega_{02}^2}$$

式中　A_{y_1}、A_{y_2}——分别为两个振源正弦干扰的振幅;

　　　ω_{01}、ω_{02}——分别为两个振源正弦干扰的圆频率。

4) 减振器数量的确定

在满足减振装置设计布置原则的基础上,根据设备的质量来确定减振器的数量,但必须保证所选用的每个减振器的实际承载值小于额定的最大静载值、实际使用时的压缩量小于允许压缩量。

实际工程设计中,所选择的减振器参数不能满足隔振设计要求时,空间较大,便于布置时,可以增加其数量;空间紧张,不宜增加数量时,只能选择不同型号、规格的减振器,或采用不同组合形式来满足要求。

5) 减振器的选择

(1) 减振器选择条件如下:

①隔振体系总质量；

②隔振体系允许振动参数（振幅、速度、加速度、频率任意一个）；

③外界振源的特点及振动参数（振幅、速度、加速度、频率任意一个）；

④安装空间和布置数量；

⑤使用温度条件和所处环境条件。

（2）减振器的选择。

根据振源的特点和振动参数按照上述求解方法求出隔振系数 η。

由隔振系数 η 计算出频率比 a 或体系自振频率 ω 值。

按照减振装置中所确定的减振器数量 n，由下式计算出每个减振器的动刚度 K_{Zi} 和承载值 p。

$$K_{Zi} = \frac{G}{kg}(2\pi\omega)^2$$

$$p = \frac{G}{k}$$

式中　k——减振器数量；

　　　ω——隔振体系自振频率。

计算出预选用减振器的静压缩量 Δ。

$$\Delta = \frac{n_k p}{K_{Zi}}$$

式中　p——每个减振器的承载值；

　　　n_k——动刚度系数，对于 G_1、G_2 和 G_3 型减振器，其值分别为 2.7、2.5、2.1。

根据求得的静压缩量 Δ 和承载值 p 选择减振器的型号，但必须保证 $\Delta < \Delta_y$（某型号减振器允许静压缩量），$p < p_{max}$（某型号减振器允许最大载荷）。如出现不满足上述要求时，则酌情采取另选型号或组合使用的方法。

在选好减振器型号后，校核频率比 a，即选定的减振器应满足下式要求

$$\frac{\omega}{\omega_0} > \sqrt{2}$$

式中　ω_0——振源的干扰振动圆频率。

结合使用环境条件和寿命要求，选取不同材料的减振器。

一般橡胶减振器工作温度范围为 $-5\ ℃ \sim +50\ ℃$，寿命在正确使用维护条件下为 3~5 年。

金属减振器具有使用环境广泛、寿命长的优点。

3. 减振装置动态特性分析

1）减振频率的分析

振源为简谐振动，$A_y(t) = A_y \sin \omega_0 t$ 时，振幅为

$$y = \frac{A_y}{1 - \frac{\omega_0^2}{\omega^2}} \sin \omega_0 t$$

现对式中 $1 - \frac{\omega_0^2}{\omega^2}$ 进行分析：

当 $\omega_0 \ll \omega$ 时，

$$\frac{1}{1 - \frac{\omega_0^2}{\omega^2}} \rightarrow 1, \quad y \rightarrow A_y \sin \omega_0 t$$

体系无隔振效果；

当 $\omega_0 \rightarrow \omega$ 时，

$$\frac{1}{1 - \frac{\omega_0^2}{\omega^2}} \rightarrow \infty$$

体系产生共振；

当 $\omega_0 > \sqrt{2}\omega$ 时

$$\frac{1}{1 - \frac{\omega_0^2}{\omega^2}} < 1, \quad y < A_y \sin \omega_0 t$$

体系逐渐有减振效果。

隔振体系的自振频率 ω 的计算：

$$\omega = \frac{1}{2\pi} \sqrt{\frac{n_k K_{Zs} g}{p_i}} \tag{8-48}$$

式中　n_k——动刚度系数；

　　　K_{Zs}——静刚度；

　　　p_i——每个减振器承载值。

2）减振效果的分析

考虑到隔振体系的稳定性等因素，一般 $\omega_0 \geqslant (2.5 \sim 4.5)\omega$ 时，才能达到减振效果。

减振效率 T 的计算如下：

$$T = \left(1 - \frac{1}{\left| 1 - \frac{\omega_0^2}{\omega^2} \right|} \right) \times 100\%$$

由此式可知，$\omega_0 \geqslant (2.5 \sim 4.5)\omega$ 时，减振效率可达 $80\% \sim 95\%$。

当减振器实际承载远低于额定负载时，体系自振频率升高，频率比 ω_0/ω 降低，体系的减振效率也相应降低。

所以，在选用减振器时，实际承载不要超过额定载荷，但也不能远小于额定载荷。

4. 悬挂减振装置典型结构

1）典型结构特点（图 8 - 37）

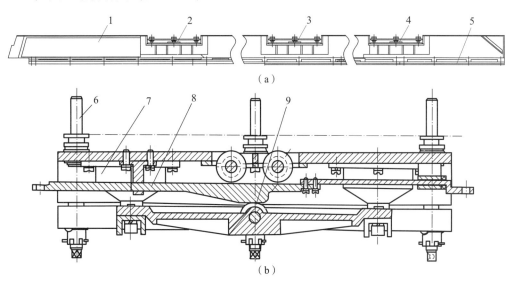

图 8 - 37 悬挂减振装置

（a）悬挂减振装置在发射梁上的布置；（b）悬挂减振装置的结构

1—发射梁本体；2—前悬挂总成；3—中悬挂总成；4—后悬挂总成；

5—导轨；6—螺栓；7—减振器；8—楔板；9—滚轮

（1）本装置对导弹进行减振。将发射箱体作为振源，发射梁与导弹设计成隔振体系。

（2）由于某型号导弹采用了下挂式导轨发射方式，贮运发射箱减振装置便选择了悬挂减振方案，即导弹固定在发射梁上，发射梁通过悬挂总成，空套在固定在发射箱体上的 18 个螺栓上。当箱盖关闭后，使楔板与滚轮分开，形成间隙，整个发射梁沿着18 个螺栓下落在减振器上，实现对导弹的减振，形成弹性状态。

（3）由于贮运发射箱内环境温度为 0 ℃ ~ +50 ℃，并充有干燥空气，其使用期为5 年。按照橡胶减振器的使用要求，选择了 JG1 - 6 型橡胶减振器。

（4）根据导弹前、后滑块载荷分布，减振装置由前、中、后三组 14 个减振器并联布置在发射梁内。

（5）由于贮运发射箱在运载体上的最大过载是在垂向（水平和横向过载仅是垂向过载的 0.7% ~7%），而横向刚度是垂向刚度的 2.2 倍，所以，减振装置主要解决垂向减振。横向和水平方向上，利用 18 个固定螺栓上非螺纹圆柱面与托板体的配合孔间隙来约束。

（6）为了适应发射箱开关盖动作要求，在发射梁减振装置中设置了刚性、弹性转换机构，其转换动力采用弹簧力。箱盖需要打开时，先解除箱盖固定螺栓的约束，在压簧弹力作用下打开箱盖，此时，发射梁由弹性状态转换成刚性状态。借助液压动力，克服压缩弹簧力作用，关闭箱盖，同时，通过减振装置使发射梁由刚性状态转换成弹性状态，对导弹进行减振。

2）悬挂减振装置主要参数的选择

（1）减振装置布置方案和减振器数量的确定。

本减振装置分成三组并联在发射梁内，在导弹载荷分布大的前滑块处的一组设置了由 6 个减振器并联组成的前悬挂总成，在载荷分布较小的后滑块处，设置了由 4 个减振器并联组成的后悬挂总成。为了保证每个减振器受力均匀，在导弹前、后滑块中间部位又设置了由 4 个减振器并联组成的中悬挂总成，从而构成隔振体系。

（2）减振器的选择。

①已知条件。

发射梁上设备与一枚导弹总质量为 1 057 kg，由 14 个减振器支承。

隔振体系的自振频率小于导弹一阶自振频率 19 Hz。

振源为正弦波干扰，最大振动频率为 65 Hz。

②减振器静压缩量计算。

根据总质量和减振器总数，每个减振器承载为

$$p = \frac{W}{k} = \frac{1\,057}{14} = 75.5$$

按照隔振体系自振频率要求，预选 JG1 型减振器较为合适，按 p 值，利用 JG1 型减振器性能选用表，选择 JG1 – 6 型减振器，对应的静压缩量 $\Delta = 5.2$ mm。

③隔振体系自振频率计算。

由式（8 – 48）得

$$\omega = \frac{1}{2\pi}\sqrt{\frac{n_k K_{Zs} g}{p}}$$

$$= \frac{1}{2\pi}\sqrt{\frac{n_k g}{\Delta}}$$

$$= \frac{1}{2\pi}\sqrt{\frac{2.7 \times 9\,800}{5.2}}$$

$$= 11.4(\mathrm{Hz}) < 19\ \mathrm{Hz}$$

校核频率比 ω_0/ω：

$$\frac{\omega_0}{\omega} = \frac{65}{11.4} = 5.7 > \sqrt{2}$$

满足要求。

④楔板斜度的确定。

楔板（图 8 – 38）是减振装置中实现转换的主要零件之一，其厚度 a，是在减振器不受载荷作用下，由各有关结构尺寸协调后确定，但应保证开、关箱盖时受力均匀，$a - b \geq 2\Delta$，斜面与平面的过渡半径 $R \geq 200$ mm。

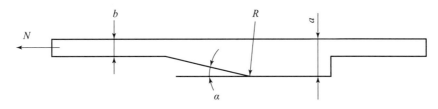

图 8 – 38 楔板外形

⑤动力 N 的确定。

转换动作是由动力 N 克服每组悬挂总成与上、下滚动轴承的摩擦力，推（或拉）楔板来实现的，所以推、拉力 N 为

$$N = 2pfK$$

式中　N——推、拉力；

p——每组悬挂总成承受的垂直力；

f——摩擦系数；

K——修正系数，一般为 $1 \sim 1.5$，根据计算精度和机械结构装配精度选取，初设计时取 1.5。

然后按 N 值及空间大小设计弹簧或选用电动机。

3）悬挂减振装置动态特性分析

$$\frac{\omega_0}{\omega} = \frac{65}{11.4} = 5.7 > \sqrt{2}$$

说明隔振体系有隔振效果。

由于载重汽车运输的振动频率为 $5 \sim 13$ Hz，为了避免在运输中出现共振现象，除隔振系统中的橡胶减振器自身的阻尼可抑制共振峰值外，在发射梁和发射箱体间又加了一层橡胶垫，确保导弹在公路运输中的适应性。

减振效率的计算如下：

$$T = \left(1 - \frac{1}{\left|1 - \frac{65^2}{11.4^2}\right|}\right) \times 100\%$$

$$= 96.8\%$$

8.1.10 发射箱隔热设计

1. 箱体保温隔热的基本要求

箱体隔热的基本要求是保证导弹上各种元器件的正常工作。例如：要求在环境温度为 45 ℃时发射箱在日光直射条件下，4 h 后箱内导弹表面附近温度不超过 55 ℃。

箱体保温要求，如在环境温度 −35 ℃条件下，4 h 后箱内温度达到平衡。

如果导弹对箱体的保温提出了更高的特殊要求，则发射箱可采取加热措施，加热方式有外置发热装置式和电阻式加热等。外置发热装置式加热系统的发热装置安装到发射架上，发射箱内部铺设加热管道，加热装置产生的热气体通过气管从发射箱的外部接口进入发射箱内部的加热管道中，通过热交换作用使发射箱内部温度上升到要求值。电阻式加热的发热元件（如发热电缆、电热膜等）铺设到一块固定板上，固定板整体安装到发射箱内，这样便于维修，然后加装防护罩。当发射箱内的温度低于某一温度值时，发射箱接通外部电源即可实现加热。

2. 箱体保温隔热计算

根据传热学公式，某一区域的传热量 Q_i 按下式计算：

$$Q_i = K_i F_i (t_w - t_n)$$

式中　K_i——传热系数；

　　　F_i——传热面积；

　　　t_w——隔热层外表面温度；

　　　t_n——隔热层内表面温度。

具有同一结构的某一区域的传热系数按下式计算：

$$K_i = \cfrac{1}{\cfrac{1}{a_{wi}} + \sum \cfrac{\delta_i}{\lambda_i} + \cfrac{1}{a_{ni}}}$$

式中　a_{wi}——隔热层外表面放热系数；

　　　a_{ni}——隔热层内表面放热系数；

　　　δ_i——区内各层材料厚度；

　　　λ_i——区内各层材料导热系数。

n 个区域总传热量为

$$Q = \sum_{i=1}^{n} Q_i = \sum_{i=1}^{n} K_i F_i (t_w - t_n) = (t_w - t_n) \sum_{i=1}^{n} K_i F_i$$

设 n 个区域总传热系数为 K，传热面积为 S，则

$$Q = KS(t_w - t_n)$$

$$k = \sum_{i=1}^{n} K_i F_i / S$$

下面以某型箱体为例说明传热计算分析过程。

箱体隔热区划分为结构具有相同特点、相同热流方向的四个区域。

（1）加强筋区如图 8-39 所示，该区热阻可以分为两部分：一是有铝板热桥；二是板-玻璃钢-板结构，两部分热阻相加为总热阻。

（2）加强框区，该区加强筋四角处有四个大的支承块。

（3）内外筒之间夹层区如图 8-40 所示。

（4）前后盖区。

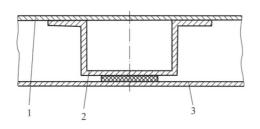

图 8-39 加强筋区

1—内筒；2—加强筋；3—外筒

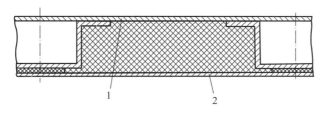

图 8-40 夹层区

1—内筒；2—外筒

根据四个区分块进行计算，得到箱体总传热系数。实际的传热系数还会大一些，因为箱体上开的一些窗口对隔热有影响，还有计算中假设隔热材料填充密实、均匀，以上因素难以精确计算，可得计算传热系数增加 25% ~ 50%。

8.1.11 箱体气密设计

箱体充一定压力的干燥空气或惰性气体，保存一段时间后再补充充气，始终保持箱内压力大于箱外压力，以便为箱内导弹提供良好的贮存环境。

1. 箱体气密设计的依据

（1）箱内正常工作压力和瞬时最大压力值。

（2）箱体允许的最低工作压力值和需要保压的时间。

2. 保证箱体气密的措施

（1）箱体焊接结构应便于气密性检查，焊接中不能焊漏。

（2）箱盖和窗口盖结构设计应满足气密性要求，结构要简单、可靠、便于检查。

（3）选择电器接插件时，应考虑其漏率满足使用要求。

（4）箱盖和窗口盖使用螺栓锁紧密封时，要考虑螺栓的间距和数量，螺栓锁紧时紧固力均匀。

3. 干燥空气和惰性气体的特性

空气中或多或少地含有水蒸气，含量的多少随季节和地区不同，空气的烘干过程去除了水蒸气变成干燥气体，可用作保护性气体。

惰性气体为无色无味气体，化学性能稳定，一般不能与其他物质反应，常用作保护气体。

氮气虽不属于惰性气体，但化学性能也不活跃，无色无味，可用作易挥发易氧化物质的保护气。

贮运发射箱多采用氮气或干燥空气。

4. 箱盖和窗口盖气密结构设计

1）箱盖气密结构设计

箱盖气密结构设计要考虑以下几个因素：

①箱体法兰的结构。

②箱盖开启方式。

③箱体内气体工作压力和保压要求。

④密封材料应满足并高于环境温度的要求。

⑤加工工艺性好。

三种典型的箱盖气密结构如下。

（1）爆轰抛掷分离开盖采用橡胶平垫局部凸起线密封结构，用螺栓紧固。这种密封方式的好处在于当紧固螺栓时，玻璃钢黏结面不会开裂；爆轰开盖瞬间的反作用力得到缓冲，平面密封垫结构如图8-41所示。

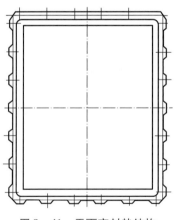

图8-41　平面密封垫结构

（2）机电式开盖及液压弹簧为动力的开盖采用橡胶圈和充气气密胶囊密封，如图 8 - 42 和图 8 - 43 所示。箱盖法兰为金属材料，可多次重复使用，长期气密贮存时，使用橡胶圈，用螺栓锁紧；战斗状态使用充气气密胶囊，靠电动机构锁紧箱盖。

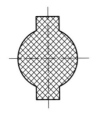

图 8 - 42　橡胶圈

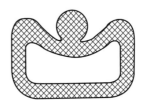

图 8 - 43　气密胶囊

（3）机电式开盖采用气密胶囊，无螺栓锁紧密封。箱盖无论在长期气密贮存还是在战斗使用时，均靠电动机构和一个爆炸螺栓锁紧，也只靠电动机构的锁紧而取消了以往的紧固螺栓，操作简单，使用方便。其结构形式如图 8 - 44 所示。

2）窗口盖的气密结构设计

图 8 - 45 所示为一种窗口盖的气密结构设计方案。

窗口本体焊接在箱体内蒙皮上，为连续气密焊缝。窗口盖与窗口本体之间用平垫密封，靠螺栓锁紧。

无论是箱盖还是窗口盖，压力必须连续而且应均匀分布在密封面上。

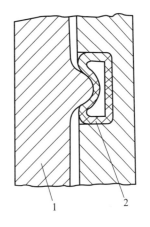

图 8 - 44　无螺栓锁紧的
箱盖密封结构形式

1—箱盖法兰；2—气密胶囊

温度对密封材料的性能也有很大影响，高温会引起密封材料的变性、紧固件蠕变、松弛而导致泄漏；低温引起密封件变脆、塑性降低，甚至失效。故在选择密封材料时应考虑这些因素。

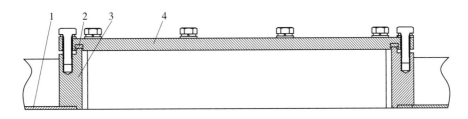

图 8 - 45　窗口气密结构

1—箱体蒙皮；2—密封垫；3—窗口本体；4—窗口盖

5. 充气压力的选择和计算

箱内充气的目的是保证箱内设备不受外界潮湿、盐雾等气体的侵蚀，只要保证箱内保护气体压力大于外界大气压力即可。在研制任务书中，一般给定正常工作压力为 0.01 MPa（表压，下同），最大瞬时压力一般为 0.03 MPa。箱体一般规定箱内气体保压 30 天后压力不低于 0.002~0.005 MPa。

箱盖和窗口盖的密封条件如下。

$$\sigma_g = mp$$

式中　σ_g——有效压紧应力；

　　　m——垫圈系数；

　　　p——工作压力。

箱盖有效压紧应力 $\sigma_g > 0.005~0.01$ MPa。

$$\sigma_g = \frac{R}{S} = \frac{LbY}{S}$$

式中　R——压紧的预紧力；

　　　L——垫圈周长；

　　　b——垫圈宽度；

　　　Y——界线密封比压；

　　　S——垫圈包容的密封面积。

6. 密封箱体内气体泄漏物理模型

假设这是一个等温放气过程，箱内压力高于箱外压力，气体从箱内流向箱外。非等温放气过程可修正成等温放气过程。

设箱内 t 时刻气体参数 p、ρ，经过 $\mathrm{d}t$ 时间，箱内流出气体质量 $\mathrm{d}m$。

质量守恒定律

$$\rho V = (\rho + \mathrm{d}\rho)V + \rho u S \mathrm{d}t$$

理想气体状态方程

$$pV = \frac{\rho VRT}{M}$$

流体伯努利方程

$$p = p_n + \frac{1}{2}a\rho u^2$$

由以上三式得

$$p = \frac{(p_n + C)^2}{4C}$$

$$C = \left(2p_0 - p_n + 2\sqrt{p_0^2 - p_0 p_n}\right)\mathrm{e}^{-\frac{KSt}{V}}$$

$$K = \sqrt{\frac{2RT}{aM}} \qquad （常数）$$

式中　p_0——箱内初始压力；

　　　p_n——箱外压力；

　　　t——充气后的任意时间；

　　　p——t 时刻的箱内压力；

　　　ρ——t 时刻的箱内气体密度；

　　　m——箱内气体质量；

　　　S——漏气口面积；

　　　M——气体相对分子质量；

　　　R——气体常数；

　　　u——t 时刻漏气速率；

　　　a——孔阻系数；

　　　T——箱内热力学温度。

7. 充气方式和充气接口

1）箱体充气方式

（1）箱体充气一般用气源车提供气源。

（2）用充气操纵台给箱体充气。

（3）用充气瓶组提供气源，给箱体补充充气。

2）充气接口

充气接口主要有充气嘴和充气阀。目前普遍采用快插接口，充气时将快插接头、插座接好后开始充气。当箱内压力满足要求后，停止充气，将快插接头拔下。

8.1.12　箱体热防护设计

随着导弹向大型化、密集化发展，发射装置向着轻量化和紧凑化发展，随之而来的是热发射环境越来越恶劣，发射装置面临越来越严峻的环境考验。导弹箱式热发射过程中，发射箱将受到高温高速燃气及固体颗粒的冲击、烧蚀作用，燃气流对发射箱的冲击属于力、热综合冲击。如仅仅是力冲击，可以增加发射箱的刚强度，确保在发射载荷的作用下，发射箱不遭受破坏。但当热冲击同时存在时，发射箱材料在热环境下性能会降低，影响到发射箱的承载，因此，发射箱体的热烧蚀损伤问题十分突出，如图 8 - 46 所示。以往，为考虑装备安全性，工程设计均偏保守，导致热发射装备质量较大，因此，需要开展热发射箱的热防护设计，以实现发射箱轻量化。

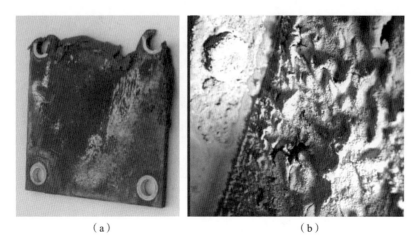

（a）   （b）

图 8 - 46　热烧蚀失效现象

（a）基体被烧掉一部分；（b）材料表面出现烧蚀坑

1. 热防护方式

目前，热防护主要有主动热防护和被动热防护两种方式，主动热防护方式是采取降温措施进行冷却，而被动热防护则是采用轻质的耐烧蚀隔热材料对需冷却结构进行热防护。发射装置普遍采用的是被动热防护方式。被动烧蚀热防护系统的原理是：烧蚀材料在加热环境中会产生一系列的物理和化学反应，在这些物理和化学过程中，一方面消耗了烧蚀材料；另一方面以不同方式耗散环境给予材料的热量，以保证内部结构在允许温度下工作。

对于发射箱材料，一般为金属材料和非金属材料，实现金属材料或非金属材料的热防护功能有以下途径。

1）吸热式结构

吸热式防热结构是利用结构材料自身的热容吸热来达到防热目的的。通常采用比热容大、熔点高和热导率大的结构材料，如铍、铜、石墨等。在一定条件下，只要增加材料厚度，就可将被保护结构表面温度控制在一定范围内。这是最早采用也是最简单的一种防热结构。

但吸热式防热结构是一种效率较低的防热方式，它必须以增加结构质量为代价，来达到一定的防热效果，这势必会影响导弹的轻型化和武器系统的性能。此外，材料厚度不能无限制地增加，材料的比热容和熔点也有限度，吸热量总是有限的，应用范围受到了限制。

2）辐射式结构

辐射式防热结构由耐热外蒙皮、隔热层和内部结构组成。耐热外蒙皮为高辐射率的耐热材料，或者表面涂有高辐射涂层，受热温度升高时，以辐射形式向周围辐射大量热能散热。合理的设计可以耗散绝大部分气动热，而且不伴随防热层材料的消耗，防热作用不随加热时间的增长而衰退，适用于加热时间较长的情况。结构复杂，成本也较高。但对于烧蚀比较严重的部件，只要选用合适的轻型高温材料，采用热结构类型的辐射式防热结构，对简化结构、减小结构质量还是十分有效的。

3）烧蚀式结构

烧蚀式防热结构是利用材料的相变吸热和质量改变达到防热目的的。常用的烧蚀材料按烧蚀机理不同，可分为升华类、熔化类和碳化类三种。

升华类材料加热后不经液态相直接变为气体注入附面层，靠升华吸热和气体产物的对流阻塞效应防热。典型的升华类材料有聚四氟乙烯、石墨等。

熔化类材料通常是无机纤维增强的酚醛树脂基复合材料，受热后除了树脂的裂解和碳化外，其中的二氧化硅等成分熔化成液体后渗透过碳层，在表面形成一层黏性液体保护膜，使附面层气体无法直接对材料加热，同时，本身的蒸发与流失又吸收和带走大量的热量。常用的熔化类烧蚀材料有玻璃酚醛、高硅氧酚醛、石英酚醛等。

碳化类材料的特点是低温热解，高温工作。材料在较低的温度下热解和变相，吸收部分热量，并在表面形成一层厚厚的以碳为主要成分的碳层，可耐很高的温度，起有效的辐射散热作用和高温隔热作用。典型的碳化类材料有尼龙酚醛、涤纶酚醛、有机硅树脂和热塑环氧等。

4）热障涂层

热障涂层又称隔热涂层，是一种起隔热和抗高温腐蚀作用的陶瓷涂层。采用热障涂层可以进一步提高零部件的耐热能力，是目前许多发动机燃烧室普遍采用的。作为第四代防护涂层的代表，热障陶瓷涂层（TBC）是目前高温防护性能最佳、应用前景最好的表面防护涂层之一。但陶瓷涂层较脆，不耐撞击，不适用于有零件跌落的场合，同时价格较为高昂。

对于发射箱的热防护，一般采用喷涂或敷设防热层，如陶瓷基、橡胶基和树脂基等防热层。

2. 热防护设计要求

（1）发射箱上各部位的热环境不同，要根据不同的受热环境和受热时间，选取不同的热防护方案。

（2）热发射过程中燃气流对发射箱的热烧蚀是瞬时的，但温度很高，因此，箱体热防护要能够承受 2 000 K 以上高温烧蚀 3 s 不损坏，箱体表面不出现裂痕、剥落、粉碎、流化等现象。

（3）发射箱为重复使用产品，热防护层与发射箱基体的结合力要能够承受多次的燃气流高速冲刷。

（4）热防护层不能与发射时助推器喷射出的氧化铝药渣黏连，通过简单擦拭可清除药渣。

（5）热防护措施要满足多次使用的条件，对局部损伤处，可在室温下进行简单喷涂或刷涂以完成修复。

3. 热防护设计方案

在发射过程中，燃气流对发射箱的热烧蚀作用随着导弹助推器的性能不同差别较大，同时也与发射箱的结构形式、燃气流排导方案有关，因此，在开展发射箱的热防护方案设计之前，需要将发射箱所承受的热环境进行仿真计算，获得箱体各部位的热环境参数及作用时间。

根据不同的热环境，采取不同的热防护方案。对于燃气流冲击温度较高、冲刷作用较为严重的部位，如自排导热发射的燃气折转底座，可采用喷涂陶瓷涂层的方式或整体防热套的方式。对于燃气流热环境稍好的部位，如箱体的内壁，可采用橡胶基（如硅橡胶、三元乙丙橡胶、丁腈橡胶）或树脂基的防热喷涂涂层。

在基本确定热防护方案之后，要进行仿真计算、火焰烧蚀试验和电弧风洞试验，以验证所选热防护方案的性能。

经过仿真和试验室试验的验证后，可在本型号和其他型号的热发射试验时，进行搭载试验，以进行热防护方案的真实验证。

在上述仿真、试验完成之后，即可在发射箱上正式实施热防护方案，通过发射试验进一步全面验证热防护方案的效果，并及时进行调整优化。

8.2 燃气流导流装置设计

8.2.1 概述

随着导弹武器系统以及热发射技术的发展，导弹发射装置趋于紧凑化，为增强火力，采用多联装发射装置结构形式。这样，导弹发射时产生的高温高速燃气流伴随着燃烧不充分而继续燃烧的火药颗粒以及发射箱易碎盖的碎片等，都将可能冲击到发射装置和周边设备上，威胁发射装置性能，甚至是安全性。

对于车载发射，燃气流主要作用于发射装置及其运载车辆上，这时对发射装置自身及车辆进行燃气流防护即可达到保护设备的目的。

对于舰载发射，为了提高作战能力，舰艇上安装的各种设备日益增多，使得有限的空间更趋紧张，从而使燃气流的防护问题也显得更加突出。对于舰艇甲板上发射，无论是倾斜发射还是垂直发射，需考虑发射装置自身和甲板上发射装置周围设备的防护；而对于水下发射（倾斜和垂直发射），除考虑设备的安全外，还应考虑燃气流的排导通道及导弹运动过程中对潜艇造成的各种影响，忽略了这一点，可能会导致舰（艇）

的重大事故发生。

对于机载发射，虽然导弹多采用悬挂式同飞机相连，但也需考虑燃气流的问题，以免导弹发射时喷出的燃气流进入发动机或对发动机产生气动干扰，使得飞机熄火，造成机毁人亡的严重事故。

因此，为确保导弹发射时各种设施和发射平台、多联装发射装置的安全，对燃气流采取防护措施是十分必要的。这样，如何设计一个安全可靠的燃气流防护装置就成为一个重要的问题。

1. 燃气流导流装置的功用

燃气流导流装置的功用就是通过一个适当结构形式的导流装置将导弹发射时产生的高温高速燃气流按预定的导流方向顺利排导，以达到使各种设备安全可靠的目的。

2. 燃气冲击射流导流方式的选择

1）燃气冲击流场的结构特点

导弹发动机（或助推器）工作时，产生的燃气射流一般属于轴对称欠膨胀燃气射流。对于自由射流场，一般根据射流特点分为三段：初始段、基本段、过渡段，如图 8 – 47 所示。

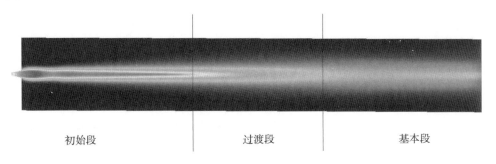

初始段　　　　　　　　过渡段　　　　　　　　基本段

图 8 – 47　自由射流场

初始段：黏性和传热影响只表现在薄的边界层内，可忽略不计，流场结构按无黏流处理。本段存在一个未经扰动的位流核心区，试验证明，在该区域射流中，静压不变，本段速度为定值，也称等速核心区，如图 8 – 48 所示。

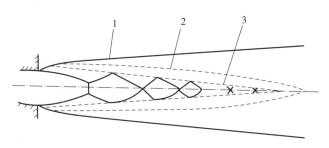

图 8 – 48　自由射流场初始段

1—射流边界；2—声速线；3—等压线

基本段：随着射流混合区不断发展，轴心速度持续下降，射流厚度不断增大，从而形成完全发展的湍流区。

过渡段：介于初始段和基本段之间的区域，流场湍流传输影响显著。过渡段把无黏流为主的初始段和黏流为主的基本段连接起来。

对于导弹发射过程的燃气流场，由于射流受到发射装置及其周边设备等空间位置的限制，其流场接口发生变化，由自由射流场变为受阻碍的冲击流场。

从喷管喷出的超声速射流，经与导流装置撞击后，据气体动力学知识可知，这时在导流装置前面一定距离处，或在导流装置最前端，将出现不稳定的间断面或稳定的间断面。此间断面的前后参数将发生显著的变化，并且其气流的流线经此间断面也突然改变方向或逐渐改变方向。气流方向一般是随着导流装置的界壁方向而折转的，如图8-49（a）所示。在燃气流冲击流场中，一般把未与导流装置接触前的气流称为"自由排气流"，射流边界与导流装置相接触的区域称为"冲击区"，自由排气流经过冲击区以后称为"折转后的气流"。当燃气流遇到导流装置后，会在导流装置上方产生激波［图8-49（b）］，波后压力增加。

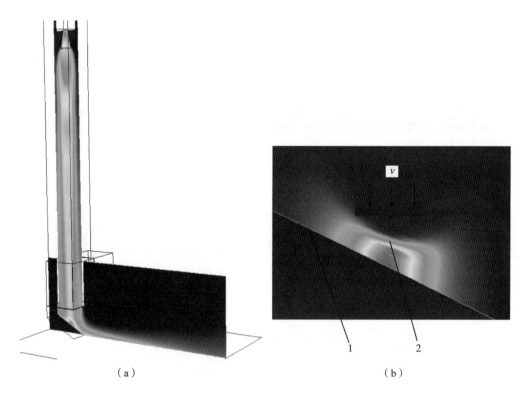

（a）　　　　　　　　　　　　　　（b）

图8-49　冲击流场示意图

（a）气流在导流装置上的折转；（b）导流装置上方形成激波

1—导流装置；2—激波

2）导流方式的选择

导流方式的选择取决于发射装置的结构和导弹起飞的发动机（或助推器）性能指标及所要防护的设施和范围。针对不同的防护要求和不同助推器的燃气冲击程度，所采用的导流方式和导流装置结构也就不同。因此，导流方式的选择不是千篇一律的，应依据具体情况而采用相应的导流方式。

根据导流结构型面的不同，可分为楔形导流器、锥形导流器和栅格形导流器，如图 8 - 50 所示；根据散热方式，又可分为冷却式和非冷却式两种。

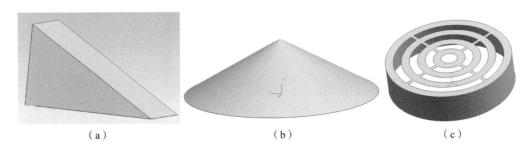

（a） （b） （c）

图 8 - 50 导流器示意图

（a）单面楔形；（b）圆锥形；（c）栅格形

导流方式的选择没有固定的模式，因此本部分仅提出一些应注意的问题，以便在确定导流方式和结构时参考。

对于陆基发射，导流方式相对简单一些，一般只需考虑发射装置自身的安全即可。导流装置多采用楔形导流器进行导流或分流，其他结构型面的导流器也可考虑，具体结构尺寸根据防护的范围和要求而定。

对于舰载发射，应注意以下几点：

①所选取的导流方式应保证发射装置自身的安全。

②有适当的包容范围，考虑到单联、双联和多联装的情况。

③舰（艇）面的布置，允许采用的导流方式和结构。

④不设置导流器，充分利用舰面建筑进行型面设计，或只在燃气流核心区冲击的部位进行结构加强。

⑤所设置的导流器应有足够的刚度、强度，以保证安全可靠。

⑥水下发射及垂直发射（含水下垂直发射）时，应考虑燃气流通道是否畅通，对其他设备是否构成威胁以及舰（艇）本身的影响。

3. 燃气冲击射流导流的典型结构

1）陆基发射装置导流器

图 8 - 51 所示的是某陆基型发射装置导流器，结构形式采用单面楔形，将燃气流引导至远离发射装置的方向。导流器采用薄钢板制作而成，结构简单、加工方便，实

用、安全、可靠。

图 8 – 51　某陆基型发射装置导流器

2）贮运发射箱内的导流板

燃气流的防护不局限于发射装置外部，其贮运发射箱的内部也需防护。图 8 – 52 所示的是某贮运发射箱内的导流板。

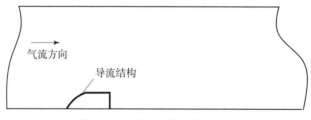

图 8 – 52　贮运发射箱内导流板

在处于燃气流迎风面吋，结构应该设计成易于导流的形式，一方面保护结构本身承受的燃气流载荷；另一方面，可使燃气较快地流动，保护下面的结构或电器不被破坏。

3）舰载发射装置中的导流器

对于舰载导弹发射装置，由于在舰上的布局不同，要求设置的导流器结构采用不同的排导方式，以达到保护舰面设备及上层建筑的目的。

图 8 – 53 所示为某双联装发射装置导流器，由于该双联装发射装置在舰的上层建筑前面，导流器的设置受到一定的限制，根据要求，只能将燃气流排向后上方，因而采用楔形导流器。考虑到双联装的特点，导流型面相应增加，这样既满足了要求，又减小了质量，且节约了空间。

该导流器的导流断面是梯形，整个结构由薄钢板焊接而成，且直接与舰甲板焊为一体。为提高其结构的刚度、强度，可以增加一定数量的加强筋。

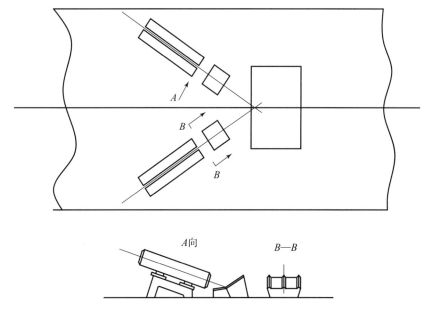

图 8 – 53　某双联装发射装置导流器

上述导流器有一个共同点，即，导流型面基本相同，均为楔形导流面，只是依据发射装置的不同组成和防护要求而改变了结构尺寸和燃气流排导方向。

综上所述，几种典型结构的导流装置，无论是单独设置，还是同上层建筑一同考虑，它们的导流型面基本上都是楔形的。这主要考虑到导弹本身的特性和所要防护的设施，且该形式的导流器结构简单，工艺加工方便，安全可靠。

8.2.2　导流装置结构参数的确定

导流装置结构参数的确定是比较重要的问题。结构参数确定得合适，则既能达到满意的燃气流防护效果，又能使导流装置做到体积小、质量小、结构简单。这里所指的结构参数，是指直接影响燃气流排导效果的那些参数，即通常所说的确定导流型面的形状和尺寸的基本参数。

1. 导流装置的位置选择与确定

导流装置位置确定得正确与否，关系到燃气流的排导是否顺利，能否满足防护要求和导流装置自身结构的设计。

导流装置位置的确定与燃气流的参数有关，也与发射装置整个结构和所要防护设施的结构尺寸和位置有关。

在计算取得燃气流参数的基础上，再把发射装置的某些结构尺寸和所要防护设施的结构尺寸加以考虑，以确定较适合的导流装置类型（楔形、锥形、栅格形）和导流型面参数，使所设计的导流装置能顺利可靠地排导燃气流。

2. 导流型面的设计

导流型面的设计主要是确定导流型面的类型、形状及尺寸。

导流型面在设计时，应考虑下列问题：

①所设计的导流型面，要使燃气流有效地排导，且排导通畅。

②有足够的包容范围，不使外溢的燃气流损坏设备。

③不产生燃气流反喷，以保护发射装置及导弹自身的安全。

④对导流装置的冲击力要小，以减小结构质量，但需有足够的刚度和强度。

前面已提到，无论是舰载还是车载，导弹发射装置所使用的导流装置大多采用楔形导流器，因此，着重对楔形导流器进行叙述。

楔形导流器在进行导流型面设计时，一般需确定 4 个基本参数：冲击角 α、折转半径 R、导流器宽度 B、导流面距助推器喷口下缘的距离 L。综合有关资料和实践经验，上述参数一般按下列公式确定。

$$\alpha = 35° \sim 45°$$

$$R = (0.7 \sim 2) d_e$$

$$B = d_{max} + 2r_w$$

$$L = (1 \sim 1.5) d_e$$

式中　d_e——起飞发动机（或助推器）的喷口直径；

　　　d_{max}——多联装发射装置助推器间的最大中心距；

　　　r_w——燃气流初始段最大气流半径。

有关参数 α、R、B、L 的含义用图 8–54 表示。

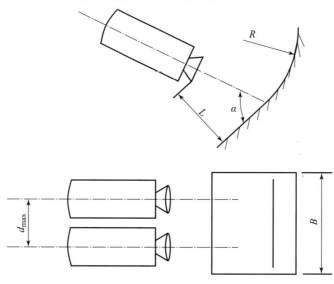

图 8–54　结构参数示意图

按上述公式确定参数时，应考虑发射装置的实际布置情况，需保护设施的距离、范围以及发射装置本身的特点等因素，在公式给定的范围内取值，也可进行适当调整。

冲击角 α，在条件允许的情况下，可以比提供的值小，那样对导流来说将更为有利，但所需要的结构空间将随之增大。冲击角不应超出给定的最大值，否则导流效果将明显下降，并出现燃气流反喷倒流现象。同时，导致导流器本身的温度和压力大大增加，使烧蚀严重，而反射回来的燃气流还有可能对导弹和发射装置构成威胁。

对于其他参数，可以超出给定的最大值，而不应低于最小值，特别是多联装发射装置的导流器，以取大值为佳。

在导流型面的结构参数确定后，下面的工作就是进行导流器的结构设计。

一般结构设计从下列几方面考虑：

①除导流型面外，其他的结构形状和尺寸。

②整个导流器结构的强度、刚度是否满足要求。

③材料的选择。

④结构的工艺性和合理性。

⑤是否需用耐烧蚀的高温涂料或采用其他冷却措施。

8.2.3　导流器结构刚强度计算

导流器结构强度如何，能否满足要求，这是设计人员较为关心和重视的问题。导流器结构的好坏，关系到整个防护燃气流保护设施的目的能否实现。因此，结构强度的计算在工程设计中是必不可少的一个步骤。

能影响到导流器的结构强度的因素有：燃气流载荷的冲击作用力、高温高速的燃气流对导流器表面的烧蚀及温度变化引起的热应力，还有其他诸如运载体惯性过载带来的惯性力等。由于诸因素对导流器的影响是同时存在的，互相又有关联，所以导流器结构强度的计算是一个比较复杂的系统计算，一般采取分开计算、综合考虑分析的方法来验证导流器的刚强度。

1. 燃气流载荷作用下导流器内应力计算

要计算燃气流载荷作用下导流器的内应力，首先需确定燃气流的气动载荷。对于不同的导流器类型，其气动载荷确定的方法也是不同的。

对于采用较多的单面楔形导流器，其燃气流气动载荷的确定一般是设计者比较关心的，我们以此为例，进行导流器的受力计算分析，如图 8-55 所示。

设助推器的推力为 $F = mu$，其中 m 为燃气流质量流量，u 是燃气流的有效排气速度。对一定的助推器，推力 F 是已知值，该力以气流冲击力的形式作用在导流器表面。直线段和圆弧段的水平分力 Q 和垂直分力 R 分别按下式确定。

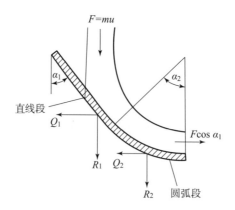

图 8 – 55 单面楔形导流器表面的作用力

$$Q_1 = \frac{F}{2}\sin 2\alpha_1$$
$$R_1 = F\sin^2\alpha_1$$
$$Q_2 = F\cos\alpha_1\left[\cos(90° - \alpha_1 - \alpha_2) - \sin\alpha_1\right]$$
$$R_2 = F\cos\alpha_1\left[\sin(90° - \alpha_1 - \alpha_2) + \cos\alpha_1\right]$$

(8 – 49)

有了这些力，再根据喷流流管（把喷流的流动边界视为管壁）的尺寸，以及射流横截面上的动压分布规律，即可把它们分布在导流器表面的相应面积上，据此便可进行导流器结构强度的分析计算。

随着数值仿真技术的发展，目前普遍采用计算流体力学方法来进行流场冲击的数值仿真，从仿真结果中获得导流器上各部分详细的气动载荷，以此开展导流器的结构强度分析计算。

2. 燃气流导流器面板热应力计算

由于燃气流作用于面板的时间很短，面板上任意一点温度来不及达到平衡，并且温度是随着时间变化的，因而导流器面板的传热过程属于不稳定传热。

在计算导流器的热应力之前，首先需计算导流器面板在不同时间内的温度。

这里采用数值积分法，将作用时间分为 t 个 Δt，面板厚度分为 n 个 $\Delta\delta$，则导流器面板任意层温度的计算式为

$$T_{t+1,n} = \frac{2a\Delta t}{(\Delta\delta)^2}\left(\frac{T_{t,n+1} + T_{t,n-1}}{2}\right) - \left[2a\frac{\Delta t}{(\Delta\delta)^2} - 1\right]T_{t,n}$$

(8 – 50)

式中 t——时间；

n——面板层数；

a——温度传导系数，$a = \lambda/c\gamma$，λ 为金属导热系数，c 为比热系数，γ 为密度。

式（8 – 50）较为复杂，适当地选择 $\Delta\delta$ 和 Δt 使得 $2a\left[\Delta t/(\Delta\delta)^2\right] = 1$，则

$$T_{t+1,n} = \frac{T_{t,n+1} + T_{t,n-1}}{2} \qquad (8-51)$$

导流器面板上表面温度的计算式为

$$T_{t,0} = \frac{h_g T_g + \dfrac{\lambda}{\Delta \delta} T_{t,1}}{h_g + \dfrac{\lambda}{\Delta \delta}} \qquad (8-52)$$

式中　h_g——散热系数或热交换系数；

　　　T_g——附面层内气流温度，这里理解为"恢复温度"，即燃烧室的温度。

散热系数值取决于材料性质、燃气性质、燃气状态和发动机（或助推器）喷口尺寸及形状，使用时可查阅有关经验公式。

导流器面板上、下表面的温度通过式（8-51）、式（8-52）可计算出，然后就可进行热应力的计算。

这里简单介绍一下一般算法。

为了计算热应力，把导流器面上计算单元视为沿两边固定的单位宽度的板（图8-56），则该结构的最大温度应力为

$$\sigma_m = \frac{\alpha \Delta T E}{2(1-\mu)} \qquad (8-53)$$

式中　α——线膨胀系数；

　　　ΔT——板上、下表面温差，K；

　　　E——弹性模量；

　　　μ——泊松系数。

该式中没有包含面板厚度 δ，但是，温度差的增大与面板厚度成正比。因此，在较厚的面板内将出现较大的温度应力（热应力）。为了减小温度应力，可适当地减小面板的厚度，采用加强筋来保证所要求的刚度和强度。

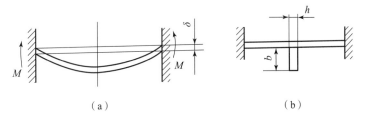

图 8-56　导流器面板的热应力计算

（a）无加强筋的计算模型；（b）有加强筋的计算模型

在实际计算中，导流器面板加强筋的温度应力可通过导流板的温度应力进行估算，则加强筋的温度应力为

$$\sigma_{pm} = -\frac{\alpha\delta}{bh}\sigma_m \qquad\qquad (8-54)$$

式中　h——加强筋的厚度；

　　　b——加强筋的宽度。

上述计算热应力的方法是较为古典的，由于导流器结构有时较为复杂，计算时不很方便，为此，采用数值仿真方法进行计算。

3. 燃气流作用下导流器烧蚀计算

导流器在燃气流作用下，不但有强度和刚度的破坏，而且烧蚀破坏也是不可忽略的。在高温高速的燃气流作用下，它的温度虽没有喷出的燃气流流场温度高，但也相当高，达几百度甚至上千度。若燃气流作用时间长，面板表面温度就有可能超过金属材料的熔点，此时金属表面就会发生熔化。在高速燃气流的冲击作用下，面板受到冲刷，逐渐形成沟槽，以致造成不经修复就不能使用的结果。因此，在燃气流作用时间较长时，必须进行导流器的烧蚀计算。

导流器烧蚀计算一般是通过对面板表面的温度计算，看其表面温度是否达到和超过材料的熔点。若超过，则证明导流器的烧蚀情况必须考虑，可用式（8-55）表示上面的叙述。

$$T_b \leqslant T_r \qquad\qquad (8-55)$$

式中　T_b——导流器上表面的温度，K；

　　　T_r——导流器所选材料的熔点，K。

当导流器上表面温度超过材料的熔点时，一般可采取在上表面涂耐高温涂料或采用一定冷却形式的导流器，以降低导流器表面的温度，保证不被烧蚀破坏。

8.2.4　导流器结构的设计计算

导流器结构设计计算一般包括：燃气流流场参数的计算、气动载荷的计算、结构强度和刚度分析计算、导流型面参数确定和整个结构的设计。

1. 方案设计

根据总体要求来论证导流器所采取的导流类型，经过对舰面布置和防护要求分析，确定出导流型面为单面楔形向后上方排导燃气流的导流方案。

2. 计算气流参数

燃气流流场参数的计算，目前普遍采用流体力学仿真计算的方法进行。在导弹的发射过程中，燃气流作用在导流器上的气动参数是变化的，在导弹点火的初始状态，导流器上的载荷最大，为保守设计，一般取此时的气动载荷作为导流器设计的依据。

在前面曾提到导流器主要在燃气流流场的初始段内工作，因此，只需计算初始段内流场参数即可。最主要的参数是初始段的最大气流半径，它关系到导流器的防护范围。

3. 确定型面参数和结构尺寸

根据燃气流流场参数和助推器喷口尺寸及舰面布局，综合考虑后确定导流器的型面参数，而结构尺寸则依舰面设施和发射装置的结构进行初步确定。

4. 小比例冷态、热态模拟试验

在确定出导流器的初步型面参数和结构尺寸后，可进行缩比件的冷态、热态模拟试验，通过各种试验来验证导流型面是否可行，排导效果是否良好。

5. 结构详细设计

在通过模拟试验后，证明方案可行便可开展详细的技术设计，包括导流槽的型面设计、纵横加强筋的布局以及与舰甲板的连接方式，还有结构选材等内容。

在设计中，为减小结构质量，又使结构刚强度满足要求，可采用薄钢板弯制成横断面为半圆形的导流槽加纵、横加强筋的结构形式。它与舰甲板的连接可采用无缝钢管为支杆折架结构通过垫板用螺柱连接的结构形式。

6. 结构强度分析

依据前面燃气流参数计算所获的导流器上气动载荷进行结构强度分析。为了快速、方便、准确，目前普遍采用结构有限元方法进行仿真，获得在燃气流冲击载荷作用下的最大应力和最大变形，并保证有一定的安全系数。

至于导流器的热应力分析和烧蚀计算，由于考虑到燃气流作用到导流器上的时间很短，核心区冲击也就零点几秒，所以认为可以不进行计算。实践证明，经过测试，导流器上表面的温度在几百度，没有超过其材料的熔点；而热应力由于导流槽板较薄，产生的温差较小，因此也未对结构构成破坏威胁。

如果计算后发现刚度、强度或烧蚀不能满足要求，就需对结构进行修改采取措施，直到满足要为止。

从上面可看出，导流器的整个设计步骤可归纳为：

方案设计→参数计算→初步结构设计→模拟试验验证→结构详细设计→结构强度分析。

8.3 发射架设计

8.3.1 概述

发射装置支架（简称支架）是导弹发射装置的一个重要承力组件。它的功用是：

支承和固定贮运发射箱（筒），保证发射箱与舰面的联系，并赋予导弹规定的发射仰角和用于固定发射装置的部分电气设备、液压设备。尽管支架有各种各样的结构形式，就支架的功能而言，其设计都应有一致的要求。主要要求如下。

（1）满足导弹武器系统提出的战术技术要求：

①应具备支承、固定贮运发射箱（筒）并赋予一定射向的功能。

②应满足发射装置所分配的技术精度指标，即包括纵倾角、横倾角、质量、外形尺寸等的要求。

③满足使用环境条件的要求，即在相应的高温、高湿、高海情的条件下，支架必须保证有足够的强度和刚度，能可靠地工作。

（2）满足合理的结构设计要求：

①结构应便于支承和固定贮运发射箱，操作轻便，迅速可靠。

②在满足功能和结构接口的条件下，结构紧凑、尺寸最小、质量最小。

③便于安装、操作和保护支架上的电气设备、液压设备等。

④便于维护保养。

⑤设置供起重装卸用的吊环（钩）及运输中的固定位置。

⑥具有良好的加工工艺性，考虑产品的经济性。

⑦选用的金属材料及涂、镀覆层材料应满足"三防"要求。

⑧结构应与舰总体布局相协调。

（3）满足安全使用要求。

支架的外形及操作部位不应危及操作人员的安全。

8.3.2 发射架结构设计和主要参数确定

支架的结构主要由两部分组成：一是支架本体，二是锁定机构。

支架本体一般采用管材或型材（槽钢、角钢、工字钢等）焊接成能赋予规定射向，具有足够强度、刚度并能与运载体安装、固定的结构框架。在设计支架本体结构时，除了满足总体下达的设计要求外，还要充分考虑到舰面情况，要留有充分的安装空间、吊装空间和人员操作空间。

支架本体是低合金钢管材、板材或普通碳素钢型材的焊接结构。由于焊缝多，焊接时易产生较大变形，但支架的发射仰角又直接影响导弹的初始飞行轨迹。为保证导弹具有一定的初始发射角及与舰面的联系，在支架设计时采取了一些活动调整环节。例如，为保证锁定机构支承发射箱支脚的 4 个平面处于同一平面内，在锁定机构与支架本体之间设置了调整垫板，板厚为 6～8 mm。调整垫板弥补了支架本体的焊接变形。支架的支承底板与舰面之间采用 8～10 mm 的调整垫板，弥补支架在运输过程中的变形及舰面平台变形造成的安装误差，以保证支架的纵倾角、横倾角。

支架的变形是由焊接热应力引起的，因此，设计支架时要合理选用焊缝的形式、尺寸、位置，以减小热应力及焊接变形。焊接时使用多种类工装、工艺架等强制性方法限制支架的自由变形。支架利用断续焊、对称焊等来减小变形，焊后采用人工振动时效、自然时效或热处理等方法去除残余应力对结构的影响。

锁定机构分为前锁定机构和后锁定机构两种形式，每个贮运发射箱支承在一组锁定机构上。每组锁定机构包括两个前锁定机构和两个后锁定机构。前锁定机构起锁定贮运发射箱前支脚的作用；后锁定机构起锁紧贮运发射箱后支脚的作用。锁定机构要满足一定的刚强度和可操作性。

8.3.3　发射架结构刚强度

1. 发射架载荷分析

在对发射架进行刚强度计算前，需要对载荷进行分析。作为支架，一般直接支承着发射箱（筒），下面同运载体（舰、艇、车、飞机等）连接、固定，所以它承担着导弹、发射箱及运载体传来的动、静载荷。静载荷包括支架自重、导弹和发射箱自重以及附属的电气、液压设备的自重。动载荷则有风载、惯性载荷、导弹发射时的脱锁力、气动载荷和爆炸冲击波等。动载荷在不同的工作状况下是有不同的内容的，所以要具体分析，选取最主要的动载荷作为设计载荷。

1）支架的一般工作状况

做支架受力分析时，应至少考虑三种工况。

（1）瞄准状态。

这是指导弹系统在瞄准打击目标时支架的工作状况。在这种状态下，支架可能做升降或回转运动，应注意最大的升降或回转加速度，其引起的动载不可忽视。

作为定角发射的支架，导弹瞄准打击目标完全是靠运载体的回转来完成的。飞航式导弹一般都有 $\pm 30°$ 以上的射击扇面，只要目标进入扇面，就可以发射导弹，所以，运载体无须也不太可能做大角度的急速旋转。其引起的惯性载荷可以忽略。当然，运载体航行时所引起的惯性力及其他动、静载荷则是主要的考虑对象。

（2）发射状态。

为了提高导弹的命中精度，一般导弹在发射时，要求运载体运行较为平稳，这就是说，导弹在发射时，支架所承受的外载往往不是最大的。但是有一些载荷是独有的，如导弹滑行前的锁紧力、燃气动力，以及导轨不平行引起的惯性力等。

（3）航行状态。

支架所承受的最大载荷往往出现在这种状态中，特别是当追击目标或逃避敌方攻击时，一般会使用运载体的极限速度，因此，惯性力、风载、颠振、冲击等几种载荷都可能同时产生最大值，一般应把此状态作为最主要的设计状态，再综合考虑以上两种状态，就可较全面地包括实际的外载荷了。

2）几种重要载荷的计算和处理

下面以舰载飞航导弹的发射装置支架为例，说明几种重要的外力的计算方法，其他类型的支架也可参考这种方法。为了计算简便，在做支架的受力分析时，有时采用"过载系数 n"的概念，这里不详谈，可详见第 3 章发射装置载荷分析及刚强度计算。

（1）风载。

桁架式支架的迎风面积与发射箱（筒）相比是很小的，可以忽略。只需计算发射箱（筒）的最大迎风面上所承受的风载即可，即

$$F_i = qC_xR_HS_i\beta$$

式中 F_i——最大迎风面形心所承受的风载；

q——额定风风压，根据允许的最大海情，按表 8 − 1 取离海面 6 m 高处的突风风压值；

C_x——气动阻力系数，只与迎风物体（发射箱）外形有关，对矩形物体，可取 1.4；

R_H——风压随高度增加系数，如发射箱离海面高度小于 10 m，取值 1.0；

β——考虑阵风作用时的修正系数，视舰艇的振动周期而定；

S_i——迎风面面积。

表 8 − 1 风力等级表

| 风级 | 风级名称 | 海面上 6 m 高处的风速/（m·s⁻¹） | | 海面上 6 m 高处的风压 | | | | 海面浪高/m | |
| | | | | 平均值 | | 突风 | | | |
		平均值	突风	kgf·m⁻²	Pa	kgf·m⁻²	Pa	一般	最高
0	无风	0 ~ 0.5	1.0	0	0	0.1	1.96	—	—
1	软风	0.6 ~ 1.7	3.2	0.2	1.96	0.8	7.84	0.1	0.1
2	软风	1.8 ~ 3.3	6.2	0.9	8.83	3.1	30.4	0.2	0.3
3	微风	3.4 ~ 5.2	9.6	2.2	21.6	7.5	73.6	0.6	1.0
4	和风	5.3 ~ 7.4	13.6	4.5	44.1	15.0	147.1	1.0	1.5
5	清风	7.5 ~ 9.8	17.8	7.8	76.5	25.7	252.1	2.0	2.5
6	强风	9.9 ~ 12.4	22.2	12.5	122.6	40.0	392.3	3.0	4.0
7	疾风	12.5 ~ 15.2	26.8	18.8	184.4	58.4	573.8	4.0	5.5
8	大风	15.3 ~ 18.2	31.6	27.0	264.8	81.3	797.0	5.5	7.5
9	烈风	18.3 ~ 21.5	36.7	37.5	367.8	109.7	1 076	7.0	10.0
10	狂风	21.6 ~ 25.1	42.0	51.1	502.2	143.5	1 407	9.0	12.5
11	暴风	25.2 ~ 29.0	47.5	68.4	670.9	183.5	1 800	15.5	16.0
12	飓风	>29	53.0	89.5	877.8	229.0	2 246	14.0	>16

可以根据力的平衡原理将力 F_i 分配到支架上的有关节点上去，一般发射箱同时有两个主要的迎风面，应当将两者叠加分配到支架上，看作是支架上的作用外力。风载最大过载系数一般不会超过 0.5。

（2）摇摆惯性载荷。

这种载荷主要是指舰艇的纵摇和横摇所产生的过载，应选择离舰艇摇心最远的一座发射装置支架来分析。

以横摇为例，如图 8 – 57 所示，A 点为带弹发射箱的质心，O 点为舰艇的摇心，可以事先从有关舰艇的资料中算出最大角速度 $\dot{\theta}$ 和角加速度 $\ddot{\theta}$，依下式可算出径向和切向最大惯性力 F_R、F_t。θ 取弧度值。纵摇惯性载荷计算与此类似。横、纵摇惯性载荷也可按力的平衡原理移到发射箱支架上的有关节点上去。但应注意，A 点为带弹发射箱的质心，若是双联装支架，则为两个带弹发射箱的组合质心，这一点与风载的作用点不同，风载作用于迎风面的形心上。

$$F_{R\max} = n_{r\max}\omega = \frac{a_{r\max}}{g}\omega = \frac{R\ddot{\theta}_{\max}}{g}\omega$$

$$F_{t\max} = n_{t\max}\omega = \frac{a_{t\max}}{g}\omega = \frac{R\dot{\theta}_{\max}^2}{g}\omega$$

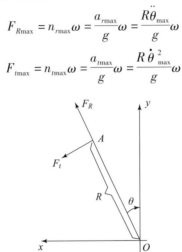

图 8 – 57　发射装置支架惯性载荷

（3）其他重要载荷。

一般舰载导弹发射装置支架除了有以上的风载、纵横摇惯性载荷以外，冲击、颠振、轨圆运动的过载等都必须考虑。这里综合中国现代舰艇的有关技术资料以及试验验证所取得的一些经验数据记录供参考：

冲击过载系数：$n_{c\max} = 1.5$；

颠振过载系数：$n_{d\max} = 3 \sim 7$；

轨圆运动过载系数：$n_g = \dfrac{\pi}{20}$。

需要强调的是，近年来常以冲击响应谱的形式给出冲击载荷。所谓冲击响应谱，是将受到的机械冲击作用到一系列单自由度系统的最大响应（位移、速度和加速度）作为各个系统固有频率函数的一种表达方式。相比冲击过载系数，冲击响应谱更能反映冲击载荷的瞬态、高频特征。此外，颠振对支架设计有很大影响。即在设计载荷中占的比例相当大，若 n_d 取得过大，支架必定笨重。因此建议取 $n_d=3$ 适宜，最大不能超过5。以上这三种载荷都可看作是垂直海平面的载荷，但一般不是垂直于甲板的，这是值得注意的。把以上所述的各种载荷统统分配到支架的有关节点上去，每个有关节点都有 F_x、F_y、F_z 和 M_x、M_y、M_z 六个参数。把它们作为外载，与甲板固定连接的节点作为约束，就可建立模型，利用计算机及相应的结构分析软件来校核各单元的内力，从而修正初始的支架设计，使其结构得以优化，更趋合理。

以上只是针对舰载定角发射架而言的，对于运载体是公路车辆或飞机，或是其他类型的发射架，其外载荷要根据运载体的有关技术资料以及支架的结构形式加以分析确定。只要抓住动、静载荷这个特点，下面的事情就好做了。

2. 支架的有限元仿真分析

这部分工作主要是利用计算机及相应的结构分析软件来实现的。所谓的强度计算，即指对支架在动、静载荷作用下，各结构单元的内应力计算，从而修正预定的结构参数，使各单元符合强度要求。而刚度计算则是计算各节点的最大位移。振动特性则是指结构的固有频率以及相应的振形、在持续周期性载荷或者瞬态冲击载荷下的振动响应。如今常用的有限元分析软件用 ANSYS、Nastran、Abaqus、MARC 等，这些功能强度的分析软件除了结构分析外，还具有热分析、流体分析、电磁场分析、耦合场分析等多种功能。

1）建立有限元模型

支架实际结构往往是很复杂的，不做些简化是不行的。尤其是复杂的外载荷作用以及杆与杆之间相互约束的计算工况很多，所以要对结构做各种各样的简化和假定。经简化了的模型可以划分成许多单元和节点，把必要的数据输入计算机就可以计算了。

目前，飞航导弹发射装置所采用的定角式支架都可以看成是由梁单元组成的。下面仅以桁架式的支架（图8-58）为例说明模型简化的一些原则。

基本假设：

（1）忽略各支杆间起连接和加强用的小加强筋板的作用；

（2）忽略发射架底部的支架板；

（3）对于承载较大的部件，其单元划分得密一些，其他部件则尽量地分得疏一些；

（4）与发射箱（筒）相连接的支脚座可视为刚性体，可以把它所承受的载荷看作集中载荷作用于相应的梁单元节点上；

（5）忽略支架上的液压元件、电气控制元件等自重；

（6）无论是管结构还是槽钢结构，按梁单元处理，但截面参数是不一样的。

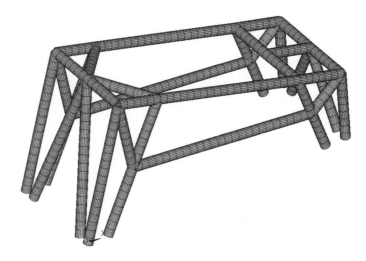

图 8-58　支架有限元模型

对于不同的分析工况，所用到的梁单元、网格的形状、网格的尺寸是有差异的。对于动态刚强度分析，还需要关注分析的时间步长。

2）求解

常用的有限元商业软件通常有多个求解模块，针对不同的分析类型进行求解。以 ANSYS 软件为例，Static 模块专门进行静态分析；Buckle 模块专门进行屈曲/失稳分析；Modal 模块专门进行模态分析；Harmic 模块专门进行谐响应分析；Trans 模块专门进行瞬态分析；等等。在确定分析类型后，就需要设置模块的求解控制选项，以获得满意的结果。

3）数据输出及后处理

模型求解完毕后，进入后处理层查看分析结果以及结果的各种处理。这些结果包括：节点的位移、节点载荷、节点约束反力、单元应力、梁的截面弯矩、梁的截面剪切力等。静态分析中对结果的处理包括：应力云图、位移云图、弯矩云图、剪切力云图等，动力学分析中则是这些物理量的时间－历程曲线。更复杂的结果处理则包括：单元列表操作、路径操作、切面显示、求解结果变量运算等。

根据计算结果，找出最危险的部位，如强度不足，则加强该部位；如有一些单元承力太小，又不作其他用，则可去除、简化，使整个结构更趋于合理。改动后的结构再次输入计算机计算，直到满意为止。

8.3.4　发射架典型结构设计

根据所支承的发射箱（筒）结构形式不同及发射箱（筒）前、后盖开启（或关闭）的形式不同，支架的结构形式也就不同；在运载体上安装固定的方式不同，所设计的支架结构形式也不同。目前已装备部队使用的飞航导弹发射装置支架典型结构主要有以下两种。

（1）液力驱动关盖的导弹发射装置系列支架。

某型号导弹贮运发射箱是整体式气密金属结构箱，与箱体铰接成一体的前、后箱盖在支架上是依靠液压动作筒的推力来完成关闭动作的。该类型支架上有固定前、后动作筒的结构架，还应辅助液压设备完成关闭（或开启）发射箱前、后箱盖的动作。

图 8-59 所示是支腿直接焊在运载体（艇甲板面）上的双联式支架，能同时支承和固定两个发射箱。支架的固定仰角为 11.5°。支架本体由合金钢管及钢板组焊成空间桁架结构。因此，它具有自重小、整体刚度大的优点。加上杆体采用放样加工，提高了加工工艺性，减少了加工量。前、后减速板通过转轴 4 与支架本体相连，并绕轴转动。固定在支架本体上的前、后液压动作筒通过减速板推动发射箱前、后盖完成关闭动作。固定发射箱支脚的锁定机构与支架本体焊接连接。

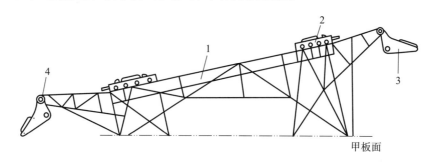

图 8-59 双联式支架（一）

1—支架本体；2—锁定机构；3—减速板；4—转轴

图 8-60 所示为支脚焊接在处于同一水平面并带有固定螺栓孔的支承底板上的空间桁架型结构支架。支架固定仰角 15°。该结构目前有单联式和双联式两种。单联式支架只能支承固定一个贮运发射箱。选择单联式或双联式支架视在运载体上的安装方式决定。由于支架是一个独立的整体，便于单独生产、运输，又可与发射装置其他设备配套进行各项试验，从而提高了发射装置的整体性能。支架通过支承底板与运载体上的支承平台螺栓连接。为防止过大的焊接变形，以保证支承底板之间的位置精度，支承底板的厚度不能太小，因此，增加了支架的质量。锁定机构是一组单独部件，用螺栓固定在支架本体上。这种组装结构装配简便，并能提高发射箱支承平面的精度。

（2）非液力驱动关盖的导弹发射装置系列支架。

采用电动机驱动开关箱盖及用易碎裂的向外抛掷式箱盖的贮运发射箱，固定在支架上时仅要求支架具有规定的仰角，并能牢靠地固定发射箱支脚和发射装置附属设备。

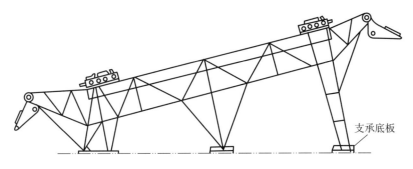

支承底板

图 8-60　双联支架（二）

图 8-61 和图 8-62 所示两种支架均是由金属型材焊接而成的空间结构件。支架的两侧和前端面附有蒙皮。蒙皮不但起装饰作用，而且保护架体上的电气设备不受海水

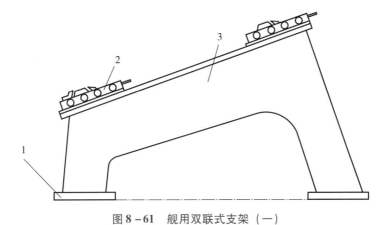

图 8-61　舰用双联式支架（一）

1—支承底板；2—锁定机构；3—支架本体

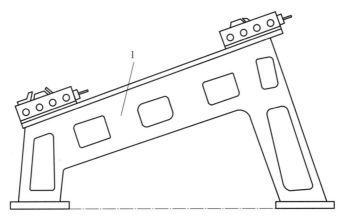

图 8-62　艇用双联式支架（二）

1—蒙皮

的直接冲刷。两种支架固定仰角均为15°。两者的区别只是蒙皮结构不相同。图8-62所示的支架蒙皮上开有窗口，这是因为运载体小，减小了迎风面积，增加了运载体的稳定性。支架后端高度尺寸小，为便于操作，后锁定机构设计成在前面操作的形式。前、后锁定机构也分别用8个螺栓固定在支架本体上，支架则通过支承底板与运载体平台用螺栓连接。

品字形三联式支架（图8-63）由金属型材构件焊接而成。主要由上支架和下支架两部分组成。上支架前、后各带有一个立柱，立柱下面分别带有法兰，用于和下支架安装固定，使上、下两支架形成一个整体。上支架可支承固定一个贮运发射箱。下支架是整体支架的重要部分，用于固定上支架及发射装置的电气设备。侧面的护板除装饰外观，还对安装在内侧面上的电气设备起保护作用。下支架的左右两侧各装有两组手动平台，可分别向外侧平行移动320 mm，用于吊装和吊卸下支架上的两个贮运发射箱，并避免和上支架发生干涉。下支架上焊有5块带固定孔的支承底板，用于与运载体安装。

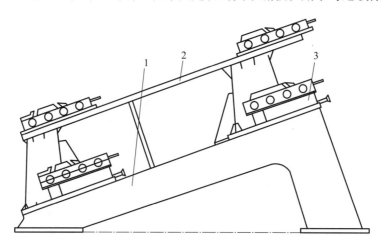

图8-63　品字形三联式支架

1—上支架；2—下支架；3—手动平台

一字形三联式支架（图8-64）是由钢管和钢板组焊成的固定式仰角的空间支架结

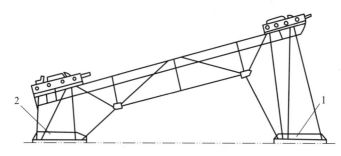

图8-64　一字形三联式支架

1—前墩；2—后墩

构，能同时并列支承和固定三个贮运发射箱。支架的前墩和后墩有较大的强度和刚度，又经过机械加工保证定位面，从而满足横向跨度大的结构要求。

除上面所讲的几种典型支架外，图 8 - 65 所示的单联式支架应用于大型导弹发射装置中，其结构与前述相类似，不同之处仅在于由于贮运发射箱的截面尺寸大，在前述锁定机构形式的基础上局部加大尺寸。图 8 - 66 所示为陆用双联式支架，供陆上试验导弹性能之用。支架与地面用地脚螺栓固定。它能同时支承和固定两个发射筒，支承发射筒的弧面上粘有橡胶减振垫，其特点是大仰角，多角度定位，即支架可在 25°、30°、35°定位，支架在水平状态下装填发射筒，靠液压动力达到规定的发射仰角。

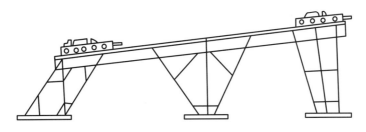

图 8 - 65 单联式支架

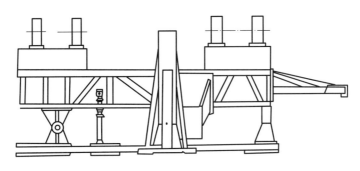

图 8 - 66 陆用双联式支架

第9章 发射装置伪装、隐身与防护设计

9.1 概　　述

随着军用信息技术的迅猛发展，高科技侦察监视器材、高精度定位导航卫星以及高精度制导设备在军事领域得到了广泛使用，现代战争形成了集可见光、红外、激光、雷达等多种探测方式共存互补，陆、海、空、天、电、磁全维覆盖的一体化侦查监测网，战场的透明度空前增大，特别是在空间远程精确侦察探测技术和实时精确打击技术的发展下，未来战争中凡是被侦察的目标，就能被发现，而被发现的目标就能被摧毁，即"发现即命中"。传统的发射装置所受到的威胁日益严重。

凭借先进的侦察和监视手段，发现、识别和定位具有重要军事价值的目标，然后进行快速和高精度命中的打击是现代高技术战争的显著特点。伪装与隐身技术作为提高武器系统生存、突防能力的有效手段，已经成为现代战争中最重要、最有效的战术技术手段之一，并受到世界各国的高度重视。从20世纪70年代起，美国、苏联等国家便投入了大量的人力和财力从事先进隐身武器和现代伪装器材的研制，并取得了显著成果。90年代以来，西方国家更是把隐身伪装技术作为其竞争战略中优先发展的高新技术。

发射装置是导弹武器系统的重要组成部分，是导弹武器成功发射的基本保障，是现代战争中的高价值目标。从宏观上看，传统发射装置具有体积大、外形特征明显、阵地配置关系单一、活动痕迹明显、雷达散射截面积大、热惯量大等不足，在战场中极易被敌方发现，从而遭受敌方精确制导武器的打击。因此，开展发射装置伪装与隐身设计，对于提高导弹武器系统的生存能力具有重要的意义。

9.1.1 伪装、隐身与防护技术的概念

伪装与隐身是两个容易混淆的技术范畴，甚至在一些国军标中也常常被一并讨论，但从二者的内涵来看，二者有相同之处，又有明显的区别。伪装与隐身的相同之处在于二者都属于反敌侦察技术，都能够提高武器系统的生存能力；不同之处在于隐身技

术重在降低目标的可探测性，而伪装技术侧重降低目标的可识别性。

伪装技术是为了隐蔽自己并欺骗、迷惑敌方所采取的隐真示假的技术措施，使敌方无法获得正确的目标信息情报，包括外形伪装、图案色彩伪装、地形利用伪装、天候利用伪装以及人造遮蔽伪装等。隐身技术又称为低可探测技术，是通过改变自身的可探测特征，使自身难以被敌方探测或缩短发现距离的综合性技术，使敌方无法获得目标信息情报。可以看出，伪装技术和隐身技术在具体实施途径、涉及的专业范围和成本方面都有很大差异，相比而言，伪装技术因为通用性强、经济性高、技术难度较低等优势在现有地面武器设备中获得了更为广泛的应用。

伪装和隐身作为现代战争中的有效对抗措施，在实际应用中往往共存互补。随着科技的发展，伪装和隐身的界限也越来越模糊，可以说，现代隐身技术是传统伪装技术走向高技术化的发展和延伸。

9.1.2　发射装置隐身技术的研究范畴与重点

隐身技术作为第二次世界大战以来新出现的重大军事技术之一，已经成为各国军事技术竞争中的一张"王牌"。它的出现对各种防御探测系统和防御武器系统提出了严峻的挑战，它的崛起充分展示了军事技术领域的重大突破，它的发展必将导致军事装备和作战方式的重大变革，并产生深远的影响。

从技术角度讲，隐身技术的特点主要是低可探测性、反探测和反侦察，是传统伪装技术的应用和扩展。其关键技术包括隐身外形技术、隐身材料技术、无源干扰技术和有源干扰技术等。为了解决这些关键技术，它广泛涉及现代多个学科和相关技术，如电子学、光学、声学、材料学、计算技术、计算机技术、外形设计技术和信息技术等。

隐身技术自从问世以来，在战斗机、导弹和舰船等主要作战武器系统上的应用都得到较大的发展。近几年内，随着隐身技术研究和应用的进一步深入和拓展，它的应用范围又得到很大扩展，已涉及水雷、机车、工事、战车、火炮等领域。

发射装置，尤其是机动发射车辆，具有结构尺寸比较大、外形特征明显、对空暴露时间长等特点。传统的发射装置隐身设计偏重于单一技术产品的集成应用，即在发射装置成品上集成应用具有隐身功能的涂料、器材等，而不是在发射装置设计时期就将隐身技术考虑进去。这种设计模式由于缺少顶层规划，造成发射装置笨重、结构松散，隐身效果不明显。现代发射装置隐身技术的研究范畴主要有以下几个方面。

1）发射装置暴露特征研究

研究发射装置在可见光、红外、激光、雷达等先进的侦查、探测方式下的主要暴露特征，为后续隐身设计的开展提供依据，做到有的放矢。

2）发射装置一体化赋形设计研究

杂乱的结构布局会在较宽的角域范围产生散射回波，因此，一体化赋形设计作为降低雷达散射面积的有效手段之一，在隐身飞机和舰船设计过程中得到了广泛应用。结合工业造型设计和雷达隐身要求，开展发射装置一体化赋形设计，在外廓尺寸允许的条件下，尽可能改变地面发射装置外形，并进行发射装置结构优化工作。

3）新型隐身材料应用技术研究

充分调研多谱段迷彩涂料、雷达吸波材料、红外隐身材料、纳米及智能型隐身材料等新型隐身材料，掌握新型隐身材料隐身机理、制备方法、应用集成工艺，开展发射装置的涂覆性材料的综合集成应用研究，将结构型吸波材料应用至发射装置结构设计中。

4）发射装置主动隐身技术研究

构建由先进的报警系统、决策和信号处理系统以及对抗系统组成的主动防御系统，在报警系统探测到来袭的目标后，通过主动干扰、变形组合、迷茫烟幕等手段，使己方发射装置免于被摧毁或降低毁伤程度。

5）发射装置隐身设计仿真分析

在发射装置隐身设计过程中，采用隐身设计仿真分析软件对其隐身设计效果进行评估，指导改进隐身设计。例如，可以采用 RCS 仿真分析软件对发射装置进行雷达隐身设计效果评估。市面上可以用于 RCS 仿真分析的软件工具很多，但专业的隐身设计工具较少；地面发射装置结构复杂，同时，运用隐身材料，利用现有的手段计算其 RCS 非常困难；另外，现有多数软件缺乏专业隐身数据库，与地面发射装置特性数据库没有对应的接口，运用起来比较麻烦。合适的隐身设计软件不仅应具有设计周期短、成本低等优点，而且计算精度也比较高，因此，有必要开展相应的软件模块开发以适应设计仿真需求。

6）发射装置隐身性能测试

测试作为性能评估的有效手段，不仅可以检验发射装置隐身指标的满足情况，而且可以指导改进隐身设计。在发射装置隐身设计过程中，采用光谱仪、可见光相机、红外热像仪、微波暗室测试等检测手段对发射装置隐身试样、缩比模型等进行隐身性能测试，根据测试结果更改发射装置隐身设计；对设计完成的发射装置隐身样机，采用同样的检测手段进行外场隐身性能测试，检验发射装置隐身指标满足情况。

发射装置的隐身技术设计是在满足发射装置主要功能要求下开展的工作，需要与发射装置总体方案紧密结合。在开展总体方案论证时，就要开始考虑隐身技术，结合总体方案进行隐身方案论证，从成本、周期、效果等多方面考虑，选取合适的隐身手段，进行一体化赋形结构设计；根据需求兼顾隐身材料的应用，利用仿真分析软件进行隐身方案的优化，确定发射装置最优的隐身外形及隐身材料应用；在隐身方案确定以后，可以考虑进行发射装置隐身性能测试研究。由于发射装置外廓尺寸大，采用全尺寸暗室测试难度大，因此试件测试和缩比测试在不少领域已有应用。由此，发射装置可以采用试件和缩比测试，若测试结果满足要求，即可开展发射装置隐身方案设计工作。

9.1.3　发射装置防护技术的研究范畴与重点

发射装置防护是指发射装置，特别是发射车辆发射准备、机动运输或隐蔽待机时，在遭受攻击的情况下，为保存自己的战斗力而采取的防护措施。与伪装和隐身一样，防护是提高导弹武器系统生存能力的又一重要途径。

发射装置防护需要分析发射装置面临的攻击威胁，并结合发射装置的质量、机动性能、伪装和隐身性能，采取具体的防护措施，提高武器系统的生存能力，这是发射装置防护技术的主要研究范畴。

发射装置防护技术的研究重点包括主动防护技术和被动防护技术，其中被动防护包括防爆炸冲击、防破片和防弹。

9.1.4　提高发射装置生存能力的技术

导弹发射装置的生存能力是一个很大的概念，从广义上讲，任何能够有效对抗在战场环境下威胁发射装置的手段、措施，都可提高发射装置的生存能力。其可以按照不同形式大致分为四大类，每一类又可以细分为不同的具体对抗措施，不仅所涉及的技术领域非常广泛，而且相互之间的关联性也非常复杂，如图 9 - 1 所示。如何巧妙地综合应用多种对抗手段提高装备的战场生存能力是战场指挥与部署的关键。从中也可以看出，战争本质上就是敌我双方围绕"歼灭"与"生存"两个问题制定战略和实施战术的过程，因此，在现代战争中，武器装备的生存能力都是十分重要的。

往往在装备研制之前就要开展装备生存能力的论证分析，并在经济性、可行性之间获得平衡，确定需要具备的生存能力和采用的相关技术。本章主要针对能够提高发射装置生存能力中的几项技术进行阐述，包括内在式对抗手段以及部分外加式对抗手段。

9.2　主要伪装技术

随着侦查和探测技术的发展，发射装置面临的威胁越来越严峻，但是"魔高一尺，

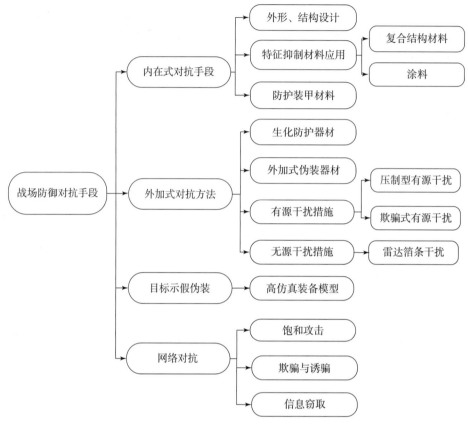

图 9-1　战场生存能力提升手段

道高一丈"，近年几场高技术局部战争的实践证明，良好的伪装在信息化战争中仍是一种对付高技术侦察监视，尤其是对付精确打击的一种行之有效的手段和方法。

按照所对付的侦查器材分类，伪装可以分为可见光及红外波段伪装、雷达波段伪装、防声测伪装等；按照伪装技术措施分类，伪装可以分为遮蔽、背景融合、伪装示假、预先规避、电磁伪装、仿生伪装。

9.2.1　遮蔽法

遮蔽法是指充分利用地形、地物、夜暗和雾、雨、雪、风等能见度不良的气候条件等天然因素，利用人工涂料以及设置各种制式伪装器材对目标进行遮蔽，隐蔽目标或降低目标的显著性。遮蔽法是反侦察和对付精确制导武器最有效的方法之一。

1. 迷彩伪装

迷彩伪装利用涂料、染料和其他材料来改变目标、遮障和背景的颜色及斑点图案，以消除目标的光泽，降低目标的显著性和改变目标外形。伪装迷彩可分为保护色迷彩、变形迷彩、仿造色迷彩、光变色迷彩、多功能迷彩等，各种装备上的迷彩图案如图 9-2所示。

（a）

（b）

（c）

图 9 - 2　各种装备上的迷彩图案

（a）99 式坦克；（b）美国 M1A1 坦克；（c）维斯比舰

2. 人工遮障伪装

利用各种制式伪装器材设置对目标进行遮蔽的屏障，如图9-3所示。伪装遮障由遮障面和支承构件组成，有叶簇式薄膜伪装网、雪地伪装网、伪装伞、反雷达伪装网、反中红外侦察伪装遮障和多频谱伪装遮障等。发射装置及地面设备这类固定目标，可利用具有防可见光、红外和激光等综合功能的伪装网进行伪装。

图9-3　人工遮障伪装

3. 烟幕伪装技术

这种无源干扰技术能通过散射、吸收方式衰减光波，干扰敌方光学侦察。经过改进的烟雾在红外波段同样具有遮蔽作用，如图9-4所示。同时，烟雾可干扰精确制导武器的制导系统。因此，可在阵地周围焚烧报废轮胎、燃油和柴草，或在发射装置周围施放各类专用烟幕弹，形成烟雾遮障防袭。

图9-4　烟幕伪装技术

9.2.2　干扰法

干扰法是降低发射装置与背景之间对比度的方法。在雷达检测中，信噪比是目标探测的主要依据，为了达到隐藏目标的目的，一种方式是降低目标的信号，另一种方式是增强背景的信号。如采用下述方法可干扰雷达的侦察。

（1）采用角反射器。这样入射的雷达波会在反射器的各表面产生逐次反射，而且沿着入射方向返回，使雷达接收到强烈的回波信号，因而可模拟各类目标，使真目标融合在背景中。

（2）采用偶极子反射器。即在发射装置和地面设备周围散布大量金属箔条，使其形成偶极子反射带，产生强大干扰信号，防止雷达跟踪识别。

9.2.3　示假法

迷彩示假法就是利用涂料、染料等在发射装置及地面设备区域涂饰假弹坑等，涂画出被炸的痕迹，模拟目标被破坏的假象。需注意的是，制作和设置的假目标不仅要有逼真的光学特性，还应模拟反射雷达波和辐射红外线特征。此外，在发射装置及地面设备周围必须既要设置雷达假目标装置，又要设置红外假目标装置，同时要时刻注意真目标和假目标需要保持一定的安全距离。

9.2.4　预先规避法

根据敌方侦察的盲点来进行规避，如适时转移阵地等。利用相关情报信息，掌握敌侦察卫星的运动规律，利用不良天气和侦察卫星的过境时间，快速机动到预备阵地，防止敌方精确打击。

9.2.5　仿生伪装

根据环境背景的不同，各国的军事迷彩伪装有丘陵、丛林、荒漠、海洋等几套方案。但现代战争的多维性和高机动性使得被保护目标经常处于不同的环境背景之中，即使是固定的伪装目标附近的环境背景，也会因季节变化而产生很大的差异，单一的迷彩伪装方案无法满足需要。而自然界的许多动物和植物，在长期的自然淘汰和生存竞争中，逐渐形成了神奇的伪装隐身本领。

在较长的一段时期内，许多人将仿生伪装研究局限于变色伪装，但由于技术难度与实际困难，加上可见光变色无法对付先进的宽频域、多光谱侦察探测，使得人们不敢贸然涉及该领域。然而仿生伪装的概念远不止此，它还包括仿生迷彩伪装设计、仿生拟态伪装技术等。特别是仿生迷彩研究，各国军事伪装迷彩斑点、图案和色彩设计与自然界动物肤色相去甚远，其色影和图案大大地违反了人类制定的伪装原则和规范。

9.3 主要隐身技术

9.3.1 可见光隐身技术

由于人类的大部分自然信息是凭视觉和听音感测得到的，而人眼天生只能在有限的光谱（0.38~0.76 μm）、有限的照度（10~1 000 lx）和有限的时间（0.1~0.2 s）范围内响应。因此，为了认识自然和改造自然，借助光学和光电仪器设备克服视力障碍是非常重要的。采取隐身措施的火箭导弹发射装置虽然可以避开雷达的探测，但在战场近距离内，用目视光学系统仍可以发现目标。特别是星光观察仪、夜视镜、前视红外系统等微光探测装置有了很大发展，所以需要重视视觉隐身措施。

所谓微光技术，就是对夜间或黑暗处微弱光的探测与成像技术。利用这一高新技术研制的各种微光器件、仪器和系统已被广泛用于航空、航天、天文、航海、生物、医学、核物理、卫星监测、高速摄影、公路运输等各个领域，特别是在军事领域中的夜间作战、侦察、指挥、炮瞄、制导、预警、光电对抗等方面发挥了巨大作用。微光夜视技术同样也是目标探测的关键技术之一，在导航、制导与探测技术（系统）中有着极其重要的作用。

微光夜视技术研究始于20世纪30年代，至今已经历了四代，其器件和系统的灵敏度已达3 000 μA/lm以上，分辨率大于90 lp/mm。

微光像增强器或助视器主要的微光夜视器件和设备包括微光夜视仪、微光电视、热成像仪、激光成像雷达和主动红外夜视仪等。微光像增强器一般由光阴极面、电子透镜和荧光屏三部分组成。除此之外，还包括光纤面板、微通道板、高压电源等关键部件。光阴极面将输入的光学像转换成光电子像；电子透镜将光电子像加速并成像在荧光屏上；荧光屏将光电子像转换成光学像。电子透镜是微光像增强器的核心部分，实质上是一个微光成像电子光学系统。它通过电子加速等方法增强光电子能力，使荧光屏输出的亮度大大增强，从而起到助视作用。该系统常采用优化设计方法，利用数值计算方法求解具有约束的多变量、多目标函数。

微光夜视系统主要由微光直视系统和微光电视系统组成，系统功能和性能的优劣主要取决于所应用的像增强器、光学和电子系统的设计与实现。

可见光隐身技术又称视频隐身技术，就是降低军事设备本身的目标特征，使敌方的可见光相机、电视摄像机等光学探测、跟踪、瞄准系统不易发现目标的可见光信号。从原理上讲，现在的可见光隐身技术是通过减少目标与背景之间的亮度、色度和运动的对比特征，达到对目标视觉信号的控制，以降低可见光探测系统发现目标的概率；

从手段上讲，可见光隐身技术主要采用涂料迷彩、伪装网和遮蔽伪装等方法；从技术上讲，可见光隐身一般采用如下技术措施：

①改进目标外形的光反射特征，通常采用小水平面的多向散射取代大曲面的反射，也可以使用特殊的油漆后使反光变弱。另外，掌握好色度和使用某种偏振片，可降低目标的反光特性。

②控制目标的亮度和色度，达到使目标与背景的亮度及色度相匹配，起迷彩和伪装作用。用伪装和光学诱饵，是减小视觉信号特征的常用方法。运用伪装色使其与目标活动区域的地形环境相适应，目标就会较好地淹没于背景中。

③控制目标的主要发光部件（如发动机的喷口）的火焰和烟迹信号。

④控制目标照明和信标灯光。

⑤控制目标的运动构件的闪光信号等。

9.3.2　红外辐射隐身技术

1. 红外探测技术

红外探测属于一种高分辨率的被动探测技术，具有不可见、保密性好、分辨率比微波的好的特点；能白天和黑夜使用，适合夜战需要。此外，采用被动接收系统，不易受干扰；可以揭示伪装的目标。其对红外辐射的测量集中在 3 个大气窗口：$0.76 \sim 1.5\ \mu m$（短波红外）、$3 \sim 5\ \mu m$（中波红外）和 $8 \sim 14\ \mu m$（长波红外）。目前红外探测已经从点源探测发展到了红外焦平面阵列的成像探测，成像质量也大幅提高。导弹发射车和发射阵地的伪装与隐身的难度也相应增大。国外在阿富汗战争中使用的探测系统的识别对象中，几乎都包含了车辆和导弹阵地，见表 9-1。

表 9-1　国外应用于阿富汗战争的探测系统

型号	成像体制	分辨力/m	识别物
KH-12	可见光/近、热红外	0.1	人、车辆、飞机、雷达特征细节
Lacrosee	SAR 成像	0.3	人、车辆、雷达特征细节
QuickBird	全色/多光谱	0.61/2.44	人、车辆、雷达、导弹基地、建筑物
Iknos	全色/多光谱	1/4~5	人、车辆、雷达、导弹基地、建筑物
Helios-1	全色/多光谱	1/4~5	人、车辆、雷达、导弹基地、建筑物
EROS-1	全色	1.8	飞机、导弹基地、建筑物
EO-1	可见光/近红外	3	导弹基地、建筑物

对发射车的红外侦察威胁，主要为天基红外卫星侦察威胁和无人机红外侦察威胁。

1）天基红外卫星侦察

由于导弹发射时推进剂燃烧产生红外信号特征太过明显，能被快速锁定，在导弹发射后的几分钟内，由于受到导弹尾焰的影响，整个发射车及其周围装置将会形成一个大块的热斑，红外特征异常明显，因此，很容易被天基红外侦查系统发现、跟踪和识别。敌方高超声速巡航导弹实施打击仅需要八九分钟，而在此时间内，发射装置很难撤收完毕，因此，天基红外卫星侦察对于发射车发射导弹后存在巨大的威胁。尤其值得注意的是，Oak Ridge 国家实验室开发了一种基于硅或镓的砷化物的红外探测器，可以探测低至 10^{-4} 的温度差，也就是说，仅比周围环境高出万分之一摄氏度的物体都能被探测出来。

2）无人机高空侦察

无人机因其人员零伤亡和超长时间巡航作战的优势，成为侦察、巡逻、电磁干扰、精确打击和战斗损伤评估等多样化任务的首选。美国国防部最近完成了两架改进型 RQ-4"全球鹰"无人机的近距编队飞行测试工作，成功验证了该型无人机的空中自主互助加油技术，如图 9-5 所示，使其续航时间从之前的 41 h 延长至 160 h 以上。此外，无人机还配备了先进的红外侦察仪器，可进行全天时全天候工作。

图 9-5 "全球鹰"无人机

"全球鹰"装备了雷神公司的锑化铟中波（3.7~5.0 μm）红外凝视平面阵列，阵列规模为 640×480 单元，能够提供高分辨率的昼夜图像。该型红外产品能够发现如堑壕内的装甲车、识别升降式雷达天线车等目标。无人机高空侦察对导弹发射车有重要威胁，发射车从车库行到进入发射阵地之间一直面临着高空无人侦察机的发现和识别威胁。

2. 发射装置红外隐身技术

任何物体只要其温度高于绝对零度，就会自动放出电磁波（也称黑体辐射）。以地球上的温度来说，一般物体放出的电磁波频率主要在红外线波段内，温度越高，强度就越大。因为大气层吸收红外线，所以只有某些频谱可以在大气层中用来搜索目标。目前，军事上常用的红外线频率有三个波段。

第一个波段波长是 $1\sim2~\mu m$。飞机发动机喷出的热量绝对温度在 $1\,000\sim3\,000$ K 时，通常在这个波段，所以早期的红外制导导弹选择这个波段用于追踪飞机。但这个波段很容易被大气吸收，其传播距离近，且只要发动机降低喷气的温度，就可以大大降低红外追踪被发现的概率。

第二个波段波长是 $3\sim5~\mu m$。如飞机发动机排气发出的热量为绝对温度 $500\sim1\,000$ K 时，通常在这个波段。这个波段不容易被干扰，适合远程侦察，但这个波段容易被水汽吸收。因此，飞机躲在云雾之后，利用大量冷却气体与热排气混合，急速降低温度，就可以对付 $3\sim5~\mu m$ 的红外寻的器。

第三个波段波长是 $8\sim14~\mu m$。主要温度由 $250\sim400$ K 的黑体辐射放出，大约是飞机飞行时的机身温度。大气不吸收这个波段的红外线，因此，红外成像装置，多半使用这个波段。隐身武器面对这个波段的隐身方式，就是要使隐身材料转变成容易被大气吸收的波段，以达到隐身效果。

红外侦察、探测、制导和热成像处理技术发展很快，先进的红外制导武器系统会根据发动机的红外线辐射来侦察和打击舰船、飞机、坦克和火箭导弹发射装置等，所以，必须把发动机的辐射源消除或屏蔽起来。目前，红外辐射隐身技术仅仅次于雷达目标隐身技术，也是提高作战武器系统生存性和突防能力的关键技术之一。所谓的红外隐身技术，就是利用屏蔽、低发射率涂料、热抑制等手段，降低或改变目标的红外辐射特征（即红外辐射强度与特性），从而实现目标低可探测性的综合技术。红外隐身将主要通过目标结构设计、红外辐射强度衰减和吸收红外辐射能量等技术来实现。各种红外隐身技术均以目标红外辐射特性分析为基础，辐射特性包括辐射源、辐射源分布和辐射强度等。例如，导弹发射装置的主要红外辐射源是发动机喷气流、导弹燃气流、其他热部件引起的热辐射，以及阳光直射后反射和散射等；导弹发射装置的辐射源分布可用模型来表示，该模型可通过理论计算和试验共同得到，也可以进行数值求解；导弹发射装置的红外辐射强度包括各部分的强度和总强度，经大气衰减后方被探测器接收。上述三部分便构成了整个导弹发射装置的红外辐射特性。在实现红外目标隐身时，改变红外辐射特性，调节红外辐射特性传输过程和降低红外辐射强度是至关重要的。为此，采用了可变红外辐射波长的导流器，在导弹和发射车燃料中加入改变红外辐射波长的添加剂，设计改变红外辐射方向的结构，降低辐射体温度，使用隔热、吸热、散热材料进行气溶胶对红外屏蔽，以及应用红外隐身复合材料等。除此之外，还运用光谱转换技术来改变红外辐射的传播途径。

目标的红外辐射源，主要来自发动机本身的热辐射。发动机喷出的热气流，其红外信号特别明显，正是红外线制导导弹追踪的信号，导弹寻着这个信号就可以跟踪目标将其击毁。

9.3.3 雷达波探测与雷达隐身技术

1. 微波雷达探测技术

雷达原意为"无线电探测与定位"，即利用不同物体对电磁波的散射强度与相位的差异性来发现目标和测定目标方位。雷达探测的独特优点包括：探测精度高，作用距离远，分辨率高，具备全天候与全天时探测功能，可同时探测多个目标，具备穿透障碍物（如植被、土壤、墙壁等）观测的能力等。

微波雷达所具有的上述优势使其成为导航、制导与探测技术（系统）中最常用、最主要的探测仪器。其中雷达导引头就是利用目标辐射或散射的电磁波（频段主要为微波或毫米波波段）探测目标，并从电磁波中提取精确的目标位置、角度、速度信息等，并通过控制技术，自动地把精确制导武器引向目标，直接命中和摧毁目标，如图 9 - 6 所示。

图 9 - 6　精确制导武器攻击目标

微波雷达的探测频率一般设定为 300 MHz ~ 300 GHz，并被划分为许多更为细小的带宽范围。常用的工作频段见表 9 - 2，雷达工作频段的命名最早源于第二次世界大战的一种保密措施，后来被一直沿用下来。根据无线电大气窗口可知，在频率 300 MHz ~ 18 GHz 的范围内，大气对电磁波的相对透明度接近于 1，而在毫米波波段，无线电仅存在于几个单独的大气窗口，如 35.5 GHz、94 GHz 等。因此，对于需要远距离通信的场合（如遥测、遥感等领域），只能选择大气窗口对应的几个特定雷达频段，如图 9 - 7 所示。

表 9 - 2　主要机载、弹载以及天基雷达工作频段

频段代号	P	L (多用于警戒雷达)	S (中距离警戒雷达)	C (导航、制导与控制)	X (火控雷达、探测雷达)	K	Ku (成像雷达)
波长	米波	22 cm	10 cm	5 cm	3 cm	2 cm	1.25 cm

衡量雷达主要性能指标包括工作体制、目标特性、作用距离、测量精度、体积和质量等。雷达的体制是多种多样的，其中最常见、最典型的是脉冲体制雷达，其收发机示意框图如图 9 - 8 所示。这种雷达会发出一定占空比的周期探测信号，通过空闲时

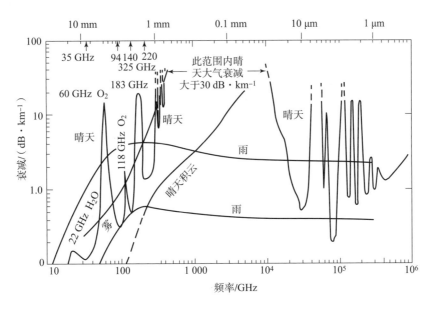

图 9-7　大气衰减频谱图

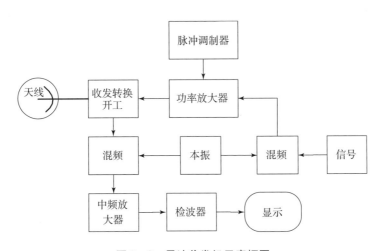

图 9-8　雷达收发机示意框图

间的回波信息来解析目标空间、速度、材质等特征。随着技术的发展，众多新体制的雷达开始发挥重要作用，包括相控阵雷达、合成孔径雷达等。前者可以通过控制发射波形的幅度、相位信息来实现对空间的定向扫描，从而取代了雷达机械扫描方式，如我国研制的"空警2000"预警机就是采用了先进的有源相控阵雷达技术；后者则是通过在一段时间内发射、接收稳定的相干信号，在不改变天线性能的情况下，利用综合孔径和脉冲压缩技术提高对目标探测横向的分辨率，从而能够生成高分辨率的雷达图像，如美国的长曲棍球军事卫星就搭载了最高分辨率为 0.3 m 的合成孔径雷达，其成像质量接近于可见光图像，如图 9-9 所示。

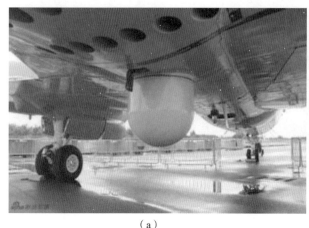

（a）
（b）

图 9 – 9　机载合成孔径雷达对地观测成像图

（a）机载合成孔径雷达；（b）SAR 图像

在传统观念中，可见光和红外是对地面目标探测、识别的有效手段，而微波雷达较难应用，这是因为地面杂波对雷达性能会产生严重的影响。但随着杂波抑制技术、动目标提取技术以及新体制雷达信号处理技术的发展，微波雷达探测已成为地面目标探测中的重要补充。

2. 发射装置雷达隐身技术

雷达是对目标探测和定位的最主要技术手段之一（据不完全统计，在各种探测手段中约占 60%），所以针对目标的雷达隐身就显得尤为重要。雷达隐身技术主要以电磁散射理论和雷达信号检测理论为基础。在散射理论中，目标雷达散射特性主要由雷达截面积（RCS，单位为 m^2）和杂波雷达后向截面积（σ_c^0，量纲为 1）来描述。前者反映了各种被探测目标（如飞机、导弹、炮弹、坦克、战车、舰船等）对电磁波散射的特性，主要取决于目标的尺寸、形状、姿态、材料、电磁波的频率、极化和雷达对目标的视角等；后者反映了各种环境（如地面、海面、气象微粒、建筑物、漂浮物等）对电磁波的散射特性。我们所研究的发射装置的雷达散射特性属于前者，故一般用雷达截面积来描述。

根据雷达检测理论，在信噪比一致的情况下，雷达最大的作用距离与目标的 RCS（雷达截面积）的四次方根成正比，因此 RCS 的大小直接反映了目标的雷达隐身性能。要实现雷达目标隐身，最根本、最有效的方法就是设法降低目标的 RCS。而 RCS 与目标的形状、大小、结构、入射波的频率及极化特性相关，因此常采用结构赋形设计方法、吸波材料技术、无源对消技术、有源对消技术、微波传播指示技术等方式，通过不同角度来减小目标的 RCS。

概括地讲，雷达隐身技术是一项针对威胁角度、威胁频段下的目标雷达散射特性综合抑制技术，必须通过综合应用多种技术手段才能在威胁工况下获得较理想的雷达隐身效果，其中，最主要的手段是外形设计技术和吸波材料的应用。一些实践经验表明，通过外形设计手段，可使目标雷达反射降低至少 5 ~ 8 dB；采用吸波材料，可使雷达回波降低至少 4 ~ 6 dB；而利用其他隐身技术，则可使目标雷达散射强度进一步降低 4 dB。综合应用这些技术，可使目标在主要威胁角度上的雷达散射特性降低大约 12 dB。因此，利用外形设计技术和应用吸波材料是最主要的手段，实际中通常是将二者相结合，进行补充。

雷达侦测，基本上是由雷达天线发出无线电脉冲波，碰到目标后，再反射回电磁波，通过雷达显示系统判定目标的存在。雷达波在照射到目标后，散射回去的电磁效应可分为多种情况。

第一种是镜面反射。就如物理光发射现象一样，在电波照射到机身的时候，会遵照物理光学的原则，依照入射角等于反射角的方式反射。对于标准的平板结构，后向散射具有可循的解析形式，其形式如下：

$$\sigma = \left(\frac{4\pi A^2}{\lambda^2} \right) \cdot \cos^2 \theta \left[\frac{\sin(ka\sin\theta\cos\varphi)}{ka\sin\theta\cos\varphi} \right]^2 \left[\frac{\sin(kb\sin\theta\cos\varphi)}{kb\sin\theta\cos\varphi} \right]^2$$

显然，当电磁波沿平面法向入射时，会形成一个很强的回波散射点，但是只要偏离法线一定的角度（10°左右），后向散射强度就会有很大的下降；在偏离法向 20° 时，散射量级下降达到 25 dB，如图 9 - 10 所示。利用这一特点也可实现发射装置上的雷达散射性能优化。

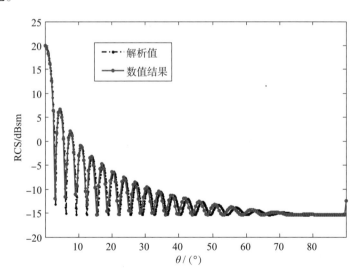

图 9 - 10 平板结构的后向散射特性

第二种是角反射情况。如火箭导弹发射装置上常有两个甚至三个互相垂直的平面存在，电波入射其中一个平面，它的反射波就会被另一个平面反射并往原来的方向射回，这种现象叫作角隅反射，这一相互干涉效果能够起到增强雷达回波的作用。如发射车发控舱立面与驾驶室顶面构成角隅反射，如图 9 - 11 所示。

图 9 - 11　发射车存在的典型暴露特征

可以看出，在很宽的观测角域上，二面角的后向散射结果都很大，这主要是由电磁波的二次反射所引起的，非常有利于雷达在不同角度下的探测。由于角反射会在很大的观测角度范围内形成较强的后向散射，因此，是发射车结构雷达隐身设计中主要抑制的对象。

第三种是腔体散射效应。火箭导弹发射装置上的空洞在电波入射后，经过多次反射，通常也容易将电磁波反射回原来的位置。如多联装发射箱之间的间隙，常常会发射这种效应。对腔体的分析不像平板结构以及多面角结构那样直接，散射结果较为复杂，也常采用试验测试的方法进行。如飞行器中的进气道，一直是制约飞行器隐身性能的问题，美国在后来飞行器中采用背负式与异形 S 进气道形式解决了这一问题，如图 9 - 12 所示。S 形进气道通过唇口的阻抗匹配设计，减小了入口处的散射强度，增加了电磁波在进气道中的反射次数，并通过应用吸波材料增加了电磁波的吸收效果。这一结构也被许多国家的隐身飞行器所借鉴。

（a）

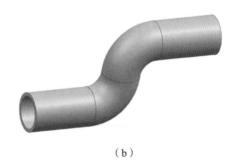
（b）

图 9 - 12　飞行器中的进气道改进示意图

（a）F117 采用背负式进气道；（b）S 形进气道

　　第四种是尖锐面。针对尖锐面的散射现象较为复杂，根据高频理论，它主要是有绕射现象。尖锐处反射波的向量不再是单一的方向，而会向以反射线为轴、顶角为入射角两倍的角度的圆锥区域集合。除了反射角度更大之外，间断处的电波后向散射强度也比较大。根据推导与试验表明，锥体处的后向散射回波与探测频率的平方成反比，特别是对于毫米波情况，雷达后向散射系数很小。但是对于地面问题，由于雷达观测的角域比较大，很难在威胁角域范围内使得目标均呈现出锥形结构。

　　第五种是表面波行波散射效应。雷达波贴着火箭导弹发射装置的表面前进的部分会形成所谓的表面波行波。当行进到截断终端时，会因为阻抗不匹配而产生散射回波，这一现象常出现于长平板结构当中。如雷达照射下在装备表面形成行波，碰到一些细小的接缝时，很容易产生后向散射现象，增大发射装置的雷达截面积。一般行波散射出现的角度位置和散射强度与物体尺寸相关。图 9-13 中给出了一个平板结构的 RCS 后向散射情况，可以看出，在 60°俯仰角附近，平板出现了一个较高的散射回波。对于地面装备而言，由于存在环境背景散射的影响，表面波行波散射影响并不突出，只要其散射强度不高于背景环境强度，就不会对装备隐身性能产生影响。

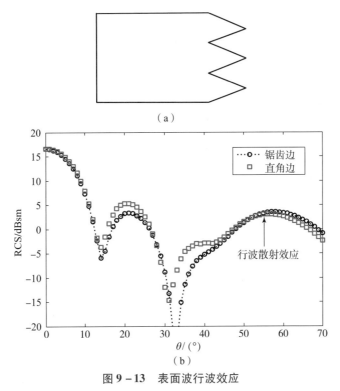

图 9-13　表面波行波效应

　（a）尾端锯齿形结构；（b）0.6 GHz 下锯齿结构与直角边结构（宽度 0.1 m）散射强度比较

　　第六种是雷达波折射与绕射效应。一般情况下，雷达波会对大小与波长长度相近的物体产生折射或绕射作用。当雷达波的波长在数十厘米乃至几米时，雷达波可以在发射架、发射箱甚至整个发射车发生绕射，进而增大雷达后向反射截面积。

减小火箭导弹发射装置的雷达信号特征，最主要的步骤就是减小目标的雷达截面积。雷达截面积小，意味着反射的雷达信号少，反探测的能力强。减小雷达反射截面积的主要措施包括以下两点。

（1）采用隐身外形设计。根据上面介绍的目标对雷达波反射的多种因素，合理设计火箭导弹发射装置的外形，是减小雷达反射截面的重要措施。采用圆滑的或入射角大的发射装置外形，能将雷达波吸收或折射掉，使雷达的接收机收不到回波，则想要探测到发射装置就很困难。火箭导弹发射装置的外形设计原则如下。

①消除产生发射器效应的外形组合，避免出现任何边缘、棱角、尖端、缺口等与入射波垂直相交的接面。因此，首先需要论证装备的主要威胁角度，从而有针对性地进行镜面散射抑制。

②消除镜面反射的表面设计，避免出现较大平面，用边缘衍射代替镜面反射。

③避免发射装置与地面形成二面角结构。由一些经验设计公式可知，二面角双重反射 RCS 缩减因子大约服从如下关系，其中 a、b 分别表示二面角中较大和较小一面的宽度。

$$R \approx 20\lg(k \cdot 6\sin \tau\cos \gamma)$$

式中　$\gamma = \arctan(b/a)$；

$$k = 2\pi/\lambda；$$

τ——二面角夹角偏离 90°的角度。

④减少外挂设备，尽量避免外露突起部分，较少散射源数量。

（2）使用雷达微波隐身材料。目前，研制出的隐身材料主要由雷达吸波材料和雷达透波材料组成。雷达吸波材料使电磁能转化为热能而散发，或使雷达波能量分散到目标表面的各部位，从而使雷达波消失，如采用碳、铁氧体、石墨和新型塑料化合物等，如图 9 – 14 所示。雷达透波材料是透过雷达波，并使雷达波消散在其中的材料，如碳纤维玻璃钢就是一种良好的透波材料。

雷达吸波材料，按使用方法可以分为涂料型和结构型。涂料型隐身材料是由各种铁氧体材料组成的，即在氧化铁类陶瓷材料中加入少量的锂、镍等过渡金属。如美国研制成的锂铬铁氧体、锂锌铁氧体、镍镉铁氧体和陶瓷铁氧体等一系列涂料。涂料型隐身材料又有以下三种。

①能量转化型。如美国研制的涂料，可使飞机的雷达发射波衰减80%，而质量只有铁氧体的1/10，雷达波能被这些盐类吸收后转换成热能散掉；还有一种"超黑色"涂料，可吸收99%的雷达波。

②雷达波能量分散型。如美国的"铁球"涂料，包含大量极微小的铁球，可通过弱电流将雷达波能量分散到整个飞机的外表面。它不仅能吸收雷达波，也能吸收和耗

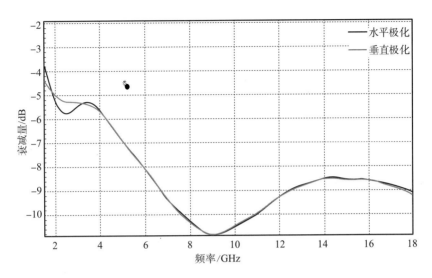

图 9 - 14　复合雷达吸波材料

散红外线。

③等离子体型涂料。以钋 210、锔 242、锶 90 等放射性同位素为原料，可使发射装置表面外空气形成等离子层，不仅可以吸收无线电波，还能吸收红外辐射，且具有吸收频带宽、吸收率高、使用简单、寿命长等优点。涂上 0.025 mm 厚的钋 210，对 1 GHz 电磁波的吸收率高达 10% ~ 20%。但要对这种涂料进行控制，以防其对空间以及周围环境产生放射性污染危害。

结构型隐身材料通常采用环氧树脂和热塑性材料为基体，填充铁氧体、石墨、炭黑等吸波改进材料。它比一般金属（如钢、铝等）质量小、强度高、韧性好。目前，碳纤维/环氧树脂、石墨/热塑性材料、硼纤维/环氧树脂、石墨/环氧树脂等复合结构型材料已获得广泛应用。这类材料在隐身飞行器上已有广泛应用，如日本电气公司研制的由不锈钢和聚乙烯纤维合成的六层无纺布材料，用于隐身飞机的电子舱内壁，以消除机载电子设备如雷达、通信导航系统的电磁泄漏。据称，这种材料能消除 99% 的电磁波。又如波音公司负责用热塑材料制造 F - 22 隐身战斗机的主辅构件，这些构件占飞机结构质量的 60%，使飞机总质量比用常规材料小了 30%。

关于隐身材料比较全面、具体的介绍，读者可以参考由孙敏、于名讯等撰写的《隐身材料技术》一书。该书作者均为从事隐身材料研发的一线人员，因此对隐身材料的发展水平和关键技术都非常清楚，读者通过该书可以比较全面地了解隐身材料技术的现状和未来的一些发展趋势。

9.3.4　电磁辐射隐身技术

1. 射频信号泄露与雷达无源探测技术

射频隐身技术是指武器装备上的电子系统抵御射频无源探测、跟踪和识别的隐身技术，从而减小敌方射频无源探测系统的作用距离以及跟踪制导精度，因此，射频隐身主要是指针对雷达无源探测系统的隐身技术。

由于无源探测系统采用单向接收模式，接收机接收到的目标泄露信号仅与 R^2 成反比，相对于主动探测散射回波强度与 R^4 而言，无源探测接收到的信噪比（SNR）要大得多，因此其发现目标的距离也更远，这是其主要优势。但是因为采用单向接收方式，无源探测雷达一般不具备实时定位功能，只有测向与告警功能，但随着一些新的无源定位方法的发展，无源探测的准实时定位能力也在逐渐增强。

现代信息化装备中，雷达、数据链/通信、导航、识别等电子系统是装备中不可缺少的，其工作时产生的辐射信号功率往往很大，容易将自身位置信息暴露给敌方。而目标被截获的概率（PI）与无源探测设备性能直接相关。近年来，射频无源探测设备发展迅速，在众多武器装备中都得到了应用。以美国 F22 机载无源态势感知系统为例，其工作波段为 0.5 ~ 20 GHz，对飞行器无源探测距离大于 460 km，测向精度可达 0.1°，能够探测的雷达信号类型包括连续波、脉冲体制雷达、脉冲多普勒雷达、脉冲压缩型、载频捷变性，并且能够识别的辐射源模式多于 10 000 个；又如，美国 ES5000 机载信号情报系统，其工作频段为 0.02 ~ 18 GHz，对飞行器最大作用距离可达 350 km，测角精度小于 3°，同样具备探测多种类型的雷达信号波形，能够识别出上万种辐射源模式，甚至能够准确识别出武器系统的型号。无源探测系统的快速发展，对重要的武器系统的战场生存能力提出了更为严峻的考验。

同样，上述无源探测系统对地面目标的探测具有很好的效果，因为采用无源探测方式，地面杂波的回波干扰大大降低，此时武器系统的通信信号以及其他电磁信号将极易被侦测到，因此，是地面发射装备隐身中需要考虑的问题之一。

2. 射频隐身的一般原则

雷达或通信系统射频隐身的实现与系统的技术体制密切相关，可以采用的射频隐身措施有如下几种。

（1）时域上，通信或雷达的发射机（T/R 组建）应采用低峰值功率，针对不同的工作模式、工作距离和任务，通过射频功率管理系统自适应精确控制其发射功率，尽量减少发射信息持续时间，并通过频率跳变、多相编码等功能实现发射信号的多样性，以获得低截获率（LPI）。

（2）频域上，系统应采用大时间带宽积的发射信号，并尽可能采用宽带调制技术减小单位带宽内的频谱密度，或者通过加窗技术以减少发射信号在频谱上的泄露。

（3）空域上，系统发射前端的天线结构应采用高增益与低副瓣的天线，以减小被敌方探测器探测的可能性，因此，武器系统的天线结构应当通过优化技术尽量降低旁瓣电平。

（4）采用综合射频管理系统，对平台上的各类射频系统在时域、频域和空域中进行能量综合管理，通过多平台信息、单平台传感器信息融合减少有源辐射，并根据作战需要，精确控制系统的发射波形、功率大小、发射持续时间、发射方向。

上述射频隐身措施对于地面发射装置而言都是可以借鉴的，特别是车载上的众多通信系统，需要在方案设计时充分考虑低截获率，并在使用时严格控制射频信号装备的使用时间和范围，才能实现装备射频隐身的目的。

由于篇幅所限，本节只能给出一些射频隐身宏观的概念，更为细节的内容，推荐美国的工程师 David Lynch Jr 所著的《射频隐身导论》一书，此书是作者根据在原 Hughes 公司期间参与军用项目研究后总结的理论与实践经验，对射频隐身的讨论比较全面和具体，对于射频隐身感兴趣的读者可以参考。

9.3.5　声波隐身技术

1. 声波探测技术

声波探测技术最先在水下目标探测中得到了应用，这主要是由于电磁波在水下具有很高的损耗性，限制了微波雷达、红外、可见光在水下目标探测中的应用。而声波在水下损耗较少，可利用声呐装置进行水下目标探测。声学探测原理与雷达的大致类似，因此，仿照雷达可建立声呐探测的物理和数学模型，由此展开对声（学）探测的研究及应用。

水下探测主要可分为主动探测和被动探测两种方式。其中主动方式的原理是通过声学基阵向海水中发射某种周期形式的声波，当所发射的声信号在传播中遇到目标时，一部分被反射回来，形成目标反射信号。接收机接收到这个信号和叠加在该信号上的背景干扰，对其进行处理，从而发现目标；进行目标参量估计与识别后，便可得到目标信息。一般情况下，水下的噪声只能在一定范围内浮动，如果存在潜艇等目标，其噪声强度可能会大于背景噪声，被动声呐探测就是通过接收水下的噪声以确定可疑目标的存在的。

在声（学）探测中，除发射信号和反射（回波）信号在信道中传播外，还将遇到由信道中的非均匀体或海面、水下起伏界面产生的杂乱散射声波叠加而成的干扰，称为混响；声呐载体白噪声和环境形成的干扰，称为噪声；当然，有时还存在人为干扰，如诱饵等。复杂的混响、噪声及人为干扰是声（学）探测的巨大障碍，因此，声（学）探测技术的发展主要是围绕着如何实时地获得有用探测信号和有效剔除混响、噪声和人为干扰；通过软件设计与制造及信号处理技术，以提高探测精度和效率，实现探测智能化和自动化，同时扩大应用领域，这是声（学）探测技术（系统）追求的主要目标。

美国的 AN/BQQ-6 代表了最先进的主动式声呐，这是一种多站综合声呐，已被装备在战略导弹核潜艇上。攻击核潜艇上的装备的最先进声呐为美国的 AN/BQQ-5，它也是一种由多部声呐构成的综合声呐。除此之外，还出现了一些新型专用声呐，如通信声呐、目标识别声呐、被动测距声呐等。

声呐网络是适应网络中心站的新作战理念，特别是为网络反潜战而产生的。声呐探测网络由定向战略反潜和区域反潜的固定水下监视系统、辅助机监视系统、反潜的航空声呐、潜艇声呐和水面声呐等组成，其拓扑结构分为集中式、分布式和中继式。声呐探测网络的最大优点是通过网络中心取得信息优势，然后将其转化为水下作战的真实战斗力。

随着需求的增加，声（学）探测技术逐步拓展到了飞机、坦克和发射车领域。由于飞机、坦克和发射车的发动机都会产生很大的噪声，因此，在相对安静的环境下极易被敌方噪声传感器、声呐等声波探测系统探测到。特别是对于直升机而言，声探测已成为它最主要的探测威胁之一。因此，降低武器系统声学信号特征的声波隐身技术也是重要的隐身措施之一。

2. 声波隐身一般原则

声波隐身技术又称为声学隐身技术，就是控制目标声波辐射特性，降低目标自身的噪声，减小声波探测系统探测概率的技术。其中，降低噪声对于舰艇隐身具有特别重要的意义。试验证明，舰艇辐射噪声降低6 dB，可使敌方被动声呐的作用距离增加1倍多。声波隐身的重要性对于军用飞机也是如此，美国 F－117A 隐身飞机由于采用了全新隔热发动机 F404，可使距离跑道 30 m 处发动机的声音低于蜜蜂发出的声音。

为达到声波隐身效果，目前所采用的技术措施包括以下两点。

（1）采用非常先进的减小声学信号特征技术，包括在燃料室里使用防噪声吸声层和带内向角锥体的复合材料夹层，以吸收发动机噪声；在气流噪声的部位加装导流片和百叶窗也能减小发动机噪声，同时也减小了红外信号特征。

（2）在舰艇、坦克和火箭导弹发射装置上采用减振和隔声装置，采用双弹性支承基座、橡胶和软塑料坐垫等可以起到减振作用；采用隔声罩、消声器、消声瓦等则可隔声。

值得指出的是消声瓦技术。消声瓦技术是利用结构外壳防声合成橡胶涂层，通过掺杂在合成物内的微型金属离子形成大量小型空隙，将探测器发射的声波能转化为热能的一种技术。将敌方主动声呐发出的声能转换成热能耗散掉，从而达到降低 10 dB 的声波隐身效果。

9.4 主要防护技术

9.4.1 主动防护技术

发射装置的主动防护技术是指通过各种传感器（雷达、激光红外）探测装置获得来袭导弹或炸弹的运动特征，然后通过计算机控制对抗装置，使导弹或炸弹无法命中发射装置的技术。

　　参考坦克装甲车辆的主动防御系统的设计，发射装置的主动防护系统主要分为三个部分，第一部分是探测来袭的威胁报警系统；第二部分是决策及信号处理系统；第三部分是对抗系统，如图 9 – 15 所示。

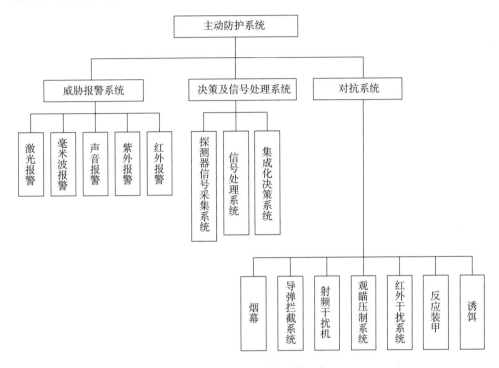

图 9 – 15　主动防护系统组成

　　德国迪尔 BGT 防务公司新研制一套"阿威斯"主动防护系统，其利用一个雷达探测来袭目标，发现来袭目标时，发射一颗 3 kg 的榴弹在车辆前方 10 m 处实施拦截。整个处理过程只需要 0.355 s。其雷达可提供车辆全方位 360°扫描覆盖，而对抗弹药则由一个回转速度为 600°/s 的定向发射系统发射。

　　克劳斯·玛非 – 韦格曼公司与伊兹公司携手研制一款多功能车辆主动防护系统（Muss）。多功能主动防护系统属于软杀伤型，它由 1 个导弹和激光报警系统启动，该警报系统是在伊兹公司 AN/AAR – 60 导弹发射探测系统传感器组件的基础上发展而来的，能确定车辆是否正在被激光指示器瞄准或者正面临一枚来袭导弹袭击的危险。一旦确定面临的危险，传感器即刻就将该威胁的参数传送给其中央计算机，再由中央计算机决定采取何种对抗措施，即向该导弹实施干扰信号，或发射一个烟火式烟幕装置屏蔽掩护车辆。多功能主动防护系统的反应时间为 5 s，可以为车辆提供 360°保护，最多可同时应对 4 个来袭目标。据悉，该主动防护系统总质量为 160 kg，安装简单灵活，适合各种大型车辆使用。

　　莱茵金属公司研制的快速遮蔽系统（Rosy）可安装于轻型车辆。快速遮蔽系统是一种软杀伤主动防护系统，其独到之处是可将若干发 40 mm 的榴弹发射到车辆上方 32 m 的高处，从而产生 90 m² 的一片烟幕。一辆车最多安装 4 个发射器，每个发射器可携带 3 个烟幕霰弹箱。将榴弹发射到车辆上方 32 m 高处后约 0.53 s 即可生成理想烟幕，从而使车辆完全隐藏起来，无论电视制导武器、光电制导武器，还是红外制导武器，都无法发现它。

9.4.2 被动防护技术

被动防护技术是指在发射装置需要防护的部位采用装甲防护材料抵御弹丸或破片，并吸收或分散射流的能量，有效地保护发射装置免受损伤，或减小受损伤的程度。

被动防护技术的核心是装甲防护材料和由装甲防护材料组成的装甲防护结构。

1. 装甲防护材料

1）装甲钢

装甲钢是防护装甲传统材料，也是现役车辆中应用最广泛的材料。美国、德国、法国、瑞典等西方国家一直在开展超高强、超高硬装甲钢的研究，美军现有 MIL - A - 12560H、MIL - A - 46100D、MIL - DTL - 46177MR、MIL - A - 46186、MIL - 46193A 等 5 个超高硬装甲钢标准；澳大利亚的 Bisalloy Steels 与瑞典的 ARMOX Advance 是典型新型超高强装甲钢。

新型装甲钢一般采用电渣重熔技术，抗拉强度可望达到 2 500 MPa。表 9 - 3 为国外几种典型高硬度、超高硬度装甲钢的性能。

表 9 - 3　国外几种典型高硬度、超高硬度装甲钢的性能

国别	牌号	厚度/mm	HB 硬度	硫含量/%	磷含量/%
美国	MIL - A - 46100D	≤50.8	477 ~ 534	≤0.010	≤0.020
				硫 + 磷含量 < 0.025	
德国	XH 129	4 ~ 25	450 ~ 530	≤0.010	≤0.010
法国	MARS270	2 ~ 25	534 ~ 601	≤0.002	≤0.007
	MARS300	2 ~ 25	≥600	≤0.002	≤0.007
瑞典	ARMOX 500S	5 ~ 50	450 ~ 500	≤0.008	≤0.015
	ARMOX 600S	5 ~ 30	≥600	—	—
	ARMOX 600T	4.8 ~ 12	570 ~ 640	0.005	0.010
	ARMOX Advance	4.8 ~ 12	Rc：58 ~ 63	0.005	0.010

2）钛合金装甲材料

美国、欧洲、澳大利亚、印度等对 Ti - 6Al - 4V 钛合金进行了大量研究。美国对钛合金薄装甲（6.35 mm 厚）、低成本制造技术进行了研究，包括调整钛合金成分、熔炼技术、铸造技术、锻造加工技术（旋压、冲压、冷等静压）、粉末冶金技术（钛粉生

产、烧结、激光成型、金属注射模塑、新型黏结剂、超塑性成型、扩散黏结等）等，并采用 X 射线 CT 拓扑技术研究 Ti – 6Al – 4V 装甲终点破坏情况。其他一些钛合金有：澳大利亚研究的 Ti – 6Al – 4V、Ti – 8Al – 1Mo – 1V；美国、欧洲联合研究的 Timet 钛合金 Ti – 6Al – 1.8Fe – 0.1Si；德国、奥地利研究的 TiAl。在应用研究方面，主要包括 SiC/GRFP/Ti 复合装甲、Ti – 6Al – 4V 面板/钢背板的复合板。钛合金装甲构件有舱盖部件、附加顶装甲、炮塔座圈、车长舱盖、炮塔排气板、核生化武器对抗系统护盖、炮手主瞄准具罩、发动机顶盖、炮塔枢轴架、热成像观察仪罩、液压气动悬挂装置及未来战斗系统（FCS）轮式车辆下车体。

3）铝合金装甲材料

目前美军装甲车辆应用的铝装甲材料有 6061、5059、5083、7039、2139、2519、2219，抗拉强度为 600 MPa，延伸率为 10%。同时，美国对铝合金与其他材料的复合材料进行研究，例如 Al_2O 或 SiC（10% ~30%）增强铝合金、Al_2O_3 增强 $AlCu_4Mg$ 合金，并对铝合金装甲结构进行研究，包括多层铝合金装甲、钛/铝多层复合装甲、钢/铝复合装甲等。表 9 – 4 为美国几种装甲铝合金力学性能。

表 9 – 4 美国几种装甲铝合金力学性能

合金水平	合金	$\sigma_{p0.2}$/MPa	σ_b/MPa	δ/%
第一代	5083 HT31	291	396	12.7
第二代	7039 T64	357	420	9.0
第三代	2219 T851 2519 T87	322 434	462 476	7.0 12.0
第四代	2139 T8 2195 T8P4	— 	511 600	10 10

4）陶瓷装甲材料

目前，国内外用作装甲的陶瓷材料主要有氧化铝、碳化硅、碳化硼、硼化钛、氮化硅等。其中碳化硼（B_4C）的密度最小，硬度最高，是较理想的轻型装甲陶瓷材料，主要用于对质量要求极严格的飞行器、车辆、舰船等。尽管 B_4C 装甲价格高昂，但在以减重为首要前提的防护系统中，B_4C 仍是优先选用的材料。例如美国黑鹰式直升机乘员座椅采用了 B_4C 和 Kevlar 复合装甲；美国和以色列生产出了在 Kevlar 织物中嵌入 B_4C 陶瓷芯片的防弹衣。

装甲陶瓷材料研究的重点是解决其韧性差及成本高的问题。美国在降低陶瓷成本方面取得了较大进展。例如采用微波烧结技术极大地提高了生产效率，大幅降低了材料成本，并实现了 SiC 和 TiB_2 陶瓷材料的规模化生产。

为进一步满足抗弹性能要求，美国新的研究计划是发展全致密碳化硅、氧化铝、二硼化钛和碳化硼等单质陶瓷材料、陶瓷基复合材料以及透明陶瓷装甲材料。在不增加质量和成本的条件下提高装甲材料的弹道防护性能，主要技术途径包括发展低成本 B_4C 陶瓷，开发性能等于或优于 B_4C 陶瓷的多相陶瓷、面密度小于 6 lb/ft²① 的轻质 SiC/SiC 复合材料、功能梯度陶瓷装甲材料、抗多发弹的树脂基复合装甲材料及由玻璃、陶瓷和聚合物复合材料组成的复合装甲材料等。

5）树脂基复合装甲材料

目前，树脂基复合装甲材料应用的纤维主要是 E 玻璃纤维、S 玻璃纤维、芳纶纤维（Kevlar 29、Kevlar 49、Kevlar 129、Kevlar KM2）和高相对分子质量聚乙烯纤维。树脂基复合装甲材料主要利用能量吸收机制，即通过纤维拉长塑性变形和断裂吸收能量。图 9 – 16 所示为纤维增强聚合物基复合材料的能量吸收机制。编织纤维布的纤维网络能够分散能量，有效吸收弹丸的冲击能量，缓解高速冲击引起的复合材料局部压缩，随后发生纤维剪切，引起树脂剥落，复合材料分层吸收侵彻弹丸冲击能量，实现抗弹功能。因此，弹头形状、质量、速度、板厚、面密度、纤维及其含量（含处理技术）、基体性能、织物编织结构（平针、篮筐、三维编织等）、黏结强度及边框状况（应力）等对抗弹能力均有影响。表 9 – 5 为装甲常用纤维的力学性能。

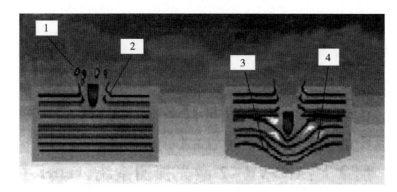

图 9 – 16　纤维增强聚合物基复合材料的能量吸收机制

1—剥落的树脂；2—剪切的纤维；3—纤维拉长；4—复合材料分层

表 9 – 5　装甲常用纤维的力学性能

材料	纤维	$\rho/(\text{g}\cdot\text{cm}^{-3})$	E/GPa	σ_b/MPa	$\delta/\%$
玻璃	S 玻璃	2.48	90	4 400	5.7
芳纶	Technora	1.39	70	3 000	4.4
	Twaron	1.45	121	3 100	2.0
	Kevlar 29	1.44	70	2 965	4.2
	Kevlar 129	1.44	96	3 390	3.5
	Kevlar 49	1.44	113	2 965	2.6
	Kevlar KM2	1.44	70	3 300	4.0

———————————

① 1 lb/ft² = 0.49 g/cm²。

续表

材料	纤维	$\rho/\ (\mathrm{g\cdot cm^{-3}})$	E/GPa	σ_b/MPa	$\delta/\%$
高相对分	Spectra 900	0.97	73	2 400	2.8
子质量	Spectra 1000	0.97	103	2 830	2.8
聚乙	Spectra 2000	0.97	124	3 340	3.0
烯	Dyneema	0.97	87	2 600	3.5
PBO	Zylon AS	1.54	180	5 800	3.5
	Zylon HM	1.56	270	5 800	2.5
PIPD	M5	1.70	271	3 960	1.4
	M5（goal）	—	450	9 500	2.5

2. 装甲结构的类型及特点

1）复合装甲

复合装甲是目前普遍应用的防护装甲，采用多种防护材料进行组合，具有低密度和高防护能力的特点。近年来，复合装甲不仅出现了两级结构、间隙结构、衬层结构和多种结构组合等形式，而且随着新型金属合金、陶瓷、合成纤维等复合材料技术的发展，装甲板的机械特性和防护系数大幅度增强，防护力成倍提高。

新型金属合金（如钛合金新型铝合金）装甲材料具有比高强度、低密度、良好的抗弹性能和低温韧性等特点，是良好的超轻装甲材料，用于轻型装甲车辆，能够在满足轻型装甲车辆的快速机动能力的前提下为其提供有效的装甲防护；陶瓷材料具有高强度、高硬度、高弹性模量、耐高温等良好的抗侵彻性能，用于装甲板正面或中间，能够有效地抵抗射流和高速穿甲弹的攻击，著名的"乔巴姆"装甲就是陶瓷技术和间隔夹层技术的杰作；合成纤维材料具有良好的抗拉强度，被广泛地应用于装甲车辆内侧作为防弹衬层，以阻挡破片飞入车内或缩小破片锥角，保护车内各部件和乘员；此外，特种装甲技术以及纳米材料技术也正在蓬勃发展。美国研制的特种贫铀装甲具有极高的强度，等厚条件下防护能力是普通均质装甲钢的 5 倍。纳米技术方面，戴森罗特工程公司利用包含"超细粒子"的微结构纳米技术开发了 AMAP 被动装甲组件，成功地将钢、陶瓷和复合装甲材料的机械性能增加 1 倍。

2）爆炸反应装甲

爆炸反应装甲技术于 1970 年由赫尔德博士提出，该技术通过将爆炸物附着于装甲车辆外部，利用自身的爆炸来削弱来袭弹药威力，从而实现对车辆进行保护，成为一种革命性的防护理念。经过 50 年的发展，现代爆炸反应装甲能够提供 10 倍质量均质装甲的等效防护力，并且能够减弱 75% 的破甲威力，已经成为目前各国主战装甲车辆不可缺少的防护层。但爆炸反应装甲存在着诸多不足，例如，容易受到特种枪弹诱爆；受到撞击或粗暴使用以及周边装甲单元影响则容易殉爆，爆炸容易杀伤协同步兵；对穿甲弹和串联空心装药破甲弹防护不足等。

因此，开发低敏感度、具有爆炸独立性的爆炸反应装甲成为当前的研究热点。此外，利用传感器与爆炸反应装甲相结合的主动爆炸反应装甲系统也在逐步发展之中，该系统能够利用传感器和计算机技术来探测和解算来袭弹药的方位，并迅速将信号传到命中的反应装甲单元，以使其提前爆炸，达到最佳的削弱来袭弹药威力的效果。

3）电磁装甲

电磁装甲技术最早于 1973 年提出，目前已经是各国竞相开发的下一代装甲防护技术，也是被认为在现今技术水平下最有可能实现的新概念防护技术。根据现阶段各国在电磁装甲技术领域的研究状况，电磁装甲主要可以分为被动式电磁装甲、电磁反应装甲和主动式电磁装甲三类。其中被动式电磁装甲又分为扰动式和轨道式，电磁反应装甲又分为电热式和线圈式扰动式。电磁反应装甲主要利用大容量电容器和与其两极相连并存有适当间隔的电极板。电容器充电后形成高压电场，当射流或弹丸侵入时，高压状态的两块电极板瞬时放电，射流或弹丸受到极板间的洛伦兹力而受到干扰；轨道式电磁装甲与扰动式相似，不同的是，轨道式的极板间距更小，这使得当射流或弹丸穿过两极板的过程中，自身成为极板放电的导轨（即电流通路），从而受到洛伦兹力作用而出现弯曲、断裂等失效形式。电热式电磁装甲可以认为是在干扰式或轨道式的极板之间填充了受热膨胀的绝缘介质，当强电流通过极板之间时，绝缘介质迅速受热膨胀，使射流或弹丸受到洛伦兹力和绝缘介质的爆轰效应而失效；线圈式电磁装甲主要由感应线圈、线圈托盘、驱动装置和防护板组成，利用电磁感应现象，当射流或弹丸来袭时，在推力板中产生与感应线圈中电流方向恰好相反的涡旋电流，造成相互的推力作用，使推力板推动防护板，对来袭射流或弹丸干扰破坏。主动式电磁装甲则与主动防护系统类似，只不过是采用了电磁发射干扰物的方式，但相比一般意义上的主动防护系统而言，主动式电磁装甲具有能量大、反应快等优势。

电磁装甲技术利用独特的地磁对抗原理，摆脱了传统装甲防护硬性防护的模式，颇有"四两拨千斤"的效果，同时也避免了如爆炸反应装甲或硬杀伤主动防护系统对来袭弹药拦截时造成的误伤，而且具有反应速度快、灵敏度高等优势，但也存在着整个系统电力供应问题和成本问题。

9.5　发射装置隐身特性设计

9.5.1　概述

在制订导弹发射装置伪装隐身总体方案时，要先对发射装置的光学、红外、雷达等暴露特征进行研究，而后结合武器系统地面装备的作战需求，通过可见光隐身技术、红外隐身技术、雷达隐身技术的综合应用，实现发射装置伪装隐身性能的综合优化，并进行隐身效果的检测和评估来指导设计。在设计时，还要充分考虑不同伪装隐身方式的兼容性问题，使得可见光隐身、红外隐身、雷达隐身等技术在结构上实现集成化、一体化，使发射装置可以在多波段（光学、热红外、雷达）有效对抗敌方侦察系统的侦察识别和精确制导武器系统的捕获攻击，满足导弹武器系统作战全过程的隐蔽需求，提高导弹武器系统战场生存能力。

9.5.2 隐身战技指标的拟订

1. 威胁分析

随着信息技术的高速发展及其在军事领域的广泛应用，在近几年来的战争中，地、空、天一体的多手段、多频谱侦察、监视，使得战场呈现出空前的"透明化"。精确打击技术的发展使得命中率大幅提高。地面装备在战场上面临着日益严重的威胁。隐身与伪装的目的就是针对地面发射装置所面临的具体威胁，进行有效改进与防护，提高其战场生存能力。

1）侦查探测威胁

目前，美国共有 5 颗军用成像侦察卫星正在轨道上工作，其中 2 颗是 KH-12 光学成像卫星、2 颗是"长曲棍球"雷达成像卫星、1 颗 8X 增强型成像卫星。这三种类型的卫星相辅相成，相互取长补短，共同组成了阵容强大的侦察星队，昼夜不停地监视着世界各地的军事动向。美国使用的成像侦察卫星技术参数列于表 9-6 中。

表 9-6 天基成像侦察信息

卫星类型	光学成像侦察		微波成像侦察		增强型成像系统
卫星代号	KH-12/3	KH-12/4	Lacrosse-4	Lacrosse-3	8X-1
发射时间	1995.12.5	1996.12.20	2000.8.17	1997.10.24	1999.5.22
运载工具	大力神-4		大力神-4B		大力神-4B
卫星质量/t	16~19		14.5		20
卫星尺寸/m	$\phi 4 \times 13.4$ 圆柱体		$\phi 4.4 \times 12.2$ 圆柱体		$\phi 4.4 \times 19$
主要遥感器	CCD 相机、红外、多谱段相机		合成孔径雷达（SAR），工作频段为 L 波段（宽扫）、X 波段（精扫）		CCD 相机
地面分辨率/m	0.1		0.3~1，入射角度估计在 20°~50°		
天线尺寸/m			$\phi 9.1$ m 抛物面		

卫星类型	光学成像侦察	微波成像侦察	增强型成像系统
地面覆盖/km	16 × 16	扫描、窄波束	50 × 50
供电	两块4.1 m × 13.7 m太阳能电池板	45 m跨度的两块太阳能电池板	35 m跨度太阳能
数传速率/（MB · s^{-1}）	300 ~ 650	约650	
卫星寿命/年	8	5 ~ 8	>5

高技术侦察卫星所搭载的探测器包含了可见光、多光谱、红外、雷达等多频谱的侦察器材，实现了对目标的高解析探测成像、精确定位和跟踪、电子和通信情报搜集等方面多波段、全天候、全天时的侦察监视。其中，可见光成像的地面分辨率最高，但缺点是受天气影响较大，阴雨天、有云雾及夜间都不宜工作；红外成像可以在夜间工作，并有一定的识别伪装的能力，但对距离、气象条件较敏感；多光谱成像还可以获得更多的目标信息，但红外和多光谱成像的缺点是分辨率都不及可见光成像，而且在一定程度上受云、雾、雨、雪的影响。雷达成像侦察卫星则具有一定的穿透地表层、森林和冰层的能力，能够克服云雾雨雪和黑夜条件的限制，所以航天侦察技术中对导弹发射车构成最大的威胁来自合成孔径雷达成像侦察。

除了在轨的5颗军用侦察卫星外，也可在战时紧急调用民用、商用卫星完成战时侦查任务，因此，单纯对军用卫星实施监控并不保险。尽管非军用卫星在分辨能力上还远落后于军用卫星指标，但随着民用需求的增长，未来发射的卫星在分辨率上的指标有望达到米级，对导弹地面发射装置构成威胁。

同航天卫星侦察相比，航空侦察具有灵活、机动、准确性和针对性强的特点，且具有各种侦察平台和侦察设备。航天侦察包括有人驾驶侦察机、无人驾驶侦察机、微型侦察机等，用于日常和战时侦察边境、沿海地区的军事战略目标。

早在20世纪50年代，美军就开始用U-2侦察机对他国进行高空侦察，其机身细长，全身漆黑，升限高度达27 000 m，用光学手段很难发现它，如图9-17（a）所示。虽然其先后在苏联、古巴、中国上空被击落，但U-2从海湾战争、科索沃战争等一路走来，侦察任务始终没有停滞。

在1999年的科索沃战争中，北约国家的无人驾驶侦察机大出风头。美国投入12架"捕食者"和8架"猎人"无人侦察机；此外，法国投入两架"红隼"式无人侦察机；德国投入4架CL-289"雄蜂"式无人侦察机；意大利投入"奎宿九星"26型无人侦察机；英国陆军的新型无人机也在6月上旬停战后投入使用。

"全球鹰"高空无人侦察机是美国特莱汀-瑞安（TR）公司为美国空军研制的无人驾驶侦察机。1996年中期开始组装，1998年2月首次试飞，该机机长13.53 m，翼

图 9 – 17 U – 2 侦察机

展 35.42 m，机高 4.53 m，全重 10 394 kg，巡航时速 635 km/h，飞行高度 22 000 m，航程 6 000 km，巡航时间 44 h，侦察范围达 137 200 km²。主要用于连续监视高空、远程和长续航时间的侦察任务。它最突出的特点是工作在高空，飞行在防空火力高度以上（最低要达到 22 000 m），所以抗毁性好。因为它的传感器作用距离远，所以通常不需无人机进入敌方阵地即可进行侦察。

据报道，"全球鹰"上装备的休斯综合监视与侦察系统（HISAR）合成孔径雷达质量为 290 kg，功率为 6 kW，频率 X 波段、带宽 600 MHz。在条带式模式下，作用距离可达 220 km，分辨率高达 1 m；在聚束式模式下，作用距离 20 ~ 200 km，分辨率为 0.3 m；在移动目标指示模式下，覆盖范围优于 200 km，可检测速度为 4 ~ 70 km/h 的运动目标，探测角度可覆盖 10° ~ 50°（与地面法线夹角）的较大范围。

2）打击威胁

精确制导武器以及智能灵巧型炸弹在现代战争中的地位和作用越来越重要，特别是近年来经过几次局部战争的检验，人们对其远距离、大纵深、高精度、大威力、高效能的作战性能有了充分认识。精确制导武器已成为信息化战争的重要支柱和现代化战争中的主战兵器，是导弹发射车面临的主要打击威胁，如图 9 – 18 所示。

导弹发射装置易遭受的精确打击威胁主要来自精确制导导弹、炸弹以及灵巧型末敏弹药。近年来几场局部战争表明，强敌实施打击的主要战法是"巡航导弹突袭在前，战机打击在后的策略"。先期运用射程数百至数千千米的巡航导弹破坏敌方防空雷达阵地、指挥控制枢纽、防空导弹和高炮阵地、作战飞机和机场、陆基导弹阵地等军事目标，然后由歼击机夺取制空权，高空侦察机实时监控地面军事目标，轰炸机根据信息使用精确制导导弹或末敏弹对地面有生力量实施全面打击。导弹发射装置基本属于敌方先期攻击的范畴，所以其打击威胁主要为防区外发射导弹、机载精确制导导弹/炸弹以及末敏弹，见表 9 – 7。

航天发射装置设计

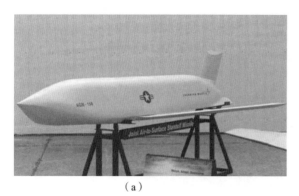 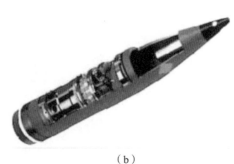

（a）   （b）

图 9 - 18　导弹发射车面临的主要打击威胁

（a）AGM - 158 联合防区外空地导弹；（b）美国 SARDAM 末敏弹

表 9 - 7　地面发射装置面临的主要打击威胁

威胁来源	探测手段	威胁波段	威胁角域/（°）
防区外发射导弹	红外成像末制导；数字景象匹配制导	红外、可见光	仰 5 ~ 60
精确制导导弹/炸弹	半主动激光末制导；红外成像末制导	激光、红外	仰 5 ~ 80
末端敏感弹药	INS/GPS 制导；半主动激光末制导	微波、红外、激光	仰 40 ~ 90

2. 战技指标的拟订

战技指标是武器系统设计依据，因此战技指标的合理性至关重要，对于系统隐身指标拟订同样如此。一般而言，地面发射装置伪装指标需要根据装备作战环境及其面临的探测威胁分析得到，可以参考国军标《地空导弹武器系统伪装要求》中对地面发射装备伪装要求中相关的分级要求，其分级具体情况见表 9 - 8，这对于地面发射装备内在式隐身指标拟订也有一定参考价值。

表 9 - 8　发射装置伪装要求

序号	对应波段	隐身伪装级别	具体指标
1	光学波段 0. 40 ~ 1. 10 μm	一级	目标外形被完全遮蔽，伪装面的颜色斑点图案与周围背景基本融合，光谱反射特性相似，亮度对比度不大于 0. 15
		二级	目标外形被部分遮蔽，使目标外形及阴影受到较大弯曲，伪装面及目标外露部分的颜色或色彩图案与背景无明显差异，光谱反射特性相似，亮度对比不大于 0. 20
		三级	目标外形无遮蔽，实施光学变形迷彩，迷彩颜色或颜色图案与背景差异不大，光谱反射特性相似，亮度对比不大于 0. 24

464

续表

序号	对应波段	隐身伪装级别	具体指标
2	红外波段 3～5 μm 8～14 μm	一级	目标外形被完全遮蔽，伪装面形成明显的热图斑点，热图外观及热斑图案与周围背景基本融合，与背景的平均辐射温差在±4°以内（热态目标）
		二级	目标外形被部分遮蔽，伪装面及目标外露部分的最低表面比辐射率不大于0.6，形成明显的热图斑点，使目标原热图形状受到较大改变，对目标热源部分有较好的屏蔽或抑制，目标与背景的平均辐射温差在±7°以内（热态目标）
		三级	目标无外形遮蔽，实施光学－红外变形迷彩，其中最低表面比辐射率不大于0.6，能形成较明显的热图斑点，有效地分割或改变目标的原热图形状，目标与背景的平均辐射温差在±10 ℃以内（冷态目标）
3	雷达波段 2～18 GHz 以及 毫末波波段	一级	目标与所模拟背景的平均雷达后向散射系数差别在±1 dB 以内
		二级	目标与所模拟背景的平均雷达后向散射系数差别在±2 dB 以内
		三级	目标与所模拟背景的平均雷达后向散射系数差别在±3 dB 以内

针对地面发射装置的内在式隐身设计指标要求，其指标提法与伪装性能指标有很大不同，往往要综合参考装备在战场中所面临的探测威胁、打击威胁，并结合装备的具体物理尺寸要求完成战技指标的论证，从而提出一个可行性的指标。下面给出了发射装置内在式隐身的战技指标论证涉及的一般步骤，其基本的原则是在科学、广泛调研的基础上给出隐身指标，并保证指标的可行性与先进性。

①确定发射装置系统作战使命、使用流程、任务要求。

②机动发射装置面临的主要探测与打击威胁频段、角度。

③机动发射装置主要暴露特征分析。

④国内外相关地面装备内在式隐身技术发展概况。

⑤地面发射装置隐身评估模型构建与指标拟订。

作为研制单位，当拿到了发射装置隐身性能战技指标后，一般需要进行指标的再论证和分解；根据分解的指标，依据仿真分析、以往的试验结果以及经验等参考资料确定各部分要采取的隐身方案，并结合发射装置总体要求和现有加工设备、材料以及试验水平开展可行性论证分析，最终完成机动发射装置内在式隐身方案。

9.5.3 隐身方案设计

在上一节中，已经讨论了发射装置战技指标拟订的问题，本节主要讨论在战技指标下，如何给出发射装置的综合隐身设计方案。首先需要考虑从哪个角度讨论一个发射装置的综合隐身方案，即方案的框架问题，常见的有从频段（光学、红外以及微波波段）角度去分析或者从俯仰角度、方位角度开展分析。其中应用后一种分析方法能够将隐身方案与系统总体布局方案相结合，因此更为清晰。本节中也主要是依据方位向和车体典型热源讨论一种发射装置的隐身综合方案。

1. 地面发射装置综合隐身总体设计思路

在不影响地面发射装置发射性能的前提下，从隐身性能角度出发，兼顾地面发射装置战场生存能力与其他技术指标，通过采用外形设计、特殊材料应用等方式综合提高地面发射装置的综合隐身性能。一个完整的隐身总体方案需要根据地面发射装置的需求，完成整体隐身指标的逐级分解。按照指标分解结果，开展各局部结构隐身方案设计与相关试验验证。

2. 地面发射装置外形方案设计

外形隐身是通过修改目标形状，在一定角域范围内显著减小其后向 RCS 特征。由于外形的改变，必然对发射车气动性能产生一定影响，但相对于飞行器而言，地面装备由于速度较低，因此对它的气动性能要求并不苛刻，这为隐身结构布局提供了一定的便利。与飞行器问题不同，地面发射装置常处于静止状态，而探测设备、打击武器的角度在不断变化，因此，地面发射装置的探测威胁角度比较大，这并不利于地面装备的外形隐身设计。因此，对于地面发射装置而言，外形隐身的根本目的往往是通过结构设计，将高散射角域限制在几个狭窄的空间范围内，并通过吸波材料的使用减小狭窄空间处威胁频段上的散射强度。

1）驾驶室

传统发射车在设计时较少考虑外形因素，车体上存在较多二面角、三面角结构，外露外挂部件较多，而且散布凌乱（图 9 - 19），增加了散射单元的数量，使得整车 RCS 较大。赋形设计的基本原理是将这些目标强散射中心转化为次散射中心，或将强散射中心移出雷达威胁的主要方位区域。此外，车辆发动机及从排气格栅排出的高温废气、行驶摩擦后的轮胎等均可在行驶条件下形成非常明显的热红外暴露特征，需要进行特征控制。如图 9 - 20（b）所示，为了对抗可见光的侦察，在外表面喷涂了低亮度、逼真的海军迷彩图案，达到了较好的整体迷彩伪装效果。

因此，驾驶室外形设计要着重考虑车体的红外与雷达隐身效果。参考国外各类先进的军车外形（图 9 - 20），不难看出，未来的军车都朝着一体化高度整合、设备内置的方向发展，总体体现了简洁、科技、威猛的效果。

图 9 – 19　某车辆的驾驶室外形

1—杂乱顶部结构布局；2—保险杠与驾驶室存在明显腔体效应；3—散热格栅处散乱的热特征；4—腔体结构效应

图 9 – 20　各系列运输车驾驶室外形

（a）美国 M977 系列；（b）MK48 系列；（c）美国 M1070 系列；

（d）法国 TRM700 – 100 系列；（e）德国 KAT1A1 系列；（f）俄罗斯 5P85 系列

借鉴一些军车驾驶室的外形可知，选用大平面多面体作为驾驶室外形是主要思想，并且要避免驾驶室正、侧向上平面与地面形成二面角效应。另外，一些驾驶舱部分的隐身原则如下：

①车载设备尽量内置于驾驶室或布设在发控舱内部。

②在驾驶室车窗上应用透光镀膜抑制腔体散射强度，现在多采用氧化铟锡镀膜（ITO），其能够保证透光率在80%以上，反射率大于 − 1 dB。

③选择功能、结构一体化复合吸波结构对驾驶室两侧部分进行散射特征抑制。

④为减少车体红外特征以及腔体产生的强散射特征，将进气格栅安装至车体下部，并合理设计百叶窗气道角度，控制热气流的扩散。

⑤为了减少其他部分的影响，驾驶室车蹬部分与门把手部分要避免产生腔体效应。

⑥驾驶室车灯要内置于车体中，并进行一定角度的遮挡，以减少日光反射强度。

⑦在驾驶室与车体底盘整体装配工艺上，要减少缝隙、台阶、螺钉等表面电磁缺陷，提高装配质量。

图9 – 21 中是针对驾驶室外形采用的一种赋形设计方案，其中驾驶室两侧与地面夹角内倾、外倾幅度均超过10°，能够有效抑制其侧面部分的散射共吸纳。

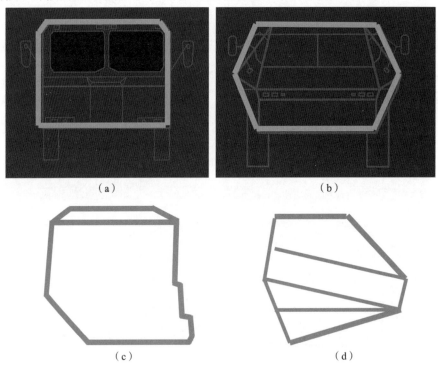

图 9 – 21　驾驶室设计方案

（a）原驾驶室外形正视图；（b）优化外形方案正视图；
（c）原驾驶室外形侧视图；（d）优化外形方案侧视图

2）发射箱

发射箱是地面发射装置的主要组成部分，其长度占据了整个发射装置的 2/3，如图 9 – 22 所示。常见的外形主要有圆柱体和长方体。其中俄罗斯伊斯坎德尔发射车的箱式外形的优化处理措施给了我们很多启示，总结如下。

（a）　　　　　　　　　　　　　　　　（b）

图 9 – 22　多种发射箱外形结构

（a）战略导弹发射车；（b）俄罗斯伊斯坎德尔箱体外形

①通过采用箱式外形，遮挡明显的弹体结构，与车体底盘构成一体化的外形，减少军车的典型特性。

②通过内倾或外倾箱体两侧表面一定角度，减少与地面间所形成的二面角反射强度。

③在箱体表面喷涂迷彩进行光学伪装。

在采用上述三种方法后，可以有效控制箱体的暴露特征，降低散射强度，迷惑敌方的识别装置。在经费允许的情况下，可以采用多波段吸波结构代替箱体金属外蒙皮，进一步降低暴露特征。当然，非金属发射箱对加工、工艺都会提出更高的要求。

3）发控舱

发控舱是发射车的基本组成部件，为舱内主要通信、控制设备和操作人员提供良好的工作环境。其一般要求具有良好的防水、防尘、光密、隔热和隔声性能，并满足一定电磁屏蔽能力。舱体的隐身原则如下：

①与车体整体布局相适应，构成一体化的结构。

②通过温控、通风设备智能控制舱内环境，减少舱内设备信息泄露。

③减少发射车天线数目，并采用功率控制方案，减少战时射频信号泄露。

4）典型热源暴露征控制方案

在热红外波段上，导弹发射车的辐射较强，暴露特征明显。当发动机长时间工作后，车头外壳表面温度一般都在 60 ℃以上，与周围背景存在一定温差，前视红外可在

10 km 以外发现轮廓清晰的车辆外形热图。发动机排出的废气形成的尾烟、直接外露的消声器、车辆的篷布及轮胎等，均可在一定条件下形成较为明显的热红外特征。但由于热红外成像的距离对成像效果影响很大，且容易和其他地面车辆混淆，天基红外侦察设备对远程导弹陆基机动发射平台威胁较小。但导弹发射阶段产生的燃气流，温度高达 $2\,000\,℃ \sim 3\,000\,℃$，能够在很远距离上被识别和发现，是导弹发射后最主要的红外暴露特征，是敌方对目标进行打击的重要判断依据。

（1）发射车轮毂盖隐身设计原则。

通过对车辆轮胎结构的详细了解，针对轮毂红外辐射特性与雷达散射特性比较明显的缺点，制作相应的轮毂盖，以遮挡轮胎的红外辐射特征，改变轮胎的外部结构，从而减小车辆轮毂部分的辐射与散射特征，降低被发现和识别的概率，提高其战场生存能力。

①材料特性：非金属、玻璃钢 + 蜂窝结构。

②红外隐身性能：轮毂盖外部涂覆红外涂料，在 $8 \sim 14\ \mu m$ 波段内，整体迷彩的热红外发射率控制在 $0.6 \sim 0.95$。

③雷达隐身性能：轮毂盖的雷达吸波性能针对频段为 $6 \sim 20\ GHz$，吸波性能大于 10 dB。

④形状大小：轮毂盘直径 1 000 mm，厚度不大于 10 mm，质量不大于 4 kg。

⑤散热要求：轮毂盖上具有一定数量的散热孔，强制空气对流换热。

（2）发射车排气管红外隐身设计原则。

对排气管及排气的温度进行抑制具有重要意义，一方面，排气管的高温会导致车辆周围部件的温度急剧升高，红外特性异常明显；另一方面，当导弹发射车在有灰尘的地面上行驶时，由于轮胎的离心作用和车辆高速运动后产生的负压作用，会将地面的灰尘扬起，同时与发动机排出的高温尾气混合，形成具有非常明显热特征的热烟尘，大大增加了发射车在行军过程中被红外侦察设备发现、识别的概率，降低了发射车的生存能力。

（3）发射车发动机红外特征抑制原则。

要降低车辆红外信号，首先要减少其发动机的红外辐射，主要措施有如下几点。

①安装效率高、热损耗小的发动机，如绝热陶瓷发动机，一方面提高了发动机的效率，另一方面也降低了坦克装甲车辆的红外辐射特征。美国新一代主战坦克的动力装置曾考虑用燃气轮机以保持相对较低的金属部件温度，而且烟雾少、噪声小，从而抑制坦克的红外特征。自20世纪90年代初，美国又试用了绝热复合柴油机，可以较大地降低坦克的热红外辐射。

②改进发动机燃烧室结构，减少排气中的红外辐射成分（减少 CO_2、C 粒子）。

③改进通风和冷却系统，降低车辆温度。

④采用了双层结构的发动机，空气在中间循环，对车体起到冷却作用。

⑤针对动力舱上部的热辐射问题，可以采用隔热保温材料将动力舱罩住，将空气送入其中，用以吸收热量。

5）车体外部喷涂方案

（1）多谱段迷彩涂料。

根据作战区域的背景特征，对发射装置表面喷涂的多谱段迷彩涂层的迷彩图案、斑点大小、颜色比例等进行优化设计，并设计、加工样板进行涂料涂装、测试，以验证多谱段伪装涂料配方、涂层设计，优化涂装方案，如图 9-23 所示。开展内场基础性能综合测试和外场伪装效果检测，达到良好的可见光、红外隐身效果，并满足相关标准中规定的抗冲击、防酸雨、防盐雾、高低温等环境适应性要求。

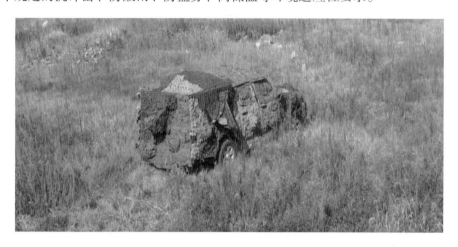

图 9-23　喷涂与伪装网上的多谱段迷彩涂料

（2）雷达吸波材料。

应用雷达吸波材料主要是为了对抗敌雷达的侦察、攻击威胁。雷达吸波材料包括采用结构吸波材料制备的隐身舱体和用于驾驶舱、发控舱等玻璃窗的透明吸波薄膜。当前较为热门的主攻方向是新型纳米吸收剂和高性能吸波纤维材料。宽波段雷达吸波结构和吸波薄膜具备宽波段雷达吸波效果，且吸波结构具有吸波、承载、隔热等多种功能，同时可以满足相关环境适应性能指标，吸波薄膜可以满足透光率以及相应的环境使用要求。

9.5.4　隐身特性预估与测试方法简介

1. 雷达散射截面预估方法

目标电磁环境预测问题都可归结为求满足各种边界条件的麦克斯韦方程组的解。对一些典型几何形状和结构相对简单的问题，不难用解析方法得到严格的解析解，并给出合理的物理解释。但当电磁系统更为复杂时，解析方法往往无能为力，即使是半解析的近似方法，也只能在个别问题中得到有限的应用。在实际问题当中能够广泛发挥作用的是各种电磁数值分析方法。

电磁场的数值分析方法是随着电子计算机技术的发展而发展的。自20世纪60年代以来，已有几十种电磁场的数值分析方法被提出。具有代表性的有属于频域技术的有限元法、矩量法和单矩法等，属于时域技术的时域有限差分法、传输线矩阵法、时域有限元法、时域积分方程法等。此外，还有属于高频技术的几何光学法、物理光学法、几何绕射理论和物理绕射理论等。主要 RCS 预估方法分类如图 9 – 24 所示。

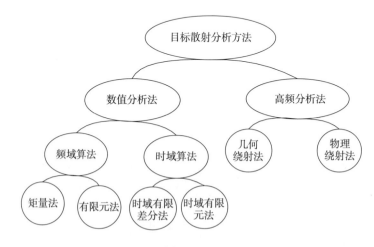

图 9 – 24　主要 RCS 预估方法分类

上述三种方法中，高频技术和频域数值方法均是点频（窄带）计算方法，需要通过扫频方式分析目标宽带特性，而时域算法则是可直接求解宽带信号回波特征的方法。从应用角度看，高频方法因为具有形式相对简单、计算高效的特点而最早被应用于电磁散射和辐射等各种问题，但计算结果精度有限。频域数值方法无论是积分形式还是微分形式，通常都需要大量的存储空间，并且计算时涉及方程组求解或求逆等复杂的矩阵运算，一般不适用于直接开展宽带目标电磁特性仿真。时域数值方法的共同特点是具有宽频带特性的瞬变电磁场分析计算能力，可实现对物理量和物理现象更深刻、更直观的理解，且经过简单的时域变换即可得到宽带范围的频域信息，相对频域方法能够显著节约计算量，因此，时域算法受到了越来越多的关注。

1）时域有限差分法

时域有限差分法（finite – difference time – domain method，FDTD）是一种典型的时域全波分析方法，是近年来发展最迅速、应用范围最广的电磁数值计算方法之一。1966 年，K. S. Yee 在其论文中采用空间离散形式（后来被称为 Yee 氏网格）将依赖于时间变量的麦克斯韦旋度方程转化为差分方程式，并成功地模拟了电磁脉冲与理想导体的时域响应，开创了时域有限差分方法。其主要的形式如图 9 – 25 所示，电场与磁场矢量在空间与时间域上被离散开，这一巧妙的方式使得差分方式自然地变为中心差分形式，减小了差分方式的误差。

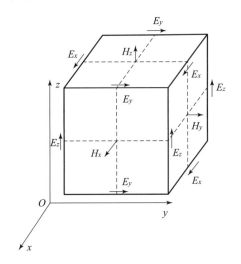

图 9 – 25　Yee 离散网格

FDTD 方法直接从依赖于时间变量的麦克斯韦旋度方程出发，利用二阶精度的中心差分近似，直接将微分运算转换为差分运算，这样达到了在一定体积内和一段时间上对连续电磁场数据的抽样压缩。其具体的离散形式如下。

根据麦克斯韦方程在三维各向同性空间的微分形式：

$$\nabla \times \boldsymbol{E} = -\mu \frac{\partial \boldsymbol{H}}{\partial t}$$

$$\nabla \times \boldsymbol{H} = \varepsilon \frac{\partial \boldsymbol{E}}{\partial t} + \sigma \boldsymbol{E}$$

将上面两个矢量方程在直角坐标系中用标量形式写出，则得到六个标量方程：

$$\frac{\partial H_x}{\partial t} = \frac{1}{\mu}\left(\frac{\partial E_y}{\partial z} - \frac{\partial E_z}{\partial y}\right)$$

$$\frac{\partial H_y}{\partial t} = \frac{1}{\mu}\left(\frac{\partial E_z}{\partial x} - \frac{\partial E_x}{\partial z}\right)$$

$$\frac{\partial H_z}{\partial t} = \frac{1}{\mu}\left(\frac{\partial E_x}{\partial y} - \frac{\partial E_y}{\partial x}\right)$$

$$\frac{\partial E_x}{\partial t} = \frac{1}{\varepsilon}\left(\frac{\partial H_z}{\partial y} - \frac{\partial H_y}{\partial z} - \sigma E_x\right)$$

$$\frac{\partial E_y}{\partial t} = \frac{1}{\varepsilon}\left(\frac{\partial H_x}{\partial z} - \frac{\partial H_z}{\partial x} - \sigma E_y\right)$$

$$\frac{\partial E_z}{\partial t} = \frac{1}{\varepsilon}\left(\frac{\partial H_y}{\partial x} - \frac{\partial H_x}{\partial y} - \sigma E_z\right)$$

为了更好地理解 FDTD 的差分形式，以自由空间为例，在自由空间内，电磁波的传播应满足如下麦克斯韦方程：

$$\begin{cases} \nabla \times \boldsymbol{H} = \varepsilon_0 \dfrac{\partial \boldsymbol{E}}{\partial t} \\[2mm] \nabla \times \boldsymbol{E} = -\mu_0 \dfrac{\partial \boldsymbol{H}}{\partial t} \end{cases}$$

对其标量形式采用具有二阶精度的中心差分，并取磁场分量的归一化值 $H^* = \sqrt{\mu_0/\varepsilon_0}\,H$，且仍由 H 表示 H^*，有

$$H_x^{n+0.5}(i,j,k) = H_x^{n-0.5}(i,j,k) + D_z\big[E_y^n(i,j,k+1) - E_y^n(i,j,k)\big] - \\ D_y \cdot \big[E_z^n(i,j+1,k) - E_z^n(i,j,k)\big]$$

$$H_y^{n+0.5}(i,j,k) = H_y^{n-0.5}(i,j,k) + D_x\big[E_z^n(i+1,j,k) - E_z^n(i,j,k)\big] - \\ D_z \cdot \big[E_x^n(i,j,k+1) - E_x^n(i,j,k)\big]$$

$$H_z^{n+0.5}(i,j,k) = H_z^{n-0.5}(i,j,k) + D_y\big[E_x^n(i,j+1,k) - E_x^n(i,j,k)\big] - \\ D_x \cdot \big[E_y^n(i+1,j,k) - E_y^n(i,j,k)\big]$$

$$E_x^{n+1}(i,j,k) = E_x^n(i,j,k) + D_y\big[H_z^{n+0.5}(i,j,k) - H_z^{n+0.5}(i,j-1,k)\big] - \\ D_z \cdot \big[H_y^{n+0.5}(i,j,k) - H_y^{n+0.5}(i,j,k-1)\big]$$

$$E_y^{n+1}(i,j,k) = E_y^n(i,j,k) + D_z\big[H_x^{n+0.5}(i,j,k) - H_x^{n+0.5}(i,j,k-1)\big] - \\ D_x \cdot \big[H_z^{n+0.5}(i,j,k) - H_z^{n+0.5}(i-1,j,k)\big]$$

$$E_z^{n+1}(i,j,k) = E_z^n(i,j,k) + D_x\big[H_y^{n+0.5}(i,j,k) - H_y^{n+0.5}(i-1,j,k)\big] - \\ D_y \cdot \big[H_x^{n+0.5}(i,j,k) - H_x^{n+0.5}(i,j-1,k)\big]$$

差分公式中的系数 D_x、D_y、D_z 称为迭代系数，其表达式为

$$D_\xi = \frac{\Delta t}{\sqrt{\varepsilon_0 \mu_0}\,\Delta \xi} = \frac{c_0 \Delta t}{\Delta \xi}$$

式中的 ξ 代表 x、y、z 中的任一个。该迭代系数含有明确的物理意义，是一个包含时间步长和空间步长的表达式，并且与所在空间位置的电磁特性相关。

DTD 的计算区域不仅是目标结构的表面，还必须包括内部和足够的外部空间以满足辐射条件（吸收边界条件的运用在一定程度上简化了这一问题），并要求在整个计算区域上建立差分网格来进行计算。但是，由于它以最普遍的麦克斯韦方程组作为出发点，故有广泛的适用范围。

FDTD 的离散形式表明对于辐射散射这类开放问题，其所需的计算区域为无限大。由于求解电磁场问题时通常假设问题空间是无限大，即所谓是"开放"系统。为了让这种有限空间和无限空间等效，需要对有限空间的周围截面做特殊处理，使得向边界行进的波在边界处保持"外向行进"的特征，无明显的反射现象，并且不会使内部空间的场产生畸变。具有这种功能的边界条件称为吸收边界条件。目前常用的几种吸收

边界条件是：基于单向波动方程的 Engquist – Majda 吸收边界条件、利用插值技术的廖氏边界条件、1994 年由 Berenger 提出的完全吸收层边界（PML）条件等。

目前，FDTD 的主要发展方向是进一步提高计算精度，增加模拟复杂结构的能力，以及减少对计算机存储空间和计算时间的需求等。围绕着这几个问题，近年来出现了 FDTD 的多种变形方法，例如，无条件稳定的交替方向隐式 FDTD（alternating direction implicit FDTD method，ADI – FDTD）、可节省内存的降维 FDTD（reduced FDTD method，R – FDTD）、色散特性明显改善的高阶 FDTD（high – older FDTD method，H – FDTD），以及可计算不规则网格单元的时域有限体积法（finite – volume time – domain，FVTD）等。国内最早开展 FDTD 研究与应用的单位主要有西安电子科技大学、国防科技大学和北京理工大学等，而现今很多单位都掌握了这一分析方法，但是在特大目标的散射分析方面，还有待进一步优化，以提高整体计算效率。

2）矩量法

矩量法（method of moment，MOM）是求解电磁场问题最经典的频域数值计算方法。矩量法通过格林函数直接表述求解域中的任意两个离散未知量的相互作用，因此麦克斯韦方程离散后的矩阵是满阵。

矩量法离散后的矩阵元素如下式所示。其中最常用的基函数是定义在一对三角形上的 RWG 基函数。从离散后的矩阵元素上可知，磁场积分方程是一个对角占优矩阵，因此矩阵性态要优于电场积分方程的离散矩阵，迭代速度远优于后者。但从二者矩阵元素的表达形式上可以看出，电场积分方程中不需要表面网格的法向信息，而磁场积分方程中则需要该信息。对于无限薄开口这一类问题，由于存在正反两面，因此不能应用磁场积分方程求解，这一特性在应用时需要特别注意。另外，根据经验，要达到较为理想的求解精度，目标表面网格离散应小于 $\lambda/8$，而电场积分方程的精度要优于磁场积分方程精度。

$$\begin{cases} A_{ij} = -jk \iint \left[g_i \cdot g_j G + \dfrac{1}{k^2} \nabla' \cdot g_j g_i \nabla G \right] \mathrm{d}S' \mathrm{d}S, \text{电场积分方程矩阵元素} \\ b_j = \int -g_i \cdot E^i \mathrm{d}S, \text{电场积分方程右端项} \end{cases}$$

$$\begin{cases} A_{ij} = \int \dfrac{1}{2} \cdot g_i \cdot g_j \mathrm{d}S + \iint (g_i \times \boldsymbol{n}) \cdot (\nabla G \times g_j) \mathrm{d}S' \mathrm{d}S, \text{磁场积分方程矩阵元素} \\ b_j = \int g_i \cdot \boldsymbol{n} \times H^i \mathrm{d}S, \text{磁场积分方程右端项} \end{cases}$$

应用上述电场、磁场积分方程求解大尺寸问题时，往往需要很大的内存和计算量，从而大大限制了矩量法的使用。如何把矩阵稀疏化存储，是矩量法能否有效处理大尺寸问题的关键。用于矩阵稀疏化的方法主要有以下几种。

（1）采用特殊设计的基函数、权函数得到稀疏化矩阵。例如阻抗矩阵对角化

（IML）技术、小波方法及复多波束方法（CMBA）等。

（2）基于对目标各部分的几何分区，将相互耦合作用分为附近区耦合和非附近区耦合计算，如快速多极子方法（FMM）及其递归变体多层快速多极子算法（MLFMA）、矩阵分解算法（MDA）、自适应积分方程法（AIM）等。

（3）其他稀疏化方法，如降低权函数密度法、矩阵降阶技术等。

在这三类方法中，多层快速多极子方法的出现使得矩量法复杂度降低为 $O(N\lg N)$，兼具高精度与高效率，对目标形状无特殊要求，受到各国的密切关注。特别是在 20 世纪 90 年代，随着美国伊利诺斯香槟分校周永祖教授领导的团队成功突破并行三维多极子算法技术，极大地拓展了数值算法对大问题的分析能力，成为美国国家电磁数值仿真代码之一，极大地推动了电磁散射研究的发展。

但是积分方程方法也有其局限性，不足之处在于对非均匀介质问题的计算，需要通过混合 MOM 方法、FEM 方法以及快速算法，才能够有效解决复杂涂覆散射问题的计算，这也是积分方法发展的重要方向。在国内研究方面，西安电子科技大学、北京理工大学以及东南大学在大目标的数值计算方面取得了重要进展，其中北京理工大学课题组在高性能计算平台上实现了 2 000 个电波长的复杂特大目标散射问题求解，为精确预测歼击机、坦克、地面发射装置在 X 波段范围的电磁散射特性准确预估奠定了基础。

3）物理光学法

在电磁散射问题中，当雷达工作于高频区，物体的尺寸远大于电磁波的波长时（在微波波段，对于一般的军事目标，这一条件普遍成立），电磁波与物体的相互作用就显出"局部"特性，与物体的形状密度相关，可以应用高频方法预估其雷达散射截面。高频方法中，最古老和最简单的方法是在早期光学研究中发展起来的几何光学法（GO）。应用几何光学法，雷达散射截面可以由只包含镜面反射点曲率半径的一个简单公式给出。但是，当一个或两个曲率半径变为无限大时，几何光学公式就失效了。物理光学法（physical optics，PO）可以很好地解决这一问题。根据电磁场理论，在所有的散射问题中，只要确定目标上的感应电磁流、散射场和其他物理量，就可以用标准的方法进行计算。物理光学法在做如下假设后，对目标表面的感应电磁流表达式进行了简化：

①目标表面的曲率半径远大于入射波长；

②感应电磁流仅存在于被入射波直接照明的区域，且照明区表面上的电磁流和入射点处于目标表面相切的无限大平面上的电磁流有相同的特性。

物理光学法明确规定，电流在照明区是入射磁场切向分量的两倍，从而使 RCS 计算效率大大提高。从形式上看，PO 所用物体表面电流相当于矩量法磁场积分方程中的第一项，因此，在精度上 PO 方法要低于磁场积分方程结果。

可以说，物理光学法是高频 RCS 预估方法中应用最为广泛的方法，也更便于与计算机建模等现代技术结合预估复杂目标的雷达散射截面，具有计算精度合理、适用范围广、实现简便、可扩展性强等特点。物理光学法结合绕射场理论（PTD），可以进一步提高计算精度，从而实现复杂目标组合体模型、平面元模型、曲面元模型以及像素模型的雷达散射截面预估，以此为基础开发的预估软件基本能满足一般工程的应用需要，但对于精度要求极高的飞行器隐身设计中，高频方法难以适用。对于隐身飞行器而言，敏感方向的散射强度一般小于 –20 dB，高频方法难以达到如此高的精度。因此，高频方法的发展重点是与其他 RCS 数值预估方法相结合，从而在目标散射的关键部位提高计算精度，如 PO – MOM 混合方法等。国内研究方面，西安电子科技大学、西北工业大学以及北京航空航天大学在高频计算方法上有很深厚的积累，取得了一些进展，为快速分析电特大目标散射特性奠定了基础。

4）各种主要计算方法特性综合比较

各目标散射特性计算方法特点与适用范围见表 9 – 9。

表 9 – 9　各目标散射特性计算方法特点与适用范围

计算方法	适用范围	局限性
时域有限差分法（FDTD）	适用于复杂电磁问题、时域宽带信号问题，目标电尺寸一般小于 50λ	电大问题的时间复杂度和计算效率较低
积分方程方法	适用于目标辐射、散射的理想金属问题，目标电尺寸一般小于 100λ	不适用于复杂非均匀问题计算，电特大问题仿真效率低
有限元法（FEM）	适用于复杂问题，目标电尺寸小于 30λ	计算规模与介质电参数有关，计算量较大，不适用于电大问题
几何绕射法（GTD）	适用于电大问题计算，内存需求少	焦散区域结果发散
物理绕射法（PTD）	适用于电大问题散射计算，改善了目标在光学阴影区域散射精度	有时难以获得高精度的棱边电流，从而影响结果精度

2. 雷达散射截面测量技术

雷达散射截面测量在目标 RCS 特性研究中占有十分重要的位置。进行 RCS 测量的目的包括以下两点：

①对数值仿真精度进行验证，进行装备散射特性评价；

②取得目标的特征数据，建立目标雷达特性数据库。

图 9 – 26 中给出了美国研制 F22 时在试验测试中的投入，其中有关雷达散射特性的测试时间就超过了 14 000 h，足见研制过程中对散射测量的重视程度。

雷达散射截面测试按测量对象可分为缩比模型测量、全尺寸目标静态测量和动态测量三种主要方式。按照场地可分为内场测试与外场测试。下面针对内场目标雷达散射特性缩比测试技术与外场目标静态测试技术进行阐述。

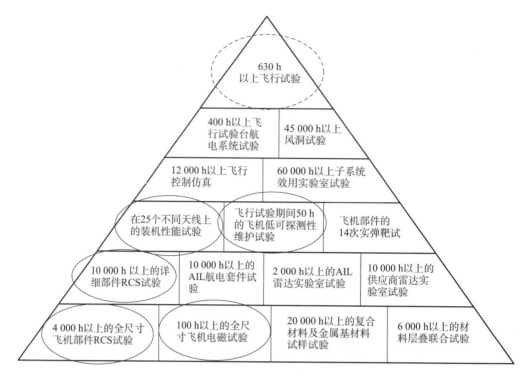

图 9 – 26   美国 F22 研制阶段试验投入情况

1）内场目标雷达散射特性缩比测试技术

目标雷达散射缩比模型测量，是将目标几何尺寸按一定的因子缩小，并按相似律缩小雷达波长和材料参数，以实现在小尺度空间（通常是微波暗室）内的模拟测量，并据此反演实际尺寸目标的散射特性。缩比模型测量的模型尺寸适度、耗费少、便于操作等优点，很适于外军目标和新型号的研究，但是，缩比后模型的加工精度要求更高，复杂有耗材料的相似性也难以保证。图 9 – 27 所示是一个微波暗室测试环境示意图。

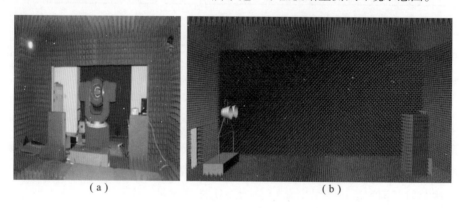

（a）   （b）

图 9 – 27   微波暗室测试环境示意图

（a）微波暗室测试设备；（b）微波暗室环境

建造一个微波暗室需要包含至少六部分设备：测试雷达系统、记录设备、低散射特性载物转台、低噪声环境背景、平面波产生装置、被测目标。其中微波暗室中最大的投入来自测试雷达设备、低噪声环境背景以及平面波产生装置。

一个完整的散射测试系统一般由一台矢量分析仪和一套天线组成，而一台性能优良的矢量分析仪价格往往要数十万美元。此外，为了能够降低背景干扰，微波暗室一般由锥形宽频带吸波材料完全覆盖暗室内部，具有良好性能的吸波材料价格也相当高昂。此外，目标与探测设备相距较近，往往需要借助一个抛物面反射器使球面波转变为远场平面波，具有这一结构的暗室也被称为紧缩场测试系统，其示意图如图 9 - 28 所示。由于对反射面的加工精度要求较高，因此，抛物面反射器的造价十分高昂，如一个 3 m × 2 m 测试区域的系统，造价就高达近 1 000 万元，现在国内有航天二院 207 所、航天五院总体部、航天三院三部、中电十四所、北京航空航天大学、航空 611 所等少数几家单位建有紧缩场暗室测试系统，但是由于室内场地的约束，针对地面发射装置，现在还难以开展大俯角下的目标特性测试。

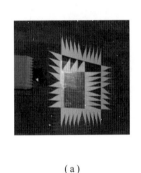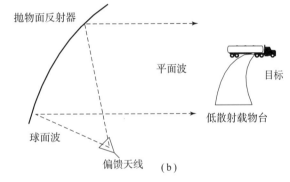

（a）　　　　　　　　　　　　　　　　　　　（b）

图 9 - 28　紧缩场抛物面反射器示意图

（a）锥形吸波材料；（b）抛物面反射器

国外历来重视测试场地的建设，以美国著名的海军 Radar Reflectivity Lab（RPL）为例，有大、中、小型暗室数个，其测试条件见表 9 - 10，堪称世界领先。近年来，随着测试技术的发展，近场全尺寸目标测试技术有了很大的突破，美国率先突破了近/远场变换核心技术并开始在隐身飞行器等装备散射特性测试中进行应用，标志着该项技术的成熟。RPL 中大型暗室的图片如图 9 - 29 所示。

表 9 - 10　暗室测试条件

暗室类型	大型暗室	中型暗室	小型暗室
场地类型	紧缩场	紧缩场	常规暗室
频率范围/GHz	1 ~ 100	1 ~ 100	1 ~ 100
动态范围/dB	>90	>90	>90

暗室类型	大型暗室	中型暗室	小型暗室
双站角度范围	双站/单站 0°~90° 垂直 0°~180°水平	双站/单站 0°~12° 垂直或水平	双站/单站 0°~10° 垂直或水平
转台载荷/t	13	5	1
静区/(m×m×m)	9×6×9	5×3×5	3×2×3
目标参数	<4.5 t <9 m	<2.7 t <5 m	<1.1 t <2.4 m

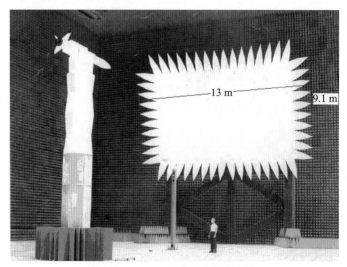

图 9-29　RPL 中大型暗室的图片

2）外场目标静态测试技术

全尺寸目标静态测量是一种与目标的实战应用更为接近的测量方法，如图 9-30 所示，不用额外提高模型加工精度，也不用考虑复杂有耗材料的相似问题。全尺寸目标静态测量的缺点是，由于目标尺寸较大，为满足远场条件，通常必须在室外进行，

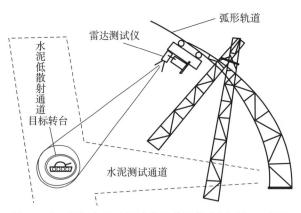

图 9-30　目标全尺寸雷达散射截面静态测试场示意图

不但增大耗费，杂波影响也更难消除。全尺寸目标动态测量完全模拟和测量目标运动时的真实散射特性，获得的散射测试数据是最为珍贵的，一般会在大型武器装备研制计划中设立相应的目标特性测量子课题。

雷达散射截面测量按测量系统体制可分为频域测量和时域测量两大类。其中，频域测量系统应用最为广泛，其每次发射的是单频谐波信号，通过接收并检测回波的包络确定散射强度，较先进的系统还可用稳定度很高的信号源实现相干测量，以获得目标散射的相位信息。现代的频域测量系统一般都有频率扫描测试能力，可以实现宽带测量并进行目标成像诊断。坦克目标 ISAR 测试结果如图 9-31 所示。时域测量系统每次发射的是短脉冲信号，然后直接对目标的脉冲响应进行高速宽频采样，可通过傅里叶变换测量获得较宽频带的目标散射信息。与频域测量系统相比，时域测量系统除测量效率更高外，还可以采用硬件距离门的方法抑制杂波的干扰，因此，它是更为先进的测量系统，但对仪器的要求更高，发射的信号功率也有限。

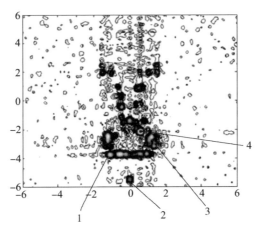

图 9-31　坦克目标 ISAR 测试结果图

1—前部挡板；2—炮筒；3—履带前端；4—炮塔

从定义上看，雷达散射截面（RCS）是一个远场概念，实际测量中，雷达和目标间的距离必须足够大，以便在雷达回波特性中削去距离的影响。然而，在测量中，被测目标与测量雷达间的距离总是有限的，入射到目标上的电磁波几乎都是球面波。为了减少误差，测试环境一般需要满足近似远场条件。

假设测量系统的发射天线为电源，考察入射到与目标相同宽度口径 d 上的相位偏差，如图 9-32 所示。

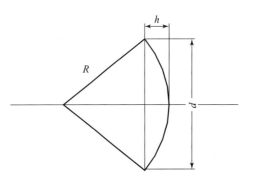

图 9-32　远场条件示意图

当目标距离发射天线 R 时，目标不同部位的最大路径差为

$$h = R\left[1 - \sqrt{1 - (d/2R)^2}\,\right]$$

为不失一般性，假设 $d \ll 2R$，则有

$$h \approx \frac{d^2}{8R}$$

工程实践表明，若相位变化小于 $\pi/8$ 时，可近似认为场强变化不大。如果要求目标不同部位的最大相位变化不大于 $\pi/8$，即当 $kh \leqslant \pi/8$ 时，认为是近似平面波入射，则由上式可得

$$R \geqslant \frac{2d^2}{\lambda}$$

此即通常所说的 RCS 测量远场条件。实际上，上述有关远场条件的推导是来自天线的辐射远场问题，但也被散射问题所沿用。

需注意的是，$kh \leqslant \pi/8$ 的要求并没有确切的理论依据，由它不能导出可靠的测量精度。对低频而言，远场要求不难满足；但对高频来说，远场距离要求很大，一般的测试系统灵敏度和测试场地都难以满足这种要求。例如，在 6 GHz 频率时，要测量一个 1 m 目标的 RCS，要求测试距离不能小于 80 m，在室内情况下就很难满足。但是，假设目标的各部分对总的 RCS 是相干贡献的。实际情况是，当目标很复杂且入射波频率较高时，目标上各个散射中心的影响是相互独立的，而各部分的散射能量通常又明显小于整个目标的散射能量，目标 RCS 由众多散射中心杂乱无章地非相干叠加形成。这时的测量结果对测试距离并不敏感，远场条件常常可以适当放宽。

除要求入射波前偏差不大外，RCS 测量还要求在目标表面区域内的入射波幅度是均匀的。全向天线能提供最好的幅度均匀性，但它对暗室侧墙的高强度照射会产生很大的噪声，同时，全向天线的低增益特点带来的能量损失也不容忽视，因此，必须寻求适当的折中。一般情况下，自然远场系统入射波幅度非均匀的可能性较小，最先进的方法是采用近、远场修正技术，从而减小入射波相位在目标不同部位的差异。

3. 目标红外特征分析方法

1）基本原理

红外辐射也被称为红外线，是 1800 年由英国天文学家赫歇尔（Herschel）在研究太阳七色光的热效应时意外发现的。事实上，所有的物质只要其自身温度大于绝对零度，都会日夜不断地发射红外能量，因此，红外线存在于自然界的任何一个角落。红外辐射从可见光的红光边界开始，可以一直扩展到电子学中的微波区边界，红外辐射的波长范围是 $0.75 \sim 1\,000\ \mu m$，是一个非常宽广的区域。在红外技术领域中，通常把整个红外辐射光谱区按波长分为四个波段，见表 9 - 11。

表 9 – 11 红外辐射光谱区划分

波段	波长/μm
近红外	0.75 ~ 3
中红外	3 ~ 6
远红外	6 ~ 15
极远红外	15 ~ 1 000

以上的划分方法基本上是考虑了红外辐射在地球大气层中传输特性而确定的，比如前三个波段中，每一个波段至少包含一个大气窗口。通常把电磁波通过大气层时较少被反射、吸收或散射的，透过率较高的波段称为大气窗口。

常温地表物体发射的红外能量主要在大于 3 μm 的中远红外区。红外辐射的物理本质是热辐射，它不仅与物质的表面状态有关，而且是物质内部组成和温度的函数。对于地表红外辐射，在大气传输过程中，它能通过 3 ~ 5 μm 和 8 ~ 14 μm 两个窗口，如图 9 – 33 所示。地表物体的温度一般在 – 50 ℃ ~ 50 ℃，平均背景环境温度为 27 ℃。根据维恩位移定律，地面物体的辐射峰值波长在 9.26 ~ 12.43 μm，其辐射峰值波长在 9.7 μm 附近，正是在热红外谱段 8 ~ 14 μm 的大气窗口内。随着温度升高，发射辐射的峰值向短波方向移动。对于地表高温目标，如火灾、目标高温烟气等，其温度达 600 K，辐射峰值波长为 4.8 μm，在热红外波谱段 3 ~ 5 μm 的大气窗口内。

因此，8 ~ 14 μm 热红外谱段的大气窗口主要用于调查地表一般物体的热辐射特性，探测常温下的温度分布、目标的温度场，进行红外成像热等。3 ~ 5 μm 热红外谱段的大气窗口则对高温目标的识别敏感，常用于捕捉高温信息，进行各类火灾、活火山、火箭发射等高温目标的识别、监测。

根据上述红外辐射理论，任一单元表面的红外辐射都是由其自身辐射和反射辐射两部分组成的，如图 9 – 34 所示。

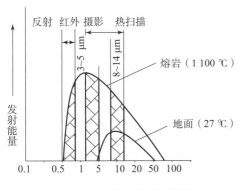

图 9 – 33 红外大气窗口波段

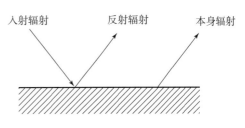

图 9 – 34 单元表面的红外辐射

2）目标红外辐射特性分析模型

（1）自身辐射。

在求得目标温度场分布后，该部分红外辐射能量可以从普朗克公式出发，通过对红外波段范围积分得到。计算公式如下：

$$E_{\lambda_1-\lambda_2} = \int_{\lambda_1}^{\lambda_2} \varepsilon(\lambda,T) \cdot \frac{C_1}{\lambda^5 [\exp(C_2/\lambda T) - 1]} d\lambda$$

式中　λ_1、λ_2——红外波段范围的上、下限；

　　　T——该单元表面温度；

　　　$\varepsilon(\lambda,T)$——表面发射率，与波长 λ 和温度 T 有关；

　　　C_1——第一辐射常数，大小为 3.742×10^8 W·μm^4·m^{-2}；

　　　C_2——第二辐射常数，大小为 1.439×10^4 μm·K。

（2）反射辐射。

反射辐射部分主要包括单元表面对太阳、天地背景以及其他单元表面辐射的反射，具体计算表达式如下：

$$E_{sf}^{infra} = \rho_{sun}^{infra} \cdot q_{sun}^{infra} + \rho^{infra} \cdot \left(q_{sky}^{infra} + q_{grd}^{infra} + \sum_{j=1}^{N} q_j^{infra} \right)$$

式中　ρ^{infra}——单元表面红外波段范围的反射率；

　　　ρ_{sun}^{infra}——单元表面红外波段范围的太阳反射率；

　　　q_{sun}^{infra}——单元表面接收的红外波段范围内的太阳辐射能量；

　　　q_{sky}^{infra}——单元表面接收的红外波段范围内的天空背景辐射能量；

　　　q_{grd}^{infra}——单元表面接收的红外波段范围内的地面背景辐射能量；

　　　q_j^{infra}——单元表面接收的红外波段范围内的 j 单元表面辐射能量；

　　　N——单元表面总数。

目标表面任一单元总的辐射通量为自身辐射与反射辐射之和，即

$$E = E_{\lambda_1-\lambda_2} + E_{sf}^{infra}$$

计算单元的红外辐射通量需要求解太阳的直射辐射、散射辐射以及地面反射辐射等，求解过程涉及太阳、地球、物体三个坐标系，因此，首先需要对太阳方向矢量进行定义，具体如下。

①系统坐标的确定。

由于地球与太阳之间、目标与地球之间的相互位置是在不断地变化的，为了便于计算，建立了三个坐标系：地球（系统）坐标系 $Oijk$，地球表面坐标系 $OXYZ$，目标（系统）坐标系 $Opqr$，具体如图 9 - 35 所示。

②地球坐标系 $Oijk$。

iOj 平面（O 是坐标系原点）为地球的赤道平面，k 轴为地球的自转轴，由地心指

向北极，太阳光线在 iOk 平面内。对某天而言，设地球与太阳的相对位置不变，即固定 $Oijk$ 坐标系。地球表面某点当地时间的变化由周向角 φ 的变化来体现，时间 t（以 h 计）与周向角的关系为 $\varphi = (t - 12)\pi/12$。地球表面某点在 t 时刻的 $Oijk$ 坐标系下的坐标 (x_i, y_j, z_k) 为

$$(x_i, y_j, z_k)^{\mathrm{T}} = R_E (\sin\theta\cos\varphi, \sin\theta\sin\varphi, \cos\theta)^{\mathrm{T}}$$

式中　R_E ——地球半径，$(\pi/2 - \theta)$ 是该点的纬度。

③地球表面坐标系 $OXYZ$。

取地球表面某点 (x_i, y_j, z_k) 为坐标原点，建立 $OXYZ$ 坐标系。令过该点的地球切面的法线为 Y 轴，其在 $Oijk$ 坐标系内的方向余弦为

$$[tY(1), tY(2), tY(3)] = (x_i/R_E, y_j/R_E, z_k/R_E)$$

东向为 X 轴，其在 $Oijk$ 坐标系内的方向余弦为

$$[tX(1), tX(2), tX(3)] = (z_j/\sqrt{x_i^2 + z_j^2}, 0, -x_i/\sqrt{x_i^2 + z_j^2})$$

南向为 Z 轴，其在 $Oijk$ 坐标系内的方向余弦为

$$[tZ(1), tZ(2), tZ(3)] = \left(\frac{x_i y_k}{R_E \sqrt{x_i^2 + z_j^2}}, \frac{-\sqrt{x_i^2 + z_j^2}}{R_E}, \frac{z_j y_k}{R_E \sqrt{x_i^2 + z_j^2}} \right)$$

④目标（系统）坐标系 $Opqr$。

图 9 - 35 给出了某目标车辆的红外特征仿真分析时定义的坐标和方位。p 正方向为东，r 的正方向为南，q 的正方向指向天空。

$$[tp(1), tp(2), tp(3)] = (1, 0, 0)$$
$$[tq(1), tq(2), tq(3)] = (0, 1, 0)$$
$$[tr(1), tr(2), tr(3)] = (0, 0, 1)$$

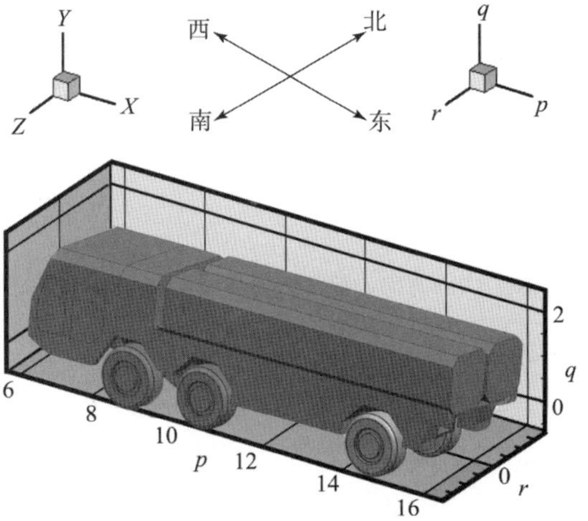

图 9 - 35　目标仿真分析坐标定义

⑤太阳光与赤道平面的夹角。

地球绕太阳做周期为一年的匀速圆周运动。地心和太阳的连线与赤道平面的夹角同地球和太阳的相对位置关系有关，变化规律为一正弦关系，即

$$\gamma = 23.5° \cdot \sin[a \cdot (\pi/180°)]$$

式中　a——一年中第 n 天（从元旦开始）地心与太阳的连线扫过的角度（以春分 3 月 21 日，一年中第 80 天为零角度，该日太阳直射赤道，$a=0°$，$\gamma=0°$），即

$$a = (n-80) \cdot 2\pi/365$$

⑥太阳光线在目标（系统）坐标系 $Opqr$ 方向角的确定。

在 $Oijk$ 坐标系内，由于太阳光线在一天之内始终处于 iOk 平面，因此，其与 i 轴的夹角即为太阳光与赤道平面的夹角 γ。太阳光线在 $Oijk$ 坐标系内的方向数为 $(\cos\gamma,0,\sin\gamma)$。经两次坐标变换，将太阳光线在 $Oijk$ 坐标系内的方向数转换为发电机舱 $Opqr$ 坐标系的方向数 (x_p,y_q,z_r)，即

$$\begin{pmatrix} x_p \\ y_q \\ z_r \end{pmatrix} = \begin{bmatrix} tp(1) & tp(2) & tp(3) \\ tq(1) & tq(2) & tq(3) \\ tr(1) & tr(2) & tr(3) \end{bmatrix} \begin{bmatrix} tX(1) & tX(2) & tX(3) \\ tY(1) & tY(2) & tY(3) \\ tZ(1) & tZ(2) & tZ(3) \end{bmatrix} \begin{bmatrix} \cos\gamma \\ 0 \\ \sin\gamma \end{bmatrix}$$

利用公式即可计算出太阳方向矢量 (x_p,y_q,z_r)。

⑦单元表面接收的红外波段范围内的太阳辐射能量 q_{sun}^{infra}。

设置参考方向为 Y（即 q），太阳方向为 F，面元的外法线方向为 B，如图 9-36 所示。据太阳方向 F 与面元的外法向 B 的夹角 α 的余弦来判断太阳直射能否照到。如果太阳方向与面元的外法向的夹角 α 的余弦大于 0，太阳直射是能射到该面元的。面元的外法向 B 与参考轴 Y 的夹角 β 即为斜面倾角。以倾斜表面单元为例，有

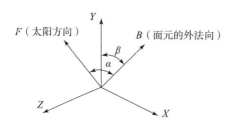

图 9-36　太阳方向、参考方向与面元法向之间的关系

倾斜面上太阳直射辐射

$$q_{sd} = rI_{sc}P_m^m\sin h\cos\beta + rI_{sc}P_m^m\cos h\sin\beta$$

倾斜面上太阳散射辐射

$$q_{sr} = C_1(\sin h)^{c_2}\frac{1+\cos\beta}{2}$$

倾斜面上来自地面反射的太阳辐射

$$q_{sf} = \left[rI_{sc}P_m^m\sin h + C_1(\sin h)^{C_2}\right]\rho_{\mathrm{grd}}\cdot\frac{1+\cos\beta}{2}$$

因此，单元表面接收的红外波段范围内的太阳辐射能量为

$$q_{\mathrm{sun}}^{\mathrm{infra}} = \Big\{ rI_{sc}P_m^m\sin h\cos\beta + rI_{sc}P_m^m\cos h\sin\beta + C_1(\sin h)^{C_2}\frac{1+\cos\beta}{2} +$$

$$\left[rI_{sc}P_m^m\sin h + C_1(\sin h)^{C_2}\right]\rho_{\mathrm{grd}}\cdot\frac{1+\cos\beta}{2}\Big\}\times$$

$$\mathrm{fenshu}(\lambda_1,\lambda_2,5\,800)$$

其中，$\mathrm{fenshu}(\lambda_1,\lambda_2,T)$ 应按照黑体辐射函数表查询。

⑧单元表面接收的红外波段范围内的天空背景辐射能量 $q_{\mathrm{sky}}^{\mathrm{infra}}$。

阳光透过大气层到达地面的途中，约有 10% 的能量被大气中的水蒸气和二氧化碳所吸收，大气还吸收来自地面的自身辐射和反射辐射，具有了一定的温度，从而产生长波辐射。其辐射强度一般由气象条件如云层、大气温度等决定。天空无云时，大气长波辐射为

$$Q_{\mathrm{skyr}} = \varepsilon\sigma T_a^4(a + b\sqrt{e_a'})$$

式中　ε——大气发射率；

a、b——经验常数，$a=0.61$，$b=0.05$；

σ——Stefan-Boltzmann 常数，$\sigma = 5.67\times10^{-8}\,\mathrm{W/(m^2\cdot K^4)}$；

e_a'——近地面层水汽压，kPa，是气温 T_a 和相对湿度 RH 的函数：

$$e_a' = RH\cdot0.610\,78\cdot\exp\Big(17.269\cdot\frac{T_a-273.15}{T_a-35.19}\Big)$$

在有云覆盖时，应考虑云的长波红外辐射的影响，此时需要对上述计算结果进行修正：

$$Q_{\mathrm{skyr}}' = (1 + c\times cc^2)\times Q_{\mathrm{skyr}}$$

式中　c——与云类型有关的系数；

cc——云覆盖率。

以倾斜表面单元为例，单元表面接收的红外波段范围内的天空背景辐射能量为

$$q_{\mathrm{sky}}^{\mathrm{infra}} = Q_{\mathrm{skyr}}'\times\frac{1+\cos\beta}{2}\times\mathrm{fenshu}(\lambda_1,\lambda_2,T_a)$$

⑨单元表面接收的红外波段范围内的地面背景辐射能量 $q_{\mathrm{grd}}^{\mathrm{infra}}$。

假设地面的温度为 T_{grd}，地面的发射率为 $\varepsilon_{\mathrm{grd}}$，以倾斜表面单元为例，单元表面接收的红外波段范围内的地面背景辐射能量为

$$q_{\mathrm{grd}}^{\mathrm{infra}} = \varepsilon_{\mathrm{grd}}\sigma T_{\mathrm{grd}}^4\frac{1+\cos\beta}{2}\mathrm{fenshu}(\lambda_1,\lambda_2,T_{\mathrm{grd}})$$

（3）大气传输特性。

计算红外探测器接收的探测功率以及红外探测器成像时，都应该考虑大气传输特

性，即大气对红外辐射的吸收、散射以及自身辐射。红外辐射在几个"大气窗口"中有较好的透过性，而在其他波段，大气对红外辐射几乎是不透明的。一般军事及工农业生产中主要研究利用的是 $3 \sim 5\ \mu m$、$8 \sim 14\ \mu m$ 两个波段内的大气传输及相应的探测器光谱响应。红外辐射在大气中的传输过程非常复杂，国内外在这方面有很多研究，建立的计算模型和方法也很多。

国外大气辐射传输学已经创建了不少成熟的模型来解决实际问题，如法国的 4A、6S 和 Monte – Carlo 模式，美国空军地球物理实验室（AFGL）发展的 LOWTRAN、FASCODE、MODTRAN 等。其中比较著名的是 LOWTRAN 和 MODTRAN 系列，这两种模型不仅能较合理、准确地处理大气散射、气体吸收，还能产生连续光谱。由于MODTRAN 程序相对于 LOWTRAN 软件的光谱分辨率较高，因此更适应实际工程的需要。

近年来，国内在大气传输特性方面也取得了比较显著的成果，其中以中国科学院安徽光机所建立的大气模型及开发的软件包为代表，其计算结果的精度与 LOWTRAN – 7 的几乎相当，同时与试验结果也很一致。中国科学院安徽光机所的魏合理等研究了风场对地表红外辐射的影响，且对红外辐射在雨中的衰减做了大量工作，完善了大气传输模型中极端天气的影响，使得安徽光机所的软件包在有些方面还优于 LOWTRAN – 7。

以上这些软件计算过程都比较复杂。软件使用的基本是一种逐线计算的半经验公式，考虑了大气组成气体的吸收衰减、分子的瑞利散射和气溶胶衰减。而在一些要求不是很高的实际工程中，一种简洁的方法是利用红外和大气光学工作者编制的大气透过率表格方便地计算大气吸收，利用表格法计算大气传输特性的软件获得大气透过率。

红外辐射衰减主要与下列三种现象有关：

①大气中分子气体对红外辐射存在吸收作用；

②大气中气溶胶、微粒及分子等对红外辐射有散射作用；

③因雨、雪等气象条件对红外辐射造成的气象衰减作用。

分析大气透过率时，应当考虑上面全部三个因素，即大气衰减系数 α 应为三种效应之和：

$$\alpha(\lambda) = a(\lambda) + b(\lambda) + c(\lambda)$$

式中 $a(\lambda)$、$b(\lambda)$、$c(\lambda)$——被吸收、散射和气象衰减制约的光谱大气衰减系数。

根据 Bouguer – Lambert 定律，大气透过率 τ_{atmo} 与 $\alpha(\lambda)$ 有如下关系：

$$\tau_{atmo}(\lambda) = \frac{\phi(\lambda, R)}{\phi(\lambda, 0)} = \exp[-\alpha(\lambda) \cdot R]$$

式中 $\phi(\lambda, R)$——经传输距离 R 后的光谱辐射能。

定义 $\lambda_1 \sim \lambda_2$ 光谱波段内的平均透过率 $\bar{\tau}_{atmo}$ 与积分透过率 τ_{atmo} 分别为

$$\overline{\tau}_{atmo} = \frac{1}{\lambda_1 - \lambda_2} \int_{\lambda_1}^{\lambda_2} \tau_{atmo}(\lambda) d\lambda$$

$$\tau_{atmo} = \frac{\int_{\lambda_1}^{\lambda_2} \phi(\lambda, 0) \cdot \tau_{atmo}(\lambda) d\lambda}{\int_{\lambda_1}^{\lambda_2} \phi(\lambda, 0) d\lambda}$$

将式（4-22）带入式（4-23），化简得：

$$\tau_{atmo}(\lambda) = \exp\{-[a(\lambda) + b(\lambda) + c(\lambda)] \cdot R\}$$
$$= \tau_a(\lambda) \cdot \tau_b(\lambda) \cdot \tau_c(\lambda)$$

式中　$\tau_a(\lambda)$、$\tau_b(\lambda)$、$\tau_c(\lambda)$——被吸收、散射和气象衰减制约的大气光谱透过率。

根据对应参数，查大气透过率表格可得到以上透过率，三者的乘积即为大气总透过率。

9.6　发射装置装甲防护设计

9.6.1　概述

随着技术的发展，作战样式的多样化和复杂化以及新式武器的大量使用，必将导致装备战损率大大增加。发射装置，特别是陆基发射装置（发射车），是数量最多、使用最广的装备之一。随着战场使用地域的扩展、战斗纵深的延长，以及越来越多的遂行作战、作战支援和伴随保障任务，发射装置及人员的安全面临着比以往任何时候都更加严峻的考验，因而对发射装置的防护性能提出了更高的要求，也使发射装置防护技术的发展显得尤为重要，引起了各国高度重视。

美国常规远程巡航导弹"战斧"的导弹发射筒外层防护装甲箱通过高级钢板加固并通过铝板与蜂窝结构的复合板进行防护，可抵御常规武器的破坏。其导弹发射控制中心设在双轮两轴推车的方舱内，整个方舱有装甲防护，可保护方舱内的设备和人员不被小型兵器袭击。

俄罗斯的马斯基特导弹发射装置外层也采用钢板实现装甲防护，其新研制的伊斯坎德尔战术抗枪弹性能导弹的发射装置装在 8 轮 MAZ 越野车上，在双联装导弹（裸弹）的发射装置上加装有装甲箱，其上方的盖板可以折叠，平时装甲箱护板关闭，发射时上面的护板可以折叠打开。

另外，新型防护技术广泛应用于国外的轮式车辆。美军联合轻型战术车辆（JLTV）项目是美国陆军和海军陆战队的联合采办项目，旨在充分利用陆军"未来战斗系统"项目开发的方案和技术研制一种生存力和信息化水平都优于"悍马"的新一代轻型战术车辆，用于替换目前广泛装备的"悍马"。JLTV 采用 A、B 两种装甲组件，其防护级别和防护水平见表 9 - 12。此外，JLTV 还要求采用的提高防护性能的设计有自动灭火抑爆系统、车载烟幕发射系统、防雷缓冲座椅、四点式安全带、防压驾驶室、防卡死车门、防破片内衬、泄气可行驶轮胎、自封防火燃油箱等。

表 9 - 12　JLTV 项目 A、B 装甲组件的防护级别和防护水平

威胁类型	A 组件	B 组件
动能威胁	满足 STANAG 4569 1 级防护要求，可在 360° 范围内防御从 30 m 外发射的 7.62 mm 口径弹药袭击	最低满足 STANAG 4569 3 级防护要求，最高满足 STANAG 4569 4 级防护，可防御 7.62～14.5 mm 口径穿甲弹袭击
高爆弹破片	满足 STANAG 4569 1 级防护要求，可防御从 100 m 外发射的 155 mm 口径高爆弹破片威胁	最低满足 STANAG 4569 3 级防护要求，最高满足 STANAG 4569 4 级防护要求，可防御在距离 60 m 处爆炸的 155 mm 口径高爆弹和在 30 m 处爆炸的高爆弹威胁
地雷/简易爆炸装置	满足 STANAG 4569 3 级防护要求，最低可承受 6 kg 炸药爆炸生成的冲击波，最高可承受 8 kg 炸药爆炸生成的冲击波	最低满足 STANAG 4a 级防护要求，最高可承受 10 kg 炸药爆炸生成的冲击波
其他		可防御所有类型或者部分类型的火箭弹袭击

除美军外，德军的 Dongo2 型全防护型运输车的防护装甲能抵御炮弹破片和便携式反坦克武器的攻击；英军多用途轻型车（MLV）除了注重发展战略机动性和战术机动性外，对反坦克地雷、步兵地雷也具有很好的防护功能，其整体式结构的地板层能吸收并降低地雷破片杀伤的能量，同时，在轮毂高度位置安装了具有分散爆炸冲击波效果的坚固底板，以降低反坦克地雷和步兵地雷爆炸对车辆的冲击，并采用模块化、可调式装甲防护及稳定性设计；法军的潘哈德 PVP 型轻型防护车驾驶室和车身后部乘员室的防护等级达到了北约的 STANAG 4569 2 级防护水平，可抵御 7.62 mm 口径穿甲弹、步兵地雷和手榴弹的攻击；其发动机舱室则具备北约 STANAG 4569 1 级防护水平，能抵御 7.62 mm 子弹的步枪近距离射击。

9.6.2　装甲防护技术指标的拟订

国外对装甲防护技术指标有比较详细的标准，最有代表性的是北约 STANAG 4569《乘员和轻型防护车弹道防护标准》，见表 9 - 13，其根据面对的威胁将防护分为 5 个级别。

表 9 - 13　北约《乘员和轻型防护车弹道防护标准》

级别	动能威胁	弹药	入射距离/m	速度/（m·s⁻¹）
Ⅰ	步枪	7.62×51 北约弹（M80） 5.56×45 北约 SS109 5.56×45 M193	30	833 900 937
Ⅱ	步兵步枪	7.62×39 穿甲燃烧弹 BZ	30	695
Ⅲ	狙击步枪	7.62×51 穿甲弹（WC 弹芯） 7.62×54R B32 穿甲燃烧弹	30	930 854
Ⅳ	重机枪	14.5×114 穿甲弹	100	1 000
Ⅴ	机关炮	25 mm 脱壳穿甲弹 - TM - 791	100	1 680

除北约 STANAG 4569 标准外，美军 NIL 系列标准及 UL752 防弹标准、德国 DIN52290 防弹标准和欧洲 EN1063 防弹标准也经常使用。

我国对发射装置没有防护的标准，一般可参考《装甲车辆试验规程——装甲板抗枪弹性能试验》GJB 59.18—1988 中的规定，该标准将动能威胁分为 53 式 7.62 mm 普通钢芯弹、53 式 7.62 mm WO-109C 型穿甲燃烧弹和 54 式 12.7 mm 穿甲燃烧弹三种，并根据靶板的损失，将防护能力分为 8 个等级，其中 1~4 级为合格损伤，5~8 级为不合格损伤。其分级如下：

1 级：正面有轻微损伤弹坑，背面没有凸起；

2 级：正面有任意形状的弹坑，背面有凸起；

3 级：正面有较深的弹坑，背面凸起部没有裂纹，但有白花纹；

4 级：正面有较深的弹坑，背面凸起部有裂纹，但用煤油检查不渗透；

5 级：背面有用煤油能渗透的裂纹；

6 级：背面有环形裂口或明显塞柱；

7 级：夹弹或背面崩落；

8 级：穿通弹孔。

另外，发射装置的防护指标确定也可参照《专用运钞车防护技术条件》GA 164—2005 的规定。根据防弹、防爆能力的高低，由低至高分为 A、B、C 三个级别，具体内容如下。

（1）A 级专用运钞车驾驶舱的防弹、防爆玻璃的防弹、防爆箱体的防弹能力应达到使用 79 式轻型冲锋枪及 DAP51B 式 7.62 mm 手枪弹在 5 m、10 m、15 m 的距离射击时，子弹不应穿透箱体和玻璃，且防弹、防爆玻璃内侧不应产生玻璃碎片飞溅物。驾驶舱、押运舱中安装的防弹、防爆玻璃在大锤、尖镐的攻击下，玻璃整体不应脱离固定框架，其抵抗破坏性攻击的净工作时间不应小于 5 min。

（2）B 级专用运钞车除应满足 A 级专用运钞车的技术要求外，还应抵抗火焰切割等暴力手段破坏，防破坏的净工作时间不应小于 30 min。

（3）C 级专用运钞车除应满足 B 级专用运钞车的技术要求外，还应满足驾驶舱的防弹、防爆玻璃和防弹、防爆箱体的防弹能力应达到使用 56 式冲锋枪及 56 式 7.62 mm 普通弹在 5 m、10 m、15 m 的距离射击时，子弹不应穿透箱体和玻璃，且防弹、防爆玻璃内侧不应产生玻璃碎片飞溅物。运钞舱舱体结构强度在标准 TNT 炸药和火焰切割工具联合作用下，其防破坏净工作时间应不小于 30 min。

发射装置应根据面对的威胁确定具体的防护等级。一般来说，对于射程长，主要在后方进行越野机动的导弹武器系统的发射装置，一般可要求防护能力达到北约 STANAG 4569 1 级，或者按 GJB 59.18—1988 要求，能防御 53 式 7.62 mm 普通钢芯弹即可。相应地，对正面面对敌方重武器威胁的发射装置，可提高其防护等级。

对于防爆炸冲击，对发射装置也没有相应的标准，一般可参照《核爆炸冲击波对地面野战通信装备的破坏等级及防护要求》GJB 5083—2004 中的要求，该标准将破坏等级分为如下 3 级。

（1）轻微破坏：个别零、部件受损，基本功能有所降低，经短时整修即可恢复使用性能；

（2）中等破坏：部分零、部件受损，部分基本功能丧失，经战时移动修理分队抢修后才能使用；

（3）严重破坏：大部分零、部件受损，基本功能丧失，需经彻底修理才能恢复或失去修复价值。

发射装置可参考 GBJ 5083—2004 中 A 类地面野战通信装备要求，破坏等级一般不能达到严重破坏级。

9.6.3　防护方案设计

1. 主动防护设计

当发射装置面临的主要威胁为空地导弹、精确制导炸弹等时，采用车载干扰设备对来袭精确制导武器进行干扰是一种有效的主动防护措施。车载干扰设备可采取射频干扰和激光诱偏两种来完成对导弹或炸弹的干扰和诱偏，主要工作原理如下。

1）射频干扰工作原理

毫米波接收天线和微波接收天线分别接收工作频段内的信号，控制组件根据信号参数进行威胁源识别和威胁等级判断，根据威胁源情况形成干扰决策，控制射频前端实施干扰。射频复制模块通过循环复制威胁源信号，产生多个假目标信号。毫米波收发组件和微波收发组件分别将各自频段内的假目标信号经上变频处理后进行功率放大，再通过发射天线辐射出去形成干扰信号，对雷达和毫米波导引头实施有源欺骗干扰，实现对发射装置的有效防护。

2）激光诱偏工作原理

激光告警器以被动凝视的工作方式对上半球空域实施连续的激光侦察告警，一旦激光告警接收到来袭激光威胁信号，立即解码复制；通过自动或手动方式将转台调转对准假目标；激光干扰源在接收到复制的激光编码后，立刻转发出精确同步的诱偏激光照射到假目标上，形成诱偏激光假目标，将来袭半主动激光制导武器引偏至假目标，实现对发射装置的有效防护。

2. 防弹及防破片设计

发射装置由于质量和机动性的要求，一般不采用面密度较大的装甲钢，而是采用复合装甲结构。根据各层作用及弹体对各层的侵蚀规律，得到防护装甲结构图，如图9－37所示。第一层为止裂隐身层，此层可采用玻璃纤维或芳纶纤维树脂基复合材料，复合材料高强高模的特性可以起到第一层防护；第二层是钝化弹头层，这一层通常采用硬度较大的陶瓷材料或装甲钢，使其能够钝化弹头，增加防护层与子弹的接触面积，从而阻止其进一步侵入；第三层是缓冲吸能层，由于子弹或破片冲击动能较大，这一层通常采用缓冲吸能效果较好的材料（如泡沫铝等），其可以充分吸收子弹的能量，降低子弹的速度，从而提高整体的抗侵彻性能；第四层是背板层，这一层可以采用强度较高的钢板或者纤维复合材料板，其可以作为最后一层保护层，提高整体的抗侵彻性能，也可以为整个发射装置的结构强度做出贡献。在设计过程中，可调整各层的厚度以实现质量的最优。

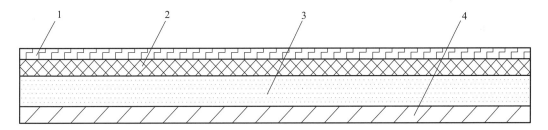

图9－37　发射装置复合装甲结构图

1—止裂隐身层；2—钝化弹头层；3—缓冲吸能层；4—背板层

另外，如果对质量要求严格，也可采用超高相对分子质量的聚乙烯纤维，其突出的优点是密度低，为 $0.96 \sim 0.97$ kg/m^3，目前也广泛应用于车辆的防护。

某型发射装置装甲防护要求"53式7.62 mm普通钢芯弹100 m处射击，损伤等级不大于GJB 59.18—1988要求的4级"时，采用装甲钢，需要6 mm厚，面密度约为47 kg/m^2，而采用上述复合装甲结构，面密度约为35 kg/m^2；采用超高相对分子质量聚乙烯纤维板，面密度约为20 kg/m^2。

3. 防爆炸冲击及电磁脉冲设计

为防止发射装置在爆炸冲击波下被损坏及掀翻，一般采取以下措施：

（1）发射车周围采用密封裙式结构，减少冲击发射车的影响；

（2）车体设有升降机构，在停车时可使车体贴面，防止冲击气流进入车底；

（3）合理地设计结构，使设备形状最佳，增加结构刚度；

（4）采用地锚式固定器，提高车辆稳定性，防冲击波动压掀翻；

（5）提高车辆悬挂的减振性能；

（6）发射装置结构表面固定疏松多孔抗压能力较好的材料进行防护。

另外，为防止爆炸冲击带来的电磁脉冲，主要的措施如下。

（1）屏蔽外壳采用厚度合适的铝板，所有接头要搭接好，而且壳体要密封屏蔽；通风口采用网栅式蜂窝结构挡住；穿墙螺钉、螺栓、轴等都要用导电的啮合表面接地。

（2）电缆屏蔽采用全屏蔽最有效，也可采用附加屏蔽（分内部屏蔽及合理的电缆敷设）；对插头座要求连续屏蔽。

（3）等电位接地对局部区域效果较好，浮动接地在线路可更换的位置之间效果最好。

（4）对瞬时干扰采用滤波或限幅措施。

9.6.4　防护特性预估与测试方法简介

1. 防护特性预估

防护的特性预估一般采用 LS – DYNA 或 Abaqus 等有限元软件进行防护结构的抗侵彻性能分析。

某型防护结构采用了复合装甲结构，要求能满足"53 式 7.62 mm 普通钢芯弹 100 m 处射击，损伤等级不大于 GJB 59.18—1988 要求的 4 级"的防护要求，利用 LS – DYNA 抗侵彻性能分析对复合装甲结构进行了特性预估，如图 9 – 38 所示。特性预估结果与试验结果吻合得较好。

2. 测试方法

防护性能的测试一般利用靶板按照 GJB 59.18—1988 的要求进行抗枪弹试验，靶板的结构材料与防护结构保持一致。在试验过程中，需要测定弹速，并记录靶板的结构方式、厚度、枪弹的类型、法线角、射距，试验后根据靶板背面损伤的情况确定背面损伤级别，并判断是否合格。图 9 – 39 所示为试验后的装甲防护靶板的正面和背面。

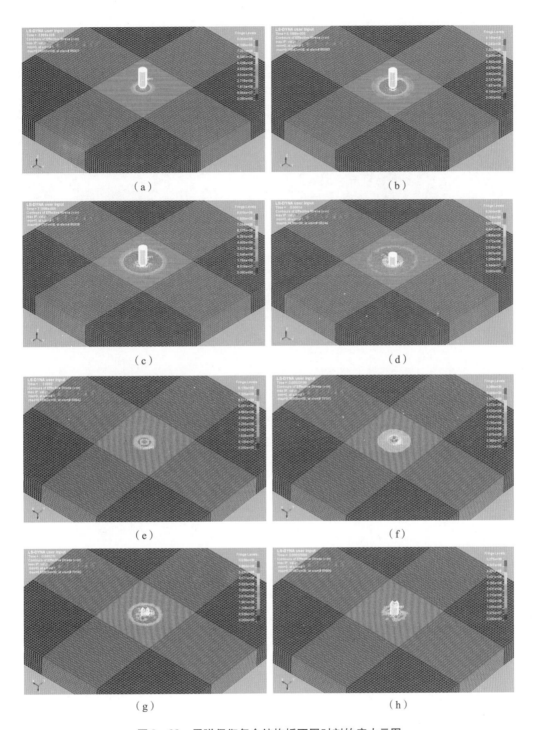

图 9-38　子弹侵彻复合结构板不同时刻的应力云图

(a) 40 μs；(b) 52 μs；(c) 88 μs；(d) 140 μs；(e) 200 μs；(f) 232 μs；(g) 276 μs；(h) 340 μs

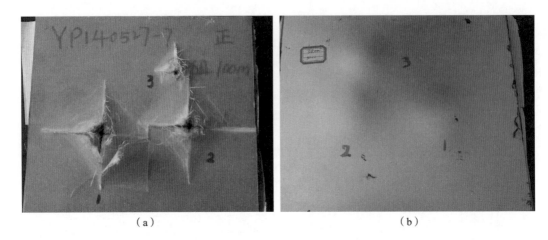

图 9 – 39　试验后的装甲防护靶板的正面和背面

(a) 正面；(b) 背面

第10章　发射装置"六性"设计

10.1　概　　述

为提高装备的战备完好性，降低全寿命周期费用，在发射装置的方案论证和设计过程中，要统筹考虑发射装置的功能特性、运用可靠性、维修性、保障性、测试性、安全性和环境适应性，运用这"六性"工程技术方法，优化发射装置的设计方案和保障方案。

10.2　发射装置可靠性设计

10.2.1　可靠性指标的制订

可靠性是产品质量（适用性）的一个重要特征，是产品设计参数之一。可靠性对发射装置有以下两方面的影响。

（1）在战时，对发射准备、完成发射任务有影响。

（2）在平时，对后勤保障、运输和贮存导弹有影响。

可靠性设计目标就是提高发射装置在运输、贮存、发射导弹等各个使用阶段的工作效能，减少维修、后勤保障的要求，从而使产品长期保持良好的性能和最佳的全寿命周期费用。

可靠性的定义是：产品在规定的条件下，在规定的时间内，完成规定功能的能力（概率）。因为发射装置的功能是平时运输、贮存导弹，战时发射导弹，所以，在制订某一型号发射装置的可靠性指标时，首先要明确这一可靠性指标是针对发射装置的哪一项功能，是在什么条件下完成这一功能的。

原则上，可靠性指标要根据系统的全面任务要求，现实的元器件、原材料、工艺和技术水平，时间进度，投资能力，并参照国内外同类产品已达到的可靠性，经过综合权衡来确定。对于复杂系统，或者是需要采用最先进工艺设计制造的系统，应尽可能降低其可靠性要求；对于那些简单的，或者是使用成熟技术的，已经过考核的系统，要提出最严格的可靠性要求。在设计制造过程中，可以根据各方面的进展情况及可能达到的可靠性水平，调整系统的可靠性指标。

根据发射装置的特点，可以用系统的平均无故障工作时间（$MTBF$）或可靠度（成功概率 $R(t)$）等形式来表示其可靠性指标。在这里，"时间"是一个广义词，它可以是工作小时、工作循环次数、里程、发射次数等。

发射装置是一个大型复杂的，集机、电、液于一体的系统。必要时，在定量给出其可靠性指标中，还应该包括系统构成故障的判别条件及可靠性指标的检验方法。

对于箱式舰载导弹发射装置的可靠性指标，可以制订如下。

（1）对于运输导弹的功能。

在正常维护和工作条件下，平均无故障航行里程为 ×× km。

导弹固定、减振机构是否有效，发射导弹的各工作机构、控制系统是否正常，为故障判定依据。

（2）对于贮存导弹的功能。

在正常维护和工作条件下，平均无故障贮存时间为 ×× 年。

发射箱气密和隔热性能是否失效，发射导弹的各工作机构、控制系统是否正常，为故障判定依据。

在这里还可以规定在多长时间内，箱内气压下降到多少、箱内温度上升或下降至多少，为气密和隔热性能失效。

（3）对于发射导弹的功能。

因为导弹发射服从于成败型数据特征的二项型分布，每次导弹发射后，要对发射装置进行全面维护，使其恢复到导弹发射前的水平。所以，用可靠度 R 来表示，即发射装置完成发射导弹功能的可靠度为 R。

各机构工作不正常，控制信号没有送到导弹视为故障。

对于岸舰式导弹发射装置，运输功能的可靠性与所选取的载体（底盘车）的行驶性能有很大关系，要综合考虑，确定可靠性。

表 10-1 给出了某型号导弹发射装置的可靠性指标。在产品的可靠性设计中，这些指标成为很重要的依据。

表 10-1　某型号导弹发射装置的可靠性指标

项目	表示形式	可靠性指标[1]
发射导弹	R	最低可接受值：$R=0.95$ 使用一年后：$R=0.96$ 使用四年后：$R=0.99$

续表

项目	表示形式	可靠性指标[1]
运输导弹	$MTBF$	舰艇运载：$MTBF = 1\ 000\ \text{km}$ 铁路运载：$MTBF = 4\ 000\ \text{km}$ 公路运载：$MTBF = 2\ 000\ \text{km}$
贮存导弹	$MTBF$	2 年

①评估这些可靠性指标的置信度 $\gamma = 0.6 \sim 0.8$。

10.2.2　可靠性模型的建立

为了对发射装置系统做出定量的可靠性分配、预计、评估以及分析，应该建立系统、分系统或重要部件的可靠性模型。可靠性模型包括可靠性框图以及相应的数学模型。

1. 可靠性框图的制作

可靠性框图本质上是对系统成功工作的一种图解逻辑描述。通过这种框图，可直接看出组成系统的各单元的可靠度 R_i 与系统可靠度 R_s 的关系。依照这种关系，将 R_s 表示为 R_i 的函数，即

$$R_s = H\ (R_1,\ R_2,\ \cdots,\ R_n) \tag{10-1}$$

式（10-1）称为系统可靠性函数，是系统可靠性计算中最重要的关系式。

制作可靠性框图时，通常将可靠性信息仿照电流流通来处理。例如，当系统中任一单元失效，系统就不能完成任务时，这种系统的可靠性框图就如串联电路图［图10-1（a）］；当系统中只要有任一单元完好，系统就能完成任务时，其可靠性框图就如并联电路图［图10-1（b）］。然而可靠性框图不同于一般的电路图或结构原理图，它具有自己的特点。

（1）可靠性框图中的连线或接点只表示单元之间的关系。

（2）可靠性框图可能和系统的直观结构

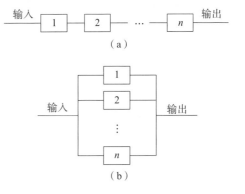

图 10-1　系统可靠性模型

（a）串联；（b）并联

有很大差异。有些结构复杂的设备由于其中任一部分都是必不可少的，所以在可靠性框图中只用串联表示；有些在直观上并不复杂的设备，由于其功能作用，却有较复杂的可靠性框图。

（3）同一个设备在不同的规定任务下，其可靠性框图不同；同一个设备在规定任务的失效判据不同的情况下，其可靠性框图也不相同；考虑不同的失效模式，其可靠

性框图也不同。

除此之外，还需注意在此处"系统"的相对意义，即系统是相对其组成单元而言的。例如，液压传动设备只是发射装置中的一个单元；而在研究液压传动设备可靠性时，液压传动设备又是一个由泵、阀、导管等多个不同单元组成的系统。随着设计工作的进展，可靠性框图也要逐级地深入。原则上，同一可靠性框图上的各单元必须保持同等的详细程度。

2. 几个基本的系统可靠性模型

对于串联系统，若系统中任一单元失效，都引起系统失效，这种系统称为可靠性串联系统。其可靠性框图如图 10 - 1（a）所示。其系统可靠度为

$$R_s = \prod_{i=1}^{n} R_i \tag{10-2}$$

式中 R_i——第 i 单元独立工作时的可靠度，$i = 1, 2, \cdots, n$；

n——单元总数。

若各单元寿命服从指数分布，则系统也服从指数分布。

对于并联系统，若系统中只要有任一单元完好，系统就能完成任务，称为可靠性并联系统。其可靠性框图如图 10 - 1（b）所示。其系统失效概率 F_s 为

$$F_s = \prod_{i=1}^{n} F_i \tag{10-3}$$

式中 F_i——单元 i 的失效概率，$i = 1, 2, \cdots, n$；

n——单元总数。

其系统可靠度 R_s 为

$$R_s = 1 - F_n = 1 - \prod_{i=1}^{n} F_i$$

$$= 1 - \prod_{i=1}^{n} (1 - R_i) \tag{10-4}$$

可以证明，当各单元寿命服从指数分布时，系统寿命不服从指数分布，其失效率 $\lambda s(t)$ 随时间 t 增大。

混联系统，即可靠性并联和串联的混合系统，可用模块迭代法逐级处理。

3. 发射装置的可靠性模型

舰载发射装置由发射箱支架、贮运发射箱、电气控制设备和液压传动设备组成。可以将这四部分作为发射装置系统的单元，并且对于发射装置的不同功能要求，可以对其进行适当取舍。

对于发射导弹功能而言，四个单元都参与工作，并且任一个单元失效，都可能引起发射装置系统失效。因此，它们构成了一个串联的可靠性逻辑关系。发射装置可靠性框图如图 10 - 2 所示。

图 10 – 2 发射装置可靠性框图

发射装置的可靠度为

$$R = R_F R_C R_E R_H \qquad (10-5)$$

10.2.3 可靠性预计

当系统或设备处于规划考虑或设计研制之中，尚无法获得它们本身的试验数据与使用数据时，对它们可能获得的可靠性水平进行定量估算，称为可靠性预计。可靠性预计的主要用途如下。

（1）在方案论证和规划制订阶段中，可靠性预计是评定方案可行性和比较不同方案，从中择优的重要手段。

（2）可靠性预计是建立系统可靠性指标与分配分系统或单元、部件可靠性指标的依据。

（3）在设计阶段中，对系统各部分进行可靠性预计可以发现系统的薄弱环节，而单元的应力分析可以发现过应力的元器件。因此，它是设计评审的重要手段，也为优化设计的权衡分析提供依据。

（4）在研制中进行试验前的可靠性预计是制订可靠性增长规划和增长策略的重要依据。

随着工程进展的需要，可靠性预计的详细程度须逐步深入，另外，在可靠性预计中可能获得的也必须用到的信息也在不断增加。因此，所采用的预计方法也须做相应的改变。

在方案设计阶段，设计信息多局限于对系统级功能、结构的粗略描述，缺乏详细的信息，只能使用来自类似于所研制系统的功能和工作要求的已有系统推导出来的信息，通常采用相似产品法和相似电路法。比如，在某一新型号发射装置方案设计阶段，考虑到该发射装置与已定型装备部队的发射装置在结构、功能上都有很大的相似程度，就使用现有发射装置的可靠性参数作为预计新型号发射装置可靠性指标的重要依据。

在初步设计阶段，已有了较详细的书面形式的设计信息，如原理图或设计草图，可用的信息已详细到元器件明细表，可以统计出元器件的类型和数量，这时可采用元器件计数法进行预计。具体步骤如下。

（1）统计组成单元的所有元器件，可按元器件表将元器件的种类 n、每种元器件的数量 N_i、相应的基本失效率 λ_i、质量系数 $\prod \theta_i$ 等重新整理并列表。

（2）按指数分布的串联系统计算单元失效率 λ，即

$$\lambda = \sum_{i=1}^{n} \left(N_i \lambda_i \prod \theta_i \right) \tag{10-6}$$

式中的 λ_i 和 $\prod \theta_i$ 从有关手册、说明书中可以查到。λ 是一个与单元使用环境有关的系数，发射装置中的电气控制装置和液压传动装置可以使用元器件计数法来预计其可靠性。

在技术设计阶段，产品中每个元器件都有了详细的符合要求的工作应力和温度分析方面的信息，此时可采用元器件应力分析法预计。单元中各元器件的实际失效率，除了取决于与元器件类型和质量等级有关的抗应力强度外，还取决于元器件所承受的各种环境应力和工作应力，根据这些应力对元器件失效率的影响，必须对原估计的元器件失效率进行修正，以便使单元可靠性预计能得到更切实和准确的结果。

对于诸如发射箱支架这样纯机械结构单元，可以在使用有限元法进行应力分析的基础上，使用应力 - 强度分布干涉理论来对其进行可靠性预计。

10.2.4　可靠性分配

1. 可靠性分配的条件

进行可靠性设计的第一步就是将整个系统的可靠性要求落实到每一个分系统、单元、部件上。它是一种自上向下的分解过程。这个分配过程也许是粗略的，但可以为可靠性设计提供信息。经过粗略分配，与经验数据进行比较，综合权衡，重新调整，才能使系统在设计与研制中获得最佳的效益。合理的可靠性分配必须以下面几个已知条件作为考虑的依据。

（1）系统的可靠性模型，即系统中各分系统及单元的可靠性对系统可靠性的影响。

（2）每一个分系统或单元的复杂程度与技术难度。

（3）各分系统或单元的工作时间与环境条件。

（4）资金、进度等限制条件。

2. 可靠性分配的方法

可靠性分配的方法有平均分配法、加权分配法、AGREE 分配法和专家评分分配法。

（1）平均分配法就是将系统可靠性指标等比例地分配到各分系统。一般在系统简单、只进行粗略分配时采用，适用于方案论证阶段。

（2）加权分配法要求按照故障率大小来进行按比例分配。它适用于方案论证或初步设计阶段。

（3）AGREE 分配法是既考虑了分系统的复杂性，又考虑了分系统故障引起系统故

障之间的关系的方法。

（4）对于发射装置，较为实用的还是专家评分分配法。实际上，一个复杂系统的可靠性分配与组成各功能级的分系统的复杂性、重要性、工作时间长短、技术成熟程度及工作环境条件等密切相关。这种分配方法的关键是取得作为各个分系统相对量度的各种因子，这些因子与工程特点和经验密切相关，一般由熟悉系统的工程设计人员估计给出，或组织有关方面专家进行综合评分。分配因子的种类应选择那些对系统可靠性有重大影响，又比较便于客观定量表示的方面，并注意因子的内容选择不要重叠。

可靠性分配本质上是一个工程决策问题，是人力、物力的统一调度运用问题，应该根据系统工程的"技术上合理，经济上合算，见效快"原则来进行。

10.3　发射装置维修性设计

维修一般分为基层级维修和基地级维修，发射装置的维修一般为基层级维修。

10.3.1　维修性设计原则

维修性设计原则有以下几点：

（1）简化维修的复杂性，应减少设备、组件、元器件的类别和数量，尽可能多地继承，最大限度地采用通用化、模块化和标准化设计，降低产品的复杂程度，减少维修的工作量。

（2）减少维修的停机时间。

（3）对应的维修级别应配有相应的维修保障设备和维修工具，提供必要的维修文件，尽量减少专用维修工具和设备的需求，尽量降低对维修人员的特殊技能和训练要求，节约维修保障费用。

（4）降低维修差错的可能。

10.3.2　维修性建模

舰上发射装置的维修一般只能进行简单零件的更换，如更换紧固件、密封圈、电缆转接箱或电动机控制箱的电气元件，检查并修复虚焊点等。其他故障则需要进行基地级维修或返厂维修。发射装置在舰上的维修性模型框图如图 10 - 3 所示。

图 10 - 3　发射装置在舰上的维修性模型框图

10.3.3 维修性指标分配

通常提到的维修性指标为：平均修复时间 $HTTR \leqslant 0.5$ h。应用《维修性分配与预计手册》GJB/Z 57—1994 中提供的按故障率分配法进行分配，维修性指标分配示例：

紧固件：	15 min
密封件：	25 min
电气元件：	35 min

10.3.4 维修性预计

由于发射装置为机电一体化产品，其紧固件、密封件和电器元件等平均修复时间可根据经验进行预计。平均修复时间 = 故障定位时间 + 元件更换时间 + 更换后检测时间，某发射装置维修预计示例：

紧固件：	$MTTR = 1 + 10 + 1 = 12$（min）
密封件：	$MTTR = 10 + 5 + 8 = 23$（min）
电气元件：	$MTTR = 5 + 25 + 4 = 34$（min）

10.4　发射装置保障性设计

发射装置的保障性设计主要是指与发射装置战备完好性、维修人力和保障资源等要求有关的可靠性和维修性的定性设计。在设计、交付使用的全寿命周期中，均应考虑保障性。在方案论证阶段，应按照《装备保障方案和保障计算编制指南》GJB/Z 151 编写保障方案。

10.4.1 设计方面的保障

设计方面的保障应满足以下几点：

（1）在满足装备性能要求的前提下，降低系统的复杂程度，降低对使用与维修保障的要求，包括使用与维修人员的数量和专业等级，消耗品、零备件和保障设备的数量和品种。

（2）根据基层级维修要求配置合理的易损件种类及数量。

（3）继承已有型号的研究成果及保障资源，贯彻"模块化、系列化、通用化"的设计原则，优先采用标准化、通用化、系列化的设备、工具、组件、元器件和零部件。

10.4.2 产品交付后的保障

产品交付后的保障应满足以下几点：

（1）提供满足装备需要的保障资源，包括测试设备、维修设备、使用与维修备件、技术资料等。

（2）建立分级维修制度，针对不同的维修等级提供全寿命周期下的技术保障。

（3）完善维修备品备件配套供应保障体系。

（4）人员培训，分别进行理论培训和实操培训。

10.5　发射装置测试性设计

发射装置按总体要求开展测试性设计。在方案设计时，通过权衡分析，制订测试方案，以满足试验性、诊断和全寿命周期费用要求。按照《航天产品测试性设计准则》QJ 3051—1998 要求，编制测试性设计实施细则。

10.5.1　测试性设计原则

测试性设计原则应满足以下几点：

（1）测试性设计主要是保证对性能和功能进行测试，尽量减少对性能和功能测试的要求。

（2）测试性设计不仅要实现对其性能和功能的测试，还要通过测试满足故障诊断的要求，以便及时进行维修。

（3）根据测试的复杂性、故障隔离时间、工作环境、综合保障要求、研制时间和费用，权衡自动测试、手动测试，尽可能采用自动测试。

（4）合理确定测试内容、测试项目及测试参数。

（5）根据测试项目和测试参数确定测试点，测试点应便于监测和维修。

10.5.2　测试性设计

发射装置需要测试的参数一般有发射装置电气导通、绝缘指标、精度指标、开盖时间、插头机构分离时间、电流及软件故障，发射箱内温度、湿度、压力等。因此，在测试性设计时，应有以下测试功能：

（1）发射架应有安装精度检测平台。

（2）发射箱根据需要配有自检功能。

（3）发射箱应配有环境参数传感器或显示仪表，并配有电气检测仪。

（4）对于插头机构分离时间等，应有配套的专用检测设备。

10.6 发射装置安全性设计

10.6.1 安全性设计原则

安全性根据其危害程度分为四级,详见表 10 - 2;根据危险可能出现的可能性,分为 5 级,见表 10 - 3。危险风险评价矩阵见表 10 - 4。针对不同危险风险指数的风险可接受原则见表 10 - 5。

表 10 - 2 危险严重性分类

等级	程度	定义
I	灾难性的	人员死亡、系统安全损失或报应、环境严重破坏
II	严重的	人员严重伤害(含严重职业病)、系统或环境较严重破坏
III	轻度的	人员轻度伤害(含轻度职业病)、系统或环境轻度破坏
IV	可忽略的	轻于 III 类的人员伤害、轻于 III 类的系统或环境破坏

表 10 - 3 危险可能性等级

说明	等级	产品个体	产品总体(或系统)
频繁	A	可能经常发生	连续发生
很可能	B	在寿命期内可能发生若干次	频繁发生
偶然	C	在寿命期内可能偶尔发生	发生若干次
很少	D	在寿命期内不易发生,但有可能	不易发生,但有理由预期可能发生
极少	E	不易发生,可认为不会发生	不易发生,但有可能发生

表 10 - 4 危险风险评价矩阵

频率	危险类别			
	I (灾难性的)	II (严重的)	III (轻度的)	IV (可忽略的)
频繁	1	3	7	13
很可能	2	5	9	16
偶然	4	6	11	18
很少	8	10	14	19
极少	12	15	17	20

表 10-5 针对不同危险风险指数的风险接受原则

危险风险指数	风险接受原则
1~5	不可接受
6~9	不希望（需要管理者决策）
10~17	可接受，但需要管理者评审
18~20	不需要评审即可接受

10.6.2 安全性设计要求

进行发射装置安全性设计时，应注意以下几个方面。

（1）发射装置应为导弹提供通畅的发射通道，保证发射安全。

①发射箱开盖应可靠到位并锁定，吹破式或爆破式箱盖碎片不影响燃气排导且不危及舰船设备及人员安全。

②导弹锁紧机构应能可靠解锁，机械锁紧机构应能反馈解锁到位信号。

③发射导轨与弹间隙应合理，防止导弹离轨时产生卡滞、咬轨或过度冲击。

④发射时，插头机构应可靠分离，不应影响导弹飞行。

（2）发射装置应保证导弹发射时燃气流的顺利排导。

（3）导弹发射时，不应危及周围设备或相邻号位导弹的安全和性能，并设计应急发射功能。

（4）结构设计中应考虑发射装置在高海拔情况下的运输安全性、发射箱吊装、人员登高的安全性，并在技术使用说明书中明确规定有关使用安全要求。

（5）在电气性能相同的情况下，尽量采用低烟、无卤、阻燃电缆电线。

（6）火工品在贮存、运输中应放入专用的防爆箱内；操作人员应经正规的培训；火工品操作时应着专业防护服，并在火工品的周边应有警示标志。

10.7 发射装置环境适应性设计

发射装置要在自然环境、力学环境、电磁环境下工作，设计应考虑的自然环境有高温、低温、盐雾、霉菌、湿热、日晒、雨淋、海水冲刷；力学环境应考虑航行、颠震、公路运输的冲击、发射时的热和力学环境；电磁环境应考虑舰船上其他设备对其影响及自身电磁环境的影响，应适应 GJB 151A 及 GJB 1389A 的要求。

10.7.1 自然环境适应性设计

自然环境设计要求应考虑以下措施：

（1）处于海洋环境下使用的发射装置应重点考虑盐雾、湿热的腐蚀以及老化环境的综合影响，所有金属件均应选用耐蚀材料或进行防腐处理，如喷涂防腐漆，黑色金属采用镀镉处理、镀锌处理、热渗锌处理，不锈钢表面采用钝化处理或表面镍磷化学镀等措施；铝及铝合金零件应进行硬质阳极化处理；螺纹连接件应进行防锈处理或采用耐海洋环境的316L不锈钢；铭牌等对强度要求不高的外露零部件推荐使用316或316L不锈钢制作，避免使用16Mn材料。

（2）在配合公差控制严格的场合，需要考虑到不同材料在高低温情况下的热胀冷缩现象可能会对间隙造成的影响。

（3）零部件应避免悬臂安装；细长或较重的零部件应予以特殊固定，并考虑减振和防松设计。

（4）对有减振要求的设备应安装减振装置，在设计时与系统周围结构应留有足够的间隙。

（5）应采用合理的结构设计，设计有效的防腐蚀密封结构形式和排放措施，防止腐蚀介质的进入和积留。易腐蚀部位，特别是易疲劳或损伤的关键零（部）件，应有检查通道，易于检查、维修和更换，并确保设计应力有足够的安全余量。

（6）应在考虑防护层经济性以及它与被防护零件材料之间的相容性的基础上，合理选择防护层。防护层应与基材及加工工艺方法相适应，并不对零件的力学性能产生不良影响。

（7）发射箱内外蒙皮间应填充隔热材料，隔热材料选用应考虑导热系数小、抗湿性及耐火性强，不易霉烂、机械强度高、经久耐用的材料；在箱体外蒙皮喷涂隔热性能好的隔热涂层和选用提高反射率、低吸收率的防辐射涂层。

（8）应避免不同材料接触而产生电化学腐蚀；应在金属接触表面增加阻挡层，减少阳、阴极电位差，防止电化学腐蚀，外露部位避免使用铜质垫片或铜质螺栓。

（9）非金属材料（包括密封材料）应选用耐腐蚀、耐老化、耐潮湿、抗霉菌的材料；绝缘件不宜选用胶木材料。

（10）不选用带棱边的结构，以避免腐蚀，发射架上尽量选用圆管代替方管。

（11）润滑油脂应具有良好的防护性能和稳定性，正常使用时不应发生潮解、水油分离、变质和生霉等现象，推荐选用宽温润滑脂。标准件安装时应带润滑脂拧入，在交付文件中应对需要润滑维护的部位进行详细说明。

（12）电子元器件选用时应充分考虑高温、低温、高湿的影响，避免出现电气性能下降、温度漂移、绝缘下降等故障；印制板设计应考虑保证印制导线的载流容量，必要时，印制板上可敷设金属导热网条，或采用热传导性能好的印制板，如金属基底印制板。

（13）印制板应视不同使用场合喷涂三防漆。印制板的元器件引线切断面应平整，不留尖削;变压器、扼流圈和高压组件等应全部灌封、浸渍或灌注;裸露的电连接器应优先采用密封型或采取灌胶措施。

（14）对发射装置应采取有效的防滴、防溅、防水、防尘设计和抗燃气流冲刷和烧蚀措施;不常拆卸的盖板、连接头应加密封圈,必要时可在接触面上涂密封胶。

（15）发射箱内的电气线缆可以使用导线束,但是应在导线束外套耐高温绝缘套管,而不应使用金属软管。

（16）电气设备的箱体应采用防水式设计,在箱体上设计导水槽,箱体的防水等级为不应低于 IP66。

（17）对发射装置应采取隔热等降温措施,防止日照严酷时引发设备过热、密闭容器气压升高等故障,外露的电气产品应进行遮挡。

（18）充分识别发射装置中的短寿件、消耗件、易损件,合理确定更换周期,制订适宜的更换方案。

10.7.2 发射装置力学环境适应性设计

发射装置力学环境主要受航行、运输及发射时的冲击,设计时主要考虑以下内容:

（1）对发射装置进行动力学分析并在减振设计时考虑任务设备（如导弹）的固有频率,防止发射装置与导弹、运输车等产生共振。

（2）发射箱及电气箱应具有较好的隔振、减振性能,可通过安装减振器、利用发射箱的适配器或悬挂系统达到减振的目的。

（3）发射装置中的机械和结构部件,应根据具体情况,采用提高强度均值、降低应力均值、降低应力和强度方差等基本方法,找出应力与强度的最佳匹配,确保各零部（组）件不发生屈服、疲劳、变形、失稳等严重失效形式,提高设计的可靠性。

（4）承受动载的重要结构,应进行动力响应分析、模态分析、动强度校核等。

（5）机械防松结构可广泛采用防松性能好的紧固件,如错齿垫圈、尼龙垫圈等,也可使用防松胶防松;经常拆卸的铝合金结构,其螺纹处应使用钢丝螺套;对于重要的螺纹连接件,应规定合理的预紧力矩,并有醒目的拧紧标记。

（6）发射装置应进行必要的防燃气流设计,如设置导流板、采取密封措施防止燃气流进入、喷涂防护涂料减少燃气流烧蚀等;必要时进行仿真计算。

（7）发射箱开盖后箱盖应避开燃气流影响较大的区域,箱盖应能承受燃气流的冲击和烧蚀,必要时利用装甲盖等措施进行防护;开关盖机构应采取必要的燃气流防护措施。

（8）箱内受燃气流影响较大的零部件,采用结构强度高、熔点高的材料,可采用石棉布或者耐烧蚀硅橡胶布进行防护;不能防护的电连接器和传感器,可考虑一次使用。

10.7.3 发射装置电磁环境适应性设计

电磁环境适应性应满足 GJB 151A 的要求，主要考虑以下内容：

（1）电磁兼容性设计应从整个系统的构成、电源模块的选择、模块电路的设计、接口电路设计、元器件选择、生产材料选择、生产工艺设计及加工生产等各个环节上采取电磁兼容性措施，通过综合措施降低设备的电磁辐射能量，提高设备的抗电磁干扰能力。

（2）导线、电缆的选择应满足系统要求的抗电磁干扰的性能；对于一般信号线与控制线，各设备均采用全金属密封屏蔽结构设计防电磁干扰。在设备显示屏外，采用金属丝网屏蔽玻璃进行屏蔽处理；导热板作为电磁屏蔽壳体；电缆的允许弯曲半径一般应不大于电缆外径的 6 ~ 10 倍；发射装置电气使用的电缆导线截面积一般不小于 0.3 mm^2。

（3）对于通过电流较大的导线，应进行载流量（电流）的计算，并同时进行电路的电压降计算；计算机通信信号线应采用双绞屏蔽线。

（4）电气系统布线时，应将交流线与直流线、高频线与低频线、电源线与信号线分开。

（5）对干扰源、耦合通道及敏感电路等采取必要的滤波措施，对一次电源，应采取有效的滤波措施，滤波器应安装离一次电源输入端最近的地方，减少电源输入端到滤波器之间的导线长度，避免滤波器输入线和输出线并行走线，影响滤波效果；电路中各种芯片供电均采用去耦电容滤波。

（6）各种电气设备箱体在安装时，应保证箱体可靠连接，接触电阻小于 10 mΩ。

（7）电路板将数字电路和模拟电路合理分开布局，数字地、模拟地两地分离单点接地，同时采用大面积敷地等滤波措施。

（8）电路中的高频电路采用等长走线，实现阻抗等效匹配，提高信号质量；差分信号采用配对走线，提高信号抗干扰能力和降低电磁辐射。

（9）脉冲等信号线采用差分方式。

（10）易受电磁干扰或产生电磁干扰的线路应使用屏蔽导线。屏蔽导线的屏蔽层可靠接地。同一电气线路分段时，各段应分别屏蔽接地。

第11章 发射装置先进设计分析方法

11.1 三维设计应用

11.1.1 构造产品数字样机

20 世纪末，工程设计基本上完成了二维 CAD 软件普及应用，实现了工程图的计算机绘制。但是二维 CAD 只是实现了二维工程图的电子化，提高了绘制效率和印制、复制的效率，其绘制时间长、修改不便、零件图与装配图无关联关系等问题依然存在。而且，二维工程图是设计人员在头脑中构造三维模型后再依据绘图原则完成二维层面的描绘，其直观性和关联性都无法得到保障，只是用来传递设计人员对设计模型的二维层面的描述，而其中的设计思想、验证信息被完全消隐，不能够为后续制造环节、物流环节所用。

随着 CAD 三维造型技术的发展和应用，产品设计模式演变为先利用 CAD 软件构建三维几何模型，再由软件自动完成投影、消隐生成二维工程图，三维几何模型与二维工程图一起向下游设计环节传递。这种设计模式充分发挥了三维 CAD 系统的几何表现能力，但由于没有有效的制造工艺信息的三维表示方法，在产品加工过程中仍需要二维工程图作为辅助。

随着虚拟样机、虚拟样机技术、数字样机等概念的提出，相关标准和软件已经逐步成熟。虚拟样机是对一个与物理原型具有功能相似性的系统或者子系统模型进行的基于计算机的仿真；虚拟样机技术则是使用虚拟样机来代替物理样机，对候选设计方案的某一方面的特性进行仿真测试和评估的过程。虚拟样机是建立在计算机上的原型系统或子系统模型，它在一定程度上具有与物理样机相当的功能真实度。虚拟样机是集成化产品和加工过程开发的核心，是通过虚拟样机技术实现的。虚拟样机技术将 CAD 建模技术、计算机支持的协同工作（CSCW）技术、用户界面设计、基于知识的推理技术、设计过程管理和文档化技术、虚拟现实技术集成起来，形成一个基于计算机、桌面化的分布式环境以支持产品设计过程的并行工程方法。设计人员通过虚拟样机技术，在建立第一台物理样机之前，利用计算机技术建立机械系统的数学模型，对产品进行几何、功能、制造等许多方面交互的建模，并进行仿真分析，用图形方式显示该系统在真实工程条件下的各种特性，从而修改并得到最优设计方案。

虚拟样机技术是面向系统级设计的、应用于基于仿真设计过程的技术，包含数字物理样机、功能虚拟样机和虚拟工厂仿真三个方面内容。其中，数字物理样机对应于产品的装配过程，用于快速评估组成产品的全部三维实体模型装配件的形态特性和装配性能；功能虚拟样机对应于产品分析过程，用于评价已装配系统整体上的功能和操作性能；虚拟工厂仿真对应于产品制造过程，用于评价产品的制造性能。而数字样机对应其中的数字物理样机，并将应用扩展到产品全生产周期的信息管理，是最终产品的真实数字仿真。数字样机是对机械产品整机或具有独立功能的子系统的数字化描述，这种描述不仅反映了产品对象的几何属性，还至少在某一领域反映了产品对象的功能和性能。由此可见，产品的数字样机形成于产品的设计阶段，可应用于产品的全生命周期，包括工程设计、制造、装配、检验、销售、使用、售后、回收等环节；数字样机在功能上可实现产品干涉检查、运动分析、性能模拟、加工制造模拟、培训宣传和维修规划等。

虚拟样机技术对各领域 CAX/DFX 技术进行进一步发展和延伸，形成基于虚拟样机的数字化设计方法，进一步融合了先进的建模/仿真技术、现代信息技术、先进设计制造技术和现代管理技术，将这些技术应用于复杂产品全生命周期和全系统的设计，并对它们进行综合管理。虚拟样机技术强调系统的观点，涉及产品全生命周期，支持对产品的全方位测试、分析与评估，强调不同领域的虚拟化的协同设计。数字样机技术是以 CAX/DFX 技术为基础，以机械系统运动学、动力学和控制理论为核心，融合虚拟现实、仿真技术、三维计算机图形技术，将分散的产品设计开发和分析过程集成在一起，使产品的设计者、制造者和使用者在产品的早期可以直观、形象地对数字化的虚拟产品原型进行设计优化、性能测试、制造仿真和使用仿真，为产品的研发提供全新的数字化设计方法。由对比可见，虚拟样机技术更偏重于数字化描述的全过程管理，而数字样机技术则偏重于数字样机的形成过程管理。

发射装置是由大量零件、组件、部件构成的产品。设计部门通过数字化产品定义，描述产品的全部信息，不仅包括单个零件的三维实体的几何信息、设计描述、属性信息和有效信息，而且包括零件、组件、部件之间的结构关系和技术要求等信息，最终形成数字样机。在这个过程中，主要工作内容包括产品的数字化定义、数字化预装配以及形成数字化样机产品。

产品的数字化定义是应用计算机技术对产品的研制进行数字化描述和定义的过程。数字化描述和定义的内容包括产品的几何信息和非几何信息，几何信息指产品的实体建模、特征建模等三维模型数据，非几何信息指物料表、设计文件、计算报告、工艺文件和数控加工程序等。

发射装置的数字化定义采用自顶向下设计，首先确定整体指标，通过界面划分明确各组件的空间关系和接口界面，再逐级明确部件、零件的空间关系和接口关系；设计时，通过完成零件实体建模和部件装配，来完成三维模型和二维工程图以及有关设计技术、生产准备、制造等其他非几何信息的设计工作。发射装置的建模技术通常采用产品几何建模技术，在某些新产品设计过程中开始尝试采用特征建模技术，并适当考虑集成建模需求和三维工艺需求。

发射装置的数字化预装配是在产品数字化定义的基础上，利用计算机技术实现模拟预装配的过程，主要用于干涉检查、装配性分析以及人机功效分析等工作。这个过程也是以零件三维实体模型的共享为基础的。通过虚拟预装配可以进行结构协调设计、系统协调设计、检查零部件的安装和拆卸等工作，有效地减少了因设计错误而引起的返工和更改。对典型部件进行预装配过程定义，可确定各零件的装配顺序、位置保证的优先级、重要特性的保证措施等，给出这些要素和措施的确定方法和准则。在零件的整个设计过程中，每个设计人员都要经常把自己所设计的零件与其他相关零件进行虚拟预装配，以检查零件之间的干涉情况。

发射装置的数字样机是在产品数字化定义的基础上，通过虚拟装配，协调各零件之间的间隙，排除各种不合理的设计和干涉，进行运动机构分析，模拟零部件安装、拆卸分析功能/性能交互仿真分析，以及系统部件行为的交互模拟分析等一系列设计活动，最终形成数字样机。依据型号研制阶段的划分定义数字样机。在方案设计、初样设计、试样设计、定型设计阶段形成各自的数字样机，上一阶段的数字样机是下一阶段设计的输入和依据，定型设计形成的数字样机是设计的最终结果，是加工制造的唯一依据。数字样机是通过 PDM/PLM 系统进行存储和管理的，在系统中分为结构化数据和非结构化数据两类。结构化数据反映出产品的结构关系，形成设计产品结构（Engineering – BOM）。非结构化数据包含各种设计说明书、工艺文件等，这些信息一般以文件形式存储于电子仓库之中，被结构化数据连接和引用。

11. 1. 2　三维建模规范

为保障各团队完成的三维模型能够通用、顺利完成总体装配，需要对三维模型的生成过程进行规范，包括对产品设计环境配置的要求、产品模型建模过程的要求、产品结构及技术状态管理的要求等。这些规范要求，应形成不同层级的标准和规定，并通过软件形式直接融入设计过程，以保证设计结果符合规范要求。

在产品设计环境配置要求方面，需要对文件命名、设计环境和模板文件等设置进行规范。

在文件命名方面，由于模型文件是以主模型方法进行组织的，即基于三维实体主模型，建立与之相关的二维图、加工、有限元分析等应用文件，并且不同应用文件是相互独立的，而主模型的引用是通过将主模型作为装配中的一个组件来实现的，因此，不同类型的模型文件按零部件命名规则中的类型名进行区分，文件目录应用各级组件图样代号作目录名，参照装配结构树分别建立子目录存放零件文件，标准件在顶级装配下创建统一的路径存储。其他附加文件可自定义命名规则，如用代表表达式意义的字符串作为表达式名，用代表草图意义的字符串作为草图名，用"图幅［＿序号］"作为工程图名，用"视图用途＿序号"作为自定义视图名等。

在设计环境方面，应根据不同设计软件的要求，对其配置文件、环境参数、内置参数、软件选项以及各类实体和文件配置等进行设置。在配置文件和基础参数方面，主要对硬件资源、存储物理路径、表达式编辑方式、默认字体、各菜单显示、自动更新、线型、图层、可视化要求、工作平面、图纸输出信息、CGM 等参数进行设置和确定，且所有产品模型环境应保持一致。在实体建模和文件设置方面，主要对建模公差、几何体检查要求、实体建模参数、曲面关联、曲线样条阶数、装配间隙、重量数据管理、特征提升、引用集、图纸参数、注释参数、标注参数（线型、箭头、字体、文字方向、公差等）、剖面线参数、剖切参数、视图参数、符号等参数进行设置和确定。

在模板文件方面，按照各类模板需求，主要完成模型实体属性信息、文件附加信息和图层分类信息设置。模型实体属性信息主要包括产品代号、图样代号、阶段标记、名称、材料名称、材料标准、材料规格、材料牌号、重量、数量、关重件、单位名称、部件类型和备注等，以及表面粗糙度、热处理、表面处理等加工信息；文件附加信息主要包括密级、设计、校对、审核、工艺、质量、标审、复核、会签、批准、比例、页次、页序、序页、标记序号、更改单号、更改签字日期、所属装配代号、图幅等；图层分类信息主要确定各图层的层号、层名和说明。

在产品模型建模过程要求方面，需要对实体建模、装配及二维工程图生成等设置进行规范。

在实体建模方面，需要对模型基础、模型特征、模型提交等设置进行规范。

在模型基础方面，应确定图层使用要求、模型尺寸比例要求、装配加工形状要求、变形件（同类多件）定义要求、外购件和标准化建模要求、坐标系基准要求及相对坐标系要求等进行确定。

在模型特征方面，可分别对实体、曲面、管线等不同类型进行细化要求，但基础要求应相同，以保证能够进行整体装配。主要包括特征定位、特征建立顺序、特征基准、体素特征、草图、成型特征、倒角倒圆特征、布尔运算、螺纹特征、部件间相关建模、自定义特征等设置的确定。其中特征建立顺序显得尤其重要，其决定了模型能否直接应用于工艺加工数控程序的自动生成。因此，建立顺序应符合工艺加工的顺序要求，一般应根据零件的结构特点先建立总体毛坯，再逐步以消除的形式创建零件的孔、键槽、型腔、凸台及用户定义特征等有关特征，最后创建倒圆、倒角、螺纹、修剪和阵列等，而不应出现在胚体上拉伸、融合等添加特征的行为。

在模型提交方面，需要对模型提交前的检查内容和提交时的状态进行规范。检查内容分为两种：一是标准规范执行情况检查，需检查文件命名、层的应用、属性设置、模型着色、视图方位、零件密度和质量、引用集、坐标系重合、标示等是否符合标准、规范；二是几何模型的合法性检查，要求部件在提交前应完成部件清理操作，确保模型中没有微小对象、数据结构错误、一致性错误以及面与面自相交错误。状态要求包括：最终结果实体放在第一层，且以正轴侧视图（TRF－TRI）着色显示；模型中不允许出现表面不可见的空洞（随着 3D 打印技术的应用，这项要求可在不同零部件要求中逐步取消）；模型中不允许包括无关的几何和非几何对象，也不得有小于规定建模精度的特征；零部件添加至新的装配体时，有严格着色要求的，按整机装配后的实际颜色着色，如各种管路、电缆的颜色；模型交付时，对于零件，确保所有实体特征都应处于非隐藏（unblank）、非抑制（unsuppress）状态，除非有特别的需要，如用表达式来抑制的特征，所有特征也不能处于非激活（inactive）状态，所有的非实体特征，如基准特征、曲线、曲面特征等应处于相应的层，并使其不可见，对于装配模型，所有的零件和子装配件应处于非隐藏状态；应创建"SOLID""FACET"引用集，或可根据需要创建自定义引用集；应设置零件密度，计算并保存质量信息，填写规定的零部件属性。模型提交前的检查和状态控制，无论是实体建模还是装配建模，都需要进行，而且实体建模的部分检查内容要在装配过程中体现，如着色等。因此，不能够将模型检查和状态控制孤立地进行，要从产品模型整体进行管控。

在装配建模方面，重点在于规范装配定位和装配子件之间的关系。主要规范内容包括：装配模型中不宜直接创建实体特征，组合加工特征及在装配中需要的控制其他零部件的控制实体除外；组合加工特征宜采用"装配切割"（assembly cut）功能实现；在装配模型中确定的关键参数，应设定表达式，并加以注释，如"//装配时确定"，零件建模时，通过自顶向下设计的方式引用装配模型中确定的关键参数；随机消耗品，如胶黏剂、密封漆、油脂等，允许以空文件形式参与装配；装配模型的约束应正确、完整，不相互冲突，保留运动件的正确的空间运动自由度；零部件的着色按配色要求，不可出现相邻件同色现象；装配模型交付时，所有的零件和子装配件应处于非隐藏状态，并应创建"SOLID""FACET"引用集，如果零件在装配时需要基准平面、基准轴等参考基准，则需建立自定义的引用集，把所需实体、基准平面包含在引用集中；装配引用集原则上采用"SOLID"引用集，不同子部件靠实体间的装配约束进行定位；对大装配，应采用"FACET"引用集进行装配；装配中不得更改其下属零件和子装配件，也不得更改其组件名（component name），其下属零部件尺寸在该装配中才能确定的情况除外；对受控的装配模型，其下属零部件如发生更改，应创立新的版本；在装配工程图中引入爆炸图时，应选择 TFR－TRI 视图；装配模型中各子部件按照其自身组成的层次结构创建；对于外来模型，应提供质量、质心、转动惯量等信息；UG 模型的成件（包括外购、外协件等）允许以简化模型纳入装配模型；非 UG 模型的成件需进行数据转换纳入装配模型；纳入装配模型之前，应设置成件的质量、质心、转动惯量等信息，使其与外协厂方的数据一致。

在二维工程图生成方面，主要对工程图既有的标准进行拟合，在一定时期内供后续工艺、制造环节使用。随着三维标注的越来越多的应用，这方面的规范会逐步失效。

在产品结构及技术状态管理要求方面，规范要按照实际情况制定，主要体现在各类产品 BOM 的体现和转换，以及技术文档的生成途径管理上。在数字样机组织管理上，以产品结构为抓手，各类信息、文档以产品结构的方式进行组织，因此，需要对零部组件的组织关系进行多角度定位，通过属性信息和分类关系形成各类视图。通常，隶属型的产品组织方式，按照装配关系进行管理；分类型的产品组织方式，按照聚类关系进行管理。在设计管理系统中，通过提供通用件链接的方法将通用件纳入产品结构，或通过实例化方式对变形件进行管理。技术文档的技术状态主要用于产品结构不同版本的组织，实现产品组成方式确认和更改过程追溯。产品结构建立规范、节点属性信息确定、技术状态管理等规范要与软件结合，视软件的实现方式制定，以便于跨团队协同为基础，最终实现全产品设计结果的无缝组织。

11.1.3　三维标注

三维标注，从表现形式上看，就是将传统二维工程图纸中产品的尺寸、形位公差、粗糙度、基准、技术要求等信息利用 CAD 软件标注在产品的三维模型空间中。从本质和目的上看，就是将传统二维工程图纸中产品的制造工艺信息集成到三维模型中，以完成对产品的全面数字化定义。三维标注技术在机械产品设计和制造中的应用可以实现设计制造过程的三维化，以及基于主模型的设计制造一体化，如图 11 - 1 所示。

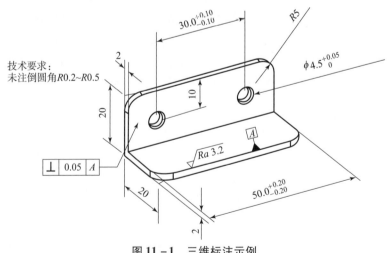

图 11 - 1　三维标注示例

三维标注技术是基于主模型的信息表达方式。在三维模型上直接表达产品几何信息和非几何制造工艺信息，作为工艺设计、工装设计、零件制造、部件装配和质量检测等后续环节的依据，省去二维工程图，免去从三维到二维再从二维到三维的曲折，实现设计制造过程的三维化。更重要的是，三维标注技术将这些信息组织起来，集成到三维模型中，与三维 CAD 模型一起构成产品的主模型，完成对产品的全面数字化定义。主模型作为几何模型、分析模型、工艺模型、制造模型等的数据源头，可以驱动后续的分析、工艺规划、制造、装配等环节，从而为真正实现设计制造的一体化提供了基础和技术支持。理想的基于主模型的数据传递模式如图 11 – 2 所示。

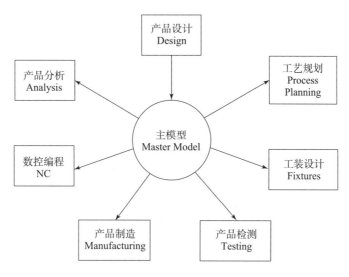

图 11 – 2　理想的基于主模型的数据传递模式

发射装置的三维标注主要通过 NX 软件的 PMI 模块来实现，通过选择三维标注所在的标注平面，可以在等轴测图上完成大部分注释信息的标注。NX/PMI 三维标注以视图为组织单元，每个装配体或零件可以由多个包含标注的视图来表达，由装配体或零件模型可以索引到每一个与之相关的视图，并可以由视图索引到该视图中的每一条注释信息。这样就构成了一个树状结构，实现了注释信息的结构化，可以对产品不同层级上的标注信息进行方便的检索，并可以管理本视图中的标注在其他视图的可见性，如图 11 – 3 所示。

同时，还可以通过 NX/PMI 以图形化的方式实现尺寸、基准、粗糙度、形位公差等注释信息的形式化表示，并将注释信息与几何特征相关联。

三维标注技术可以实现设计制造过程的三维化，以及基于主模型的设计制造一体化。但是，在生产实践中推行还存在一些问题。主要体现在设计人员固有的基于二维工程图标注的习惯难以改变、缺失可操作的三维标注标准、注释信息的完备性及形式

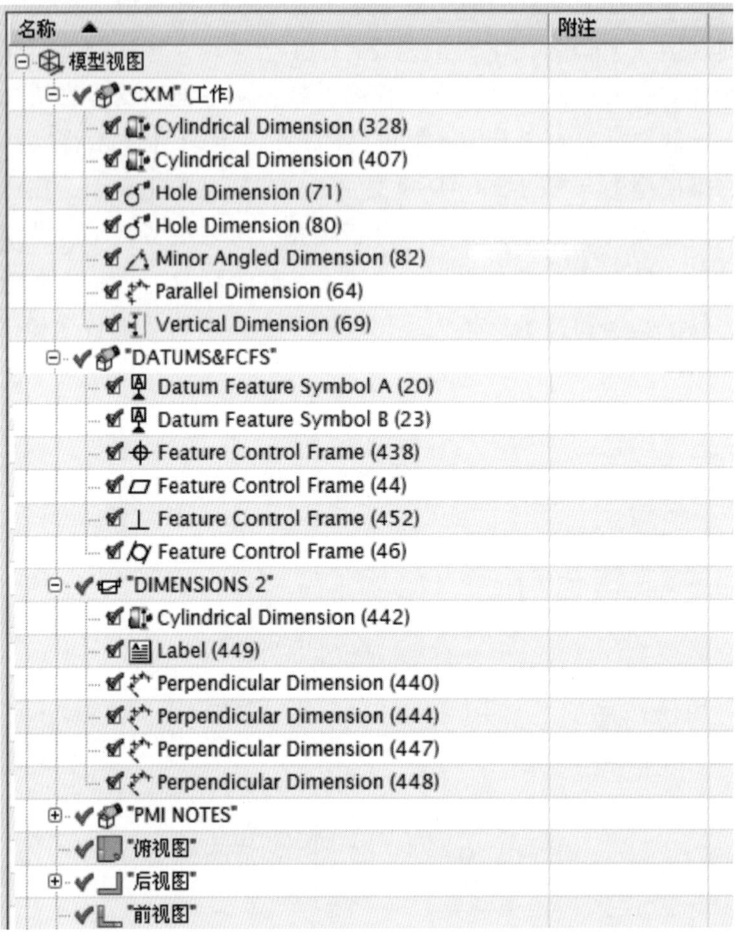

图 11-3　三维标注以视图为组织单位的树状结构

化识别等方面。总之，三维标注技术直接将产品的尺寸、形位公差、粗糙度、基准、技术要求等信息标注在产品的三维模型中，实现了将主模型应用于设计制造一体化，是产品研发的趋势，展现着良好的应用前景。

11.1.4　多学科综合仿真分析

设计人员利用计算机仿真技术建立与物理样机相对应的模型，通过对模型进行评估和测试，获取候选物理模型设计方案的特性，为设计和制造提供参数依据。虚拟样机环境可以集成不同学科的模型，利用仿真分析指导设计人员将设计思路转化为原型，发现设计中的问题。再通过对子系统的优化、集成和仿真分析，还能得到样机的性能描述，从而提高样机模型开发的效费比，缩短新产品的研制周期。

在发射装置研发过程中，通过对零部组件、分系统、整机进行仿真计算，完成刚强度有限元分析、多体系统动力学、计算结构动力学、传热、疲劳、流体、控制、计算方法与软件工程等学科方面的分析，预测产品动态性能，找出潜在的设计缺陷并获得最佳的设计方案。但是 CAE 流程只能够对简化的单体模型进行单学科分析，各专业的设计师普遍采用专门的单学科分析工具或通常意义上的多场求解工具独自工作，如使用 Nastran 完成有限元分析，使用 Fluent 完成流体力学分析，使用 Adams 完成动力学分析，使用 Abaqus 完成柔体力学分析等，各类软件界面不同、运算方式不用，需要分别建立模型。

仿真分析在设计过程中起到重要作用，相对实物物理试验具有两个优势：一是可以无限次完成序列试验，高效、低成本完成不同序列的加载、工况试验；二是可以无限次完成极端约束条件，甚至毁坏性的试验。但同时也有两个缺陷：一是受到运算能力的限制，只能够对简化模型进行仿真分析，结果与真实情况相似度一般不会超过90%；二是无法模拟真实的物理环境。

同时，分别进行单学科分析，虽然各个结果能够被设计人员所接受，但是综合效果很难有效叠加，对实际情况无法给出适当的效果，原因在于以下几个方面。

1）不完全的耦合与复杂的数据转换

工程师们一般都使用单学科点分析工具或通常意义上的多场求解工具。由于从事不同学科的工程师采用各自的分析工具和数据模型进行独立的分析计算，难于实现真正的一体化多学科仿真。在需要考虑学科之间的耦合作用进行多学科集成仿真时，就只能通过分析工具之间的数据接口进行"联合仿真"。这种联合仿真方式有两个主要缺点：学科之间的集成和耦合非常有限；大量的数据模型转换会影响到分析的精度和效率。工程师们将过多的时间花费在数据转换等没有附加值的工作上，大量的数据转换过程还极易导致信息丢失。最致命的缺陷是，这种方法无法从根本上帮助工程师在分析中全面考虑各学科之间的耦合作用和影响。图 11-4 显示了对汽车进行单独分析的过程。

2）多重用户环境

众多的单学科点分析工具也使得工程师们难以抉择。不同的分析工具都有各自风格的操作界面和分析环境，形成了多重用户环境，而每种分析工具对于从事其他学科的技术人员而言又过于专业和复杂。例如，一名从事结构分析的、熟悉 MSC Patran 操作环境的工程师，要进行刚弹耦合的多学科分析，需要再花费大量的时间和精力去掌握机构动力学分析工具 Adams/View。这种现状既限制了不同领域工程师之间的协作和交流，又制约了仿真分析的效率，阻碍了仿真分析效益的提高。图 11-5 显示了一种多重用户分析环境。

3）不完善的数据管理

这些相互之间没有连接的单学科点仿真工具形成了分析计算的"孤岛"，多重用户

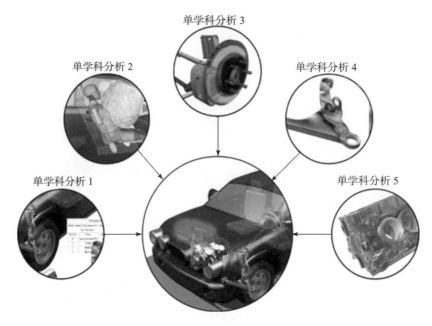

图 11 - 4　对汽车的各个单独分析

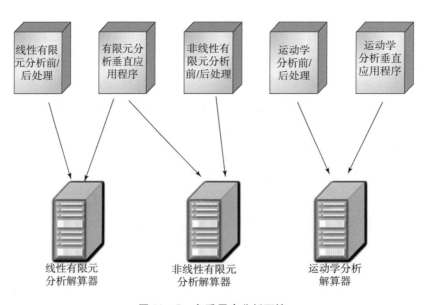

图 11 - 5　多重用户分析环境

环境和不同数据格式的存在导致仿真缺乏关联性和一致性。企业无法有效地组织、管理和重用仿真数据及追溯数据谱系。

4）有限的 CAD 与 CAE 集成

传统的单学科点分析工具在导入 CAD 模型时都需要数据格式的转换，CAE 工具与 CAD 之间缺乏互动，转换和导入 CAD 模型的效率低下，模型的精度还会有不同程度的损失。这势必影响设计与分析过程，致使设计流程不畅，妨碍设计人员和分析人员之间的协作，构筑起设计与分析之间难以逾越的高墙，如图 11 - 6 所示。

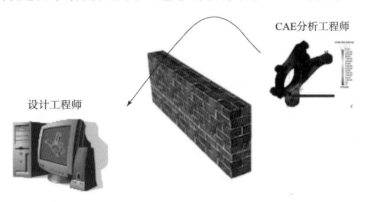

图 11 - 6　设计与分析的协作困难

5）知识积累与重用的缺失

仿真分析的结果受到工程师经验、水平和所采用的分析流程的制约，如图 11 - 7 所示。即使给定相同的模型和计算条件，各个工程师的分析结果也可能大相径庭，降低了分析结果的置信度。因此，企业迫切需要规范分析者的流程，加强工程师之间的交流。虽然企业中分析流程是具有共性的、重复性的，但是传统分析工具的最大弱点就在于，不能有效地积累与传播企业内部专家级工程师的实践分析经验，无法形成专家级的知识库，阻碍了知识的继承和仿真流程的重用。所以，现今的大多数企业只能通过制定企业规范，在分析流程上加以引导，却无法快速地把老工程师的经验传递给新手，无法共享知识，大量类似的分析工作需要"重起炉灶"。由于知识库的缺失，分析工程师的流动会给企业带来长远的负面影响。

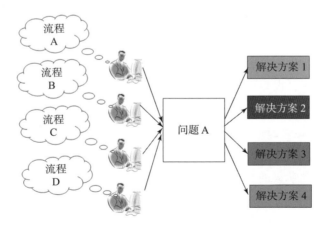

图 11 - 7　仿真分析结果的置信度受到不同分析流程的制约

6）手动分析流程限制分析效率

目前大多数仿真分析工作需要工程师逐步地手动进行，致使工程师的工作量太大。过于疲劳就很难提高分析效率，企业迫切期待能够实现分析流程的自动化。

单点分析工具用户环境的多样和学科集成的不完全，CAD/CAE 之间转化的复杂、互动的空白，重用分析流程和数据的困难，分析人员之间、设计人员与分析人员之间协作和交流的缺乏，都直接制约着仿真分析水平和 VPD 应用效益的提升。

为解决单学科仿真分析的问题，必须建立多学科综合仿真分析平台。随着信息技术的发展和接受能力的增强，建立多学科综合仿真分析平台已经成为可能。在继承多学科仿真分析的优点的条件下，针对其存在的问题，企业级多学科仿真分析平台应该具备以下功能：

（1）消除传统意义上"多学科联合仿真"模型数据的转换，多学科分析基于共同的数据模型。

（2）具有统一的用户环境，在同一平台下进行多学科分析，降低用户环境和界面的复杂程度，减少甚至消除用户熟悉不同环境所需的时间。

（3）充分兼容传统单点分析工具的分析模型和数据，保护客户的既有投资。

（4）架构开放，便于集成第三方软件或用户自由扩展。

（5）加强与 CAD 软件之间的集成与互动，进行无缝的数据转换，提高模型导入精度。

（6）促进分析人员之间、设计与分析之间的交流和协作；疏通设计－分析流程；方便地应用设计人员的数据模型。

（7）定制仿真分析流程，制定企业仿真分析规范。

（8）仿真分析流程运行方式灵活，可重复性好，实现仿真分析的自动化。

（9）有效地组织和管理仿真数据和流程，即能与企业数据管理系统整合，从而建立企业知识库，提高企业知识共享和重用的水平。

发射装置仿真分析主要集中在刚强度分析、动力学分析、流体力学分析、系统控制分析，以及热力学分析、电磁干扰分析、隐身（光学及红外）分析等学科，可见仿真所涉及的学科较多，很难有技术人员具备完成所有这些学科分析的能力，为此，在构建多学科综合仿真分析平台时，要考虑软件界面和分析流程的一致性，并能够对共同的仿真模型进行分析处理、使仿真模型与三维设计模型进行双向互动、使仿真分析的流程和数据形成通用的模板等，以便于多个分析人员对同一三维设计模型按照同一模式和模板进行不同学科的分析，分析结果能够合并处理。因此，多学科综合仿真分析平台必须能够帮助设计人员和分析人员在完整而统一的架构和界面环境下，基于共同的数据模型实现多学科联合仿真；支持多种 CAD 软件，能直接访问模型或进行双向互动；能够完全兼容和支持设计人员定制的、嵌入 CAD 平台的分析模型，使分析与设计之间的交流更顺畅；具有先进的仿真流程定制功能，能够捕获、积累和重用知识，实现仿真流程自动化；能够与其他仿真管理软件集成，进行仿真流程和数据的管理，加强人员之间的协作。作为研发的重要组成部分，多学科综合仿真分析平台的功能至少应包括以下五部分。

（1）统一的用户环境和操作界面。

前后处理界面对使用人员保持一致，多个学科的仿真分析前后处理界面风格统一，操作相同，界面菜单和图标、处理过程结构图相似，保证使用人员能够快速在新环境中完成仿真分析的全过程，即完成建模、求解、结果后处理、报告生成，这都在一个集成的工作环境中完成，如图 11 - 8 所示。

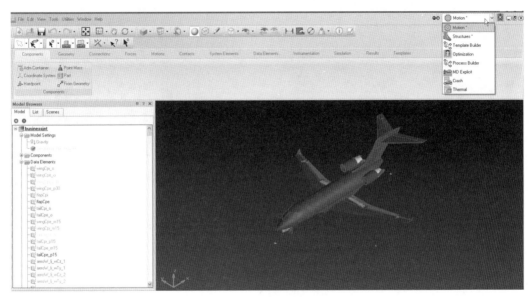

图 11 - 8　一个集成的工作环境

通过内部集成的结构分析、机构动力学分析、热分析、碰撞分析、显式非线性分析等功能，使用人员可以对共同的分析模型实施操作，无须来回切换界面。在统一的用户界面方便地执行多种学科耦合分析，如热机耦合分析、刚弹耦合分析等。同时，仿真模型所包含的数据，如载荷/边界条件、材料、初始条件、状态信息等可以在各工作环境之间进行无缝交换，实现真正的多学科联合仿真，保障使用人员可以在更短的时间内实现大型、复杂真实问题的数值仿真和求解，如图 11 - 9 所示。

（2）具备易用的前后处理器。

为保障各个学科的分析人员都能够快速设置自己方便使用的工作环境，平台的前后处理器必须具有完善的用户定制功能，能够自行定制文件管理、量纲单位、鼠标操作、图形窗口、接口文件等环境变量和界面选项，同时支持合理的菜单、工具栏布置和操作，以及复杂模型管理能力的更有效的模型浏览器，以保障使用人员快速掌握软件操作。

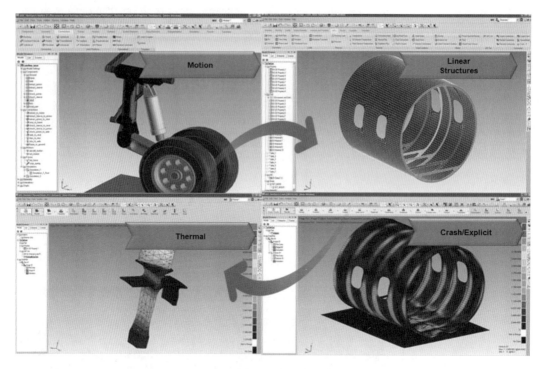

图 11 - 9　共用分析模型

　　针对仿真模型操作，平台还应具备多次撤销/重做和自动保存功能、几何模型自动清理功能和中面提取功能、多维的网格划分功能、多种形式的后处理显示功能、多结果文件读取功能、自动生成报告与多线程处理能力，并且支持宏与模板。

　　（3）基于共同数据模型的多学科耦合分析。

　　若需精确仿真产品在实际工作状态下的性能，必须考虑不同学科的耦合作用和影响，其中包括显式/隐式的有限元结构分析、热传导分析、包含弹性体的多体动力学分析、多学科系统级仿真和流固耦合分析等，如图 11 - 10 所示。因此，多学科综合仿真分析平台必须能够提供同一无缝集成的分析环境、不同工作空间之间进行数据交换的能力和多学科联合仿真能力。由于采用同一个数据模型进行多学科耦合分析，无须任何模型转换，因此显著地缩短了分析周期，提高了产品的分析精度，还可以有效地消除在数据采集、模型建立和后处理过程中的重复性工作。

　　多学科综合仿真分析平台的系统建模能力确保使用人员可以方便地在系统级模型中更换或添加新的、代表不同设计方案的部件或子系统模型。例如，分析人员可以任意地选择系统模型的某一部件进行网格粗划、细化或是生成弹性体。这种高级建模能力帮助分析人员灵活地验证更多的实际工况和设计方案，大幅度地提高了分析效率，确保最终的设计方案是最优的创新方案，如图 11 - 11 所示。

图 11 – 10　多学科耦合分析

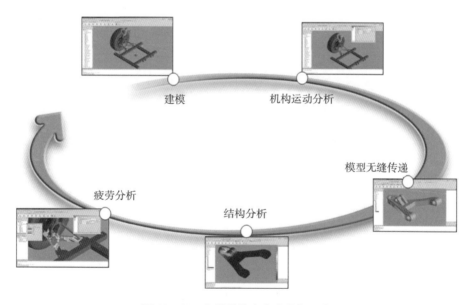

图 11 – 11　多学科综合仿真分析平台

（4）具备 CAD 模型的直接访问与双向互动。

用户能够在平台的任何工作空间直接读取 CAD 模型，保留其所有的参数和特征，并保留模型与原设计软件中模型的关联关系，具备可控的自动更新功能，同时，可将仿真模型的部分改动反馈到设计模型上。这样，就避免了花费大量时间进行数据转换，保证了模型数据的稳定，更重要的是，直接调用本机 CAD 软件的几何建模功能来支持普通的

CAE 几何建模操作，还可以显著提升创建、修改和管理几何模型的能力，增强了灵活性。

（5）具备仿真流程捕获与自动化功能。

通过录制操作过程和编辑脚本功能，高级分析人员可以将原来需要手动执行的重复性分析工作自动化，从而显著地节约分析时间，提高分析效率和消除分析误差。

通过模板创建和运行功能，分析人员操作易用的仿真模板来捕获知识和最佳分析方法、制定企业级的标准分析流程，保证了整个企业 CAE 分析流程的一致性和连贯性。在执行模板的分析流程时，用户可以自由选择适当的自动化程度（手动、全自动、半自动或自定义断点），完全控制模板的执行过程，如图 11 - 12 所示。

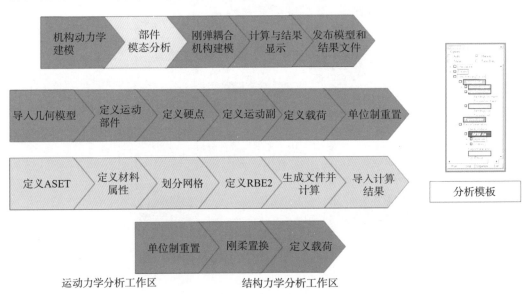

图 11 - 12　建立仿真模板

捕获仿真数据和知识后生成的分析模板，是企业协作的基本元素。这些分析模板，在发布后，形成面向整个企业的标准分析流程知识库，让分析人员、设计人员在仿真过程中获取、重用标准分析流程，确保参与产品开发的从企业到整个供应链的每个人都能够应用最佳的分析方法和流程，提高仿真分析的效率和精度。

11.2　协同设计

11.2.1　产品成熟度管理

在产品研制过程中，按照并行工程的思想，由来自不同功能部门的全权代表组成集成产品开发团队，采取联合办公形式的工作机构，按照型号产品成熟度对设计过程和设计结果进行管理。

　　成熟度等级，指对型号产品三维模型完成情况和详细程度描述，其结果表示为达到一定技术状态的三维模型，以便于制造方下一步工作顺利开展。在型号数字化产品研制的业务流程中，对三维模型赋予成熟度标识，以反映该模型从设计到发布的进展情况，为相关工作的协同提供依据。

　　现在发射装置初步设计按照五级成熟度进行管理，即 MG0、MG1、MG2、MG3、MG4，后续阶段产品三维模型成熟度等级根据型号需求适当调整。设计过程中，应用基线功能对型号三维模型成熟度进行标识、管理，随着成熟度的提升，保存并记录相应成熟度下对应的数据版本。

　　不同等级的成熟度升级由不同人员控制，具体流程如图 11 - 13 所示。

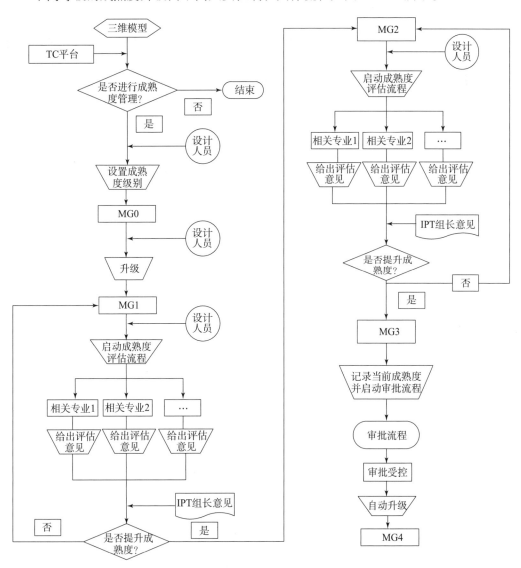

图 11 - 13　型号产品三维模型成熟度升级流程示意图

当三维模型满足 MG0 的成熟度要求时，其成熟度由设计人员自行标识；当三维模型满足 MG1 的成熟度要求时，其成熟度由设计人员自行提升；当三维模型成熟度为 MG1，且成熟度需要提升至 MG2 时，由负责该三维模型的设计团队负责人确定是否提升成熟度至 MG2；当三维模型成熟度为 MG2，且成熟度需要提升至 MG3 时，由负责该三维模型的设计团队负责人确定是否提升成熟度至 MG3；当三维模型成熟度为 MG3 时，设计人员将三维模型提交审批受控后，受控成熟度模型自动提升至 MG4。随着成熟度等级提升，表示该产品设计任务提高了完成率。

对应各级成熟度，各专业需要在该成熟度期间承担相应工作内容，见表 11 - 1 ~ 表 11 - 5。

表 11 - 1   MG0 级各专业工作内容表

专业	工作内容
发射车专业	（1）接受发射系统、系统总体等专业的输入； （2）完成发射车总体方案论证； （3）完成发射车指标分析； （4）完成发射车上装设备初步布置协调图或模型； （5）完成发射车上装接口外形协调； （6）完成任务书评审
发射箱专业	（1）接受发射车专业的输入； （2）参与发射系统总体方案讨论； （3）完成发射系统设计方案； （4）完成发射箱技术要求； （5）完成弹箱协调图； （6）完成地面设备使用及保管环境条件； （7）完成可靠性、维修性等大纲
电气控制专业	（1）接受发射系统专业的输入； （2）参与发射系统总体方案讨论； （3）完成发射装置/发射箱电缆连接图
电液传动专业	（1）接受发射车专业的输入； （2）参与发射系统总体方案讨论
工艺专业	参与总体方案讨论

表 11 - 2   MG1 级各专业工作内容表

专业	工作内容
发射车专业	完成发射车方案论证。完成重要部件接口尺寸协调、结构总体设计、三维模型初步布局： （1）按照总体设计要求，完成发射车三维外形布局，底盘与上装设备接口协调，发控舱内设备布局、驾驶室安装设备布局，起竖、调平等装置布局；发射箱与发射车接口协调；

续表

专业	工作内容
发射车专业	（2）提出发射车电气系统技术要求； （3）提出发射车电液传动系统技术要求； （4）提出底盘/驾驶室技术要求、发控舱技术要求、一体化舱技术要求、起竖/调平等电动缸/液压缸的技术要求； （5）明确各设备接口尺寸协调与外形轮廓，可供相关系统协调参考； （6）完成大用量和长周期材料的编码申请和订货申请单编制； （7）完成基本属性信息填写； （8）根据标准化要求，完成零部件组件代号及名称的编制； （9）完成发射车动力学、燃气流初步仿真分析； （10）提出各设备装配对工艺的要求； （11）完成首轮设计审查，主任设计师就主要上装接口、上装设备设计方案进行审查，确认后要求固化；完成发射车方案审查
发射箱专业	完成发射箱方案论证，包括接口协调、技术要求提出和部分三维建模： （1）参与发射车方案讨论； （2）完成发射箱的方案论证； （3）按照发射箱技术要求，完成发射箱协调图，包括发射箱外形尺寸、发射箱箱体、前盖、后盖、脱落插头机构主要功能部件的划分与布置； （4）完成与发射架的接口协调，确定箱架锁紧方式和支脚的位置及结构； （5）完成与吊具的接口协调，确定吊具的吊装方式与吊块的结构； （6）完成与支承装填车的接口协调，确定支承装填方式与支承车支脚的结构； （7）完成导弹出箱过程和适配器分离过程对发射车的影响初步分析； （8）提出发射箱电气系统技术要求； （9）提出开关盖或锁定解锁等机构所用电动机构的技术要求； （10）提出适配器本体和易碎盖等外协零部件的技术要求； （11）完成箱体蒙皮和加强筋等主要零件的外形轮廓，材料制品形式、材料规格、牌号和技术条件等定义； （12）完成大用量和长周期材料的编码申请和订货申请单编制； （13）完成采用新技术、新材料和新工艺的零部件三维建模和装配
电气控制专业	（1）参与发射车、发射箱方案讨论，接受电气系统技术要求作为输入； （2）完成发射车、发射箱电气系统的方案论证，确定电气系统的主要功能、组成和布置； （3）提出外协外购件的技术要求或者选型； （4）确定电气元器件的类型和数量； （5）完成长周期元器件订货申请单的编制； （6）提出新型元器件制造安装对工艺的要求
电液传动专业	（1）参与发射车、发射箱方案讨论，接受电动系统技术要求作为输入； （2）完成发射车、发射箱各电液传动系统的方案论证，确定电液传动系统的主要功能、组成和布置； （3）提出外协外购件的技术要求或者选型； （4）确定各电动机构元器件的类型和数量； （5）完成长周期元器件订货申请单的编制

专业	工作内容
工艺专业	（1）参与发射车、发射箱方案讨论； （2）完成工艺可行性分析报告编制； （3）开展新工艺、新材料的研究与试验； （4）确定长周期、"瓶颈"零部件及组件； （5）开展长周期材料采购计划编制； （6）开展工装设计方案编制； （7）开展工艺管理文件编制

表 11 - 3　MG2 级各专业工作内容表

专业	工作内容
发射车专业	完成发射车方案设计和工艺协同： （1）发射车主要上装设备位置和接口及所占有的空间冻结； （2）完成发射车各设备的三维模型建模； （3）装配件完成子零部组件的装配； （4）完成三维模型属性信息的填写； （5）完成三维模型设计重要尺寸及公差标注； （6）完成发射车上装设备刚强度分析； （7）完成发射车燃气流和动力学仿真分析； （8）完成特性分析报告，明确零部件关重件特性； （9）完成紧固件选择； （10）提出上装设备的焊接对工艺的要求； （11）提出各机构装配对工艺的要求； （12）提出上装设备中复杂零件加工的对工艺的要求； （13）完成属性信息填写； （14）零件热、表处理要求； （15）完成第二轮设计审查，副主任设计师就主要上装结构件具体结构进行审查，上装设备三维模型固化； （16）完成发射车方案评审
发射箱专业	完成发射箱方案设计和工艺协同，主要包括： （1）完成发射箱的方案设计报告编写； （2）完成发射箱三维模型建模； （3）完成发射箱三维模型与发射车的初步装配； （4）完成三维模型属性信息的填写； （5）完成发射装置/发射箱的燃气流仿真分析； （6）完成发射箱刚强度分析； （7）完成开关盖或锁定解锁结构的运动学仿真分析； （8）完成导弹出箱动力学分析或适配器分离仿真分析； （9）完成导弹出箱过程和适配器分离过程对发射车的影响分析； （10）完成特性分析报告，明确零部件关重件特性； （11）完成三维模型设计重要尺寸及公差标注； （12）完成发射箱方案评审

续表

专业	工作内容
电气控制专业	完成发射车、发射箱电气系统方案设计，主要包括： （1）完成各产品电气系统的原理图； （2）完成各产品电气系统的电缆连接图； （3）完成结构件的三维建模； （4）完成电气系统仿真分析； （5）完成电气系统方案设计报告； （6）完成元器件选用报告； （7）配合完成发射车方案评审
电液传动专业	完成发射车、发射箱各电动机构的方案设计，主要包括： （1）完成电动机的确定； （2）完成驱动器的方案设计； （3）完成各产品电动缸/液压缸的方案设计； （4）完成各产品驱动器/液压阀组的方案设计； （5）完成电动机构结构件的三维建模； （6）完成各产品电液传动机构的仿真分析； （7）完成电动机构方案设计报告； （8）配合完成各产品方案评审
工艺专业	（1）完成各产品新工艺、新材料的研究； （2）完成各产品工艺方案编制； （3）完成箱体对接工装、通过性工装、钻孔工装和配重弹等主要工装的方案； （4）完成主要材料定额的编制； （5）开展原材料、标准件、接插件等采购计划编制； （6）完成长周期材料、零部件及组件采购订货； （7）开展工艺管理文件编制； （8）配合完成发射车方案评审

表 11-4　MG3 级各专业工作内容表

专业	工作内容
发射车专业	完成发射车技术设计，完成工艺、标准化审查： （1）发射车主要上装设备冻结； （2）完成上装设备三维模型细节设计，完成尺寸标注； （3）完成电气、液压设备走线图（含管路、电缆敷设）； （4）与工艺、工装相关的要素完全确定； （5）设计完善模型细节设计，完善尺寸标注； （6）完成制造验收技术要求的编写； （7）完成第三轮设计审查（校对、审核、工审）； （8）完成标准化审查； （9）全车三维模型固化； （10）完成发射车技术设计评审

专业	工作内容
发射箱专业	完成发射箱的技术设计，完成工艺、标准化审查，主要包括： （1）完成发射箱各部分三维模型图纸； （2）完成发射车与发射箱连接电缆及管路敷设； （3）完成发射箱三维模型与发射车的装配； （4）完成模型细节的设计、尺寸标注的完善； （5）完成与工艺、工装相关的要素的完全确定； （6）完成制造验收技术要求的编制； （7）完成设计审查； （8）完成标准化审查； （9）完成技术设计评审
电气控制专业	（1）完成各产品电气系统的设计及图文档编制； （2）完成电气结构件与连接件的三维模型； （3）完成电气系统的制造验收技术条件的编制； （4）完成元器件的审查； （5）配合完成各产品技术设计评审
电液传动专业	（1）完成各产品电动缸/液压缸的设计及图文档编制； （2）完成各产品驱动器/液压阀组的三维模型； （3）完成各产品电液传动系统的制造验收技术条件的编制； （4）完成元器件的审查； （5）配合完成发射车技术设计评审
工艺专业	（1）完成工艺方案完善； （2）完成工艺路线表的编制； （3）完成长周期、"瓶颈"零件工艺规程的编制； （4）开展长周期零件及工装设计和制造； （5）完成箱体对接工装、通过性工装、钻孔工装和配重弹等工装的制造； （6）完成材料采购计划的编制； （7）完成原材料、元器件和标准件等采购订货确认； （8）完成主要工艺管理文件编制； （9）配合完成发射车技术设计评审

表 11-5　MG4 级各专业工作内容表

专业	工作内容
发射车专业	完成发射车三维模型的正式签署（校对、审核、工艺、标审等）、全车模型受控、模型发放
发射箱专业	完成发射箱三维模型的正式签署（校对、审核、工艺、标审等）、模型受控、模型发放
电气控制专业	完成发射车、发射箱电气系统图纸的正式签署、模型受控、模型发放

续表

专业	工作内容
电液传动专业	完成发射车、发射箱电液传动系统三维模型的正式签署（校对、审核、工艺、标审等）、模型受控、模型发放
工艺专业	（1）完成工艺方案评审； （2）完成并发放所有工艺规程； （3）完成零件机械加工数控程序、刀量具定义数据； （4）完成所有零件、部件的生产计划编制； （5）完成零件、部件工艺装备制造； （6）完成零件、部件制造； （7）完成零件、部件的互换检查工作； （8）完成所有工艺管理文件编制

11.2.2 设计间协同

发射装置研发按照产品组成分类主要包括发射车、发射箱、电气控制、传动等部分，此外，设计人员还包括软件、各仿真分析等专业的人员。因此，设计间协同主要分为两部分内容：一是发射装置与总体间设计协同；二是发射装置各产品、专业间设计协同。

基于虚拟样机的总体、发射装置分系统并行协同设计模式围绕虚拟样机研发业务，总体及分系统数字化设计系统紧密配合、互相协作，形成统一的整体。系统之间通过产品全生命周期管理系统（PLM）进行数据共享和交换，实现总体与分系统之间的协同研发，以及研制过程中知识的积累与复用。总体与分系统协同工作流程如图 11 – 14 所示。

总体与发射装置分系统协同方式复制于总体 – 分系统的标准协同工作模式，在基于相同的三维建模和仿真分析规范工作模式下，能够形成合理、有效的并行工作管理方式，具体的工作过程如下：

（1）总体设计人员完成外形协调图、安装协调图设计并审批受控；

（2）总体部将协调图下发发射装置设计人员；

（3）发射装置设计人员按总体要求完成结构详细设计并审批受控；

（4）发射装置设计人员依据总体要求完成简化模型设计；

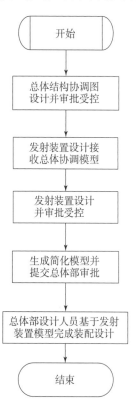

图 11 – 14 总体与分系统协同工作流程

（5）发射装置设计人员将简化模型提交给总体部审批；

（6）总体部设计人员将简化模型放在相应型号目录下，并应用于整机装配模型设计。

发射装置各产品、专业间设计的协同是基于综合化、集成化、可持续发展的数字化协同研制管理平台完成的。平台面向产品研制过程的多产品、多专业的协同任务和流程管理，实现数据、方法、知识、工具软件的集成和共享的一体化。在平台中，综合运用任务管理、流程管理、资源管理、知识工程等技术，覆盖所有专业（结构、电气、控制、动力学、热、强度等），面向产品设计、制造、试验的全过程（需求定义阶段、方案阶段、初步设计阶段、详细设计阶段、工程实现阶段、制造阶段、试验阶段），实现"工程经验模板化、工具软件集成化、产品设计协同化、设计流程规范化"的研制模式，实现研制过程的数字化、可视化、规范化，提高专业设计效率和设计质量，并能满足专业技术快速应用和产品快速交付的需要。

协同研制平台主要包括协同研制门户、协同研制过程管理、协同研发专业系统、方案管理、知识管理、协同研制过程数据管理和协同研制数据中心系统。数字化协同管理平台如图 11 - 15 所示。

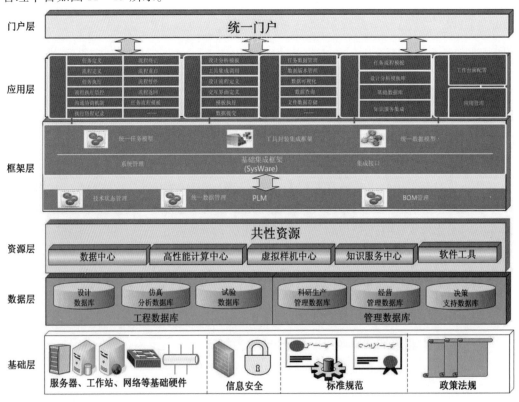

图 11 - 15　数字化协同管理平台

通过平台建设实现以下内容：

（1）以任务为核心的任务流程一体化管理系统，实现设计、仿真的协同研制，实现企业研制管理流程和专业研发流程显性化、可视化执行，保证研制任务状态和进度的有效控制。

（2）面向具体型号专业的协同设计仿真系统，实现设计知识、经验模板化和快速设计分析。将设计分析过程的规则和方法封装为知识组件后，在后台驱动各种软件完成建模、计算、分析、数据处理等软件操作过程，减少了烦琐的手工操作，提高了工作效率，同时打通了不同工具软件之间的数据流、控制流，实现了跨学科的数据流通，提高了设计循环效率，进一步实现了多学科协同联合设计。

（3）统一的协同研制过程数据管理系统，通过数据版本控制、数据关联管理、动态建模等技术实现对设计过程数据和仿真数据的分类、集成、存储和管理，并进一步实现数据的关联更改和历程管理，保证了数据同步和协调，实现了研制过程数据的有效追溯及过程数据的有效积累和沉淀。

（4）与企业知识管理系统进行集成，实现了基于知识的在线协同设计与仿真。知识管理与具体的研发活动相结合，设计人员在协同设计仿真系统中进行具体的设计过程中，能够方便地把设计人员的经验、知识封装到系统中，经过一定时间的使用验证和评审，升级为对企业知识进行管理；系统也可以根据当前的工作环境主动、智能地推送满足符合度的设计分析知识供设计人员参考和使用，使得知识与设计形成良好互动，实现知识共享、分发，真正做到知识驱动产品研发的整个过程。

（5）数字化的协同设计、仿真、制造、试验环境，实现了与其他信息系统的有效集成，系统可以不断扩充完善，从而实现平台的实用化和可持续发展，为设计能力的不断发展奠定坚实的基础。

发射装置协同研制平台架构如图 11-16 所示，平台主要包括以下 8 个组成部分。

（1）协同研制门户：是研制活动的门户系统，研发人员从事研制活动时的统一工作入口。在共同的工程看板、统一数据视图、应用集成、知识资源、沟通协作等界面中，通过严格的权限设置，不同的角色可以方便地进入自己相关的业务系统，通过灵活的栏目设置和信息推送功能，使每一个操作用户都可以方便、及时地看到与自己工作内容相关的综合信息，同时可以进入业务系统完成相关的工作。

（2）协同研制过程管理：作为协同研制平台的"数据总线"，通过将任务管理与流程管理融合为一体，建立统一的任务单元模型，以时间、逻辑、数据、消息等多种因素为驱动机制，实现任务的自动下发与反馈、任务的动态调整、任务的多种触发因素的动态配置，将发射装置各产品开发业务过程与特定的项目管理相联系，使管理过程和设计过程流程化、显性化。通过流程可视化执行，数字化、规范化指导、约束研制过程。

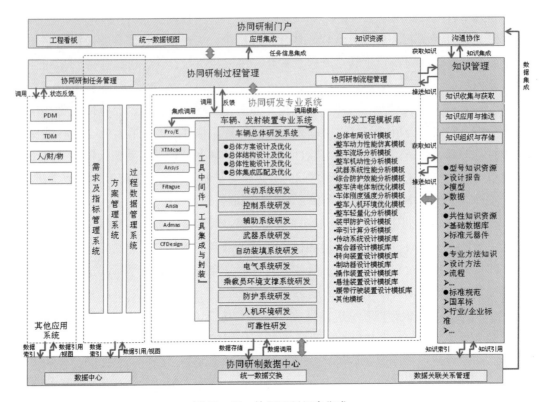

图 11 – 16　协同研制门户集成

（3）协同研发专业系统：通过集成设计框架提供的集成开发环境、集成设计环境，封装专业软件、工具、方法、知识等，开发出面向发射车、发射箱、支承装弹车、指挥车、挂弹车、供弹车等发射装置组成产品的专业设计软件包。设计人员在软件包下，通过"搭积木"的方式指导、完成设计。通过集成化设计提高设计效率，降低软件使用门槛，实现快速设计以及设计过程的可重复性、可追溯性和可变性。

（4）过程数据管理系统：主要对工程设计仿真过程中设计参数、设计模型、分析模型、分析结果、报告等过程数据管理以及对产生这些数据的操作和过程进行管理，保证协同设计过程的全局性数据完整、同源和共享。

（5）方案管理系统：针对研制过程中大量数据（设计数据、仿真数据、试验数据、方案数据以及技术指标等）的过程的管理，根据方案数据动态变化的特点，其管理模式不仅仅要考虑对方案数据静态结果的管理，还要考虑对方案数据的演变历程、方案数据的产生过程等过程数据的管理，这些过程数据涵盖工程方案设计过程中的设计参数、设计模型、分析模型、分析结果、报告等数据结果以及产生这些数据的操作和过程。

（6）需求及指标管理系统：在发射装置研制过程中，需要充分论证、协调发射装置本身顶层技术要求（如体积、质量、有效载荷、速度与机动性等）和各个阶段的指标（从战技指标到总体设计指标、分系统设计指标、制造指标等），确定发射装置的性能指标、经费和周期、进度要求等，并进行有效管理和跟踪。随后再通过方案设计、工程研制，逐步将系统需求指标分解到各个子系统中，完成各个子系统的功能和结构设计，最终制造和总装出原型机。整个研发过程可以看作是一组需求集合向完整物理产品演进的过程，为了确保最终的系统满足初始的需求，必须要使得整个研发过程的每一个环节都能够符合该环节上的需求或指标。为解决设计间协调技术接口和指标分解等要求，有效管理研制过程中需求及指标的演变、需求及指标的跟踪、与研发任务的关联等需求，需要完成五部分工作：一是建立需求定义的模型和方法，实现对研发过程中所有需求数据的有效建模和管理；二是支持研发过程中需求及指标的逐级分解，建立从需求提出到需求设计、决策、实现的完整信息模型，保证需求数据的同源性和延续性；三是需求及指标分解与研发任务分解可以同步进行，并提供以需求及指标为依据评价各级研发任务的手段和方法；四是提供需求及指标跟踪机制，维护从"需求提出—功能设计—产品实现"全链路的跟踪和追溯；五是提供需求专家处理系统，实现需求设计、实现的经验和教训积累，提供不同需求人员的沟通、协调机制。

（7）知识管理：建立发射装置知识管理系统，为研制过程提供必要的知识支撑，通过框架提供的数据挖掘和知识主动推入技术，完成知识获取与应用，实现统一的知识资源存储、组织和管理以及基于知识的在线设计，从而满足企业后续进行知识的不断补充、丰富的需求。

（8）协同研制数据中心：将各个阶段、各系统的数据（从需求、设计、制造、试验、综合维护、其他资源等）进行集成和跟踪，根据实际工程需要，由产品方案设计人员建立和扩充数据库底层信息类型定义和数据库种类，并根据该数据模型，在使用界面上动态展现协同研制数据，以实现动态地管理各种数据模型。

11.2.3　设计与工艺、制造协同

设计完成三维建模、仿真分析，并将多个产品进行综合装配和虚拟联调后，需要交付工艺、制造等环节完成产品实现的准备工作，如图 11-17 所示。为保证数据传递后能够顺利应用于后续环节，在设计过程中必须有工艺、制造、物流、维护等环节的人员参与意见。在设计功能中要考虑加工、装配、物料、使用、维修等产品实现、交付、使用甚至回收等环节的便利性和实现的成本、周期等因素。其中，主要是实现设计与工艺、制造的协同。

在发射装置研发过程中，设计与工艺、制造的协同是基于 PLM 系统建立集成产品研制团队，实现设计信息和制造信息的适时共享，实现工程设计信息按成熟度及时发放，确保工程设计过程中同步开展工艺设计，并将必要的工艺信息、物料信息、工装信息、制造要求和检验要求落实到工程数据之中。

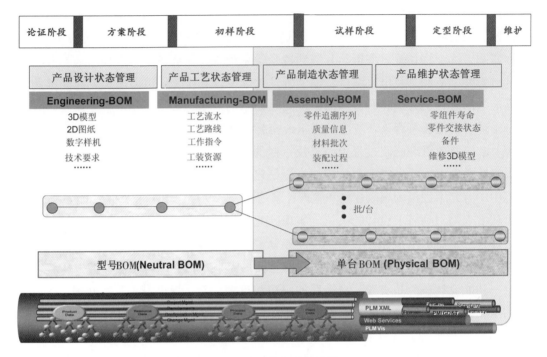

图 11-17　产品研发过程

　　由于设计人员、工艺人员和制造现场处于异地,因此,并行工作主要通过网络和 PLM 系统建立虚拟团队进行工作,但在某些阶段,需要将团队中的部分人员集中到同一工作地点进行设计过程协调的方式进行。团队工作过程中,根据产品研制计划和要求,制订每周期的详细工作计划,保证各成员按照各自职责落实工作内容,实现工作目标,并由技术负责人统一协调。在集中工作时,成员集中到同一工作空间,建立团队工作室,面对面进行工作协调,同时工作室确保能够提供实时的协同工作平台如网络、视频控制系统等,实现研制信息在可信范围内共享,并完成协调工作。

　　为保证协同工作顺利展开,必须建立团队管理要求:一是适时共享研制信息和技术信息,按照成熟度要求和研制计划进度完成技术状态确立和信息发放,实现各设计专业、各产品研制团队、各研制环节(设计/工艺/物流/生产准备)的同步推进;二是严格按照各自职责完成工作,技术负责人按照计划完成决策和协调,确保进度及时;三是工作计划合理可行,动态滚动推进,满足整体进度要求;四是各部门对产品研制人员提供足够的支持,研制人员代表所属部门完成产品研制任务,授权充分、职责明确;五是工作内容和过程的记录清晰,协调文件以书面形式或电子会签形式落实,协调内容在适当知悉范围内传递到全部人员;六是建立定期工作检查制度,确保成员的工作质量达到要求。

　　设计与工艺的协同实现方式是在 PLM 系统中依据成熟度完成数据及载体文件传递,具体工作内容见第 11.2.1 节。设计与工艺人员在同一系统中完成各自工作,工作结果直接挂接在系统中规范的产品结构树中相应的节点上，并建立关联。

由于设计数据与工艺数据在同一系统中并具有关联关系，因此，可以建立产品数据技术状态关联，由系统控制完成技术状态更改和关联关系自动更新。当设计人员在数据发放后，要对数据进行修改，形成新版本，系统会将变化情况通知到相应的工艺人员，并显示出更改情况，如增/删节点、调整数量、技术文件升版等，同时将涉及的上级节点变化情况显示出来，供工艺人员调整工艺文件和物料管理文件等。而工艺对物料、生产过程的调整，会导致工艺产品结构树发生变化，出现节点合并、物料数据调整等情况，此时可由设计、工艺人员决定是否将变化情况反馈到设计的产品结构树上。用此方法对产品研制过程数据的技术状态进行实时、透明的管理。

系统内部分设计与工艺协同工作方式如下：设计将结果以三维模型和配套文档的形式提供出来，建立固化的技术状态，同时从产品结构树的属性数据中提取出各类BOM。工艺在系统中接收数据后，建立工艺产品结构树，并基于该组数据完成工艺编制、工艺仿真、数控程序编制、制造过程模拟和虚拟装配等工作。具体的过程如下。

（1）基于 PLM 系统，实现基于统一模型的三维设计、三维装配工艺、三维机加工艺的一体化应用，如图 11-18~图 11-22 所示。

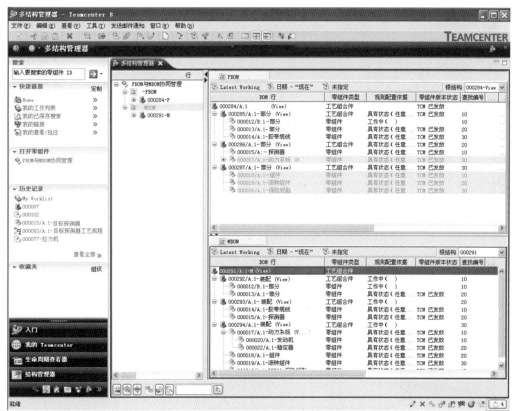

图 11-18 基于设计模型的工艺 BOM

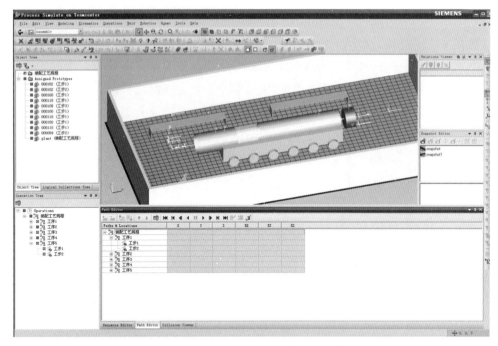

图 11 – 19　实现基于设计模型的装配工艺过程仿真

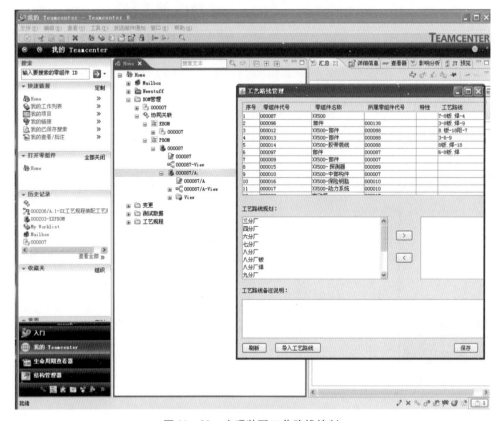

图 11 – 20　实现装配工艺路线编制

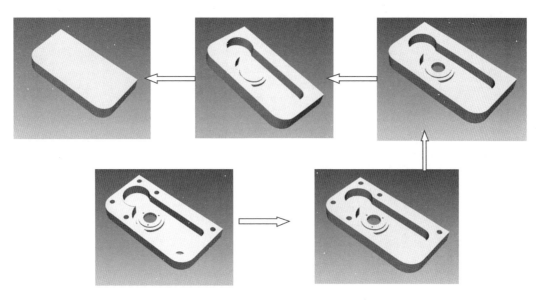

图 11-21　在 PLM 系统中完成三维工序模型的创建

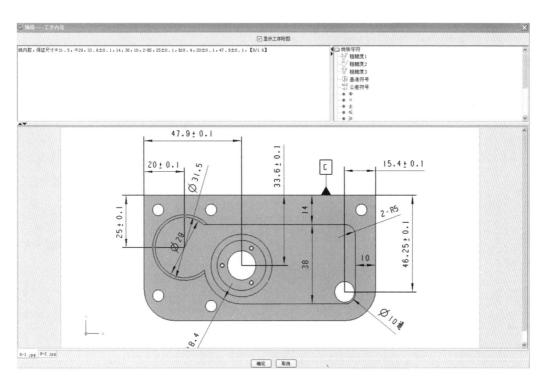

图 11-22　完成数控机加工工步内容编制

（2）结合基于三维零件模型的数控生产，采用三维模型结构化管理，并基于三维模型进行数控程序设计，自动生成 NC 代码。数控工序生成和数控程序设计与生成如图

11 - 23 和图 11 - 24 所示。

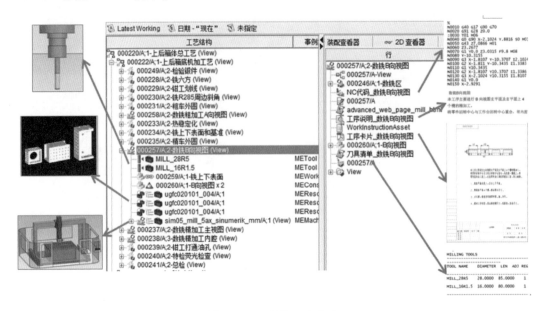

图 11 - 23　数控工序生成

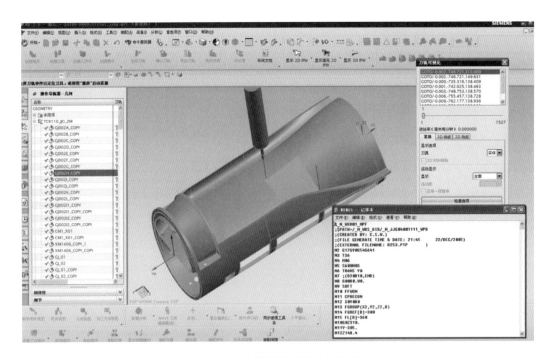

图 11 - 24　数控程序设计与生成

对于按照工艺方案设计后的数控加工操作，可以基于 UGNX 三维模型对加工进行
3D 虚拟仿真。通过加工运动的模拟来仿真加工过程，如图 11 - 25 所示。通过切削过程

的仿真来判断加工程序和刀具的可靠性，同时可以生成加工后的简化模型。

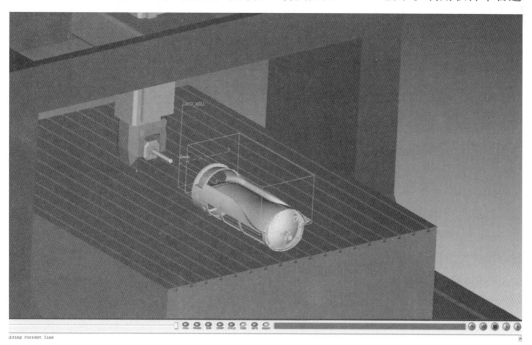

图 11-25　刀轨加工过程仿真

　　基于仿真软件 VERICUT 的工艺仿真，实现了三轴、四轴、五轴的数控加工仿真，实现了多工位的数控加工仿真，同时实现了对加工的路径及参数等进行优化，有利于零件加工质量的提升和效率的提升。机床加工仿真如图 11-26 所示。利用软件平台进

图 11-26　机床加工仿真

行模拟加工环境设置，通过完全模拟加工环境下的仿真来验证数控程序的正确性，减少首件的调试时间，建立工序模型，实现加工优化。

在 DNC 系统中，实现了基于三维模型的现场数控加工，现场可以查看三维机加工艺规程等技术文档，实现了复杂产品三维模型的现场应用和对产品技术状态控制。现场加工控制如图 11-27 所示。

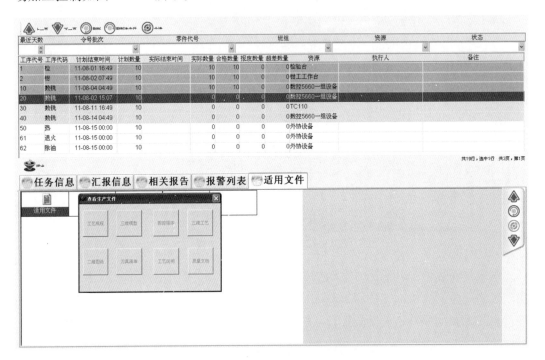

图 11-27　现场加工控制

（3）结合基于三维装配模型的总装调试，以三维模型为基础，开展型号虚拟装配技术验证，实现装配过程规划与仿真验证、成件拆装过程仿真与验证、人因工程仿真分析与验证等，提前解决装配过程中可能出现的问题，缩短研制周期。虚拟装配验证如图 11-28 所示。

开展基于三维模型的装配工艺设计，将装入件清单、工装设备清单、装配过程文字描述、三维装配动画及检验要求等内容进行系统集成，工艺设计过程中充分利用产品设计数据的属性，避免了重复工作，提高了工作效率。

通过计算机辅助装配过程控制与管理系统，将设计完成的三维装配工艺发布到装配现场，以三维可视化的方式用于装配现场的作业指导，实现了装配现场的无纸化，满足三维模型下的现场需求，提高了工艺文件的指导作用。现场装配控制如图 11-29 所示。

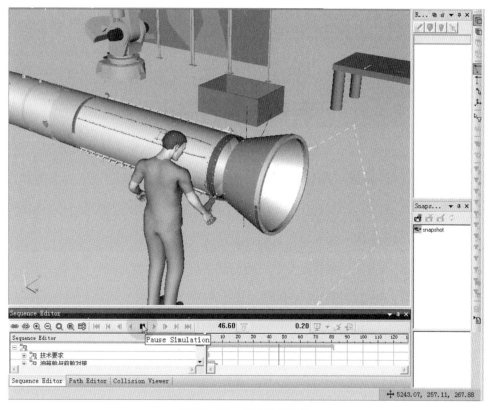

图 11 - 28　虚拟装配验证

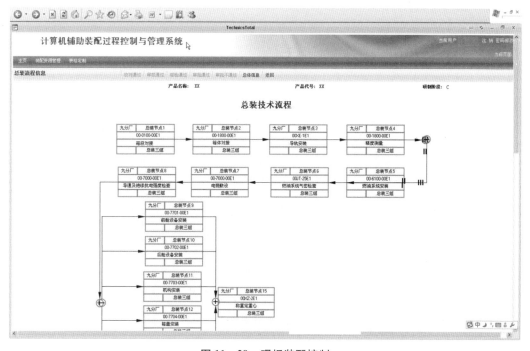

图 11 - 29　现场装配控制

主要参考文献

［1］姚昌仁，唐国梁．火箭导弹发射动力学［M］．北京：北京工业学院出版社，1987.

［2］王光远．建筑结构的振动［M］．北京：科学出版社，1978.

［3］吕佐臣，李洛阳，等．飞航导弹发射装置［M］．北京：宇航出版社，1996.

［4］吴明昌，李淑瑛，刘晋彦，等．地面设备设计与试验［M］．北京：宇航出版社，1994.

［5］倪火才．潜地弹道导弹发射装置构造［M］．哈尔滨：哈尔滨工程大学出版社，1998.

［6］姚昌仁，张波．火箭导弹发射装置设计［M］．北京：北京理工大学出版社，1998.

［7］袁曾凤．火箭导弹弹射内弹道学［M］．北京：北京工业学院出版社，1987.

［8］高明坤，宋廷伦．火箭导弹发射装置构造［M］．北京：北京理工大学出版社，1996.

［9］马震宇，范有朋．潜射捕鲸叉导弹运载器的技术特点［J］．飞航导弹，2006（3）.

索　引

C

S